D1652268

Supramanie

Gunter Dueck

Supramanie

Vom Pflichtmenschen zum Score-Man

Zweite, um ein Nachwort ergänzte Auflage

Mit 8 Farbtafeln

Professor Dr. Gunter Dueck
IBM Deutschland GmbH
Gottlieb-Daimler-Str. 12
68165 Mannheim
dueck@de.ibm.com
www.omnisophie.com

ISBN-10 3-540-30534-3 Springer Berlin Heidelberg New York
ISBN-13 978-3-540-30534-7 Springer Berlin Heidelberg New York
ISBN 3-540-00901-9 1. Auflage Springer Berlin Heidelberg New York

Bibliografische Information der Deutschen Bibliothek
Die Deutsche Bibliothek verzeichnet diese Publikation in der Deutschen Nationalbibliografie; detaillierte bibliografische Daten sind im Internet über http://dnb.ddb.de abrufbar.

Springer ist ein Unternehmen von Springer Science+Business Media
springer.de

Umbruch: PTP-Berlin
Herstellung: LE-TEX, Jelonek, Schmidt & Vöckler GbR, Leipzig
Umschlaggestaltung: KünkelLopka Werbeagentur, Heidelberg
Gedruckt auf säurefreiem Papier 33/3142 YL - 5 4 3 2 1 0

Vom Pflichttier zum Punktesüchtigen

Ein paar Seiten Kurzeinführung in die Gedanken dieses Buches – es ist noch nichts wirklich ausgeführt. Sie sollen nur eine Vorstellung von der „Farbpalette" bekommen.

Pflichttier!

Das klingt als fast erstes Wort eines ernsten Buches schon etwas weitgehend. Aber ich möchte gleich Ernst machen. Das Buch *Omnisophie* hat ja mehr die hehren Seiten des Menschen beleuchtet. Jetzt wende ich mich möglichst deutlich der dunklen und düsteren Seite zu. *Supramanie* ist die Ergänzung und ein notwendiger zweiter Teil zu *Omnisophie*. In diesem Buch herrscht Angst und Furcht, für deren Erzeugung der Mensch meiner Ansicht nach weitgehend selbst verantwortlich ist.

Schwungvoll ausgedrückt, soll in diesem Buch hiervon die Rede sein:

Vernunft ist zu neunzig Prozent Trieb!

Oder etwas sachlicher: Vieles, was Ihnen vernünftig erscheint, ist uns allen in Form eines „Triebes" eingebrannt oder eingeprägt. Vieles. Fast alles. Wir predigen menschliche Vernunft, lehren sie aber nicht, sondern prügeln sie fest als Trieb in den Menschen hinein. Wenn wir Menschen so „zur Vernunft gebracht haben", sagen wir: „Jetzt sitzt es." – „Jetzt hat er/sie es gefressen." – „Nun hat er/sie es geschluckt." – „Es ist intus." – „Eingebläut!" – „Das vergisst sie/er nicht mehr!" – „Es ist nun klar hinter die Ohren geschrieben!"

Dies ist das Einpflanzen des Systemtriebes oder des ES in den Menschen. Es simuliert Vernunft. Richtig abgerichtete Menschen erscheinen wie vernünftig und verhalten sich so: wie vernünftig. Während reine Vernunft aber aus Besonnenheit oder eben aus Vernunft handelt, so handeln trainierte Menschen aus der Angst heraus, etwas falsch gemacht zu haben, was Schuld, Scham oder Strafe nach sich zöge. Um dieses Triebhafte geht es hier. Ich stelle hier die Art zur Diskussion, wie wir Menschen wie kleine Erwachsene oder gar wie Maschinen aufziehen. Ich versuche, Ihnen die düsteren Implikationen zu verdeutlichen, die immer stärker in unserem Alltag hervortreten: Depressionen, Unsicherheit, Zukunftsangst, „Werteverfall" und zunehmend unethische Versuche, im Leben durch „Tricks" weiterzukommen.

Am Anfang dieses Buches gebe ich Ihnen eine Kurzfassung der Vorstellungsbilder von den menschlichen Instinkten und von den „Trieben", die ich in *Omnisophie* wie ein Seismographensystem beschrieben habe. Seismographen schlagen in uns aus, wenn etwas nicht stimmt, wenn Gefahr im Verzug oder Beute zu sehen ist. Diese Ausschläge, die sich als ein Stich im Bauch, ein Wühlen im Eingeweide oder ein Erröten äußern, zeigen an, dass wir unsere Aufmerksamkeit auf einen auslösenden Punkt richten sollen. Ich möchte Ihnen klar machen, dass diese Zuckungen in unserem Körper wesentlich bestimmender für unser Leben sind als wir gemeinhin glauben. Ich selbst habe es auch erst nach langer Selbstbeobachtungszeit gemerkt oder besser: glauben können. Versuchen Sie doch einmal, schwach unvernünftig zu sein. Kaufen Sie doch zum Beispiel in einer ganz fremden Fleischerei eine *einzige* Scheibe Wurst. Halten Sie bei roter Ampel schon zwanzig Meter vor der Haltelinie. Gehen Sie einmal in eine fremde Versicherungsagentur hinein und wieder hinaus (oder dasselbe bei Beate Uhse). Wissen Sie, was Sie fühlen? Es zuckt im Körper. Ich kenne einige Leute, die sich nie trauen würden, auf der Straße Pommes oder ein Matjesbrötchen zu essen. Früher hatten viele Menschen Angst, bei Aldi gesehen zu werden. Andere schämten sich, mit einer Karstadt-Tragetüte in den gegenüber liegenden Horten zu gehen. Viele scheuen sich, von ihrem Sparkassenkonto Geld auf eine Internetbank zu überweisen, weil das jemand in der Bank sehen könnte.

Es zuckt in uns.

Es hat nichts mit dem Gehirn zu tun. Der Verstand erlaubt uns, zu Aldi zu gehen, er würde es eventuell sogar begrüßen. Es ist vernünftig, Zucker billiger einzukaufen. Aber der Körper zuckt. Ich will Ihnen im Buch sagen: Vernunft ist neunzig Prozent Trieb.

Wir sind nicht wirklich vernünftig, sondern wir vermeiden vor allem, dass es zuckt! Wann aber zuckt es? Es sind Seismographen, die in uns ausschlagen, weil uns jemand einmal an solcher Stelle ausschimpfte oder auslachte. Sie schlagen aus, wenn wir „nicht normal" handeln, vernünftig hin oder her. Es zuckt, wenn wir gegen Regeln verstoßen, etwas normal Verbotenes beginnen oder denken, wenn in irgendeiner Weise unser „Ruf" Schaden nehmen könnte. Wir denken, wir sind vernünftig, wenn wir etwas Normales tun. Wenn ich zum Beispiel ein neues Buch in mein Regal einräume, so sagt mein Verstand ruhig: „Stell dieses Buch da hin, dahin passt es thematisch und wird leicht gefunden." So wie in dieser Situation fühlt sich *ruhiger* Verstand an, wie Denken im Hirn. Aber: Im Allgemeinen *zuckt* es! Im *Körper*!

Ich will mit Ihnen auf Gedankenreise gehen: Wir haben viiiel weniger Vernunft als wir glauben. Wir werden weitgehend durch das Zucken der Eingeweide gesteuert. Dieses Zucken ist eine Folge der Erziehung. Wir werden nicht etwa dazu erzogen, *verständig* zu sein. Nein, in uns werden Seismographenprägungen vorgenommen. Das in *Omnisophie* sogenannte ES wird in uns eingebrannt. Unsere Triebstruktur wird per Erziehung umgepolt, um aus uns einen sogenannten Pflichtmenschen zu „bilden". Wir tun nicht etwa aus Neigung unsere Pflicht, wie es Immanuel Kant sich von uns wünscht. Es *zuckt*, wenn wir unsere Pflicht *nicht* tun. So ist der Pflichtmensch in wesentlichen Teilen ein Triebkonstrukt und – auf den Punkt gebracht – ein Pflicht*tier*. Denn bei der Prägung eines solchen Seismographenmenschenbündels wird auf die Vernunft kaum Bezug genommen. Wir erziehen durch Zwang, Gewöhnung und Überredung, mit Belohnungen und Strafen, durch Aufmerksamkeit oder Liebesentzug. Das Seismographische ist um Größenordnungen leichter im Menschen einzupflanzen als Vernunft. „Mach das jetzt so, wie ich sage, zum Donnerwetter. Du bist zu klein, es zu verstehen!" – „Stellen Sie nicht immer Sinnfragen, die Firmenleitung wird schon wissen, was sie tut. Wenn Sie's nicht verstehen wollen, suchen Sie sich eine andere Arbeitsstelle!"

Die Systeme der Welt sind auf das Zucken gebaut.

Die Systeme loben die Ausschläge in unserem Innern als „Gewissen", „Ehrgefühl", „Arbeitsethos" und dergleichen. So leben wir mit einem Ersatz von Vernunft in unserem Körper, der weitgehend ohne Denken auskommt. Die Seismographen simulieren Vernunft in uns. Täuschend ähnlich. So sehr ähnlich, dass Sie jetzt bei diesen Behauptungen schon der Zorn überkommen könnte. Vernunft soll Trieb sein! Halt, warten Sie noch. Das ist ja erst die erste These.

Die Systeme haben – auf dem Gedanken der Pflicht und des Gehorsams – die Menschen zur Arbeit angehalten. Jeder Mensch bekam eine Aufgabe, einen Posten oder ein Amt. In dieser Aufgabe musste er sich vor allem mühen und dabei alle Vorschriften getreulich achten. Für den Respekt aller Regeln und Befehle und für die lange Arbeitszeit und Mühe bekam er einen gerechten Lohn.

Solche Systeme zielten vor allem auf *Disziplin* ab. Menschen sollten sich unentwegt mühen. Sie sollten Geld für die Not sparen. Sie sollten den dauernden Verzicht üben, ihre Triebe auszuleben, die sie zu Lotterleben, Liebestrieb und Verschwendung anzuhalten schienen. Der Gedanke der Mühe gründet sich auf der Vorstellung von Triebverzicht. Es hieß: Verzichte auf das Ausleben deiner Triebe und arbeite alles pünktlich ab, dann hast du langfristig gesehen ein ruhiges, auskömmliches Leben. (Ich habe schon gesagt, dass ich das so lese: „Wir ersetzen den originalen Trieb des Leibes durch den Pflichttrieb, dann geht es dir besser.")

Diese Auffassung eines menschlichen Arbeitslebens erfährt in diesen Jahren eine Revolution.

Früher galt, noch einmal sei's gesagt: Man zwinge den Menschen, seinen Willen und seine Begierden hintan zu stellen. Er soll sich seiner Pflicht aufopfern. Dann wird der resultierende Mensch lammgeduldigst Furche für Furche auf dem Acker ziehen und sich lebenslang anstrengen.

Heute erkennen die Arbeitswissenschaftler, dass Menschen, denen man den Willen brach und die Gier nahm, im Gegenzug viel weniger psychische Lebensenergie besitzen. Das provoziert eine naheliegende Idee: Lässt sich Gier oder Siegeswille in Arbeit verwandeln, ohne dass die Disziplin oder Pflichterfüllung leidet? Gier auf Völlereien oder Exzesse sicher nicht, aber Geldgier oder der Wille, einst als Sieger zu triumphieren? Das ist seit langen bekannt. Seit Alters her rennen Menschen hinterm Gelde und hinter Lorbeerkränzen hinterdrein!

Die neue „Gier" heißt: *Höherwertigkeit.* Als Sucht nenne ich sie *Supramanie.*

Die ultimative Droge heißt: „Du musst der Beste sein!"

Alfred Adler fügte den Begriff der Minderwertigkeit und des Minderwertigkeitskomplexes in unser kollektives Bewusstsein ein. Er zeigte uns, dass Menschen, die sich minderwertig fühlen, enorme, auch neurotische Energien freilegen können, um titanische Leistungen zu vollbringen. Wie viele Höchstleistungen der Menschheit haben wir der Rachsucht oder verschmähter Liebe zu verdanken! Wie viele Energien wurden durch Demütigungen (= Minderwertigsetzungen) entfesselt!

Die Idee ist es, diese schlummernden Energien des Menschen in Arbeit zu verwandeln. Dies kann grob dadurch geschehen, dass wir die Arbeitsleistungen des Menschen konsequent als Vergleichszahlen messen und über die Zahlen die Menschen in Werte-Tabellen ordnen. Wir zeigen in Rangordnungen, welche Menschen einen höheren oder minderen Wert haben. Es gibt Menschen in der Tabelle oben und Menschen unten. Es gibt „heiße" Aufsteiger „mit Biss" und schon wieder ermüdende Absteiger. Wir pflanzen einen Höherwertigkeitstrieb (ich nenne ihn Supratrieb) in den Menschen hinein, dessen Seismographen ihn unaufhörlich und lebenslang peitschen.

Die Zauberworte des neuen Triebes heißen: Anreiz, Anreizsystem, Leistung. Wir reden von *Leistungsgerechtigkeit* statt von der bloßen Gerechtigkeit, die seit dem Altertum als höchste Kardinaltugend des Vernunftmenschen galt.

Anreizsysteme binden Menschen in Geschäftsprozesse ein, deren Regeln sie genauestens und peinlich beachten müssen. Innerhalb von Regel-, Pflicht-, und Organisationsstrukturen bekommen Menschen nun einen Platz oder ein Revier vorgesehen, auf dem sie der Beste sein sollen. „Simply the best!" Die Forderung nach dem Sieg wird sie in ständiger Unruhe halten. Diese neue Gier lässt sie ständig an Arbeit denken, während der Pflichttrieb früher bei Arbeitsende den Menschen zur Familie entließ. Der neue Zwang zum Siegen verwischt die Grenzen von Arbeitsleben und Privatheit und drängt die letztere zurück.

Wenn man Laborratten mit Käse in Anreizsystemen zur Arbeit zwingt, werden sie faul, wenn sie genug gefressen haben. Viele Menschen erlahmen, wenn sie „genug Geld" beisammen haben. Aber die Minderwertigkeit in uns gibt nie auf. Niemals! Die Minderwertigkeit wütet in uns. Sie wird uns bis zum Schluss dieses Buches begleiten.

Wenn wir nun gezwungen werden, alle Energie in uns in Leistungs-Punkte zu verwandeln, so verlieren wir unsere wahren Werte in noch größerem Ausmaße, als ein Karl Marx je mit seiner *Entfremdung* ahnen konnte. Arbeit wird zur Höherwertigkeitsrallye und zur Punktejagd. Aus Pflichtgetriebenen werden Punktejäger.

Score-Man.

Es geht darum, Nummer Eins zu sein. The winner takes it all. Nur der Erste zählt. Der Schnellste am Markt. Der Erste mit einer Innovation. Nummer Eins über alles, über alle Vernunft.

Ich will darstellen, dass wir beginnen, nur noch auf Punkte zu schauen, nicht mehr in erster Linie auf die Arbeit. „Papa, ist das gut? Bekomme ich einen Euro?" – „Ist es schon gut genug, damit ich die Prüfung bestehe?" – „Was bekomme ich eigentlich dafür, wenn ich Ihnen diesen Gefallen tue?" Wir arbeiten zunehmend extrinsisch motiviert, also von Zielen gesteuert, die nicht unsere sind.

Das Problem der Punktesüchtigen ist es nun, dass nur *einer* Nummer Eins sein kann. Es gibt Menschen oben und Menschen unten. Es muss *viele* Schatten-Menschen unten geben, damit es den Trieb nach oben gibt, die Supramanie. Die Menschen unten aber werden sich wehren.

Sie wehren sich durch Schummelei und nervend-störende Klage, manche werden dauerfrustriert aufgeben, sich selbst und die Arbeit. Die Supramanie fordert viele Opfer. Die derzeitigen Bilanzskandale (2002/2003) zeigen erste Blüten der Sucht, Nummer Eins zu sein. Menschen beginnen, alles für Punkte zu tun. *Für ein paar Punkte mehr* könnte heute ein Western heißen. Ein US-Western, sehr exportfähig.

Es wird um jeden Punkt gekämpft. Jeder gegen jeden. Um die Nummer Eins. Die Menschen beginnen, um Erfolge zu feilschen, sich noch mehr Masken aufzusetzen, dem Schein zu huldigen, zu vertuschen und aufzubauschen. Äußere Form vor allem Inhalt! Das ist die wirkliche dunkle Seite der kommenden Supra-Zeit.

Ich werde nicht in das Gejammer derjenigen einstimmen, die schon immer den Verfall der Werte beklagen. Ich will den Grund dafür herausätzen. Wir säen in unserer Menschenführung zunehmend Trieb, nicht Vernunft. Trieb kennt keine Werte! Wenn Sie dies mit mir sehen können, müssen Sie nicht mehr jammern. Es ist dann mehr ein Grauen, das uns erfüllt, nicht wahr?

Wir beuten rücksichtslos Minderwertigkeitstriebkräfte des Menschen aus und treiben damit einen ungeheueren Raubbau an den psychischen Energien. Unternehmen suchen händeringend „motivierte Mitarbeiter“ (solche mit hohem Energiestand) und entlassen ausgepowerte Menschen mit innerer Leere, die angeblich „innerlich gekündigt“ haben.

Dies ist ein düsteres Buch.

Es zeigt die Lage. Ihre Lage, meine Lage.

Das Licht trage ich wieder im nächsten Buch herein, dort möglichst hell.

Ich möchte dieses letzte Buch der Trilogie *Topothesie* nennen. Das ist so ein wunderschönes griechisches Wort: topothesia. „Lebensecht blühende Erzählung von einem vorgestellten Ort.“ Ich stelle Ihnen also später vor, was ich mir blühend denke, so könnte es sein. Ich will ja nicht verzweifeln.

Inhaltsverzeichnis

Teil 2
Der punktegepflasterte Unweg

Teil 1
Oben und unten mit System

I. Die Pflicht zum Erfolg: Der Supratrieb

Dieses ganze erste Kapitel spannt einen Bogen über das Buch. Es lockt Sie langsam zu den Kerngedanken hin, die anschließend in gesonderten Kapiteln ausgemalt werden. Es wird noch nichts sehr tief begründet. Sie sollten ein erstes intuitives Gefühl für das Ganze und einen gewissen Schrecken bekommen, der sich auch wie Unglaube anfühlen könnte.

1. „Pass auf!" – Ein wenig Omnisophie

Am Ende will ich von Trieb sprechen. Ich möchte Sie daher zunächst in das Reich der Aufmerksamkeit lenken. Was interessiert uns? Worauf achten wir? Was ist uns wichtig? Was muss jetzt gleich erledigt werden? In uns zuckt etwas: Wir werden von einem Mechanismus im Körper auf etwas hingewiesen.

„Pass doch auf!"

Ist das der Satz, den wir im Leben so oft hören wie keinen anderen?

„Pass auf, lass das, sei vorsichtig, sieh doch hin, schau, wohin du gehst, schau dich doch um, vergiss nicht, hör doch zu, hör mal, sieh doch endlich!"

Es sind resignierte Rufe von schon erwachsenen Pflichtmenschen. Im Grunde wissen sie, dass der junge Mensch meist nur durch eigenen Schaden wirklich klug wird. Und am Scherbenhaufen heißt es:

„Hast du es jetzt gesehen? Begreifst du nun? Endlich kapiert? Musste das erst passieren? Habe ich nicht immer gesagt? Hätte mein Predigen nicht nützen können? Ach, wie ich leide, ständig sehen zu müssen, wie sie alle in ihr Unglück rennen!"

(Darauf will ich im Laufe dieses Kapitels hinaus: Hinter diesem nervösen „Pass auf" steckt eine Art Trieb, der unsere Konzentration auf das Funktionieren „von allem" lenkt. Ich will ihn Systemtrieb nennen.)

Vernunft rät, Straßen vorsichtig zu überqueren. Logik befiehlt, erst nach links zu schauen. Vernunft erklärt, warum Herdplatten heiß sind, wenn sie Wasser zum Kochen bringen. Vernunft sagt, dass Treppen steil sind. Vernunft zittert, wenn Leitern sorglos in einem Haus mit empfindlichen Tapeten herumgetragen werden. Vernunft weiß beim Essen, wie viel das Reinigen eines Kostüms kostet oder wie sich späteres Bauchweh anfühlen wird. Vernunft geht zur Schule, um viel für das Leben zu lernen. Alles ist klar, nachdem es nur ein einziges Mal begriffen ist.

Und die Vernunft staunt: „Muss ich dir denn alles hundert Mal sagen?"

Denn die Kinder laufen achtlos über Straßen, stolpern Treppen hinunter, drücken sich vor dem Lernen, kleckern sich die T-Shirts voll und schlucken Eis bis zur Übelkeit.

Dann fassen sie genau einmal auf eine Herdplatte, liegen genau einmal fast vor einem Auto, klagen über eine riesige Schürfwunde inmitten von blauen Flecken.

Dann lernen sie. Wenigstens für ein paar Tage.

Und die Vernunft triumphiert: „Wer nicht hören kann, muss fühlen."

Sie triumphiert aber ganz und gar nicht. Sie hat auf ganzer Linie verloren. Vernunft wäre, auf Grund einer offenbar richtigen Erkenntnis entsprechend richtig zu handeln. Die Menschen schlagen Erkenntnisse der Vernunft aber in den Wind! Wenn jedoch der Körper Schmerzen hat, lernen sie blitzschnell. Wenn die Mutter einen Tag lang nicht spricht, also Liebe entzieht, wenn der Nachtisch versagt wird, wenn es etwas hinter die Ohren gibt – dann ist da etwas, das „spürt" und nicht mehr so leicht vergisst. Warum gehorcht der Mensch nicht der Vernunft? Warum beugt er sich dem banalen Entzug von Eiscreme? Welche verschiedenen Kräfte wirken da zusammen oder besser nicht zusammen? Ich will in diesem Buch argumentieren, dass der Mensch zwar Vernunft in den Himmel hebt, aber im praktischen Leben meist schnell herausfindet, dass sich das Körpersystem, das Spüren, viel effektiver und effizienter beeinflussen lässt als die Vernunft, die einen langen Einsichts- und Lernprozess verlangt. Ach, es dauert so lange, bis sich der Mensch aus Vernunft die Zähne putzt, – während er es aus Zwang schon in jungen Jahren ganz passabel regelmäßig tut. Deshalb nutzt die Vernunft unsere „Triebe" aus, um sich Gehör und Macht zu verschaffen. Sie zwingt den Körper zur Vernunft, weil eine Erziehung der reinen Vernunft zu lange dauern würde, so sagt man, weil man sich vor der damit verbundenen Mühe fürchtet. Es kommt schließlich darauf an, sagt uns eine Art von Vernunft, dass die Zähne faktisch *geputzt* werden, warum auch immer. Der Mensch, der die Zähne aus Gewohnheitszwang putzt, sieht von außen täuschend ähnlich wie einer aus, der sie putzt, weil es rein vernünftig ist. Den meisten Menschen ist es genug, wenn alles *funktioniert*. Zum Funktionieren brauchen wir keine Vernunft, nur regelkonformes Verhalten.

Wenn wir Menschen also von außen gesehen vernünftig zu handeln scheinen, so funktionieren wir meist nur in dem Sinne, dass wir formal vernünftig handeln, weil man es uns so eingebläut hat. Wir sind großenteils nur scheinbar vernünftig, weil die Menschengemeinschaft uns mit immensem Druck auf das Funktionieren des Gesellschaftssystems festnagelt. In uns herrscht introjizierte Kunstvernunft, die wir über den Weg der Körperdressur erworben haben, über Belohnung und Strafe. Es ist nicht die reine Vernunft, die das als richtig Erkannte um seiner selbst willen tut, wie es die Philosophen fordern. Ich will Ihnen diese Kunstvernunft in diesem Buch vor Augen führen. Ich will Ihnen dafür die Augen öffnen, dass die Vernunft in uns nur simuliert ist. Und dann können wir verstehen, warum das menschliche Leben in vielen Teilen ein so effizientes

Elend ist. Der Weg zur Einsicht und zur Vernunft ist langwierig und pflegeaufwendig. Die Abkürzung zur Vernunft über die Umdressur „des Tieres in uns" ist viel billiger und kommt uns, wie so vieles Billige, teuer zu stehen.

Im Buch *Omnisophie*, dessen Fortsetzung dieses Buch in vieler Weise ist, habe ich den Unterschied zwischen verschiedenen Funktionsweisen des Gehirns oder des Körpers herausgearbeitet und Ihnen *Vorstellungsmodelle* dafür angeboten. (Bitte zanken Sie nicht mit mir herum, ob diese Vorstellungsmodelle naturwissenschaftlich korrekt sind. Begriffe wie Über-Ich oder Es sind um Größenordnungen vager als meine Modelle und leisten doch viel für die Menschheit!) Ich habe in *Omnisophie* eingehend die Vorstellung oder das Modell begründet, dass der Mensch im Wesentlichen drei verschiedene Rechner in sich wirken hat. Ein Teil unseres Innern ist praktischer Verstand oder Vernunft und konzentriert sich auf das richtige Funktionieren der Welt. Ein zweiter Teil enthält die ganzheitliche Einsicht in die Welt, unsere Intuition, die größere Wirkzusammenhänge erfasst und den großen Rahmen versteht. Der dritte Teil enthält die Warn- und Lenkmechanismen unseres Körpers, die ich zusammengefasst unser Seismographensystem genannt habe. Diese Lenkmechanismen des Körpers „spüren" über den Körper. Über sie handelt der Körper instinktiv, ohne Nachdenken, blitzschnell.

Von diesem eher unbekannten Seismographensystem und seinen unverstandenen Wirkungen soll dieses Buch vor allem handeln. Ich will zeigen, dass wir dieses System wegen seiner leichten Manipulierbarkeit mehr und mehr zu unserer Lebensbasis werden lassen, während unsere Lippen unaufhörlich den fast göttlichen Rang von Vernunft und Einsicht verkündigen. Unsere Systeme der Erziehung und des Managements erheben nämlich zur Zeit das gute alte Verprügeln, um den Menschen zur Kunstvernunft zu zwingen, zu einer neuen Wissenschaft. Nein, wir verhauen niemanden mehr physisch, aber wir sind ständig von Arbeitsplatzverlust und gängelnden Anreizsystemen und Evaluationen verfolgt. Schule, Politik und Arbeitgeber lenken uns zunehmend durch Anreize. „Wir müssen Anreize schaffen, damit dies und das geschieht." So heißt es immer öfter. Der Mensch wird universell durch Anreize gelenkt. Eine schlichte Vernunft des Menschen zum Guten hin muss nicht mehr vorausgesetzt werden! Anreizsysteme brauchen die Vernunft nicht mehr. Sie arbeiten mit simulierter Kunstvernunft. „Wenn die Zähne geputzt sind, ist es gut. Die Motivation dahinter ist vollkommen gleichgültig. Es muss nur überhaupt eine Motivation da sein." Diese simulierte Vernunft will ich, wie gesagt, Systemtrieb nennen.

Hier, zu Anfang, muss ich ein bisschen ausholen. Ich muss ja den Unterschied zwischen Vernunft und Instinkt sauberer herausarbeiten. Im Buch *Omnisophie* habe ich drei verschiedene Menschenarten besprochen, die richtigen, die wahren und die natürlichen Menschen. Es sind Menschen, die sich in ihrem Leben hauptsächlich ihrem Verstand oder ihrer intuitiven Einsicht oder ihrem lenkenden Willen anvertrauen.

Ich gebe hier von dieser Einteilung eine ganz kurze Skizze. Dann schreite ich fort. Leser der *Omnisophie* wissen schon alles und nehmen hier eine kleine Auffrischung. Für Leser, die gleich dieses zweite Buch aufschlagen, will ich die Möglichkeit schaffen, es ohne das erste verstehen zu können. Das sollte ganz gut gehen. Sie erleiden natürlich einen gewissen Verlust an Tiefe im Verständnis der Unterschiede und Feinheiten, was die drei Lenkungseinheiten in uns Menschen betrifft. Es könnte sein, dass Ihnen beim Lesen nur dieses Buches meine Argumente vielleicht zu extrem oder etwas weit hergeholt vorkommen, weil ich Sie ja hier nicht noch einmal ganz vorbereiten kann. Insbesondere vermissen Sie vielleicht die mathematische Grundlegung des Seismographensystems aus dem Buch *Omnisophie*. Die brauchen Sie hier nicht, wenn Sie einfach die Vorstellung eines solchen Systems als Ihre Vorstellung akzeptieren. Wenn Sie das innerlich nicht können, müssen Sie wohl doch zum früheren Buch greifen.

Also, hier eine Kurzfassung von richtigen, wahren und natürlichen Menschen:

Der *analytische Verstand* sitzt quasi „in der linken Gehirnhälfte". (Das stimmt ungefähr mit den neurologischen Befunden überein, die seit einiger Zeit immer tiefere und leider immer verwirrendere Erkenntnisse ans Licht bringen. Für die Implikationen ist es ganz irrelevant, wo dieser Verstand sitzt, aber es hilft vielen Menschen, sich alles besser vorzustellen.) Die linke Hirnhälfte „denkt" logisch, sequentiell, rational, objektiv und heftet den Blick auf Einzelheiten. Ich habe sie ausgiebig mit der Funktionsweise eines normalen Computers verglichen, der offensichtlich die gleichen Eigenschaften hat. Computer arbeiten sequentiell Programme ab und haben jede Einzelheit gespeichert. Ihnen fehlt der Blick für das Ganze. Sie „wissen" aber alles einzeln. Ein Computerspeicher ist so wie eine Universitätsbibliothek in Abteilungen, Ordner und Regale unterteilt. Das File-System eines Computers sieht wie eine Organisationsstruktur eines Unternehmens aus. Der analytische Verstand hierarchisiert gerne, legt Kriterien fest, führt Listen und Zahlentabellen. Erkenntnisse werden aus Analysen gewonnen, aus Statistiken und Umfragen, aus dem Studium und der Auslegung von Gesetzesbüchern und Regelwerken. Die linke Gehirnhälfte liebt Traditionen und Gewohnheiten. Sie legt Wert auf reibungsloses Funktionieren. Sie sieht den Menschen als Teil eines Gemeinschaftssystems von Menschen. Der Einzelne hat ein nützliches Mitglied zu sein. Der analytische Verstand mahnt mit erhobenem Zeigefinger. Er weiß, wie es richtig ist. Er ist der Sitz der Vernunft. Wenn sich Menschen vorwiegend der linken Hirnhälfte bedienen, sind sie vernünftige Menschen, solche wie Lehrer, Beamte oder (offizielle) Eltern. Ich nenne sie die *richtigen Menschen*. Richtige Menschen setzen auf Pflicht und Arbeit, sie schaffen und halten Ordnung, achten auf die Moral und guten Geschmack. Richtige Menschen sind verantwortlich und zuverlässig, sehen Arbeit als Mühe und Lebensaufgabe, suchen Achtung, Respekt, Ansehen, Rang. Richtige Menschen haben das privilegierte Gefühl, „normal" zu sein, was für sie mehr den Anstrich von „vorbildlich" hat. „Man muss *so* sein, man tut das *so*, es ist *so* Pflicht und Tradition!" Andere Menschen sind eben *nicht* richtig!

Die *intuitive Einsicht* residiert in der rechten Gehirnhälfte. Sie denkt ganzheitlich und schaut nicht gern in das Einzelne. Sie synthetisiert, bildet aus verschiedenem Wissen ein neues Ganzes. Sie wirkt subjektiv und eher emotional. Ich habe das intuitive Denken mit dem mathematischen Modell des neuronalen

Netzes verglichen. Solche Netze „spüren das Ganze der Welt". Sie sind so etwas wie der ganz persönliche Schatz unseres gesammelten Lebens, die Essenz unseres bisherigen Seins. Jede Erfahrung in unserem Leben lagert sich unsichtbar in das Ganze ein und verschwindet verschwimmend im Ganzen. Die Intuition ist diese Summe des Ganzen. Neuronale Netze „assimilieren" neues Wissen und formen damit das Ganze der Intuition immer vollendeter aus. Im Gegensatz zum analytischen Verstand wird das assimilierte Wissen aber nie explizit abgreifbar gespeichert. Nach dem Assimilieren ist es mit dem Ganzen verschmiert und daher nicht gerade ganz untergetaucht, aber mit ihm untrennbar verschmolzen. Das Ganze in uns weiß dann die Antworten auf Fragen, es weiß aber keine Regeln oder Fakten mehr. Das Analytische speichert Wissen, Regeln und Fakten und antwortet wie ein Computer nach logischen Berechnungen. Intuition verschmilzt die Summe des Lebens zu einer Entscheidungsmaschine, die von außen wie ein Orakel aussieht. Intuition sagt zu einem Ölgemälde: „Es macht betroffen, so schön ist es!" Verstand analysiert: „Renommierter Maler, der bekanntlich mit Farben *zaubert*, wie der Museumsführer es ausdrückt. Besonders charakteristisch ist die wischende Maltechnik, die sich hier einzigartig und exemplarisch findet. Der Künstler hat großen Einfluss auf die Farbgebung einer ganzen Schule von ..." – „Halt!", schreit die Intuition. „Findest du das Bild *schön*?" Der Verstand wägt die Fakten ab und bejaht zögernd. Er hätte noch gerne ein paar andere Meinungen gehört, am besten von anerkannten Autoritäten. Intuition weiß *selbst*. Ganz sicher. Sie ist persönlich, weil sie die Lebenssumme ist. Verstand ist unpersönlich oder überpersönlich. Er steht für das Allgemeine, das allen Menschen gemeinsam ist. Der Verstand findet das Intuitive „subjektiv", weil es persönlich ist. Das Intuitive ist „authentisch", weil es persönlich ist. Der Verstand ist kalt, weil er überpersönlich ist. Das Intuitive weiß und liebt. Es beherbergt Erleuchtung, Ethik, Ästhetik. Der Verstand misst nach Regeln und Kriterien. Er ist der Schirmherr für Ordnung (gemessenes und sortiertes Wissen), Moral (gemessene Ethik und verordnete Sitte) und Geschmack (gemessene Schönheit und verordnete „Mode"). Menschen, die hauptsächlich intuitiv urteilen, habe ich *wahre Menschen* genannt. Viele Wissenschaftler und Künstler sind Intuitive, viele Computerfreaks. Bei IBM habe ich fast 1000 Mitarbeiter getestet. Sehr viele sind intuitiv, wohl über die Hälfte. (Bei einem Test, der *nur zwischen links und rechts* unterscheidet und keine natürlichen Menschen zulässt wie hier ich, kommen siebzig Prozent Intuitive heraus, bei Psychologen, Dichtern Architekten ebenso – das ist hier nicht wirklich brauchbar, weil ich ja noch die im Folgenden erklärte Spezies des natürlichen Menschen kenne, aber Sie haben jetzt einen kleinen Eindruck von den statistischen Verhältnissen.) Intuitive gelten als Hüter der Ideen, hängen Utopien und Idealen an. Sie sind definitiv *nicht* normal im Sinne der richtigen Menschen. Richtige Menschen mögen die Intuitiven theoretisch gern, aber sie lächeln etwas über sie und halten sie wahrscheinlich manchmal oder oft für Spinner. Die Intuitiven mögen die Richtigen eher nicht so gern, weil aus der Sicht des Idealen das Normale spießbürgerlich und zwanghaft wirkt. Nehmen wir den Gegensatz „Liebe muss verdient werden" versus „Liebe ist unbedingt". Oder „Auge um Auge" versus „Liebe deinen Nächsten" oder „Erziehen ist Tilgung des Tiers im Menschen" versus „Erziehung ist liebendes Pflegen". Das eine wird mehr von den richtigen Menschen vertreten. Es ist praktisch und bewährt. Das andere ist sonnig idealistisch und scheint nicht in großer Skala zu funktionieren! Wahre Menschen sind in einer kläglichen Minderheit gegenüber den richtigen. Geschätzt: zehn bis fünfzehn Prozent in der Gesamtbevölkerung. In gebildeteren Schichten sind sie in der Mehrheit. (Über diese schlichte statistische Feststellung sollte einmal lange nachgedacht werden!)

Die dritte Entscheidungsmaschine im Menschen sitzt nach meiner Vorstellung *nicht* im Gehirn. Natürlich sitzt sie auch dort, im Mandelkern (Amygdala) oder so. Aber es ist besser, wir stellen uns vor, sie sitzt im Körper. Ganz verteilt. Sie besteht aus einigen tausend Seismographen, die auf bestimmte Vorkommnisse lauern. Wenn das, worauf sie lauern, eintritt, schlagen sie aus. In uns zuckt etwas. Ich habe in *Omnisophie* ein mathematisches Vorstellungsmodell für diese „Algorithmen" eingeführt. Es sind Algorithmen, die in einem Ozean von Information auf das Auftreten bestimmter Spezialinformationen „scharf gestellt sind" und „aufpassen". Sie tun sonst nichts anderes, außer Spezialalarm zu geben. Ich habe solche Algorithmen vorgestellt, gezeigt, dass sie wenig Platz und ganz wenig Rechenzeit brauchen. Es zuckt nur kurz in uns, das ist alles. Wir wissen oft nicht warum. Es zuckt wie ein Alarm. Der Verstand muss dann aufmerken und analysieren, was los ist. Es zuckt, wenn es in unserer Nähe kracht, wenn etwas vorbeifliegt, wenn uns jemand kränkt, droht, belügt. In uns sagt etwas: „Zack!" – „Zisch!" – „Hui!" – „Achtung!" – „Vorsicht!" – „Pass auf!" *Diese Seismographen in uns steuern unsere Aufmerksamkeit.* Sie befehlen gebieterisch, womit sich der Kopf, links wie rechts, bitte jetzt gleich befassen sollte. Sie weisen hin, warnen, interessieren, alarmieren. Die Seismographen beißen oder erfüllen uns vom Körper her: Erröten, Stärke, Hass, Zorn, Triumph, Empörung, Bestürzung, Starre, Angst, Übermut, Innehalten, Grauen, Panik, Freude, Lust, Ungeduld ... Die Seismographen alarmieren und versetzen die „Körperchemie" im gleichen Augenblick in einen anderen Zustand, in einen Zustand, der jetzt sofort angemessen erscheint. Zuschlagen? Entspannen? Jubeln? Weglaufen? Schimpfen? Nachgeben? Lachen? Stillhalten? Wenn der Körper zuckt, aktiviert er Adrenaline („Schau hin! Tu was!") oder Endorphine („Stell dich tot! Lass es sein!"). Dann mag er kämpfen, sich zufrieden zurücklehnen oder in Depression verharren und versinken. Es sieht aus wie das Einschalten eines Turbos oder Dämpfung, Entspannung oder eine Teilabschaltung (ein Aufgeben, Hinnehmen). Der Mensch ist sehr persönlich dadurch charakterisiert, *welche* Seismographen er im Körper *worauf* lauernd eingestellt hat. Als ich zur Schule ging, hatten die meisten Mitschüler an genau solchen Stellen eher „draufhauen" eingeschaltet, wo bei mir „stillhalten" oder „weggehen" bevorzugt war. Das habe ich ja schon in früheren Werken über mich verraten. Das Lehrbuch sagte für meinen Fall: „Werden Sie bei Ihrem unaggressiven Profil am besten Mathe-Professor. Im Elfenbeinturm haut Sie niemand mehr." Sehen Sie? Es gibt unglaublich viele Möglichkeiten, Seismographen zu setzen: „Gut gekämmt? Hose zu? Guckt einer ins Wohnzimmer? Irgendwas zu essen? Bügeleisen aus? Lehrer in der Nähe? Polizei? Eltern? Geld? Tropft was? Bild schief? Unaufgeräumt – Besuch kommt? Schöner Busen? Milch gekauft? Mülleimer rausgestellt?" Seismographen erzwingen Aufmerksamkeit. „Pass auf!" Das Seismographensystem lenkt unsere Aktivität. Es richtet unsere psychische Energie. In seinem Zentrum herrscht der Wille. Der Wille ist die Summe des Seismographensystems. Menschen, die in sich das Primat des Willens spüren, scheren sich nicht, ob ein Ziel mit der linken oder rechten Hirnhälfte erreicht wird. Sie kümmern sich mehr um einen adäquaten chemischen Zustand des Körpers. Sie arbeiten nicht in *jedem* Zustand, wie es der Verstand vernünftig fände. Sie haben dann „keinen Bock". Und dann stürzen sie sich zu anderen Zeiten in ungezählte Überstunden, um „es zu zwingen". Ich habe solche Menschen die *natürlichen Menschen* genannt. Richtige Menschen empören sich über natürliche Menschen, die ihren Willen *über* die Pflicht setzen. Natürliche Menschen trotzen den richtigen Menschen und provozieren sie gerne, auch mit four-letter-words. Sie arbeiten nicht aus Gehorsam, sondern schon früh gegen Eis oder Ausgeherlaubnis oder für ein vorzeitiges Moped. Von wegen Pflicht! Sie verhandeln und kämpfen dafür, dass es ihnen gut geht. Richtige Menschen finden, dass natürliche Menschen zu viel Stress machen. Sie klagen, dass natürliche Menschen Probleme „mit der Impulskontrolle" haben, mit ihren Seismographen also. Impulse sind Tiererbe und verdammungswürdig! Natürliche Menschen lassen sich im Gegenteil mehr durch diese Impulse leiten. „Spaß bei der Arbeit" wollen sie und üben gerne Tätigkeiten aus, bei denen der Körper sich wie in einem günstigen biochemischen Zustand anfühlt: Handwerksarbeit, Fliegen, Chirurgie, Jagd, Verkauf und Vertrieb. „Spaß bei der Arbeit" bedeutet auch, die eigenen Grenzen kennen zu lernen. Wie weit kann ich gehen? Welche Risiken entstehen? Wie geht der Körper mit Gefahr um? Wie fühlt es sich an, wenn eine Sache heikel wird? Auf der Kippe steht? Wie agiert man in Gefahr? Wie bleibt man cool? Wie schmeckt Sieg oder überschäumende Freude? Deshalb suchen sie immer auch die Nähe von etwas Gefahr (sagen die richtigen Menschen) oder Kitzel (finden die natürlichen). Der natürliche Mensch bewährt sich im Kampfgewühl bei Schwierigkeiten. Wenn alles ruhig ist (herrlich – finden die richtigen Menschen), stöhnt der natürliche Mensch über Langweile und wird fast verrückt. Es muss etwas los sein! No risk, no fun!

Soweit kurz über verschiedene Menschen. Es wird viel davon die Rede sein, dass unsere Gesellschaft heute hauptsächlich die Seismographensysteme des Körpers umzwingt, um einen solchen Menschen zu synthetisieren, der von außen gesehen dem richtigen Menschen täuschend ähnlich sieht. Ich bespreche die Auswirkungen dieses Systemtrieb-Ansatzes auf die einzelnen Menschenarten. Die wahren Menschen kommen in diesem Buche *nicht* an zentraler Stelle vor. Ich stelle ja dar, wie das Seismographensystem und der Wille umgepolt werden, um so etwas wie einen erfolgsgierigen richtigen Menschen zu erschaffen, den unermüdlichen Leistungsträger, der kaum ein Privatleben kennt. Es geht also in unserer heutigen Zeit um die Entstehung des „natürlich richtigen Menschen". Das Wahre bleibt fatalerweise außen vor oder wird vernachlässigt. Dafür gibt es gute Gründe, von denen in *Omnisophie* schon ausgiebig die Rede war: Das Ganzheitliche und Ideale ist (noch) nicht wirklich in Zahlen und Fakten messbar. Deshalb kann es nicht systematisch durch Anreizsysteme in den Menschen eingebaut werden. Es entzieht sich, zumindest heute noch, dem Systematischen.

So, jetzt passen Sie auf! Wir kehren nach dem Intermezzo über die verschiedenen Menschen zum eigentlichen Thema zurück. Zur Umdressur des Menschen.

„Pass doch auf!"

Es ist der verzweifelte Versuch der richtigen Menschen, die Aufmerksamkeit aller auf potentielle Gefahren zu lenken. „Fahr nicht so schnell!" – „Deine Versetzung ist gefährdet!" – „Der Termin könnte überschritten werden!" – „Mach lieber ein bisschen mehr, dann bist du auf der sicheren Seite!"

Mein Sohn Johannes erzählte neulich mit glänzenden Augen von seinem Schulkameraden. Dieser hatte in gleich fünf Fächern fast auf Note Fünf gestanden, seine Versetzung stand hoch in den Sternen. Er hatte dann verzweifelt beschlossen und dem Schicksal konzediert, drei volle Wochen ranzuklotzen. Er hatte schwer gearbeitet, das erste Mal für die Schule. Johannes: „Er hat sich im Unterricht überall noch mal gemeldet und mündlich rannehmen lassen, damit er eine Chance hat! *Und weißt du was?* Er hat sogar mündliche Dreier bekommen, überall! Nun kommen die Zeugnisse und er hat keine einzige Fünf! Keine einzige! Stell dir dieses *wahnsinnige* Pech vor!"

„Wieso *Pech*?"

„Na, er hat zwei Wochen für die Katz gearbeitet. *Eine* Woche hätte wohl gereicht, oder?"

Und der richtige Mensch sagt: „Mach lieber ein bisschen mehr, dann bist du auf der sicheren Seite!" Natürliche Menschen loten dagegen lieber aus, wo die echte Krisengrenze ist. Das Verhalten der richtigen Menschen, immer „aufzupassen", also immer die Aufmerksamkeit der Pflicht unterzuordnen, finden sie lächerlich. Das Vermeiden von Problemen kostet aus ihrer Sicht zu viel. Vor allem zersplittert das Aufpassen die psychische und physische Energie. Besser ist es, sich in dem Augenblick zu helfen zu wissen, wenn Probleme auftreten. Man kann aber nur wissen, wie man sich zu helfen weiß, wenn man mit vielen und schwierigen Problemen *tatsächlich* gerungen hat. Wer bloß vermeidet, ringt nie oder nie genug. Vermeider sind „schlappe Menschen" oder „Zwanghafte", finden die Natürlichen. Und die richtigen Menschen schimpfen: „Hasardeure!"

So begegnen sich verschiedene Menschen mit gehörigem Misstrauen. In den oberen Etagen unserer Gesellschaft sind die richtigen Menschen in dominanter Position. Dort oben ist Aufpassen angesagt. Pflicht und Verantwortung, Zuverlässigkeit und „Funktionieren" stehen oben an. Die richtigen Menschen glauben an Systeme, an Systematisches, an Regeln, Gesetze, Kriterienkataloge, an Bewerten, Noten, Prüfungen, Bilanzen. Sie bauen auf solchen Grundelementen die Systeme auf. Das mögen Staaten, Unternehmen, Verbände oder Kirchen sein. Sie werden durch Netze von Vorschriften regiert. Die Systeme sagen mit ihren Regeln:

„Pass auf!"

Es sind Systeme der richtigen Menschen. Und sie machen Ernst mit dem Aufpassen. Sie fordern notfalls selbstentsagende Pflichterfüllung in der Gemeinschaft. Richtige Menschen denken vernünftig, so meinen sie jedenfalls in ihrer teilweisen Kunstvernunft. Sie sehen sich (meist irrtümlich, wie ich zeigen will) von Vernunft geleitet. Sie tun, was der Verstand sagt (was ihnen durch Strafandrohung eingeprägt wurde). Sie hören auf Regeln. Sie unterlassen, was verboten ist. Sie ärgern sich grässlich über das Natürliche, das immer allem trotzen muss. Braves Kind. Trotziges Kind. Zwischen ihnen ist die große Front. Im Buch *E-Man* habe ich sie ausführlich beschrieben, als Unterschiede in den Lebensmodellen des „Jägers“ (Jagdfieber und Beute) gegen den „Bauern“ (Saat und Ernte).

2. „Mach das Radio aus!“ – Über Seismographen

Es ist die Frage, wie der Mensch mit seinen Körperseismographen umgeht.

Die des Braven oder richtigen Menschen passen auf, dass nichts passiert.

Die Seismographen des Natürlichen dienen als Steuerung im Kampf, beim Überwinden, bei Herausforderungen.

„Mach das Radio aus!“, ruft meine Frau so oft – und Anne, ein wahrer Mensch wie ich selbst, schreit: „Ruhe!“ Es ist uns anderen ein wahres Mysterium/Martyrium, wie Johannes Fernseher, PC-Chatroom und Radio laufen lässt und dabei auf dem Bett herumliegt und Hausaufgaben macht. MTV-Award-Abräumer Eminem kreuzigt per Erfolgs-Song erbarmungslos seine Mutter in hohen Dezibel und Johannes denkt dabei über Binomialkoeffizienten oder die Richtung von Monsunwinden in der Fastenzeit nach. Wahre Menschen brauchen Stille oder Harmonie für die mehr meditierende Intuition. Sie würden lieber müßig sinnen oder leise innig singen. Richtige Menschen behaupten hartnäckig bis hin zu rauchendem Zorn, Musik oder Fernsehen lenke ab. Wer nützlich sein wolle, und das sei bei Hausaufgaben allemal der Fall, müsse Ablenkungen wie den Teufel meiden. „Konzentrier’ dich doch!“

Meine Frau und ich haben ein unübersehbar hartes Problem. Johannes hat nämlich ohne große sichtbare Anstrengung brauchbar gute Schulnoten. Manchmal macht ihm etwas wirklich „Spaß“ („voll geil“) und er kündigt an, es diesmal „absolut stark“ hinzubekommen. Dann schreibt er eine Eins. Es ist leider genau so, glauben Sie’s oder nicht. Die Lehrer wollen zum Beispiel, er solle morgen viel über Bauernkriege wissen. „Wie furchtbar! Was soll ich bloß machen?! Weißt du was dazu, Papa? Wie *lang-wei-lig*!“ Lehrer sind zu sehr richtige Menschen. Schade. Ich habe das schon öfter bedauert. Wenigstens könnten sie so gut ausgebildet sein, dass sie Johannes verstehen. Sie müssten mehr von ihm verlangen: „Gib morgen eine Powerpoint-Präsentation auf dem Computer ab, sieh zu, dass ein paar Bilder von Schlachtgetümmel dabei sind. Und eins mit dem Schwedentrunk *muss* sein.“ Sie sollten einmal sehen, wie dann bei uns gesurft wird. Anne macht mit. Ich habe 50 oder 70 CDs mit Fotos für Präsentationen, 10 mit klassischen Gemälden. Sie arbeiten bis in die Nacht. Immer wieder muss ich begutachten. Wir passen Hintergründe geschmackvoll zu Schlachten an. Burgunderrot? Oder Bordeaux? Rosso fluissimo?

Viel später wird es heißen: „Johannes ist noch zu wild in der Schule. Er lernt nicht stetig. Dann schafft er zwischendurch unbegreiflich gute Präsentationen in zwei Tagen. Er müsste beständiger sein. Das wäre schön." Schön *ruhig* wäre es für die Lehrer. „Mach das Radio aus!"

Theoretisch ist mir heute einigermaßen klar, was dahinter steckt. Ich erkläre es Ihnen jetzt an Hand von zwei Graphiken. Die erste zeigt Ihnen etwas über Stress (Seismographen!). Sie ist fast selbsterklärend und drückt genau aus, was wir alle ohnehin sicher wissen. Das alles ist nämlich völlig richtig. Wenn Sie es in sich nochmals bestätigt haben, zeige ich Ihnen ein paar Seiten weiter an Hand der zweiten Graphik etwas, das näher an die Wahrheit herankommt.

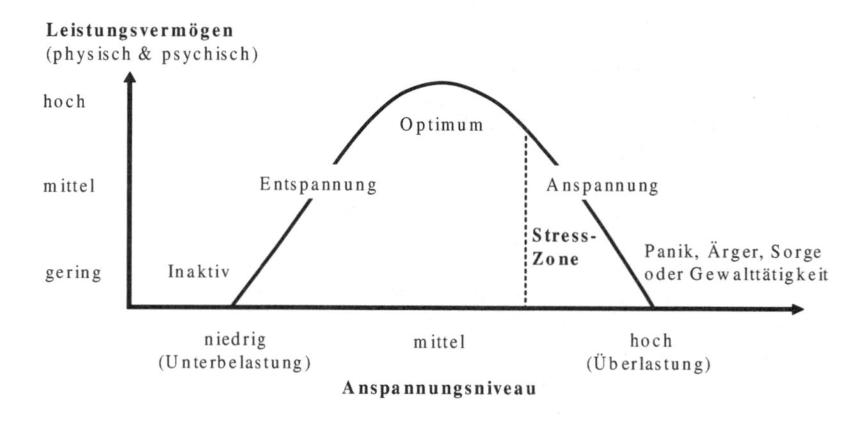

Dies ist die berühmte „inverted-U"-Kurve, die Kurve des umgekehrten U, die sich fast jeder Mensch irgendwann einmal im Stresstraining anschauen muss. Oft steht einfach *U-Kurve* da, aber man meint ein umgekehrtes U. Also, dann einfach U-Kurve, fertig. Ich habe die Kurve zuerst als „Yerkes-Dodson-Law von 1908" gefunden. Schauen wir sie jetzt gemeinsam an:

Wenn gar keine Reize auf den Menschen einwirken, findet er sich unterfordert. Beispiel: Sie müssen unten am Firmenempfangsschalter Nachtdienst schieben und eine leere Firma bewachen. Sie dürfen nicht mit Ihrer Familie telefonieren, weil die Feuerwehr Sie ja ans Telefon bekommen muss, wenn's brennt. Sie dürfen nicht schlafen. Es passiert natürlich nie etwas. Niemals.

Ich muss so etwas ja nicht machen, ich habe nur früher einige Male Wache bei der Bundeswehr schieben dürfen. Die Unterforderung ist so entsetzlich, dass man immer schneller um die Kaserne rennt, auf einem Bein hüpft, mit dem Gewehr Zielübungen macht, sich Passanten als Einbrecher vorstellt etc. Wir alle, denke ich, müssen uns in solchen Situationen praktisch künstlich selbst erregen, damit wir nicht dumpf verzweifeln. Vielleicht gibt es begnadete Kaltblüter für solche Arbeit? Ich kann das nicht.

Die richtigen Menschen sagen zu der Graphik: „Jeder Mensch braucht etwas Farbe und Abwechselung bei der Arbeit. Das motiviert. Eine gute Portion Stress brauchen wir einfach. Das ist *positiver* Stress." Viele Menschen brauchen ein wenig Anstoß für die Arbeit. Jemand hat sie gebeten oder gesagt, es sei ihm wichtig oder eilig. Dann geht ihnen die Arbeit leichter von der Hand und sie sind „motiviert". Ohne solche Motivation bleiben viele Menschen dumpf. Aber dann weckt sie so etwas: „Der Chef sagt, er würde sich über die rasche Antwort freuen." Auf so etwas lauert nämlich der Lobseismograph. „Wenn ich fertig bin, kann ich sofort nach Hause." Da lauert ein Lust-Seismograph auf Beute. „Wenn es exzellent ist, erwähnt der Chef meine Leistung im Manager-Meeting." Da lauert der wichtige Messseismograph, der rund um Karriere zuckt. Von solchen lauernden Seismographen werden wir in die Arbeit hineingesogen. Diese Seismographen lauern und geben alle paar Stunden oder Minuten ein Testsignal in uns aus: „Bist du gelobt worden?" – „Alles o.k.?" – „Von jedem gegrüßt worden?" – „Vorangekommen?" Jedes Mal zucken solche kleinen Kontrolllämpchen in uns. Unser Körper fragt ständig nach!

Stellen Sie sich vor, wir müssten alle Stunde sagen: „Langweilig." – „Kein Lob." – „Nichts los." Dann fühlen wir uns apathisch und unterfordert. Wenn nun aber etwas los ist oder wir eine Aufgabe bekommen, dann erblühen wir. Die Seismographen fragen: „Geht's voran?" – „Gegrüßt worden?" Und wir können endlich JA!JA!JA! sagen. Adrenalin schießt ein. Motivation kommt hoch. Wir gehen an die Arbeit!

In *Omnisophie* habe ich das länger so erklärt: Stellen wir uns vor, dass wir einige Tausend Seismographen in uns haben, die in bestimmten Zeitintervallen nachfragen, ob alles in Ordnung ist. „Schlüssel dabei?" – „Anruf erledigt?" – „Milch mitgebracht?" – „Frisör fällig?" – „Zahnarzt?" Manche dieser Seismographen zucken sehr oft. Angeblich sollen Männer so etwa alle zehn Minuten an Sex denken. Ich bin selbst bei dieser Zahl sehr skeptisch, ob ich das so lange aushalten kann. Andere Seismographen alarmieren langfristiger, wie etwa die nach etwa einem Jahr Abstinenz einsetzende Sehnsucht nach einer Zahnüberprüfung. So ein Seismograph ist manchmal schon seit unserer Geburt in uns drin (Sex etwa, „ich bin schon drin") oder vom Gesellschaftssystem eingepflanzt. „Zahnarzt! Zwei Mal pro Jahr!" – „Zähneputzen! Zwei Mal am Tag!" In meinem Auto ist so ein Ekelseismograph drin. Alle 15.000 Kilometer zeigt nämlich der Tagestacho bei Anlassen des Autos das Wort „Inspektion!" statt des Kilometerstandes. Das nervt! Jeden Morgen! Und ich will nicht diese Scherereien mit einer Reparatur haben. Ich will auch nicht immer so viel Geld bezahlen! „Inspektion!" So einen Zuck-Tacho haben wir nicht nur im Auto, sondern, etwa für den Zahnarzt, auch in uns selbst. Tausende haben wir davon. Alle arbeiten parallel vor sich hin. „Schon nachgehakt?" – „Einkommensteuererklärung abgegeben?" – „Urlaubsfilme zum Entwickeln?" – „Schwiegermutter eingeladen?" – „Brauche noch ein Geschenk!"

Wenn der Seismograph mit der Einladung fragt, sagen wir „Oh, daran hatte ich gar nicht mehr gedacht! Schön! Ach, wird das schööön!" Dieser Seismograph wird befriedigt. Dann fragt er: „Einkommensteuererklärung fertig?" Schrecklich. Wir zucken und wissen, es sind noch 14 Tage Zeit. Wir schimpfen und erklären dem Seismographen, dass er Ruhe geben soll. Noch 14 Tage. Da schreit ein Hauptseismograph in uns (sehr stark eingepflanzt!): „Was du heute kannst besorgen, das verschiebe nicht auf morgen!“ Er zuckt in Verbindung mit Ärger und Scham. „Ja, ja, ich weiß. Gib Ruhe. Ich kann einfach nicht!“ Warum können wir nicht? Es gibt noch einen Megaseismographen. Der fragt immer: „Bist du sicher, dass du das alles verstehst, was du da tust?“ Und wenn wir ihm Nein! antworten, heulen Sirenen in uns „Versager!“ Deshalb gibt es sogenannte Deadlines oder Terminsetzungen. Bis zu diesem Termin muss es unbedingt fertig sein. Der Termin zwingt uns schließlich, an die Steuererklärung zu gehen. Während der Arbeit daran paralysiert uns der fast minütliche Schrei: „Füllst du das richtig aus? Bist du ehrlich? Aha, nicht ganz ehrlich? Was unterschreibst du dann hinten?“ Und wir erklären verbissen-vergesslich weiter. Und der Megaseismograph heult: „Keine Ahnung! Unehrlich! Schuld! Anklage! Belege falsch ausgefüllt! Schererei! Abkanzelei vom Beamten droht!“

Verstehen Sie jetzt, wo es überall in Ihnen hin und her zieht? Manches fühlt sich lockend an, manches macht Angst und wehrt ab, anderes ist peinlich oder ärgerlich. Das Unangenehme könnten wir „negativen Stress“ nennen. Das eher Motivierende ist dann der „positive Stress“. *Das sagt die umgekehrte U-Kurve nicht.* Sie sagt: Bei wenig Stress sind wir unterfordert, in der Mitte ist es gerade richtig. Wenn wir zu sehr unter Anspannung stehen, fühlen wir uns zu stark überflutet oder besorgt und empfinden Stresssymptome. Wir geraten in schwache Panik, weil wir „overload“ haben, also überlastet sind.

In den Stellenanzeigen wird immer wieder von Bewerbern gewünscht, dass sie *belastbar* sind. Das klingt nach Lasten tragen. Wir stellen uns einen Esel vor, dem man mehr als sein Körpergewicht aufgepackt hat und der nun neben Führer, Seil und Stock alles bergan trägt. Die jungen Bewerber schwören denn auch unisono bereitwillig, dass sie schwer arbeiten können („hard work“) und zu Überstunden bereit sind. Die Bewerber *verstehen* es nicht!

So schön einfach ist die Arbeitswelt nicht, dass es mit harter Arbeit getan wäre. Es geht um die Belastungen des Seismographensystems, nicht erstrangig um die Arbeitsmenge. Es geht um Stresslasten, die tragbar wären. Wie viele Vorgänge können Sie gleichzeitig abarbeiten? (Bei Computern würde man fragen: Wie viele Anwendungen können parallel fahren? Wie viel Hauptspeicher hat er?) Wie viele *unangenehme* Vorgänge ertragen Sie *gleichzeitig*? Sind Sie vielleicht ein Sonder-Mensch, dem gar nicht so viel unangenehm ist, der also so etwas wie negativen Stress nur aus Erzählungen kennt?

Es ist von Mensch zu Mensch ganz und gar verschieden, wie er mit Seismographen bestückt ist. Manche Menschen lauern mit riesigen Seismographensystemen auf Beleidigungen und Zurücksetzungen, andere erscheinen wie gutmütige Elefanten mit dickem Fell. Darüber hinaus sind unsere Seismographen manchmal sehr scharf gestellt und manchmal ruhen sie. „Oh Gott, Gabi, ich hatte sooo eine Angst, dass er das in den falschen Hals bekommt. Das hätte was gegeben! Aber er war heute so easy drauf, er hat es als Witz genommen! Das war aber knapp, glaube ich!“ Oder: „Ich habe mich so sehr vor diesem Betriebfest gefürchtet. Ich kenne ja keinen. Dann aber war es so nett.“

Alle diese Feinheiten werden von der umgekehrten U-Kurve nicht berücksichtigt. Sie sagt nur: Ohne Seismographenanstoß fühlt man sich untätig, unwohl und lethargisch. In der Mitte ist das Empfinden und auch die Leistung am günstigsten, danach beißt der Stress an uns und am Leistungsniveau und noch weiter gestresst versinken wir in Apathie.

Deshalb ist es klar, dass Hausaufgaben lieber in der Stille gemacht werden. Also: „Mach das Radio aus!“ Aber Johannes offenbar arbeitet besser, wenn alle Geräte laufen. Ich selbst würde wahnsinnig. Wer hat Recht? Die Stresskurve oder Johannes? Die Stresskurve ist wie Vernunft, aber das Radio lässt Johannes wohlig zucken.

3. „Lass das!“ – „Packen wir’s!“ Eine Reversal Theory

Schauen wir kurz auf die zweite Graphik zum Thema, die ein Schlaglicht auf die *Reversal Theory* von Michael J. Apter wirft.

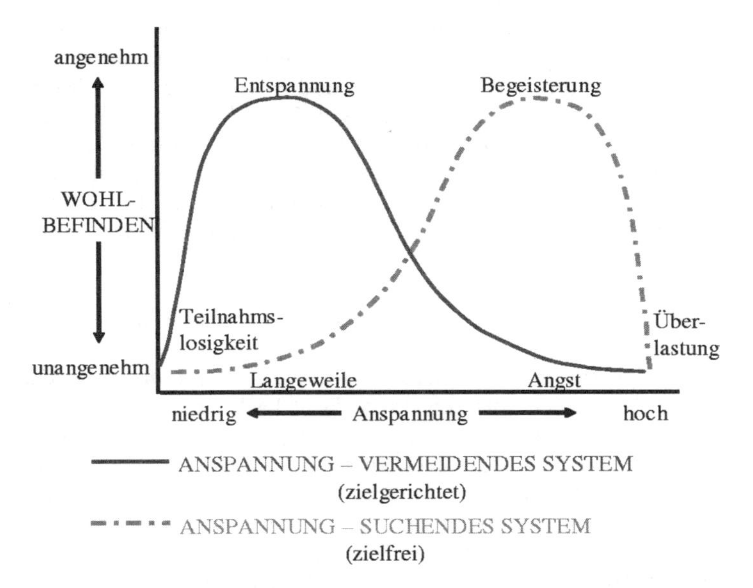

Schauen Sie! Nach diesem erweiterten Gedanken gibt es zwei *verschiedene* Zusammenhänge. Jedenfalls zwei dieser extremen Art! Es gibt Situationen oder Zustände, in denen der Mensch sich unter niedriger Anspannung gut fühlt und sich mit steigender schnell mehr und mehr gestresst zu ärgern oder zu sorgen beginnt. Er bekommt Angst und Überlastgefühle. Im anderen Zustand (gestrichelte Linie) ist der Mensch bei niedriger Anspannung mehr oder weniger gelangweilt und apathisch träge. Erst bei höherem Erregungslevel beginnt er sich gut zu fühlen. Der eine Zustand bevorzugt eine Art Entspannung, also einen niedrigen Anspannungsgrad, der andere bevorzugt volles Hineinknien und volle körperliche Anspannung.

Ein von mir neckisch aufgebauschtes Beispiel: Sie fahren Rad, am besten im dunklen Anzug, um zu einem wichtigen Bewerbungsgespräch zu kommen. Die Zeit ist knapp. In diesem Zustand ist jede rote Ampel sogar für Sie als Radfahrer eine potentielle Bedrohung, jede Pfütze entscheidet über Wohl und Wehe. Sie knurren ununterbrochen so: „Lasst mich durch!" – „Unmöglich!" – „Nun mach! Fahr los! Nicht an den Rand, ich will rechts vorbei!" – „Ach was, Rot, ich muss durch, das muss er doch sehen. Vorsicht, Idiot!"

Sie sind im Zustand „Pass auf!", nicht wahr? Es darf nichts schief gehen. Es geht darum, eine Aufgabe zu Ende zu bringen, Ihnen ist nicht zum Spaßen zu Mute. Jede Störung birgt Gefahr und Ungewissheit. Sie würden sich nur gut fühlen, wenn Sie *entspannt* sein könnten. Jeder Ausschlag von einem Seismographen stresst Sie jetzt in bösartiger Weise und steigert die Angst. Sie flüstern sich monoton zu: „Ruhe! Ruhe! Bloß mit der Ruhe." Und die Seismographen warnen: „Atme langsam, nicht schwitzen, bitte! Keinen Fleck! Nicht knittern! Warum bist du mit dem Rad gefahren? Dummkopf! Hat es nicht deine Freundin gesagt? Bist du nur deshalb Rad gefahren, weil sie dir davon herablassend abriet? Es kann gleich regnen, du Dummkopf. Deine Freundin wird dich verhöhnen, wenn du die Stelle nicht bekommst, wegen einiger Schwitzflecken oder verschmierter Brille. Warum hörst du nicht *immer* auf sie?" Sie hatten vor dem Aufbruch Ihrer Freundin noch erklärt: „Davon verstehst du nichts. Weißt du, Radfahren bei frischer Luft belebt das Gehirn, ich gehe im Geiste noch einmal alle Punkte für dieses wichtige Gespräch durch." Denn Sie sind ja ein vernünftiger Mensch, der sich gut vorbereitet.

Nun folgt das Einstellungsgespräch. Sie bekommen den Job. Sie fahren zurück.

„Juhu! Wusch! Durch die Riesenpfütze. Muss sowieso zur Reinigung. Wusch, noch eine Pfütze. Hey, lasst mich spritzen, es ist Fun! Lacht mal alle mit! Ich habe den Job! Ach, Rot! Ich bleibe mal stehen, das leiste ich mir heute. Durchatmen! Luft! Gute Luft, nach dem Regen. Tief einatmen! Aaaah. Ich esse jetzt an der Ecke ein Eis, obwohl es kalt ist. Das tue ich. Habe ich noch nie gemacht! Mmmh. Oh, ein Fleck. Uiih, ist das lustig, der Fleck passt genau in das Krawattenmuster. Ist echt ein schöner Zufall. Muss ich ihr zeigen. Lustig! Haha!"

Jetzt sind Sie im Zustand: „Die Welt gehört mir." Alles ist anders.

Ich frage Sie: Wo war die Vernunft? Wo war sie auf der Hinfahrt? Wo auf der Rückfahrt?

Verstehen Sie an diesem Beispiel, wie sehr Sie von Seismographen regiert werden, also von zuckenden Befehlen, die Ihre Aufmerksamkeit auf bestimmte Notwendigkeiten richten? Wenn Seismographen Gefahren anzeigen, steht die Vernunft im Regen. Vernunft regiert in ihrem kleinen zugewiesenen Bereich. Dort, wo alles in Ordnung ist.

„Paß-auf!"-Zustände sind um Bewältigung von Aufgaben bemüht. Sie reagieren auf Probleme, versuchen Störungen zu vermeiden. Probleme werden gelöst. In

diesem Zustand wird das zukünftige gute Ende geplant. Man freut sich auf das Ende und den damit verbundenen Erfolg oder man fürchtet sich, ihn nicht zu erreichen. Man fordert Vernunft von sich selbst. Und natürlich: *Keine Aufregung*!

„Die Welt gehört mir!“-Zustände freuen sich in voller Energie. Diese Zustände wollen einen genussvollen Prozess und dann eher Fortdauer desselben.

Jetzt sollten Sie nochmals die beiden Kurven anschauen und besser verstehen. Können Sie nun im Geiste in den Kurven sehen, wie Sie bei der Hinfahrt unter Überlastung zusammenbrechen? Wie Sie auf der Rückfahrt gar nicht genug rote Farbe ins Gesicht bekommen können?

Beide Male fahren Sie die gleiche Strecke Rad. Auf der Rückfahrt aber hat der Zustand gedreht. Diese Umkehr in Zuständen, von einem zum anderen, heißt bei Michael Apter *Reversal*. Es geht ihm in seiner *Reversal Theory* um den richtigen Umgang des Menschen mit seinen Motivationen.

Ich hoffe, Sie sehen jetzt, wie armselig die umgekehrte U-Kurve gegen diese Doppelinterpretation wirkt. Die beiden Einzelkurven bei Apter sind ja auch solche U-Kurven, aber sie decken eine Menge neuer Vorstellungen über uns auf und lassen uns etwas mehr von uns verstehen. Apter nennt seine Theorie strukturell-phänomenologisch. Sie liefert keine Aussagen über den Menschen generell, sondern sie erklärt den einzelnen Menschen. Jeden Menschen anders. Die Aufregungszustände sind nicht Teil einer universellen Vernunft. Sie sind für jeden von uns besonders und persönlich.

Unser Johannes wird eher durch die „rechte“ Kurve generalgesteuert, das ist sicher. Er muss viel mehr inneres Kribbeln im Körper spüren, um arbeiten zu können. Viel mehr! Aber die Hausaufgaben sind so langweilig, dass auch in mir oft beim Ratgeben das Frösteln einsetzt. „Pisa!“, seufze ich und denke an die berühmte Studie. Pop-Musik erhöht bei Menschen wie aller Lärm den Grad der Anspannung. Die muss Johannes wohl dabei haben, sonst ist er zu unterfordert-unruhig bei den Hausaufgaben. Die Chemie im Körper stimmt bei ihm erst mit höherer Erregung. Er hätte so gerne wieder eine Herausforderung. Nachher geht er zum Fußball. Er kommt bald ganz nass wieder, kann kaum reden, ist überrot im Gesicht, kann zwei bis drei Stunden nichts essen. Das ist *Leben*.
Ich dagegen bin froh, dass Winston Churchill stellvertretend für mich „No sports!“ gesagt hat. Schöner werde ich mein eigenes Empfinden niemals ausdrücken können. Danke!

Und was sagen *Sie* jetzt? Ich fürchte: „Das mit den Seismographen glaube ich nicht. Erregung! Anspannung! Die Vernunft sagt klar und hell, dass das Radio ausgestellt werden muss. Es geht nicht um Anspannung, sondern um Konzentration.“ Ich fürchte, Sie sagen: „*Die* Vernunft sagt.“ Nicht einmal wenigstens: „*Meine* Vernunft sagt *mir* ...“ Aber wir sind ja noch am Anfang des Buches.

Lassen Sie uns kurz überlegen, wie aufregend der normale Schulunterricht sein sollte. Totale Stille? Lautes Durcheinander? Weder noch, *sagt die Vernunft*, in der Mitte liegt das Goldene.

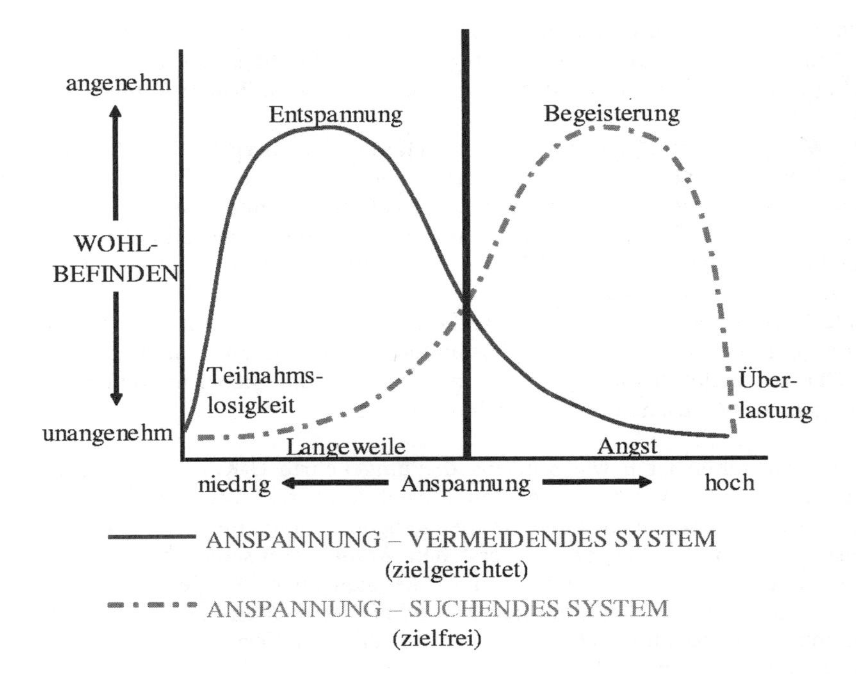

Ich habe die Mitte jetzt mit einem Balken markiert. Nicht golden, sondern gerade so schwarz, wie ich es sehe. Stellen wir uns vor, die eine Hälfte der Schüler wäre von der „Pass auf!"-Art. Die andere aber hätte die mehr herausfordernde „Packen wir's!"-Attitüde. Lesen wir in der Graphik ab, wie sich dann alle Schüler fühlen. Die artige Hälfte versucht aufzupassen und ist unentwegt in voller Sorge, dass sie mitkommt. Sie steht bei mittlerem Erregungslevel schon sehr unter Stress und leidet unter der dauerhaft überhöhten Anspannung. Die begeisterungslechzende Hälfte der Schüler stöhnt unter der gnadenlosen Langeweile und kann sich in diesem „chemischen Zustand" nicht *erhitzen* oder motivieren, den Schulstoff aufzunehmen. Ich will nicht ganz schwarz malen. Aber so ist Schule sehr oft, nicht wahr? Der „Aufregungslevel" ist in der goldenen Mitte für *jeden* Schüler schlecht! Deshalb zieht man es vor, den Pegel niedrig zu halten. Ruhe, bitte. Dann lernen die Braven eifrig und die Natürlichen werden so verrückt von Langeweile, dass sie wie in kleinen Käfigen gefangene Tiere hektisch hin und her springen müssen, worauf man sie für hyperaktiv erklärt! Dabei würden sie nur gerne etwas Natürliches tun.

Und wie ist das bei der Arbeit? Auch so, nur anders. Sie werden sehen. Nächster Abschnitt.

(Vorher muss ich aber noch bemerken: Die Reversal Theory von Apter sagt etwas anderes aus als ich hier schwungvoll wiedergebe oder interpretiere. Apter beschreibt verschiedene Zustände von Menschen, die einander abwechseln. Jeder Mensch kennt sie beide, ist mal im einen oder im anderen. Ich sehe es anders: Ich sage, die einen Menschen sind meistens im einen, die anderen Menschen meistens im anderen. Menschen haben, so ist es für mich absolut klar, eine starke Präferenz für die eine oder andere Seite. Schauen Sie sich um, wer in Ihrer Umgebung wie ist: Meist so oder meist anders, nicht so oft mal so, mal so. Die Idee, Ihnen dies so zu schildern, habe ich von Apter's Reversal Theory. Ich nehme also auf sie Bezug, ohne sie in der originalen Form zu beschreiben.)

4. Triebsätze des Erfolges

Die Brüder Gerhard und Edmund erwarten am Tisch mit Anspannung das Mittagessen. Die Mutter trägt Currywurst mit Spinat auf. „Warum Spinat?", fragt Edmund. „Spinat passt nicht zu Currywurst, Mutti. Das habe ich schon gelernt!" – „Spinat ist gesund und die ideale Nahrungsergänzung. Es gab ihn heute billig im Sonderangebot. Aber eigentlich habe ich den Krautsalat vergessen." – „Aha, Mutter. Aha. Ich verstehe. Na, Spinat schmeckt ja gut. Und gesund ist er auch. Guck mal, Mutter, Gerhard sieht finster aus." – „Gerhard?" – „Ich ess kein' Spinat. Ich nehm' zwei Currywürste." – „Mutti, was soll das heißen? Er nimmt *zwei*!" – „Iss du den ganzen Spinat. Ist gesund, hör mal." – „Gerhard, leg die eine Wurst wieder hin." – „Ich hab' die erste schon weggemacht und jetzt auch die zweite. Schluck." – „Mutter! Er hätte mit uns reden müssen. Ohne Abstimmung unter uns dreien kann er keine Tatsachen schaffen. Ich habe Recht! Ich habe Recht!" – „Ich hab' die Wurst. Um die geht es." – „Nein! Nein! Es geht um das Rechthaben! Mutti liebt mich mehr, weil ich jetzt viel Spinat essen muss ..."

Im September 2002 liefern sich Gerhard Schröder und Edmund Stoiber ein TV-Rededuell um die Macht im deutschen Lande. Präsident Bush hat gerade einen Krieg mit dem Irak als unumgänglich bezeichnet. Gerhard Schröder: „Ich mach' keinen Krieg mit." Edmund Stoiber: „Sie müssen mindestens in den USA anrufen, wenn Sie eine andere Meinung ~~als Mutti~~ als der Präsident haben möchten. Das muss abgestimmt werden. Ich würde sofort anrufen." – „Krieg mach' ich nicht. Das sage ich ganz klar. Krieg ist nicht gesund." – „Aber ich habe doch Recht damit, dass Sie anrufen müssten?" – „Sind Sie denn *für* Krieg?" – „Nein, ich bin ganz gegen einen Krieg, es gibt auch de facto keinen Krieg, wenn man gut telefoniert, aber man darf ihn nicht ablehnen, sonst gibt es Stress mit ~~M~~ dem Präsidenten. Geben Sie mir Recht?" – „Ja." – „Rufen Sie an?" – „Nein. Will ich nicht."

(Ich schreibe diese Absätze völlig frei nach meiner Phantasie, die alles begrünt. Es ist heute, beim Schreiben, der 15. September 2002. Die Wahl ist am nächsten Sonntag. Soll ich jetzt eine Woche warten, bis ich den nächsten Satz schreibe? Stoiber verliert bestimmt. Ich weiß es.)

Wir sehen oft solche Fernsehduelle. Ob Sie dieses damals gesehen haben oder sich erinnern? So sehen im vollen Leben die verschiedenen Stresskurven aus. Der eine Kandidat ist ein richtiger Mensch. Er weist unaufhörlich auf Fehler hin, um alles in Ordnung zu bringen. Er redet von Pflicht und Schuld. Wenn in der

Diskussion zu sehr gekämpft wird, kommt sein Zustand in die Mitte, da, wo im vorigen Abschnitt der schwarze Balken eingezeichnet war. Dort ist schon die Stresszone. Unsicherheit, viele „Ähs", hektisches Reden und undisziplinierte Gestik sind die Folge. Der andere Kandidat präsentiert sich als Musterbeispiel des natürlichen Menschen. Er strahlt das Charisma des Handelns und des Willens aus. (Man sagt, dies komme von der Macht. Aber als Schröder vier Jahre vorher gegen den Ewigkanzler Kohl gewann, rühmte man auch schon an ihm das Plus an Charisma. Es kommt nicht von der Macht. Es ist die Aura des Willens in einem natürlichen Menschen.) Schröder wirkt hier in der Fernsehdiskussion pomadig und selbstgefällig. Reporter sagen, er wäre besser gewesen, wenn er provoziert worden wäre. Leider wirke er, so sagt man, in einer stresslosen Situation aufgeblasen, aber blass. Schade. Warum ist das so? Er ist in seiner Anspannungskurve noch im zu kühlen Bereich. Er langweilt sich noch in einer Reizphase, in der Edmund Stoiber schon aufpassen muss, vor Hektik nicht zu stottern.

Wer von den beiden war eigentlich gut in der Schule?

In welchem Zustand soll also der Mensch am besten arbeiten?

Das ist eine gute Fragestellung, die auch den normalen Psychologen einfallen könnte. Ich habe im Internet sofort Graphiken gefunden, in denen die Anspannungskurven von verschiedenen Tätigkeiten eingezeichnet waren. Ich habe sie für dieses Buch möglichst genau abgezeichnet. Ich gebe einfach hier einmal keine weiteren Quellen an, wo ich sie genau gefunden habe. Sie sehen gleich, warum. Ich fand *diese* Angaben:

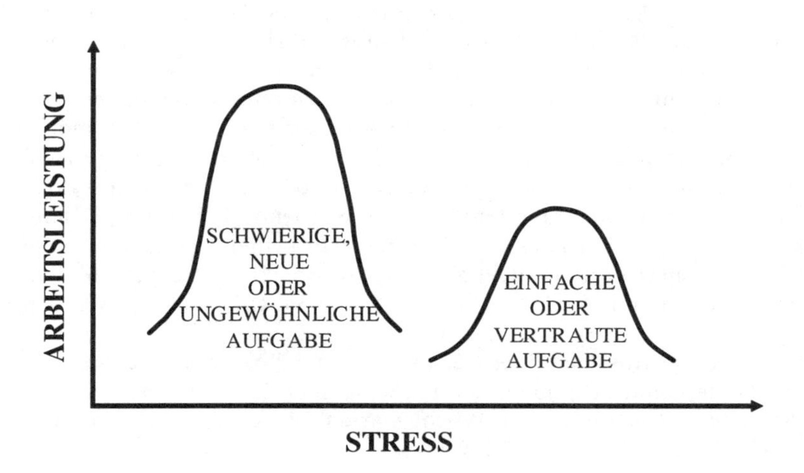

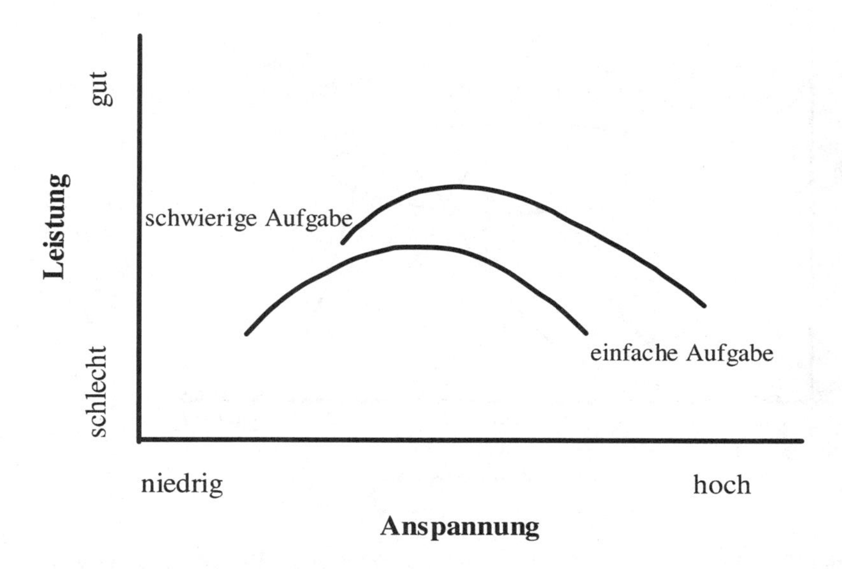
gut
Leistung
schlecht
schwierige Aufgabe
einfache Aufgabe
niedrig
hoch
Anspannung

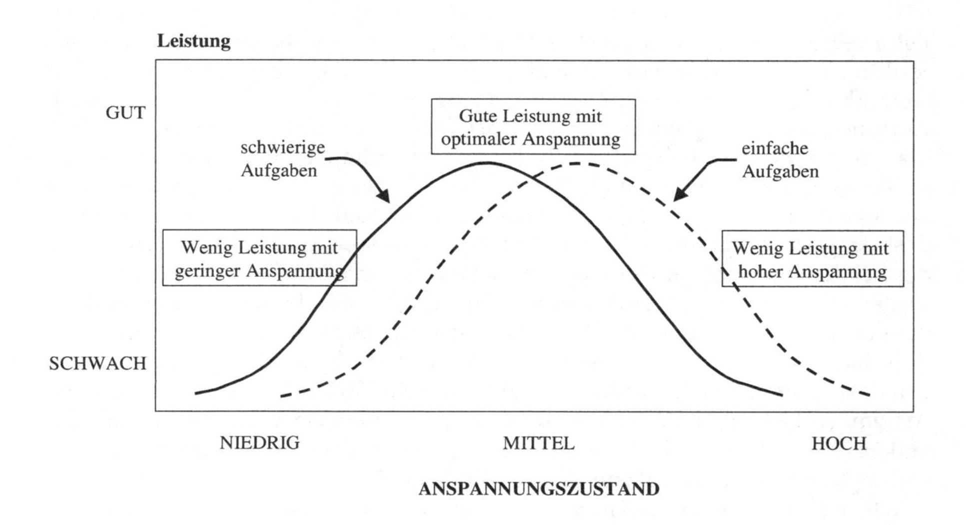
Leistung
GUT
SCHWACH
schwierige Aufgaben
Gute Leistung mit optimaler Anspannung
einfache Aufgaben
Wenig Leistung mit geringer Anspannung
Wenig Leistung mit hoher Anspannung
NIEDRIG
MITTEL
HOCH
ANSPANNUNGSZUSTAND

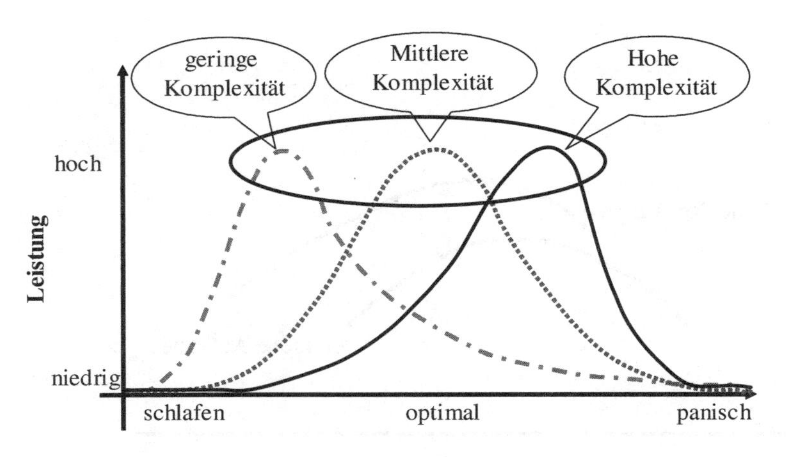

Diese vier Graphiken, die ich fand, öffnen uns jetzt aber die Augen ganz weit. Die erste Graphik sagt aus, dass schwere Aufgaben mehr Ruhe brauchen als leichte. Wenn ich an das Schreiben von Büchern denke, muss ich zustimmen. Beim Autoputzen zum Beispiel lasse sogar ich das Radio laufen. Schaum mit Shakira. Ich habe den Zusammenhang jedenfalls sofort begriffen. Die zweite Graphik zeigt einen anderen Zusammenhang. Sie sagt aus, dass man für schwere Aufgaben mehr Anspannung braucht als für leichte. Das war mir auch sofort klar. Wenn wir zum Beispiel bei IBM Preisverhandlungen um hohe zweistellige Millionenbeträge führen, dann ist es besser, das bei größerer Anspannung und ein bisserl in Kampfhaltung zu versuchen. Oder? Klar. Die dritte Graphik zeigt, dass schwere Aufgaben ruhiger durchgeführt werden sollten, die vierte findet das bei den leichten, die vierte bei den schweren. Aha. Mir fiel beim zweiten und dritten Hinschauen eine gewisse Inkonsistenz auf. Deshalb bekam Martina Daubenthaler den Auftrag, in der Literatur nicht nur nach Bildern zu suchen, sondern nach *Begründungen*. Diese Kurven fand sie häufig, aber *keine* Begründungen dazu! Es schien allen Autoren so „klar wie Kloßbrühe" zu sein, dass die eine Art von Aufgaben ein anderes Anspannung-Performance-Verhältnis hat als die andere. Nur sehen es die Autoren jeweils genau anders. Sie beziehen sich aber auf immer dasselbe Gesetz von „Yerkes-Dodson 1908".

Ich will jetzt nicht noch wochenlang nach den Begründungen suchen. Irgendwo werden welche stehen. Ich finde es nur so bemerkenswert, dass absolut konträre Meinungen nebeneinander zu finden sind, die jeweils für so fundamental *richtig* gehalten werden, dass man sie überhaupt nicht begründet! Und alle diese Graphiken stammen von echten Wissenschaftlern mit Doktorhüten.

Jetzt gebe ich selbst eine Erklärung – meine Erklärung: *Die Anspannungskurven sind jeweils für verschiedene Menschen verschieden!* Das wollte ich mit der satirischen Einleitung mit Gerhard und Edmund schon andeuten.

Richtige Menschen wollen, dass alles geordnet funktioniert. Sie bilden Gewohnheiten heraus, die sie pflegen und um den bewahrungswürdigen Kern herum behutsam erneuern. Sie planen, analysieren Probleme, legen Prozesse und Regeln fest, halten Ordnung und brauchen Polizei, Heer, Verwaltung, Beamte, Lehrer und Eltern zum Aufpassen. Es geht um die logistische Abwicklung aller Aufgaben der Welt. Etwas muss von A nach B gebracht werden. So sehen die Richtigen die Arbeit. Sie halten sich an Termine und Zeiten, sehen auf *Pünktlichkeit.* Daher arbeiten richtige Menschen lieber und besser, wenn alles funktioniert. Kein Stress, bitte!

Natürliche Menschen sind richtig gut, wo Kraft und Nervenstärke gebraucht wird. Sie sind gut im Verhandeln, wo sie mühelos auf dem schmalen Krisengrad in der Verhandlungsmitte balancieren. Sie reißen das Verfahrene heraus, die Karre aus dem Mist. Sie sind gute Troubleshooter, wie es neudeutsch heißt. Sie *stemmen* Projekte. Sie können in der Krise entscheiden. Das tun sie gerne, weil in der Krise niemand nach Einhaltung der Regeln fragt. Wenn's brennt, und nur dann, bekommen Bedenkenträger einen Nasenstüber. Natürliche Menschen strotzen vor Kraft, Selbstsicherheit, Tapferkeit und Willensstärke. Sie lieben den starken *Effekt.* Sie arbeiten natürlich besser, wenn der Stresslevel höher ist. Zeitdrängelei hassen sie. Es geht ihnen um den Effekt, um die Großtat, nicht um Pünktlichkeit! Sie sind stolz, wie viel Energie sie mobilisieren können. Das geht nicht pünktlich, sondern dann, wenn sie „Bock haben" oder richtig motiviert sind. *Heiß* müssen sie sein. Das Ergebnis ist am besten *spektakulär.*

„Wir wollten das Bücherregal umschieben, ganz ohne dabei die Bücher herauszunehmen. Alles auf einmal! Da treten einem Blutstropfen vor Anstrengung auf die Stirn, aber wir haben es trotzdem fast die ganze Strecke geschafft, bevor das Regal leider umfiel." Effekt!

Wahre Menschen lieben es, die Richtung zu halten, für Visionen zu begeistern, für neuen und alten Glauben, sie lieben das Spirituelle, Geistige, Wissenschaftliche. Sie meditieren, denken, erfinden, philosophieren, erschaffen, inspirieren. Sie wollen gar keinen Stress im normalen Sinne. Sie wollen *beseelt* arbeiten. Wahren Menschen geht es nicht um die Logistik von A nach B. Sie denken darüber nach, wo B wäre, wo also der Punkt wäre, wohin alles zu bewegen wäre. Sie brüten über den Inhalten, die zu transportieren wären, während die richtigen Menschen den Transport erledigen, was immer dann zu transportieren ist. Wahre Lehrer etwa sind mehr als Experten im Lehrinhalt zentriert. Richtige Lehrer sehen den Schwerpunkt mehr in der Befüllungstechnik der Schüler. Sie nehmen den Lehrstoff, der vorgeschrieben ist. So sind wahre Menschen stets dabei, über die *Qualität* der Inhalte zu klagen, die unter dem Pünktlichkeitsdruck der Logistik zwangsläufig leiden *muss.* Deshalb hassen wahre Menschen Termine. Sie fordern *immer* Ruhe. Sie meinen mit Ruhe nicht Faulheit wie die richtigen Menschen, sondern Freiheit, Inhaltsqualität zu erzeugen. „Es dauert so lange, wie es dauert, bis es gut ist."

Wissen Sie noch, wie Bobby Fisher Schach spielte? Schachspieler sind vergeistigte richtige Menschen (die alle jemals gespielten Züge auswendig können) oder sie sind blühend phantasiereiche wahre Menschen (die eben „rein intuitiv" ziehen, ohne zu „berechnen" wie die richtigen Spieler). Nun kommt Bobby Fisher! Er sagte, er liebe es, das gegnerische Ego zu crashen und zankte unentwegt mit jedem und allem herum, wegen angeblichen Lärms eines Zuschauers beim Schnupfen oder wegen merkwürdigen Verhaltens irgendwelcher Funktionäre. Die Gegner verloren unter dem Psychodruck die Contenance im rauchenden Zorn – und anschließend das Spiel. Fisher hat also den Stresslevel erhöht. Er konnte auf diesem Niveau genial spielen!

Beim Golfspiel (wie früher beim Tennis, mindestens beim Aufschlag) ist das Publikum traditionell mucksmäuschenstill. Beim Fußball und beim Boxen wollen die Kämpfer angefeuert werden. Einmal wird ruhige Konzentration gebraucht, im anderen Falle motivierte Anspannung des Körpers.

Klassische Musik wird unter diszipliniertem Schweigen dargeboten. Wehe, ein voreitler Dummkopf klatscht zwischen dem zweiten und dritten Satz. Popkonzerte vermitteln dagegen keinen Inhaltsgenuss, sondern Erregung! Kreischen! Mitsingen! Feuerzeuge schwenken!

Richtige Menschen: „Lasst mich routiniert arbeiten, ohne Störung. Lobt mich. Ich bemühe mich, ein lebendes Vorbild zu sein."

Wahre Menschen: „Ich bin woanders, in meinem Werk. Bewundert mich nach meiner Darbietung oder auch nicht. Ich weiß selbst am besten, dass ich noch lernen muss. Ich will beseelt arbeiten, ohne Kampf, ohne Pflicht. Der Sinn treibt mich an."

Natürliche Menschen: „Feuert mich an! Ich bin der Größte! Oder *fast*!"

Ich glaube, die wesentlichen Zusammenhänge liegen nicht in schweren und leichten Aufgaben, sondern in *verschiedenen Aufgaben* (wetteifernder Kampf, Aktenbearbeitung, Erfinden) *und ihrem Verhältnis zu den verschiedenen Menschen*, die sich solchen Aufgaben stellen.

Wir werden von ganz verschiedenen Triebkräften energetisiert:

- Wetteiferndes Bezwingen einer herausfordernden Aufgabe (natürlicher Mensch)
- „Beseelung" durch die Inhalte oder Werte der Arbeit (wahrer Mensch)
- Unermüdlichkeit in einem funktionierenden Prozess (richtiger Mensch)

Ich hole nach einiger Überlegung dazu doch etwas weiter aus und gebe meine Ansicht zu der Maslowschen Bedürfnispyramide. Daraus wird dann klarer, was sich in den Seismographensystemen der verschiedenen Menschen abspielt. Ich widerlege in gewissem Sinne noch einmal Maslows Theorie einer *allgemeinen* Bedürfnishierarchie der Menschen.

5. Dueck-Pyramiden

Ich habe schon in dem Buch *Omnisophie* über die Bedürfnispyramiden geschrieben: Man müsste mindestens verschiedene Pyramiden für verschiedene Menschen diskutieren. Ich glaube aber nicht, dass in wirklichen Menschen durch die Pyramiden eine *Hierarchie* vorgegeben wird. Die Hierarchie entsteht dadurch, dass wir Menschen uns am Kaffeetisch eine Rangfolge ausdenken, in der die Bedürfnisbefriedigung angestrebt werden *sollte*. Das sind dann gute Vorsätze, die ohne innere Schweinehunde, Sachzwänge und Systeme gefasst werden.

Ich verdeutliche das nach langem Nachdenken über diese Fragen hier durch den Vorschlag von Pyramiden für *verschiedene* Menschen.

Die folgende Pyramide veranschaulicht die bekannte Sicht von Abraham Maslow.

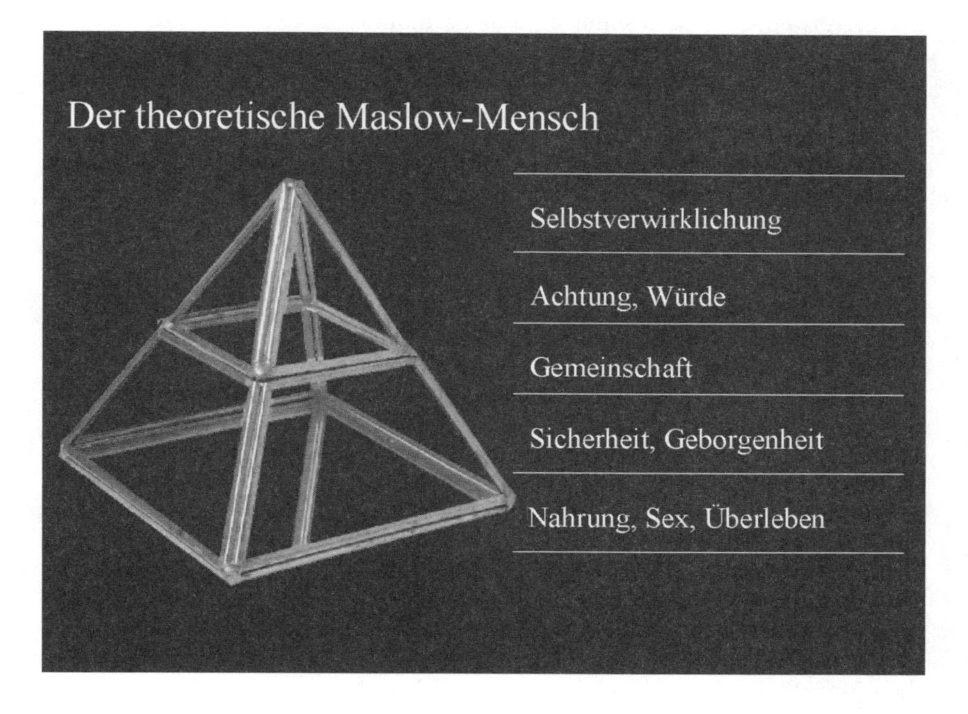

Der Mensch hat nach seiner Ansicht eine Hierarchie von Bedürfnissen. Er muss unbedingt Nahrung zu sich nehmen, und als solcher sollte er sich fortpflanzen. Danach schafft er sich ein Zuhause, in Sicherheit und Geborgenheit. Wenn das steht, strebt er einen würdigen, „gemütlichen" Platz in der Gemeinschaft. Dann sehnt er sich langsam nach den von Maslow so genannten höheren Bedürfnissen, nach Achtung und Würde. Die Krone ist Selbstverwirklichung (self-actualization). *Das Problem besteht darin, dass die Pyramide sehr überzeugend*

aussieht. Aber wenn Sie länger nachdenken, gibt es zur Zeit zum Beispiel eine Menge von Managern, die alle Sicherheit aufs Spiel setzen, um reich zu werden. Es gibt Künstler, die kaum essen können, aber nur Selbstverwirklichung betreiben. Es gibt sehr stark Introvertierte, die so viel Gemeinschaft gar nicht brauchen.

Ein wichtiger Schlüssel zum tiefen Verständnis der Maslowschen Pyramide und ihres schweren Denkfehlers liegt darin, dass Maslow selbst ein wahrer Mensch gewesen ist.

Ich zitiere aus seinem Buch *Motivation und Persönlichkeit* ein paar Sätze aus dem Vorwort. Sie werden spüren: Ein wahrer Intuitiver!

„Das vorliegende Buch ist durchwegs ganzheitlich ... Der Holismus [Anmerkung von mir: *Ganzheitslehre*] ist offenkundig wahr ... und doch war es schwierig, der ganzheitlichen Anschauung zur Geltung zu verhelfen und sie so zu verwenden, wie sie verwendet werden sollte, als eine bestimmte Art und Weise, die Welt zu betrachten. In jüngster Zeit neige ich immer mehr dazu, anzunehmen, dass die atomistische Art und Weise des Denkens eine milde Form der Psychopathologie ist oder zumindest ein Aspekt des Syndroms der kognitiven Unreife. Die ganzheitliche Denk- und Sehweise scheint sich ganz natürlich und automatisch bei gesünderen, mehr selbstverwirklichenden Menschen einzustellen und scheint sehr schwierig für weniger entwickelte, reife, gesunde Menschen erreichbar zu sein."

Ich interpretiere: Maslow denkt vollständig rechtshirnig-intuitiv. Er ist mit ganzer Seele wahrer Mensch. Er kann das linkshirnige Faktendenken nicht ausstehen und hält damit mindestens die richtigen Menschen mit ihrem scharfen analytischen Verstand für schwach merkwürdig, na gut, für etwas verrückt. Er sieht, dass manche junge Menschen ganz ohne Zutun intuitiv sind, während gesunde, normale richtige Menschen in dieses Stadium nie gelangen. Richtige Menschen werden also, so sieht er es, nicht so einfach wahre Menschen. Das alles schreibe ich schon die ganze Zeit! Freud und Maslow passen erst hier in meinem System zusammen. Freud kennt mehr den richtigen Menschen (gesteuert vom Über-Ich) und den natürlichen Menschen (gesteuert von Es). Intuitive kennt Freud nicht. Er spricht in seinem Werk von Intuition wie von unwissenschaftlicher Gotteseingebung. Ich zitierte das in *Omnisophie*. Maslow ist nun selbst ein Intuitiver und hält *nur* die wahren Menschen für wahre Menschen. Er sieht sie als Fortentwicklung, als Selbstverwirklichungsstufe des richtigen und des natürlichen Menschen. Er hält also das ganzheitlich-rechtshirnige Denken für einen Fortschritt gegenüber dem Freudschen Menschen, der noch zwischen Pflicht und Trieb Kämpfe ausfechten muss. Mit meiner mathematischen Grundlegung der Denkungsarten habe ich quasi die natürlichere Einheit oder das Ganze gefunden: Es gibt einfach *drei* verschiedene Menschenarten, nicht wahr? Richtige, natürliche und wahre. Deshalb ist alles, was Maslow schreibt, ein Wunderwerk für den Intuitiven. Sein hier zitiertes Buch ist für mich eines der vielleicht fünf bedeutendsten, die ich je las. Aber alles, was er über richtige Menschen sagt, ist voller Unverständnis. Er schreibt nur, wie er selbst denkt. Das ist wunderschön, reicht aber nicht über die wahren Menschen hinaus.

Wenn also Abraham Maslow ein wahrer Intuitiver ist, dann setzt er selbst als Privatperson die *Selbstverwirklichung* in der Pyramide ganz, ganz *oben* hin, weil wahre Menschen eben sehr großen Wert darauf legen. Der Wunsch nach Sicherheit ist ein Wunsch vor allem der richtigen Menschen, die sich im System anpassen. Natürliche Menschen wiederum brauchen am wenigsten Sicherheit, weil sie ja spontan kämpfen können. Sie haben ihre psychische Energie und ihre Kraft dabei! („Gunter, du musst dich nicht verprügeln lassen. Wehr dich doch. Auch du bist stark. Weißt du, du musst etwas im Blick haben, dass du es bis zum Blutfließen bringen wirst. Dann knickt dein Gegner ein." – „Ich will aber kein Blut." – „Du musst es nur wollen, das reicht meistens. Dann bist du vor ihnen sicher.")

Im Ganzen lese ich Maslows Vorschlag so: Unten stehen die Bedürfnisse der richtigen Menschen, oben die der wahren. Die Maslowsche Hierarchie sagt also im Wesentlichen: Aus einem richtigen Menschen, der man am Anfang vielleicht leider sein mag, kann mit der Zeit etwas Besseres werden, nämlich ein wahrer Mensch. Oder: Wahre Menschen sind wertvoller als richtige Menschen. Oder: Das höchste Bedürfnis des richtigen Menschen ist es, ein wahrer Mensch zu werden.

Ich habe das ganze Buch *Omnisophie* darüber geschrieben, dass diese Menschenarten schlicht verschieden sind. Anders! Alternativ! Es sind vielleicht frühe Reaktionsmuster. Richtige Menschen passen sich den Eltern an. Natürliche Menschen sind kraftvolle, trotzige Kinder, die Widerstand leisten. Wahre Kinder passen sich nicht an, nie! Sie wollen auch nicht kämpfen. Sie gehen Prägestempeln und Kampfhähnen aus dem Weg. Die wahren Intellektuellen sind eher pazifistisch und systemfeindlich! Karen Horney hat diese Dreiteilung der Grundstrategie in ihren Werken beschrieben: Anpassen, Widerstand leisten, den Rücken drehen.

Ich habe einmal als Vorschlag drei Pyramiden für die drei verschiedenen Menschensorten in Graphiken veranschaulicht. Ich habe mich dabei von dem folgenden Grundgerüst leiten lassen:

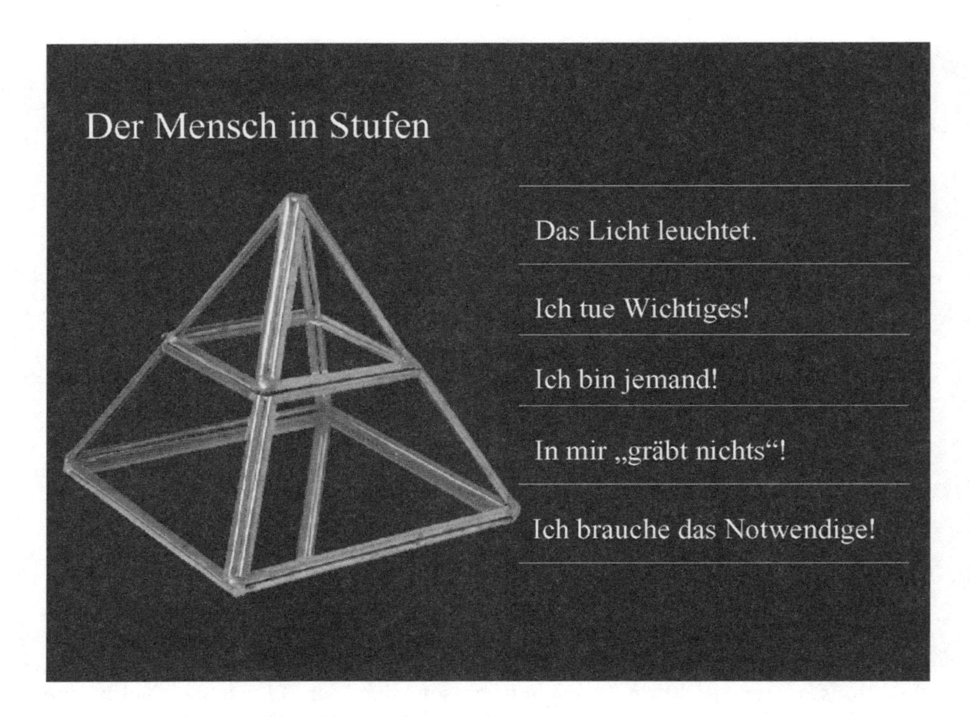

Unten steht das absolut Notwendige. Das ist heute nicht mehr nur das Essen, eher ein Arbeitsplatz oder das, was nicht mehr gepfändet werden kann. Wenn der Mensch dann genug zu essen hat, möchte er keine Angst haben. Besser ausgedrückt: Es sollen ihn keine Seismographenhiebe treffen, keine Sorgen. In die zweite Zeile von unten trage ich ein, was die Hauptsorge des Menschen ist, der zu essen hat. In die dritte Zeile trage ich ein, wann man ein gutes Exemplar Mensch ist. Weiter oben, wann man ein bedeutendes Exemplar ist. Ganz oben trage ich die Modellvorstellung dieses Menschentyps ein.

Ich beginne mit dem richtigen Menschen. Hier seine Pyramide:

Die richtigen Menschen wollen im System einen guten Platz haben. Sie fürchten sich vor Unsicherheit und Ausgestoßensein. Wenn sie sich sicher fühlen, wollen sie im System jemand sein. Ein Jemand: Das ist ein Mensch, der eine wichtige Rolle hat und sich kümmert und sorgt. Das Höchste ist für sie, ein gewürdigtes Vorbild aller Menschen zu sein und eine hohe Verantwortung zu tragen. Bundespräsident sein! Das ist noch besser als Generaldirektor. Wegen dieses Bedürfnisses muss man einem Generaldirektor mehr Gehalt zahlen. Politiker arbeiten zur Not fast ohne Geld. Und *sicher* ist das Politikerdasein absolut nicht. Es könnte doch sein, dass die Menschen für die höheren Bedürfnisse auf die niederen einfach verzichten? Diese Pyramide sieht fast wie die von Abraham Maslow aus. Ich sagte ja schon, er hat wohl die Grundbedürfnisse des richtigen Menschen für die Grundbedürfnisse aller Menschen gehalten und oben, ganz oben, ein sehr wichtiges Bedürfnis der wahren Menschen hingestellt.

Sehen wir uns meine Pyramide für die wahren Menschen an:

Für sie ist eine sinnvolle Arbeit ein Muss. Sie hungern eher bei Sozialhilfe als eine „sinnlose" Arbeit zu verrichten. Statt Sicherheit im Leben suchen sie nach einer Idee, einer Religion, einer Aktion wie Greenpeace, einem Beruf, den sie lieben und sinnvoll finden. Die Idee ist wie ein unsichtbarer Ehepartner. „Wenn ich gewusst hätte, dass dein Leben so sehr an der humanistischen Krankenpflege hängt, hätte ich dich nicht geheiratet. Pflege ja. Aber die Wochenenden gehören doch der Familie. Du bist uns etwas schuldig. Bitte: Ich habe deinen Beruf nicht mitgeheiratet!" Wahre Menschen lieben, wenn sich ihre Seele öffnet und sie waches Interesse erfüllt. Dann hat aber nichts anderes mehr Platz. Klar. Sie sind ja davon erfüllt. Voll also. Richtige Menschen arbeiten meist noch länger, aber deshalb, weil es sicherer ist. Wahre Menschen wollen heilen, helfen, lehren, erschaffen, pflegen, aufpäppeln. Sie träumen in irgendeiner Form von dem Nobelpreis oder einer Seligsprechung. Aber das Höchste wäre, ein Weiser, ein Buddha, ein Heiliger zu sein, einer, der hilft, die Welt zu retten.

Leider erkennen die wahren Menschen oft nur, dass die Welt nicht zu retten ist. Deshalb wird die Welt mehr von den natürlichen Menschen gerettet, die sie aber ebenso oft so sehr in Schwierigkeiten bringen, dass eine Rettung ziemlich dringend wird.

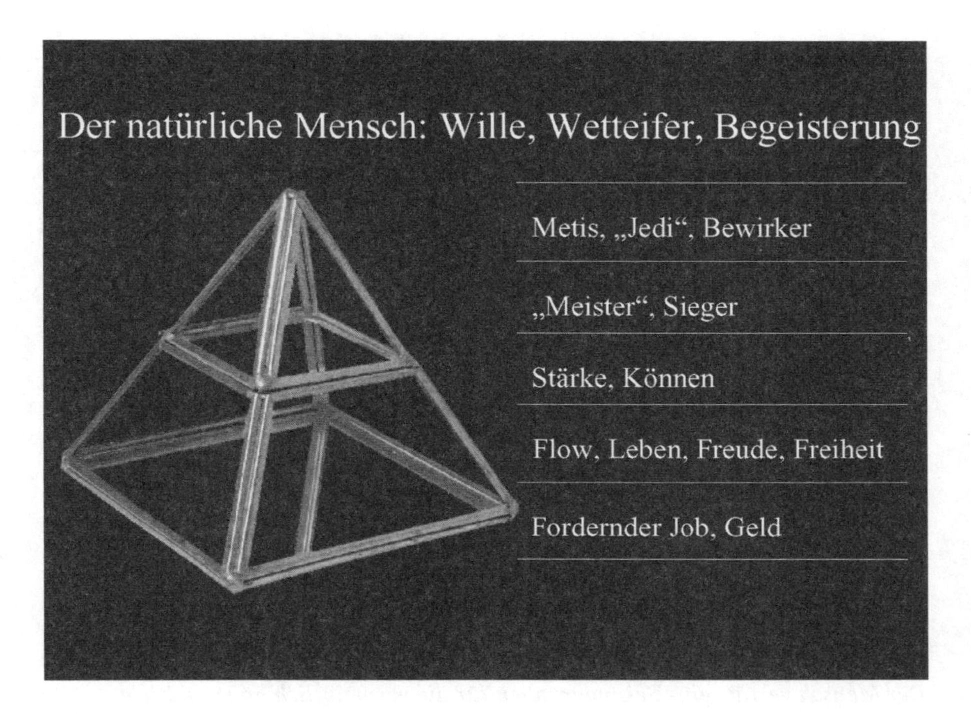

Natürliche Menschen brauchen bestimmt keine Sicherheit an der zweiten Stelle, dafür aber Flow, dieses zeitvergessende Versinken in eine körperwohlige Arbeit, die zu einem sichtbaren Erfolg führt, also *wirksam* ist. Sie werden stark und kühn, werden Meister oder Virtuoso, aber das Höchste ist am besten mit dem Wort Jedi aus Star Wars zu beschreiben. Ein Jedi hat die Macht. Ein Jedi weiß im Kampf und im Chaos, was zu tun ist, um das Schicksal der Welt zu wenden. Dieses Wissen, im Chaos das Gegebene zu tun, ist nach der ersten Zeusgattin *Metis* benannt. (Er verschlang sie, weil ihr geweissagt war, den neuen Weltenherrscher zu gebären. Nun trägt er sie seitdem im Körper. Man nimmt an, im Kopf. Sie berät ihn, was weise wäre. Er muss zuhören.)

Warum werden wir nicht alle Weise, Jedi-Ritter und Vorbilder, wenn es doch nach Maslow das Höchste wäre? Die meisten von uns versuchen es nicht wirklich. Wir wären mit Respekt, Liebe, Bewunderung schon ganz zufrieden.

Ich biete eine Erklärung an:

Es gräbt in uns.

In meiner grundsätzlichen Pyramide schrieb ich unten hinein: *Nichts gräbt in mir.* Richtige Menschen zerreißt es, wenn sie nicht sicher oder geborgen sind. Natürliche Menschen reißen an den Ketten, wenn sie nicht frei sind und in tiefer Wirksamkeit arbeiten können. Wahre Menschen hadern mit der bösen Welt, wenn die Idee verraten ist.

„Nichts gräbt in mir!“ Das ist vielleicht das absolut Unverstandene an unserem Leben.

Wir alle sehen die Pyramide so:

Das, was wir erreichen wollen, steht oben. Nach ganz oben kommen nur ganz wenige. Aber Reichtum, Dank, Respekt, Achtung, Ruhm und Macht sollten gut genug sein. Realistisch gesehen streben wir nur die vierte Stufe an und träumen in freien Minuten im Urlaub von der letzten Stufe, von der wir aber keine rechte Vorstellung haben.

Und wie machen wir das? Wir versuchen schnurstracks, die vierte Stufe zu erreichen. Dazu brauchen wir offenbar ein Abitur, einen Premium-Beruf, Durchhaltewillen und so weiter. Wir verzichten zeitweise sogar auf die Grundbedürfnisse, auf Essen und Trinken, auf Sicherheit und Liebe. Wir müssen Opfer bringen, weil wir in der Pyramide nach oben wollen.

Das meine ich aber nicht so. Die Hierarchie sagt: *Erst* die *untere* Stufe, *dann* die *zweite*, *dann* die *dritte*, *dann* die *vierte*, *dann* die *fünfte*. Ich meine nicht: *Gleich* die *vierte*. Die ersten drei Bedürfnisse sind zwar niedere Bedürfnisse, aber ihre niedrige Stelle in der Pyramide bedeutet, dass sie zuerst kommen müssen! Sie sind nämlich *wichtiger*. Deshalb sollen wir ja damit anfangen! Wissen Sie, was Sie in Wirklichkeit tun, wenn Sie gleich zur vierten Stufe wollen? Sie zerreißen sich.

Der Mensch verrät seine Seismographen für die vermeintlich höheren Ziele.

Richtige Menschen verlassen das Sichere, um Respekt zu ernten oder eine hohe Stellung zu ergattern. Sie übernehmen die Verantwortung formal, um Karriere zu machen. Sie wollen das Höhere. Aber in ihnen gräbt es: „Du kannst scheitern. Du wirst Schuld bekommen. Du wirst dich verantworten müssen. Du schindest Vorteile. Das Gewissen schlägt. Sie werden neidisch sein und dich hetzen.“

Wahre Menschen verraten und verlassen ihre Idee, um Ruhm zu ernten. Die Seismographen, die die Idee umgeben, blitzen auf: „Du erforschst dies nur, weil es dafür Staatsgelder gibt. Du machst es nur, weil du einen Ruf auf eine Professorenstelle willst. Du machst für deine Friedensbewegung allerlei schnöde Festkuchen und Bettelbriefe, damit die Finanzierung stimmt. Fast alle Aktivität zielt auf Mammon, auf Mitgliederzuwachs und auf Querelen und Glaubenskämpfe mit anderen, die die Idee schwach anders sehen.“

Natürliche Menschen verraten ihren Körper, um Sieger zu sein. Sie akzeptieren alles Schreckliche für den Sieg. Kein Flow! Keine Freude! Sportinvalide. Sich selbst besiegt, aber wie! Der gerade Weg zum Sieg geht über sie selbst hinweg.

Menschen verraten die Seismographen. Die schlagen an. „Mach wieder mal Sport! Mach Urlaub. Sieh Deine Familie! Steh öffentlich zu deinem Glauben! Hab keine Furcht vor Strafe! Deine Energie verschwindet! Nimm nicht alles Unrecht hin! Kämpfe für Freiheit!“ Menschen zerstören sich mit einem nach der vierten Pyramidenstufe süchtig eingestellten Seismographensystem.

Und nun schauen wir die Spitzen der Pyramiden an:

Der Weise opfert nicht die Idee. Seine Seismographen drohen nichts. Sokrates trinkt ohne Seismographenwarnungen den Becher aus. Alles ist gut, auch wenn das Gift den Leib zerreißt. Es sind nicht die wichtigen Seismographen, die Schmerzalarm geben.

Das Vorbild der Menschen, der konfuzianische „Edle", opfert nicht das sichere Menschsein. Er ist tugendhaftes Vorbild. Er lebt, wie er lehrt. Er ist nicht aufgewühlt von Unsicherheit und Stress und spielt nicht das Vorbild. Er ist es.

Der Jedi opfert nie die Freiheit und das Leben an sich (seines vielleicht, denn im Sterben wird der Jedi eins mit der Macht) ... Er übt geduldig die helle Seite der Macht. Das dauert länger als die Abkürzung des dunklen Weges zum schnellen Sieg.

Ich will sagen:

Die Supramanie opfert unser eigentliches Wohlgefühl. Sie will sofort die Nummer-1-Position von uns, ohne Rücksicht auf Sicherheit, Idee oder Flow. Wir verzichten auf eine harmonische Einstellung unseres Körpersystems und hetzen es nur, um gleich die höheren Ziele zu erreichen.

Eine Bedürfnispyramide sagt, dass die untersten Bedürfnisse zuerst befriedigt werden sollen. Erst *dann* geht es weiter nach oben. Bitte, *erst dann*!

Wenn wir gemeinsam durch dieses Buch gehen, Seite für Seite, wird uns bestimmt immer klarer und klarer, dass es vielleicht schon *sehr, sehr schwer* ist, geborgen, geliebt, sicher, im Flow, in einer großen Idee zu sein. Wir werden getrieben, es hier am Anfang nicht so genau zu nehmen. Wenn wir später Reichtum oder Respekt oder Ruhm erworben haben, fühlen wir ganz unruhig in uns hinein. Wir mögen spüren, dass es nicht das war, was wir wollten. „Was soll ich mit dem Geld, dem Ruhm, der Ehre? Ich wäre so gerne glücklich." Wir würden gerne ein Seismographensystem ohne Ausschläge haben, ohne dauerndes: „Hetze! Pass auf! Hab acht! Traue nicht! Da geht Zeit verloren! Da wird verschwendet!" Wir betäuben diese Seismographen mit Essen, Alkohol, Tabletten, Einkaufsanfällen, Bummeln, One-Night-Touren.

Dann träumen wir, ein Weiser oder ein Jedi zu sein.

Der Weg von der dunklen zur hellen Seite der Macht ist Lichtschwertjahre weit. Wer macht aus Ruhm Weisheit? Wer macht aus Geld so leicht Glück?

Jesus aber sprach zu seinen Jüngern: „Wahrlich, ich sage euch: Ein Reicher wird schwer ins Himmelreich kommen. Und weiter sage ich euch: Es ist leichter, dass ein Kamel durch ein Nadelöhr gehe, denn dass ein Reicher ins Reich Gottes komme." (Matthäus 19, 23-24)

Die, die ihr Körpersystem verraten haben und den kurzen Weg in der Pyramide versuchen, kommen eben nie wirklich oben an. Denn sie haben die Hauptsache vergessen. Die Grundbedürfnisse unten sind eben unabdingbar und brauchen Zeit, *viel* Zeit. Und weil eben so ziemlich alle diesen kurzen Weg gehen, kommen sie nicht an, weil er irgendwo im äußeren Glanz endet. Im schönen Schein, nicht im Sein.

Jesus sprach: „Gehet ein durch die enge Pforte. Denn die Pforte ist weit, und der Weg ist breit, der zur Verdammnis abführt; und ihrer sind viele, die darauf wandeln. Und die Pforte ist eng, und der Weg ist schmal, der zum Leben führt; und wenige sind ihrer, die ihn finden." (Matthäus 7, 13-14)

Im Ernst, und jetzt ganz ohne Bibel: Wann könnte unser Seismographensystem schweigen? Vielleicht, wenn wir das Leben akzeptieren und durch und durch ehrlich, friedlich, gerecht, einfach, großherzig, sanft, höflich, vertrauensvoll, tapfer sind? Das ginge! Das wäre so eine Pforte, die es zu finden gälte. Sie sieht mir fast so aus, als stehe „Tugend" am rostig-verwitterten Türschild. Ja, ich sehe, sie ist eng.

Ich zeige Ihnen *diese* Pforte. Hier:

Ich habe die Pyramide in der zweiten Stufe geändert. In „Tugend" – so wie „nichts gräbt mehr in mir". Wenn Sie mit Tugend anfangen, dann haben Sie einen schweren Gang vor sich, aber das Erreichen der zweiten Stufe ist schon fast alles. Wenn Sie diese Stufe nehmen, oder eigentlich, immer noch frisch unter Ihren Füßen spüren, dann werden Sie ganz ruhig ein wertvoller Mensch, und der Dank ist einem tugendhaften Menschen, der etwas leistet, praktisch sicher, wahrscheinlich *aber nicht mehr wichtig*. In diesem Fall kann er die fünfte Stufe erreichen.

Die alten Philosophen haben Tugend als *Endziel* hingestellt. Ich sage: Man fange dort an. Die alten Philosophen stotterten ja fast, wenn sie erklären sollten, was denn das Ziel der Tugend sein sollte! Riecht Tugend ganz oben denn nicht nach Selbstzweck?

Meine erste Pyramide des richtigen Menschen ist die, mit der Sie wahrscheinlich sofort einig sein können. Diese neue Version aber ist die *richtige*. Nach dem bloßen Überleben ist es das wichtigste Ziel, ein anständiger, reifer Mensch zu werden. Ja, es ist am Anfang gleich das Schwerste. Dieses Ziel sagt in meiner mathematischen Vorstellung von richtigen Menschen: Er bildet eine verständige linke Gehirnhälfte heran, die so lebenstüchtig ist, dass sie Grundlage sein kann für einen weiten, erfolgreichen Lebensweg. Erst wird die Basismaschine in uns mit Basiswürde und Basisbildung befüllt, dann geht es mit einer „Karriere" fast wie von selbst weiter. Oder noch weiter gedacht: Sie brauchen gar keine Karriere mehr, jedenfalls nicht so nötig. Stellen Sie sich vor, Sie sind in Verstand und Herz gebildet, integer, haben ein Gefühl für Würde. Was brauchen Sie dann noch? Sie haben dann eine positive Grundenergie, die sie mit Neigung eine würdige Pflicht tun lässt, wie es Kant möchte. Alles wäre gut.

Ich widerrufe hiermit auch die beiden anderen Pyramiden. Sie sehen mit genau der gleichen Argumentation nämlich anders aus.

Die nächste Pyramide ist die wahre Pyramide. Ich habe in Stufe zwei nur das eingesetzt, was für die Stufe fünf und überhaupt das Unerlässliche für den wahren Menschen ist. Das gehört nach unten.

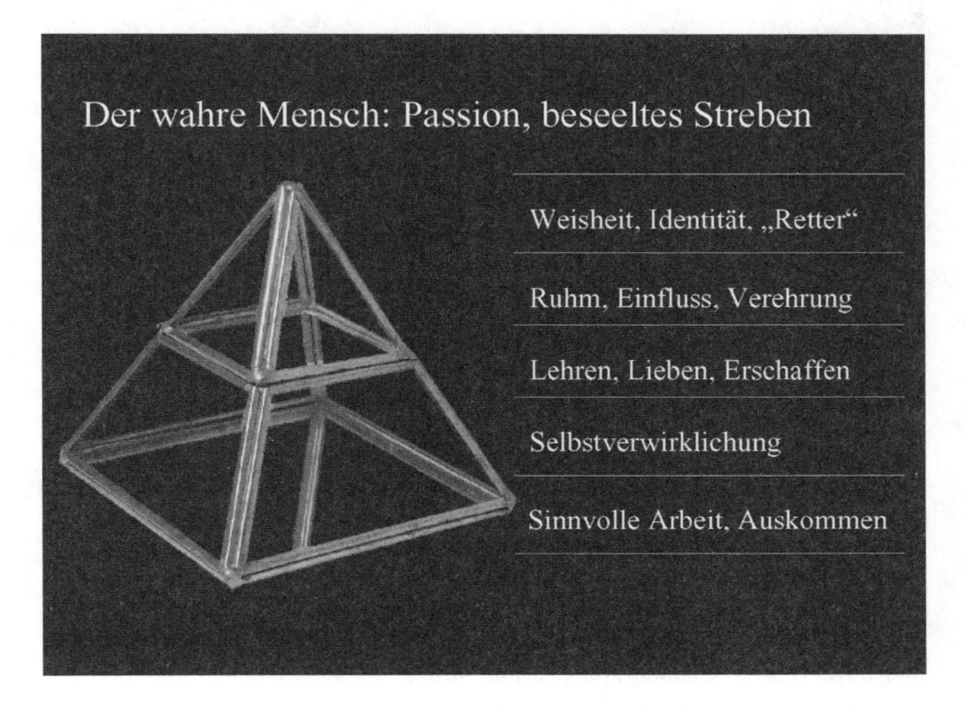

Selbstverwirklichung ist ein schwer sinnbesetztes Wort. Viele richtige Menschen halten den folgenden Satz für einen Tadel: „Sie/er verwirklicht sich." Sie lesen es wie: „Sie/er drückt sich vor Drecksarbeit, die nun einmal auch zur Pflicht gehört." So verstehe ich hier und sonst Selbstverwirklichung nicht. Ich meine mit Selbstverwirklichung den bewussten Vorgang der andauernden fürsorglichen Pflege des neuronalen Netzes in der rechten Gehirnhälfte. Die Intuition muss durch Denken, Fühlen, Sehen, Schmecken geschult werden. Durch aktives Verarbeiten von „Inputs", von Eindrücken, von Büchern und Beziehungsimpulsen, besonders aber von Inspirationen und überraschendem Neuen (etwa: Reise, „Gurulauschen"). Diese aktive Ausbildung der rechten Hirnhälfte bildet den unsichtbaren Grundstock für alles Spätere. Deshalb wachsen wahre Kinder besser heran, wenn sie gerne musizieren, lesen, erfahren, mitmachen - und wenn ihre Eltern sie halbwegs planmäßig innerhalb ihrer beginnenden Vorlieben mit Inspirationen füttern.

Die natürliche Pyramide erscheint ebenfalls in der zweiten Stufe geändert, das Wichtigste zuerst, also unten, gleich nach den physiologischen Überlebensnotwendigkeiten.

Natürliche Menschen leben mehr in ihrem Seismographensystem. Sie nutzen es intensiv, um in einer inneren Stimmung des Wetteifers Herausforderungen zu meistern. Dieses Seismographensystem muss dementsprechend liebevoll gepflegt und geschult werden. Heute morgen sagte eine IBM General Managerin, die von einem bevorstehenden Erfolg berichtete, so etwas wie: „That keeps your competitive juices going, you know?" Beckerfaust. In deutscher Sprache ringe ich um ein Wort. „Kampfsaft"? Es ist diese Energie in uns, die uns zielgerichtet und siegeszuversichtlich macht, eben: unwiderstehlich. Wir sind dann instinktsicher auf Erfolgspfad. Es ist eine Erziehung zur Wirksamkeit, einen Beitrag für das Ganze oder das Ziel zu leisten. Stärke braucht Konzentration und Selbstdisziplin. Das ist weder ein Lernen von Wissen oder Regeln des Verstandes der linken Hirnhälfte noch Teil eines langen Heranbilden von Einsicht des neuronalen Netzes in etwas Neues. Bei natürlichen Menschen müssen die Seismographensysteme geschult werden, die die Aufmerksamkeit wirksam in der gewählten Pfeilrichtung halten. Wenn das Seismographensystem eines Menschen wunderbar geschmeidig geschult ist, dann sagt man, „er beherrscht sich selbst". Er kann über sich verfügen. *Achtung*: Die richtigen und wahren Menschen verstehen nicht richtig, was das bedeutet. Sie benutzen Selbstbeherrschung wie „Fähigkeit, zu verzichten". Für sie ist Selbstbeherrschung eher die Fähigkeit, die Seismographen, besonders die, die gierig sind, zu ignorieren: Entsagung, Verzicht, Keuschheit. In Wirklichkeit geht es darum, das Körpersystem zu erziehen. Stellen Sie sich vor, Sie haben ein ganz verdrehtes, widersprüchliches Seismographensystem, das unvernünftige Süchte, Zorn und Gewalt befehlen will. Dann ist es doch eine eher einfältige Strategie, diese Seismographen durch Verdrängen oder Ignorieren oder Aushalten „wegzumachen"? Warum bilden Sie das System nicht aus? Sie sollen es nicht ignorieren, sondern beherrschen, im Sinne von „damit positiv energetisch freudvolles Wirken zu entfalten". Das wäre ein Segen, wenn die Menschheit dies endlich verstehen würde! Ausbilden, trainieren – nicht wegmachen!

In der zweiten Stufe wird der Grundstein des ganzen Weges gelegt. Das ist die einfache Wahrheit. Wer den Grundstein nicht legt, kommt nie in voller Wahrheit oben an. Er erwirbt die Insignien des Menschen, der er sein will. Der Mensch, der über die zweite Stufe springt, wird vielleicht reich, aber nicht glücklich. Er bekommt, ohne zu sein. Sein Seismographensystem ist dann nur auf Nehmen gerichtet. Auf Erobern von Seismographenerfolgsausschlägen, auf das Sammeln von Punkten. Der, der alles bekommt, hat die Stufe vergessen, ein entwickelter Mensch zu werden. Deshalb bedeutet es nichts, wenn er erntet. Deshalb macht Reichtum einen Menschen nicht glücklich, der die zweite Stufe übersprang. Deshalb ist der Weg vom nur Reichen zum glücklichen Reichen unendlich weit: Er müsste ja die zweite Stufe nachholen. Das versteht niemand, der formal schon auf hoher Stufe steht. Es ist das Privileg der oberen Stufen, die unteren *erlassen* zu bekommen. Deshalb wird der nur Reiche eher durch das Nadelöhr gehen als glücklich werden. Deshalb ist das Leben eines Thronfolgers so hart, wenn er die unteren Stufen nehmen soll, er, der oben geboren wurde.

Hören Sie's! Die zweite Stufe ist die wichtige. Danach müssen Sie nichts mehr hören, auch kaum noch diese Bücher hier von mir lesen.

Was tun wir aber in Wirklichkeit? Wir siegen uns gleich für die vierte Stufe zu Tode. Wir werden in den Burn-out befördert. Wir werden depressiv und fühlen tiefes Grauen gegenüber dem Verrat des Eigentlichen, das wir bei Überspringen der zweiten Stufe nie gesehen haben.

Wir fühlen uns schlecht.

Wir opfern immer die Grundbedürfnisse für das vermeintlich punktreichere Höhere.

Wir opfern insbesondere unsere positive psychische Energie oder betreiben Raubbau an ihr. Psychische Energie wächst nur nach, wenn die Seismographen Wohlgefühl signalisieren. Wir verlieren psychische Energie, wenn sie warnen und entsetzt zucken. Wir halten nicht Haus mit den Kräften in uns.

Tugend, Selbstverwirklichung, Selbstdisziplin oder Wirksamkeit für das Ganze erzeugen psychische Energie! Das hat jeder vergessen.

Sie sollen es nicht vergessen! Wenn Sie unbedingt essen müssen, tun Sie das. Aber gleich dann kommt schon Stufe zwei! Die bringt die Energie in der reinen positiven Form, langanhaltend und stetig. Sie haben es schon alle aus berufenerem Munde als aus meinem gehört. Im Star-Wars-Film. Der Jedi-Meister Yoda sagt in Gedanken: „Adventure. Heh! Excitement. Heh! A Jedi craves not these things." (Abenteuer! Vergnügen! Den Jedi verlangt es danach nicht.") Und dann zu Luke:

„Die Kraft fließt einem Jedi von der Macht zu. Aber hüte dich vor der dunklen Seite der Macht. Zorn ... Furcht ... Aggressivität. Die dunklen Seiten der Macht sind sie. Besitz ergreifen sie leicht von dir. Folgst du einmal diesem dunklen Pfad, beherrschen wird auf ewig die dunkle Seite dein Geschick. Verzehren wird sie dich ..." Luke: „ ... Ist die dunkle Seite stärker?"

Yoda: „Nein. Nein. Nein. Schneller. Leichter. Verführerischer."

Luke: „Aber wie kann ich die gute Seite von der schlechten unterscheiden?"

Yoda: „Erkennen wirst du es. Wenn du Ruhe bewahrst. Frieden. Passiv ..."

Die Macht im Sinne von Yoda oder des Jedi, diese helle Seite der Wirksamkeit, kann nur als erste Stufe des Handelns erworben werden. Die Dunkle Seite wendet sich unter dem Überspringen von Stufe zwei sofort der Macht im nackten Sinne zu. Das ist Macht wie Trieb. Die Helle Seite der Macht ist gemeint als die eines besterzogenen natürlichen Menschen. Die Seismographen sind energiegeladen für das Gute. Das Dunkle ist ungezügelter Trieb auf „Haben". Das Dunkle ist da. Das Helle muss erst die erste hohe Stufe nehmen. Deshalb jammert Yoda, weil Luke schon handeln will, bevor seine Ausbildung abgeschlossen ist. Dieses Buch zeigt unerbittlich auf, dass wir uns für das Helle die Zeit nicht nehmen. Denn Zeit ist Geld und schnelles Geld ist uns lieber als langsames.

Nach diesen hochedlen Gedanken schwingen wir nun zurück in die Arbeitswelt, die die Stufe zwei nicht kennt. Im nächsten Abschnitt ein paar Fakten über den jetzigen Zustand, dann schleichen wir uns näher und näher an die Frage heran, wo denn die Menschen ihre viele Energie *hernehmen*, wenn sie gar keine *erzeugen* wollen? Woher stammt die *irrsinnige* Energie in den Menschen, die hinter Geld und Macht her sind? Ich will langsam klar machen: Es ist wirklich eine irrsinnige Energie, die aus systemproduzierten Minderwertigkeitsgefühlen stammt.

6. Was treibt uns an? Wer treibt uns an? Und wohin?

Sind Sie jemand, der *angefeuert* werden möchte?
Ist Leben nur Leben, wenn Sie *beseelt* sind?
Muss alles um Sie herum sauber *funktionieren*?

Welche Art ist offiziell die richtige? Die *richtige*!
Offiziell sollen Sie zuallererst funktionieren. Danach sollen Sie Nummer 1 sein. Wer immer Sie sind, was immer gut für Sie ist! Ich habe neulich einmal eine Rede als Satire dargeboten, als ich bei einem Großunternehmen über Management vortragen sollte. Ich wollte deutlich machen, dass sich alle Reden von hyperaggressiven Managern ungefähr gleich anhören, nämlich aggressiv anfeuernd, mehr als „nur“ die „verdammte“ Pflicht zu tun:

Ich habe also sehr markig geredet. So:

„Ich bin stolz auf euch Mitarbeiter. Ich sehe, wie sehr ihr euch anstrengt. Das wissen wir. Wir im Topmanagement sind genau informiert, wie sehr ihr buchstäblich im Dreck wühlt, in dieser schwierigen Zeit. Ihr denkt, wir sind weit weg, oben in den hohen Etagen. Aber wir schauen uns ja fast stündlich in dieser hektischen Zeit die Geschäftszahlen an. Wir wissen also, wie viel ihr alle arbeitet. Toll! Wir sind stolz auf euch alle. Auf jeden von euch. Auf jeden. Manche arbeiten allerdings nicht so hart. Das macht Kummer. Das müssen dann andere wieder herausholen. Es wäre gut, wenn alle hart arbeiten würden. Wenn sich jeder individuell einzeln opfert – das ist echte Teamarbeit. Dann könnten sich die Besten darum kümmern, noch mehr selbst zu arbeiten und müssten den andern nicht unnütz helfen. Ich bitte Sie: Arbeiten Sie hart und helfen Sie, dass ich auch morgen noch sagen kann, dass ich stolz auf Sie sein kann. Glauben Sie mir, ich bin ein Mensch und habe ein Herz, und in diesem Herzen möchte ich nur eines – morgen stolz auf jeden von Ihnen sein können.“

Die Rede war im Original etwas länger. Danach gab es gleich etwas zu essen, obwohl noch ein Abschlusswort angekündigt war. Der Vorstand sagte beim Wein, er habe sich die geplante Rede verkniffen. Ich hätte schon zu viel vorweggenommen und er habe deshalb zu viel Beifall befürchten müssen.

Die Unternehmensberatungsgesellschaft Gallup mbH Deutschland aus Potsdam publizierte 2002 in einer Studie Ergebnisse einer repräsentativen Umfrage unter Arbeitnehmern. In der Presse wurde das Ergebnis etwa so zusammengefasst:

Nur fünfzehn Prozent aller Deutschen sind laut einer Studie engagiert bei der Arbeit und empfinden diese als befriedigend. Dagegen machen neunundsechzig Prozent aller Deutschen „Dienst nach Vorschrift“ und fühlen sich ihrem Unternehmen gegenüber nicht wirklich verpflichtet. Sechzehn Prozent der deutschen Arbeitnehmer haben sich sogar schon „innerlich verabschiedet“. Das Institut beziffert den aus dem fehlenden Engagement am Arbeitsplatz resultierenden gesamtwirtschaftlichen Schaden aus schwacher Mitarbeiterbindung, hohen Fehlzeiten und niedriger Produktivität auf jährlich rund 220 Milliarden Euro. Diese Größenordnung entspricht fast dem gesamten deutschen Bundeshaushalt 2003 (246,3 Milliarden Euro). Als wichtigsten Grund für den Frust derart vieler Mitarbeiter fanden die Wissenschaftler schlechtes Management heraus. „Deutsche Chefs sind zu autoritär und lassen andere Meinungen zu selten zu“, sagte der Chef von Gallup-Deutschland, Gerald Wood, in einem dpa-Gespräch. „Es fehlen auch Lob und Anerkennung für gute Arbeit." Auch das „Mobbing" sei in Deutschland ein ernst zu nehmendes Problem. Arbeitnehmer bemängeln in der Studie unter anderem, dass sie nicht wissen, was von ihnen erwartet wird und dass ihre Vorgesetzten sich nicht für sie als Menschen interessieren. Außerdem müssten Mitarbeiter häufig eine Position ausfüllen, die ihnen nicht liege oder ihre Meinungen und Ansichten hätten kaum Gewicht.

Lassen Sie uns kurz diese Ergebnisse im Zusammenhang mit meiner neckischen Standardrede überdenken: Die Deutschen tun ihre Pflicht. Das Management feuert an, mehr als die Pflicht zu tun. Es fordert die Mitarbeiter auf, *alles* zu geben. Damit schiebt das Management die pflichttreuen Mitarbeiter in einen Stresslevel, in dem sie ziemliche Angst bekommen! So, wie brave Schüler nicht bei Lärm lernen können.

In der Schule werden die natürlichen Menschen geopfert. Der Stresslevel wird optimal für die Braven eingestellt, die ja von selbst gerne funktionieren wollen. Die anderen werden notfalls nicht versetzt, wenn sie sich nicht einfügen. Die Braven fühlen sich in der Ruhe gut, die Natürlichen rutschen unruhig und stressunterfordert auf den Stühlen herum und stören. (Hallo, Ihr Braven! Ein Wort an Euch! Ihr sagt immer, Ihr könnt Euch diese Unruhe nicht vorstellen! Dabei habt Ihr diese Unterforderungsunruhe im Beruf ziemlich oft! Denkt an lange Meetings und Tagungen. Wenn nämlich bei langem Palaver nichts Nützliches herauskommt, werdet Ihr *wahnsinnig*! Ihr Braven auch! Ihr rutscht auf den Stühlen, scharrt mit den Füßen, wollt nach Hause, und da sind einige Manager, die dreschen noch wieder eine halbe Stunde Stroh. Ihr solltet Eure grauen Gesichter sehen, das Kribbeln spüren, die vielen kleinen unruhigen Bewegungen, das Zwirbeln von Kugelschreibern, die Ihr schon mehrfach auseinandergenommen habt! Euer Körper schreit verzweifelt: UNNÜTZE ZEIT VERGEHT! Genau so wie hier in Euch schreien die Körper der Natürlichen, wenn Zeit ohne Abenteuer vergeht. Versteht Ihr? Ihr Braven?)

Die Manager bei der Arbeit sehen natürlich, dass alle brav ihre Pflicht tun. Aber sie wollen meist mehr. Deshalb feuern sie die Braven an! Der Erregungslevel steigt. Die Braven spüren Gefahr in Ihrem Körper. Der Manager feuert an. Die Braven zeigen etwas Panik in den Augen. Sie fühlt sich wie Versagensangst an: Werden wir schaffen, was er will? Er will mehr, als wir können! Wir haben Angst. Wir schaffen es nicht. Wir werden die Schuld bekommen, wir können nichts dafür. Ihre Körper schreien schweigend den Manager vorne an: „Mach Dein Radio aus!" Es bleibt an, keine Sorge.

Die Schule will Pflicht. Sie kümmert sich in Deutschland nicht um die Begabten, die ja von Gott schon eine so große Gabe in die Wiege gelegt bekamen. Lehrer sind dafür da, dass die Hälfte Abitur macht. Die Begabten machen auch ohne Lehrer Abitur, oder eher trotz der Lehrer. Es kommt nur darauf an, dass fünfzig Prozent eines Jahrganges genug Punkte bekommen.

Management will mehr als Pflicht. Wo kämen wir hin, wenn jeder nur seine Pflicht täte? Manager wollen, dass alle Mitarbeiter Höchstleistungen bringen. Sie feuern an. „Mach, mach, mach! Ein harter Arbeiter schafft mehrere Arbeiten gleichzeitig! Schreib beim Telefonieren die Unterlagen fertig!" Aber zu Hause sagen dieselben Manager zu ihren Kindern: „Arbeite in Ruhe. Mach die Glotze aus." Genau dieselben Manager.

Was denn nun, alles unter minimaler Triebstärke, um keine Fehler zu machen?
Oder in vollem Lauf, um hochwirksam zu sein?
Legt jemand Wert auf Passion, Beseelung, Werte, Sinn? Wo bleibt das Wahre?
Merken Sie, dass diese Welt verrückt ist?

7. Umlenkung der Energie in Vernunft simulierenden Systemtrieb

Diese Widersprüchlichkeit beginnt schon in der frühesten Kindheit.

Wir feuern das Baby an: Lauf! Lach! Spring! Laut! Jauchze!
Wir bringen ihm möglichst früh Vernunft bei: Ruhe!

Es beginnt mit dem Anfeuern des Babys, sich zu entwickeln. Wir warten nicht ab, ob es sich *natürlich* entwickelt. Wir feuern es an. Wir denken, es *soll* alles tun, sobald es etwas physisch *kann*. „Verstehen" kann es ja erst später!
Die Erwachsenen sind sehr ungeduldig. Sie wünschen sich so sehr, dass Kinder rasch heranwachsen. Deshalb wollen sie aus irgendeinem nicht ganz klaren, närrischen Grund, dass Kinder stets das, wozu sie physisch fähig sind, auch *sogleich* zum Erwachsenwerden einsetzen.

Wenn das Kind also im Prinzip krabbeln kann, *soll* es krabbeln. Wenn es im Prinzip laufen kann, *soll* es laufen. Neue Phasen des Fortschrittes werden mit *Anfeuerung* begleitet: „Lauf, noch einen Schritt! Ja, noch einen Schritt. Fein! Guuut! Braves Baby! Gutes Baby. Hallo, Frau, komm mal, Baby kann drei Schritte. Nebenan der verwahrloste Säugling bei unseren Nachbarn sitzt im gleichen Alter noch rum! Die kümmern sich um nichts." Das Baby soll Lärm machen, wenn es Lärm machen kann. Es soll als das erste lächeln, laufen, löffeln, lallen. Dabei wird es ständig angefeuert. Denken Sie noch an die Erregungskurven? Eltern nehmen an, dass lautes Anfeuern beim Lernen hilft! „Gutes Baby, braves Baby! Iss noch einen Happs. Ein Häppchen für mich, ein Häppchen für dich."
Anfeuern!
„Sag M-a-m-a! Sag m-u-u-h! Sag b-ä-ä-h!" – „Laut die Rassel, ja gut, laut, gut Baby!"
So ließe sich endlos fortfahren. Hören Sie Ihre eigene Babystimme? Ganz hoch? „Guuut, Dudududududu! Feinfeinfein!"
Sie versetzen also Ihr Baby in einen höheren Erregungszustand. Es soll aktiv sein, etwas unternehmen, sich bewegen, etwas können!
Hören Sie sich nochmals in der Erinnerung, wie Sie selbst Babys anfeuern? Ja?
Wissen Sie, was es bedeutet?
Sie sehen ein Baby als *natürlichen* Menschen an, der sich üben muss, der Herausforderungen braucht, der Kraft und Stärkebewusstsein entwickeln soll.

Wenn Sie ein kraftvolles, starkes Baby haben, wird es mit der Zeit prallstrotzend *natürlich.*

Wir prägen das Kind! Es entwickelt gesunde Triebe.

Hohe Stimme, hoher Erregungszustand, natürlich, laut, froh, Lachen, Erleben.

Auf einer anderen Ebene soll sich das Baby *richtig* gut benehmen. Es muss gewöhnt werden, regelmäßig alles zu trinken, was die Tabellen von Alete vorschreiben. Vor allem muss es gewöhnt werden, lange Zeit so zu schlafen, dass es mit dem Arbeitsrhythmus und den Fernsehgewohnheiten des Menschen zusammenpasst. Besonders beim Essen und des Nachts wird das Baby systematisch in das System eingepasst. „Du musst es schreien lassen, es merkt dann bald, dass es einfach müde ist!"

Wochen und Monate, bevor das Baby im Prinzip biologisch den Schließmuskel beherrscht, wird es auf Töpfe gesetzt, um erste ernste Geschäfte erfolgreich abzuschließen. Es muss sauber werden. Das ist für Erwachsene fast so ein wichtiger Schritt im Leben wie das erste Mal „Mama" sagen. Sigmund Freud hat diesen barbarischen Zwang zur Stuhlabgabe fast ins Zentrum der charakterlichen Menschwerdung gerückt und der Menschheit so glückliche Begriffe wie den „analen Charakter" schenken müssen.

Das Kind wird wieder so erzogen, dass es das Nützliche in dem ersten Augenblick *durch Gewöhnung und Dressur* erlernt, in dem es von der körperlichen Entwicklung her im Prinzip dazu gezwungen werden kann. Es erscheint nicht wichtig, dass das Kind „versteht". Es muss notfalls unter Drohungen begreifen, dass es den Eltern ernst ist. „Man muss konsequent sein. Versprochene Strafe muss zwangsläufig der Tat folgen. Ohne Nachsicht. Das Kind muss sehen, dass die Welt *wie eine Maschine funktioniert.* Deshalb darf es niemals Ausnahmen geben. Wir leben dem Kind Ordnung vor und haben einen genau festgelegten Tagesablauf, an den wir uns gewöhnt haben. Nach und nach bekommt das Kind Pflichten, damit es Regelmäßigkeit erlernt. Es bekommt kleine Geldbeträge als Taschengeld, damit es lernen kann zu sparen. Es muss sehen, wie hart und teuer das Leben ist. In der Schule kommt es darauf an, dass das Kind zuverlässig, ausdauernd, fleißig, pflichtbewusst, redlich und strebsam ist. Sein Verhalten muss einwandfrei sein, es muss stets mit einem Lächeln gehorchen. Es soll später einen würdigen Platz im Leben einnehmen, Hab und Gut mehren und eine Familie gründen ..."

Wir disziplinieren das Kind! Es soll funktionieren.

Ernste Stimme, gepresste Ruhe, korrekt, richtig, Regelmäßigkeit, Verlässlichkeit.

Ich erinnere nochmals an die Erregungskurven. Am Anfang des Lebens erziehen wir das Baby durch Anfeuern. Es sollte sich also ziemlich gut fühlen, wenn etwas los ist, oder? Das würde ihm Lust und Liebe und Zuneigung, Beachtung und Aufmerksamkeit signalisieren. Mama ist da und kümmert sich. Spätestens sobald das Kind mit Befehlen traktiert werden kann, scheint mit dem Anfeuern

Schluss zu sein. Das Kind wird nun mit Überschwemmungen von Benimmregeln traktiert. Es muss zucken und fürchten, wenn etwas nicht in Ordnung ist. Zucken ist wie Scham, Scherben, Lärm, Fallen, Ohrziehen, Klaps, Türknallen. Qual der Stille bei Einsamkeit oder Liebesentzug. Wer nicht hört, fühlt. Das Laute, das Erregung war und Freude klatschender Hände signalisierte, ist nun ein schmerzendes Anzeichen für einen Fehler geworden!

Vielleicht liegt hier der Schlüssel, wie richtige und natürliche Menschen entstehen?

Natürliche Menschen genießen das Anfeuern der ersten Kindheit für ihr Leben. Sie wollen volle Impulse spüren, die ihnen das Positive des Lebens schenken. Sie überleben die Erziehung durch Negativseismographen, die mit Schuld und Scham beißen. Natürliche Menschen müssen sich dann lebenslang anhören: „Schämst du dich nicht?“ Nein. „Fühlst du dich nicht schuldig?“ Nein. Der Lehrer sagt dem Vater: „Die Tat an sich war nicht so schlimm. Doch, sie war schlimm, aber man sollte sie verzeihen. Das Schlimme ist, dass sich das Kind ganz unbefangen gegenüber der Tat zeigt und sich der großen Schuld nicht bewusst ist. Es zeigt nur gespielte Reue, weil es sieht, dass ich Reue selbstverständlich erwarte. Ich bin besorgt. Das Kind ist charmant, lebhaft und lebendig, ja. Aber es bereut nicht! Man muss da wohl, obwohl es hart klingt, von einem beginnenden Persönlichkeitsdefekt sprechen ...“ Oder: „Ich verzeihe den Schaden an der Autotür, der eine Reparatur von 1.500 Euro erforderte. Ich verzeihe nicht und nie, dass du es *abgestritten* hast, als ich dich zur Rede stellte. Ich verzeihe nie, dass du nicht *bereust.*“ Wer bereut, wen also die Seismographen beißen, der bekommt auch vor einem richtigen Gericht viel weniger Strafe. Wen die Seismographen beißen, ist kein so schlechter Mensch, denn er zeigt Anzeichen wirksamer Dressur. Das verspricht, dass er die Tat nicht wiederholt.

Richtige Menschen erwerben ziemlich viele „Achtung!“-Seismographen im jungen Leben. Sie sind gegen Seismographenimpfungen bereitwilliger. Sie passen sich leicht an. Sie benehmen sich vernünftig, sind höflich und machen keinen Stress. Wenn andere Stress machen, besänftigen sie. Sie halten Ordnung und Regel ein, möglichst ohne Ausnahme. Bei Ausnahmen zuckt das Seismographensystem wie bei einem Fehler. Fehler macht ein richtiger Mensch nicht! Es sieht wie Vernunft aus, was ein richtiger Mensch tut. Er fürchtet sich aber vor dem Biss des Gewissens, er hat Angst vor dem Wallen der roten Scham. Die reine Vernunft kam immer zu spät. Er hat alles durch Seismographen Jahre vor dem Verstehen gelernt. Dass Cola schädlich ist und Schule Spaß macht.

Halt! Sehen Sie, es gibt eine Ausnahme! Es gibt etwas, was wir viel später lernen, als wir es im Prinzip von der Muskulatur her können!

Fortpflanzung.

Das ist eine grässliche Ausnahme. Fortpflanzen verlangt eine ziemliche Erregung, genau wie in der rechtsgebauchten Kurve von Apter. An dieser Stelle schlägt aber schon das Seismographensystem der richtigen Menschen Alarm, die schon vom Gewissen überall im Körper gebissen werden. Stellen Sie sich nur mal zwei solche Menschen vor! Zwei *richtige*. Das Gewissen droht schon mit einem Nachspiel, bevor ... Allerdings ist andererseits Fortpflanzen Pflicht, muss also mit Neigung, also in schräger Stellung ... Na, dazu fällt Ihnen noch mehr ein. Ganze Bücherregale streiten sich hier um den Höhepunkt der Seismographenverdrehung des richtigen Menschen. Dabei ist Fortpflanzung absolut vernünftig, wenn das Kindergeld hoch genug ist. Es gibt im Ganzen noch kein triebkonsistentes Konzept für diesen Komplex. Das Richtige und das Natürliche prallen hier hysterisch krampfhaft, wie in unaufgeklärter Hochzeitsnacht, wie unvermutet zusammen. Von solcher Klimax leben die Psychologen.

Wie gesagt: Es ist kaum Vernunft da, weil wir keine Zeit haben, auf sie zu warten. Sie ist nur scheinbar entstanden, weil der ursprüngliche Trieb (was immer das war), meinetwegen das Freudsche Es, umdressiert wurde. Es ist ein neuer Trieb entstanden, der den Menschen antreibt, „vernünftig zu sein". Dieser Trieb, der Systemtrieb, treibt uns durch Strafaktionen der inneren Seismographen an, allen Regeln zu gehorchen. Menschen leben in vielerlei Systemen, in Familien, Kirchen, Staaten, Firmen, Gesangvereinen. Überall gibt es Trieb, „vernünftig zu sein".

Die Umdressur zum Systemtrieb führt zu einer Abkürzung des Menschen zu Reichtum und Karriere. (Ich zitierte dazu schon die Bibel!) Der Mensch *muss*. Hinterher soll er sich üben, das was er muss, *gerne* zu wollen! Hinterher sieht das Menschengebilde einem Wesen täuschend ähnlich, das alle Kantschen Lehrsätze verinnerlicht hat (Pflicht = Neigung). Diese Lehrsätze sind auch in ihm drin, aber gefressen, nicht im Kopf. Der Systemtrieb setzt uns auf den breiten Weg, der in die Hölle führt. Na ja, so hart will ich es nicht sagen. Es gibt einen Unterschied zwischen Fast-Food und Essen. So mag es den systemgeschneiderten Fast-Menschen geben.

Und Sie haben verstanden, was der Systemtrieb implizit bewirkt? *Er zielt genau auf die Stufe vier.* Er bildet Seismographen in uns aus, dass wir Schuld und Scham vermeiden und dass wir Lob, Achtung und Würde anstreben. Der Systemtrieb richtet die Augen auf das Ziel. Das Ziel verheißt Glück wie Geld oder Ehre. Nichterreichen des Ziels droht mit Armut, Arbeitslosigkeit und Schande.

Die Umdressur des Menschen richtet sein Seismographensystem auf die Gier nach den Glückskomponenten der vierten Stufe aus. Sie überspringt die Stufe zwei und fordert gleich wie selbstverständlich das „Sei ein Jemand!" als das absolute Mindestmaß der Stufe drei.

Abschweifung: In den USA werden Kinder in den ersten, vielleicht 15 Jahren freier gehalten als in Deutschland. Deutsche finden, dass in einer amerikanischen Schule mehr gespielt als gelernt wird. Deutsche Austauschschüler zeigen in aller Regel nach einigen Monaten vergleichsweise herausragende Leistungen und bekommen Bestnoten. „Straight A." Die amerikanische Schule feuert an, sie diszipliniert nicht so stark. Auf der anderen Seite scheint es mir, dass junge

Amerikaner gegenüber den Eltern und Lehrern viel stärkeren formalen Gehorsam zeigen, also nicht etwas dauernd „diskutieren". Unsere Tochter Anne hat einen beeindruckenden Merkzettel vor dem Amerikaschuljahr bekommen. „Wenn der Vater sagt, man solle um 10 Uhr zu Hause sein, wird das bitte ohne Zucken zur Kenntnis genommen. Es ist nicht daran gedacht, dass Kinder Entscheidungen kommentieren." Also bitte nicht wie in Deutschland: „Komm, sei nicht so, Paps. Jana und Conny dürfen auch ..." Die Mixtur von Anfeuern und Disziplinieren ist in den Kulturen verschieden. Nach meinem Gefühl ist sowohl das Anfeuern als auch das Disziplinieren in den USA stärker als in Deutschland, wo das Disziplinieren aber gegenüber dem Anfeuern stärker in den Vordergrund rückt. Ich spekuliere, dass Amerikaner eben so schrecklich viel selbstbewusste, laute, aufdringliche Kraft zeigen und so diszipliniert einig vorgehen, während Deutsche insgesamt eher vermeiden, offen Kraft zu demonstrieren und mehr wie richtige Menschen ängstlich Konsens suchen. Daher verstehen sich die Völker etwa in Kriegsfragen nicht (heute: Irak). Die eine Haltung droht kraftvoll und treibt den Stress nach oben, wie in der rechtsgebauchten Kurve bei Apter. Die Deutschen bekommen bei diesem Stresslevel schon längst kalte Füße und schaudern. Die Amerikaner erklären die Deutschen für feige oder Unfreunde usw. Beide verstehen nicht, dass jeder von beiden seine Konflikte bevorzugt auf anderen Stresslevels bewältigt. Die USA sind mehr natürlich, die Deutschen mehr richtig. Deutschland dressiert auf scheinbare lautere Tugend und Disziplin, die USA dressieren prinzipiell auf die lautere Tugend der Pilgrim Fathers, aber auch tendenziell auf noch lautere Wirksamkeit und auf die Autorität des Stärkeren. Das ist dieser logisch irrwitzige Spagat zwischen dem Richtigen und Natürlichen, den man vielen Amerikanern ansieht. Die Suprasysteme, die ich hier in diesem Buch beschreibe, haben in diesem Spagat ihren Ursprung. Suprasysteme wollen uns brav und erfolgsgierig. Beides!

8. Stufe zwei fällt weg!

Aber die „Intellektuellen" aller Länder, also die wahren Menschen, schaudern gegenüber beiden Vorgehensarten. Sie plädieren für Weltvertrauen. Ach! Die wahren Menschen sitzen fast nie in der Regierung. Wir hatten das einmal kurz. Willy Brandt. Unbedingtes Weltvertrauen. Das gab damals einen wahren Schub an psychischer Energie, wissen Sie noch? Das ist die Energie des Wahren. Sie war nach meiner Erinnerung stärker als viel später, als die Wende in Deutschland erst wirklich kam. Die Energie des Wahren, die Sehnsucht, kennen leider nur wenige. Das Wahre sagt: „Es wächst zusammen, was zusammen gehört." Oder: „I have a dream ..." Sie kommt aber nicht systematisch vor.

Ich habe in den vergangenen Abschnitten im Wesentlichen erläutert: Die richtigen Menschen zwingen den natürlichen Menschen, richtig zu werden. Der impulsive Kraftmensch soll pflichtbewusst werden. Dazu wird allgemein der Trieb des Menschen umdressiert. Da die richtigen Menschen fast von sich aus dienen, gehorchen und sich anpassen, machen sie diese Umdressur an *jeder* Stelle mit, obwohl sie bei der Umdressur nicht gemeint waren. Richtige Menschen wären ja schon an sich vernünftig, wenn man es einfach so von ihnen wollte. Sie unterziehen sich aber ebenfalls der Umdressur und werden nun nicht etwa vernünftig, sondern systemgetrieben und regelkonform. Die Dressur ist bei ihnen in jedem Falle eine Überdressur, weil sie viel mehr dressiert werden, als es sein müsste. Deshalb werden sie oft überängstlich und übereifrig. Sie sind Gefangene von Schuld-/Schamseismographen geworden. „Mach nichts falsch, dann geschieht dir nichts!"

Die natürlichen Menschen werden mühsam in das System gezwungen. Das geschieht dadurch, dass das System mit seinen Segnungen buhlt. Im System gibt es Las Vegas, Geld, Musicals, vor allem Konsum und Erlebnis, dazu inoffiziell im irrwitzigen Spagat mit der Tugend viel Sex. Alles scheint im Prinzip für Geld zu haben zu sein. Die Systeme werden so errichtet, dass es ohne Geld, also ohne Mühe, nicht wirklich ein lustiges Leben gibt. Das System lockt die Natürlichen mit „Flow" oder Glück. Das ist die Stufe vier bei den Natürlichen. Und dann springen sie nach den Trauben! „Mach, was du sollst, und du bekommst etwas!"

Die wahren Menschen sind bei der Umdressur der Triebe ebenfalls nicht gemeint. Sie verstehen das aber in der Regel. Sie werden nicht wirklich oder nur scheinbar konform und widersetzen sich der Dressur. „Diese Intellektuellen!" Dieser Widerstand gegen die Umdressur fordert sehr viel psychische Energie von ihnen. Manche verlieren ihre Ideale und ihre Sehnsucht und verschließen sich. Andere nutzen den Intellekt, um für sich eine Anpassung an das System vorzutäuschen. Andere werden Revolutionäre und leidenschaftliche Systemgegner. Manche kämpfen für ihre Teilideen (Friedensbewegung, Umwelt). Manche nutzen das System clever aus, um es in den Dienst der Idee zu zwingen, laufen aber Gefahr, dabei ihre Ideale zu verraten. (Beispiel: Grüne Idealisten „müssen" regieren.) Die wahren Menschen sind bei weitem die Minderheit der Menschen. David Keirsey schätzt aus seinen Millionen Testresultaten, dass beim Test „Sensor" versus „Intuitive", also beim Test „Linkshirn/Richtig" versus „Rechtshirn/Wahr" nur unter zwanzig Prozent der Menschen das Ergebnis „Intuitiv" haben. Dieser Test fragt nur diese zwei Möglichkeiten ab. Er kennt nicht die dritte Alternative des natürlichen Menschen. Deshalb spekuliere ich hier in die Luft, dass vielleicht nur knapp über zehn Prozent der Menschen wahre Menschen im Sinne meiner Definition sind.

Diese wenigen wahren Menschen schütteln sich vor Dressur, gehören aber oft zu den Intellektuellen, leisten also in der Schule genug zum Durchkommen. Fazit: Sie bilden keine große Baustelle für den, der ein System errichtet. Sie bilden nur immer eine latente Gefahr für das System an sich, weil sie als Intellektuelle das System mit den Mitteln der Intellektuellen verhöhnen. Da werden Systeme zum Teil neurotisch empfindlich und verhängen Maulkörbe, verbieten Zeitungen, Parteien, Meinungen. Mindestens verachten die Systeme die Gegner mit der Feder als Vaterlandslose, als Nestbeschmutzer oder Miesmacher. Alles, was in allerweitestem Sinne die Meinungsfreiheit einschränkt, ist immer auch ein Angriff der Systeme gegen das Wahre und die wahren Menschen.

Wahre Menschen sind Idealisten. Sie sind aber Teil der Systeme. Sie können aus den Systemen fliehen. Sie können Nonne oder Mönch werden, sich also in einen Orden einschließen oder in den Elfenbeinturm der Wissenschaften. Sie können eine Praxis als Arzt oder Helfer einrichten und ihren Idealen nachgehen. Aber alle diese Bereiche werden bald vom System ergriffen. Ärzte werden zu Kostensenkern erzogen, sie, die den hippokratischen Eid schworen. Die Universitäten sollen systematischen, geplanten Nutzen liefern und Kostenpläne anfertigen; sie werden danach evaluiert. Die Kirchen rechnen aus, wie viele Pfarrer pro Gläubigem bezahlbar sind; derzeit werden immer eine bestimmte Anzahl von Kirchensteuerzahlern zu Seelsorgeeinheiten zusammengefasst. (Der Pfarrer dient nicht mehr einer Gemeinde, sondern er definiert sich selbst einen abstrakten Zuständigkeitsbereich, der sich an der Ökonomie orientiert, nicht an den Gläubigen.) Die wahren Menschen leben in der Seele im Idealen und passen sich nur scheinbar in das System ein. Sie täuschen das Anpassen vor, um zu überleben. Manchmal oder auch sehr oft, wie Sie es sehen wollen, verlieren sie in diesem irrwitzigen Spagat zwischen Ideal und System den klaren Blick und aus der scheinbaren Anpassung wird ein echtes Teilsystem von richtigen Seismographen. Sie werden vom System eingefangen. Das System prüft, wie viele Publikationen ein Professor hat, wie viele in die Kirche kommen, wie viele zum Arzt gehen, warum auch immer. Das System evaluiert auch den wahren Menschen, wie weit er auf dem Weg zu Stufe vier ist: „Hast du genug Ruhm? Fachwissen? Bist du ein Guru? Wie viel Lohn bekommst du von deinen Jüngern oder Patienten?“

Das System übernimmt die Werte des wahren Menschen aus Stufe vier: Ruhm und Ehre, Bewunderung als Experte. Es überprüft nur hier. Und die wahren Menschen beginnen bald auch, gleich auf Stufe vier zu springen. Sie vergessen die Selbstverwirklichung und werden gleich schon Experte, noch bevor sie je versuchten, ganz zu werden. Sie sind dann normale Experten, wie wir sie überall sehen. Traurige Unganze, denen man Persönlichkeitsentwicklung predigen muss, wenn sie als Projektleiter oder Chefarzt nicht mit Menschen klarkommen.

Also, liebe Welt: Ich weiß, es ist so schwer, die Stufe zwei nicht auszulassen. Ich zeige hier nur, wie glanzlos alles wird, wenn sich alle darum drücken. Wer Energie nicht aus seiner eigenen Fruchtbarkeit schöpfen will, muss die Energie woanders her besorgen: Aus Anreizen und Gefühlen des Nichtswertseins.

9. Eine Allianz von Wissenschaft und Konditionierung: Anreizsysteme

Wenn ein Mensch ganz dem Systemtrieb anheim fällt, also gut dressiert ist auf alles, was aus systematischen Gründen vernünftig ist, so wird er von den Systemseismographen schnurgerade auf der Bahn gehalten. Abweichungen werden mit Zucken und Fehlersirenen quittiert. Er ist bemüht, so wenig Stress wie möglich zu haben. Er lebt nach der linksgebauchten Apter-Kurve.

In den letzten Jahren hat aber die Wirtschaft die Gier und die Erfolgssucht entdeckt. Nun, die Geldgier gibt es schon länger als Gerechtigkeit auf der Welt, aber in den letzten Lebensjahrhunderten, noch mehr in den letzten Lebensjahrzehnten, entdeckt die Welt, dass die Gier *nicht nur* als bedauerlicher Fehler irrgeleiteter Tiermenschen gesehen werden kann, die einer tödlichen Sucht verfallen oder besonders erfolgreich im Geldscheffeln sind.

Die Welt wurde von einer wunderbaren Idee befallen, die im letzten Jahrhundert von Amerika ausging. Einerseits sieht die Welt, wie schön die Angstseismographen den Menschen systematisch die Pflicht tun lassen. Andererseits ist nicht zu übersehen, dass die *nicht* systemgetriebigen Naturmenschen über kolossale Mengen *freier* psychischer Energien verfügen, mit denen sie Profitberge versetzen können.

Und dazu fällt der Welt ein:

Wir brauchen einen gemischten Hybridmenschen, der nur seine Pflicht tut, nur die Pflicht und die ganze Pflicht, der aber *gleichzeitig* erfolgsgierig ist! Die Idee wäre, die Gier zur Pflicht selbst zu machen! Hören und sehen Sie genau:

Wir erklären die Erfolgsgier zu einer Hauptpflicht!
Wir feuern hyperaggressiv an, stets mehr als die Pflicht zu tun!

In einem solchen System können die natürlichen Menschen auf Beutezüge gehen, ohne sich strafbar zu machen. Die richtigen Menschen *müssen* jetzt auf Beutezüge gehen, weil es *Pflicht* ist. Sie bekommen Angst, wenn sie diese Pflicht, gierig zu sein, missachten!

Solche Systeme heißen Anreizsysteme.

Anreizsysteme setzen Preise auf bestimmte Verhaltensweisen aus. *Tue dies und du bekommst das!* Spring nach den Trauben und du bekommst zehn Prozent ab. Spring nach den höheren Trauben und du bekommst zwanzig Prozent ab. Diese progressive Staffel der Erfolgsgier ist Teil der Systeme, die Gerechtigkeit durch Leistungsgerechtigkeit ersetzen.

Im Grunde gibt es bald für alles Geld. Für ein gutes Abitur gibt es Stipendien. Gute Universitätsabschlüsse ziehen einen Nachlass beim Abzahlen des „Bafög" nach sich. Ein überlanges Studium führt zu hohen Studiengebühren. Die Professoren werden ihrerseits bewertet und geprüft, „evaluiert", wie sie schamhaft sagen, wo doch nur geschaut wird, ob sie arbeiten. Bald wird das Kindergeld nach den Schulnoten gestaffelt, um Anreize für gute Erziehung zu geben. Im Beruf wird alles bewertet, was nur irgend geht. Der Pfarrer bekommt bestimmt bald einen Bonus in Form von Anteilen an der Kollekte?! Ich bin sarkastisch, aber anders kann ich diese extreme *Omnimetrie*, wie ich es in *Wild Duck* genannt habe, kaum noch ohne Zucken meines Idealsystems in mir ertragen. Omnimetrie ist die Wissenschaft, alles in Zahlen zu messen, damit alles numerisch erfassbar ist und geordnet werden kann. Wenn alles gemessen werden kann, kann man jeden Menschen durch bestimmte Anreize auf alles und jedes so ausrichten, dass seine Erfolgsgier in eine völlig vom System gewünschte Richtung zielt.

In der Politik ist es üblich, über mangelnde Anreize zu klagen, wenn etwas an sich Gutes oder Wünschenswertes oder etwas Vernünftiges (sehen Sie?) nicht geschieht. Da ist etwas vernünftig, wird aber nicht getan. Die Umwelt sollte vernünftigerweise geschützt werden, der Friede auch. Aber es geschieht nicht. Die Politiker beginnen zu sagen: „Wir müssen Anreize schaffen, damit es geschieht!" Im Klartext: Wir brauchen Geld, um für das vernünftige Verhalten Preise auszusetzen. Vernünftig wäre es, man führe vernünftig Auto. Aber das Rasen bringt Zeitersparnis, also Geld. Das irre Rasen lohnt sich, weil es ja den Anreiz des geldwerten Zeitsparens gibt. Deshalb muss der Staat durch Ordnungsgelder, also negative Anreize, das Autofahren wieder so einpendeln, dass das geldgünstigste Verhalten gerade ungefähr so aussieht wie vernünftiges Fahren.

So wird mit Geldpreisen, mit Strafen, Punkten, Boni oder Treueprämien die gierige Pflicht belohnt. Wer alle Gebote einhält (Pflicht im engeren Sinne), ist zwar nie schuldig, verdient aber nicht viel. Wer sich so benimmt, dass er am meisten Punkte bekommt, ist Sieger.

Es wird dabei angenommen, dass die Anreizsysteme so konstruiert sind, dass unvernünftiges Verhalten zu viel Punkteabzug kostet, also im Giersinne eine schlechte Strategie ist. Wer also am meisten Punkte erzielt, ist automatisch vernünftig. Das Vernünftige muss den Menschen im Anreizsystem überhaupt nicht mehr kümmern. Vernunft ist implizit in den ausgesetzten Preisen, Punkten und Strafen eingebaut. Der Mensch kann voll losarbeiten, ohne noch viel denken zu müssen. Wenn er genug verdient, ist er vernünftig gewesen.

Die so konstruierten Anreizsysteme basieren auf zwei feinen Teilideen, die hinter der viel zu plakativen *Pflicht zur Erfolgsgier* verborgen sind.

Erstens: Die richtigen Menschen tun korrekt und pünktlich ihre Pflicht. Die Gerechtigkeit der reinen Vernunft legt nahe, jedem richtigen Menschen die gleichen Aufgaben zu übertragen, wobei allerdings das Gebot zur Gemeinschaft und der Liebe verlangt, dass die schwächeren richtigen Menschen von den stärkeren richtigen Menschen Hilfe erhalten. Wer wirtschaftlich denkt, wird mehr Gefallen an der Idee haben, nicht jeden gleich mit Arbeit zu belasten, sondern jeden individuell möglichst beliebig hart arbeiten zu lassen. Der richtige Mensch soll weiterhin seine Pflicht tun, aber nicht *pünktlich*, sondern so *schnell* wie möglich!

Das ist aber gerade der Übergang von Qualitätsarbeit, von gutem Made in Germany, zu *Effizienz*! Es soll von jedem Menschen am besten die Arbeit wie vorher getan werden, aber billiger und schneller. Früher strengte sich der richtige Mensch pflichttreu an. Jetzt soll er sich *abhetzen*. Wenn er sich nicht abhetzt, bekommt er nur wenige Punkte, weil er seiner Pflicht zur Erfolgsgier nicht nachkommt. Der richtige Mensch wird also gezwungen, auf der rechtsgebauchten Stresskurve von Apter unter Stress- oder Anspannungsniveaus zu arbeiten, die er früher aus Angst vor Seismographenausschlägen panisch gemieden hätte. Die Pflicht zur Gier muss stark genug sein, dass er hetzen *will* und damit also die Seismographenwarnungen stoisch erträgt.

Zweitens: Die natürlichen Menschen lieben die Kraftanstrengung, also den Effekt. Sie wollen im Arbeitsleben etwas Spektakuläres zu Stande bringen, was mit Beckerfaust gefeiert werden könnte. Das Effektive ist aber nicht unbedingt effizient. Das Effektive verschwendet im Allgemeinen Energie und damit Geld. Natürliche Menschen sollen nicht mehr Heldentaten vollbringen oder das Unmögliche möglich machen, sie sollen schlicht Punkte erzielen. Weiter nichts. Punkte, und zwar viele. Die Anreizsysteme simulieren implizit das Vernünftige, also auch die Pflicht. Wer seine Pflicht *nicht* tut, bekommt in guten Anreiz systemen zu wenig Punkte. Deshalb müssen die natürlichen Menschen im Anreizsystem *ordentlich* arbeiten. Sie werden gezwungen, allerlei langweiligen Formularkram zuverlässig zu erledigen! So etwas Langweiliges würden sie normalerweise nicht anfassen. Aber jetzt *müssen* sie es. Es gibt zu viel Punkteabzug. Sie müssen also gezwungenermaßen oft einfach langweilige Arbeiten unter niedrigen Erregungsniveaus erledigen, die sie früher nie in Angriff genommen hätten.

Richtige Menschen werden unter Anreiz zu mehr Energieverbrauch gezwungen.

Natürliche Menschen werden gezwungen, die Energie pflichtschuldigst effizient zu verbrauchen.

(Wahre Menschen spielen bei der Konzeption von Systemen an sich keine Rolle, weil die meisten Denkmodelle der Systemerbauer nur von der Existenz richtiger und natürlicher Menschen ausgehen, also von dem Gegensatz Mensch und Tier geleitet sind. Siehe *Omnisophie*.)

Der resultierende Score-Man, der pflichtgierige Punktsammler, ist damit ein Produkt der Anreizsysteme, die über den Tugenden der ordentlichen Pflicht und des natürlichen Heldentums die *Effizienz* in göttlichen Rang heben. Anreizsysteme sind von den Psychologen Mitte des 20. Jahrhunderts bei Experimenten mit Tauben und Ratten gefunden worden. Für Käse lassen sich Ratten fast beliebig konditionieren. Der Behaviorismus beschäftigte sich damit Jahrzehnte und die Anhänger von Skinner beeinflussten maßgeblich die Entstehung der exakten Managementwissenschaften. Die Entstehung der Managementtechniken ist untrennbar mit der Geschichte der Rattenkonditionierung verbunden. Wenn Käse lockt, setzt eine Ratte jeden Hebel in Bewegung. Und Menschen? Werden echte Menschen jemals für ein paar Dollar mehr ihre Natur verraten?

Werden richtige Menschen für ein paar Dollar mehr Angststress ausstehen, nur für Punkte?

Werden natürliche Menschen für Dollar unter sterbender Langeweile arbeiten, nur für Punkte?

Werden sie wider ihre Natur handeln?

Werden sie ihre jeweilige Stresskurve (Graphik von Apter) verraten können? Werden sie ein Leben lang im für sie ungesunden Seismographenbereich arbeiten?

Wenn man Ratten zu viel Käse gibt, hören sie auf zu strampeln. Menschen nicht. Was ist der Unterschied zwischen Menschen und Ratten? Lesen Sie erst die Abschweifung.

Abschweifung: In den USA, fühle ich, werden die Menschen mehr diszipliniert und auch gleichzeitig mehr angefeuert als in Europa. Ich spekulierte schon darüber. Die Amerikaner leben eben schon viel stärker unter Anreizsystemen! Und wir, wenn wir uns manchmal in Deutschland unter Anreizsystemen erschöpft fühlen, sagen, das alles wäre in amerikanischen Firmen noch verbreiteter und käme wohl „daher". Die USA seien da „weiter".

Das passt alles zusammen, nicht wahr? In Amerika gibt es mehr Nummer Einsen, mehr Oympiasieger, mehr Nobelpreisträger, mehr Oscar-Winner, mehr Burn-outs, mehr Depression, mehr Drogen- und Alkoholabhängigkeit, mehr Übergewichtigkeit, mehr Verzweiflung, nicht der Beste zu sein. Weil das dort so ist und hier bald so kommt, glaube ich nicht an den möglichen befreienden oder heilenden Gedanken, dass stressaverse und stresssuchende Menschen (die richtigen und die natürlichen) sich jemals physisch an ein System gewöhnen können, das einen gesteigerten Mischzustand von ihnen verlangt. Pflicht und Erfolgsgier gleichzeitig werden wohl immer den Menschen zerreißen. Aber wir kommen bald dahin, weil wir den Weg anscheinend verirrt und unbeirrt dahin gehen: zur ökonomischen Effizienz des Supramenschen, dessen Stresssystem die Wirtschaft bis zu seiner finalen Krankheit erst einmal nichts angeht.

Da in Deutschland die Pflicht stark vor dem Willen rangiert, also das Richtige hohen Vorrang vor dem Natürlichen genießt, ist das Ideal des Deutschen immer noch der tugendhafte Staatsmann, wie ihn sich Konfuzius vorstellt. „Richard von Weizsäcker". Das Ideal des Natürlichen ist der Jedi, der seinen Willen („the force") mit hoher Verantwortung einsetzt. Die USA lieben eher einen Jedi dort oben. Deshalb wollen wir Deutschen immer *vorbildlich* sein, eben völlig richtig. Die USA aber übernehmen *die Verantwortung zur Wirksamkeit.* Wenn der Deutsche nur so tut, als sei er vorbildlich, und wenn er mit seiner vorgeblichen Vorbildlichkeit protzt (etwa am Strande in fernen Urlaubsländern), dann wirkt diese falsche Richtigkeit hässlich. *Der hässliche Deutsche.* Wenn der Amerikaner in der Fremde in seinem Verhalten ausdrückt, er persönlich sehe sich wie ein Jedi in der wirksamen Verantwortung für die Welt, dann kommt es zu ganz anderen Verwerfungen, da diese anderen Menschen ihm eben die Verantwortung nicht zusprechen. *Amerikafeindlichkeit.*

Bitte verzeihen Sie die pauschalen Sätze mit „der Deutsche" oder „der Amerikaner". Aber hier ist der Gegensatz so schön deutlich, wenn in einer großen Nation etwa das Natürliche oder mehr das Richtige als vorherrschend wichtig angesehen wird. Es hat etwas mit dem angestrebten Stresslevel oder dem optimalen Mix zwischen Pflichtzwang und Erfolgsgier zu tun.

In Deutschland schimpft man also über endlose Gleichmacherei (Kardinaltugend: Gerechtigkeit) und „Endlich etwas tun!", in den USA über soziales Ungleichgewicht durch zu viel Kampf (Es kann nur einen Sieger geben!). Hier mehr Pflichtzwang, dort mehr Erfolgsgier.

10. Vergleichen: Minderwertigkeit und Höherwertigkeit

Menschen sind natürlich nicht wie Ratten.

Sie werden im Unterschied zu Ratten *nicht* satt, wenn man es sinnreich anstellt.

Die erste Zauberformel für Menschen: maßlose Gier auf Stufe vier. Ratten sind satt, haben offenbar keine höheren Bedürfnisse. Da haben sie das Glück gefunden, während wir es noch suchen.

Die zweite Zauberformel heißt: Messender Vergleich und Minderwertigkeitsinjektion.

Computer werden heute zu einem guten Teil dazu verwendet, alles zu messen. Ich habe dies, wie gesagt, durch das Kunstwort *Omnimetrie* ausdrücken wollen. Die Messungen unserer Arbeitsleistungen geben ein Mittel in die Hand, die Menschen halbwegs objektiv zu vergleichen. Dieser Vorgang heißt in Amerika Ranking.

Im Grunde stellt man eine lange Tabelle der Mitarbeiter auf. Der Tabellenplatz eines Menschen zeigt an, wo er im Vergleich mit allen Kollegen eingestuft ist.

Alles wird heute eingestuft. Filme, Bücher, Werbespots, Videoclips werden in sogenannten Charts bewertet. Sportler werden nach Geldranglisten verglichen – schön, nicht wahr? Es geht nur indirekt um Sport, es geht meist direkt um Weltrangpunkte. Kunden bekommen Punkte wie etwa Meilen bei den Fluggesellschaften. So bin ich persönlich manchmal bei einer Airline ein guter Mensch, manchmal aber nicht, je nachdem, ob die Wirtschaftslage der IBM mir gestattet, ab und zu bei furchtbaren Terminen Business Class zu fliegen. Ein guter Mensch bin ich für die Lufthansa nur, wenn ich Meilen mache.

Es geht also wesentlich darum, alles vergleichen zu können.

Und jetzt muss noch ein Mechanismus her, damit die Menschen von ihren Seismographen aufgefressen werden, wenn sie nicht unermüdlich einen höheren Tabellenplatz anstreben.

Dieser übermächtige Mechanismus kann gut mit dem Wort *Minderwertigkeit* umschrieben werden.

Es reicht, richtigen Menschen ein paar Mal zu sagen, sie seien nichts wert oder zu nichts nütze. Es reicht, natürlichen Menschen ein paar Mal zu sagen, sie seien in dem einen oder anderen Sinne Loser oder „impotent" („Baby, lass das, das kannst du noch nicht!"). Es reicht, wahren Menschen ein paar Mal zu sagen, sie würden definitiv nicht geliebt oder für dumm gehalten. Nichts setzt im Menschen so viel Seismographenlärm frei wie eine Äußerung zur Minderwertigkeit.

„Da verdienst du ja lächerlich wenig." – „Deinen Busen solltest du aber doch mal korrigieren." – „Du bist sehr klein." – „Du bist zu groß." – „Du bist dick, pfui." – „Du bist dünn, man übersieht dich ja." – „Ich habe gedacht, du hast gefärbte Haare, aber wenn du einen einzigen Satz sagst, merkt man, es ist echt." – „Du bist dumm." – „Du hast zwei linke Hände." – „Du schwitzt." – „Pfui, deine nassen Hände. Nick einfach nur zum Gruß." – „Du bist arm." – „Warum fährst du einen Kleinwagen?" – „Dein Kind sieht abgerissen aus." – „Dicke Beine." – „Orangenhaut." – „Akne." – „Blöde Frisur." – „Dicke Brille, blinde Kuh." – „Ich dachte, du bist impotent! Und jetzt lädst du mich zum Essen ein? Uiih!"

Wie viele solche Äußerungen tun Ihnen noch heute weh? „Du bist klein!", habe ich so oft gehört (1,69 m). Es war Hänselei. Wissen Sie, was so richtig scharf weh tut? Der schweifend-träumende Blick einer Mutter, gefolgt vom Seufzer: „Ach, wie sehr habe ich vergeblich gehofft, du würdest *etwas* größer."

„Schade, dass du so dicke Beine hast, Mädel, du wirst es schwer haben." Sie trägt Hosen. „Du kannst nichts Besonderes. Na, sieh zu, dass du heiratest."

Das sind die wahren Bluttaten in unserer Gesellschaft. Für eine Reisekostenbetrügerei wird man entlassen, für einmal 70 km/h in Zone 30 mit Führerscheinentzug bestraft. Die verbalen Bluttaten bleiben ungesühnt. Sie setzen Schmerzseismographen in einen Körper, die dort ein Leben lang wüten. Lebenslang für das Opfer! Seismographenverwundungen sind schwerste Verletzungen, weitgehend irreversibel, also fast unheilbar. Das Zucken begleitet Sie durchs Leben. Sie können beschwichtigen, verdrängen, ertränken. Aber die Seismographen bleiben.

Die größte gängige Bluttat (Seismographen *sitzen* „im Blut") ist die des herabsetzenden Vergleichs bei Geschwistern. „Dein Bruder ist besser. Wir lieben ihn mehr. Dich lieben wir nicht, jedenfalls nicht so sehr wie ihn."

So unhöflich sind Eltern nicht immer, es geht subtiler. „Sieh mal, wie vorbildlich sich Karin benimmt. Nimm dir ein Beispiel." – „Deine Schwester ist so gut in der Schule. Was ist mit dir los? Eigentlich müsstet ihr doch die gleichen Erbanlagen haben."

Alles Atombomben auf Menschen geworfen!

Dieses Einsetzen von stärksten Seismographen vergisst der Körper nie. Es gibt zwei starke Stressreaktionen darauf: Wütende Adrenalin-Aufmerksamkeit und unermüdliche Versuche, „den Makel abzuwaschen". Oder völlige Resignation unter Endorphinüberflutung. Depression. Selbstaufgabe. Zerstörung.

Der Zwang, den Makel zu tilgen, hört sich so an: „Ich werde mich rächen." – „Ich werde es allen zeigen." – „Irgendwann bin ich höher als ihr." – „Wenn ich einmal reich bin, dann zieht euch warm an." – „Spätestens wenn ihr alt seid, wird abgerechnet." – „Ich will zu den Besten gehören, das ist mein Ziel."

Es sind die bekannten, Eingeweide fressenden Minderwertigkeitskomplexe, die für den Großteil aller menschlichen Leiden verantwortlich sind. Sie machen blitzschnell bereit für den kurzen, breiten Weg.

Und diese Komplexe sind, so viel ich von Ratten als relativer Laie verstehe, unser menschlicher Differentiator: Wir sind *niemals* satt, wenn es um die Beseitigung unserer Minderwertigkeiten geht. Wir hören *nicht* auf zu strampeln, bis wir oben sind. *Ganz* oben. Solange unser Tabellenplatz noch schlecht ist, strampeln und strampeln und strampeln wir. Wir strampeln für den Mega-Traum. Im Mega-Traum erscheint uns der Archetypus der Mutter und sagt in mildem Glanz: „Du bist jetzt mein Lieblingskind.“ In diesem Megatraum sind wir die Nummer Eins.

Ruhe der Seismographen. Endlich daheim. „Du hast es geschafft.“. – „Die Schmach ist gesühnt.“

Leider sagt die Mutter: „Du bist *heute* mein Lieblingskind. Und *bleib* so brav.“

Sie betont das Wort *heute* so seltsam.

Und die Nummer-Eins-Menschen sagen: „Es war schwer, nach oben zu kommen. Aber ich war voller Energie. Ich biss mich durch. Ich wollte alles. Ich überwand alle Schwierigkeiten. Ich opferte alles. Ich musste Nummer Eins werden. Ich wusste, ich würde es schaffen. Ich habe es geschafft. Ich war oben ... In mir war eine himmlische Ruhe. Aber am nächsten Tag war die Ruhe immer noch da und sie fühlte sich wie Ausgelaugtheit an, wie Ziellosigkeit. Und nun? Ich würde weiter beißen müssen, mich immer weiter durchbeißen, weil die Nummer Zwei mich vom Thron werfen will. Sie jagen mich, wie ich *sie* gejagt habe. Warum kann ich nicht einfach oben bleiben? Ich habe nach ein paar Tagen Angst bekommen, dass der Absturz beginnt. Ich will nie mehr unten sein. Nie mehr. Ich werde alles dafür opfern. Koste es, was es wolle.“

Ich möchte in diesem Buch vom Supratrieb reden, von der Sucht, oben (supra) zu sein, von der Angst, unten (infra) zu sein oder zu landen. Unsere Arbeitswelt will, dass wir in der Tabelle des Systems (Scorecard) einen hohen Ranking-Platz einnehmen. Die unendliche Gier nach Punkten wird uns über Minderwertigkeit und darauf bezogene Seismographen eingeimpft. „Du wirst ein ganz Großer!“, sagt das System und verführt uns zur Höherwertigkeitssucht, die aber nichts als Minderwertigkeitsflucht ist. Im Grunde sagen unsere Erfolgsgier- oder Supra systeme: „Wir sind noch nicht zufrieden. Du hast viel mehr Potential. Leiste mehr. Du bist zwar der Tüchtigste hier, aber hinter den Bergen bei den sieben Zwergen ist jemand noch viel tüchtiger als ...“ Die körperliche Triebkraft des Supratriebes liegt in dem Satz: „Bald bist du unser Lieblingskind.“

Unter seinem Druck springen wir alle den hohen Trauben nach: Stufe vier.

Bei der Betriebsversammlung werden wir nach vorne geholt: „Beifall für dieses Vorbild hier. Du Vorbild, wir verehren dich. Du bist heute unser Lieblingskind.“

11. Der wahre Darwin: Messen oder gemessen werden

„Du bist unser liebstes Kind.“

Fressen oder gefressen werden, „sagt Darwin“.

Es gibt noch einen anderen Weg als den, um eine Goldmedaille zu kämpfen.

Haben Sie’s gemerkt?

Anstatt das liebste Kind zu werden, könnte ich ja Mutter/Vater sein!

Es gibt die, die gemessen werden.

Aber es gibt ja noch Menschen, die die Messungen vornehmen. Das sind die wahren Vornehmen, nicht wahr? Chefs messen. Lehrer messen. Eltern messen. Funktionäre messen.

Sie dürfen nach den Messungen die Punkte verteilen. Gehaltserhöhungen, Noten, Taschengeld, Eis, Turniereinladungen. Sie *messen zu.* Macht ist im Suprasystem wie Messen und Zumessen. Gemessen werden heißt strampeln müssen.

Höher noch, als Lieblingskind zu sein, steht die Macht, zu entscheiden, wer Lieblingskind wäre.

Es ist die Macht der Manager.

Vielleicht höher noch, als zu entscheiden, wer Lieblingskind wäre, ist die Macht, die omnimetrischen Regeln, also die Messkriterien festzulegen, wann denn jemand unter welchen Bedingungen Lieblingskind sein könnte.

Manager üben Macht aus, wenn sie messen.

Stabsmanager und Strategen verändern die Welt, wenn sie die Messkriterien festlegen!

Die Suprasysteme habe diese Fluchtmöglichkeiten erkannt, nämlich, Manager zu werden. Heute werden Manager deshalb von noch höheren Managern gemessen. In knackharten Gesprächen, die „Reviews“ genannt werden. Wir sagen: Der Manager X (niedriger) *berichtet* an Manager Y (höher). Berichten heißt: Messzahlen zur Begutachtung vorlegen. Der untere Manager zeigt die gemessenen Leistungszahlen seines Bereiches. Der höhere Manager Y entscheidet im Vergleich mit den Zahlen der anderen Bereiche, wie diese Zahlen von Manager X gerankt werden, welchen Tabellenplatz Manager X also bekommt. „Ist X das Lieblingskind von Y?“ Das ist die bange Frage jedes Reviews. Manager Y über hier Macht über X aus. Wenn er von seinen „Berichtenden“, also allen ihm Unterstellten, alle Zahlen zusammen hat, dann stellt er sie in einer Tabelle zusammen und geht sie seinerseits „berichten“, bei dem noch viel höheren Manager Z, der an ihm Macht ausübt. In dieser Weise werden heute auch alle Manager gemessen. Es gibt keine Ausnahme. Keine.

Ich weiß, was Sie denken. Es gibt ja den obersten Chef.

Träumen Sie nicht, dass der nicht gemessen würde!

Er muss ja den Aktienanalysten die Geschäftszahlen *berichten.* In einem Geschäfts*bericht.* Das ist oft hochnotpeinliche Marter. Wenn der oberste Chef dabei nicht das Lieblingskind der Analysten wird, stürzen die Aktien und sein persönliches Optionenvermögen ab. Überall Seismographen, überall Stiche und Bisse. Die Analysten werden an der Richtigkeit ihrer Empfehlungen gemessen.

Die wunderbare Idee der heutigen Wirtschaftswelt besteht also darin, die Seismographen regieren zu lassen, indem die Erfolgsgier zur Pflicht erklärt wird. Ein solches Suprasystem stützt sich auf die ungeheueren Energiepotentiale, die ein Mensch mobilisieren kann, der entschlossen ist, die Nummer Eins zu werden. Diese Potentiale werden dadurch freigesetzt, dass der Mensch generell so lange als minderwertig angesehen wird, bis er das Gegenteil durch harte Zahlenmessergebnisse beweist. Zeigt er gute Messergebnisse, bekommt er sofort ein höheres

Gehalt. „Das bedeutet aber, bitte lassen Sie uns das offen sagen, dass Sie jetzt mehr leisten müssen. Es ist eine Anzahlung auf ein gutes Stück an *Mehr.*“ Oben ist jetzt wieder einmal noch weiter oben. Lebenslanges Gemessenwerden. Lebenslanges Hetzen nach Punkten.

12. Alle sind am besten Nummer Eins – Wer bezahlt diese Rechung?

Ich versuche, Ihnen in diesem Buch in vielleicht übertriebener oder exzessiver Weise die nackten Suprasysteme vorzustellen. Mildern Sie mir bitte nicht die Gedanken dieses Buches durch „So heiß wird die Suppe ja nicht gegessen.“ Bedenken Sie, dass Sie ein nicht ganz preiswertes Buch in der Hand halten und damit höchstwahrscheinlich eher zu denen gehören, die in der Tabelle der Menschen einen ganz guten Score-Stand haben.

Denken Sie bitte beim Lesen auch an die Loser, die die unbarmherzigen Seiten der Systeme ganz unverhüllt erleben. Die Loser sind in der Überzahl, wenn Suprasysteme zu hart gefahren werden. Und sie werden in dieser Zeit so hart gefahren, dass ich mich praktisch zur Wahl dieses Buchtitels gezwungen sah: *Supramanie.*

Suprasysteme verbrennen ziemlich viel Erde, und ich möchte mit diesem Buch die Frage aufwerfen, ob nicht zu viele Minderwertigkeitsschäden in den Menschenseelen das ganze Supra-Unternehmen unprofitabel machen. Die Folgen nach einigen Jahren des extremen Leistungsmessens in Anreizsystemen zeigen sich. Nicht ganz deutlich zurechenbar, aber *ich* sehe sie aus *dieser* Richtung kommen! Die Schulerziehung bricht unter dem Punktesammeln und der Supramanie zusammen. Punkte rangieren vor Interesse! Die Lehrer scheiden meist (meist!) gebrochen aus dem Dienst aus, mit einem atemberaubenden Anteil von Frühpensionierungen wegen seelischer Schäden.

In der Arbeitswelt häufen sich Allergien, Depressionen, Burn-outs. Mitarbeiter greifen zu Drogen, Aufputschmitteln und Alkohol. Messungsfolgen werden in dieser Weise niedergehalten oder in die Verdrängung gezwungen. Entlassungsangst grassiert nicht nur unter den Losern. Wenn die nämlich entlassen sind, kommt ja die nächste Welle.

Es wird vergessen, dass es zwei Folgen von Minderwertigkeitsinjektion gibt: Anstachelung (Adrenalin-Seismographen) und dumpfes Hinnehmen der Schläge in Ohnmacht (Endorphin-Dämpfung und Teilabschaltung der Abwehrsysteme, die den Widerstand aufgeben). Es wird nicht gesehen, dass der Körper widersprüchlich dressiert wird und der Verstand nur in zweiter Linie gebraucht wird, weil er zu lange trainiert werden muss.

Auf ein Lieblingskind kommen manchmal viele Geschwister!

Ich habe Ihnen an Hand der Stresskurvengraphiken gezeigt, dass die Suprasysteme die richtigen und die natürlichen Menschen in Stresszonen arbeiten lassen, in denen sie sich körperlich unwohl fühlen. Richtige Menschen arbeiten nach der Pflicht und meinen damit im naiven Sinne: sie arbeiten gerne gut. Das absolute Aufhetzen für eine möglichst hohe Effizienz macht sie ängstlich! Und einige Zeit danach eben krank. Natürliche Menschen werden eisern an der Punkte-Skala gehalten. Sie hätten von Natur aus gerne das Spektakuläre bei der Arbeit, das Kraftvolle. Suprasysteme zwingen sie unter eher langweilige Effizienz. Wenn natürliche Menschen in Langeweile gehalten werden, sind sie gefährdet, Ausbruchsversuche zu starten, Amok zu laufen, zu zerstören. Am Ende wird auch ab und zu einmal auf Manager oder Lehrer physisch geschossen. Hier ist der weithin unverstandene Grund.

Auch in einem weiteren Aspekt wird der Mensch in Suprasystemen zerrissen. Wenn ein Unternehmen wirklich florieren will, müssen die Mitarbeiter insgesamt als Team zusammenarbeiten. Sie müssten im Ideal Teil oder Rad einer großen Maschinerie sein. Sie müssten ihre Individualität aufgeben. Ich nehme das unter dem Stichwort *The Organization Man* später wieder auf. So heißt ein berühmtes Buch von William H. Whyte aus dem Jahre 1956, das eindringlich vor den Folgen warnte, wenn Menschen *nur* Räder sind. Auf der anderen Seite verlangen die Suprasysteme vor allem hohe Punktzahlen vom *Individuum*, weil ja in ihm als Einzelwesen die eigentliche psychische Minderwertigkeitsenergie freigesetzt wurde. So steht jeder Mensch in einem Suprasystem zwischen Team und Ich. Zwischen dem Dazugehören und dem Besondersseinmüssen. Zwischen dem Einfügen und dem Herausragen. Wie bewältigen wir das? Jeder einzelne persönlich?

Wie gehen wir damit um, Triebtreiber und Getriebener zu sein, wenn wir in der Hierarchie nicht ganz unten stehen? Manager bekommen Berichte und müssen berichten. Sie quälen und werden gequält. Täter und Opfer.

Kurz: Wir müssen darüber reden, wie wir das Leben oder Dasein in einem Suprasystem aushalten oder bewältigen. Ich werde ziemlich viel darüber schreiben, dass wir das leider ganz gut hinbekommen.

Wir betrügen, wo wir können.

Wir betrügen das System, indem wir die Messwerte verfälschen und vernebeln. Sie erinnern sich noch an die Tricks aus der Schulzeit? Wir arbeiten nur noch, wenn es Punkte dafür gibt. Wir helfen nicht mehr, ohne dass in Punkten bezahlt wird. Wir werden egoistischer denn je. Wir reden schlecht über die Leistungen derer neben uns, um selbst Mehrpunkte zu sammeln. Wir stellen unsere Verdienste heraus. Wir arbeiten vor allem hart an den Vortagen des Messens (wie damals in den Nächten vor Klassenarbeiten oder Prüfungen, die ja auch Messungen sind.) Wir lügen und schachern und betrügen. Wir belügen und betrügen am meisten die Person, die jede Lüge von uns für bare Münze nimmt:

Uns selbst.

Wir werden neurotisch.

Wir halten uns für die Nummer Eins, komme, was wolle. In neurotischem Nebel erklären wir uns für den Besten. Wir sind es im System nicht geworden, weil unser Punktestand bei weitem nicht reichte. Aber wir hatten Pech, wir wurden betrogen, uns war der Chef nicht gut gesonnen, der schönere Kollegen bevorzugen mag. Man hat uns hereingelegt, behindert, verfolgt! Nun rächen wir uns und behindern die anderen ... sie sind Schuld, dass wir nicht am meisten Punkte bekamen, obwohl sie uns zustanden.

Ich will Ihnen zeigen, dass es in einem Suprasystem im Grunde jeder von uns schafft, in einem speziellen, notfalls krampfhaften, notfalls neurotischen Sinne Nummer Eins zu werden. Das ist die Konsequenz der Supramanie: Alle sind am Ende überzeugt, dass sie es verdient gehabt hätten, die Nummer Eins zu sein. Das zeige ich Ihnen in diesem Buch.

Buddha sprach: „Lass ab von Hass, Gier und Verblendung."

Das geht in einem Suprasystem nicht, weil ja alle Menschen Nummer Eins sein müssen. Insbesondere ist die Verblendung dazu absolut notwendig! Erfolg ist Pflicht! Hass verdrängt die reale Wahrnehmung, dass andere Nummer Eins sind, so dass wir unter Hass eine bessere Chance haben, selbst die Nummer Eins sein zu können.

Dieses Buch will aufzeigen, dass es zu viel kostet, wenn alle die selbst wahrgenommene Nummer Eins sind. Dieses Buch will zeigen, dass es böse endet, wenn wir alle nur auf Stufe vier starren: Nummer Eins.

Dieses Kapitel sollte Ihnen dieses deutlich werden lassen: Die Supramanie ist ein ungeduldige Form des Raubbaus an unseren psychischen Kräften. Jedes Teilsystem unserer Gesellschaft beutet die noch verbliebenen Motivationskräfte des Menschen aus. Das gelingt durch den gezielten Aufbau von Höherwertigkeitssucht (Stufe vier im Blick). Die Systeme müssen deshalb aus ihrer Sicht nicht auf das Nachwachsen oder den schonenden Erhalt psychischer Kraft achten. Die Pflicht zum Aufbau psychischer Energie wird nicht einmal gesehen, sie bleibt also unerkannt am Menschen selbst hängen. Ausgelaugte Menschen werden nicht gebraucht. Sozialfall. Wer von täglicher Hetze aufgefressen am Wegesrand umsinkt, wird in die Heerschar der gesellschaftlichen Problemmenschen aufgenommen, über deren stetiges Wachstum sich die Stressausbeuter ärgern und wundern. Wer aber sind die Stressausbeuter? Alle, die noch nicht umgesunken sind. *Warum* beuten sie sich aus? Damit sie nicht umsinken.

II. Der gute Systemdurchschnitt und The Organization Man

Nach dem Rundbogen des vorigen Kapitels über Seismographen geht es nun eine Stufe tiefer. Der Gewinn eines Systems hängt am Ende vom Durchschnitt der Mitglieder ab. In einem höheren Sinne ist also der Durchschnitt wichtiger als das Höhere. Am besten wäre es, wir lägen alle über dem Durchschnitt. Deshalb sollten wir alle tadellos arbeiten. In diesem Kapitel wird das klassische System durchleuchtet, das des richtigen Menschen, noch ganz ohne Sucht.

1. Die Orientierung von Systemen am Durchschnitt: Die Stufe drei

In einem System werden die Arbeitsleistungen der Mitarbeiter gemessen. Autoverkäufer nach Umsatz, sie bekommen Provisionen. Möbel- und Oberbekleidungsverkäuferinnen schreiben ja immer eine Zahl auf den Abschnitt, den Sie zur Kasse tragen. Das Zeichen sagt dem Unternehmen, dass sie für Sie gearbeitet haben. Eine Kassiererin wird durch die Kasse gemessen. Wie viel Umsatz hat sie im Monat? Ein Landwirt erntet und hat nach Abzug der Kosten einen Gewinn. Alles klar? Man kann jedem Menschen seinen Wert zuordnen.

(Das stimmt natürlich *überhaupt* nicht. Es wird nur so gemacht. Wenn es hagelt, hat der resultierende Verlust nichts mit dem Wert eines Landwirtes zu tun. Es gibt Kleiderverkäufer, die bei den Ankleidekabinen lauern und jeden fragen: „Möchten Sie das kaufen?“ Dann kritzeln sie ihr Zeichen auf den Beleg. Sie beraten also niemanden, sondern sie fangen Kunden ab, die sich ohne jede Beratung selbst etwas ausgesucht haben. Das ist getrickst, nicht wahr? Zu diesen Tricks kommen wir noch. Ob also der Wert eines Menschen bei der Arbeit bestimmt werden kann oder nicht: Er wird bestimmt, und zwar so simpel wie eben geschildert. „Nach Umsatz.“)

Drücken wir es also besser aus: Jeder Mensch bekommt am Ende seiner Arbeit vom System eine gemessene Zensur oder eine Punktzahl. Diese Punkte sind zu gewissen Teilen geschummelt, wie in der Schule auch. Das müssen die Unternehmen in Kauf nehmen, weil sonst das Benoten zu kompliziert wird. Wie in der Schule auch. Ich kann Sie hier ja kurz fragen: „Wie viel Prozent des Wissens, das Sie bei Klassenarbeiten bepunktet bekamen, hatten Sie eigentlich wirklich?“ Na, ungefähr so viel Arbeit, die bepunktet oder bezahlt wird, gibt es wirklich. Oder glauben Sie allen Zahnarzt- oder Autoreparaturrechnungen? Wie gesagt, später mehr davon.

Nehmen wir hier erst einmal an, alles wäre in Ordnung und keiner schummelt. Wir messen also die Menge der ordentlichen Arbeit jedes Mitarbeiters und geben dafür Punkte. Die Punkte der Abteilungen und dann auf höherer Ebene die Punkte aller Mitarbeiter des Unternehmens werden am Ende zusammengezählt. Diese Punktsumme – sie könnte der Gewinn sein oder der Umsatz oder die verkaufte Stückzahl – sollte möglichst groß sein. Ein Abteilungsleiter wird im Allgemeinen an der Punktsumme seiner Mitarbeiter gemessen.

Für die Arbeitsleistung eines Managers kommt es also auf den durchschnittlichen Punktebeitrag der Mitarbeiter an. Wenn der hoch ist, *arbeitete der Manager gut*, weil er eben die Mitarbeiter überdurchschnittlich motiviert hat. Wenn in einer Schulklasse die Noten im Durchschnitt gut sind, so sollte auch die Lehrerin gut sein (oder viel zu gutmütig – ich hatte hier aber gesagt: ohne Schummeln!).

Auf dieser simplen Logik bauen die Systembeurteilungen auf. Für jedes Teil des Systems werden Messzahlen erhoben. Auf jeweils höherer Ebene eines Ganzen wird geschaut, wie der Durchschnitt all seiner Teile aussieht.

Der Durchschnitt ist eine wesentliche Größe des Denkens und Handelns der Systeme.

So fragt uns die Mutter nach der Klassenarbeit: „Eine Vier? Das ist nicht so rosig, du?“ – „Ach, Mutti, die Arbeit ist sehr schlecht ausgefallen, der Durchschnitt war 4,4105.“ – „Na, dann ist ja alles gut!“ – „Ja, Mutti.“

Und in einem Unternehmen: „Die Zahlen sind eigentlich beliebig mies. Als Mini-Unternehmen wäre unsere kleine Abteilung seit zwei Jahren pleite. Ich war ganz depressiv, als ich diese Zahlen an höherer Stelle verantworten musste. Vor mir aber waren die anderen Abteilungen dran. Und was glauben Sie? Die hatten *noch* schlechtere Zahlen! Mensch, war ich glücklich. Wir sind relativ *gut*!“

Kennen Sie dieses relative Wonnegefühl, als Unfähiger von lauter Totalversagern umgeben zu sein? Wissen Sie, was dieses strömende Glück Ihrer Seismographen zu bedeuten hat? (Neunzig Prozent der Vernunft ist Trieb!)

Es bedeutet, dass Sie das System nicht schlägt, obwohl Sie es verdient hätten. Das ist Glück für richtige Menschen: trotz Schuld davonkommen.

Wenn Sie als einziger unter dem Durchschnitt wären, würde man Ihnen bittere Vorwürfe machen oder zu Sanktionen schreiten. Wenn aber alle herzlich schlecht sind, ging es wohl nicht besser.

Der Durchschnitt ist der sichere Hafen eines richtigen Systems.

Das muss er in gewisser Weise sein. Er ist ein wichtiger Orientierungspunkt für die Menschen in Systemen. Das Bedürfnis der dritten Stufe des richtigen Menschen ist es, „ein Jemand zu sein“. Das ist jeder, der im Durchschnitt liegt. Er hat damit keine berauschende Position, aber eine, die geachtet wird. Oder, wenn man so will: Es ist o.k. so.

2. Hilfe und Teamarbeit

Systeme sind meist so ausgelegt, dass alle Menschen gleiche Rechte und Pflichten haben. Der Hauptsatz der Ethik lautet ja: „Tu' niemand weh und hilf, so viel du kannst!"

Die Menschen, die helfen können, sollen auch helfen.

In der Regel helfen also die Stärkeren den Schwächeren.

Der Reiche gibt den Armen.

Der Starke schützt den Schwachen.

Der Gesunde stützt den Kranken.

Der Leitsatz der Ethik hat sich aus der allgemeinen Idee des Guten im Menschen herauskristallisiert. Er ist ein Gedanke des wahren Menschen. In einer „Gemeinde" oder „Gemeinschaft" wird diese Idee zur Handlungsleitlinie. Eine Gemeinschaft ist ein Team, in dem jeder einspringt, wie es seine Kräfte erlauben. Ein großer Teil der Gemeinschaftsaufgaben werden durch selbstlose Hilfeleistungen erbracht. Im „Dorf" sind das: Pflege der Alten und Behinderten, Pflege des Ortes, Reinhaltung, Betreuung der Kinder in Vereinen, besonders in Sport und Feuerwehr, Unterstützung der Kirchengemeinde, Pflege von Traditionen, Arbeit für die Ortsgemeinde, auch in Parteien. Wie viel Prozent der Arbeit wird freiwillig von guten Menschen ehrenamtlich geleistet? Ein „klassischer" Familienvater arbeitet 1800 Stunden im Jahr. Wie viele Stunden bringt die ganze Familie für die Gemeinschaft auf? 100? 200? Ich weiß nicht. Könnte sein. Fünf bis zehn Prozent. Dann ist die Gemeinschaft bestimmt gesund.

Die Wohlhabenden spenden eine Menge, sie bezahlen höhere Musikschul- oder Kindergartengebühren und konsumieren wenigstens viel bei Dorffesten, die die Hauptfinanzquelle der Vereine sind.

Die Systeme haben viele Teile dieser ethischen Grundidee in Organisationsformen gepresst, weil die richtigen Menschen in ihrer System-Masse dann doch nicht so viel helfen, wie Hilfe gebraucht würde. Die richtigen Menschen helfen den Nachbarn, aber jenseits der bekannten Grenzen sind sie zu abstrakter Hilfe oder anonymer Zusammenarbeit nicht mehr wirklich bereit. Das ist ein Zug dieser Zeit.

Der Staat oder das System wird also beauftragt, die Hilfe zu leisten. Krankenhäuser, Entwicklungshilfe, Kindergärten, Sozialhilfe, Waisenrente, Behindertenhilfe. Der Staat oder das System übernimmt diese Aufgaben wie eine Versicherungsanstalt, die bei einem notgegebenen Bedarf einspringt, den das Individuum selbst nicht decken kann.

Sie sehen: die normalen Systeme sehen eine Menge Hilfe vor.

Daran will ich hier erinnern. Mehr will ich mit diesem Abschnitt nicht sagen.

Warum sage ich es?

Suprasysteme haben kaum Erbarmen.

Später mehr dazu.

3. Energiemobilisierung durch Prüfungen

Richtige Menschen und ihre Systeme bestehen darauf, dass alles richtig gemacht wird. Wenn alle alles richtig machen, ist das meiste getan. Verbleibende Härten und Unglücke werden mit schneller Hilfe beseitigt oder überbrückt.

Auch ohne viele dunkle Flecken der Macht neigen die Menschen mit ihrem schwachen Fleische dazu, Dinge, die nie überprüft werden, immer ein wenig mehr schleifen zu lassen. Warum machen sie das? Manche Menschen putzen ihr ganzes Haus, wenn Besuch kommt, sonst nicht so arg. Andere putzen nur diejenigen Zimmer, in die der Besuch nach Planung hineindarf, also Gäste-WC, Küche und Wohnzimmer. Diese selben Menschen sagen, Sauberkeit sei wichtig. Sehr wichtig. Man kann gut mit ihnen darüber diskutieren, auch über Schmutzfinken. Aber ohne Besuch tut es die halbe Sauberkeit auch.

Die *wahren* Menschen putzen immer gleich, eben gerade so viel, wie sie denken, dass es sein müsste. Wenn Besuch kommt, müssen sie deshalb nichts tun. Wenn keiner kommt, machen sie genauso viel oder wenig sauber. Dieser *wahre* Standpunkt macht keine Unterschiede. Das neuronale Netz im rechten Hirn liebt es, nur *eine* Wirklichkeit zu haben. Die wahre.

Die richtigen Menschen denken im Prinzip genauso. Der Tugendhafte putzt selbstverständlich immer gleich viel. Aber diejenigen richtigen Menschen (fast alle), die sich nicht zuerst und vor allem darin üben, ein anständiger Mensch zu sein, warten, bis das Seismographensystem sagt: „Putz!"

Natürliche Menschen, die nicht putzen wollen, warten, bis ihnen jemand so viel Strom auf ihre Seismographen macht, bis sie putzen. „Räum auf, verdammt noch mal! Es kotzt mich an, wie das hier überall aussieht. Denk ja nicht, ich kaufe dir die Nike-Jacke. Du kriegst den Billig-Parka." – „Hey, Ma, du schämst dich ja bei den Nachbarn, wenn ich im Billig-Parka rumrenne. Ich muss doch wohl sauber aussehen, oder? Reg' dich nicht auf, *ich* finde es gar nicht dreckig." – „Es stinkt schon!" – „Das ist dein Billig-Parfum von Kreta." – „Ist es nicht." – „Doch. Ich schäme mich schon, wenn ich mit dir und diesem Geruch den Parka kaufen gehe."

Natürliche Menschen sind mit Prüfungen nicht richtig zu beeindrucken, auch nicht in der Schule. Sie kämpfen alles aus. Man muss ihnen eine Niederlage beibringen, das ginge. Oder einen Kuss geben, das ginge auch. Oder einen Hamburger. Aber so etwas wie: „Man putzt zweimal täglich!" verfängt nicht. „Wiesooo?" Immer wieder: „Wiesooo?"

Also: Prüfungen sind wie Systeme eine Erfindung der linken Gehirnhälfte. Es liegt daran, dass in den richtigen Menschen (und in den anderen auch) die Vernunft nicht wirklich regiert. Ich argumentierte ja schon: Die meisten Verhaltensregeln sind unter Drohungen oder Strafen in das Seismographensystem hineingeprügelt worden. Wenn also Besuch kommt, zuckt besonders in den richtigen Menschen ein Seismograph: „Besuch! Oh Gott! So viel Arbeit!" Und dann schaffen sie los. Es hat nichts mit Sauberkeit an sich zu tun, sondern mit der Körpereinstellung der Seismographen, die beim richtigen Menschen nicht zum Erzeugen von Kampfenergie benutzt werden, sondern zum Einhalten der Regeln. Beim richtigen Menschen sind ja die Seismographen in der Regel umdressiert (wenn sie Stufe zwei ausgelassen haben). Die Seismographen der richtigen Menschen zucken, wenn eine Pflicht nicht erledigt ist. Und besonders Putzen ist ganz bestimmt Pflicht!

Ich veranschauliche das mit Kurven, erst eine theoretisch richtige, die das unermüdliche, stetige Arbeiten symbolisiert:

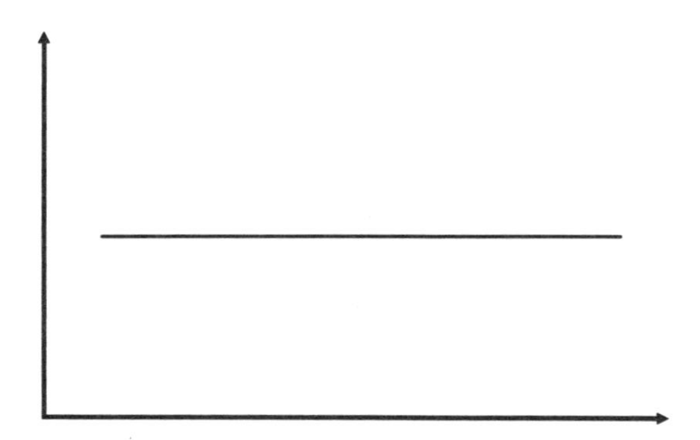

Ein tugendhafter Mensch erfüllt jede Pflicht gerne und pünktlich. Bei einer Prüfung poliert er nur noch kurz, macht einen frischen Knick ins Paradekissen und kann beim Klingeln gleich die Tür öffnen. Bei normal auf Tugend nur dressierten Menschen, die also äußerlich schon wie „Jemand" erscheinen, sieht die Leistungskurve so aus:

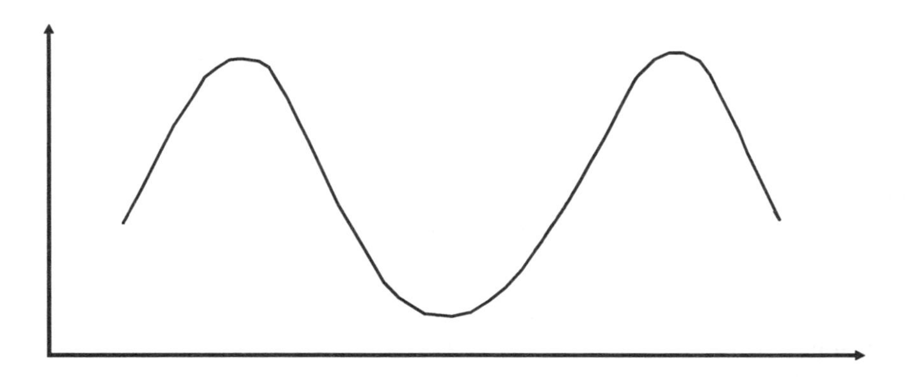

Normale Systemmenschen wenden vor Prüfungen oder bei Seismographenausschlägen viel mehr Energie auf. Bei einer Prüfung droht Tadel (ganz schwerer Seismographenalarm mit absolutem Unwohlsein – er fühlt sich wie Scham oder Schuld an!) oder Lob (ganz süßes Gefühl der Sicherheit, ein „Jemand" zu sein). Tadel straft mit Unsicherheit, Lob belohnt mit „Systembefriedigung". Ein Gelobter ist „Jemand" im System.

Richtige Menschen, die umdressiert wurden (also fast alle), sind so durch Erziehung konfiguriert worden, dass sie Lust, Sex und Verschwendung ängstlich meiden sollen; denn das beeinträchtigt die Pflichtausübung, sagt ein richtiges System. Sie bekommen deshalb bei guten Körpergefühlen eher gleich ein schlechtes Gewissen. Ein gutes Gefühl im Körper löst einen Seismographen aus, der zuckt und fragt: „Hast du das verdient? Darfst du dich ganz sicher gut fühlen? Oder hast du etwas vom Sparbuch abgehoben? Willst du dir das leisten? Wirklich? Kannst du es nicht sparen?" Es scheint deshalb klar zu sein, dass richtige Menschen von der Intensität her einen Tadel viel, viel stärker und tiefer empfinden als ein Lob. Die Tadelseismographen schlagen härter an. Deshalb fürchten sich richtige Menschen vor Prüfungen so sehr, dass sie alles vor Prüfungen so irre richtig machen, dass sie einen gehörigen Sicherheitsabstand zum Tadel haben. Sie versuchen, tadellos zu sein. (Richtige Mitarbeiter schimpfen praktisch unisono, dass sie nie gelobt werden. Ich habe ja schon eine Gallup-Studie zitiert. Das liegt oft am Management, aber auch an dieser Unsymmetrie. Lob wird nicht wirklich stark empfunden, muss also dick aufgetragen und ein paar Mal wiederholt werden, damit es wirkt. Das verstehen gerade richtige Manager nicht, obwohl gerade sie immer um den Chef scharwenzeln, um ihm noch ein zusätzliches Lob abzuzwingen.)

Deshalb sind richtige Menschen immer viel tadelloser als es sein muss. Weil sie das Negative tiefer empfinden als das Positive. Durch diese unsymmetrische Umdressur der Seismographen werden die Menschen vom Systemtrieb zu guten Leistungen getrieben. Wenn sie bei Prüfungen durchfallen, erleben sie Schläge im Innern wie Gefühle tiefer Minderwertigkeit. Wer durchfällt, ist nicht „Jemand", sondern nichts.

(Schon vorweg: Bei natürlichen Menschen ist ja nicht so viel umdressiert. Sie fragen deshalb oben: „Wiesooo?", weil sie gar keinen Seismographen haben, der bei Besuch negativ zuckt. Deshalb *verstehen* sie nicht, dass etwas getan werden muss! Wenn bei natürlichen Menschen Besuch kommt, zuckt nur Freude, sonst nichts. Natürliche Menschen sind auch unsymmetrisch, aber anders.)

Es ist also nicht so, dass richtige Menschen nur für Prüfungen lernen könnten. Wenn sie den Weg der Tugend gehen, werden sie ihre Pflicht gerne tun. (Sie tun aber dann nur das, was tugendhaft ist, was nicht unbedingt das sein muss, was die Prüfung verlangt. In perfekten Systemen könnte das immer das Gleiche sein.) Es ist aber so, dass die Umdressur mit Schuld und Scham das Verhalten hervorbringt, dass die meisten Menschen nur dann viel arbeiten, wenn Seismographen negativ auszuschlagen drohen. Das ist oft die stärkste Motivation. Natürliche Menschen sind ja nicht wirklich umdressiert. Deshalb haben sie keine Angst. Also arbeiten sie vor Prüfungen einfach nicht so hart wie die richtigen Menschen. Und folglich müssen die Prüfungen viel härter gemacht werden, damit auch die natürlichen Menschen sich dem nackten Zwang beugen. Und das bedeutet, dass für die richtigen Menschen die Prüfungen viel zu hart sind, weshalb sie noch mehr Angst haben.

4. Das Exzellente ist das Fehlerfreie

Was ist eine Prüfung im System?

Die richtigen Menschen denken mit der linken Gehirnhälfte, also logisch-analytisch. Ich habe ihre Denkweise mit der eines Computers verglichen.

Eine Prüfung eines richtigen Menschen – so entscheiden es die heutigen Systeme – ist also eine Art technische Untersuchung, ob dieser Computer einwandfrei funktioniert.

Zuerst wird geschaut, ob die Festplatte alle nötigen Daten enthält. Dies geschieht durch Fragen: „Wie heißt die Hauptstadt von Frankreich?" Die richtigen Antworten werden gezählt. Es kommt auf die Prozentzahl an, die richtig ist. Dann werden einfache Funktionsprüfungen an der Arithmetik-Einheit vorgenommen: „Wie groß ist die Oberfläche einer Viertelkugel?" Ist die Formel im Kopf? Kann sie richtig benutzt werden? Schließlich werden Axiome und Wenn-Dann-Regeln abgecheckt: „Auf welcher Seite liegt der Mann im Ehebett?" (Es kommt darauf an, in welchem Stockwerk. Einbrecher kommen unten durchs Fenster, oben fast immer durch die Tür. Liebhaber sitzen im Schrank.) „Was passiert, wenn man Silber-Brom-Chlor-Unikat auf einen reinen Industriemagnaten schüttet?"

So ist es in der Schule. Im Management heißen Prüfungen Review, Revision, Wirtschaftsprüfung oder Audit. Das schlägt so sehr auf die Seismographen, das können Sie sich nicht vorstellen! „Zeigen Sie Ihre Zahlen!", heißt es zu Anfang. Und gleich darauf dieser Blick! Dieser Blick, der irgendwo hängen bleibt! Zuck! Es schlägt in uns ein, wie ein Blitz. Als Schüler bekommen wir nach ein paar Tagen ein rotgemaltes Diktatheft wieder. Das ist schlimm. Aber im Management wird vor Ihren eigenen Augen korrigiert! Das ist wie Operation am offenen Seismographenzentrum.

Das Exzellente ist für den richtigen Menschen das, was den Prüfungen standhält.

Null Fehler. Dann ist der Linkshirncomputer völlig in Ordnung. Mehr wird nicht verlangt im System. Ein Beispiel: Wir lernen in der Schule die englische Sprache. Lektion für Lektion wird durchgenommen, die Festplatte des Linkshirnes wird befüllt. Immer wieder werden die Funktionsprüfungen vorgenommen, die hier Vokabeltest heißen. Die exzellenten Schüler sind die, die keine Fehler machen. Wahre Menschen wie ich würden sagen: Wenn jemand keine Fehler macht, ist der Lehrer merkwürdig. Er könnte ja dem Schüler viel tiefere Kenntnisse vermitteln, mit ihm sprechen üben, Shakespeare lesen, ihm zur Belohnung englische Bücher schenken. „Auf, los, weiter!" So aber ist das System nicht gedacht. Auch die beliebig exzellenten Schüler müssen die lähmende langsame Lektionenfolge ertragen. Keine Gnade. Es kommt vor, dass Engländer in Deutschland zur Schule gehen. Die machen wahrscheinlich trotzdem noch ein paar Fehler in den Lektionen. Sie bekommen also keinesfalls eine Eins. Eins ist wie Null Fehler.

Wahre Menschen graust es. Sie sagen, man müsse nicht Fehler zählen, sondern das wahre Denken überprüfen! Wahre Menschen überprüfen natürlich das, was sie für wesentlich halten: das intuitive Denken der rechten Hirnhälfte. Ich gebe Beispiele. In Mathematik gibt es Beckmesser, die Fehler zählen: „Das unter dem Strich muss stimmen, sonst gibt es keinen Punkt." Andere Lehrer atmen aus der Klassenarbeit heraus, was sich der Schüler gedacht hat, ob er einsichtige Ansätze zeigte. Das sind die wahren Lehrer. Richtige Deutschlehrer zählen Rechtschreib- und Ausdrucksfehler und bepunkten Aufbau und Anzahl der Argumente. Wahre Lehrer lassen Schüler Gedichte schreiben oder mündlich auslegen.

Ich bin im Präsidium der Deutschen Mathematikervereinigung. Ich vertrete dort den wahren Standpunkt der Mathematik. Nicht ausrechnen, sondern denken, auch in der Schule! „Haha," höhnte jemand, „wie wollen Sie denn so etwas wachsweich Intuitives in der Schule durchsetzen? Wie?" Ich entgegnete: „Ich will, dass die Ministerien anordnen, dass alle Mathematikprüfungen im Gymnasium *mündlich* sind, alle Vierteljahr eine halbe Stunde, sonst nichts!" Antwort: „Ooooh, *das ist gemein*! Das wäre eine Revolution! *Nie*, nie kommen Sie damit durch!" Verstehen Sie diese Reaktion? Ich war selbst überrascht, dass sie so unmittelbar kam. In mündlichen Prüfungen wird nämlich erkundet, ob jemand versteht und denken kann, nicht, ob er gut rechnet oder Fehler macht. In mündlichen Deutsch-Prüfungen kann man auch über die Schönheit von Lyrik sprechen. Mündliche Prüfungen sind wie Dialoge bei Platon, da werden die Ideen aus dem Kopf gezogen. Die Systeme mögen diese Variante der Rechtshirnuntersuchung nicht. Sie erklären mündliche Prüfungen für *subjektiv*. Tests aller Art sind dagegen objektiv.

5. Weltverstehen und Schulung von Konventionen

Ich habe schon in *Wild Duck* darüber geschrieben und die Definition des Wortes *Bildung* aus meinem Konfirmationsbrockhaus von 1960 zitiert. Hier ist sie:

„Bildung: Der Vorgang geistiger Formung, auch die innere Gestalt, zu der der Mensch gelangen kann, wenn er seine Anlagen an den geistigen Gehalten seiner Lebenswelt entwickelt. Gebildet ist nicht, wer nur Kenntnisse besitzt und Praktiken beherrscht, sondern der durch sein Wissen und Können teilhat am geistigen Leben; wer das Wertvolle erfasst, wer Sinn hat für Würde des Menschen, wer Takt, Anstand, Ehrfurcht, Verständnis, Aufgeschlossenheit, Geschmack und Urteil erworben hat. Gebildet ist in einem Lebenskreis, wer den wertvollen Inhalt des dort überlieferten oder zugänglichen Geistes in eine persönlich verfügbare Form verwandelt hat."

Das eine Definition des Verstehens des Wertvollen in der Welt. Und beachten Sie bitte ganz fein dieses Wort *persönlich* in der letzten Zeile. Der wahre Mensch hat ein persönliches neuronales Netz, er sieht damit seine Welt. (Hier müsste ich jetzt gleich ein halbes Buch über radikalen Konstruktivismus anhängen, oder?) Der natürliche Mensch hat seinen *eigenen* Körper mir seinen eigenen Seismographen, mit denen er Siege anstrebt.

Das Wissen der Schulen, nämlich das, was in Tests abgefragt wird, ist ein uniformes Wissen, das für alle Menschen gleich ist. Es geht nicht darum, sich an einem Gedicht zu erfreuen, sondern die Versmaße wie Trochäus und Daktylus zu kennen. Man muss wissen, aus welcher Epoche es stammt und wie deren Erkennungsmerkmale sich im Gedicht wiederfinden. Dieses Wissen ist für alle gleich. *Das* ist gemeint, wenn von *objektiv* die Rede ist! Niemand schert sich im Leben wirklich um Objektivität. Es geht nur um den Zwang zur Einheitlichkeit.

Ich habe in einer Podiumsdiskussion den obigen Begriff der Bildung zitiert. Eine Landeskultusministerin hat mir widersprochen. Bildung sei, sagte sie, Erziehung zur Berufsfähigkeit. Sehen Sie? Es gibt überall einen Trend zur Systematisierung unserer Köpfe. Im Wesentlichen wird die linke Hirnhälfte mit Standards befüllt. Bildung im ganzheitlichen Sinne? Ade!

Vergessen Sie bitte auch nicht, dass das Wissen mehr und mehr aus Konventionen besteht, die nicht verstanden werden müssen, vielleicht nicht einmal können. Testfrage: „Auf welcher Seite hat die Kaffeebohne einen Schlitz, oben oder unten?" Es ist reine Konvention, was wir oben oder unten nennen. Dieses Beispiel ist erfunden, um den Punkt zu erläutern. Wissen Sie, dass sich der beschreibende Beobachter von Wappen diese so vorstellen muss, als halte er sie auf einem Wappenschild vor sich in der Hand gegen den Feind? Wer also hinter dem Schild steht und das Wappen beschreibt, vertauscht „rechts und links" gegenüber dem direkten Betrachter. Wenn Sie also ein Wappen auf einem Blatt Papier anschauen und sagen: „Rechts ist eine Lilie!" Dann sollte diese auf dem Blatt links sein. Sonst haben Sie sich als Heraldikbanause geoutet.

Das sind reine Konventionen. Das ganze Fach Gemeinschaftskunde ist voll von Konventionen, etwa, wie Gesetze entstehen. Die wahren Menschen würden noch Fragen zur Gerechtigkeit stellen ..., die aber meist abgeschmettert werden. Der Religionsunterricht lehrt eine Fülle von Konventionen. Konventionen sind beschlossene oder entstandene Gebräuche oder Sitten, die „nun einmal so sind". Jeder Mensch muss sie lernen, auch und *ganz besonders*, wenn sie keinen Sinn haben. Wenn sie einen Sinn haben, kann sie ja jeder Einsichtige, der die Welt versteht, implizit wissen. Wenn sie aber fragwürdig sind, reiben sie sich an der Einsicht in die Welt. Deshalb muss man sie *lernen*, gnadenlos lernen. Besonders das uns sinnlos Erscheinende muss also fest in die linke Gehirnhälfte hinein. Das uns sinnlos Erscheinende lernen wir besonders gerne, wenn wir uns mit fremden Völkern bekannt machen. „Weißt du, was? Japaner essen rohen Fisch. Pfui Teufel!" – „Aber du isst doch so gerne Matjes, der ist doch auch roh." – „Meinst du? Das glaube ich nicht. Ich habe noch niemals gehört, dass Deutsche rohen Fisch essen."

Viele Konventionen, Geschäftsusancen, Regeln, Bürokratieprozesse sind unsinnig, historisch entstanden und verzerrt, anachronistisch, platt falsch, schikanös. Trotzdem beherrschen sie uns. Sie tangieren unser Leben. Deshalb müssen wir sie uns eintrichtern wie unregelmäßige englische Verben. Das schmerzt wahre Menschen, die vernetzt und holistisch denken möchten. Das schmerzt natürliche Menschen, wenn solche unsinnigen Regeln ihre Freiheit begrenzen. Sie können diese Beschränkung wie Terror empfinden.

Daher finden wahre Menschen an der heutigen linkshirnigen Faktenvermittlungsschule zur Berufsfähigkeit so elend wenig Interesse, deshalb begehren natürliche Menschen unter Terror auf.

Terror! Das habe ich bewusst so hart geschrieben. Fragen Sie einmal einen wahren Menschen, wie er eine betriebliche Schulung zum Management oder zu irgendeinem Fachthema oder zur Softwarebedienung findet. Schulungen sind wie Aufklärungen oder besser Bekanntmachungen von Konventionen. Wann muss man welches Formular ausfüllen, was kommt in jedes Feld, wann drückt man wo welchen Knopf. „Der/die da vorne hat keine Ahnung, wovon er/sie redet!“, raunen die Kursteilnehmer. Sie verstehen nicht, dass eine Schulung nur all das enthält, was in der linken Hirnhälfte abgespeichert werden muss. Sonst aber gibt es in Schulungen weiter nichts. Keine Einsicht, keine Sinnvermittlung, keine Intuition in den Zweck, keine Übungen oder Praxisbeispiele, die das Papier wert wären, keine Besprechung möglicher Probleme und bitte keine Diskussion. Nichts. Nur Berufsfähigkeit. Deshalb heißt das alles meist nicht mehr Bildung. Im Amerikanischen heißt es entweder „Education“ oder „Training“. „Education“ ist wie Vermittlung von Regeln, Training wie Einüben von Verhaltensweisen („Behavior“). Das eine wie „Ja-Nein-Wissen“, das andere wie „Bitte-Danke-Knicksmachen“. Das eine wie Festplattenspeichern, das andere wie Seismographenschärfen.

6. „Negative Thinking“: Kontrolle und Beseitigung von Schwäche

„Sieh doch nicht alles so negativ!“ Das sagen wir so oft. Wir plagen uns mit der zweierlei möglichen Sicht eines halbgefüllten Glases. „Ach, schon halb leer!“, sagen die einen, „Oh, noch halb voll!“, die anderen. Die richtigen Menschen finden, das Glas ist halb leer. Sie sagen es wie „Mein Sparguthaben ist halb aufgebraucht!“ und haben Angst. Die natürlichen Menschen haben bei dem Satz „Ich habe erst die Hälfte ausgegeben!“ ganz glänzende Augen.

Verstehen Sie den Zusammenhang?

Null Fehler!

Eine halbleere Flasche ist nicht *voll*. Das ist in gewissem Sinne ein Fehler. Es ist nicht perfekt.

Ich knüpfe hier an das Argument an, dass richtige Menschen Fehlerseismographen als härter empfinden als Lobseismographen. Deshalb sind richtige Menschen in erster Linie darauf aus, Fehler zu vermeiden. In zweiter Linie sind sie auf Lob erpicht. Die Prägung ihrer Körperalarmsysteme verlangt also, erst immer zu kontrollieren, ob alles in Ordnung ist. Danach versuchen sie, etwas Gutes zu tun. Sie kennen es auch aus dem Eiskunstlauf: „Erst die Pflicht, dann die Kür!“ – „Erst die Arbeit, dann das Vergnügen.“ (Jetzt wissen Sie auch, warum Eiskunstlauf so merkwürdig empfunden wird. Keiner von uns Zuschauern versteht so richtig, warum die Künstler in den ersten Tagen auf korrekte Techniken abgeprüft werden. Pflicht ist wie Null Fehler. Erst danach zeigen die Künstler etwas, was sich gut anschauen lässt. Im Sinne der Kampfrichter ist aber die Pflicht wichtiger, bei ihr können sie beckmesserisch Abstriche machen. Die Kür hat aus Sicht des Systems kaum etwas mit richtigem Eiskunstlauf zu tun. Sie betont so etwas wie den künstlerischen Gesamteindruck. Subjektiv! Pfui! Da können die richtigen Kampfrichter denn auch kräftig schummeln, anstatt alles, wie das Publikum, als ganzheitlichen Ausdruck zu bewerten.)

Wer also Fehler vor allem anderen fürchtet, weil ihn Schuldhyänen im Innern anfallen, wird Kontrolle über alles stellen. Kontrolle ist das Wichtigste für einen richtigen Manager. Vertrauen ist das Wichtigste für wahre Manager. Auf Vertrauensvorschuss Freiheit gewähren – das tun natürliche Führer. Die Systeme, die in der Denkart des Richtigen erbaut sind, sind deshalb vor allem Kontrollsysteme, die darauf dringen, dass keine Fehler gemacht werden.

Das reicht völlig aus!

Der absolut höchste Grundsatz lautet:

Command & Control.

Alles, was es zu tun gibt, ist ja durch Regeln vorgeschrieben. Ein System muss in diesem Sinne vollständig sein. Wenn alle Menschen alle Regeln einhalten, passiert alles so, wie es geplant ist. Wenn alles nach Plan läuft, also keine Fehlerseismographen ausschlagen, dann ist alles in Ordnung. Ein System erlässt also Regeln (Command) und prüft streng deren Einhaltung (Control).

Alle Menschen müssen mindestens alle Regeln kennen, die sie selbst betreffen, sie beachten und anwenden. Sie werden daher zuerst in der Kenntnis und dann in der Anwendung der Regeln geschult. Genau dies ist der Sinn von „Education“ und „Training“. „Education“ macht mit den Regeln bekannt, sie werden im Hirn abgespeichert. Im nachfolgenden Training wird alles geübt. Es wird festgelegt, was passiert, wenn die Regeln verletzt werden: konsequente Strafe. Damit wird das bloß Gelernte in Körperseismographik geprägt. Es muss uns innen weh tun, wenn Regeln verletzt werden. Spätestens nach einigen schmerzvollen Erfahrungen („durch Schaden wird man klug“) schlagen Seismographen schon *vorher* Alarm, *bevor* nämlich die Regeln verletzt werden sollen oder wenn der Mensch in Versuchung kommt.

Wenn alle Regeln beachtet und angewendet werden, hat das System Null Fehler.

Dann ist es exzellent.

Denn das Exzellente ist das Fehlerfreie.

In der Wirtschaft schimpft man heute auf die weit verbreitete Attitüde der richtigen Menschen, nicht wirklich vernünftig zwischen Chance und Risiko abwägen zu können. Sie haben Angst, ein Risiko in Kauf zu nehmen. Sie verzichten selbst auf große Chancen, wenn eine Chance besteht, dass sie sich mit einem Fehler blamieren.

Es liegt an dem Ungleichgewicht im Körper. Chance ist schön, aber einen Fehler nimmt der richtige Mensch dafür nicht in Kauf. Er ist nämlich vom System her auf Fehlervermeidung umdressiert. Er kann deshalb nicht vernünftig handeln, weil die Seismographenangst ihn eisern auf der Fehlervermeidungsstraße festhält. Wer zu viele Seismographen hat, die alle Regeleinhaltung bewachen, ist eben wie eine Maschine programmiert: auf künstliche Vernunft.

Wenn aber der Fehler das Hauptübel ist, nämlich gerade das, was im Endeffekt das Exzellente verdirbt, dann ist die Beseitigung von Fehlern und von Schwäche das allererste Gebot für jeden im System.

Wenn jemand in der Schule schlecht ist, schauen wir in sein Zeugnis. Dort finden wir zum Beispiel zwei Fünfen. Dann schicken wir ihn sofort zur Nachhilfe in den zugehörigen zwei Fächern. Das ist doch klar? Ja? Zuerst werden immer die Schwächen beseitigt. Dies scheint uns der richtige Weg. Stärken schauen wir nicht an, solange es noch Schwächen gibt. Es könnte aber doch sein, dass Mozart kein Mathe kann, oder? Und dann? Dann bekommt Mozart eben kein Abitur. Es geht beim Abitur nicht um Menschwerdung oder Bildung an sich, sondern um möglichst große Fehlerlosigkeit im vorgeschrieben Stoffkanon. Deshalb werden unaufhörlich Fehler angekreidet. Durch Sanktionen wird der Mensch gezwungen, an der Fehlerbeseitigung zu arbeiten.

In den Systemen kreisen also alle Gedanken um Fehler und deren Verhinderung. Wer Fehler beseitigen muss, ist schon in Gefahr, zu den geringeren Menschen zu zählen. Er ist wenig wert. Seine Fehler sind automatisch Tadel, Schuld, Scham, Gewissensschrei. Er ist kein anständiger Mensch mehr. Ein Genie mit zwei Fünfen im Zeugnis wird nicht versetzt.

Eigentlich aber kreisen nicht die *Gedanken* um Fehler.

Die *Körpersäfte* kreisen im Körper um die Fehler. All das hat nichts mit Denken und Vernunft zu tun. Es ist Angst vor negativen Schlägen. Durch die harte Unsymmetrie zwischen Angst vor Tadel und Wohlgefühl bei Lob

- sieht der richtige Mensch die Welt negativ und er versucht, weil er sich selbst als der „normale“ Mensch versteht, alle anderen auch zu seiner Sicht zu zwingen,
- sieht der richtige Mensch vor lauter Fehlerangst die Chancen nicht und will sie auch nicht von den anderen gezeigt bekommen, weil ihm dann Gefahr droht,
- bleibt der richtige Mensch im System gefangen, weil er sich sonst fürchtet,
- zieht er es bei weitem vor, wie ein genormtes Systemteil zu funktionieren, denn dann ist er als Fehlerloser exzellent.

Dieses Dranges zur Fehlerlosigkeit wegen sieht sich der richtige Mensch oft verdammt. Er bekommt nämlich nicht viel Lob. Denn wie geölt laufende Maschinen werden nicht andauernd gestreichelt. Sie laufen und es ist gut. Sie sind wie Wasser und Strom immer da.

Richtig umdressierte Menschen sagen oft, sie sehnten sich nach einem Lob, nach etwas Dank oder ein bisschen Aufmerksamkeit. Sie sagen oft, das fehle zu ihrem Glück! Und sie sind neidisch, dass die anderen Menschen Lob bekommen, solche, die drauflos marschieren, ohne sich an Regeln zu halten. Die richtigen Menschen wissen nicht, worauf ihr Körper programmiert ist: Vor allem auf Schmerzfreiheit. Wenn sie also keine Schmerzen haben, funktionieren sie ja, und das ist ihre Form von Glück, was ihnen aber niemand verraten hat. Wenn Glück für sie je etwas anderes sein soll als getane Pflicht, dann ist die Fehlerangststrategie geradezu eine Katastrophe. Mit ihr ist das Erreichen von Glück ziemlich unwahrscheinlich.

Darf ich folgendermaßen schließen? Wenn Sie negativ denken sollten, sind Sie wahrscheinlich von Ihren Fehlerseismographen verdammt. Ihre Vernunft ist ins Dunkel gedrängt. Ihre Mitmenschen flehen Sie sicher an, Sie möchten nicht alles so schwer nehmen, Sie möchten einmal Fünfe gerade sein lassen. Man bittet Sie, zu genießen, sich Zeit zu nehmen, einen Tadel auch einmal mit Achselzucken zu quittieren. Alle wollen von Ihnen etwas mehr Leichtigkeit des Seins. Denn Sie sind von Ihrer Umdressur her verdammt, die *Chance* (*jede* Chance!) zu gering zu bewerten, weil Sie ein Fehler unangemessen schmerzt. Es schmerzt nicht die urteilende Vernunft in Ihnen, sondern der andressierte Alarmseismograph. Die urteilende Vernunft brauchen Sie nicht. Es ist immer schon *vorher* Alarm.

7. The Organization Man

Der Mensch, der alles richtig macht, was im System als richtig galt, wurde von William H. Whyte 1956 im Buch *The Organization Man* beschrieben. Zu dieser Zeit sogen die Systeme den Menschen geradezu in sich auf. Die Mitarbeiter der großen amerikanischen Konzerne waren Teile eines großen Systems, mit Haut und Haar. Sie identifizierten sich bedingungslos mit der Firma und waren absolut loyal. In dieser Wachstumsperiode nach der unmittelbaren Nachkriegszeit war das Wohlergehen der Firma fast identisch mit dem eigenen Wohlergehen des Mitarbeiters. Dieser konnte sich ein Leben ohne seine Firma kaum vorstellen. Die Firma sorgte ihrerseits dafür, dass der Mitarbeiter je nach seinen Kräften Schritt für Schritt Karriere machte und wenigstens aus Senioritätsgründen immer besseres Gehalt bekam. Niemand wurde entlassen, jeder Mitarbeiter war „Lifetime-Employee", Mitarbeiter auf Lebenszeit. Pensionsfonds sorgten bis zum Lebensende dafür, dass es ihm gut ging.

Die Manager solcher Firmen gingen ebenfalls ganz in ihrer Führungsrolle auf. Sie arbeiteten zu jeder Zeit, tags und nachts. Sie konnten nicht richtig unterscheiden, was nun zum Privaten oder zum Dienstlichen gehörte. Das beunruhigte sie nicht. Es war in Ordnung so.

Das System schloss einen fast unauflöslichen Sozialkontrakt mit dem Mitarbeiter. Er hatte seine Perspektive nur in der Firma und konnte sich auf einen langen Lebensweg in ihr einrichten. Er konnte, wenn er wollte, auf lange Zeit in ihr etwas Großes planen und schließlich vollbringen.

Whyte schrieb dieses Buch mit Flammen der Besorgnis. Er wies darauf hin, dass diese lebenslange Ruhe eines hinfließenden Systems vor allem so hohen Konformitätsdruck erzeugen könnte, dass die Mitarbeiter schließlich nie mehr an Veränderungen oder Verbesserungen denken könnten. Sie würden kaum nach außen in die Welt schauen wollen und keine Imagination mehr entwickeln. Insbesondere käme ihnen im ruhend-stabilen System die Fähigkeit abhanden, unternehmerisch zu denken und zu handeln.

Eine solche Welt ist eines dieser perfekten Systeme, die ich hier beschreiben wollte. Die ganze Firma besteht aus völlig gleichen richtigen Menschen, die nur keine Fehler machen dürfen. Damals waren die Sanktionen und Strafen moderat. Es wurde ja niemandem gekündigt. Ein Gnadenbrot wurde jedem gewährt, die fürstliche Rente ebenfalls. Das war eine relativ ruhige, *richtige* Welt. Im Grunde lebte also das ganze System mit allen Mitarbeitern auf der linken Apter-Kurve, verstehen Sie?

Kein Stress für Konforme. Alles ruhig. Kein Abschneiden von Köpfen, egal wer wie gut abschneidet. Da die Wirtschaft wuchs und wuchs, gab es nicht so große Ausschläge der Seismographen, wenn man nur konform und loyal war. Das war natürlich wichtig! Umdressiert musste man schon sein! (McCarthy's Ära endete in diesen Jahren. 1954 wurde er wegen seiner diffamierenden Methoden öffentlich gerügt, er starb 1957.)

Die Zeit des *Organization Man* war eine des richtigen Menschen par excellence. Sie war so eingerichtet, das sich der richtige Mensch wohl fühlte. (Heute optimiert er sich unter Qualen.)

1980 schrieb Whyte noch, er fände, es sei alles noch etwa beim Alten. Um 1990 glaubte ein Großteil der amerikanischen Konzernangestellten, sie würden niemals ihren Arbeitgeber wechseln oder verlassen.

Wir hatten bis ungefähr 1990 die Alte Welt.

Etliche Grundprinzipien dieser Welt zähle ich Ihnen sicherheitshalber noch einmal kurz auf, damit Sie sich erinnern. Vieles gilt auch heute noch, ist aber nicht mehr so ernst gemeint, weil wir ja jetzt den Erfolg zur Pflicht gemacht haben. Die Prinzipien dieser Neuen Welt folgen einige Abschnitte später.

8. Werte einer traditionellen Systemwelt

Philosophie: „Abstrakte Gleichheit der Menschen“. Im System sind natürlich alle Menschen gleich. Das stimmt letztlich überhaupt nicht, aber es ist schwer anders zu regeln. Früher geschah es über Klassen und Stände, über Apartheid oder Feudalsysteme. Heute wird die Ungleichheit eher über Geld, Ausbildungsstufen und Hierarchie administriert. Der Grundsatz der Gleichheit aller Menschen ist aber ein guter Startpunkt für ein System, so könnte man denken. In Wirklichkeit sehen wir ja schon in diesem Buch, dass die Annahme psychischer Gleichheit der Menschen zu diesem ganzen Elend führt, dass nämlich Menschen ganz gegen ihre Temperamentstruktur arbeiten und leben müssen. Die Forderung nach Gleichheit der Menschen ist stark verknüpft mit dem Gedanken, dass alle Menschen auf die gleichen Sitten und Regeln möglichst gleich abgerichtet sein sollten. Dann wäre das System perfekt. Wahre Menschen (wie ich) finden Gleichheit gar nicht wichtig bzw. wirklich unsinnig, deshalb redet unsere Spezies immer von Toleranz von Ungleichheit. Wahre Menschen wollen jedem seine eigene Würde in seiner Ungleichheit lassen. Die *Würde* des Menschen ist für die Wahren das Wichtige, nicht die Gleichheit. Die Würde steht denn auch in unserer Verfassung, aber sie wird wie Gleichheit von den Richtigen interpretiert. Natürliche Menschen finden, jeder soll einen fairen Platz in einer freien Gesellschaft haben. Sie hassen die Forderung nach Gleichheit geradezu, weil sie ihnen wie Freiheitsberaubung scheint, was sie auch ist. Diese ganze Gleichheit ist jedenfalls innerhalb von Systemen eine gute anfängliche Verhandlungsbasis für jeden, auch den Ungleichen.

Abstrakte Mission: „Das System hütet die Gerechtigkeit". Das System behütet die Gleichheit und Gerechtigkeit. Dazu gibt es Polizisten mit Verordnungen und Lehrer mit gleichem Lehrstoff. Jeder Bürger bekommt eine Stimme und einen Personalausweis. Richter sprechen das gleiche Recht über jeden von uns. Das Hüten der Gerechtigkeit stellt sich fast ganz unter den Gesichtspunkt der Erhaltung der Ordnung und der damit verbundenen Normung der Gesellschaft. Unter dem Banner der Gerechtigkeit der Gesetze wird im Wesentlichen nur das *System* aufrechterhalten. So gibt es drakonische Strafen für Diebe, Räuber und Gewalttäter aller Art. Das sind systemdestabilisierende Straftaten. Täter mit der weißen Weste, die nur innerhalb des Systems tricksen und betrügen, mit Bilanzen, mit Unterschlagungen oder Bestechungen – sie gehen mit geringen Strafen aus, wenn sie überhaupt ordentlich verfolgt werden. Das System behütet seine Existenz gegen Übergriffe, die das System aushebeln. Zum Beispiel wirkt aber Bestechung stabilisierend auf Systeme! So sind die Sanktionen und die Obhut des Systems stark, wenn es sich selbst bedroht sieht. Sonst passt es nicht so genau auf. (Wenn jemand 3000 Euro stiehlt, gibt es Gefängnis. Wenn jemand Staatsflugmeilen privat nutzt, muss er sich entschuldigen. Übrigens ist es im System eine ziemlich hohe Strafe für Repräsentanten, sich entschuldigen zu müssen. Ich will also nicht sagen, dass sie ganz davonkommen. Nur ist es weder „gleich" noch „gerecht".)

Prinzip: „Einheitlichkeit der Regeln und Uniformität". Systeme legen Wert auf Einheitlichkeit der Regeln, auch jenseits von Sinn- oder Zweckfragen. Uniformen müssen überall gleich sein, die Messe wird möglichst lateinisch weltweit gleich gelesen. Kulturunterschiede werden bekämpft. Ein sogenanntes Zentrales Abitur sichert die beste Ausbildung. Es geht in der Industrie um Standardisierungen und Normen. „Wir setzen den Standard!", rufen begeisterte Systeme und meinen damit, sie haben die Macht errungen. Derjenige hat Einfluss, dessen Regeln gelten. „*Unsere* Gesetze sind jetzt überall Standard." In diesem Sinne ist die Demokratisierung oder die Durchsetzung globaler Handelsrichtlinien Kampf der Systeme untereinander. (Windows-Standard der Betriebssysteme, Intel-Standard der PC-Prozessoren.) Wer auf dem starren Einhalten absolut gleicher Regeln beharrt, bis zu närrischer Sturheit, der heißt in der Psychiatrie „zwanghaft". Das heißt: „Die Regeln üben Zwang auf ihn aus. Sie haben ihn in Haft genommen." In diesem Sinne kämpfen Systeme miteinander, gegen innere Gegner und gegen den Verfall der Sitten. Sie zwingen unter die Regeln. Wenn jemand Regeln nicht beachtet, ist dies ein Zeichen von Auflehnung, auch wenn er Recht damit hat, die Regeln einmal beiseite zu lassen. Es ist so, als wenn ein Kind nicht gehorcht. Richtige Eltern, die Seismographen einprügeln, denken: „Wenn das nur einmal straffrei durchgeht, verliere ich Autorität." Regeleinhaltung zeigt Loyalität und Konformität. Regelverletzung ist Aufstand. Sinndiskussionen von Regeln sind Aufwiegelung gegen die Herrschaft. Sinndiskussionen sind Schüsse gegen Manager. Deshalb kann nie etwas geändert werden, weil ihre Autorität schwindet, wenn diskutiert wird. „Stop debate! Debate is over! I made this decision, and it's *me* who is responsible!" Systemregeln sind Herrschaftsangelegenheiten.

Die Macht – Messen, Zumessen, Messkriterien bestimmen. Die Macht wurde schon ausgiebig diskutiert. Macht haben heißt im System: Regeln vorgeben. Das ist bei wahren Menschen nicht so. Buddha gibt keine Regeln. Mutter Theresa gibt keine. Im System dagegen hat Macht etwas mit dem Messen von Leistungen, dem Beurteilen, dem Zuteilen von Gehältern und Privilegien zu tun. Im Stab herrschen Strategen, die die neuen Regeln ersinnen. Sie sind die indirekten grauen Eminenzen, wie die Generalstabsoffiziere im Vergleich zu einem General an der Front. Macht setzt Regeln fest. Natürliche Menschen sehen dagegen die Macht in einer Führungs*persönlichkeit*, die *Befehle* erteilt. In diesem Sinne ist ein Frontgeneral eine *natürliche* Konstruktion. Es gibt im Kampf keine richtigen globalen Regeln, sondern Aktion durch gute Befehle. (Amerika agiert im Irakkonflikt mit Befehlen, Deutschland hofft auf Regelungen. Anmerkung im Februar 2003.)

Zukunft: „Alles nach Plan". Die Zukunft wird in einem System sorgsam geplant. Wer die Zukunft plant, besitzt Macht. Er ist an der Regierung. Die vorgesehene Zukunft wird im Plan festgelegt. Der Plan wird in Regeln und Aktionslisten umgesetzt. Es wird von Systemen angenommen, dass Zukunft planbar ist. Das ist eine sehr bedenkliche Annahme, die meistens nicht stimmt. Eine andere Arbeitshypothese als die, dass Zukunft planbar wäre, existiert für richtige Menschen im System nicht. Heute wandelt sich die Welt so schnell und die Zukunft ist definitiv nicht mehr planbar. Die richtigen Menschen wollen es nicht erkennen. Sie reagieren auf ihr Versagen, die Zukunft zu planen, derzeit mit immer kürzeren Planungshorizonten. Dieses kurzsichtige Vorgehen wird heute Quartalsdenken genannt. Die Systeme leiden darunter. Wahre Menschen folgen vagen Visionen, die sich an die Zukunft anschmiegen können. Natürliche Menschen reagieren wie James Bond aus dem Stand. Systeme können diese naheliegenden Arbeitsweisen niemals dulden, weil man das Streben nach Visionen und das spontane Reagieren nicht abprüfen kann. Es muss ja im System eine Leistung gefordert werden, deren Erbringung überprüft wird! Wie geht das, wenn die Schule etwa sagen würde: „Der Lernstoff ändert sich so schnell, lern einfach los!" Was wäre dann? Das ist doch nicht systematisch, sagt das System und schüttelt sich vor Unwillen.

Command & Control: „Abweichungen des Ist vom Soll werden streng geprüft". Systeme setzen Regeln und Belohnungen fest. Das Netz der Regeln ist so dicht, dass alles in Ordnung ist, wenn alle Menschen alle Regeln einhalten. Wenn Regeln nicht eingehalten werden, ist aus Sicht des Systems ein Fehler zu vermerken, der abgestellt wird. Die Fehlererkennung erfolgt durch Nachprüfen. Die geplante Pflicht oder die geplante Zukunft heißt Plansoll. Dieses Soll zu erreichen, ist Pflicht. Das Erreichte wird ständig auf dem Weg in die Zukunft gemessen. Es wird mit dem Plansoll verglichen. Wenn etwas unter dem Plansoll ist, wird dagegen vorgegangen: Vokabeltest, Review, Revision. Wenn etwas über dem Plansoll liegt, ist „alles im grünen Bereich". Ruhe der Seismographen.

Struktur: „Das Große ist ohne Organisation nicht regierbar". Dieser Grundsatz wird in allen großen Unternehmen und von Bürgern der Staaten seufzend leise wiederholt. Wir leiden unter der Organisation an sich, die unser Leben in Abteilungen und Zuständigkeiten zerhackt. Für alles sind immer andere Zuständige da. Andererseits weiß niemand so recht, wie es ohne ein System im Leben weitergehen sollte. Firmen bis etwa 200 Mitarbeiter lassen sich offenbar ohne richtiges System führen, denn dort kennt jeder jeden, wie in einer frühchristlichen Gemeinde. Wenn sich mehr Menschen als ein Dorf voll zusammentun, beginnen erste Zeitgenossen mit Schummeleien oder Gewalt. Ein System muss her. Polizei und Controlling zuerst. Kleine Firmen werden auf Vertrauensbasis geführt, von wahren Menschen. Oder: Die Firma hat einen starken natürlichen Boss mit gewissem Charisma, dem einfach gehorcht wird. In solchen Firmen fühlt man sich oft sehr wohl. In Systemen herrschen Regeln und die Menschen müssen ihre Individualität gegen Loyalität und Konformität eintauschen. Das neue globale Denken der letzten Jahre lacht fast über den Gedanken, die Welt aus kleinen Dörfern bestehen zu lassen. Manchmal kann eine Abteilung in einem System wie ein kleines Dorf sein. Das heißt dann: Team. Leider wechselt der Bürgermeister heute zu oft und die Teammitglieder werden dauernd ausgetauscht. Systeme verlieren an Kontinuität, die sie früher noch hatten, nämlich zu Zeiten des Organization Man.

Hierarchie: „Einer muss Chef sein, sonst geht es nicht". Strukturen zerteilen das Leben in Bereiche und Abteilungen, die einen Chef benötigen. Für jede Zuständigkeit gibt es einen Manager. Er ist eine Führungskraft. Manager haben wieder Manager; es bildet sich eine Hierarchie. Es entstehen Menschen verschieden hoher Stufen. Hierarchien sind ein herber Bruch mit dem Gedanken der Gleichheit aller Menschen. In Systemen sind Menschen eben nicht gleich. Bei wahren Menschen müssen die Menschen nicht gleich sein, aber sie haben alle die gleiche prinzipielle Würde. Eine Mutter Theresa ist nicht wie andere wahre Menschen. Sie steht viel höher, aber nicht in einer Hierarchie. Jeder wahre Mensch hat eine gewisse persönliche Autorität und Würde, die gegenseitig erkannt und anerkannt wird. Natürliche Menschen bilden Ordnungen der Stärke, die ein wenig nach Hackordnung riechen. Ein natürlicher Mensch strahlt seine persönliche Stärke aus, die von anderen gespürt werden kann. Wahre und natürliche Menschen verachten Hierarchien. Sie sind oft erschrocken über sogenannte hohe Führungspersönlichkeiten in Systemhierarchien, die in der Gemeinschaft der wahren Menschen nicht geachtet würden oder die die natürlichen Menschen verlachten. Wahre Menschen wünschen sich den „True Leader“, der visionär vorangeht und sich um sie sorgt. Natürliche Menschen wünschen sich eine starke Persönlichkeit, der man gerne gehorcht. Systemmanager mit Schulterepauletten werden von ihnen als Funktionäre und Apparatschicks ignoriert, so gut es geht.

Härte, Selbstgerechtigkeit und Intoleranz: „Das System steht über dem Menschen“. Das System ist am wichtigsten. Der einzelne Mensch muss gegenüber dem Ganzen zurücktreten. Gesetze und Regeln sind oft im Einzelnen oder für den Einzelnen ungerecht oder zu hart; das aber muss stoisch geschluckt werden. Wenn das System als Ganzes die Macht hat, sind alle Menschen in ihm sicher. Wenn es Ausnahmen gibt, wird der Willkür Tür und Tor geöffnet. Deshalb müssen Systeme gegen Ausnahmen unerbittlich hart sein. Es geht nicht um Menschen, sondern in erster Linie um das Funktionieren. Deshalb sind Systeme tendenziell intolerant. Wahre Menschen hassen Intoleranz, natürliche Menschen empfinden sie als Freiheitsberaubung.

Das Höchste: „Systemstützen (Loyalität) muss sich lohnen“. Viele der höchsten Posten in Systemen werden von Managern und Politikern bekleidet, die sich vor allem loyal für das Funktionieren des Systems einsetzen. Für das System ist der Selbsterhalt furchtbar wichtig. Deshalb werden Menschen, die Fehler im System anprangern, unterdrücken und ausmerzen, am ehesten in hohe Positionen befördert. Das verstehen leider die wahren und die natürlichen Menschen nicht. Sie klagen: „Dieser Mensch da schimpft nur herum. Er bekrittelt alles. Es ist ihm nur wichtig, dass seine Abteilung keine Fehler macht. Was die Abteilung sonst macht, ist ihm egal.“ Das ist ein unsinniger Einwand in einem System, in dem Fehlerfreiheit schon alles bedeutet. Der Plan der Zukunft des Systems gibt Regeln und Ziele vor. Wenn alle diese erreichen, tritt die geplante Zukunft ein. Alles ist gut. Eben – wie geplant!

Das Tiefste: „Das System ablehnen“ und „Lust & Gewalt“. Menschen, die das System ablehnen, kommen auf Scheiterhaufen. Man verbrennt sie nicht gleich, aber es gibt viele Methoden, Systemgegner wieder einzufangen. Die harmlosen Systemgegner sind meist schon ganz zufrieden, wenn der Chef ihnen Recht gibt. „Ja, richtig, das ist sinnlos. Ich selbst bin ganz verzweifelt, mehr als Sie. Aber alle Abteilungen haben diese Regelung getroffen und akzeptiert. Ich war machtlos. Glauben Sie mir, ich habe keinen schönen Job. Ich bleibe da dran. Ich hoffe, ich kann Ihnen bald Hoffnung machen.“ Viele wahre Menschen sind schon ganz stolz, wenn sie das System bei Unterhaltungen vor dem Kaffeeautomaten tapfer hassen, dann aber brav weiter arbeiten gehen. Härtere Systemgegner bekommen am besten ihnen unangenehme Arbeit oder sie werden wie Unfähige weggelobt und damit gleichmäßig im System verteilt. Faulenzer aber und offen Widerspenstige werden öffentlich beseitigt. Man beginnt mit Abmahnungen! Das System sagt: „Das können wir uns nicht mehr gefallen lassen.“

Fehlerbehandlung: Schuld suchen! Schärfere Regeln! Wenn das System in Gefahr kommt, werden die Bestimmungen verschärft. Auf jeden Terroranschlag, jede Großdemonstration folgen neue Bestimmungen. Fällt ein Kind vom Kirschbaum, wird landesweit Gartenverbot verhängt. Ein System ist selbst per definitionem fehlerfrei. Die Menschen im System dürfen keine Fehler machen, dann ist alles gut. Wenn ein Fehler im System geschieht, muss daher ein Mensch schuld sein. Der muss gefunden werden. Niemand ruht, bis die Schuld lokalisiert ist. Dann ist der Fehler gefunden. Der Schuldige wird bestraft oder begnadigt, wenn er sich schämt, widerruft und Besserung schwört.

Wenn kein Schuldiger gefunden wurde, muss der Fehler daran liegen, dass das System Lücken aufweist (nicht Fehler! Lücken eben) oder dass es zu gutmütig war und den Menschen vertraut hatte, weil zu lange nichts passiert war. Dann schließt es sofort Lücken. Die Funktionäre im System, die die Lücken zuließen, werden bestraft. Es führt schärfere Bestimmungen ein. Oft freut sich ein System, wenn man ihm vorwirft, zu gutmütig zu sein. Deshalb sind Anschläge auf das System im weitesten Sinne erfreulich systemstabilisierend.

Ein wirklicher Fehler im System brächte das Seismographensystem der richtigen Menschen in totale Unruhe. Es hat nichts mit Vernunft zu tun. Wenn eine Dose mit vergiftetem Fisch auftaucht, werden neue Lebensmittelgesetze gefordert. Jeder Filmbericht von einer Weihnachtsganszucht ekelt uns eine Woche („Wir öffneten die Scheune, aus der Blut sickerte. Die Gänse schrieen ganz kraftlos leise. Als wir die Tür aufbekamen, fielen sie alle wie gegeneinandergestellte Dominosteine um und heraus. Sie konnten nicht aufstehen, hatten keinen Gleichgewichtssinn mehr, weil sie nur immer eng aneinandergestanden hatten. Wir dachten erst, sie seien schon mit Antifederkampfstoff nacktgemacht worden, aber es war die neue Nacktganssorte. Alle mussten sofort getötet werden, weil man nicht Tausende Gänse wieder nebeneinander aufstellen kann, so dicht, dass sie nicht wieder umfallen. Es gibt nicht genug qualifiziertes Personal dafür."). Nach einem solchen Filmbericht beginnt eine Untersuchungskommission, die ebenso wenig Stehvermögen hat, wenn die Tür zur Presse aufgeht. Es werden Zuchtregelverschärfungen beschlossen. Die Seismographen der Bürger beruhigen sich wieder. Nach einigen Tagen beißen sie wieder in weiche Keulen. „Wie zart!" Das System selbst muss sich seiner sicher sein und mindestens die richtigen Menschen darin wollen unbedingt auf das System vertrauen können. Wenn eine Gans gekauft werden kann, muss sie prinzipiell essbar sein.

Pflichtethos: „Erst die Arbeit (Systemdienst), dann vielleicht Vergnügen". Die Systemseismographen in uns schlagen unerbittlich Alarm, wenn noch Pflicht wartet. Dann müssen wir „zwanghaft" bis zum Ende arbeiten und alles „erledigen". Besonders die richtigen Menschen fürchten sich, dass sie Stress bekommen. Neulich bekam ich eine E-Mail: „Ich habe immer erst meine Pflicht getan und mich *dann* vergnügt, also nie. Ganz plötzlich erleuchtete mich die schwarze Erkenntnis, dass nichts so sehr wie dieser Satz mein Leben ruiniert hat. Ich konnte nie abschalten. Ich schreibe aus einer Herzklinik ..."

Vergeltung: „Spätestens bei Gott wird bezahlt". Ich kenne ein paar Menschen, die immer wieder sehen, dass ihnen das treue Systemleben weder Ruhe noch

Wohlstand oder Lob und Dank bringt. Sie sagen: „Gott weiß, was ich getan habe. Spätestens dann werde ich reich belohnt. Der Pfarrer hat es bestätigt. Der Arme kommt in den Himmel. Ich war so froh, dass ich etwas gespendet habe." Das ist das Gefühl, dass unbedingte Treue einen Wert in sich hat. Denken Sie schon einmal nach, wie das heute und noch mehr morgen mit der Treue steht? Treue muss annehmen können, dass irgendetwas im System einen Wert hat, bewahrt zu werden. Shareholder-Value zum Beispiel.

9. Reengineering The Organization Man

Noch etwa 1990 war alles ziemlich ruhig in der gefestigten Systemwelt.

Und dann brach etwas herein, was „Reengineering" und „Shareholder-Value" hieß. Ich nenne es zusammengenommen: Supramanie. Den ersten Teil dieser Entwicklung beschreibe ich hier, der zweite folgt einige Seiten später.

Reengineering bedeutet Umgestaltung der Prozesse eines Unternehmens. Das wissen Sie ja. Aber was es wirklich heißt, ist Ihnen vielleicht verborgen geblieben. Es ist ganz versteckt hinter einem Satz zu finden, den Sie immer und immer wieder hören oder gehört haben:

„Alles muss auf den Prüfstand, ohne Ansehen von Sache oder Person."

Prüfen!

Das ist Stress für die konformen Menschen. Sie werden jetzt getrieben, effektiv zu werden. Ich hatte schon beschrieben: Richtige Menschen sind prozesskonform und machen möglichst keine Fehler, aber sie sind oft nicht effektiv. Natürliche Menschen sind eher effektiv, wenn sie unter Strom stehen, aber sie mögen keine Konformität entlang peinlich ordentlicher Prozesse.

Prüfen! Das ist das Zauberwort!

Unter Prüfungen arbeiten richtige Menschen besser. Sie haben Angst und leisten etwas, um die Prüfung zu bestehen.

Eine gute Idee wäre es, die Anzahl der Prüfungen und deren Anforderungen zu erhöhen und die Strafen zu verschärfen.

Mit dieser feinen Idee im Hinterkopf oder besser in Fragebogenaktionen erschienen vor etlichen Jahren lauter kluge Unternehmensberater mit bedenklichen Gesichtern. Sie arbeiteten genau aus, wie viel produktive Arbeit wir leisteten. Oh je, bei mir waren sie auch. Ich war damals etwas säuerlich über die vielen Meetings und Abstimmungsrunden in einer Firma des „Organization Man". Ich rechnete aus eigenem reinen Interesse alles ganz genau für mich selbst aus. Das Endergebnis, ohne jede Beschönigung, die nackte Wahrheit: Zu etwa fünfundfünfzig Prozent der Arbeitszeit tat ich etwas, was ich selbst für meine eigentliche Arbeit hielt. Wir hatten damals jeden Montag in Managermeetings von acht oder neun Uhr bis zwei Uhr am Nachmittag viele erbitterte Diskussionen, ob für Weihnachten vorgearbeitet werden könnte oder wie lange am Abend das Außenlicht an bleiben sollte. Das hielt ich nicht für Arbeit. Jeden Montag, das ist prozentual schon ziemlich viel! Sie merken, fünfundfünfzig Prozent sind schon in Ordnung. Ich habe überall herumgefragt, wie die Ergebnisse von anderen wären, die nicht Manager waren, also wohl mehr arbeiten konnten. Es waren aber überall nur ungefähr fünfundfünfzig Prozent. Diese Zahl nannten mir viele andere in ganz anderen Firmen. fünfundfünfzig Prozent!

Ich war total begeistert über diese mir zu niedrig erscheinende Zahl! Ich dachte bei mir: Wenn das bekannt würde, dann würde man aufhören, so blödsinnige Meetings wegen Kleinkram zu machen. Dann könnte ich mehr arbeiten und würde glücklich. Mensch, war ich naiv!

Die Unternehmensberater schlossen wohl aus den Ergebnissen, dass man das schlechteste Drittel der Mitarbeiter einfach entlassen könnte. Denn es war ja rechnerisch nur für zwei Drittel genug Arbeit da, wenn alle nur fünfundfünfzig Prozent der Zeit im engeren Sinne arbeiteten.

Idee: Wir werfen ein Drittel der Mitarbeiter hinaus und warten einmal, was passiert. Produktivitätsmessung und Downsizing!

Meistens passierte erst einmal wirklich nichts. Leider wurden die Meetings ganz und gar nicht gestrichen. Es wurden sogar viel mehr Meetings, weil alle Leute Angst hatten! Es wurde eine Prüfungsorgie!

Reengineering führte dazu, dass man alles nicht „direkt" Profitkorrelierte einfach strich. Was nicht direkt etwas mit dem Firmengewinn zu tun hatte, organisierte man um. Im Endergebnis wurden viele, viele Mitarbeiter entlassen, die für die Produktivität „nicht entscheidend" waren, das sind alle die, deren Verschwinden zu keiner unmittelbaren Katastrophe führt. Wir hatten zum Beispiel jemanden, der die Hydrokulturen pflegte. Sind Hydrokulturen für den Profit wichtig? Brauchen wir einen Gärtner? Bald danach gossen wir selbst. Nach und nach verschwanden die Pflanzen, nur ein paar Gummibäume blieben. Diese Konzentration auf das Unverzichtbare hieß „Verschlankung", im Amerikanischen „Lean Management". Sie verstehen, was passierte?

Dieser durchschnittliche *Organization Man* ist in große persönliche Gefahr gekommen. Früher war es o.k., durchschnittlich zu sein. Der Durchschnitt war der sichere Hafen des Systems. In einem schlanken System steht aber das Unterdurchschnittliche nackt in exakt nachgemessener Schande da. Das Drittel der Unterdurchschnittlichen trägt nur vielleicht fünf bis zehn Prozent zur Gesamtarbeitsleistung bei. Sie kosten aber fast das gleiche Gehalt. Im Durchschnitt macht eine Firma gerade so fünf bis zehn Prozent Rohgewinn auf ein Mitarbeitergehalt. Wenn nun ein Mitarbeiter nur etwa zwanzig Prozent weniger leistet als der Durchschnitt, fällt für ihn ein Verlust an, der durch die anderen gedeckt werden muss. In der Praxis bedeutet das, dass in einem ruhigen System die stärkeren Mitarbeiter den schwächeren oft und viel helfen. Wenn man aber alles mit dem Lineal nachmisst, ist es einfach nüchtern so, dass eine Firma an unterdurchschnittlichen Mitarbeitern Verlust macht. Noch einmal: Ich habe jetzt nicht vorgerechnet, dass eine Firma mit schlechten Mitarbeitern Verlust macht, das ist Ihnen ja auch so klar. Ich sagte: Sie macht schon an leicht unterdurchschnittlichen Mitarbeitern Verlust.

Deshalb sagt ein kalt-rechnerischer Blick auf die Lage: Ein Drittel aller Mitarbeiter der gesamten Wirtschaft muss entlassen werden. Erschrecken Sie nicht davor. Denken Sie sich zurück in die Schule: Wie viel haben Sie bei dem schlechtesten Drittel der Lehrer gelernt? Nichts. Was hat das schlechteste Drittel der Ärzte an Ihnen geheilt? Nichts, Sie sind im Gegenteil gegen viel Geld verhunzt worden. Was hat das schlechteste Drittel der Handwerker bei Ihnen im Haus hinterlassen? Teuren Pfusch.

Deshalb macht es nichts, das schlechteste Drittel der Studenten aus der Uni zu jagen und das schlechteste Drittel aller Mitarbeiter zu entlassen. Überall steigt der Gewinn, außer bei den Sozialkassen.

Von dieser kalten Vernunft ist bis heute der Weg in die Arbeitslosigkeit diktiert.

Die durchschnittlichen Menschen, die früher glücklich konform und loyal gearbeitet hatten, waren *nach der Entlassung* der Unterdurchschnittlichen nun *das Letzte*. Stellen Sie sich das vor: Die einstigen Stützen der Betriebe wurden nun zu Wackelkandidaten! Jede Prüfung wurde nun zu einer Existenzfrage. Niemand traute sich mehr, die heikle Frage nach einer Gehaltserhöhung zu stellen. Nicht auszudenken, wenn der Chef sagen würde: „Dann gehen Sie doch!"

Früher zwang man die Menschen zu absoluter Konformität und Loyalität und Durchschnittlichkeit. Sie erhielten dafür eine ruhige Arbeit auf einer Stress- oder Erregungskurve, die die richtigen Menschen und insbesondere den Organization Man glücklich machte. Nun aber ersetzten die Manager die Arbeitsmotivation der richtigen Menschen durch den neurotischen Trieb, der sich aus der Entlassungsangst speiste und ständig regenerierte. Der Durchschnitt der Menschen war nun überhaupt nicht mehr sicher. Denken Sie an die Pyramiden, in denen ich die Bedürfnisse des Menschen dargestellt habe. Erst will der normale richtige Mensch eine sichere Arbeit, dann Stressfreiheit, dann ein „Jemand sein", dann „Respekt und Achtung", schließlich eine hohe Stellung. Unter dem Diktat des Reengineering hat er zwar Arbeit, aber keine Sicherheit, keine Stressfreiheit, selbst dann nicht, wenn er schon ein „Jemand" oder gar eine Respektsperson ist. Er ist ja *nicht sicher*! Niemals! Niemals mehr! Auf jeder Stufe der Karriereleiter kann er immer wieder zum schlechtesten Drittel gehören. Dieses Ereignis kann fast schon durch bloßes Altern eintreten, weil ältere Mitarbeiter ökonomisch gesehen immer wertloser werden, denn sie verdienen schon viel mehr als jüngere und überschreiten oft den Leistungshorizont. Sie verschlechtern sich im Effizienzsinne meist irgendwann einmal.

Dem Menschen werden also die Grundbedürfnisse verwehrt, damit er sich gleich auf die höheren Bedürfnisse stürzt und andauernd konzentriert. Immer droht Arbeitslosigkeit für den großen Durchschnitt. Ich kenne Eltern, die schreckliche Bluttaten an Kindern begingen. Sie sagten nämlich: „Wenn du nicht spurst, stecke ich dich in ein Heim. Da kommst du gnadenlos weg." Solche Bluttaten sind nun eine gute Management-Strategie bei Erwachsenen.

Die Idee ist es, den Menschen die höheren, vermeintlich wertvolleren Bedürfnisbefriedigungen wie hohe Trauben hinzuhängen, nach denen sie springen. Sie vergessen dabei, dass sie im Grunde ihre Grundbedürfnisse (etwa nach Sicherheit) nicht befriedigen. Deshalb sind sie stets hungrig und unruhig. Sie stehen unter Dauerstress. Weil aber nichts anderes da ist als die Trauben, so springen sie denn, immer wieder, wie getrieben. Es *ist* Trieb.

10. Systembetrug und Todesspirale

Was soll nun ein armer richtiger Mensch tun, der immer brav alle Pflichten erledigte und der nun alle paar Monate auf die Existenzwaage gelegt wird? Wie wird er reagieren, wenn die Unterdurchschnittlichen entlassen sind und nun die Reihe an die besseren Mitarbeiter kommt?

Unsere Kultur kennt ein schönes Wort für einen Ausweg: Die Notlüge. Es ist eine Lüge, die erlaubt scheint, wenn es eine Notsituation abzuwenden gilt.

Oder denken Sie an das alte Wort *Notgewehr*. Ein Hirsch zum Beispiel entläuft dem Feind in Not. Aber wenn das nichts mehr hilft, das normale Davonlaufen?

Melchthal spricht in Schillers *Wilhelm Tell* diese ewigen Worte:

„Welch Äußerstes
Ist noch zu fürchten, wenn der Stern des Auges
In seiner Höhle nicht mehr sicher ist?
– Sind wir denn wehrlos? Wozu lernten wir
Die Armbrust spannen und die schwere Wucht
Der Streitaxt schwingen? Jedem Wesen ward
Ein Notgewehr in der Verzweiflungsangst,
Es stellt sich der erschöpfte Hirsch und zeigt
Der Meute sein gefürchtetes Geweih,
Die Gemse reißt den Jäger in den Abgrund -
Der Pflugstier selbst, der sanfte Hausgenoß
Des Menschen, der die ungeheure Kraft
Des Halses duldsam unters Joch gebogen,
Springt auf, gereizt, wetzt sein gewaltig Horn
Und schleudert seinen Feind den Wolken zu.“

Der richtige, brave Mensch, der *Organization Man*, loyal und konform, ist solch ein sanfter Hausgenosse, der ungeheure Arbeitskraft besitzt ...

Was tut er nun in Verzweiflungsangst?

Er beginnt zu täuschen, Zahlen zu frisieren, den schönen Schein nach vorne zu hängen, Fassaden zu bauen, andere anzuschwärzen, an Stühlen zu sägen. Er versagt anderen seine Hilfe, wird unkollegial, kennt nur noch seine Haut und die seiner Abteilung. Es beginnt das „Tower-Denken“ und die Burgmentalität.

Die Leistungen des Ganzen werden dadurch nicht besser. Man wird wohl wieder vom verbliebenen Rest die Unterdurchschnittlichen entlassen müssen. Todesspirale.

Die Bilanzskandale in einigen großen amerikanischen Firmen sind das erste Leuchtfeuer dieser Entwicklung, die sich in den meisten Herzen vollzieht. In unseren auch. In jedem mehr oder weniger. Davon wird in diesem Buch sehr weitgehend die Rede sein. Bevor wir ganz ernst werden können, springe ich von den richtigen Menschen zu den natürlichen Menschen und zeige deren spezifische Lage. Natürliche Menschen haben auch ein Notgewehr. Erst dann geht es mit Crescendo weiter, zum Score-Man.

III. Elemente der Wirksamkeit

Natürliche Menschen wollen stark sein, worin immer die Stärke besteht. Diese pflegen sie zur Meisterschaft, als Unternehmer, Cowboy, Systemprogrammierer oder Don Juan. Klar haben sie nebenbei Schwächen! Wen interessiert das? Leider die richtigen Menschen, die das Fehlerlose fordern. Die natürlichen Menschen liefern etwas Starkes, mit Fehlern. Das ist ein ganz anderes Denksystem – oder eben kein System. Stellen wir die Sichten gegenüber!

1. Wirkung wie im Leistungssport

Richtige Menschen wollen im System in ihrer Rolle funktionieren, damit alles wie geölt läuft. In gewisser Weise ist die geölte Maschine ein Vorbild für ihre Sicht erstklassiger Arbeit. Eine Maschine, die unaufhörlich läuft, leistet die vorgeschriebene Arbeit und macht keine Fehler. Es ist dasselbe Bild wie in der Schule, in der wir am besten den Lehrplan fehlerfrei durchlaufen. Niemand fragt, ob die Maschine nicht viel mehr leisten könnte. Niemand fragt, ob es ganz andere Wege gäbe, die Arbeit zu tun. Die Mechanik ist vorgegeben. Es kommt nur darauf an, dass keine Fehler und keine Störungen auftreten. Dann muss repariert werden.

Die Sicht des natürlichen Menschen ist radikal anders. Er denkt in Zielen, in Resultaten oder Siegen. Es gilt, etwas zu erreichen. Der Jäger will einen Hirsch erlegen. Was sollte da der Vergleich mit einer Maschine? Wird eine Maschine hinter dem Hirsch herlaufen?

Maschinen haben nur einen Sinn, wo Arbeit automatisch getan werden kann. Viele menschliche Arbeit ist quasi automatisch, obwohl sie noch durch Menschen verrichtet werden kann. Mülleimer leeren, Einkommensteuererklärungen bearbeiten. Viele menschliche Arbeit wird semi-automatisch abgearbeitet, obwohl sie das ganz und gar nicht sollte: Management, Erziehung, Lehre.

Es gibt aber auch sehr viele Arbeiten, für die man Gespür, Kraft, Meisterschaft, Kunstfertigkeit, Virtuosität oder Energie benötigt. Hier steht ein Ziel im Vordergrund: Ich will Schachgroßmeister werden. Ich will ein Konzert vor einem vollen Saal geben. Ich will durchsetzen, dass mein Prototyp unter hohem Geldeinsatz meiner Firma in Großserienproduktion geht. Ich will, dass meine Familie nach Ägypten in Urlaub fährt, weil ich dahin will. Ich will, dass IBM mich ein

Jahr in den USA arbeiten lässt. Ich will, dass der Verlag mein verrücktes neues Mathematikbuch über die Sintflut druckt.

Wir wollen.

Richtige Menschen korrigieren mit ungeduldigem Blick: „Du hast nichts zu wollen. Du kannst es dir wünschen. Bewähre dich, lerne und übe. Dann wird man dir vielleicht eine Erlaubnis geben, wenn du treu gedient hast."

Solche Rezepte sind das beste Verfahren, niemals etwas zu erreichen. Der Wille hat ein Ziel. Auf dieses Ziel muss die Aufmerksamkeit gerichtet werden. Alle Seismographen werden in Kampfstellung gebracht. Das Ziel wird von allen Energiequellen ins Visier genommen. Los!

Es zählt am Ende nur, ob das Ziel erreicht wurde. Nur das zählt. Es zählt, ob der Einsatz der Energie zum Ziel hin gewirkt hat. Ist der Konzertsaal voll gewesen? Bin ich Schachgroßmeister? Baut die Firma ein Produkt von der Idee? Ja? Nein? Richtige Menschen sagen: „Es waren zwanzig Leute im Konzert, die ganze Familie war da. Drei Leute haben sogar Eintrittskarten gekauft. Ein schöner Anfang." – „Weißt du, du nimmst dir zu viel vor. Du hast jetzt sogar ein paar Punkte in der Schachbezirksliga gemacht, das ist schön nach zwei Jahren." Für natürliche Menschen ist dies keine akzeptable Sicht der Dinge. Ein wirklicher Jäger sagt nicht: „Ich bin toll. Ich bin sehr glücklich, wie ich Fortschritte mache. Ich habe jetzt fast drei Mal ziemlich gut mit dem Pfeil getroffen. Die Viecher sind leider weggelaufen." Er sagt nicht: „Ich hatte siebzehn Torchancen, fast alle selbst erarbeitet. Leider nicht getroffen, aber ich war toll!"

Im Sport zählt der Sieg. *Nicht* so etwas furchtbar Richtiges oder Wahres: „Wir sind froh, so schön miteinander geturnt zu haben. Die Jugend des ganzen Landes hat gemeinschaftlich versucht, die Übung L7 zu turnen. Manche konnten es besser, manche nicht. Die Hauptsache ist das Dabeisein, das Mitmachen. Das allein ist Glück genug. Tränen neben dem Schwebebalken sind vielleicht verständlich, aber im Grunde sind wir alle voller schöner Gemeinsamkeit. *Turnen ist eine Bewegung*!"

Wer wirklich will, hat ein Ziel. Es geht um wirksames Erreichen dieses Ziels, um Effektivität. Manche Menschen haben gute Haltungsnoten, aber die wirksamen Menschen haben den „Killerinstinkt". Es ist Wille an der richtigen Stelle. Viele Menschen haben ihn nicht. Es wird oft in der Presse geschrieben, dass jemand im Training wunderbar lief oder focht oder boxte. „Trainingsweltmeister!" Aber im Wettkampf werden solche Menschen nicht Sieger ...

Es geht bei der *Wirksamkeit* nicht darum, dass Sie der beste Fachmann sind, am meisten wissen, die volle Einsicht haben oder Macht besitzen, Leute zu kommandieren, oder ob Sie der netteste Mensch sind. Niemand fragt, ob Ihr Gehirn volle Leistung brachte. Die Frage ist:

„Haben Sie's gepackt?"

Bei IBM kämpfen wir oft um große Projekte. Wir wollen den Auftrag bekommen. Der Kunde soll uns den Zuschlag geben. Bei großen Vorhaben können schon einmal 50 Mitarbeiter das Angebot über einige Monate lang ausarbeiten helfen. Eine gigantische Teamleistung ist notwendig. Wenn wir gewinnen, trinken wir Champagner. Wenn wir verlieren, bekommen wir eine E-Mail: „Leute, ich möchte euch danken, dass ihr alle zusammen so sehr geschuftet habt. Ich bin stolz auf euch, dass ihr euch alle Wochenenden ruiniert habt. Ich freue mich so sehr, dass wir wie im Rausch im Team arbeiten konnten. Es war ein Hochgefühl, in solch einer Firma zu sein. Dafür danke ich euch als Team und ich danke jedem Einzelnen, der das mit seinem Herzblut möglich gemacht hat. Leider muss ich euch, Leute, mitteilen, dass der Kunde beschlossen hat, den Zuschlag nicht an uns zu geben. Unser irre tolles Projekt hat damit nicht die Krönung erfahren, die es hundert Mal verdient gehabt hätte. Gegen irrationale Kunden ist kein Kraut gewachsen ..." etc. etc. Ich bin so ein Mensch, der solche E-Mails nie durchliest, sondern sofort löscht. Ich finde so ein Gejammer entsetzlich. Ganz entsetzlich. Ich kann es schwer erklären, aber Niederlage ist Niederlage. Punkt. Keine E-Mail. *Besser* kämpfen, verdammt noch mal! Trotzdem muss solch eine E-Mail geschrieben werden, weil besonders die richtigen Menschen sie brauchen. Richtige Menschen mühen sich, ihre Pflicht zu tun. Dann war es vielleicht ganz fruchtlos. Der Acker verhagelt, das Vieh BSE-krank, die Beförderung verpasst. Es war für sie das Schicksal. Das Schicksal ist so mächtig, dass es Anstrengung fruchtlos machen kann. „Ach was!", sagt der natürliche Mensch. „Der Wille ist nicht durchgedrungen!" Der Wille ist wie ein Geschoss. Die Wucht mag nicht gereicht haben. Meist reichte die Wucht nicht aus, weil sich der Wille verzettelt hatte. Ein Pfeil wollte alle Ziele auf einmal treffen. Das geht mit Fliegenklatschen auf Pflaumenmus im Märchen: „Sieben auf einen Streich!" Sonst ist es mangelnde Einsicht in den konzentrierten Willen.

Nach verlorenen Projekten gibt es in vielen Firmen noch ein Begräbnismeeting. Es heißt ungefähr „Loss Analysis" oder „Lessons learned", in Deutsch „Schuldsuche". Nachdem die Teams einen Fall verloren haben, setzen sie sich also zusammen und wollen aus ihren Fehlern lernen. Sehr löblich! Alles wird noch einmal in den Eingeweiden bewegt. Die Seismographen schlagen nochmals in Erinnerung aus. Die unterdrückten Wütigkeiten erscheinen wieder. Das Ergebnis fast überhaupt jeden Meetings ist, dass das Team nicht eintausendprozentig zusammenhielt, dass es Mühe hatte, die partikulären Interessen der verschiedenen Abteilungen und Auffassungen unter den berühmten einen Hut zu bringen. „Es ist in einer komplexen Firma schwer, alles unter einen Hut zu bringen, weil die meisten zu sehr auf der Hut sind." Das meinte ich mit dem Pfeil, der mehrere Ziele treffen soll. Mit dem Pfeil, der nicht durchdringt. Es war kein Wille da, aber sie jammern, dass sie im Prinzip keinen Fehler gemacht haben.

Null Fehler! Null Fehler ist das Maß des richtigen Menschen.

Win! Das ist etwas anderes. Es ist Konzentration, Fokus, Energie, Stärke, das Vermögen, bis an die Grenze gehen zu können, Denken an das Ganze und an das Ziel. Keine gegensätzlichen Seismographen in verschiedenen Menschen im Team, bitte!

2. Wettbewerb! Erfolg jetzt!

Natürliche Menschen rangeln gerne um Ranglistenpunkte. Das Schönste ist dieser strahlende Blick: „Ich bin der Stärkste!" – „Ich bin die Schönste!" – „Ich bin der Größte!" Sie kennen es insbesondere als das Imponiergehabe des Männchens.

Richtige Menschen, die ihre Pflicht tun, würden niemals so etwas Entsetzliches tun, nämlich zu sagen, sie seien der Größte. Das „tut man nicht". „Man" steckt nicht den Kopf aus der Masse heraus, das ist gefährlich. Herausstechen aus der Masse empfinden richtige Menschen als Gefahr, weil es nicht Pflicht sein kann. Und alle richtigen Menschen wissen, dass umkommt, wer sich in Gefahr begibt. Viele richtige Menschen erwarten, dass Pflichterfüllung gesehen und gewürdigt wird. Das ist im System vorgesehen. Es gibt mindestens Plaketten für lange Zugehörigkeit. Deshalb muss jeder richtige Mensch warten, bis er mit Lob an der Reihe ist. Das macht ihn ganz schön nervös. Die Seismographen zucken unaufhörlich: „Lange kein Lob! Kommt was?" Nach dem Lob ist der Systemtrieb befriedigt, dann ist der richtige Mensch wieder kurz ruhig.

Wahre Menschen verachten Imponiergehabe. Stellen Sie sich Mutter Theresa vor, die im Fernsehen die Beckerfaust ballt und schreit: „Ja! Ja! Ich bin jetzt in der Beliebtheitsskala vor Atomic Kitten!" Wahre Menschen triumphieren nicht direkt, sondern nur indirekt über ihre Idee. Reine Mathematiker triumphieren, wenn ein hoffnungslos erschienenes Problem der Biologie plötzlich mit reinstem Geist gelöst werden konnte, der vorher den Ruch des Nutzlosen hatte. Künstler freuen sich an den Augen der Betrachter ihrer Werke. Ich freue mich, wenn Sie mir mal Ihre Meinung über das Buch an dueck@de.ibm.com schicken. (Die Adresse steht auch vorn im Buch.) *Mein Werk* soll triumphieren, meine Meinung sich durchsetzen, zu meiner Religion *konvertiert* man. Es geht nicht um mich, sondern um die Schönheit dessen, was aus mir herausdestilliert wurde. Das bin dann nur indirekt „ich", aber doch schon auch „ich". Wenn Sie nämlich mein Werk hässlich finden, schießen bei mir Seismographen Alarm. Ich halte also Vorträge, in denen meine „Lehre" in die Höhe gehalten wird. Und wenn Sie sagen, meine Lehre sei wahr, dann fühle ich mich ruhig. Es ist kein Triumph, es ist wie Ruhe. Erinnern Sie sich an die Fußballweltmeisterschaft 1990, als mit dem Golden Goal alle in Jubel ausbrachen, aber Franz Beckenbauer mutterseelenallein auf dem Rasen sich selbst fand? So ist innere Ruhe, wenn alles zusammenpasst. Im Grunde ist es also doch Imponiergehabe. Nur ist der Triumph im *Werk*, nicht im *Körper* und dann doch wieder im Körper. Da sind Seismographen: „Wird mein Werk bewundert?" Schweigen ist fast schlimmer als Ablehnung. Wie eine Kirche, die keiner besucht. Deshalb habe ich ja meine E-Adresse genannt. Sie müssen nicht konvertieren, aber bitte nicht völlig schweigen.

Natürliche Menschen sind viel kompetitiver oder wettbewerbsorientierter in einem sehr direkten Sinn. Sie triumphieren als biologisches Gebilde, nicht als Idee oder als Abgesandter eines Systems. Sie sind Sieger im direkten Körpersaftsinn. Ich zitierte schon den schönen Satz: „That keeps your competitive juices going, you know?" Triumph füllt den natürlichen Menschen mit aller Energie wieder auf. Zack, ist sie da! Golden Goal *gegen* ihn, und er liegt ausgelaugt auf dem Rasen und weint. Golden Goal *für* ihn und er feiert tagelang, energiestrotzend und voll praller Freude. „Ich bin der Größte. Ich habe mich für diesen einen Tag jahrelang geschunden. Es war es wert. Dieser Augenblick war es wert. Ich spüre, dass ich alles vermag!"

Wenn der Triumph an das Körpergefühl angelehnt ist, ist er an bestimmte Bedingungen gebunden. Triumph muss unmittelbar nach dem Kampf erfolgen. Erst kommt der Kampf, das Ringen, das Schweißtreiben, das Lastheben, die Rosskur, die titanische Tat, das Pop-Konzert, die Schwerstreparatur, die Bollwerkbeseitigung, die Eroberung der Burg oder des Don Juan, das Rodeo, die Wiederbelebung, die Notlandung, der Riesengeschäftsabschluss.

Dann sofort (*sofort!*) Champagner, Jubel, Orgasmus, Beifallsrausch, Zugabe, Aufhändentragen, ein paar 500-Euro-Scheine direkt noch auf die erdigen Fäuste.

„Belohnungen sollen zeitnah erfolgen." So heißt es nüchtern in Lehrbüchern. Belohnungen sind nicht für die Vernunft, sondern für die Seismographen, die darauf lauern; Belohnungen sind für den Körper. Was wäre, wenn das Ergebnis eines Boxkampfes erst einen Monat nach dem Gong bekannt gegeben würde? Was wäre, wenn die Stimmenauszählung der Wahlen ein Vierteljahr dauerte? Der Körper kämpft jetzt oder schuftet sich ab. Und die Belohnung für den Körper ist jetzt. Jetzt gleich. Nach der Arbeit das zischend-gluckernde Bier, vier Grad Celsius. Nach der durchgearbeiteten Nacht Anerkennung durch den Chef. Nach dem Niederschlag des Gegners Jubel. Wenn wir in der Firma einen großen Auftrag bekamen, wird ein Freuden-E-Mail-Lauffeuer daraus. Jetzt.

Richtige Menschen können tatsächlich bis zum Belohnungsstichtag warten, wenn es etwa Urkunden oder Gehaltserhöhungen gibt. Sie zittern aber innerlich ungezählte Tagstunden und Nächte. Ihr Körper hungert nach Lob, aber umdressiert stumm. Niemand hat Mitleid mit sich. (Haben Sie noch die Aussagen der zitierten Gallup-Studie in Erinnerung?) Sie hungern, aber sie können aushalten, weil das Aushalten Pflicht ist. Irgendwann erlahmen sie, wenn gar kein Lob kommt. Sie kündigen nur innerlich, weil das Ausharren Pflicht ist. Natürliche Menschen kündigen natürlich richtig, nicht nur innerlich.

Im fünften Buch Mose stehet geschrieben: „Das der Mensch nicht lebet vom Brot allein / Sondern von allem das aus dem Mund des HERRN gehet." (Luther-Bibel 1545) Gerade die Manager, die sich wie Gott fühlen, sollten wenigstens diesen Satz der Bibel kennen. Sie haben auch die Aufgabe zu nähren. Lob ist Triebnahrung der Richtigen.

Viele wahre Menschen können lange an einem Werk arbeiten, ganz ohne Lob. Oft sind sie so sehr in die Idee versunken, dass ein Lob prinzipiell nicht mehr möglich ist. Wer kann denn noch einen Zahlentheoretiker loben, der einen Satz bewies, den nur noch zehn Kollegen auf der Welt verstehen können? Wer? Nur diese zehn Kollegen. Deshalb müssen die Spezialwissenschaftler, diese Mini-Buddhas eines Mini-Universums, an so vielen Konferenzen teilnehmen. Es geht nicht um Reklame für die eigene Arbeit! (Das dürfen nur die Hauptvortragenden wagen – neue Jünger gewinnen.) Es geht darum, immer wieder denselben zehn Menschen zu sagen, dass man geduldig weiter arbeitet. Und alle zehn nicken einander zu. Lob von weiter außen? Sinnlos. Es gibt Köche, die sich den Geschmack der Soße beim Anfassen der Zutaten auf dem Markt vorstellen können. Es gibt Star-Computerarchitekten, die im Geiste ein ganzes Gestrüpp von

Hunderten von Geräten zusammenstecken können, so dass alles läuft. Niemand kann das wirklich von außen würdigen. Es gibt Manager, die sagen: „Wow, das könnte ich nicht!" Der Architekt stöhnt innerlich: „Wie wahr." Trotzdem ist für die wahren Menschen ein auch oberflächliches Lob eine Wohltat. Besser als Schweigen. Wenn Sie also von einem Spezialspezialisten gefragt werden, wie Sie etwas finden, sagen Sie nicht: „Davon verstehe ich nichts." Das weiß er. Er möchte das aber nicht immer wieder hören. Er möchte auch etwas Lob, obwohl Sie eigentlich keines geben können. Aber wer sonst? Manager sind heutzutage unerhört grausam gegen wahre Menschen. Manager kürzen Reisekosten für Konferenzen. Die armen Spezialisten, Entwickler, Künstler, Wissenschaftler. Nun sind sie ganz allein. Ihr Ideetrieb hungert. Die Seismographen zittern. Daueralarm. Einsamkeit. Fluch der Tiefe des Wissens.

Die natürlichen Menschen warten aber nicht auf Stichtage. Sie melden sich nicht für Konferenzen an, die Monate später stattfinden. Sie wollen Arbeitsrausch und gleich dahinter Triumph im direkten Blut. Anfeuern bei der Arbeit! Jubel bei Hochleistung!

Der Wettbewerb ist ein ideales Medium, Menschen zu puschen. Sportler kämpfen in Arenen. Es geht um Sieg, um das Ganze, um Grenzleistungen. Volle innere Erregung. Alle Energie auf das Ziel. Die Leistung ist beim Sport sofort messbar. Da sind Ziellinie, Höhenlatte, Stoppuhr, Messband, Anschlagssensor, Trillerpfeife. Es wird sofort entschieden. Beifall brandet über die Arena. Der Sieger darf winken, triumphieren, weinen. Die Körpersäfte sprudeln. Menschen wie Wasserfälle in der Sonne. Rauschender Strom, der alles in den weiten Ozean mitreißt.

Diese positiven Energien werden im Wettkampf aktiviert. Würde ein Boxer genauso beherzt auf Sandsäcke einschlagen? Training ist Einüben. Wettkampf ist echte Bewährung. Die volle Energie und die Grenzerfahrung sind hier. In der Arena. Im einsamen Aufstieg zum Mount Everest, halberfroren in dünner Luft. Während einer aussichtslosen Operation beim Kampf mit dem Tod, wenn der Anästhesist den Daumen gerade noch waagerecht halten mag. Bei der Gründung eines neuen kleinen Unternehmens, am Anfang schon erstickt in Schulden.

Energieleistung und Triumph sind eines. Gleichzeitig!

Vielleicht nerve ich schon, wenn ich immer wieder diese Gleichzeitigkeit im Körper hervorhebe. Noch einmal: Gleichzeitig oder mindestens sehr zeitnah. Winzer präsentieren Weine nach Monaten oder Jahren. Handwerker präsentieren Schaustücke. Künstler stellen aus. Wissenschaftler referieren. Sie alle zeigen etwas, was sie lange vorher erarbeitet haben. Viel später bekommen sie Anerkennung. Aber der Wettbewerb gibt Sieg jetzt! Er gibt Grenzleistung und Beifall gleichzeitig. „Für diesen einen Tag, für dieses Rauschen der Sinne hat sich alles gelohnt."

Deshalb sieht die Leistungskurve der natürlichen Menschen satirisch überspitzt so aus:

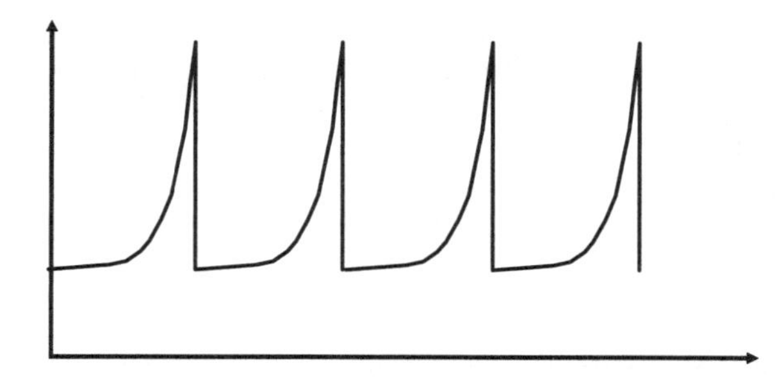

Sehen Sie? Die Kurve sieht aus wie die bei den Prüfungen der richtigen Menschen. Dort argumentierte ich, dass die Prüfungen im Vorfeld eine Menge Energie freisetzen, weil die Menschen dann zeigen müssen, dass sie ihre Pflicht getan haben. Wettkämpfe schaffen dagegen eine notwendige Umgebung, um Höchstleistungen in sich selbst zu erfahren.

Ein bisschen sieht man diesen Unterschied beim Eiskunstlauf zwischen Pflicht und Kür. Pflicht heißt ja schon Pflicht, deshalb können Sie sich schon vorstellen, wie bestechend prüferisch es dort zugeht. (Bestechend!) Pflicht ist beim Eiskunstlauf eine Prüfung. Die Kür ist ein Wettkampf. Mir fällt so eine neckische Zweiteilung nur hier ein. So können im Eiskunstlauf ganz pflichtbewusste Menschen exakte Zirkelfiguren ziehen und einen so uneinholbaren Pflichtvorsprung erzielen, dass sie ihre Kür dann auch ganz pflichtgemäß wie ein Uhrwerk auf das Eis setzen können und doch Gesamtsieger sein mögen. Wettkampfnaturen zittern vor den Pflichtkampfrichtern, die die Kreisartigkeit von Figuren eifrig messen. In der Kür laufen sie anschließend wie Stars. Künstlernaturen hassen das Pflichtgehabe, am besten mit Punktemessungen für Beinschwungästhetik, die sich aus dem Punktemittel der Wertungen für das rechte und das linke Einzelbein zusammensetzen. Dann sieht die Kür des Künstlers wie ein Tanz aus, mit aller Leichtigkeit des Seins; er ist eins mit der Musik, eins mit den Seelen in der Runde. Es gibt Abzüge, weil angeblich aus künstlerischen Gründen an keiner Stelle vier doppelte Rittberger hintereinander gesprungen wurden. Der Künstler sagt entsetzt: „Es war Walzer! *Drei*-Viertel-Takt! Drei!" Und die Kampfrichter: „Es heißt doch *Viertel*, dann geht da doch was, oder?"

Verstehen Sie den Unterschied zwischen Prüfung und Wettkampf?

Bei der Prüfung sollen Sie Fehlerfreiheit bei durchschnittlichen Aufgaben zeigen.

Beim Wettkampf kämpfen Sie mit Ihren Grenzen.

Im Prüfungssinne würden Sie lieber die Pflicht einüben, ganz exakt. Sie haben Angst, etwas falsch zu machen. Am Schlimmsten wäre, eine einfache Figur zu verpatzen.

Im Wettbewerbssinne wollen Sie Heldentaten zeigen. Hopp oder Topp. Es kommt nicht darauf an, Zehnter oder Zwanzigster zu sein. Sie wollen aufs Treppchen. Irgendwann. Und dazu müssen Sie Fünffachsprünge üben, auch im

Wettkampf selbst. Risiko! Und dann fühlen Sie den Rausch: fünffach gelungen. Sie sind wieder Zehnter geworden, weil sie öfter an leichten Stellen gepatzt haben. Sie hatten die Konzentration ganz auf dem einen Sprung. Sie sind glücklich, auf diese besondere Art Zehnter zu sein. Viele Fehler, *eine* Heldentat.

Im Prüfungssinne ist es besser, erst alle leichten Fehler nie mehr zu machen und erst dann die doppelten Sprünge zu wagen. Eins nach dem anderen! Unten anfangen und steigern!

Im Wettbewerbssinne gehen Sie lieber aufs Ganze.

Welche Sicht ist richtig? Sie wissen genau, dass die richtige Sicht die richtige ist. In der Schule heißt es nie Kür, sondern Prüfung. In der Schule sollen Sie vor allem keine Flüchtigkeitsfehler machen, weil diese bekanntlich so viele „unnötige" Punkte kosten. Sie sollen das Durchschnittliche mit null Fehlern tun. Im Wettkampf geht es um die punktuelle Heldentat.

Diese zwei Sichten scheiden die richtigen von den natürlichen Menschen. Pflicht oder Kür? Pferd oder Gepard? Goldene Hochzeit oder einmal mit Marilyn Monroe ausgehen? Sparbuch oder ein Unternehmer, der mehrere Anläufe brauchte?

All die Fresslust, die das Pferd über die Woche gleichmäßig verteilt, Minute für Minute, konzentriert der Gepard in den Fünffachsprung auf den Ochsen. Er hätte auch eine kranke Gazelle anfallen können, aber heute war ihm nach anderem zu Mute: nach seiner Grenze.

3. Einfache, verständliche Messregeln und Fairness

Wenn bei einem Wettkampf der Sieg sofort fühlbar sein soll, muss die Entscheidung an Ort und Stelle fallen, ganz zeitnah. Es muss wie beim Roulette sein: Jeder setzt Geld, die Kugel rollt, die Spannung steigt, sie hoppelt, springt, rastet ein, kreisende Stille. Entscheidung. Auszahlung. Einem richtig braven Kind kann man sagen: „Strenge dich an, dann hat Mami eine Überraschung für dich." Das brave Kind strengt sich an. Das natürliche Kind wird so eine vage Sache nicht hinnehmen: „Was gibt es genau? Wofür genau? Wann?"

Deshalb sind einfache Regeln für Wettkämpfe gefragt, nach denen sofort entschieden wird. Beim schon mehrfach angesprochenen Eiskunstlaufen sind die Regeln dubios und nicht verständlich, wenigstens für die Zuschauer. Gute Regeln sollten es mit sich bringen, dass sich die meisten Wettkämpfer nach dem Urteil über ihre Punktzahl vernünftig beurteilt fühlen. Jedenfalls sehen die Eiskunstläufer(I)nnen eher recht ratlos aus, wenn sie ihre Noten sehen. Sie müssen sehr viel Selbstdisziplin aufbringen, ihr Urteil zu akzeptieren. Hochspringer weinen jedenfalls nicht oft über die Kampfrichter. Jeder kann sehen, ob die Latte fällt. Wir sind oft sehr ungeduldig, wenn bei einem 100m-Finale erst eine Fotofinish-Entscheidung fällig ist. Die Athleten sitzen erschöpft auf der Tartanfläche, schauen mit leeren Augen. „Bloß nicht denken! Warten!" Wir zu Hause beben mit. Nach vier Minuten die Auskunft, das noch einmal gemessen wird. Dann die

Erläuterung, dass das vorquellende Brusthaar nicht mitgezählt wird. Proteste der gegnerischen Mannschaftsleitung. Vertagung der Entscheidung auf den nächsten Tag. Gerichtsklage. Haare spalten zwei Nationenlager. – Das ist ganz grässlich!

Sie verstehen es sicher ohne lange weitere Erläuterung:

- einfache Regeln
- einfach zu verstehen
- einfach zu messen
- allgemein akzeptiert, von Wettkämpfern, Kampfrichtern und Zuschauern.

Schon die Abseitsregel ist schwierig, denken Sie daran. Stellen Sie sich vor, beim Fußball gäbe es ein neues Punktesystem.

Ich gebe für ein Tor zehn Punkte, für einen Eckball drei Punkte, für einen Einwurf 0,2 Punkte, für ein Foul einen Punkt Abzug, für eine gelbe Karte zwei Punkte Abzug. Jede Auswechselung eines Spielers kostet zwei Punkte.

Was passiert dann? Zunächst ist klar, dass man ohne Hochschulabschluss kaum noch spielen kann. Die Stürmer werden versuchen in den Spielfeld-Ecken unsinnig herumzudribbeln, um eine Ecke zu provozieren. Die Verteidiger haben Angst, eine Ecke zu provozieren. In der Not säbeln sie lieber den Gegner um, das gibt nur einen Punkt Abzug für Foul. Die Stürmer fliegen wie Schwalben durch die Gegend. Diese neuen seltsamen Verhaltensweisen heißen Taktik. Im Ganzen gesehen vermeidet man das eigentliche Fußballspielen und wird zum Punktejäger. Score-Man.

Sie sehen: Wenn wir zu viele Regeln in einen Wettkampf einführen, dann ist es äußerst schwierig, die Kräfte eines Teams auf eine Aufgabe zu konzentrieren. Jeder wuselt herum. Die Teamarbeit einer solchen Fußballmannschaft sieht aus wie eine Horde Kinder, die im Kindergarten plötzlich am Osterfest ins Freie entlassen werden, wo sehr viele Ostereier für sie alle versteckt sind. Dann laufen alle kopflos herum und suchen hektisch nach Eiern, zucken zusammen unter fremdem „Hab' eins!" und fremdem „Da!" – keine Strategie, kein Plan, einfach nur semi-panisches Umherjagen mit flackernden Augen. Wie eine Schlacht am knappen Büffet. „Ist an Büffet Drei die Schlange kürzer? Da gehe ich hin. Oh, jetzt kommen sie von der anderen Seite auch. Wäre ich lieber am Anfang geblieben. Was starren sie auf das Essen? Nimm doch schneller, du Blödmann, ich will auch ran! Ich gehe da doch jetzt weg, ich esse erst einmal den Nachtisch. Da gehen kaum welche heran. Das Eis ist noch nicht da, ich nehme Schokokuchen. Was sagen jetzt die Leute, wenn ich mit Kuchen und zwei Salatblättern komme, die ich gerade zwischen den Käsestücken wegnahm? Ach was, ich muss leben. Wo ist Dressing? Vielleicht ist es unbedrängt ..." In einem Fußballspiel mit komplizierten Punkteregeln wie oben wird es bald Spezialisten geben, die gegnerische Spieler anschießen, so dass der Ball ins Aus geht. Jedes Mal Einwurf und 0,2 Punkte! Das Tor, das früher vielleicht das einzige Ziel war, spielt eventuell keine Rolle mehr, weil man mit Einwürfen schneller Punkte sammeln kann.

Wenn ein Wettkampf zu wenige oder zu viele Regeln hat, wenn Regeln nicht verständlich sind oder ihre Verletzung nicht überall offen gesehen werden kann, dann bricht Chaos und Unfairness aus. Dopingregeln sind ein Beispiel. Ihre Verletzung ist kaum zu sehen. Schon gibt es Punkteschinderei, Unfairness oder Betrug ohnegleichen.

4. „Positive Thinking": Stärken trainieren, nicht Schwächen beseitigen

Natürliche Menschen sehen ihr Leben eher positiv als negativ. Ihr pulsierendes Blut sagt ihnen: „Das Leben ist nur einmal, danach ist Schluss. Meine Jugend habe ich nur einmal. Ich will leben. Ich will etwas werden und alle Chancen wahrnehmen. Ich suche mir einen Beruf, in dem ich etwas bewegen kann, der mir Freude macht und in dem ich etwas leisten kann. Ich will ein Meister sein."

Das ist eine Haltung, in der die Chance höher wiegt als das Risiko. Die Seismographen der natürlichen Menschen sind nicht auf Schuld und Scham bei Fehlern umdressiert. Die Seismographen werden von natürlichen Menschen bewusst in Gefahrensituationen und Risiken trainiert. Sie reizen das neue Auto aus. Sie provozieren die Lehrer, um zu sehen, wie weit man gehen kann. Sie fordern die Regeln heraus. Was passiert, wenn man zu schnell fährt? Fast nichts. Wenn man frech ist? Fast nichts. Wenn man sich „zusäuft"? Kopfschmerzen.

Natürliche Menschen probieren alles aus. Sie sehen die Chance in unentdeckter Möglichkeit, während sich die richtigen Menschen an die Einhaltung von Regeln gebunden fühlen. Natürliche Menschen sind eher offen für neue Optionen, also Wege, zu ihrem Ziel zu gelangen. Wenn sie aufwachsen, gehen sie bis an jede Grenze. Sie haben dabei kein Unrechtsbewusstsein und daher auch kein Schuldgefühl. Sie stressen damit die armen richtigen Menschen unerhört. Deren Regelungsmaßnahmen begegnen sie mit Trotz und Gegenwehr. Mit ihrer Kraft erobern sie sich langsam ein kleines Reich oder Revier, das sie den Systemen abtrotzen.

Die normale Erziehung regt sich über diesen Widerstand endlos auf und rät den Eltern, konsequent Grenzen zu setzen, Grenzen zu ziehen, nicht nachzugeben und sich nicht zum Sklaven ihrer Kinder zu machen.

Im Grunde sucht der natürliche Mensch nach einem Feld, in dem er Meister wird, der Größte, der Schönste. Wenn er ein solches Feld gefunden hat, etwa in einer Fußballmannschaft, einer Band, einer Dorf-Gang, in der Feuerwehr, als Unternehmer für irgendetwas, dann kann er sich dort unter Vollerregung abreagieren. „Er muss sich austoben." Er muss unter bewegter Körperchemie seine Seismographen unter Vollstress beherrschen lernen. Er möchte zeitvergessen an etwas arbeiten, was ihn nicht loslässt.

Wenn er eine solche Leidenschaft gefunden hat, setzt er alles auf diese Karte. Er steigert sich voll in sein Feld hinein, wird mit Haut und Haar Handwerker, Sportler, Künstler, Musiker, Tänzer, Chirurg, Pilot, Unternehmer, Consultant.

Denn da ist jetzt das, was er gesucht und gefunden hat, das, was er finden muss: *seine Stärke.*

„Das ist meine Stärke“ klingt wie „Hier bin ich Meister.“ Dort zeigt er „Drive“, was im Englischen auch Trieb heißt. Es wird dort schon sprachlich gespürt, dass es sich um etwas Ursprüngliches aus einem gesund trainierten Seismographensystem handelt. Drive ist etwas anderes als Pflicht, darüber sollten Sie eine Minute nachdenken. Pflicht wird erfüllt. Drive drängt vorwärts. Pflicht hat Angst, nicht erfüllt zu werden (nicht Null Fehler). Drive hetzt drangvoll nach vorne, um möglichst weit zu kommen.

„Das ist meine große Stärke. Mit ihr bin ich auf meinem Gebiet hoch wirksam.“ Wenn ein natürlicher Mensch dies sagen kann, ruht er wie ein Held in sich. Es ist eine andere Ruhe als bei richtigen Menschen, die ihre Pflicht getan haben und nun keine Schuldseismographen mehr hören. Es ist die Ruhe der inneren Stärke. Zu einem solchen Menschen, der zum Beispiel der Held der Bezirksliga ist, kommen nun die richtigen Menschen so: „Du bist aber schlecht in Latein.“ – „Na, und?“ – „Du bist schlecht in Physik!“ – „Na, und? Wozu brauche ich das als angehender Profi?“ – „Du wirst später noch verstehen, was wir dir sagen wollen, nämlich, wenn du dann nichts verdienst.“ – „Ich verdiene in der Bezirksliga mit dem bloßen Spielen über tausend Euro im Monat.“ – „Damit kannst du keine Familie gründen.“ – „Ich werde Profi und mehr verdienen als das ganze Dorf.“ – „Das sagen alle und scheitern.“ – „Wenn ich aber diese Kraft zum Profi in mir spüre, soll ich die Chance vom Fuß lassen?“ – „Sieh das enorme Risiko, fürchte dich vor dem Versagen und lerne nebenher für das Abitur. Das ist etwas Sicheres. Das Abitur bleibt dir.“ – „Weil es aus Papier ist und nicht aus vergänglichem Fleisch.“ – „Papier ist das Wichtigste, es gibt dir ein Recht. Papier ist sicher, aber auf eine Stärke, noch dazu auf eine einzige, kann niemand vertrauen. Wären wir wie du, wir würden umkommen vor Angst.“

Bitte bewahren Sie sich diesen furchtbar großen Unterschied zwischen den richtigen und natürlichen Menschen im Herzen: Die ersteren fürchten sich vor Fehlern und bemühen sich, alles richtig zu machen. Sie beseitigen vor allem Fehler, wenn etwas besser werden soll. Die letzteren verlassen sich noch mehr und noch konzentrierter auf ihre hauptsächlichen Stärken und gehen damit durch die Wand.

Fehler beseitigen heißt, die Vorschriften noch genauer zu beachten. Durch die Wand gehen heißt, alle Grenzen zu sprengen und die Vorschriftenmauern allemal. Richtige Menschen ziehen und bewachen Grenzen, damit alles sicher und tadellos bleibt. Natürliche Menschen haben sehr glückliche Momente, wenn sie ihre eigenen Grenzen überwinden und damit über sich selbst hinauswachsen. Der eine beseitigt Schwächen, der andere trainiert seine Stärken und akzeptiert seine Schwächen dabei.

Richtige Menschen klagen über manche Kraftmenschen: „Ja, er leistet Immenses. Er hat große Stärken. Aber er hat auch viele Schwächen. Im Grunde dürfte er mit den Schwächen nicht so weit nach oben kommen. Er verdient hundert Mal mehr als wir und kann kaum richtig schreiben – außerdem ist er seinen Frauen untreu.“

Natürliche Menschen schimpfen auf manche Vorschriftenhanseln: „Ich weiß, er macht überhaupt keine Fehler. Aber das ist das einzige, was er kann. Sonst nichts. Er tut selbst, als ob es alles wäre, was man tun müsste. Aber irgendwer muss wirklich etwas tun. Wer vieles tut, macht Fehler. Weil das so ist, wird er wahrscheinlich nichts tun müssen. Nur wer nichts tut, macht keine Fehler. Ich möchte nicht so leer sein. Aber was ich absolut nicht leiden kann, ist dies: Er verdient hundert Mal mehr als ich."

Die große Frage:

Was zählt mehr? Die eine große Stärke unter Fehlern? Oder die breite Ausbildung ohne Fehler? Breit oder punktuell hoch? Risikofurcht oder Chancensuche? Innerhalb der Grenzen sicher sein oder die Grenzen sprengen? Immer stetig fleißig oder einzelne Energieexplosionen?

Sie wissen ja, was ich sagen will: Doofe Fragen, die Äpfeln mit Birnen vergleichen wollen.

5. Stufe zwei

Auf der zweiten Pyramidenstufe sollten die natürlichen Menschen Wirksamkeit und Selbstdisziplin erwerben. Sie sollten eine Stärke ausbilden, in der sie dereinst der Meister sein werden. Sie müssen üben, üben, üben. Sie müssen trainieren und nochmals trainieren und vor allem liebevoll trainiert werden. Wer Meister werden will, schaue sich Meister an. Erinnern Sie sich an die alten Erzählungen, in denen die Handwerksgesellen nach ihrer Lehre umherwanderten, um bei verschiedenen Meistern die Meisterschaft zu studieren? Das ist heute vergessen. Gesellen werden sofort zur produktiven Arbeit geschickt. Sie sollen sofort wie ein Meister arbeiten, ohne je einen Meister gesehen zu haben, ohne lange trainiert zu sein.

Sie sollen Stufe zwei überspringen!

Ein Student wird nach vielen Multiple-Choice-Ankreuzprüfungen und nach „Zugucken" beim Chef Chirurg und operiert los. Die trügerische Hoffnung ist, dass er Tag und Nacht operiert, Geld macht und darüber schnell zum Meister wird, weil er ja „Praxis hat". Ein Wirtschaftsstudent wird Manager, ganz jung noch, und bekommt eine Abteilung, damit er Praxis hat. Die Hoffnung ist, dass er sich bewährt.

Wird aber heute noch der Grundstein gelegt? Werden die Menschen, die hinterher eine große Stärke oder eine große Meisterschaft zeigen sollen, immer wieder trainiert, betreut, gecoacht?

In der Regel nicht. Wir alle wissen, dass Weltklassesportler ein paar Trainer verschleißen, die jeweils andere Akzente an ihnen trainieren. Aber im wirklichen Leben sollen wir Stärken herausbilden, ohne je die Meister zu sehen, ohne je trainiert zu werden.

Es ist zu teuer. Nur im Dorf klappt so etwas noch:

Die örtlichen Fußballvereine laden immer einmal wieder große Fußballer wie zum Beispiel Ex-Nationalspieler in das Dorf ein, um ein paar Stunden mit den Kleinen zu trainieren. Haben Sie schon einmal diese glänzenden Augen gesehen? Haben Sie gesehen, wie sich die Kleinen zerreißen, wie schnell sie lernen, wie tief sie Gelerntes von diesem Tage in ihrem Körpersystem sitzen haben?

Im Management gibt es so etwas nicht. Kein Training. Kein Coaching. Leider nur Vorträge, endlose Vorträge. „Aus der Praxis – wie ich es machte." – „Die zehn Erfolgsregeln für XY." (Es sind immer zehn, obwohl selbst die Kommaregeln im Wesentlichen auf drei reduziert werden können.) – „Die zehn häufigsten Fehler." (Es sind immer zehn, wovon die ersten drei fast immer zum Flop reichen.) – „Ein neues System." – „Eine neue Supereigenschaft. Manager mit rosa Brillen sind optimistischer. Sie haben die besten rosa Bilanzen."

Es sind Vorträge, die immer wieder wie Predigten zur Tugend mahnen. Das ist Linkshirnausbildung für richtige Menschen, kein Training einer besonderen Stärke.

Training ist *persönlich*. Die Stärke eines Menschen ist ganz persönlich, bitten sehen Sie ganz stark auf diesen Punkt: *persönlich*. Deshalb ist das Training eines neuen Meisters oder eines neuen Jedi individuell. Das ist ein schreckliches Problem für die heutige Massenausbildung. Wenn nämlich hundert Manager einen Vortrag hören, bekommen sie neue Systemprogrammierung. Das geht logistisch gut bei richtigen Menschen, denen neue Regeln, Konventionen, Beschlüsse und Strafen erklärt werden. „Wie macht *man* es und wie darf *man* es nicht machen?" Bei richtigen Menschen heißt es *man*. *Man* macht keine Fehler. Beim Training von persönlichen Stärken heißt es *ich*. *Ich* werde trainiert. Es sind *meine* Stärken. Meine *individuellen* Stärken. Das weiß jeder gute Fußballtrainer. Ohne Training spielt niemand Fußball. Ohne Trainer spielt keine Mannschaft. Ohne individuelle Stärkenausbildung wird niemand Meister. Einer ist dann Torwart, einer Verteidiger, einer Stürmer. Stürmer lernen Torschuss, und zwar mit *ihrem* Fuß. Sie schießen mit dem Fuß, mit dem sie erfolgreich sind. Sie hören sich keine Vorträge über begnadete beidfüßige Fußballer an. Sie lernen keine Blutgrätschen, das ist etwas für Verteidiger. Sie lernen nicht Fangen wie der Torwart. Jeder bildet seine Stärken aus, der Trainer trainiert sie einzeln. Stufe zwei: Selbstdisziplin und Wirksamkeit.

Und exzellente Trainer sagen von Fußballern wie von Pferden: „Er wird von mir ganz langsam an die Turniere herangeführt. Er schnuppert ein wenig Luft auf dem Platz und erfährt am Körper den Ernst. Aber ich muss erst das Potential ausbauen, ich will behutsam sein. Große Talente werden verdorben, wenn man sie gleich in regulärer Arbeit verschleißt. Ich entwickle sie erst zur Blüte, danach schicke ich sie langsam in Wettkämpfe. Es ist wichtig, dass sie am Anfang gewinnen. Wer gleich Prügel in der Schlacht bekommt, wird Angsthase. Ich muss sie heranführen. Sie müssen sich stark und unbesiegbar fühlen. Ich will, dass sie Charisma bekommen. Danach mögen sie langsam Meister werden, ganz langsam."

Ich weiß ja nicht, ob es daher kam, dass ich mit meinen Kindern so irre viel Quatsch gemacht habe. Als sie so zwei, drei Jahre alt waren, habe ich als Vater gedacht, ich werde ihnen alles das beibringen, was das Leben normalerweise nicht lehrt: Quatsch machen. Diese Aufgabe kam auch mir selbst entgegen, während ich die geduldige Ausbildung von Tischmanieren lieber an qualifiziertere Fachleute in meiner Umgebung abgab. Die Kinder kletterten auf alles, warfen mit allem, ich übte mit allen Nachbarskindern Kinderweitwurf auf unsere Sofas, genau so wie Hammerwerfen. Dreimal drehen und wupp! Sie holten sich alte Drittelmatratzen und rodelten damit unsere gerade Treppe herunter. Schweißgeruch, Trubel, graue weiße Tapeten voller Patschen. Ab und zu rodelte ein Kind an die Wand gegenüber und tropfte langsam ab ... weiter! Weiter!

Anne wurde früh als Turnerin entdeckt. Wir mussten einen Tag zum Talentvermessen ins Heidelberger Olympiazentrum. Sie sagten dort: „Wissen Sie, was ganz erstaunlich ist? Warum sie ganz groß werden kann? Sie ist so angstfrei wie selten jemand. Sie wird ganz leicht zu trainieren sein. Wir haben gesagt, spring, und sie sprang, einfach so." Dasselbe sagten andere bei Johannes später auch. Und ich habe viele Jahre von allen Nachbarn Befürchtungen zugetragen bekommen, ich sei wohl etwas zu angstfrei mit den Kindern. Dabei müssen sie doch nur Quatschmachen lernen. Wenn Sie das zu flapsig finden: Kinder müssen instinktsicher werden. Das lernen sie beim Quatschmachen ganz gut. Dort können sie lernen, sich unbesiegbar zu fühlen, ohne kränkende Prüfungen, die ja Angst machen. Die meisten Prüfungen sind Quatsch! Deshalb muss man wohl Prüfungen ...

Und Sie? Sind Sie Meister? Werden Sie weiter vom Jedi-Master trainiert? Oder sind Sie gleich aufs Feld geschickt worden, wo Sie sich verschlissen haben? Warum ließen Sie es zu? Warum haben Sie Stufe zwei übersprungen? Glauben Sie, dass man durch Routine zum Meister wird? Das sagen die richtigen Menschen! Durch Routine erwirbt man Fehlerfreiheit und wird vielleicht ein prachtvoll durchschnittlicher richtiger Mensch. Routine macht aber nicht den Meister! Übung macht den Meister. Und zwar im Sinne von langsamem Austrainieren des ganzen Potentials.

Die meisten Menschen springen über Stufe zwei hinweg und greifen gleich nach der Meisterschale. Sie glauben, Spielpraxis sei alles. Und dann verschleißen sie sich. Manager üben als Wichtigstes, Überstunden zu machen. Dann klagen sie. Verschleißen ist wie Ausbrennen. Burn-out. Gier auf Stufe drei und vier, bevor der Grundstock gefestigt ist.

6. Risiko, Erprobung, Herausforderung: Sense & Respond

Ich hatte schon eingehend argumentiert: Richtige Menschen sind nach gehöriger Umdressur auf das System so gepolt, dass sie die Risiken oder Gefahren mehr fürchten als dass sie auf die Chancen setzen. Sie sind asymmetrisch geworden und entscheiden *im mathematischen Sinne falsch*, nämlich tendenziell oder sogar immer zu defensiv. Wenn nach der Vernunft oder reiner mathematischer Messung das Sparbuch noch halb voll ist, sehen es die richtigen Menschen furchtsam schon vor dem Verschwinden. Ihre Seismographen signalisieren Gefahr. Der Ruin droht. Wenn natürliche Menschen sparen, sehen sie im Sparbuch schon die zukünftigen Reichtümer. Es ist „schon" halb voll und der Rest ist ein Klacks. Die erste Million ist die schwerste Million.

Natürliche Menschen suchen die Chance, der sie mit voller Energie hinterherjagen. Deshalb sind sie ebenfalls asymmetrisch. Sie sind gegenüber dem mathematisch-logischen Optimum zu optimistisch und meist zu offensiv. Deshalb entscheiden auch sie, von Seismographen der Erregung im Anblick einer Chance aufgepeitscht, tendenziell *falsch*.

Richtige Menschen organisieren sich nach dem Grundsatz: *Command & Control*. Erst wird die Zukunft Schritt für Schritt geplant. Danach befiehlt man ihr Eintreten. Es wird ständig kontrolliert, ob die Zukunft wie geplant eintritt.

Natürliche Menschen leben dagegen nach dem Grundsatz *Sense & Respond* (Spüre und Reagiere). Sie fassen ein großes Ziel in der Zukunft. Dann gehen sie los, schnurstracks zu auf das Ziel ihres Willens. Natürlich gibt es Widerstände und Probleme. Die werden „on the spot", also auf der Stelle aus dem Wege geräumt. Denken Sie dabei an Indiana Jones und den Gral. In den Indiana-Filmen wird erst einmal festgelegt, was das Ziel ist. Irgendein Wunderteil aus Gold soll ergattert werden, was aber schrecklich gefährlich ist, weil so ziemlich alle anderen Menschen, vor allem aber die sehr, sehr bösen, dieses Teil auch unbedingt haben wollen, wofür sie über Leichen gehen. Die Gegner von Indiana sind alle so übertrainiert böse (sie haben alle Stufe zwei übersprungen), dass sie nicht schlau oder angstfrei genug sind, sich in ein solches Abenteuer zu wagen. Deshalb heften sie sich wie eine Meute an Indianas Fersen, wenn er auf Schatzsuche geht. Sie machen nur Schwierigkeiten, besonders die schöne Frau unter ihnen, weshalb praktisch kein solcher Film ohne Überlänge zu drehen ist. Indiana und James Bond stürzen sich nun in etwas Ungewisses hinein, dessen Ziel aber ganz genau feststeht: Den Schatz bergen, Frau oder nicht, oder einem Weltbösewicht eine extrem seltene Todesart zufügen. Diese Filme sind ein Paradebeispiel für Sense & Respond. Die Helden planen nicht groß, sondern reagieren blitzschnell auf Widerstände und Probleme, dabei haben sie immer das Ziel im Visier, auch wenn es zwischendurch aussichtslos scheint. Keine Beratungsmeetings, keine Nachtragshaushalte. Einfach weiter! Das Ziel muss erreicht werden! Nicht aufgeben, alle Energie auf den einen Punkt. Koste es, was es wolle. Der Controller daheim schäumt und ruft dauernd sorgenvoll an. „Bond, schon wieder ein Auto zu Schrott – und Ihre Martini-Rechnung!"

Es gibt erste Bücher, etwa Stephan Haeckels *Adaptive Enterprise*, die das *Sense & Respond*-Prinzip als kommendes Führungsmodell für Konzerne sehen. Wir sehen heutzutage immer öfter, dass die Zukunft nicht einfach so geplant werden kann, weil andere böse Wettbewerber andauernd Komplikationen machen, weil die Märkte turbulenter wurden und immer wieder revolutionierende Technologie alle Planungen dem Hohngelächter preisgibt. Die Gartner Group verlangt den Aufbau von Strukturen für ein von ihr sogenanntes *Real-Time Enterprise*, was im Endeffekt auf Sense & Respond hinaus laufen wird.

Lustig, nicht wahr? Die meisten Berater in diesem Metier haben keine blasse Ahnung, was sie da fordern. Der Übergang von *Command & Control* zu *Sense & Respond* ist nichts weniger als eine Schlüsselübergabe der Macht von den richtigen Menschen an die natürlichen. Auf diesen Kampf bin ich gespannt! Ich glaube selbst, dass *Sense & Respond* viele Qualitäten hat, ja; aber werden die richtigen Menschen, die sich vor Fehlern fürchten, einfach so einwilligen, ausgerüstet mit ein paar Überlebenspaketen am Bauch in den Urwald zu ziehen, um einen Drachen zu finden und zu besiegen? Das möchte ich sehen. Vorher glaube ich es nicht.

7. Führung durch Vertrauensvorschuss und hohe Ziele

Natürliche Menschen führen persönlich, wie Kapitäne von Segelschiffen. Jeder weiß dort, was er dem Ganzen, also dem Ziel der Fahrt schuldig ist. Der Kapitän ist Herr über Leben und Tod, dem alle folgen. Die Mannschaft ist zusammengeschweißt durch gemeinsamen Kampf gegen die See. Sie ist ein „Jelled Team", wie es im Buch *Peopleware* von Tom DeMarco und Timothy Lister heißt. Das Wort jell heißt „Zum Klappen kommen".

Der Kapitän vertraut seinen Offizieren Teilziele an. „Nehmen Sie als Ausrüstung alles mit, was Sie brauchen. Sieht aus, als wäre an dieser Küste etwas nicht in Ordnung."

Teilziele sind wie Missionen.

Die Führer werden auf eine Mission entsandt. Ihnen wird alles Vertrauen mitgegeben, dass sie diese Aufgabe bewältigen werden. Man achtet sie dafür, dass sie ein hohes Ziel in Angriff nehmen. Ein Kapitän heuert seine Mannschaft selbst an. Er wählt selbst die Menschen, die sich gegenseitig auf Gedeih und Verderb auf dem Ozean ausgeliefert sind. Er wählt eine Mannschaft, die sich gegenseitig wie Pech und Schwefel vertrauen wird.

Die richtigen Menschen weisen in Systemen den Menschen Mitarbeiter zu. Alles wird zugeordnet. Ein neuer Manager übernimmt eine Abteilung, in der er sich erst Respekt erwerben muss. Er kommt mit der Autorität des Systems, das ihm Macht über die Mitarbeiter zuweist. Er hat nicht die Autorität des Kapitäns, der die Mitarbeiter angeheuert hat. Der natürliche Führer hat sein eigenes Charisma, der richtige Manager sonnt sich im Charisma des Systems.

Wenn natürliche Menschen über Management schreiben, wie etwa Fredmund Malik aus St. Gallen, dann sprechen sie immer von Führungspersönlichkeiten, nie von Managern. Sie meinen damit wirklich Führungs-*Persönlichkeiten* im natürlichen Sinne. Manager erscheinen ihnen wie Ordnungskräfte, nicht wie

Führer. Diese unterschiedliche Wortwahl zeigt den entscheidenden Unterschied in der Auffassung. Richtige Menschen leiten als Manager. Natürliche Menschen sind Führer oder, weil man das in Deutschland nicht so ungezwungen sagen kann, Führungspersönlichkeiten, was ja auch besser passt.

8. Stärke und Wirksamkeit im System

Sie können sich sicher vorstellen, wie Systeme reagieren, wenn sich in ihnen ein ungestümer Wille bemerkbar macht, der vorwärts drängen will. Darauf reagieren Systeme empfindlich mit Abwehr, weil Systeme wollen, dass alles *richtig* zugeht. Die hauptsächliche Abwehrmaßnahme gegen überhaupt *alles* ist es, all das, was nach Entscheidung oder Willen aussieht, genehmigen zu lassen. Im Amerikanischen spricht man von Approval. Je weitergehender ein Wille ist, desto langwieriger werden die Genehmigungsprozeduren, desto mehr Menschen werden in eine sogenannte Entscheidungsfindung einbezogen und sollen „Input geben" oder „dürfen hineinreden". So wird der Wille immer verwässert und eventuell zu Tode gehetzt, weil er nicht alle Hürden überspringen kann. Wille ist blitzschnell und effektiv. Er mobilisiert sofort hohe Energien.

Das System hebelt mit seiner Bändigung allen Willens die ganze Kraft des Willens aus. Der Wille wird im System aller Freiheit beraubt. Er tobt gegen diesen Zwang im Innern der Firma und wird noch stärker angegriffen.

Der Wille im System leidet unter den Versuchen des Systems, ihn einzuengen. Die hohe Wirksamkeit der natürlichen Führungspersönlichkeiten wird oft bis zur Lächerlichkeit beschnitten.

Stellen Sie sich das so vor: Ein Chirurg operiert an einer komplizierten Leber. Da stürzt ein Vertreter der Krankenkasse hinzu und ruft: „Stopp, wieder zunähen. Wir zahlen nur sechs Stunden von der Kasse. Zunähen oder neue Verhandlungen. Wer zahlt? Wer entscheidet das? Sind reiche Verwandte im Wartezimmer?" – Oder: Ein Pilot meldet, dass er notlanden muss. Tower: „Oh, wir haben hier unten gerade Überlast bei der Arbeit. Wie viele Leute sind denn an Bord?" Da habe ich Sie jetzt extra mit sarkastischen Beispielen anstechen wollen. Aber genau solche Beispiele gibt es in realen Unternehmen. Aus einer Versicherung zum Beispiel: Eine immerhin ziemlich außertarifliche Angestellte braucht ein wichtiges Handbuch. Zu teuer. Drei Mal abgelehnt. Da erfährt sie beim Essen zufällig, dass in einem anderen Bereich so ein Handbuch ungenutzt herumliegt. „Kommen Sie mit, ich gebe es Ihnen." Sie erzählt es Ihrem Chef, so sehr freut sie sich. Der Chef erleidet einen Wutanfall. „Das sieht unser System nicht vor. Sie müssen mich informieren, dass Sie erfuhren, dass ein Handbuch woanders zur Verfügung steht. Ich stelle anschließend fest, wer der Manager des Bereiches ist, dem das Handbuch gehört. Ich schaue im Organisationschart nach, wer der gemeinsame Manager über uns ist. An den schreibe ich ein Gesuch, ob er das Handbuch erübrigen kann. Er fragt weiter unten beim zuständigen Manager nach. Wenn der genau so logisch denkt wie ich selbst, wird er das Handbuch herausgeben, aber den Preis von mir erstattet haben wollen. Dann muss ich das Buch bezahlen. Das aber will ich nicht, deshalb habe ich Ihr Gesuch schon mehrmals abgelehnt. Wenn ich aber jemals das Geld hätte und gleichzeitig wollte, dass Sie das Handbuch bekommen, dann würde ich es ganz neu im Handel kaufen. Denn wenn ich es einem anderen Manager abkaufe, hat er einen Vorteil. Er spart Geld und ich gebe etwas aus. Wenn ich es neu kaufe, spart er wenigstens nichts." Das war etwas überzeichnet, aber fast live aus einem deutschen Unternehmen.

Natürliche Menschen handeln denn auch so: „Mach einfach. Frag' nie! Nie! Tue unschuldig, wenn du erwischt wirst." Man sagt in Managementhandbüchern: „Eine Entschuldigung dauert zwei Minuten, eine Erlaubnis zwei Monate." Aber die richtigen Manager trauen sich nicht. Sie sagen: „Ich muss mich absichern." Sehen Sie den Unterschied?

Es ist immer noch derselbe Unterschied wie der zwischen einem braven Kind und einem mehr natürlich-trotzigen. Das eine tut nichts ohne Erlaubnis, das andere trinkt Cola und macht unschuldige Augen, wenn es angesprochen wird. „War das verboten?" Der Vorteil bei der letzteren Methode liegt darin, dass die Natürlichen ja nur in einer Minderheit der Fälle erwischt werden. Das ist doch ein „guter Deal"? Die richtigen Menschen aber riskieren nie die Peinlichkeit einer Entschuldigung. Auch nicht eins zu zehn. Sie sichern sich ab. Das System ist in sie hineingepflanzt. Der Systemtrieb hält sie auf unerbittlichem Kurs. Sie üben sich in Kunstvernunft.

9. Undisziplin und Unwirksamkeit für das Ganze – höhere Varianz!

Die andere Seite der Medaille ist, dass die echten Führer manchmal gar *nie mehr* um Erlaubnis des Systems fragen. Sie entwickeln Willkür und Beliebigkeit. „Sie machen, was sie wollen." Das ist kein Wille im Sinne der Wirksamkeit für das Ganze. „Er managt nach Gutsherrenart. Er hält uns die ganze Zeit in einer schrecklichen Mischung aus Dankbarkeit und Angst."

Natürliche Führer sind oft ganz schön triebgesteuert. Nicht vom Systemtrieb wie die „Manager", sondern vom echten Freudschen Es in ihrem Körper. Sie entscheiden, wie ihnen gerade zu Mute ist. Sie haben Stufe zwei in der Pyramide übersprungen. Sie sind Anführer geworden, ohne vorher Wirksamkeit und Selbstdisziplin gelernt zu haben. Sie wollen beißwütig und machtgierig nach oben, immer weiter. Sie dulden keinen Willen neben sich.

In der Star-Wars-Trilogie beschwört der Jedi-Meister Yoda Luke mehrfach, erst seine Ausbildung zu vollenden. Luke will aber sofort handeln, weil er die Welt in Gefahr fühlt. Yoda schüttelt den Kopf. Welt hin und her, Weltuntergang hin und her, ein Jedi muss erst seine Ausbildung beenden. Sonst droht die dunkle, die *schnelle* Seite der Macht. Sie droht, wenn Stufe zwei ausgelassen ist.

Insbesondere kann der selbstdisziplinierte Natürliche seine Kräfte in einem energiegeladenen Fokus bündeln, er kann sich in die richtige „Biochemie" seines Körpers bringen, in der er „Bäume ausreißen" kann, also Höchstleistungen vollbringen. Schwache Führer handeln je nachdem, in welchem biochemischen Zustand der Körper gerade ist. Der eine erschafft seine Körperzustände im Dienst für das Ganze, der andere lebt sie hemmungslos aus.

Deshalb sind natürliche Führer naturgemäß sehr zweischneidig zu sehen. Sie haben so große Kraft, dass sie viel höhere Wirksamkeit entfalten als ein richtiger Manager. Die Manager, die sich stets im System absichern, können niemals so wirksam sein. Andererseits können sie auch nicht so richtig schädlich werden. Das System ist meist so designed, dass es schlechte Manager mühelos aushalten kann. Das sehen Sie sicher jeden Tag an Ihrem Arbeitsplatz. Natürliche Führer wirken dagegen viel stärker, eben, weil sie nicht so sehr um Erlaubnis fragen. Ein echter Jedi ist denn auch ein wahrer Segen für die Menschheit. Ein dunkler Machtgieriger dagegen kann alles zum Einsturz bringen.

Es wird seit Platons *Der Staat* in Philosophiebüchern immer wieder und wieder über die beste Staatsform philosophiert. Man sagt allgemein, ein richtig guter Diktator sei am besten für die Menschheit. Nur: woher nehmen wir einen? Wird er gut bleiben? Wird er zur dunklen Seite der Macht wechseln? Was machen wir dann, wenn das geschieht?

Sollten wir uns nicht doch lieber absichern, gegen dunkle Führer, und alle Macht in einem großen System so breit aufteilen, dass ein Einzelner keinen zu großen Schaden anrichten kann? Dann aber kann er auch nicht so viel nützen, wie es ohne System möglich wäre. Das ist keine philosophische Frage, sondern mehr eine mathematische. Es kommt auf das Chance-Risiko-Verhältnis an. Auf dem Börsenparkett rechnet man seit einigen Jahren (nicht schon immer!) solche Verhältnisse aus. Es gibt eine Börsenweisheit: „Niemand kann so viel Geld verdienen, dass er es nicht in einer einzigen Fehlentscheidung wieder vernichten könnte." Ein natürlicher Führer ist wie ein Aktienportfolio, das nur aus einer einzigen Position besteht. Wenn dieser eine Wert stark „überperformed", dann ist dieses Portfolio, das alles auf eine Karte setzt, natürlich erstklassig. Wenn aber dieser eine Wert in den Keller sinkt, ist alles verloren.

Natürliche Menschen sind so etwas wie Teammitglieder mit höherer Varianz. Gute sind besser, Schlechte sind schlechter. Fast alle natürlichen Menschen leisten sich mehr Fehler als die meisten Richtigen, weil sie vorrangig ihre Stärken pflegen, die sie hoffentlich haben. Die richtigen Menschen sind ja brav und halten sich möglichst an alle Systembestimmungen. Deshalb liegen sie tendenziell näher am Durchschnitt und sind tendenziell fehlerfreier.

Wenn Sie sich ein Team zusammenstellen, dann sind die richtigen Menschen solide Anlagewerte, mit denen Sie nichts falsch machen können. Richtige Menschen sind so etwas wie Standardwerte in Ihrem Portfolio. Natürliche Menschen entsprechen Aktienwerten, deren zugrunde liegende Unternehmen „es wissen wollen", also aufs Ganze gehen. Normalerweise ist es so, dass bei gleichem zu erwartenden Ertrag das risikoärmere Anlagemedium gewählt wird. Bei gleicher zu erwartender Arbeitsleistung würde man also nach der reinen Vernunft lieber richtige Menschen wählen und nicht natürliche. Deshalb müssen eben natürliche Menschen mehr leisten, um die gleiche Anerkennung zu bekommen. Alles klar?

Sie haben das schon immer gewusst, nicht wahr, aber noch nie wirklich kühl betrachtet?

Nun kommen im nächsten Kapitel die wahren Menschen dran. Sie sind so etwas wie Hoffnungswerte im Portfolio, wie ein ungewisser Wechsel auf eine wunderbare Zukunft. Es ist schwer zu sagen, wie wir sie bewerten sollen. Vor allem die Systeme, die alles zwanghaft bewerten und regeln wollen, kommen mit dieser kitzligen Bewertungsunsicherheit nicht klar. Manchmal (wie im Internetboom) lieben die Systeme die Zukunftshoffnungen wie Religionsstifter, ein andermal werden alle ans Kreuz genagelt, weil das Wahre den Systempharisäern nicht richtig genug ist. (Absturz an der NASDAQ, weil die dot.coms keinen richtigen Gewinn machen – Verzweiflungswerte.) Wahre Menschen, die an einer besseren Zukunft arbeiten, müssen am besten so gut arbeiten, dass man es heute schon merkt. So wie Grundlagenforschung, die sofortigen Gewinn erzielt. Wenn es aber den richtigen Menschen zu gut oder zu schlecht geht, reicht es oft aus, wenn sie einfach Hoffnung erzeugen.

IV. Das Ganze erbauen

Dieses Kapitel ist viel kürzer. Es enthält einige Einsichten über das Wahre, welches aber beim Bau des Suprasystems, das im darauf folgenden Kapitel durchdacht wird, nicht Pate stehen wollte. Das Wahre will beim Umerziehen der Menschen zum Wirtschaftskrieg nicht mitmachen. Es sollte wenigstens opponieren.

1. Das Wahre und das Ganze

Richtige Menschen leben am liebsten geborgen in einem sicheren System, das sich nicht zu stark ändert, und wenn, zum Besseren. Natürliche Menschen wollen irgendwo wirksam sein, etwas zu Stande bringen, im System oder nicht, mit System oder nicht.

Wahre Menschen kümmern sich um die Welt als solche. Sie stellen sich bessere Welten vor als die, in denen wir notgedrungen unser Leben verbringen müssen.

Dieses intuitiv-ganzheitliche Wirken kann viele Formen annehmen. Wissenschaftler erdenken in gewisser Weise bessere Welten. Künstler formen die neuen Ideen. Dichter schwärmen und predigen verzweifelt. Informatiker basteln derzeit an der neuen virtuellen Welt. Ingenieure sind nimmermüde, immer bessere Lebensbedingungen zu schaffen. Pfarrer sehnen sich nach der Rückkehr der ewigen Werte. Im Management heißen sie sehr oft „Leader". Dieses Wort ist schwer übersetzbar. Es wird im Amerikanischen zu diffus benutzt. Man meint damit Führungspersönlichkeiten, die aber je nach Zeitgeschmack jeweils in einer sehr speziellen Färbung verstanden werden. Die Übersetzung mit Führer, also als eine Variante des natürlichen Menschen, trifft absolut daneben. In der derzeitigen Literatur meint man mit Leader oft eine Art wahren Menschen.

Die wahren Menschen sehe ich im Management in zwei Unterarten geteilt. Die Denker unter den wahren Menschen sind oft Visionär oder Pionier mit einer großen Lust, etwas zu unternehmen. Bill Gates wäre für mich ein Beispiel. Visionäre führen Menschen, indem sie in ihnen eine Sehnsucht nach einer sachlich besseren Welt erzeugen. In ihrer Sehnsucht folgen die Menschen dem Visionär wie dem Fähnrich hinterdrein.

Die Gefühlswarmen unter den wahren Menschen konzentrieren die Seelenkraft der Menschen auf eine menschlich bessere Welt, in der ethische Werte hoch im Kurs stehen. Diese „emotionale Hochintelligenz" vermag Menschen in der Seele zu verzaubern und sie in höchstem Maße persönlich zu motivieren.

2. „Visionary Thinking“: Einem neuen Ganzen zustreben

Wahre Leader, so nenne ich sie jetzt notgedrungen, können sich in besonders tiefgehender Weise eine neue, bessere Welt vorstellen. Wahre Leader können in anderen Menschen den Wunsch reifen lassen, mit ihm einen auch noch so beschwerlichen Weg in eine solche Zukunft zu gehen.

Leader sehen die neue Welt ganz.

Die neue Welt ist in einer Vision im Ganzen darstellbar. Richtige Manager geben als Jahresparole aus: „Zehn Prozent Umsatzwachstum und gute Fortschritte auf der Karriereleiter für etliche.“ Das hat nichts mit einer Vision oder einer neuen Welt zu tun. Richtige Manager wollen das Alte, nur besser, billiger und schneller. Sie stellen sich keine neue Welt vor. Ich selbst bin ein wahrer Mensch und muss sehr oft mit hohen Executives diskutieren, was eine gute Vision für ihren Konzern wäre. Ich verzweifele oft an meinen Diskussionspartnern. Es geht einfach nicht. Richtige Menschen scheinen sich nichts vorzustellen. Nur: Besser, schneller, billiger.

Deshalb gibt es fast nur eine einzige Firmenvision: Der Beste, der Schnellste, der Billigste. Schön hingeschrieben: „Unser Unternehmen ist allein für den Kunden da. Es will führend in Qualität und Service sein. Es strebt die Führungsposition in der globalisierten Welt an. Es will beste Produkte zu günstigsten Preisen liefern. Seine Mitarbeiter sind hochmotiviert, für den Kunden zu leben, und sie sind glücklich, für dieses Unternehmen zu arbeiten.“

Noch kürzer hingeschrieben, wie richtige Menschen bei der Abfassung denken: „Nichts auszusetzen.“ Eine solche Firmenvision, wie sie fast alle richtigen Firmen haben, stellt sich keine bessere Welt vor, sondern eine, an der kein Makel ist. Da die Systeme heute in Suprasysteme überführt werden, schreibt man noch überall wie natürlich das Prädikat „führend“ dazu. Also sagt fast jede Suprasystemvision heute im Wesentlichen nur dies: *Keine Fehler und Nummer Eins.*

Niemand stellt sich wirklich vor, wie das gehen soll, besonders, wenn *alle* Firmen anstreben, Nummer Eins zu sein.

Wahre Menschen haben aber wirkliche Visionen. Sie können sich eine bessere Zukunfts- oder Zielwelt vorstellen. Sie haben diese ganze Welt in ihrem neuronalen Netz in der rechten Gehirnhälfte. Es sind – noch einmal – wirkliche, konkrete Visionen. Eine ganze Welt steht vor dem geistigen Auge. Martin Luther King ruft in die Menge: „I have a dream ...!“

Es gibt große Visionen oder kleine. Die kleinen Visionen beziehen sich auf kleine Welten. „Du, ich habe mir plötzlich vorstellen können, wie unser neues Haus aussieht. Ich weiß jetzt, wie ich es möchte. Ich bin so glücklich. *Das* ist es!“ Wahre Menschen stellen sich Kunstwerke, eine neue Gartenanlage, eine neue Infrastruktur einer Bank, eine neue Teilwissenschaft, eine Welt, in der die Relativitätstheorie gilt, einen Transrapid, eine neue Fußgängerzone, eine neue Hausmöblierung, ein neues Computerprogramm, ein neues Computerspiel, ein neues Internetunternehmen, eine neue Maschine, eine neue Teesorte vor. Es geht um die lebhafte und möglichst vollständige Imagination von etwas, zu dem die Seele des wahren Menschen hingezogen wird.

Ich hatte vor einiger Zeit die Vorstellung eines neuen Werkes. Drei Bände: Omnisophie, Supramanie, Topothesie. Das ist jetzt, im Augenblick, meine Vision, die ich gerade zu Computer bringe. Es ist schwere Arbeit, sie ans Licht auf den Bildschirm zu ziehen. Am Ende werden es wohl 1.300 Seiten sein. Das ist dann ein gewisser kleiner Teil dessen, was ich vor dem geistigen Auge sah. Zuerst sah ich alles wie eine ferne Insel, vage, im Nebel. Als ich näher herankam, konnte ich einzelne Gebirgszüge unterscheiden, die Insel schien bewohnt. Erst bei näherem Hinsehen – ja! – erblickte ich dort Siedlungen und große Symbole, wie Pyramiden und aufragende Systeme. Ich wusste, dass ich diese Vision anderen Menschen sichtbar machen wollte. Also begann ich zu beschreiben. Aber wie beginnen? Ich wanderte auf der Insel im Geiste umher. Ich lernte die Menschen kennen, sprach lange mit ihnen, während ich in Zügen oder Flugzeugen saß, die mich zu meinem Broterwerb trugen. Ich besichtigte die Gebäude und die Symbole. Ich bekam einen umfassenden, großen Eindruck. Wie sollte ich es aber tatsächlich für Sie aufschreiben? Ich begann, einen Rundreiseplan anzufertigen. Ich wollte mit Ihnen auf eine Reise durch das Ganze starten und Ihnen an jeder der schönsten Stellen der Insel eine Geschichte erzählen. Als Ganzes sollen die Geschichten ein Abbild der Insel darstellen. Sie werden bestimmt sehnsuchtsvoll werden, die Insel einmal selbst zu sehen. So setzte ich den Plan in Geschichten um, die ich nie und nimmer auf einmal im meinem Kopf behalten kann. Ich sehe die Insel von oben. Ich habe einen guten Überblick, aber ich kann Ihnen nicht einfach so jede Stelle der Insel zeigen. Wenn Sie eine bestimmte Stelle mit mir besuchen wollen, gehe ich mit Ihnen im Geiste dorthin und schaue mich genau um. Dann sehe ich wieder die kleinen, liebevollen Details, die ich vom ersten Besuch nur ungenau erinnere. Manchmal wollen Sie auch Sehenswürdigkeiten sehen, an denen ich vorüberging. Ich bin so dankbar, dass Sie mich danach gefragt haben. Ich sehe nun noch viel klarer, weil ich extra mit Ihnen dort verweilt habe. Ich brauche selbst eine lange Zeit, um wenigstens die schönsten und wichtigsten Einzelheiten zu betrachten und zu würdigen. Langsam wird es *meine* Insel, auf der ich mich auskenne. Die Einwohner legen mir alle Vorkommnisse der Vergangenheit ans Herz, sie wünschen sich eine gute Zukunft von mir. Ich denke nach ...

Wenn ich etwas für Sie erzähle oder Ihnen zeige, gehe ich an diesen ganz neuen Platz hier, lasse mich inspirieren, atme die Luft, sehe in die Augen der Einwohner. Ich warte auf unterschiedliches Wetter und verschiedene Stimmungen. Und dann ruhe ich, schließe die Augen und schreibe für Sie: von diesem Ort, von diesen Menschen, von ihren Hoffnungen und Träumen. Ich bin nur ein einziges Mal hier. Für Sie. Ich komme wohl nie wieder, denn es ist eine große Insel. Die Einwohner arbeiten. Sie gestalten die Insel um, denn ich sprach lange mit ihnen, wie alles von oben aussieht. Die Insel verändert sich, jede Minute. Ich komme nie wieder. Die Zeit verschlingt und gebiert neuen Raum. Meine Vision wird konkret und entsteht neu. Ist sie *besonders*? Werden *Sie* hier glücklich? Ist sie es *wert,* erzählt zu werden? Ich schwanke täglich neu. Es schmerzt und jauchzt in mir. Ich leide. Ich bin verzückt von diesem neuen Symbol, das ich fand. Für Sie! Fühlen Sie, dass Sie herkommen sollten? Werden Sie mich besuchen? Kommen Sie mit, wenn ich auf den anderen Teil der Insel wechsele? Ich denke nach, wie es noch schöner würde, wenn Sie hier sind. Die Einwohner sagen, Sie würden es gut haben.

Es ist kein großer Unterschied, ob Sie die Idee von einer Insel oder einer neuen Wohnzimmermöblierung haben. Es entsteht etwas in Ihnen, wonach Sie sich sehnen. Wollen Sie einen Asylkreis gründen, wie den, in dem meine Frau tätig ist? Wollen Sie sich mit einer neuen Geschäftsidee selbstständig machen und ins Ungewisse starten? Wollen Sie, dass das große Mietshaus, in dem Sie leben, eine Gemeinschaft wird? Glauben Sie an Ihre Schüler, die etwas Neues von Ihnen wollen?

Vision ist das konkret erblickte *Noch Nicht*. Das Noch Nicht soll wahr werden. Als neues Ganzes. So will es der wahre Mensch. Die Schicksalsfrage des Noch Nicht ist, ob Sie mitkommen oder nicht. *Kommen* Sie mit? Die Sonne sticht unbestechlich auf meinen Bildschirm. Hoch über den Wolken. 21. Oktober 2002, Flug Paris-Montreal. Listrac-Médoc 1998. Dichterische Momente, angeschnallt.

3. Stufe zwei

Wahre Menschen brauchen lange Zeit, um ihre Insel der Seligen zu finden. Manche stranden früh auf Felsen. Manche begnügen sich mit einem vielversprechenden Blick von oben durch den Hochnebel. Wieder andere finden Atlantis, aber es fehlen ihnen die Worte. So bleiben sie dort allein, wie ein Künstler, den man Jahrzehnte nach seinem Tod entdeckt.

Was geschieht in wahren Menschen, wenn sich ihre Persönlichkeit entwickelt? Sie bilden ihr neuronales Netz aus, das einer Lebensidee, einem Entwurf zustrebt. Van Gogh findet Sonnenblumen, Picasso Blumensträuße und Friedenstauben, die lichten, ganz anders als die maiskranken Fledderkotvögel des San Marco. Der wahre Mensch findet eine Idee, wie eine neue Insel.

Ist es aber seine Idee für *Sie*? Nein? Dann werden Sie ihn ein wenig verrückt finden, reif für die Insel.

Die unentwickelten wahren Menschen wollen Ruhm ohne Idee oder auf eine bloße schnelle Idee hin, sie wollen Guru sein ohne eigene Vorstellungskraft. Sie wollen geliebt werden, wo sie selbst lieben sollten. Sie wissen *besser*, ohne zu verstehen. Sie erdenken Inseln, ohne zu wissen, ob sie selbst oder irgendjemand dort leben mag. Sie bemühen sich, Ruhm durch Geschrei zu erzwingen. Ich erschlage Sie am Buchende mit Beispielen.

Unentwickelte Menschen sind seltsam, linkisch, schrullig, eigensinnig, zynisch, niedergeschlagen oder überbegeistert. Die Idee in ihnen brennt nicht. Deshalb wird niemand inspiriert, und sie sind allein. Nicht einmal Gott kommt zu Besuch. Er kommt auf Stufe zwei. Umgangen, übersprungen. Mit Leid.

4. Licht und Liebe entgegen führen

Richtige Manager sorgen für den Lauf des Systems. Sie fürchten Fehler, Störungen und Stockungen. Sie scheuen Risiken und weisen alle Schuld von sich.

Natürliche Führer konzentrieren sich auf die wirksame Großtat. Sie riskieren im Rausch den Totalverlust und das Scheitern.

Spüren Sie, wie weit weg davon der Versuch ist, Sie mitzureißen, in eine neue Welt mitzukommen? In eine bessere Welt, die technologie-perfekt, gerechter, schöner und liebender ist als die jetzige? Das Heute ist vorläufig. Das *Noch Nicht* winkt in der Ferne.

Wahre Leader sind Menschen, die uns die Richtung zum Morgen und zum Grunde unserer Seelen zeigen. Sie sind diejenigen, die das *Noch Nicht* ganz sehen. Wir anderen vertrauen ihnen. Wir folgen ihnen in blindem Vertrauen, weil wir selbst den Nebel nicht ganz durchdringen.

In der Leadership-Literatur werden die Tugenden des wahren Leaders aufgezählt: Leader lieben ihre Mitarbeiter, sie tragen für ihr Persönlichkeitswachstum Sorge (Stufe zwei). Sie fördern die Entwicklung, öffnen die Augen für neue Ideen. Leader coachen Mitarbeiter wie Ritter Lancelot seine Knappen. Sie weihen sie in alle Geheimnisse ein. Leader inspirieren die Mitarbeiter, führen sie zu Enthusiasmus und authentischer Begeisterung für eine Idee. Sie tolerieren eigene Wege und Werte der Mitarbeiter, wenn sie der Wahrheit oder der Liebe dienen. Sie verstehen sich als Dienende den Mitarbeitern gegenüber. „Leaders love, leaders serve, leaders coach, leaders mentor, leaders grow their employees' personalities."

Sie zeigen den Mitarbeitern das Ganze Noch Nicht. Die Mitarbeiter kommen mit und werden ihrerseits zu Reiseführern.

All das hat nichts mit einem System zu tun. Es hat nichts mit Großartigkeit und Höchstleistung zu schaffen. Wahre Leader *erwecken.*

Sie erwecken mit einer tiefen Vorstellung eines lockend-überzeugenden Noch Nicht. Tiefe! Richtige Manager beeindrucken mit Breite. Natürliche Führer wollen das Große. Wahre Leader haben eine tiefe Vorstellung vom Morgen der Welt und vom Morgen der Mitarbeiterseelen. Das Morgen wird in jedem Mitarbeiter einzeln erweckt. Jeder hat sein eigenes Morgen, wie jeder sein entwickeltes neuronales Netz besitzt.

5. Sünde: Die Fanatiker rasen!

So wie sich richtige Menschen in das System verbeißen, so wie sich natürliche Menschen in den Sieg verbeißen können, so gibt es wahre Menschen, die für eine Idee kämpfen, die niemand als sein Morgen empfinden mag.

Wahre Menschen können Glaubenskriege entfesseln. Sie werden die anderen Menschen zwingen wollen, der Idee zu folgen. Wahre Menschen, die nur Stufe vier anspringen wollen, schicken notfalls die Inquisition und lassen foltern.

Ihre Idee ist vielleicht verblasst und alt geworden, sie wurde verwässert, verschwand in einem System und korrumpierte sich?

Aus einer streng gläubigen Urgemeinde kann eine mächtige gemeinsame Idee entspringen, die wie ein Lauffeuer durch die Lande rast und alle Menschen mit Sinn und Enthusiasmus erfüllt. Wenn eine Idee so groß wird, dass sie die kleine Minderheit der wahren Menschen verlässt und die richtigen Menschen erreicht, so wird sie notwendig systematisiert, weil das die Assimilierungsform des Richtigen ist. Aus einer Idee wird ein Staatssystem. Aus frühchristlichen Spenden wird eine staatlich erhobene Kirchensteuer.

Vor etwas mehr als 10 Jahren schrieb Linus Thorwald an dem Computerbetriebssystem Linux, das seither von der Open-Source-Gemeinde entwickelt wird. Viele tausend Programmierer steuern in Feierabendstunden Teil für Teil einem großen Programmsystem. Es wächst und wächst heran. Es wird mächtig. Der friedlich-niedliche Linux-Pinguin ist überall zu sehen. Linux wird freiwillig in der Freizeit programmiert und ist überall kostenlos zu haben, während das marktführende Windows von Microsoft einige hundert Mark kostet. Die echten Freaks benutzen „ihr“ Linux. Es hat bei Servern (den zentralen Netzcomputern, die die einzelnen Arbeitsplatzrechner verbinden und sie mit zentralen Daten und Anwendungen versorgen) schon ein Viertel Marktanteil. Tendenz steigend.

Aber es wird leider erwachsen. Wenn ein System überall eingesetzt wird, muss es eben auch überall eingesetzt werden *können*. Es darf keine Fehler haben, muss immer laufen. Viele tausend Nutzer brauchen Handbücher und Dokumentationen. Service-Mitarbeiter müssen bereit stehen, abgestürzte Systeme wieder anlaufen zu lassen. Es beginnt die Zeit, wo es wieder Geld kostet: Für Service von Menschen, für Handbücher, Reparaturen. Wenn ganz große Unternehmen das System einsetzen, wollen sie mitbestimmen, welche Funktionalität es hat. Es beginnt die Zeit, wo alles systematisch wird. Die Freaks programmieren weiter, aber aus der Frühgemeinde wird nun ein System. Über den Turnschuhen werden erste Krawatten auftauchen ... Die Freaks bauen an verschiedenen Versionen von Linux. Sie heißen Linuxderivate. Nun zerfällt also die große Gemeinde in einzelne Glaubenszellen, Teile spalten sich ab. Die Gemeinde sorgt sich um Einigkeit. Die Unternehmenssysteme wollen Gleichheit erzwingen, weil Systeme Gleichheit anbeten. Glaubenskämpfe werden einsetzen. Welches Linux ist das wahre Linux? Wenn dereinst eines übrig bleibt, dann wird dieses eine wahre Linux das richtige Linux. Armes richtiges Linux. Keine wahren Freaks mehr.

Wie es Lebenszyklen von Produkten und Services, von Pflanzen, Tieren und Menschen gibt, so gibt es auch einen Lebenszyklus von Ideen. Wenn Ideen an

Systematisierung erhärten, wenn aus dem Nebel Klarheit wird, werden aus Urgemeindlern Fanatiker, die die Ursprünglichkeit bewahren wollen. Sie verstehen nicht! Wenn eine Idee allgemein wird, kann sie nicht mehr wahr bleiben. Sie wird richtig.

Viele wahre Menschen kleben an ganz kleinen Ideen. „Ich bin der einzige, der es ablehnt, mit Kugelschreiber zu schreiben. Kugelschreiber versauen die Handschrift!" Erinnern Sie sich? Oder sind Sie nicht so alt wie ich? Als Kind gierte ich nach einem eigenen Kugelschreiber, der praktisch nur beim Weltspartag gegen Einzahlung aufs Sparbuch und Glaubhaftmachung eigenen Erwachsenseins zu haben war. Wir Kinder sollten dieses neumodische Dingsbums nicht benutzen. Nur Füllfederhalter und Bleistifte erlauben prinzipiell eine annehmbare Handschrift. Kugelschreiber schmierten damals noch. Pfui! Wer einen Liebesbrief mit Kugelschreiber bekam, konnte getrost beleidigt sein. Bald wird es den letzten Menschen geben, der noch nie im Internet gekauft hat. Ich habe seit Jahren wütende Diskussionen geführt, ob der wahre Mensch Bücher bei Amazon kaufen darf. Darf er das? Vernichtet er nicht Buchhändler? Ist nicht der Kunstdünger das Ende der Umwelt, wenn er Kuhmist verdrängt? Werden wir alle zu Räubern, wenn es Selbstbedienungsläden gibt? Warum sollte sich ein Kunde Waren selbst nehmen? Selbst tanken? In solchen Lebensfächern gibt es immer die Fanatiker, die langsam echt sterben. Sie werden ihre Idee lebend nicht aufgeben.

Viele wahre Menschen schwärmen von Ideen, die sie nicht richtig verstehen. Sie ahnen hinter den Nebeln eine schöne Insel, und sie predigen schon, bevor sie sie gesehen haben. „Ich bin dagegen, dass es biologische Stammzellen gibt!" – „Ich bin für völlige Steuerfreiheit, was leicht zu leisten ist, wenn die Armee abgeschafft wird!" – „Abschaffung aller Patente, besonders derer, die der Industrie hohen Gewinn bringen!" – „Hohe Einheitsrente für alle ohne Einzahlung!" – „Freies Recht, sich alle Medikamente verschreiben zu lassen und dann nicht regelmäßig zu nehmen!" – „Abschaffung der Verkehrsschilder und des Alkoholverbotes!" – „Freie Jagd für alle auf alles!" – „Antiautoritäre Erziehung und Mengenlehre!"

Hier wird Wunsch und Wirklichkeit verwechselt, auch Wunsch mit Anspruch. Diese Menschen haben nicht sehr lange nachgedacht, was das für eine schöne neue Welt wird, in der diese Ideen regieren. Sie haben sich nicht die Zeit genommen oder die Mühe gemacht, das ganze Land der Idee zu durchackern und die Einwohner dort zu befragen, wie es ihnen mit dieser Idee geht.

Das ist ein Lehren, ohne zu verstehen. Es ist Erschaffen, ohne sicher zu sein, dass es stehen bleibt oder funktionieren wird. Dies sind Ideen wie leere Versprechungen, die nur gemacht werden, um Ruhm vor der Arbeit zu erlangen. Die Arbeit ist das lange Entwickeln der Idee in Geist und Herz, so lange, bis alles klar ist.

Viele wahre Menschen sind erfüllt von Ideen, die sie nicht richtig mitteilen können, so dass die Ideen zum Leben erwachen. Bei IBM haben wir sehr viele davon. Jede Menge Erfinder auf jedem Stockwerk, aber die meisten zerschellen beim Predigen. „Warum hört niemand zu?" – „Warum unterstützt mich niemand?" –

„Wir verpassen eine neue Welterfindung, wenn man nicht tut, was ich will." Sehr oft haben sie tollste Ideen, mit denen später jemand Millionär wird. Dann weinen sie noch lauter. Ideen sprechen nicht für sich selbst, besonders, wenn die richtigen Menschen zuhören sollen, die eine andere Sprache sprechen.

Viele wahre Menschen wollen missionarisch dem ganzen System Ideen aufzwingen, gegen die sich das System wehrt. Es sind sehr ehrenwerte Ideen darunter, wie die Abschaffung von Todesstrafen oder von freiem Waffenbesitz. Viele Ideen müssen in Gesetze gefasst werden, wenn sie wahrhaft bestehen sollen. Aber das mit den Gesetzen ist ein langer Weg – keiner der Wahrheit. In einem solchen, manchmal bitter langen und fast aussichtslosen Kampf, in vollem Bewusstsein, Recht zu haben, werden die wahren Menschen ebenso bitter und bleiben ohne Aussicht.

Alle solchen Menschen mit nicht siegreichen Ideen sind deshalb oft nicht leicht von „Verrückten" zu unterscheiden. Sie leiden an ihrer Idee. Die Idee sitzt wie ein Trieb in ihnen, so wie die Vorschriften der Pflicht im richtigen Menschen, so wie gierige Energie im natürlichen Menschen. Ich hatte in *Omnisophie* den Naturtrieb, den Systemtrieb und den Ideetrieb unterschieden. Diese dunklen Kräfte überfallen besonders Menschen, die die zweite Stufe übersprangen.

6. Das Ganze im System

Jede Idee ist vom Wesen her ganz. Es wäre ein Wunder, wenn eine Idee gleich völlig in ein System hineinpasste. Die Idee erfasst viele Teile des Systems. Eine neue Wissenschaft überlappt sich mit vielen alten, wie etwa die Nanotechnologie mit Medizin, Biologie, Chemie, Chiptechnologie, Verfahrenstechnik, Physik, Mathematik, Informatik. Ein neues Produkt in einer großen Firma verändert die Zuständigkeiten vieler Nachbarbereiche. Eine neue Idee muss sich überall dort etablieren. Sie sollte überall, in jedem der einzelnen Bereiche, froh aufgenommen werden. Das ist fast unmöglich, weil manche Bereiche vom Neuen profitieren, andere dagegen Schaden nehmen.

Deshalb ist eine neue Idee wie ein kleiner Pflanzenkeim unter dem Riesenwuchs eines Urwaldes. Wird je ein Spross aus dem Keim? Wird er je Licht ergattern? Wird er gefressen werden? Ideen sind wie Schildkröteneier im Sand. Nur ganz wenige überleben das System.

Neue Ideen sind wie Versprechen. Sie müssen als solche wirken. Das System urteilt stets: „Was können wir uns davon versprechen? Was bringt es? Was haben wir davon? Können Sie Ihr Versprechen Schwarz auf Weiß vorrechnen?" Dann erzählen wahre Menschen wie ich von ihrer Idee wie von einer neuentdeckten Insel. Aber die Systeme befassen sich nicht mit neuen Inseln. Sie verstehen davon nichts. Deshalb ist eine Schilderung von neu entdecktem Land zwar interessant, aber nicht vielversprechend. Die Systeme denken nicht visionär. Sie wollen wissen, wie viel Gold auf der Insel zu holen ist und wie hoch die Abbaukosten sein werden. „So einfach ist das. Hören Sie auf zu erzählen. Kommen Sie zum Punkt. Am Ende zählt das Geld. Also beginnen wir gleich damit."

Wenn wahre Menschen etwas in Systemen erreichen wollen, sollen sie vorzählen, nicht erzählen, damit das System nachzählen kann. *Dann* zählt eine Idee. Vielleicht.

7. Irrweg im Rückzug

Weil es Ideen so schwer haben und weil die meisten nie zum Leben erwachen, resignieren viele wahre Menschen. Sie ziehen sich oft zurück.

Wissenschaftler verschließen sich in Elfenbeintürmen vor dem befürchteten Nutzenwahn des Systems, das ihnen die Freiheit nehmen will.

Gläubige ziehen sich wie Mönche in die Klausur zurück.

Erfinder basteln resigniert zu Hause weiter, an ihrer einen Liebe.

Liebe wird vom Effizienzdenken in Ehrenämter gedrängt; Lehrer und Pflegende versuchen, dennoch den Seelen zu helfen, auch wenn das System sich nicht mehr zuständig erklärt.

Das Wahre duckt sich in diesen Zeiten. Denn das Suprasystem kennt das Wahre nicht gut, wenn überhaupt. Das Wahre hat beim Design nicht wirklich Eingang gefunden. Es sollte sich erheben. Deshalb schreibe ich dieses Buch.

Das Ducken ist die Sünde des Wahren.

Richtige Menschen betrügen innerhalb des Systems, sie schummeln und unterschlagen, lügen und verheimlichen. Unter den Teppichen regt sich in dicker Schicht noch das viele Untergekehrte. Natürliche Menschen verletzen Regeln, zerstören, werden unfair.

Das Wahre zieht sich zurück, und zwar allein.

Brecht hatte den Gedanken „Stell dir vor, es ist Krieg, und keiner geht hin." Wenn keiner hinginge? Dann wäre alles gut. Aber oft schauen *nur* die wahren Menschen weg, weil sie nicht Teil sein wollen. Solange aber noch welche hingehen, ist noch Krieg, und die wahren Menschen sind noch Teil. „Ich habe ihn nicht gewählt!" Das reicht nicht. Denn, so zitiere ich Brecht weiter: „... dann kommt der Krieg zu dir."

V. Das Suprasystem

Das Suprasystem kombiniert sich aus den Prinzipien der verschiedenen Menschen, wie das beste Leben zu führen wäre. Richtige Menschen verbieten Fehler, natürliche fordern Stärken. Die Kombination der beiden Standpunkte ist schnell gefunden: Wir sollen alle ausschließlich Stärken haben! Andere Menschen brauchen wir eigentlich nicht auf der Welt. Statt der Vision der wahren Menschen führt das Suprasystem eine klare Marschrichtung für alle ein: diejenige nach oben, an die Spitze.

1. Mit klassischem System Stufe zwei überspringen

Verschiedene Menschen erbringen unter verschiedenen Umständen gute Leistungen.

Richtige Menschen sollten sich zu tugendhaften, anständigen Menschen entwickeln, die Pflicht, Harmonie und Fleiß hoch halten und für die Gemeinschaft arbeiten.
Wahre Menschen sollten ihr Selbst entwickeln, ein Gefühl für Wahrheit, Liebe, Schönheit und Sinn ausprägen und von diesem Ausgangspunkt startend die Welt einem idealen Punkt ein bisschen näher bringen helfen.

Natürliche Menschen sollten ihre Körpersysteme und Seismographen für volle Kraftentfaltung ausbilden und trainieren. Aus großer Selbstdisziplin können sie dann große Wirksamkeit entfalten.

So wäre es gut. Start von Stufe zwei der jeweiligen Pyramiden:

Die richtigen Menschen teilen ihr Leben in Pflichten und Teilpflichten ein, die an die Mitglieder einer Gesellschaft gerecht nach Leistungsvermögen verteilt werden. Jeder übernimmt so viele Pflichten, wie er tragen kann, und erfüllt sie getreulich. Jeder hilft dem Nachbarn und ist freundlich gegenüber Fremden. Eine richtige Gesellschaft liebt Ruhe und Ordnung.

Gemeinschaften von wahren Menschen werden idealerweise auf wenige Grundprinzipien gegründet. Solche Gemeinschaften haben kaum Regeln, ihr Fundament ist das allseitige Vertrauen und ein gemeinsam im Leben gesehener Sinn. Solche Gemeinschaften sind wie christliche Urgemeinden oder wie Wissenschaftlergruppen, die fast ohne Niedergeschriebenes oder Explizites miteinander auskommen. Der gemeinsame Sinn kann durch den Glauben, eine Wissenschaft oder eine Idee gestiftet werden (Ideen: Entwicklungshilfe für arme Länder, Rotes Kreuz, Umweltschutz).

Natürliche Menschen leben in lockerer Fairness miteinander. Tendenziell hat der Stärkere das Recht, jeder ist aber eben fair und zu Hilfe und Teilen bereit. „Jeder darf mitessen, so lange etwas da ist." Sie trainieren ihre Stärken und wetzen sich an Risiko und Gefahr, um Grenzen zu überschreiten. Sie arbeiten, wenn es nötig ist, zwischen den Kämpfen sind die Helden müde und finden das ganz gut so.

So scheint es nicht zu klappen. Die Menschen leben ja gemischt zusammen. Die einen vertrauen nicht, sondern wollen alles durch Pflichten regeln, die anderen sehen Stärke als legitimen Vorteilswert, was andere wieder als Verstoß gegen die Prinzipien der Gleichheit und der Liebe empfinden. Die einen wollen Regelmäßigkeit, die anderen leben nach dem Prinzip „sunshine rules" (man arbeitet, wenn man sich gut fühlt).

Wie werden diese Gegensätzlichkeiten in den Auffassungen eingeebnet? Viele meiner Kollegen im Management nennen eine magische Zahl: Hundertfünfzig. Manche sagen hundert, manche zweihundert. Viele sagen, bis zu dieser Maximalzahl lasse sich etwas wie eine Gemeinschaft nach der Vorstellung wahrer Menschen realisieren. Jeder kennt in etwa noch jeden anderen. Dann sei absolut allseitiges Vertrauen möglich, weil jeder die Aufgaben und Wertigkeiten jedes anderen kennt. Jeder kann mit jedem auskommen. Diese wahren Gemeinschaften ließen sich in den letzten Jahren oft beobachten, etwa als Firmenneugründungen. Dann wuchsen die Firmen. Sie vergrößerten sich rasch und gründeten Zweigstellen und Niederlassungen. Sie bauten eine Zentrale.

Die Menschen kannten sich nun nicht mehr allgemein, sie lebten an verschiedenen Orten. Nun mussten Regeln und Zuständigkeiten definiert werden. Aus einer Gemeinschaft wurde ein System. Wahre Menschen haben eine starke Abneigung, ein System statt des Vertrauens zu etablieren. Sie zögern diesen Schritt hinaus. Sie verstehen nicht viel von Systemen, die sie ja nicht mögen. Wenn eine Gemeinschaft über die Zahl von vielleicht 200 Mitgliedern wächst, scheint sie zu einem System zu mutieren, das immer die richtigen Menschen in der wahren Gemeinschaft zu bauen beginnen. Die kleinen Firmen etablieren also bald eine Personalabteilung mit Gehaltserhöhungsregeln, Stellenkegeln, Karriereplänen, dann eine Buchhaltung mit Abteilungsorganigrammen und Budgetregeln. Nun beginnen sich alle Visitenkarten zu drucken, damit jeder weiß, wer er ist. Die wahren Menschen trauern. Die natürlichen Menschen werden ihrer grenzenlosen Freiheit beraubt – sie fühlen, dass demnächst Krawatten verteilt werden und ihnen das System auch sonst an den Freiheitsgraden würgt.

200? Ich lasse es hier so stehen. Ab 200 Menschen mutiert eine Gruppe, Horde, Großfamilie oder Gemeinschaft zu einem System. Die richtigen Menschen bauen es auf, damit weiterhin alles gut funktioniert. Dieser Prozess der Systematisierung ersetzt Freiheit, Liebe, Unabhängigkeit und Vertrauen durch Ordnung, Pflichtkataloge, Zuständigkeiten, Regeln und ihre Kontrolle. Das muss sein, versichern die richtigen Menschen. Die wahren Menschen glauben es seufzend. Die natürlichen Menschen akzeptieren es resignierend. Systeme pressen tendenziell alle Menschen, richtige Menschen zu sein. Deshalb leiden die wahren und die natürlichen Menschen in Systemen, deshalb arbeiten sie tendenziell lieber in kleinen Gemeinschaften.

Weil das System nur vielleicht zur Hälfte oder weniger aus richtigen Menschen besteht, wird es meist unnachsichtiger sein müssen als es wäre, wenn alle Menschen richtige wären. Das System wird das Freiheitsertrotzende der natürlichen Menschen unterdrücken und die Angriffe der prinzipiellen Ideale parieren müssen. Größere Systeme sehen sich Straftaten ausgesetzt. Menschen beginnen zu stehlen und hinter den unvollkommenen Regeln zu betrügen. Die Systeme setzen Polizei und Gesetze ein. Dadurch werden Systeme immer ungeduldiger gegenüber nicht richtigen Menschen. Alles eskaliert. Wenn Systeme zu sehr angegriffen werden, liegt es deshalb in aller Regel an der zu gutem Teil berechtigten Gegenwehr der Unterdrückten. Deshalb sollten Systeme sofort toleranter werden, wenn sie angegriffen werden.

Systeme nehmen bei Gegenwehr aber niemals an, dass die systematische Machtergreifung des Richtigen eine Hauptursache der Probleme wäre. Sie werden bei Gegenwehr niemals toleranter, sondern sie erklären Kriege gegen Systemgegner. So werden aus der Notwendigkeit, ab 200 Mitmenschen wenigstens ein Minimum an Regeln in Gemeinschaften einzuziehen, schnell selbstverteidigende, selbstorganisierende Systeme, die in sich selbst einen Sinn sehen und für diesen kämpfen.

Die Systeme kontrollieren nun, wer ein anständiger richtiger Mensch ist. Sie prüfen und checken, erlassen Bestimmungen. Sie erzeugen Schuld in dem, der abweicht. Sie machen Angst, nicht richtig zu sein. Unter starkem Druck des Systems werden die richtigen Menschen vor lauter Angst nicht tugendhafte und gute Menschen. Sie versuchen *sofort*, im System ein „Jemand" zu sein. Wenn sie vom System als Mensch anerkannt sind, fühlen sie sich sicher. Sie sind etwas Richtiges.

Wahre Menschen fügen sich deprimiert ins System ein. Sie wandern stumm durch die Stufen des Systems, ohnmächtig und klein. Sie beschließen oft, gleich im System ein „Jemand" zu sein, um dann aus dieser sichereren Position das System bekämpfen zu können. So könnte ein wahrer Mensch im System erst schnell Lehrer, Wissenschaftler, Helfer werden, um hier Idealist sein zu können. Er hofft, denkt er, sich später doch noch selbst verwirklichen zu können. Später! Wahre Menschen versuchen also schnell, Stufe drei zu erreichen. Aus Sicherheit.

Natürliche Menschen fühlen sich unter dem Druck des Systems unruhig, freiheitsberaubt und unterdrückt. Sie suchen Freiheit. Die ist im System am ehesten für natürliche Menschen zu erreichen, wenn sie schnell genug Geld verdienen. Das macht frei! Sie spüren als Kinder sehr oft, dass die Macht über sie im Gelde liegt. (Die Macht selbst liegt nicht im Gelde. Wahre Menschen weinen, wenn Mami sie ein paar Tage schneidet und „nicht lieb" hat. Für sie liegt die Macht in der Lieblosigkeit. Natürliche Menschen trotzen bei Liebesentzug, also bekommen sie Geldentzug. Der wirkt. Daher müssen sie an Geld heran, um frei zu sein. Im Grunde brauchen natürliche Menschen kein Geld, genau so wenig wie alle anderen. Spiel und Spaß, Wettkampf, Sieg und Sport, Freude und Gemeinschaft sind in erster Linie keine Finanzprobleme. Das System macht von sich aus ein

Geldproblem aus allem und behauptet schließlich, dass alles am Gelde hänge. Systeme hängen alles am Gelde auf!) Die natürlichen Menschen glauben also in der Masse, frei zu sein, wenn sie über genug eigenes Geld verfügen. Sie überspringen schnell Stufe zwei. Sie wollen sofort ein „Jemand" sein.

Ein richtiger Mensch gehe über die Tugend!
Ein wahrer Mensch gehe über die Selbstverwirklichung!
Ein natürlicher Mensch gehe über selbstdisziplinierte Wirksamkeit!

Das System drückt so stark, dass sie alle all das auf später verschieben. Kein System will von ihnen Tugend, Selbstverwirklichung oder Wirksamkeit. Das System will, dass sie dort ein „Jemand" sind. Ein Jemand, der hineinpasst und die Pflicht tut. Das System will den „System-Menschen" oder einen „Organization Man". Deshalb geben fast alle Menschen dem Druck des Systems nach und versuchen sich unmittelbar am Erreichen der Stufe drei, nämlich, etwas im System darzustellen. Sie bauen also (hören Sie die Bibel?) auf Sand.

„Wenn wir es geschafft haben, unterkellern wir später noch das Haus und machen eine Tiefgarage darunter. In dieser Reihenfolge ist es besser. Man sieht schon nach kurzer Zeit das Haus in den Himmel wachsen. Was innen vorgeht, geht erst mal keinen was an." – „Ich muss mir erst als neuer Minister Respekt verschaffen. Ich komme sonst unter Druck und in eine defensive Lage. Später lerne ich nach, worum es in meinem Ressort eigentlich geht." – „Ich bin neu hier als Manager. Ich komme aus einem ganz anderen Bereich. Ich war vorher Chef der Niederlassungsverwaltung. Ich habe dennoch gerne die Aufgabe übernommen, meine neue Abteilung zu präsentieren. Es geht um Mikrokeramische Verfahrenstechnik. Ich versuche einmal, Ihnen die zu erklären. Die Folien habe ich heute morgen von meinem Vorgänger bekommen. Ich bitte die Farben zu entschuldigen. Die hätte ich anders gewählt. Gut. Fangen wir an. Also: Was war noch mal *Keramik*? Ach ja. Also ..."

Es gibt sehr viel Bausand auf der Welt. Halten Sie diese waschechten Beispiele nicht für skurril. Dann, fürchte ich, hätte man Ihnen schon zu viel Sand in die Augen gestreut.

Anmerkung zu *Omnisophie*: In diesem ersten Buch versuchte ich die Grundlegung der richtigen, wahren und natürlichen Menschen. Merken Sie im Licht der Systembetrachtungen an dieser Stelle, wie schwer das ist? Alle diese oder wir Menschen alle werden durch das System am Eigentlichen des Menschseins im Namen der Ruhe und Ordnung gehindert. Wir sind also keine reinen Exemplare unserer Art, sondern alle mehr oder weniger systemverseucht. Wir sahen die Strategie, direkt ein Jemand zu werden, als die zumindest kurzfristig beste. Im Grunde sind wir also weder richtige noch wahre noch natürliche Menschen. Wir sind über unsere Eigentlichkeit hinaus systematisch systematisiert und haben einen Systemtrieb bekommen, der nur ruht, wenn uns das System achtet. Deshalb gibt es eigentlich keine wirklichen richtigen, wahren und natürlichen Menschen. Alles sind in ihrer Eigenart von System geschliffen oder geschleift worden.

2. Zwanzig Prozent Leistungsträger, ein Drittel Stammspieler, der Rest ist „Commodity“

Das System wandelt sich heute zum Suprasystem. Es achtet nur noch die wenigen Leistungsträger. Deshalb müssen Menschen mit starkem Systemtrieb leiden – oder sie müssen nach oben, gleich auf Stufe vier. Sie müssen sofort Hochleistung bringen, bewundert werden, siegen, kämpfen, sich durchsetzen, damit sie oben sind. Oben – das ist hoch in den Charts, vorne in den Geldranglisten. Oben ist wie Nummer Eins oder wie Vorsprung haben.

Was ist ein Leistungsträger?

Jemand, der seine Arbeit in einem ganz naiven Sinne vortrefflich leistet.

Es gibt nicht viele solcher Menschen. Denken Sie wieder an Ihre Lehrer, Ärzte, Behördenkontakte, Handwerker, an das Verkaufspersonal. Wir alle wissen: Es gibt gute, normale und grottenärgerlich schlechte. Es hat nichts mit der Schwierigkeit oder dem Anspruch der Arbeit zu tun. Bei uns auf dem Bauernhof konnten alle Leute sehr verschieden gut Spinat schneiden oder Erbsen pflücken. Nur wenige verstanden die Pferde. Oder gehen wir jetzt gleich noch zum Tengelmann nach Bammental zum Einkaufen. Ich gehe am liebsten zu Frau Hohensee an die Kasse. Und Sie? Sie kennen sich leider nicht aus. Sie müssen sich dann auf Gedeih und Verderb an eine beliebige Kasse stellen. Wer nicht Bescheid weiß, muss warten. „Ach, jetzt ist die Kassenrolle alle! Ich habe keine Ahnung, wie die gewechselt wird. Ich probiere es schon seit vier Jahren, aber es will meist erst beim fünften Anlauf klappen. Das System habe ich nicht raus, aber wenn ich lange genug probiere, geht es. Oh, diesmal habe ich die neue Rolle nicht aus dem Plastik gewickelt. Sie ist nämlich eingeschweißt. – So. Tut mir leid, dass Sie so lange warten mussten. Oh, das ist ja ein Artikel vom Sondertisch. Da müsste ein Preisschild drauf sein. Ich weiß, es ist ein Sonderpreis, weil das abgelaufen ist. Wir verkaufen das viel, aber ich weiß nicht, wie viel es kostet. 99 Cent, sagen Sie? Oh, das glaube ich Ihnen nicht. Ich gehe selbst hin und prüfe es. Warten Sie einen Moment. – Tut mir leid, dass Sie so lange warten mussten. Ich finde das Teil nicht. Kommen Sie einmal mit und zeigen es mir? – Aha, da steht es. Wirklich. 99 Cent. Dann haben Sie mich also nicht betrügen wollen. Das dachte ich nicht. So. Haben Sie 99 Cent passend? Ich habe heute kein Kleingeld mitgenommen, ich dachte, es geht so durch. Aber die Leute zahlen alle mit Ein-Euro-Münzen. Ach, sehen Sie, die alte Dame da ist nett, sie will Ihnen allen helfen. Oh, klingeling, das sind viele Cents und noch mehr Pfennige. Nein, Pfennige nehmen wir nicht mehr. Helfen Sie bitte alle in der Warteschlange beim Zählen. Dann kann ich nämlich gleich wieder blitzschnell kassieren!“ Mit diesem Monolog möchte ich sagen: Man kann jede noch so prinzipiell einfache Arbeit schrecklich schlecht durchführen. Und die Gelegenheit dazu wird offensichtlich genutzt.

Wir können es drehen und wenden, wie wir wollen: Ein Drittel der Menschen arbeitet gut, ein Drittel o.k., ein Drittel stört eher. Ich habe oben schon argumentiert: Das beste Drittel macht den ganzen Gewinn der Firma, so viel, dass der durch das schwächste Drittel entstehende Verlust mehr als wett gemacht wird. So ist das. Die meisten Menschen wollen dieser Tatsache nicht ins Gesicht sehen. Die meisten ärgern sich an Kassierern wie dem oben ganz krank, aber sie weigern sich, die ganze Angelegenheit statistisch nüchtern zu weigern sich, die ganze Angelegenheit statistisch nüchtern zu betrachten. „Grundsätzlich sind es doch alles wertvolle Menschen!“, sagen sie. Das stimmt haargenau. Nur liegt ihr Wert nicht über ihrem Gehalt. Das ist das Problem für mindestens ein Drittel der Mitarbeiter. Denn das Gehalt ist am durchschnittlichen Nutzen orientiert, nicht am Nutzen der schlechten Mitarbeiter. Das würden sich die Gewerkschaften und die besseren Mitarbeiter nicht gefallen lassen. Ich habe schon im ersten Buch, in *Wild Duck*, etwas dazu geschrieben. Seitdem kamen etliche Leser-E-Mails zu diesem Thema. Die meisten Leute schätzen den Anteil der unterdurchschnittlichen Mitarbeiter noch deutlich höher ein. Ich habe jedes Mal geantwortet, dass ich lieber nicht nach der Wahrheit suche, denn die wird sehr wehtun. Ich sage hier also wieder ein Drittel, damit Sie es glauben können und nicht gleich das Buch unsinnig finden, wie wenn ich sechzig Prozent gesagt hätte. Aber es gibt wirklich Firmen, die sagen, dass fast der ganze Gewinn der Firma von zwei oder drei Prozent der Mitarbeiter stammt, von solchen, die etwas Neues erfinden, ganz anders machen oder einen Riecher für ein neues Produkt haben. Viele Firmen machen mit neuen Ideen ab und zu einmal ein paar Millionen Gewinn und am Ende des ganzen Geschäftsjahres ist der Firmengewinn niedriger als diese Millionen. Es gab auch einmal in Deutschland große Firmen, bei denen manchmal der Gewinn kleiner war als der Zinsgewinn auf den Rücklagenkonten. Es gibt Fußballvereine, die ohne ihre ein bis zwei Stars sofort sterben. Es gibt Musikfirmen oder Verlage, die ohne ihre ein oder zwei Stars sofort untergehen würden. Diese Firmen bringen oft Hunderte CDs und Bücher heraus! Ein guter Schlagersänger macht mehr Geschäft als hundert oder tausend durchschnittliche.

Alle diese Sachverhalte liegen seit der Einführung der Computer offen zu Tage. Für jeden Kassierer ist addiert, wie viel Umsatz er gescannt hat. Es ist alles in harten Zahlen verfügbar. Jeder Verkäufer, jeder Elektromonteur, jeder IBMer kennt seine persönliche Umsatzzahl. Wir können diese Zahlen nebeneinander legen und wissen dann, wie wertvoll jeder ist.

Und die Unterschiede sind eben so riesig groß.

Die Unterschiede sind schon beim Kassieren sehr groß. Sie spielen dort aber kaum eine Rolle, weil wir die Kassierer einfach nach Umsatz bezahlen können. Bei IBM werden die Vertriebler, die Ihnen die Rechenzentren verkaufen, ebenfalls nach Umsatz bezahlt. Stellen wir uns vor, Sie wollen für 100 Millionen etwas kaufen. Unser Vertriebsbeauftragter macht Ihnen ein unvollständiges Angebot, viele Sonderteile, die Sie haben wollen, fehlen. Er fragt nach. Er kann den Preis nicht nennen. Er streitet sich mit Ihnen herum, hält sich nicht an Termine. Sie werden wütend. Er entschuldigt sich nicht ... Am Ende platzt Ihnen der Kragen und Sie kaufen woanders. Für unsere Firma sind das viele Millionen entgangener Gewinn, außerdem sind Sie für uns als Kunde womöglich Vergangenheit. Es ist ein Multimillionendesaster. IBM wird womöglich dem Vertriebsbeauftragten einige Monate kein Gehalt zahlen, aber was hilft das? Es bleibt in jedem Falle ein Millionendesaster. Deshalb wollen wir für Sie und überhaupt alle Kunden doch lieber ausgesucht nette, sachkundige, blitzschnelle, fähige Vertriebsbeauftragte hinausschicken, denen Sie vertrauen können.

Ich will sagen: Bei etwas anspruchsvolleren Berufen kann ein schlechter Mitarbeiter das Vielfache seines Gehaltes an Schaden anrichten. Mitarbeiter in

Stahlwerken oder Chemiefabriken, in Atommeilern und in der Armee können so schreckliche Fehler machen! Manager können mit einer einzigen Fehlentscheidung alle paar Jahre alles ruinieren. Übersehene Fehler bei Inspektionen, Fehler von Piloten, falsche „Giftmischungen" bei Industrieprozessen ... nicht auszudenken, was alles passieren kann. Bei IBM haben viele Projekte einen Finanzrahmen von vielen Millionen Euro. Wenn nun ein Projektleiter sich völlig in den Kosten verschätzt? Er macht unter Umständen mehr Verlust als er sein ganzes Leben Gehalt bekommt.

Also brauchen wir in solchen Berufen wie Pilot oder Projektleiter Leute, die möglichst in ihrem ganzen Leben *keinen einzigen* größeren Fehler machen.

Wie viele gibt es aber davon?

Fünf Prozent? Dreißig Prozent?

Ich habe in der Abschnittsüberschrift zwanzig Prozent genannt, ganz willkürlich. Ich bin sicher, die richtig guten Mitarbeiter sind seltener.

Solche Leute werden händeringend gesucht. Der Markt ist leer. Völlig leer.

Sie sehen ja täglich in der Zeitung, dass die Manager zetern, sie könnten die Stellen nicht besetzen. Keine guten Leute, sagen sie allesamt. Auf der anderen Seite beklagt Deutschland hartnäckig vier bis fünf Millionen Arbeitslose. „Da stimmt doch etwas nicht!", schreiben die Journalisten und schäumen. Die einen sagen, die Manager seien hyperanspruchsvoll, die anderen vermuten, dass die vier Millionen alle faule Säcke sind.

Niemand sieht, dass die Berufe der neuen Zeit eigentlich nur Mitarbeiter fordern, die niemals - niemals einen großen Fehler machen. Diese Tendenz verstärkt sich weiter und weiter.

Nehmen wir also die zwanzig Prozent als Anhaltspunkt. Wenn Sie dreißig oder vierzig Prozent für richtiger halten, denken Sie sich diese Zahlen. Alles Folgende bleibt im Prinzip richtig.

Ich sage: Es gibt zwanzig Prozent Leistungsträger und vielleicht ein Drittel gut durchschnittliche Mitarbeiter. Der Rest wird notgedrungen aufgefüllt, weil eben eine gewisse Anzahl von Mitarbeitern notwendig ist. Es ist wie beim Fußball. Gute Fußballer gibt es praktisch nicht. Wenn es sie gibt, sind sie atemberaubend teuer. Neben diesen Stars gibt es ein paar normal gute, zuverlässige Stammspieler. Der Rest wird immer wieder ausgewechselt, durch Amateure ersetzt oder weggeekelt. Wenn eine Mannschaft Erfolg hat, dann trotz des letzten Drittels. Ein Fehler im Fußball kann eine Niederlage und drei Punkte kosten. Ein paar Fehler der ganzen Mannschaft im Jahr - und sie ist unten.

Das schlechteste Drittel der Mitarbeiter macht also nur Probleme. Am liebsten hätten die Firmen kein schlechtestes Drittel. Deshalb greifen sie zu Maßnahmen. Das ist aber doch weitgehend sinnlos, weil es ja immer ein schlechtestes Drittel geben muss. Oder kann es eine Firma schaffen, wie Bayern München im Fußball so viel Zulauf zu haben, dass dort im Grunde von einem schlechtesten Drittel nicht wirklich die Rede sein kann? Deshalb fragt unser IBM-Chef seit vielen Jahren: „Are we hiring the best?" („Kommen die Fähigsten zu uns?") Das ist eine sehr bewegende Frage. Die Antwort entscheidet sehr viel. Sehr, sehr viel. Bayern

München kann im Rotationsprinzip fast jede Teilmannschaft aufs Feld schicken. Gilt das auch für die Projektmannschaften in unserer Firma? Dafür tun wir eine Menge und nie genug.

3. Mensch in Minderwertigkeitsangst

Wir sollen also alle zu den besten zwanzig Prozent gehören.

Dann wäre alles gut.

Wir wären alle Meister, Lehrer, Leiter, Oberhäupter, wir würden geachtet, bewundert, geschätzt, mit Dank überschüttet, respektiert, wären heiter, zufrieden, hätten Einfluss und jeder bekäme etwas Macht, gutes Geld und einen Grundstock Glück.

Die dritte Stufe der Pyramide heißt: Wir sorgen und beschützen, wir behüten und lernen, wir tun und arbeiten, wir bauen und erschaffen.

Das aber genügt nicht! Wenn wir nur dies tun, gehören wir garantiert nicht alle zu den besten zwanzig Prozent.

Wir müssen also gleich zur vierten Stufe.

Sofort!

Früher lernten wir viel, gingen durch eine solide Ausbildung, dienten am Anfang den anderen. Nach und nach kamen wir empor, wurden älter, gewannen Erfahrung, wurden reifere Persönlichkeiten und stiegen auf. Viele Jahre dauerte es bis zur vierten Stufe. Hoffentlich hatten wir noch Muße und seelische Energien, den Weg zur Tugend, Selbstverwirklichung und selbstdisziplinierten Wirksamkeit weiter zu verfolgen. Man ließ uns im Grunde die Zeit neben der Arbeit, uns zu vervollkommnen und zu wachsen.

Heute müssen wir gleich im ersten Jahr sehr gut arbeiten, weil wir unter Umständen zum schlechtesten Drittel gehören, aussortiert werden und woanders noch einmal neu starten. Tiefer? *Unter* unseren Möglichkeiten? Nach einigem Rotieren entschließen wir uns und fangen tiefer an. Gehören wir jetzt zu den Besten? Es wird ein qualvoller Weg für die, die nicht zu den Besten gehören. Für sie fallen Türen zu, manchmal unwiderruflich. Wir können etwa ein Abitur wiederholen, aber können wir uns aufraffen, ein schlechtes Abitur durch ein gutes zu ersetzen? Geht das juristisch überhaupt, das Abitur zu wiederholen, wenn man schon eines hat? „Kein Schulabschluss!" oder „Schlechtes Abitur!" setzen Grenzen für lange Zeit.

Wer einmal unter den Schlechtesten war, bekommt ein Brandzeichen: Kein Abschluss, nach Probezeit nicht ins Dauerarbeitsverhältnis übernommen, gekündigt. „Nichts wert!" Oft übernehmen heute Unternehmen andere, weil sie glauben, das aufgekaufte Unternehmen billiger führen zu können. Bei solchen Übernahmen entlässt man einfach sofort das schlechteste Drittel und hofft auf hohen Gewinn. So kommen die Unterdurchschnittlichen bei allen Gelegenheiten unter die Räder. „Nichts wert!"

Die Durchschnittlichen haben Angst, einmal auch nichts wert zu sein. Bei vielen Schließungen von Unternehmen sind sie ebenfalls bedroht. Manchmal werden ganze Bereiche geschlossen, niemand sortiert noch die Guten und die Mäßigen. Manchmal wird unterschiedslos gekündigt. Auch die Leistungsträger haben Angst, weil sie ebenfalls solchen Ungerechtigkeiten zum Opfer fallen könnten.

Nur nicht verlieren!
Nur nicht Pech haben!
Nur nie nichts wert sein!

Die Bedrohung, nichts wert zu sein, ist das grundsätzliche Einpflanzen der Minderwertigkeitsangst. Diese Bedrohung implantiert noch keinen Minderwertigkeitskomplex in uns. Ein solcher Komplex ist ja ein seelisches Geschwür, an dem wir wegen faktischer oder eingebildeter oder fremd behaupteter Minderwertigkeit schon tatsächlich *leiden*. Nein, wir haben noch keine Minderwertigkeit in uns, aber es könnte welche entstehen! Davor haben wir Angst. Es ist Minderwertigkeitsangst. Es ist *potentielle* Minderwertigkeit. Sie fühlt sich an wie eine grundsätzliche Unsicherheit über unser Schicksal. Immer kann das Äußerste passieren. Massenentlassung und weg! Wir stehen unter der ständigen Bedrohung, später nichts wert zu sein oder mindestens viel weiter unten anfangen zu müssen. Glücklich die Menschen, die diese Angst nicht haben müssen. Solche Menschen werden heute seltener und seltener, seit die Suprasysteme alles und jeden bewerten. So wird derzeit die ganze Wissenschaftsgesellschaft der Universitäten *evaluiert*, also bewertet. Viele der Wissenschaftler werden nun ganz öffentlich zu wenig Punkte bekommen und damit nichts wert sein. Bisher genossen Wissenschaftler die Freiheit der Forschung. Aus ist es bald mit dem Genuss der Freiheit – für achtzig Prozent von ihnen! Die öffentlichen Verwaltungen führen Leistungszahlungen für Leistungsträger ein und bestimmen damit die besten zwanzig Prozent. Bald wird es „Umsetzungen" geben. Bald wird für jeden evaluiert, ob es noch nötig ist, dass er ein Beamter ist. Aus ist's mit der Lebenszeitruhe! Wir wollen keine Beamten mehr, weil das Unkündbare mit dem Supragedanken schlecht vereinbar erscheint.

Überall werden die besten zwanzig Prozent ermittelt. Und die anderen fordert man auf: „Seid wie sie!" Ein Lebensbereich nach dem anderen wird bewertet. Überall zeigt sich eine wesentliche Leistungsspreizung. Dann werden die da unten bestraft und die oberen zwanzig Prozent belohnt. So setzen die Systeme alle Menschen uniform unter – so sagen sie – Leistungsdruck.

Es ist nicht Leistungsdruck. Es ist Minderwertigkeitsangst oder im Falle von drohenden Entlassungen ganz normale nackte Angst um die Existenz. Sie spornt nicht an. Angst motiviert nicht. Angst treibt oder peitscht nach vorn – sie heizt mit Seismographennachfragen ein: „Heute schon gelobt worden? Nein? Versager! Tu was!" Da flimmern unsere angstvollen Augen und wir laufen, wohin das Suprasystem uns haben will: Zum Punktesammeln für die Evaluation, damit wir zu den Besten gehören.

4. Die Idee des Suprasystems

Systeme verlangen volle Pflichterfüllung. „Arbeiten Sie alle hereinkommenden Fälle ab! Dann können Sie nach Hause gehen."

Die Pflichten werden in Arbeitsplatzbeschreibungen und Pflichtenheften niedergelegt. Jeder bekommt Aufgaben, Zuständigkeiten und Budgetmittel, dazu Sekretariatsdienste, eventuelle Mitarbeiter. Nun muss der Mitarbeiter im Rahmen seiner Dienstpflichten die ihm gestellten Aufgaben erfüllen. Das höchste Lob im Arbeitszeugnis lautet: „Er erledigte alle Aufgaben zu unserer vollsten Zufriedenheit." So beurteilt man prachtvolle richtige Menschen.

Es gibt in bestimmten Industriebereichen gefürchtete Akkordarbeitsplätze. Dort werden die Menschen pro Stück erledigter Arbeit bezahlt. Die meisten Vertriebsbeauftragten werden nach ihrem Umsatz bezahlt: Für so viele Verkäufe gibt es so viel Geld. Dies ist ein System für die Haltung von natürlichen Menschen. Sie bekommen keine Aufgabe („Übernehmen Sie die Betreuung dieses Kunden"), sondern nur Lohn für Ergebnisse („Haben Sie etwas verkauft?").

Diesen Unterschied kennen Sie bei der Kindererziehung. Richtige Kinder übernehmen zum Beispiel durchaus die Aufgabe, samstäglich die Brötchen zu kaufen. Natürliche Kinder tun es nur, wenn ihnen jedes Mal erlaubt wird, sich eine Colaschlange oder dergleichen zu kaufen.

Suprasysteme kreuzen diese beiden Formen. Sie teilen die Welt der Arbeit in Aufgaben ein, wie es die Systeme der richtigen Menschen tun. Jeder bekommt eine feste Zuständigkeit zugewiesen, also die Bearbeitung von Einkommensteuererklärungen oder das Verkaufen von Bausparverträgen. Jetzt kommt der große Unterschied: Diese Aufgaben wurden in Systemen immer so zugeschnitten, dass sie ein ordentlich schaffender Mensch gut ausfüllen konnte. Es wurde also nichts Unmögliches gefordert, sondern eine starke Leistung, um die Aufgabenstellung zur vollen Zufriedenheit abzuarbeiten.

Das wird im Suprasystem grundlegend und radikal geändert.

Alle Arbeitsplätze werden nun so gestaltet, dass in ihrem Rahmen *nach oben offene* Leistungen möglich werden, wie es bei der Akkordarbeit geschieht. Der Finanzbeamte, der vorher für alle Menschen mit Anfangsbuchstaben A bis E zuständig war, wird nun daran gemessen, wie viele Fälle er bearbeitet. Jeder Fall wird nach seinem Finanzvolumen gewichtet. Er arbeitet damit quasi im Akkordsystem. Seine Zuständigkeit ist auf alle Fälle ausgedehnt, also auf viel mehr, als er schaffen kann. Nun kann er wirklich so viel arbeiten, dass er seine Maximalleistung erreichen kann.

Die Versicherungen vertreiben ihre Produkte über Versicherungsagenten. Jeder Agent bekommt einen Versicherungsbezirk zugewiesen. Alle Menschen, die in ihm wohnen, gehören zu seinen potentiellen Kunden. Er kann ihnen nun Versicherungen verkaufen, so viel er kann. Er wird nach Abschlüssen bezahlt. Versicherungsagenten haben einen sogenannten Gebietsschutz. Das bedeutet, dass ihnen die Menschen in diesem Gebiet als potentielle Kunden „gehören", das heißt, kein Vertreter der gleichen Versicherung darf diesen Menschen eine Versicherung verkaufen. Für jeden Menschen ist genau sein Bezirksvertreter zuständig. So ist die reine Idee. Die Bezirke sind so groß geschnitten, dass die Versicherung sicher sein kann, dass alle Kunden im Bezirk bedient werden können. Die Versicherung möchte also lieber kleine Bezirke, damit der Vertreter am besten jeden von uns besuchen kann. Der Vertreter möchte gerne einen riesigen Bezirk, damit er aus dem Vollen schöpfen kann. Der Zuschnitt der Versicherungsbezirke ist also eine sehr heikle Affäre. Beliebig brisant! So ist das System der Versicherungen. Nun kommt die Suprasystemerweiterung: Die Versicherungen legen am besten nur noch den Sitz des Büros des Versicherungsagenten fest und heben den Gebietsschutz ganz auf. Nun können die Vertreter in den anderen Bezirken wildern gehen. Haben Sie sich in der letzten Zeit schon einmal gewundert, dass Sie von mehreren Agenten der gleichen Versicherung per Call Center „kontaktiert" wurden? Es liegt daran, dass Sie nun nicht mehr exklusiv Ihrem Vertreter gehören, sondern Sie sind als Jagdziel bundesweit freigegeben.

Drittes Beispiel: Die Kassiererinnen im Supermarkt saßen früher oft Minuten lang untätig, wenn niemand an die Kasse kam. Heute bekommen sie zusätzliche Jobs. Wenn keine Kunden da sind, können ja frische Waren in Regale eingeräumt werden. So verschwinden denn die Kassiererinnen sofort, wenn kein Kunde da ist und räumen wie wild ein. Sie werden daran gemessen, wie viel Umsatz sie kassierten und wie viel Waren sie einräumten. Nur noch Arbeit – keine Pause, niemals mehr.

Suprasysteme gestalten die Aufgaben so aus, dass man beliebig viel Arbeit hat. Man ist also niemals mit der Arbeit fertig. Es wird gemessen, wie viel Arbeit von der unendlich vielen jeder Mitarbeiter schafft. Danach wird er bezahlt. Die Arbeit wird also so verteilt, dass viele Mitarbeiter für sie zuständig sind. Jeder Mitarbeiter schnappt sich so viel Arbeit, wie er schaffen kann. Das Suprasystem misst immer begleitend mit, wie viel und was er tut. Die Fehler werden aufgezeichnet und gezählt. Alles wird zu einer Art Punktesumme zusammengefasst. Das ist der Mitarbeiterwert. Diesen Wert muss der Mitarbeiter steigern.

Damit alle Mitarbeiter beliebig schwer arbeiten können, verteilt man die Arbeit grundsätzlich an zu wenige Mitarbeiter, die also in ihrer Gesamtheit die gesamte Arbeit nicht schaffen können. Dann kann es keine Pausen geben und es bleibt stets Arbeit übrig. Diese Arbeit wird nun sehr flexibel an sogenannte freie Mitarbeiter, Aushilfskräfte, Auszubildende oder Hausfrauen/Hausmänner vergeben, die per Handy für einige Zwischenstunden zur Arbeit gerufen werden. Deshalb sitzen an den Supermarktkassen unsere Nachbarn, immer nur für ein paar Stunden. Sie bilden die schlechtbezahlten Puffer, wenn die auf Maximalleistung gehetzten regulären Mitarbeiter die Arbeit nicht allein schaffen konnten. Freie Mitarbeiter ermöglichen also eine flexible Drucksteigerung auf die Regulären. Das System fragt unentwegt: „Wie viel Arbeit mussten wir zusätzlich teuer einkaufen?" Dann erschrecken die Regulären und fürchten um ihren Mitarbeiterwert, obwohl sie ihn Jahr für Jahr steigern konnten.

Ja, sie steigern ihn. Die Arbeitsdichte nimmt in Suprasystemen ständig zu. Da jeder im Prinzip unendlich viel Arbeit vorfindet, arbeiten die Menschen immer dichter und härter. Aber das Suprasystem vermehrt die Arbeit ständig. Sobald die Mitarbeiter die Arbeit zu schaffen drohen, entlässt das Suprasystem Mitarbeiter aus dem schlechtesten Drittel. So bleibt immer für den verbliebenen Rest unendlich viel Arbeit da. Jeder kann sich jederzeit alle Beine ausreißen.

Am Ende eines Tages, einer Woche, eines Quartals oder eines Jahres werden die Zahlen der Mitarbeiter verglichen. Wer ist gut gewesen? Wer durchschnittlich? Wer war mäßig? Die Schlechtesten werden entlassen. Es geht also nicht darum, wer gut oder wer schlecht im absoluten Sinne gearbeitet hat. Es geht darum, wie jeder Mitarbeiter relativ zu den Besten abschnitt. Die Besten stellen eine Art „Norm" dar, deren Erfüllung das Suprasystem anschließend allen zum Maßstab macht. Die Leistung der Besten setzt den Minderwertigkeitsangstpegel für die restlichen.

Bitte verwechseln Sie dieses System nicht mit der klassischen Akkordarbeit. Dort wurden Normen gesetzt, die die Bezahlung pro Arbeitseinheit fest. Man verhandelte zäh, wie viel für eine Arbeitseinheit bezahlt werden könnte. Dann arbeiteten alle los, so gut sie konnten. Je nach Stückzahl Arbeit bekam jeder Lohn. Im Suprasystem werden aber immer die Schlechtesten entlassen! Es hilft nun nichts, wenn Sie eben nur wenig Geld bekommen, wenn Sie nur wenig schaffen! Sie werden trotzdem gefeuert. Früher hatte man also Angst, zu wenig zu verdienen. Heute wird man einfach durch Gleichwertige oder Bessere ersetzt. Und zwar mit System. Das Suprasystem steigert die Leistungen. Bis unendlich.

5. Unterdurchschnittliche Suprasystemteile und Systempuffer

Dieses System des Tötens aller Unterdurchschnittlichen muss jetzt konsequent auf einer höheren Systemebene gedacht werden. Nicht nur die Mitarbeiter werden verglichen, sondern auch die Abteilungen, die Bereiche oder die Teilfirmen. Wenn Teile des Suprasystems im Wesentlichen unterdurchschnittliche Gewinne machen oder gar Verlust, so werden sie verkauft und notfalls geschlossen. Es werden also nicht nur die schlechteren Mitarbeiter entlassen, sondern auch die schlechteren Systemteile. Die werden – wohlgemerkt! – als Ganzes entlassen, also mit allen Mitarbeitern, die sie enthalten. Also werden alle Menschen gefeuert, die in unterdurchschnittlichen Bereichen arbeiten, egal wie gut sie waren. Ganz egal! Na ja, nicht ganz egal. Bevor ein ganzer Bereich verkauft oder geschlossen wird, werden die Filetstückchen herausgebrochen. Im Klartext: Sehr gute Mitarbeiter werden vor der Schließung in andere Systemteile abgeworben oder versetzt. Durchschnittliche Mitarbeiter werden lieber mitverkauft, da der Käufer ja einen Betrieb übernimmt, der arbeitsfähig aussehen soll.

Damit werden nun aber vollends die meisten Menschen unter Existenzangst gesetzt. Die Durchschnittlichen sehen, dass sie so etwas wie glattes Pech haben können, wenn jemand kommt und feststellt, dass ihr Bereich unterdurchschnittliche Performance aufweist. Die exzellenten Mitarbeiter in unterdurchschnittlichen Betriebsteilen fürchten sich auch vor dem Exitus des eigenen

Bereiches. Deshalb sehen sie sich beizeiten nach einem neuen Bereich oder nach einer neuen Firma um. Insbesondere ist es nicht gesagt, dass die besten Mitarbeiter in der Not nun herzhaft Hand anlegen und den Bereich aus der Patsche reißen – nein, sie gehen rasch woanders hin und überlassen die Durchschnittlichen ihrem Schicksal.

Die Exzellenten haben eine feine Nase, wie die Ratten auf Schiffen. Ein Suprasystem ist supra oder es geht unter. Massenentlassungen. Können Sie das Elend ermessen, das in einer solchen Meldung verborgen ist? „Der Konzern schließt ein Drittel der Filialen und spart dadurch 9.000 Mitarbeiter ein. Der Aktienkurs stieg auf diese Mitteilung hin. Die Börse ist erleichtert." Sie müssten das besser in sich fühlen! Sie dürfen nicht über die 9.000 Familien hinweglesen! Sie müssen es spüren wie die Meldung: „Achtung Autofahrer. Schleudergefahr wegen Kollateralfleisch auf der Fahrbahn."

Vielfach werden unterdurchschnittlich verdienende Systemteile nicht einfach getötet oder verkauft. Man entlässt die Mitarbeiter formal und bietet ihnen Rahmenverträge an, als Puffer zu fungieren. Die Mitarbeiter arbeiten weiter wie bisher im Betrieb, aber nur noch gegen Stundenlohn und nur dann, wenn Arbeit da ist. Ich hatte schon das Beispiel der Kassiererinnen im Supermarkt genannt. Viele Hausfrauen verdienen sich in Stoßzeiten ein wenig zusätzliches Geld, indem sie ein paar Stunden kassieren, wenn viele Kunden kommen. Solche freien Mitarbeiterinnen und Mitarbeiter puffern Arbeitsspitzen ab. Ein anderes Beispiel: Ein Hausmeister mag nicht den ganzen Tag schwere Arbeit haben. Das ist ganz schlecht. Also wird er entlassen und über eine Gebäudemanagementfirma wieder eingestellt. Er arbeitet weiter als Hausmeister, wird aber nur bezahlt, wenn er tatsächlich arbeitet.

Ein Hausmeister im System ist *zuständig*. Alles soll heil sein, gut funktionieren und so weiter. Im Suprasystem arbeitet der Hausmeister die an das Gebäudemanagement gemeldeten Störfälle ab. Wenn zum Beispiel eine Sicherung im Haus durchbrennt, ruft man nicht mehr den Hausmeister an, sondern die Gebäudemanagementfirma. Die schickt irgendwann den Hausmeister. Der Hausmeister repariert kurz und präsentiert sofort eine Rechnung. Die muss unterschrieben werden. „Sicherung instand gesetzt. XY Euro." Der Hausmeister ist also nicht mehr zuständig. Er wird von Fall zu Fall eingesetzt. Er muss gerufen und bezahlt werden. Jedes einzelne Mal. Vielleicht wundern Sie sich, dass an Ihrem Arbeitsplatz plötzlich alles notiert und berechnet werden muss. Es liegt an diesem Suprasystem, das nur noch gegen Leistung zahlt. Im System wäre jemand zuständig. Die Welt ist nun auf den Kopf gestellt. Ein zuständiger Hausmeister alter Art würde eilig hergelaufen kommen: *sein* Haus hat eine defekte Sicherung! Furchtbar. Schnell reparieren! „Geht wieder – ach, schön!" Ein Puffer-Hausmeister, der nur auf Anforderung arbeitet, sagt am Handy: „Einen Moment bitte. Machen Sie einen Termin mit der Gebäudemanagerin. Ich gieße gerade die Hydrokulturgummibäume. Wenn ich das abgerechnet habe, sehe ich in meinem Plan nach, wofür ich eingeplant bin. Eins nach dem anderen." – „Hören Sie, wir können alle hier nicht mehr weiterarbeiten, weil das Licht aus ist!" – „Das ist nicht mein Problem. Am Sicherungsauswechseln verdienen wir praktisch nichts.

Es dauert 10 Sekunden. Für Gummibäume gießen bekomme ich gutes Geld, auch weil ich es schneller kann als die Arbeitswerte besagen. Gummibäume halten viel aus, wissen Sie?"

In diesem Sinne verdichten Suprasysteme die Arbeit bis zum Exzess. Alle arbeiten unentwegt. Restarbeit wie das Einsetzen neuer Neonröhren wird von Puffer-Mitarbeitern geleistet, die als freie Mitarbeiter fallweise eingekauft werden oder die man über spezielle Servicefirmen bestellt. In den klassischen Zeiten des Organization Man war alles im System in Zuständigkeiten unterteilt. In heutigen Suprasystemen wird nur noch die „Kernarbeit" an Hochleistungsmitarbeiter verteilt, den „Rest" oder die „Spitzen" vergibt man im Einzelfall an Menschen, die auf Anforderung ins Suprasystem hineindürfen. Sie arbeiten ihren Fall ab und gehen wieder. Wie sie ihr Geld verdienen, ist nicht Sache des Suprasystems. Dies bezahlt nur die Kernmitarbeiter nach der ständig wachsenden Arbeitsmenge. Der Rest wird „von außen zugekauft", möglichst billig natürlich. Wir haben so viel Arbeitslosigkeit, weil ja immer die sogenannten Schlechteren entlassen werden. Es gibt also genügend Puffer im Angebot, die preiswert zu haben sind. Das Arbeitsmengenrisiko liegt also nicht mehr im Suprasystem, sondern außen. „Im Rest."

Diese neue Struktur führt zu lustigen Verwicklungen. Stellen Sie sich vor, es sind nur noch ein paar Menschen niedrigen Ranges im Gebäude und der Strom fällt aus. Dann kann zwar der Gebäudemanager einen Hausmeister schicken, aber eventuell hat keiner der noch Anwesenden die Vollmacht, die Rechnung gegenzuzeichnen. Wer bezahlt dann? Kennen Sie das? Ich habe heute ein Plakat in einer Rolle verschicken wollen. „Geht nicht, weil Rollen von der Post nicht angenommen werden. Rollen gehen nicht durch die automatische Sortieranlage. Man muss Rollen bei der Post eigenhändig aufgeben und ein Euro fünfzig zusätzlich bezahlen. Wir haben beim Gebäudemanagement in der Poststelle kein Bargeld. Zahlen Sie es?" – „Und wo bekomme ich es wieder?" – „Weiß nicht." Das mit den Rollen hat mich etwas Geld gekostet. Und Nerven. „Bitte, ich kann nichts dafür, wenn die Post Rollen nicht will. Sie können die Rollen ja in Pakete einpacken, dann geht es wohl." Suprasysteme beginnen, nur noch das Normale abzuarbeiten. Der Rest ist Puffer, gegen Extrabezahlung! Jedes Extra kostet extra. Wehe, man will extra!

Es soll eine Zeit der Helden werden.

Das Suprasystem kreuzt die Grundwerte des Richtigen und des Natürlichen. Wir sollen fehlerfrei unsere Pflicht tun und im Wettkampf über uns hinauswachsen. Über uns wachen die Messsysteme: Sind wir super? Sind wir durchschnittlich? Ja? Können wir durchschnittliche Leistung von außen nicht billiger als Puffer einkaufen? Sind wir es noch wert, zum Kern des Suprasystems zu gehören?

Es gibt noch eine andere, seltenere Seite dieser Medaille. Im Bereich von Kunst oder Design oder Computern gibt es oft irre gute Star-Mitarbeiter, die sich jede Firma aussuchen können, so wie Star-Fußballer den Verein wählen können.

Viele von ihnen arbeiten nur gegen Höchstgebot. Sie können Firmen fast um jeden Preis erpressen, wenn es denen auf eine Exzellenzleistung ankommt, zu der die Firmen ohne sie nicht fähig sind. Während also „unten" die Preise vom System gedrückt werden, können ganz „oben" die Preise von den Spitzenkönnern diktiert werden. Wehe, eine Firma hat keine eigenen Spitzenkönner. Dann zahlt sie sich in den Bankrott.

(Anmerkung: Im Grunde sehen Suprasysteme im ersten Augenblick sehr profitorientiert aus. Bitte merken Sie sich aber schon, wo es klemmt: Niemand identifiziert sich mehr mit dem System. Das war ein wesentliches Wesensmerkmal des *Organization Man*: Identifikation und Loyalität. Die Leistungsträger werden nun verführt, die Systeme auszunehmen, wo sie können. Die Durchschnittlichen haben ständig Angst, entlassen oder Puffer zu werden. Die Unterdurchschnittlichen stehen praktisch vor der Entlassung, früher oder später. Sie sind im Dauerpanikzustand. Es ist keine selbstgespürte Verantwortung im Sinne der Vernunft da. Es ist reiner Trieb auf Druck eines Systems, das nackten Erfolg sehen will. Kann eine solche Wirtschaft, frage ich, optimal sein unter allen möglichen Wirtschaftssystemen? Und: Wie viel kostet das ewige Bestellen von Extras? Das Versenden von Rollen, das Rufen nach einer Rolle Toilettenpapier, der Ersatz für das hingefallene Handy? Wer bezahlt die Rechnungen? Reicht sie ein? Verrechnet, notiert, zahlt Lohn aus? Weil ja die Suprasysteme streng nach Leistung bezahlen, muss nun alles gemessen und notiert werden. Wie viel Prozent unserer Zeit vergeht damit? Wie viel Zeit der Puffer-Mitarbeiter vergeht damit? Wir bezahlen ihnen einen geringen Stundenlohn, aber sie arbeiten ja die Hälfte der Zeit an der Rechnungserstellung! Wenn ich zum Beispiel eine Plombe abschleifen lasse, schickt mir mein Zahnarzt vier Seiten Rechnung, bis hin zu 26 Cent für Auslagen für einen Wattebausch. Am Ende sind es 86 Euro. Wie viel kostet die Schriftstellerei dabei? Muss ein Zahnarzt oder ein Hausmeister demnächst generell ein paar Semester Wirtschaft studieren? „Seien Sie froh, dass ich die Sicherung überhaupt reindrehen durfte. Ihre Firma hat nur pauschal zehn Ausfälle geordert. Es war der elfte. Ich habe eine Stunde im Computer getrickst, um das abrechnen zu können. Ich habe es als Feueralarm deklariert. Das ist viel teurer für Sie, aber es ging. Wenn Sie es nicht zahlen, geht eben das Licht aus." – „Seien Sie froh, dass ich die Plombe bei Ihnen abschleifen darf. Sie sind ja privat versichert." – Denken Sie schon einmal nach. Wär' schön, wenn Sie trübsinnig würden.

6. Generelle Konstruktionserfordernisse an ein Supratriebsystem

Leistungsgerechtigkeit: Sie ersetzt die Gerechtigkeit eines klassischen Systems. Leistungsgerechtigkeit ist eine Kreuzung aus dem Gerechten („Gleichheit der Menschen") und dem Recht des Stärkeren. Im Grunde werden die Menschen in Suprasystemen in Leistungsklassen eingeteilt, nicht mehr in Gesellschaftsklassen oder ähnliches, wie es früher geschah. Der Leitgedanke der Leistungsgerechtigkeit gibt eine gewisse Sicherheit. Wer sich anstrengt, wird belohnt!

Das Suprasystem hütet die Leistungsgerechtigkeit: „Leistung muss sich lohnen." Mit diesem Satz wird ausgedrückt, dass das Höherwertigkeitsstreben für jeden Menschen der richtige Weg ist. Das Suprasystem definiert das Höhere und setzt Leistungsprämien aus, nach denen die Menschen sich mühend und sorgend strecken. Die Besten gewinnen. Hinter diesen Gedanken steckt eine heimliche Lüge. Denn die Leistungsprämien werden nur für Arbeiten ausgesetzt, die wertvoll sind, stark nachgefragt werden oder die das System stützen und verteidigen. In Wirklichkeit ist die Leistung eines Menschen nicht so sehr ausschlaggebend für seine Prämien. Es ist nicht die Leistung, die sich lohnt, sondern das Liefern nachgefragter oder temporär wertvoller Leistung. Es kommt darauf an, dass die eigene Leistung einen guten Markt hat. Ein Mensch ist im Suprasystem wie eine Ich-AG, die die Arbeitsleistung wie ein Produkt anpreist. Es ist eben die Frage, wie hoch dieses Produkt gerade im Kurs steht. Supramenschen verdienen viel mehr Geld, wenn sie etwas können, was im Augenblick knapp ist. Die Leistung tritt hinter diesem Gesichtspunkt weit, weit zurück. Es gibt in unseren Tagen zeitweise eine riesige Nachfrage nach bestimmten Informatikern, die sich über Nacht schlagartig legen kann (Fachleute für UMTS-Netzwerke!). Auf der anderen Seite gibt es keine nennenswerte Nachfrage nach Kindererziehung (außer von völlig mittellosen Kindern), weshalb das Hausfrauendasein oder das Erziehen in Suprasystemen eine so starke Entwertung erfährt, dass plötzlich die Überalterung der Bevölkerung langsam und immer sicherer zu einem dominierenden Problem heranwächst.

Formale Einheitlichkeit der Kampfzonen: Im Kern hetzt das Suprasystem Menschen in einen Wettbewerb um Prämien, die tendenziell hauptsächlich an die Gewinner ausgeschüttet werden. Wettbewerbe müssen vom Prinzip her durch einfache, klare Regeln bestimmt werden. Der Erfolg im Wettbewerb muss nachmessbar sein. Leistungsschwache müssen im Suprasystem sofort auffallen und entlarvt werden können. Deshalb werden die Arbeitsbedingungen normiert. Es ist nicht die Sucht, allem eine Uniform anzuziehen, wie sie den richtigen Menschen oft eigentümlich ist. Es geht um gleiche Bedingungen für die Wettbewerber, unter denen zumindest scheinbar faires Messen möglich ist. Wenn richtige Menschen Ungleichheit anstreben, dann meinen sie Privilegien. Richtige Menschen wollen sich gerne als Ausnahme im System sehen. Im Suprasystem strebt man nicht Ungleichheit aus Machtgier oder dergleichen an, sondern wegen eines Wettbewerbsvorteils. Es wird dasjenige Ungleiche erstrebt, das einen Vorsprung ergibt. Suprasysteme sind durch schwere innere Kämpfe gekennzeichnet, in denen es vordergründig um Fairness und Gleichheit im Wettbewerb geht, hintergründig um Geld.

Kräfteseparation, damit nicht Freunde gegeneinander kämpfen müssen: Weil die Menschen in Suprasystemen im Wettbewerb stehen, sollte ihre Arbeit in Unternehmen nicht zu stark verzahnt sein, weil dies sofort zu Kämpfen führt. Wenn zum Beispiel ein Hochleistungsträger „nur" deshalb nicht Höchstleistungen erbringen kann, weil er auf die Hilfe eines Prokuristen, eines Personalleiters, eines Juristen angewiesen ist, der zur Zeit an anderen Fällen arbeitet? Dann gibt es Streit. Suprasysteme vermeiden solche Reibungspunkte, indem sie die Leistungskampfzonen der einzelnen Mitarbeiter sorgsam separieren. Das Zauberwort heißt Zurechenbarkeit. Im Amerikanischen spricht man von Accountability: Jede Leistung muss einem Mitarbeiter zurechenbar sein. Dieser ist dafür verantwortlich, dass diese ihm zugeordnete Leistung erbracht wird. Er wird entsprechend vom Suprasystem prämiert oder eben nicht (er wird damit im letzteren Falle de facto bestraft). Damit Mitarbeiter wirklich *accountable* sein können, müssen sie im Stande sein, die geforderte Leistung selbst und eigenständig zu erbringen. Insbesondere sollten sie niemals irgendwelche Ausreden vorbringen können, dass sie versagten, weil ihnen nicht von außen geholfen werden konnte. Deshalb muss die Arbeit in Suprasystemen so sehr separiert werden, dass niemand auf Hilfe angewiesen ist. Die Arbeit in Suprasystemen ist Leistungskampf. In diesem Kampf bekommt jeder Leistungskämpfer eine eigene Arena, eine Laufbahn, eine Zelle, einen Verkaufsbezirk, eine Abteilung oder eine eigene Aufgabe zugewiesen. In diese abgeteilte Aufgabe stürzt er sich als Einzelkämpfer hinein.

Natürlich gibt es viele Aufgaben, die nur als Teamwork zu erledigen sind, so wie es auch Mannschaftssportarten gibt. Dann kämpfen die Mitglieder eines Teams zusammen, sind aber mit allen Problemen behäuft, die sich stellen, wenn es in der Mannschaft Stars und „Wasserträger" gibt. Alle diese Probleme können Sie absolut jeden Montag im Fußballteil der Tageszeitung ganz beispielhaft nachlesen. Die Mannschaften kämpfen dort gegen Abstiege und für den Einzug in irgendwelche Vierundsechzigstelfinale. Sie streiten nach jeder Niederlage untereinander, wer für sie verantwortlich ist. Suprasport ist Prämiensache geworden!

Das stereotype Gejammer der Ahnungslosen und der Verführer – „Team!": Suprasysteme hetzen jedes einzelne Individuum auf, alles zu geben. In Konsequenz bekommt es separierte Leistungskampfzonen zugewiesen, in denen die Leistung des Individuums nachmessbar ist und in Prämien umgerechnet werden kann. Diese sorgfältig *aktiv betriebene* Separation verhindert jegliche Art von Teamarbeit *vom System* her. Natürlich wäre es im Sinne des Ganzen besser, wenn ein Team oder eine Mannschaft gut zusammenspielen würde. In Grenzen funktioniert das auch, siehe Fußball. Im Großen und Ganzen arbeiten die Solo-Supraleistungskämpfer aber nicht gut zusammen, weil jede Hilfe dem anderen einen Vorteil bringt. Deshalb wird in Suprasystemen gottesdienstartig appelliert, dass doch alle Mitarbeiter ein verschworenes Team seien und zusammenstehen müssten. Es gibt, wie gesagt, in der Regel ein paar gutartige Naturen unter den Leistungskämpfern, die aus innerer Überzeugung etwas für das Team tun. Deshalb funktionieren Suprasysteme wohl auch. (Mag sein, dass unter den Frauen viele Teamfähige sind, die aber dann als Supraleistungskämpferinnen weniger Punkte bekommen. Suprasysteme wollen Teamfähigkeit, honorieren sie aus Systemgründen aber nie wirklich, weil das Prinzip der Aufgabenseparation weit vorrangig ist. Hier liegt eine Menge Fundstoff für die Frage, warum das Top-Management immer noch Männerdomäne ist.) Wenn also Manager „Team!"-

Appelle verkünden, so steckt viel theoretische Ahnungslosigkeit oder auch nur Lippenbekenntnis dahinter. Ich selbst erfahre bei jedem Unternehmen, mit dem ich zu tun habe, die Teamappelle meist in einem ganz bestimmten Zusammenhang: Jemand aus dem Management trägt erst eine Mission und seine separierte Aufgabenstellung vor. „Ich bin verantwortlich für dieses großartige Werk." Dann folgt eine Erklärung, dass dieses Werk eminent wichtig für das Ganze sei. Daraus zieht dann jeder Vortragende den honigsüßen, sehr logischen Schluss, dass es jedem Menschen im Suprasystem wichtig sein müsse, dass sein Werk vollendet würde und dass im Sinne des Ganzen nun jeder Einzelne mithelfen müsse. Die amerikanischen Reden enden dann immer mit der liturgischen Formel: „You see, I need your help." – „Ich zähle auf Sie!" („*zähle*"!!) Und dann wird bewiesen, dass jeder dem Vortragenden helfen muss. Team! Team! Team! Die ganze Veranstaltung aber bedeutet im nackten Klartext: „Ihr sollt meine Arbeit machen, damit ich meine Prämie bekomme!" Eine zweite Teamwelle von Vorträgen besteht darin, dass der präsentierende Manager in Team-Worten fast erstickt: „Wir sind für Sie da! Wir helfen Ihnen! Nehmen Sie uns in Anspruch! Wir sind für Sie da! Wir sind im Team! Ich liebe Sie alle!" Dieser Manager hat eine Stabsaufgabe im Unternehmen übernommen, bestimmte Hilfsleistungen zu erbringen. Meistens will die aber niemand haben und schon gar nicht in Form einer Umlage bezahlen. Also muss sich dieser Leistungskämpfer wie auf einem Basar hinstellen und seine Ware anpreisen. „Ich bin für Sie da!" heißt hier im Klartext: „Sie bezahlen mich per Umlage sowieso, jetzt benutzen Sie mich auch tüchtig, dann kann ich beweisen, dass ich etwas leiste und nächstes Jahr fordere ich eine höhere Umlage. Wenn Sie mich aber nicht benutzen, war die Umlage zu teuer. Dann werde ich abgeschafft, und das will ich nicht." In diesem Sinne ist „Ich bin für Sie da!" eine andere Formulierung für „Geben Sie mir einen Sinn. Helfen Sie mir, indem Sie mir eine Arbeit geben, so dass ich leben darf!"

Messen, Zumessen, Kriterien bestimmen: Im System geht es hierbei um Macht. Im Suprasystem geht es beim Messen um Vorteile. Wenn im System des *Organization Man* der Manager einem Mitarbeiter eine Gehaltserhöhung versagte, so war es Machtausübung, Bestrafung, Demütigung oder Gerechtigkeit. Im Suprasystem geht es um das Geld der Gehaltserhöhung selbst und um die Frage, wie der Mitarbeiter am besten angestachelt werden könnte. „Wenn man ihnen zu stark das Gehalt erhöht, verlieren sie den Biss oder werden müde. Wir müssen sie immer unzufrieden halten, immer ein bisschen unzufrieden." Das ist der neue Leitgedanke, der diesen alten ersetzt: „Er hat es sich verdient. Dann soll er auch zufrieden sein." Was ist im Suprasystem dann *Mitarbeiterzufriedenheit*? Es ist moderate, immerfort vorwärtstreibende Unzufriedenheit. Sie kennen den Esel mit dem Grasbüschel vor dem Gesicht, das an der Peitsche des Kutschers hängt? Alte Systeme verteilten von der Absicht her gerecht. Suprasysteme verteilen so, dass am meisten Höherwertigkeitsenergie erzeugt wird, die als Motivation bezeichnet wird.

Simple Evaluation im Wettbewerb: Das Messen im Leistungskampf muss simpel und leicht verständlich sein. Stellen Sie sich vor, man würde beim Hochsprung noch Abzüge für Rücken- oder Höhenwind machen. Den Eiskunstlauf habe ich schon besprochen. Je komplexer die Messungen sind, um so komplexer muss der Mensch beim Arbeiten denken. In der Wirtschaft ist es schon schlimm genug, dass der Gewinn mindestens von zwei Größen abhängt, von Umsatz und Kosten. Die Verkäufer denken immer an Umsatz und sind zu Rabatten bereit – sie gieren nach einer Unterschrift! Die Controller drücken nur die Kosten und Risiken, auch wenn dabei manches Geschäft an den Mitbewerber geht. Das Problem ist, dass der Trieb, die Nummer Eins zu sein, der Supratrieb also, sich besser fokussieren lässt, wenn er auf eine einzige Zahl gerichtet wird. Deshalb bemühen sich die Suprasysteme, nur eine einzige Richtgröße vorzugeben. Der vorläufige Höhepunkt ist die Richtgröße des Shareholder-Value, an dem sich alles auszurichten hat. Der Supraleistungstriebtäter muss die eine Zahl im Seismographensystem scharf eingebrannt haben. Er muss im Körper zittern und beben, wenn sich diese Größe ungünstig entwickelt. Dieses Zittern muss seinen Leistungstrieb aufpeitschen und ihn nach vorn treiben. Suprasysteme leben eben von der Mobilmachung psychischer Energie. Wenn wir einen Mitarbeiter an sieben oder acht Kennzahlen messen würden, so würde er sich jeden Abend die Zahlen anschauen und murmeln: „Da sieht es düster aus, dort ganz gut. Im Ganzen ein gemischtes Bild. Nicht schön, aber erträglich." Aus so einem Gemurmel wird keine schlaflose Nacht, nicht wahr? Da entsteht vielleicht gerade eine Sorge für einen Organization Man, aber kein Seismographenalarm.

Ziel erreicht, aber bankrott – Kennzahl und Realität: Wenn alles an einer Zahl hängt, bekommt der Leistungsgetriebene einen falschen Blick für die Realität, mindestens aber für das Ganze. Wer den Umsatz hochtreibt, gibt eventuell so viel Rabatt, dass er pleite macht. Wer alle Kosten einspart, spart kaputt. Wer das Eigenkapital herunterschraubt, damit die Eigenkapitalrendite größer wird, wird vom nächsten Konjunktursturm vernichtet. Das Erreichen eines Zahlenziels bedeutet nicht unbedingt, dass nun für das Ganze optimal gesorgt wäre. Ein System ist eben nicht nur mit einer Zahl zu beschreiben, ein System hängt von einer Vielzahl von Faktoren ab, sagen die richtigen Menschen. Die wahren Menschen sagen gar, das Ganze sei überhaupt nicht in einige wenige Kennzahlen zu zerlegen, man solle es komplex und ganz lassen! Wenn wir also ein System als ein Ganzes sehen, dann muss es in einer Vielzahl von Komponenten und Dimensionen in richtiger Harmonie sein. Das ist eine sehr schwierige Aufgabe, ganz fernab von derjenigen, Mitarbeiter auf die Jagd nach einer speziellen Kennzahl zu schicken.

Rotationsplan für Leistungsparameter zur multiplen Konditionierung: Wie können wir also trotzdem ein Unternehmen führen? Wie halten wir alle Dimensionen des Unternehmens in Harmonie und hetzen trotzdem die Mitarbeiter nur einem Parameter hinterher? Die weise Antwort ist: Wir wechseln die Zielzahlen in periodischen Abständen aus. Ein Jahr „Expansion!" (Umsatz, egal was es kostet), ein Jahr „Konsolidierung!" (Kosten sparen, auch wenn es Umsatz kostet), ein Jahr „Zentralisierung!" (Zügel anziehen), ein Jahr „Empowerment!" (Zügel lockerer), ein Jahr „Innovation!" (das alte Zeug verkauft sich nicht mehr), ein Jahr „Mergers & Aquisitions" („Umsatz kaufen, wenn wir es selbst nicht schaffen."), ein Jahr „Mitarbeiterzufriedenheit!" (es kündigen zu viele in der Hochkonjunktur), ein Jahr „Konzentration auf die Kernkompetenzen!" („mit allem aufhören, was wir schlecht machen – es gut machen zu lernen ist zu beschwerlich, dass sollen andere tun, denen wir die unliebsamen Teile verkaufen"), ein Jahr „TQM und Qualitätssicherung!" (die Produkte sind voller Fehler), ein Jahr „Prozessumstellung!" (nichts klappt mehr). Man schaut in einem Suprasystem, welche Kennzeichen oder Kennzahlen gerade völlig aus dem Ruder laufen und das Ganze in Gefahr bringen. Zum Beispiel: Die Kundenbeschwerden häufen sich. Dann wird im Folgejahr der Kunde in den Mittelpunkt gerückt. „Wir sind kundenorientiert, der Kunde steht im Zentrum, wir sind für ihn da, Tag und Nacht ..."

In einem Suprasystem fragen daher die Mitarbeiter zu Weihnachten: „Wonach wird nächstes Jahr gemessen?" Das heißt: „Was ist gerade schlecht?" Oder: „Wofür bekommen wir nächstes Jahr Geld?" Immer das, was im Argen liegt, wird den Mitarbeitern als zu verbessernde Zielgröße gegeben. Sie werden in einer Kaskade von Unternehmensmitteilungen auf die neue Marschrichtung eingeschworen. Das Suprasystem hämmert ihnen ein, nur diese eine Zahl sei für das Wohl und Wehe der Firma wichtig. Zum Beispiel: „Kundenzahl erhöhen!" Das war im Anfang des Internetbooms für die dot.coms das Wichtigste. Erst Kunden. Dann Umsatz. Dann irgendwann Gewinn. Eine Kennzahl nach der anderen!

Es ist gut, wenn man im Suprasystem das Einhämmern der Marschrichtung besonders hart gestaltet. Die Konditionierung muss so stark erfolgen, dass das Seismographensystem oder der Supratrieb noch lange hinterher zuckt, wenn schon neu, auf eine andere Zahl, konditioniert wird. Beispiel: Ein Jahr Einhämmern von „Wir sind am allerfreundlichsten zu Kunden!". Im Folgejahr: „Verkaufen! Verkaufen! Drängen Sie die Kunden! Versuchen Sie alles! Umsatz!" Diese neue Konditionierung beißt sich mit der alten. Wer seinen Kunden liebt, wird ihn nicht zu sehr bedrängen, weil das Freundschaft und vor allem Vertrauen kosten kann. Wenn man also die Leute im Vertrieb hetzt, alles aus den Kunden herauszuholen, während man sie vorher konditioniert hat, nett zu ihnen zu sein, so ändert sich das Verhalten der Getriebenen nicht über Nacht. Das Nette zum Kunden bleibt noch einige Zeit im Körper, während das Umsatzgierige ansteigt. Deshalb ist der Trieb eines normalen Mitarbeiters so ein Gemisch von langsam abklingenden Trieboffensiven der Vorjahre: Qualitätsoffensive vor fünf Jahren, Höflichkeitsoffensive vor vier Jahren, Pünktlichkeitsoffensive vor drei Jahren, Produktinnovationsoffensive vor zwei Jahren, Expansion um jeden Preis im letzten Jahr, Sparen jetzt. Alle diese Offensiven sind noch als eingehämmerte Triebe im Mitarbeiterkörper, der sich langsam der alten Triebe entwöhnt. Deshalb wird bald die Qualität schlechter, weil das schon fünf Jahre her war. Deshalb muss nun eine nächste Rotationsrunde der Supratriebkonditionierung angesagt werden.

Ich will sagen: Ein Suprasystem prägt immer einen der wichtigen Parameter frisch in die Mitarbeiterkörper hinein. Das wird so irre stark gemacht (manche klagen über „Gehirnwäsche"), dass die Konditionierung des Triebs noch ein paar Jahre vorhält. Zum Beispiel wird ein ganzes Jahr zum Sparen das Telefonieren mit dem Handy absurd streng verboten. Es gibt Gerüchte, dass ein Mitarbeiter gehen musste, weil er bei einem Unfall mit dem Betriebshandy seine Frau angerufen hatte. Jetzt kommt der Trick: Im nächsten Jahr hört die Firma auf, das Handynutzen zu bestrafen, aber sie gibt nicht zu erkennen, dass es nun erlaubt ist! So langsam beginnen die Mitarbeiter also wieder, mobil zu telefonieren. Viele trauen sich noch lange nicht. Die Seismographen bleiben noch lange, lange wach.

Die alten Systeme setzen also einen riesigen Regelkatalog fest. Es ist Pflicht, sich an alle Regeln zu halten. Dann ist Organization Man o.k. und durchschnittlich. Alles funktioniert.

Im Suprasystem werden viel mehr Regeln aufgestellt als man überhaupt erfüllen kann. Aber immer nur ein Teil der Regelverletzungen wird periodisch erbarmungslos bestraft. Der ganze Mitarbeiter wird dadurch supratriebgefüllt.

Mitarbeiter sind meist völlig ahnungslos über diese Triebrotation. Sie klagen unentwegt über die ungeheuerliche Intensität der Triebkampagnen, die sie für Vernunftkampagnen halten. Sie sind völlig verstört oder fassungslos, weil in einem Jahr Telefonieren mit Handy mit Kündigung bestraft wird, dann nie wieder! Mitarbeiter halten Manager für beschränkt: „Er sagt, Qualität ist am wichtigsten. Darum hat sich echt fünf Jahre lang kein Schwein mehr gekümmert, obwohl ich immer darauf hingewiesen habe. Nun spielen sie sich alle als Qualitätsgötter auf! Dafür ist das, was wir an Effizienz erreicht haben, plötzlich nicht mehr wichtig. Ich fühle mich auf den Arm genommen. So ein Manager versteht nur eine Zahl. Gerade die, wofür er Geld kriegt. Sonst ist er blind. Idiot! Alles Idioten!“ Alte Mitarbeiter lächeln und sagen: „Alles kommt periodisch wieder. Wie die Jahreszeiten. Sie spinnen alle, aber sie sind so. Ich habe resigniert.“

Manager sind ebenfalls meist völlig ahnungslos über diese Triebrotation. Denn faktisch dreht sich die Welt so: Ein Suprasystem hält sich in der Regel eine Menge Unternehmensberater, die es analysieren und beraten. Unternehmensberater haben die Aufgabe, ihren Klienten, also das Suprasystem, aufzuklären, wie es besser werden könnte. Das Suprasystem will im Wesentlichen wissen, worauf der Supratrieb der Mitarbeiter im Folgejahr konditioniert werden muss, damit das Suprasystem bestmöglich profitiert. Welche Größe ist das? Gute Preisfrage!

Die großen Unternehmensberatungen machen nun folgendes: Sie rufen Fachleute vieler Suprasysteme an und fragen sie, was nach ihrer Meinung in den Systemen derzeit am meisten im Argen läge. Die Antworten von Hunderten von Systemen werden gesammelt und ausgewertet. Es kommt zum Beispiel heraus: „Zu viele Mitarbeiter – bitte Massenentlassungen und Filialschließungen!“ oder „Führt e-Business ein!“ Man sammelt also die größten Fehler der Unternehmen ein und studiert den Durchschnitt aus diesen Fehlern. Das ist total leichte Arbeit für die Unternehmensberater, weil der größte Fehler ja bekannt ist. Nun gibt man diesen größten derzeitigen Fehler aller Unternehmen diesen selben Unternehmen wieder gegen hohes Honorar bekannt oder lockt durch entsprechende Vorträge viele Menschen zu teuren Konferenzen. Die zucken zusammen und sehen: „Aha, kann stimmen, habe ich noch nicht erkannt, aber die Mitbewerber haben diesen Fehler ganz offensichtlich. Es ist also was dran, was mein Berater sagt.“ Jetzt kommt der eigentlich schwere Teil der Unternehmensberatung. Der Berater muss dem Klienten beibringen, dass er diesen Fehler selbst auch hat und beseitigen muss. Das gelingt meist doch ganz gut, weil sich der Klient in bester

Gesellschaft befindet, da ja die anderen Systeme dieselben Hauptfehler haben. Dann beschließt man, die Mitarbeiter des Suprasystems gegen diesen Hauptfehler scharf zu konditionieren.

Die heutige Welt ist hauptsächlich deshalb so verrückt geworden, weil es die Berater dieser Welt mit dieser Fragebogenmasche geschafft haben, die ganze Welt zu *synchronisieren*. Sie erzählen immer ein Jahr lang, „der Kunde steht im Mittelpunkt", dann predigen sie ein anderes Jahr „Sparen beim Marketing und nur die guten Kunden gut behandeln". Da alle Berater genau das gleiche erzählen, und zwar genau das, was sie ja vorher beim Erfragen bei ihren Klienten mehrheitlich als Antwort bekamen, deshalb haben überhaupt alle Berater so beeindruckend Recht. Sie erzählen ja dem Klienten im Durchschnitt dessen eigene Meinung.

Das ganze System hat Ähnlichkeiten mit den Zuständen im Modesektor, wo sich Armani, Versace & Co., allerdings wohl ohne jemanden zu fragen, über die Herbstfarben einigen. So wie die Frauen dann alle periodisch zu Isolierbandgrau oder Baukranorange wechseln, wechseln die Suprasysteme die Supratriebrichtung periodisch. Die Frauen merken nie so richtig, dass die Farben zwar nuanciert jährlich anders sind, als ewig ganz neu erscheinen, dass sie aber im Wesentlichen doch Rot, Gelb, Blau, Grün, Weiß und Schwarz kaufen. Genauso erfinderisch sind die Berater, die immer schwach andere Abkürzungen wählen, damit die Supratriebrotation als solche nicht zu offenbar wird. Man kann Beratung nicht verkaufen, wenn jemand sagt: „Hatten wir alles schon probiert. Damals. Funktionierte nicht. Alter Hut." Deshalb sind auch die Modefarben immer scheinbar ganz neu und haben auf jeden Fall brandneue Namen. So lassen sie sich verkaufen. Auch Mode periodisiert rotierend Triebrichtungen, nur eben für Konsumenten.

Das Wunderbare an dieser Rotation der Triebrichtungen ist es, dass offenbar weder die Berater noch die Manager noch die Mitarbeiter merken, was gespielt wird. Die Berater sind nach fünf Jahren schon wieder woanders, die Manager auch! Sie halten das Periodische für neu. Nur ganz erfahrene Mitarbeiter lächeln. Damit auch Ihnen dieses Lächeln möglich wird, was aber wohl gleich gefriert, wenn Sie zur Arbeit gehen, habe ich diesen Punkt so weit ausgedehnt.

Einhundert Prozent Auslastung! Einhundert Prozent Kunde! Einhundert Prozent Trieb! Der Supratrieb der Systeme wird also in eine einzige Triebrichtung gerichtet. Ein Beispiel der jetzigen Zeit: Die Auslastung soll gesteigert werden. Jeder Mitarbeiter soll einhundert Prozent ausgelastet sein. Wenn zum Beispiel ein Zahnarzt ausgelastet sein will, muss er am besten nur knapp mit der Zeit kalkulieren. Dann ist das Wartezimmer stets überfüllt und er hat immer Arbeit und keine Minute Pause. Das hat dann zwei Wirkungen: Die Kunden werden böse. Außerdem ist es schwierig, zusätzlich noch zufällig auftretende Notfälle zu behandeln. Daraufhin kann der Zahnarzt im nächsten Jahr seine Praxis wieder mehr auf den Kunden ausrichten. Er wird brav eine halbe Stunde pro Behandlung einplanen. Dann komme ich zum Beispiel und lasse mich untersuchen. Da ich schon so schwer vergoldet bin, dass Karies gar keinen Platz mehr hat, ist er nach fünf Minuten fertig. Jetzt hat der Zahnarzt eine Lücke im Zeitplan anstatt in meinem Mund und verdient zu wenig. Da hätte er doch lieber schimpfende Kunden im Wartezimmer.

Genau so will auch meine Firma volle Utilization der Mitarbeiter, wie es allgemein im Amerikanischen heißt. Der Mitarbeiterbenutzungsgrad soll hoch geschraubt werden. Leider werden Projekte verschoben. Wir fahren zu einer Vertragsunterzeichnung und der Kunde ist krank, wo bei uns schon zwanzig Höchstqualifizierte bereit stehen. Pause! Ein Rechtsanwalt findet noch einen Haken im Vertrag. Pause! Recht hat kaum etwas mit Zeit zu tun. Ein Kunde hat einen Störfall im Netz. Alle Mann dorthin! Teamarbeit wird unterbrochen, die Daheimgebliebenen haben Pause. Ein Mitarbeiter hat einen genialen Einfall und löst ein Problem beim Kunden eine Woche früher als geplant. Der Manager: „Oh, Gott, Pause!" Der Mitarbeiter: „Sind Sie verrückt? Ist das Anerkennung für meine Genialität?" – „Genial ist nur etwas ohne Pause!" – „Kommt es nicht auf Genialität am meisten an?" – „Dieses Jahr nicht." Ich will sagen: Wenn Sie einen Betrieb mit einhundert Prozent Auslastung fahren wollen, wird alles verrückt. Dennoch versucht es gerade die ganze Welt, völlig triebhaft. Wir haben in unserer mathematischen Optimierungstruppe eine Menge Produktionsstraßen vollkommen mathematisch optimiert. Verstehen Sie? Mathematisch, logisch, unwiderruflich richtig, bewiesen, q.e.d.! Und es kommt immer heraus, dass eine Fabrikation oder ein Stundenplan nur zu etwa fünfundachzig Prozent ausgelastet werden kann, weil darüber alles im Chaos versinkt, wie im Wartezimmer des Zahnarztes. Jeder einigermaßen stetige Leser des Wirtschaftsteiles der Tageszeitung weiß, dass bei den Volkswirten eine Volkswirtschaft als überhitzt gilt, wenn die Auslastung über fünfundachzig Prozent steigt. Das weiß man. Es hilft aber nichts, wenn ein Suprasystemtrieb auf Auslastung eingehämmert wird. Die Manager verrenken sich in Triebzuckungen, um einhundert Prozent zu schaffen. Jeder weiß, dass es nicht geht ... Trieb geht vor Vernunft! Einhundert Prozent sieht so verführerisch *möglich* aus, nicht wahr? So, wie die Modeindustrie den Trieb einpflanzt, jeder könne Top-Model werden. Es sieht so verführerisch möglich aus. Ich habe schließlich zwei Beine, daraus müsste sich etwas machen lassen.

Problembehandlung. Re-re-re-engineering: Die Fehlerbehandlung im Suprasystem ist klar. Der Trieb wird auf die nächste Richtung gedreht. Fast wäre ich zynisch geworden und hätte geschrieben: Das Suprasystem richtet nun den Trieb gegen den ärgsten Fehler, den es im Vorjahr selbst erzeugt hat. Ich habe das aber bei dem Zahnarztbeispiel schon andeuten wollen. Die klassischen Systeme des Organization Man stellen einen Jahresplan auf und agieren nach *command & control*. Die reinen Vorgehensweisen der natürlichen Menschen würden sich ein Ziel definieren und dann losgehen, nach dem Motto *sense & respond*. Diese Prinzipien erklärte ich schon. Daraus wird nun im Suprasystem wieder eine Kreuzung gezüchtet: Es wird ein Triebziel definiert, das die Form „Zweistelliges Umsatzwachstum um jeden Preis" hat. Darauf werden die Mitarbeiter eingeschworen. Dann geht es los. Im klassischen System würde nun ein Jahresplan umgesetzt. Im Suprasystem wird unentwegt kontrolliert, nicht, um den Plan zu erfüllen (das auch, klar), sondern um die Triebe der Mitarbeiter anzupeitschen. Die Systeme mischen ein Prüfungs- und Leistungskampfsystem.

Die Menschen auf der linksgebauchten Apter-Kurve werden durch Prüfungen der Zahlen unentwegt in Angst gehalten, die Menschen auf der rechtsgebauchten werden unter Wettkampfstress gesetzt. Wenn das System die Ziele nicht erreicht, wird härter gepusht. Heutige Suprasysteme warten nicht mehr ein Jahr, um zu sehen, ob die Ziele erreicht werden oder erreicht worden sind. Die heutigen Datenbanksysteme erlauben im Prinzip das Aufstellen von Real-Time-Bilanzen. Das Unternehmen weiß praktisch zu jeder Zeit, wo es steht. Es kann kontinuierlich reagieren. Wenn es nervös ist, tut es das auch. Da es aus Gier prinzipiell zu viel fordert, also aus rein logischen Gründen stets unter einhundert Prozent liegt, ist es immer nervös. Suprasysteme werden durch die Segnungen der Datenverarbeitung immer mehr hyperaktiv und re-re-re-engineeren. Unsere ganze Welt schreit derzeit (es ruft aber nur die Vernunft, nicht der Trieb): „Mehr Nachhaltigkeit!" Das hören Sie täglich von der Politik. Auch die Politiker werden immer nervöser. „Haben Sie schon gehört? Ein Fünfzehnjähriger aus Brandenburg befürwortet die Öko-Steuer!" – „Oh je, die haben wir nicht im Parteiprogramm. Sollen wir noch mal alles ändern? So kriegen wir nie einhundert Prozent der Stimmen. Im Grunde haben wir aber noch drei Jahre Zeit."

Haupttrieb und Nebentriebe: Das Suprasystem kennt den Haupttrieb und viele Nebentriebe. Der Haupttrieb ist das wichtigste Ziel der gegenwärtigen Triebrichtungsperiode, etwa „mehr Umsatz". Auf diesen Trieb wird die Wettkampfseite des Systems ausgerichtet. Für Zielerreichungen winken Preise, Prämien und Anreize aller Art. Nun können zum Beispiel Mitarbeiter den Umsatz dadurch erhöhen, dass sie die Ausgaben für Marketing hochfahren oder den Kunden Rabatte anbieten. Das muss selbstverständlich verhindert werden. Deshalb formuliert man den Haupttrieb so: „XY muss stark verbessert werden, ohne dass A, B, C, D, E, ... usw. irgendwie verschlechtert werden!" Hierbei sind A, B, C usw. die anderen Richtungen des Systems, in denen es auch gut sein muss. Zum Beispiel könnte die Grundaufgabe des Suprasystems so aussehen: „Minimieren Sie die Kosten dramatisch, aber so, dass der Umsatz noch steigt, dass niemand entlassen wird, dass niemand unzufrieden ist, dass die Arbeitsbedingungen gleich gut bleiben, dass die Produktqualität erhalten bleibt, dass die Lieferpünktlichkeit auf hohem Niveau verharrt." Der Haupttrieb (im Beispiel die Kosten) wird unter harten Wettkampf gesetzt. Wehe, die Kosten sinken nicht! Damit nun der Betrieb nicht an anderen Stellen nachlässt, also etwa die Produkte husch-husch ohne viel Kosten herstellt, wird das Nichtabsinken der Nebentriebparameter unentwegt nachgemessen. Das Absinken der Nebentriebziele wird als Fehler interpretiert und bestraft. Der Erfolg in der Haupttriebrichtung wird stark belohnt. Im Fußball werden Tore belohnt, nicht das schöne Spiel. Deshalb greifen Spieler in Triebnot (Abstiegsgefahr oder letzte Chance zur Meisterschaft) zu Foulspiel. Das wird vom Schiedsrichter bestraft, wenn er es sieht. Genau so sieht das Suprasystemleben aus: Die Menschen werden in Haupttriebrichtung getrieben (Tore schießen!), aber in allen anderen Aspekten scharf geprüft (Foul, Doping, Stollen) und mit Punktabzug bestraft. Das Prüfen kann manchmal so vielfältig sein, dass es zeitweise dominant werden kann. Bei den Autorennen der Formel Eins gibt es so viele Mikrovorschriften über jedes Autoteil, dass man kaum sicher sein kann, in einem zulässigen Auto zu sitzen. „Der

Sieger wird ausgeschlossen, weil er seinen Rennanzug innen mit Helium aufgeblasen hat, um das Auto um 2 Gramm leichter zu machen." Deshalb werden also die Nebentriebe so gesteuert, dass sie nicht nachlassen. Der Trieb in der Hauptrichtung muss aber beliebig verstärkt werden.

Sofortige Exekution zu Stufe vier! Die starke Trieborientierung, sofort unbedingt gleich alles zu fordern, also besser zweihundert Prozent zu bringen, führt implizit zu der Forderung, in der Dueck-Pyramide gleich immer und ohne Vortraining auf Stufe vier zu springen. Das Supratriebziel wird definiert - und sofort heißt es: „Hurra! Los auf den Feind!" Niemand fragt: „Was wäre nachhaltig zu tun? Können wir das, was wir nur wollen? Müssen wie vorbereiten, trainieren, lernen?" Supratriebsysteme sprechen von „training on the job". Der Mensch lernt das Flügelschlagen beim Fliegen von selbst mit. Es heißt im Triebleben: „Fangen wir schon einmal an." - „Kämpfen wir schon einmal, vielleicht gewinnen wir gleich." Wenn ein starker Supratrieb eingepflanzt ist, muss der befriedigt werden. Stellen Sie sich vor, wir würden über eine nachhaltige Lösung eines Problems nachdenken. Das würde Wochen oder Monate dauern. Während dieser Zeit zerrisse uns der Supratrieb. Das Nachhaltige oder das Haltmachen auf Stufe zwei ist also quasi körperlich unmöglich gemacht.

Abrichten auf das Suprasystem als solches, nicht auf die Regeln im Besonderen: Menschen in Suprasystemen werden wesentlich daran gewöhnt, ihre Triebe fast auswechselbar umstellen zu können. Ich habe das in den vorstehenden Abschnitten nicht so richtig herausgehoben. Jetzt tue ich das: Der Supratrieb wird jedes Jahr oder jeden Monat oder zu jedem Termin einer Wahl, je nach Suprasystem, in eine andere Richtung getrieben. Mal hierhin, mal dorthin. Es ist aber im Prinzip ein einziger Trieb, nämlich der Beste zu sein. einhundert Prozent. Dieser Trieb urteilt nicht wirklich, was das jetzt speziell wäre, Nummer Eins zu sein. Das wird vom Suprasystem vorgegeben. Einhundert Prozent ist immer eine vom System bestimmte Richtung. Ebenso ist der klassische Systemtrieb, der sich wie Pflichtgefühl im Bauch anfühlt, nicht wirklich mit den Inhalten der Pflicht befasst. Das System gibt vor, welche Regeln und Pflichten bestehen. Der Systemtrieb tut wie befohlen. Die Abrichtung des Supramenschen bezieht sich also nicht auf spezielle Gier auf etwas Bestimmtes, sondern auf die Gier, Nummer Eins zu sein, an sich. Was immer das gerade ist. So wie Pflicht eben Pflicht ist, was immer das ist.

Unabhängigkeit des Suprasystems von Werten oder Traditionen: Durch das Rotationsprinzip der periodisch wechselnden Supratriebrichtung können sich Suprasysteme nicht wirklich bleibende Werte erlauben. Klassische Systeme verstanden sich in gewisser Weise als für die Ewigkeit gemeißelt. Die richtigen Menschen mit der richtigen Vernunft sind ja extrem konservativ. Sie halten Jahrhunderte lang an Traditionen und Regeln fest, klammern sich an das Bewährte und Vertraute. „Wir machen das immer so!", sagt ein richtiger Mensch in der festen Überzeugung, dass alles so am besten ist. Eben richtig. Suprasysteme sind nur in langfristiger Hinsicht stabil. Ich habe das schon angesprochen: Ganz wenige ältere, erfahrene Mitarbeiter lächeln über die wechselnden Triebrichtungsänderungen. „Es dreht sich im Kreis und da denkst du, es ändert sich etwas. Aber es ist alles immer gleich. Sie ändern die Mode, weiter nichts." Aus dieser Sicht sind Suprasysteme stabil. Da sie aber die Sichtweisen prinzipiell andauernd ändern, haben sie keine offiziellen Werte mehr. Es gibt nicht Heiliges oder nichtverhandelbar Festes. Der aktuelle Partialtrieb herrscht. Wenn etwa in Deutschland die Ausländerzahlen so zunehmen, dass eine Wahl wegen erboster Deutscher verloren geht, wird es mit Ausländern und ihrer Würde nicht mehr so streng gesehen. Wahre Menschen klagen, ein Grundgesetz sei nichtverhandelbar ewig, so lange es nicht geändert würde. Das ist eben Idealismus der wahren Menschen. Für sie gibt es vor allem die Platonische Welt der ewigen Ideen. Die Prinzipien oder Ideen der wahren Menschen sind für diese unverrückbar, wenn man sich nicht als krasse Ausnahme einmal von dem einen oder anderen Prinzip öffentlich lossagt (dann für immer). Suprasysteme haben als ewige Werte nur die vielen Variationen der Nummer Eins. „Unsere Firma will die beste Firma sein, mit den besten und immer innovativsten Produkten, mit den besten und motiviertesten und zufriedensten Mitarbeitern, die sich alle im ausschließlichen Dienst für die geliebtesten Kunden sehen, die stets im Mittelpunkt stehen. Diese Firma unterstützt eine Welt für alle Menschen mit einer wunderbaren Umwelt. Sie steht für alles, was Wert hat." Die wahren Menschen spucken auf solche Sätze, weil sie im Arbeitsalltag wegen einer derzeit temporären Triebrichtung einige dieser Facetten mit Füßen treten sollen. Wahre Menschen wollen selbstverständlich alles in der Vision stehende gleichzeitig verwirklichen. Wenn ihnen das nicht möglich erscheint, formulieren sie die Vision entsprechend bescheidener. Aber stehen lassen und mit Füßen treten? Wahre Menschen verzweifeln, weil die Werte des Suprasystems nur alle paar Jahre einmal im Vordergrund stehen, also rotieren. Sie verstehen nicht, dass die Konstruktion eines Suprasystems verlangt, dass es sich möglichst niemals stark auf feste Werte festlegen darf. Sonst kann es ja die Triebrichtungen nicht rotieren lassen. Da das keiner verstehen will, gibt es seit einigen Jahren ein stetig lauteres Geschrei über den Werteverfall. Die Werte verfallen nicht, sie rotieren nur. Schrecklich, nicht wahr? Dadurch werden die Werte so entsetzlich korrumpiert. Traditionen aber können eigentlich gar nicht rotieren. Die dürften wohl ganz verschwinden, wenn sie nicht für den Konsum wichtig sind. (Valentinstag und Halloween werden zum Beispiel durch die Industrie für uns Deutsche importiert, weil dies guten Umsatz sichert. Sollten wir nicht auch Thanksgiving haben? Zwei Mal Weihnachtsgeschenke – das würde die Wirtschaft retten.)

Konsequente Extrinsierung: Man sagt, Menschen seien intrinsisch motiviert, wenn sie etwas um der Sache selbst willen tun. Intrinsische Motivation liegt in der Tätigkeit selbst. Karlheinz Böhm arbeitet für Äthiopien, um dort zu helfen. Albert Schweitzer baut Lambarene auf. Unsere Nachbarinnen Frau Brück und Frau Schulz sammeln für das Rote Kreuz und die evangelische Kirche. Ich schreibe hauptsächlich an diesem Buch, weil es mir aus sich heraus Lebenssinn gibt. Ich merke, wie ich auch beim Schreiben dieses fünften Buches innerlich reicher werde und „wachse". Niemand sagt uns intrinsisch Motivierten, wir bekämen eine Prämie. Niemand hat uns vorher eingehämmert, wir müssten Höherwertigkeit anstreben. Intrinsische Motivation erzeugt sehr oft mehr Motivation oder psychische Energie als sie verbraucht. Wer intrinsisch motiviert arbeitet, ist so getränkt von wohliger Energie, dass er eine ganze Menge „Mist im Leben" gut nebenbei erträgt.

Viele Künstler, Musiker und Dichter lieben, was sie tun und werden vom Werk wiedergeliebt. Wenn sie dann aber kommerzialisiert werden und Werke vorzeigen müssen, weil sie einen Vertrag haben? Wie geht es heute wohl Joanne Rowling mit Harry Potter, Band 5? Mein Verlag schickt mir erst dann einen Vertrag, wenn ich fertig bin. Das ist gut so.

Extrinsische Motivation kommt von außen. „Mami hat dich lieb, wenn du die garstige Tante küsst, die zu Besuch kommt." – „Sie bekommen von mir das Mistprojekt aufgebrummt, es bedeutet für Sie garantiert zwei verschwendete Lebensjahre. Das wäre mir eine Beförderung für Sie wert." – „Wenn ihr jetzt nicht ruhig seid, setzt es etwas!" – „Ich pflege meine drei Tanten, das gibt gutes Pflegegeld von der Versicherung. Gleich drei lohnt sich." – „Kommen Sie zu Bett, meine Liebe, sonst spielen Sie keine Rolle." Extrinsische Motivation stiehlt dem Körper psychische Energie (garstige Tante küssen oder Kröte schlucken). Damit der Körper das mitmacht, bekommt er künstlich andere psychische Energie von außen zugespritzt (Geldspritze, Drogenspritze, Spritztour).

Alles, was sich in Anreizsystemen abspielt, ist extrinsisch. Es wird weder angenommen noch ist es vorgesehen, dass Arbeit erfüllt oder „Spaß macht". Jedes Versagen soll Angst einjagen oder Geld kosten. Jeder Erfolg bringt Geld und Erleichterung, von der Entlassungswelle verschont zu sein. Alle Menschen, die ich kenne, wissen, dass intrinsische Motivation wundervoll ist. Derart motivierte Arbeit wird wie Glück empfunden. Der Reiz der Sache liegt in ihr selbst. Wir sind einfach interessiert, so etwas zu tun. Alle Menschen, die ich kenne, wissen, dass sie viel, viel mehr leisten könnten, wenn sie intrinsisch motiviert wären. Die meisten aber empfinden Zeiten intrinsischer Motivation wie unverdientes Glück. Ich werde wegen der Bücher sehr oft darauf angesprochen. Niemand denkt daran, an den Suprasystemen zu zweifeln, die uns konsequent und prinzipiell extrinsisch, also fremd steuern. Kein Spaß, keine Freude, kein originäres Interesse, keine Liebe bei der Arbeit. Die Freude kommt von oben, von außen. Als Geldprämie.

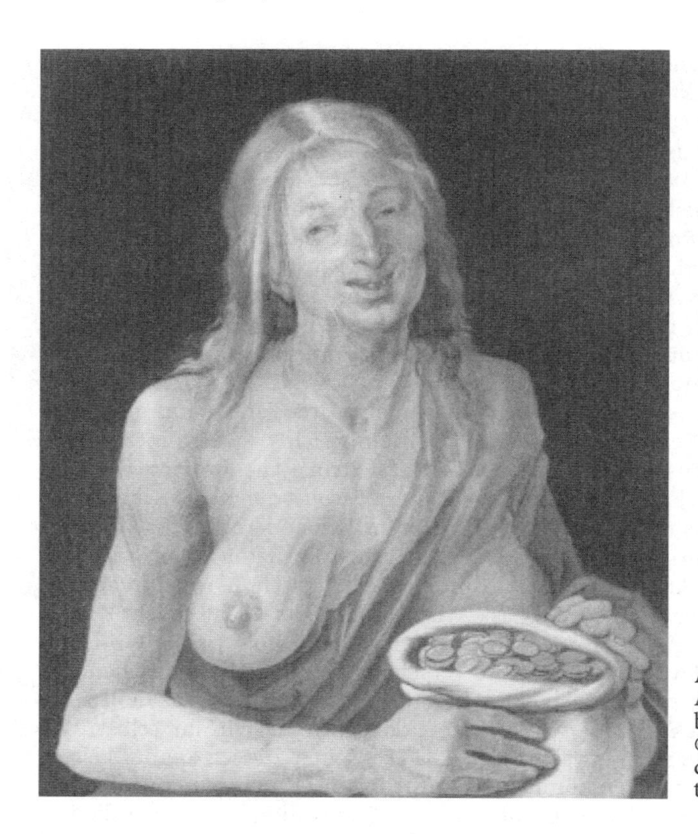

Albrecht Dürer:
Altes Weib mit Geldbeutel

Ich weiß ja nicht, was sich Albrecht Dürer beim Malen des *alten Weibes mit Geldbeutel* gedacht hat. Für mich ist diese Dame wie eine Allegorie der Supramanie. Normalerweise sieht man sie nicht so nackt. Wenn sie sich etwas schminkt und das Geld tarnt, sieht sie wie aus ... wie ein Sportwagen, eine Yacht, ein Traumurlaub oder ein Titel auf einer Visitenkarte aus Platin. Sie sind oft Ausgleich für den Raubbau an psychischer Energie, den wir dem Suprasystem gestattet haben.

VI. Der Score-Man

Dieser Abschnitt des Buches sieht sich nun die Wirkungen des Suprasystems im Einzelmenschen an, der sich nun auch innerlich hauptsächlich mit den Erfolgsmessungen befasst. Dieses Kapitel endet wie das Bild „Der Schrei" von Edvard Munch.

1. In der Praxis: Tunnelseismographen rund um die Punktzahl

Es gibt eine interessante Augenkrankheit, die Retinitis Pigmentosa. Die Netzhaut zerrüttet langsam von außen nach innen. Erkrankte Menschen sehen immer mehr nur in der „Bildmitte" scharf, außen unscharf. Diese Krankheit wird im normalen Deutsch „Tunnelblick" genannt.

Im übertragenen Sinne sprechen wir vom Tunnelblick eines Mitmenschen, wenn dieser nur noch Augen für ein selbst empfundenes Zentrum seiner Aufmerksamkeit hat. Der schmachtende Liebhaber ist so ein Beispiel. Alle Sucht hat einen Tunnelblick auf das allein Seligmachende. Alle Besessenen sind ungeteilt ihrer Leidenschaft ausgeliefert. Ihre Aufmerksamkeit ist ganz gefesselt vom Gegenstand ihrer Passion, von dem sie nichts wegreißen kann. „Er ist verloren! Er ist nicht mehr wiederzuerkennen, seit er das begann!", sagen die, die ihn kannten.

Gegen Leidenschaft ist nichts zu sagen, außer vielleicht, dass Übertreibungen jeglicher Art dem Weisen nicht wirklich weise erscheinen. Aber die Leidenschaft, in der Arbeit um der Punktzahl willen zu versinken?

Schon der gewöhnliche Systemtrieb, den die richtigen Menschen wie Vernunft dressieren, lässt in uns Seismographen anschlagen, wenn wir nicht nützlich für das System sind. Es gibt diesen Trieb in vielen Ausprägungen, ich kenne ihn ganz typrein in älteren Menschen. „Mutti, spann doch einmal aus! Genieße dein Alter!" – „Aha! So kommt ihr mir, mit Bosheit! Ich werde wohl nicht mehr gebraucht!" Oder: „Vater, du musst dich nicht mehr kümmern. Du bekommst Pension!" – „Ja, ich weiß, ich bin nicht mehr der Wichtigste hier, seit nicht mehr *ich* es bin, der das Geld heranschleppt. Ich bekomme immerhin noch die Pension. Auch *sie* habe *ich* erarbeitet. Ich lasse mich nicht so behandeln! Ich bin immer noch der Vater!" Die Seismographen der klassischen Systeme sagten: „Du bist nutzlos, pfui, du sitzt herum. Niemand kann dich so achten. Du kannst nicht Chef sein."

Nun kommen die Supraseismographen hinzu. Es reicht nicht mehr, nützlich zu sein. Jeder Mensch soll exzellent arbeiten.

Die Prüfungs- und Überprüfungsdichte bei der Arbeit nimmt zu. Wir werden empfindlicher, wenn wir Fehler machen, die uns Punkte kosten. Wir wollen nicht mehr offen streiten und diskutieren, es könnte uns ja Punkte kosten. Die Welt, in der wir leben, erstickt bald in politischer Korrektheit. Nur nichts Falsches sagen! Nur kein Punkteabzug!

Wir werden von den Punktesystemen *einsam* zur Arbeit geschickt, weil wir für die Punktezählung *separiert werden mussten.* Wenn eine Kassiererin zur anderen hinüberruft: „Was kosten die Kondome?", kann sie heute gut Schweigen ernten („Antworten kostet mich Umsatz!", denkt die fähige Kassiererin nebenan. Sie selbst lernt und verhütet solche Lagen.). Hilfe gibt es nicht mehr wirklich. Sie ist durch die Leistungsseparation nur noch von hoffnungslosen Altruisten zu bekommen.

Ich war neulich im großen Kaufhaus und suchte eine neue Pfanne. Unten, im Untergeschoss, gab es eine Menge von ihnen. Wie heißen Markenpfannen? Fissler, WMF, Silit, Berndes und so. Die Marken hatten alle eigene Ausstellungsflächen. Ich fragte jemanden, welche Pfannen am besten seien. „Ich bin von X.", sagte ein Herr. „Ich rate zu X." – Ich fragte eine Dame. Sie war sehr, sehr nett und hilfsbereit, sagte aber bald ziemlich unverblümt: „Ich bin von Firma Y. Ich rate nur zu Y. Dafür bin ich da." Da war noch eine andere Dame. Sie riet ausschließlich zu Z, weil sie nur dafür Punkte bekam. Ich musste nun echt raten, was ich nun auf welcher Pfanne haben wollte. Alle um mich herum belauerten mich, ob sie Punkte bekämen. Es ist nicht ihre Schuld. Es ist ihr Job. Sie sind separiert worden, um jeweils eine einzige Meinung zu haben. Wer für U eingestellt ist, rät nicht zu X. Er macht ein U vor. „Pfanne U kratzt nicht und X kratzt mich nicht!"

Ich malte mir aus, wie ein Kleidungsverkäufer mich im anprobierten Armani-Anzug böse anstarrt und sagt: „Wie hässlich! Oh wie hässlich. Ziehen Sie das aus, um Gottes willen." Er rät nur zu Lagerfeld?! Ich frage im Leben jetzt bald als erstes, wofür ein Mensch Punkte bekommt. „Wonach werden Sie gemessen? Sind Sie gut oder unten?" Dann kenne ich seine Meinung. Ganz einfach. Seine Meinung ist seismographengeätzt. So ein X- oder Y-Mensch hat nichts mit Vernunft zu tun. Es ist Dressur und Punktegier. Wir alle sind zu Vertretern von Punkten geworden.

Manchmal leide ich still, weil ich ja bei IBM arbeite. Wenn ich zum Beispiel so etwas Naives sage wie: „Unsere schwarzen Thinkpads sind am besten.", dann lächeln alle vielsagend. Obwohl es stimmt! Das tut nichts zur Sache. Denn ich habe mich entlarvt. Ich habe ja jetzt wie ein Pfannenverkäufer mit der *einen* vorgeschriebenen Meinung geredet. Die Menschen um mich herum ahnen, wofür ich Punkte bekomme. Sie nehmen an, dass ich score-gierig bin. Sie wissen, dass ich Thinkpads am besten finden *muss.* Es ist meine Rolle im Suprasystem. „Mein Produkt ist am besten und Nummer Eins." Alle dulden es, wenn ich so etwas sage. Es ist o.k.. Mein Tischnachbar beim Dinner entgegnet mir, er halte von Computern nichts, aber V-Gemälde für die beste Geldanlage, weil die fast ausnahmslos aus dem Rahmen fielen. Ich zweifele, ob meine Frau so etwas akzeptieren würde.

Professionelle Gespräche sind bald wie Kaffeeklatsch. Sie wissen schon: „Mein Kind hat und soll und ich meine." – „Aber mein Kind hat anders und soll nicht."

So sitzen Menschen im Beruf und reden ununterbrochen: „Mein Kind heißt X. Es ist eine Pfanne mit Fun, von der ich Fan bin." – „Mein Kind heißt W und ist ein Spülmittel. Da kriegst du dein Fett weg."

Das wirksame Wissen im Leben ist heute das Wissen darum, wer wofür Punkte bekommt. Wer wird wonach gemessen? Was nützt wem? Was geht und was nicht? Wie viel Provision gibt es wofür? Auf welche Punktsignale „springt jemand an"?

Suprasysteme setzen für alle Arbeit Anreize aus. Es wird angenommen, dass das System am besten funktioniert und dann am meisten Gewinn macht, wenn alle Menschen im System am meisten Punkte machen. Deshalb brauchen wir auch bald keine Menschenkenntnis mehr. Wir lassen uns sagen, wofür jeder Punkte bekommt und dann rechnen wir die anderen Menschen einfach aus. Da die das wahrscheinlich nicht wollen, versuchen sie, Nebel zu werfen. Sie lavieren und bleiben vage. Sie bleiben politisch korrekt und farblos. „Ich verkaufe Pfannen. Alle Fabrikate. Ich liebe Pfannen. Ich bin Pfannennarr. Aber hier, diese eine, X, hat es mir angetan. Ach, X. Ich gebe sie gar nicht gerne her, aber natürlich können Sie sie kaufen."

Ich habe vor einigen Monaten in einem Managermeeting unbetroffen bei einem Thema, das mich nichts anging, gemerkt, dass die Streithähne sachlich in einer echten Sackgasse zu landen begannen. Sie stritten und stritten. Alle anderen warteten (Meeting ist meist Warten). Ich meldete mich zu Wort und gab Informationen, um alles richtig zu stellen. Da sprang jemand auf und fauchte mich an: „Mit welchem Interesse sagen Sie das?" – Ich war einen Moment sprachlos und stammelte: „Ich habe kein Interesse in dieser Sache. Es ging mir um die Sache selbst." – „Was wollen Sie bezwecken?" – „Ich wollte helfen!" Ich war für dieses Meeting absolut erledigt. Ich log offenbar ... Es wird oft nicht mehr angenommen, dass man ohne Score etwas tut. Warum auch?

Das ist der *gewünschte* Tunnelblick des Suprasystems. Der Trieb zum Score-Sammeln wird so stark eingeprägt, dass sich die Menschen wie auf Leitstrahlen bewegen.

Hilfe wird unmöglich oder ist verdächtig. Ein Beitrag für das Ganze wird nicht betrachtet, weil es nur auf eigene Punkte ankommt. Wenn die Pfannenverkäufer um mich herum scharwenzeln, sehen sie mich nicht als normalen Kunden des Kaufhauses, der hier eine Pfanne sucht. Sie wissen, dass ich wohl mit einer Pfanne hinausgehen möchte. Sie könnten und sollten mich im Sinne des Kaufhauses als Team beraten. Sie kämpfen aber nur um die eigenen Punkte, die ich beim Kauf an einen von ihnen gebe.

Machen Sie den Test mit den Score-Menschen. Gehen Sie in eine Bank. Rufen Sie laut: „Ich habe geerbt! Ich habe zu viel Geld." Dann kommen sie hinter den Schaltern hervor. „Ich bin Mr. Bausparvertrag." – „Ich bin Mrs. Fondspolice." – „Ich bin Herr Lebensversicherung." – „Ich bin die beste Anlage." – „Ich manage

Ihre Risiken." – „Nehmen Sie doch einen Kredit auf. Sie haben so viel Geld, dass Sie sich einen leisten können." Plötzlich haben Sie viele Freunde. Jeder Spezialberater bekommt nur Punkte für seine Produktpalette. Der Zweigstellenleiter schaut auf seine Score-Tafel. Er sieht, dass er gerade in Bausparverträgen zweigstellenmäßig unterdurchschnittlich ist. Es wird Ärger geben. Er wird auf Sie zukommen und Ihnen etwas über solide, risikoarme Anlagen erzählen, die jeden gut schlafen lassen, auch Erben.

Wenn Sie Kunde sind, ärgern Sie sich über dieses Punktgeschacher. Sie wollen doch nur einfach gut bedient werden. Es geht Ihnen um sich selbst. Nicht um die Score-Schwächen desjenigen Ladenteils, den Sie betreten. Wenn Sie aber *selbst im Beruf* stehen?

Wie sind Sie dann? Auch Score-Man?

Die deutsche Bundesanstalt für Arbeit geriet in Verruf, weil sie sich hauptsächlich um das Dokumentieren der Arbeitsvermittlungen zu kümmern schien, nicht aber um das Vermitteln von Arbeitstellen. Ein atemberaubender Teil der Energie wurde verwendet, Punkte zu sammeln ... Tun wir das nicht heute bald alle? Kreisen nicht bald auch unsere Gedanken immer mehr um die „Punktziele"? Wer von uns ist gut? Wer schlecht? Wem wird gekündigt, weil die Punkte nicht reichen? Wir haben bald alle den Tunnelblick des berüchtigten Staubsaugerverkäufers. Und wehe, wir bekommen als solcher nicht genug Score. Dann beginnt in uns der ebenso bekannte *Tod des Handlungsreisenden*. So heißt ein seelenzerrendes Drama von Arthur Miller. Es gibt Millionen guter, authentischer Besetzungen für die Hauptrolle.

2. Das Leben beginnt wie eine Höherwertigkeitsreise

Das Leben ist natürlich nicht so düster, weil es ja ganz gut beginnt. Wir wachsen zusammen auf, haben eine fröhliche Kindheit, lernen spielerisch in der Schule. Spätestens im Gymnasium beginnt das Punktsammeln, es wird zum Ende hin, für das Abitur, immer stärker. Als Oberstufengymnasiasten beginnen wir mit dem Berechnen. Lohnt sich eine gute, harte Lehrerin gegenüber geschenkten Punkten in Religion? Welche Lehrer lassen mit sich handeln?

An der Universität geht es mit den Punkten für die Übungsaufgaben weiter. Als ich studierte, setzten sich überhaupt alle Studenten hin und versuchten sich an den Übungsaufgaben, die immer zu schwer waren. Nach drei Wochen begannen viele Studenten mit dem Abschreiben der Lösungen. Die meisten kümmerten sich um eine gute Punkteausgangsbasis. Sehr viele schrieben im ersten Semester bis Weihnachten so viel ab, dass sie schon genug Punkte für den Schein hatten, der erst im Februar vergeben wurde. Sie mussten also nach Weihnachten nicht einmal mehr abschreiben. Deshalb kamen sie auch nicht mehr in die Übungen, um die abgegebenen Abschriften korrigiert abzuholen. Es schien ihnen nutzlos und peinlich. Wer also brav abschrieb, bekam die Scheine. Die Quittungen für ihr Leben kamen viel später.

In Studiengängen der Wirtschaft, der Naturwissenschaft oder der Ingenieurwissenschaften (da sehe ich immer die Zahlen) brechen etwa die Hälfte der Studienanfänger das Studium im ersten Jahr ab. Ich habe etliche Studenten kennen gelernt, die bei sich beschlossen, das Studium neu zu beginnen und jetzt zu arbeiten. Nach drei Wochen Neubeginn trödelten sie, weil sie sich noch ganz gut an den babyeinfachen Stoff vom ersten Studienbeginn erinnerten. Etwa Weihnachten hätten sie mit dem Schuften zwingend beginnen müssen. Sie verpassten den Zeitpunkt (nämlich vom *ersten* Tag an zu schuften). Die meisten brachen ein zweites Mal ab.

Mit einem Diplom in der Tasche bewerben sich die Universitätsabgänger. Die Hälfte von ihnen bekommt in kürzester Zeit einen Job, die andere bewirbt sich unendlich lange. „Es tut uns Leid, wir haben keine Stelle frei. Diejenige, auf die Sie sich bewarben, ist leider gerade eben vor fünf Minuten besetzt worden. So ein Pech für Sie. Es tut uns leid. Wir wünschen Ihnen alles Gute."

Die Neuen kommen mit einer ungeheuren Energie zu ihrer ersten Arbeitsstelle. Jeder bringt ein hoffnungsvolles Karrierepotential mit. Aber schon im ersten Jahr sind sie wieder in Klassen geschieden, in Unterdurchschnittliche, Durchschnittliche und Leistungsträger in der Berufssparte XY. Die Leistungsträger werden bald Ober-XY. Sie wollen Chef-XY werden!

So geht es weiter, weiter und weiter.

Die Hälfte macht Abitur, die andere nicht. Weniger als die Hälfte schafft ein Diplom, die anderen nicht. Viele bewerben sich lange und arbeiten in einem Fach, für das sie ein Studium nicht gebraucht hätten. Nicht so sehr viele werden Ober-XY. Noch viel weniger Chef-XY.

Niemand will das alles wahrhaben. Es gibt viel weniger Manager als Diplomkaufleute. Arithmetisch ist das klar. Aber da sitzen sie *alle* im ersten Semester und träumen von Karriere. Die Hälfte von ihnen hat dann schon nach wenigen Monaten aufgehört.

Das echte Leben ist nicht viel anders als die Casting-Shows im Fernsehen. Tausende bewerben sich und vier, fünf schaffen es bis ganz oben.

Es ist ein langsames Sterben auf der Karriereleiter.

Wir selbst sehen es nicht, wenn wir aufwachsen. Wir sind voller Hoffnung, ja Gewissheit, dass wir es zu Großem bringen werden. Wir machen uns auf, Chefarzt, Raumfahrer, Bundeskanzler, Nobelpreisträger oder sogar Pop-Star zu werden. Wir werden Punkte ohne Ende gewinnen und damit die Charts stürmen.

In den Castings-Shows im Fernsehen werden Pop-Stars gesucht. Stundenlang sehen wir Vorführungen von angehenden Sängern und Sängerinnen, die fast ausnahmslos *sehr* schlecht singen. Sie bemühen sich redlich, bewegen sich ungelenk, produzieren sich bis zum Exhibitionismus. Wir schütteln uns wohlig am Fernseher, wie sich Hunderte von jungen Menschen zum Narren machen. Wir denken: „Ich hätte nie den Mut, mich so offen zu produzieren. Lächerlich. Die müssten doch wissen, dass sie nie gewinnen." Wir weiden uns dennoch an all der Hilflosigkeit, sind schließlich aber froh, wenn ab und zu jemand Talent hat. Das ist dann zwischendurch wie eine Erlösung für uns. (Im Jahr 2003 läuft bei RTL die Dauershow *Deutschland sucht den Superstar*. 10.000 „Sänger" und „Sängerinnen" bewarben sich. Im Augenblick sind noch drei Bewerber im Rennen: Der schräge Daniel, die professionelle Juliette und der smarte Alex. Nur Juliette kann singen! Hoffentlich gewinnt sie wenigstens. Für mich ist das gar nicht sicher, so, wie Alex aussieht.)

Ich wollte sagen: Wir sind fast alle auf diesem Trip!

Wir sehen uns nur selbst nicht im Fernsehen, wie wir auf andere wirken. Wissen denn die brummelnd vergesslichen Kellner, wie wir sie sehen? Wissen „Haben wir nicht – weiß ich nicht"-Verkäufer, wie wir sie hassen? Neulich haben wir lächelnd beim Vortrag eines ganz, ganz jungen Unternehmensberaters geschaudert, der gerade vor vier Wochen von der Uni gekommen war. Er trat mit Seidenanzug und Designerkrawatte auf und benutze in seinem Vortrag für ein größeres Management-Team solche Sätze: „Ich führe Unternehmen gewöhnlich so und so. Das ist altbewährt. Ich empfehle meinen wichtigen Kunden stets, nachhaltig zu arbeiten. Ich kann Sie alle hier nicht scharf genug warnen, zu visionär zu sein. Seien Sie bitte nicht naiv." Wie hatten leider an diesem Termin nicht vor, eine Casting-Show zu genießen. Wir mussten also jemanden von der Bühne holen. Meist wird nicht einmal das versucht. Wir schaudern ob der Unfähigkeiten unserer Mitmenschen, wir lassen sie aber leben. Wir geben dem ungeschickten Kellner sogar Trinkgeld, wir kaufen dann doch aus Zeitnot beim unwissenden Verkäufer, wir hören aus Angst vor Peinlichkeiten und aus Höflichkeit alle Vorträge zu Ende an. Alles regelt sich irgendwie. Deshalb merken die Darsteller der Casting-Shows nicht, wie schrecklich die meisten von ihnen auf uns wirken.

Wissen Sie, dass *auch Sie* in solch einer Show auftreten? Sie lesen in der Schule Goethe vor. Sie versuchen eine Kippe am Reck. Sie sprechen die ersten Sätze in französischer Sprache. Sie interpretieren ein Sonett von Gryphius. Sie halten einen Seminarvortrag an der Universität. Alles Casting. Bitte: Wissen Sie noch, wie schrecklich das war? Wissen Sie noch, wie Sie sich innerlich fühlten? Wissen Sie noch, dass die weit überwiegende Mehrzahl der Vorträge in Seminaren langweilig ist? Wissen Sie denn nicht mehr, wie furchtbar Fachvorträge auf Tagungen sind? Manche sind ganz und gar unverständlich, andere ätzend trivial. *Und Sie*?

Wir alle sehen hellsichtig scharf das Fehlerhafte, Durchschnittliche, Hingeworfene, Unfähige. Es ist überall. Wir sehen aber nicht, dass *wir selbst* Teil dieser Welt sind. Wir lernen ja noch oder bilden uns ein, alles zu können. Wir entwickeln uns weiter. Intern sieht das Leben wie stetiger Höherwertig-keitszuwachs aus. Wir kommen vielleicht ins Gymnasium, gehen vielleicht zur Universität, bekommen vielleicht eine Stelle, werden vielleicht befördert, vielleicht noch einmal befördert. Wir verdienen erstes Geld und mehr Geld. Wir schaffen Hausrat an, finden einen Lebenspartner, gründen eine Familie, sparen für ein Eigenheim. Wir verändern uns also in den ersten 35 Lebensjahren ständig. Es fühlt sich wie Aufstieg an, so lange es gut weitergeht.

Aber wie beim Casting scheiden Runde für Runde immer mehr Menschen aus. Es bilden sich Menschenklassen heraus. Kein Schulabschluss. Hauptschulabschluss. Mittlere Reife. Abitur. Berufsakademie. Fachhochschule. Universität. Promotion. Stufe für Stufe, Runde für Runde wird es einsamer. Die Suprasysteme wollen, dass wir unser ganzes Potential ausschöpfen. Wir sollen höher und höher hinauf, je höher, desto besser. Wir denken an Punkte, immer mehr Punkte. Wir streben nicht die Reife an, wenn wir das Abitur anstreben. Wir brauchen nur genug Punkte. Wir brauchen Punkte für die Übungsscheine der Universität. Immer nur die Besten kommen eine Runde weiter. Während des ganzen Prozesses sehen die meisten die ganze Zeit wie Anfänger aus. Die Schüler radebrechen Fremdsprachen oder mogeln sich durch Mathematik. Die Studenten bestehen Prüfungen, ohne die Seele der Wissenschaft aufgesogen zu haben. Es geht um Punkte und wieder Punkte.

Der Aufstieg ist wie ein Rausch.

Es tut nur ein einziges Mal weh.

Da sagt der Moderator: „Du bist toll. Es ist irre, wie gut du mitgemacht hast. Applaus! Applaus! Aber du weißt ja, dass der Sinn dieses Spiels darin besteht, Menschen hinauszuwerfen, damit es schließlich nur noch *einen* Sieger gibt. Es tut mir leid. Du bist raus. Einen musste es treffen. Dich. Dabei warst du so irre gut. Aber du hast bei Charisma zwei Punkte verloren, weil du über das Kabel gestolpert bist. Schade."

Der Schmerz löst sich in Tränen unter tosendem Beifall. Inszenierter kleiner Tod. Der Kandidat verlässt die Bühne mit einem großen Blumenstrauß, nach einem gehauchten Küsschen einer Hochglanzassistentin, am besten von Michelle Hunziker. Das ist die Zeremonie der Beerdigung.

Wie geht ein Mensch mit solchen kleinen Toden um?

3. Das Leben vor und nach der Messung

Suprasysteme schwören auf diese kleinen Tode, auf das Prüfen und auf das Messen bei Wettkämpfen. Im Amerikanischen sagen die Systemgläubigen: „People don't do what is expected, they do what is inspected." Das Wortspiel entfällt für die deutsche Übersetzung: „Die Leute arbeiten nicht das, was sie sollen, sondern nur das, was überprüft wird." Sie *wollen* es so, glaubt schon das klassische System. Ohne Inspektion wird geschludert. Deshalb prüft jedes System ständig, ob etwas schleifen gelassen wird. Dieses Schludern erzeugt das System in großen Anteilen selbst. Sie kennen vielleicht Eltern, die an Kindern so viel prüfen und checken, dass diese gar keine seelische Kraft mehr übrig haben, eigene Seismographen auf Dinge zu setzen, die *nicht* überprüft werden. Das zu starke Messen führt zum Tunnelblick auf das System im Ganzen. Es wird nur noch das System wahrgenommen.

Das Suprasystem überprüft ebenfalls („Nebentriebe mindestens aufrechterhalten"), beschleunigt aber mit Anreizen und Druck entlang der Haupttriebrichtung.

Standortbestimmung und neue Sichten des künftigen Weges: Für Leistungsträger sind Messungen im Grunde eine eher willkommene Standortbestimmung. „Gutes Kind, braves Kind." – „Du bekommst 10 Euro für deine Eins extra." – „Ich koche jetzt dein Lieblingsgericht, Spinat mit Ei."

Die Seismographen sollten im Großen und Ganzen Wohlgefühl anzeigen, wenn nicht gerade extremer Ehrgeiz oder Hass im Spiele ist. Es gibt extreme Haltungen („I hate *not* to win!"), die unbedingt die höchste Spitze anstreben. Dahinter stehen unbedingte Menschen, die alle Energie auf diese Spitze ausrichten. Die Supramanie-Bewegung sieht in solchen Beispielen ihre Wunsch-bilder. Ach, wenn alle Menschen so wären und sich verbissen vom Tellerwäscher zum Geldwä... – Sie merken, ich muss mich ab und zu zurücknehmen.

Leistungsträger haben gerne das nächste Meisterschaftsturnier im Auge und bereiten sich gewissenhaft darauf vor. Es ist eine Art Kunst, punktgenau fit oder in Hochform zu sein. In gewissen Momenten muss so gezaubert werden können, dass aber auch alles stimmt. Bei Meisterschaften findet daneben ein Kassensturz statt. Hat sich alles gelohnt? Wie sieht der künftige Weg aus? Winkt der Aufstieg in eine höhere Liga?

Manager ziehen Bilanz, Sportler hoffen auf das Treppchen, Wissenschaftler buhlen um die wenigen Hauptvortragstermine auf wichtigen Kongressen oder sie streben eine Publikation in einer angesehenen Zeitschrift an. Projektleiter sehen auf ihre Abnahmekriterien und Termine, sie werden an Qualität und Gewinn gemessen. Alle sehen nun, wo sie stehen.

In Suprasystemen ist aber *nur* Meisterschaftsturnier! Nichts dazwischen! Sehen Sie auf den Sportlerzirkus: Im Tennis, im Skispringen, in der Formel Eins – immer ist Meisterschaft. Die Wettkämpfer müssen Tag für Tag in einem biochemischen Zustand bleiben, im dem früher gerade mal der Olympiakämpfer alle vier Jahre sein musste. Die Leistungssportler sagen, sie würden verschlissen. Sie haben keine Zeit mehr zum Training, weil nur Meisterschaft ist. Sie können nicht wirklich am Feilen ihrer Fertigkeiten arbeiten. Selbst die Tennisspieler, die als Supertalent mit 13 Jahren Turniere gewinnen, werden sofort verheizt. Sobald jemand gut genug ist, beginnt das Verschleißen.

Top-Management-Kandidaten werden heute in atemberaubendem Tempo nach oben befördert. Alles, was Energie hat, kommt sofort nach oben. Oben ist dann täglich Meisterschaft. Früher musste die Bilanz stimmen, dann war alles in Ordnung. Heute ermöglichen die Computer das Erstellen von Real-Time-Bilanzen. Es gibt schon Firmen, die jeden Freitag Bilanz ziehen. Jeden Freitag! 52 Mal Meisterschaft. Ein Tennisstar hat nur etwa 20 bis 25 Meisterschaften, damit geht er schon zu Grunde. Das ist nicht so furchtbar schlimm, weil er ja als Sportler nur ein paar Jahre Sonnenschein haben kann. Er muss nur seine ganze Energie auf wenige Jahre verteilen, um dann als Sportinvalide in Reichtum und Ruhm zu schwimmen.

Was aber ist mit den Managern? Mit den Top-Beratern der großen, angesehenen Häuser? Mit den Börsenfachleuten, Analysten, Risiko-Managern? Sie könnten im Prinzip bis zum sechzigsten, siebzigsten Lebensjahr arbeiten. Aber volle Power (Out-Power!) schaffen sie meistens auch nicht länger als die Sportler. Hoffentlich schwimmen sie dann schon dort, wo sie es eigentlich wollten.

Und bald, bald ist für immer mehr von uns *täglich* Meisterschaft. Wir sollen jeden Tag das Letzte geben. Und irgendwann geben wir (uns) den Rest. 45 Jahre, Frühpensionär. Unvermittelbarer Arbeitsloser. Burn-out nach Jahren des Leistungstragens.

Stufe zwei wird vergessen! Persönlichkeitswachstum, wachsende Integrität, Training für noch höhere Wirksamkeit, Erfahrung, Weisheit.

Wir stellen heute möglichst schnell das Potential eines Menschen fest: Was kann er höchstens leisten? Dort stellen wir ihn hin, ganz schnell (pfeilschnell befördern, die Jungmanager!) und beginnen mit dem Abbau seiner Energie. Die Welt hat sich also seit Karl Marx weiterentwickelt. Es wird nicht nur mehr die Arbeitskraft des Arbeiters ausgebeutet. Es wird heute alles genommen, was in uns ist: Die Kraft, die Herzensenergie, die seelische Energie, die Lebenskraft, das geistige Potential. Für Punkte *jetzt.*

Der Leistungsträger wird durch fortwährendes Halten auf Meisterschaftsstresslevel auf ein Hochleistungsjahrzehnt komprimiert. Das ist für Suprasysteme genug.

„Lasst Seismographen sprechen“ (Analyse der Punktedynamik): Die durchschnittlichen Menschen haben keine Chance, an das große Geld der Leistungsträger zu kommen. Es ist schwer, die Mitte zu motivieren. Am Ende der Meisterschaftssaison fühlen die Mannschaften im Mittelfeld, „dass es um nichts mehr geht“. Die Leistungsmannschaften sind im gnadenlosen Wettbewerb um die Europacupplätze. Die „da unten“ kämpfen mit Fouls und Verzweiflung gegen den Abstieg. In der Mitte bedeutet ein Platz höher oder tiefer gar nichts. In klassischen Systemen ist der Durchschnitt der Hort der Sicherheit und des Friedens. Dort arbeitet man genug, um zu leben und leben gelassen zu werden. Suprasysteme versuchen nun, auch die Mitte zu mobilisieren. Dies geschieht durch fortwährende Prüfungen. Täglich wird gemessen, geurteilt, getadelt, gelobt. Das Seismographensystem wird in ständiger Alarmstimmung gehalten. Es heißt nicht mehr: „Du hast mittelprächtig Tennis gespielt.“, sondern: „Nur ein As im ganzen Match, 53 „unforced errors“ oder Flüchtigkeitsfehler, miese erste Aufschlagquote, mangelnde Variabilität des zweiten Aufschlags, dreiundzwanzig Prozent Grundlinienduellgewinne. Daran müssen wir arbeiten.“ Die Arbeit der Leistungsträger orientiert sich an der Meisterschaft, am Besten. Die Durchschnittlichen werden von Suprasystemen durchleuchtet, wo ihnen am effizientesten noch Dampf gemacht werden könnte. Der Systemtrieb wird verstärkt. Das Suprasystem macht es den Durchschnittlichen so ungemütlich, dass die Seismographen ständig doch das Gefühl haben, dass es jetzt um etwas geht, obwohl das in der durchschnittlichen Mitte nicht so wirklich stimmt. In der Tendenz verteilt das Suprasystem deshalb für jeden Handgriff Punkte, die wie Rabattmarken gesammelt werden. Es ist wie in der guten alten Kindererziehung: „20 Mal Mülleimertragen bringt ein Upgrade auf *große* Pommes bei Mac.“ Da Seismographen leichter durch Strafen geschärft werden können, wird in dem Durchschnittlichen eher Angst vor Minderwertigkeit und Abstieg geschürt. „Du musst für das Team arbeiten. Wenn du eine Minute zu lange Pause machst, werden die anderen dich scheel anschauen, weil du ihnen die Performance versaust. Sie werden dich nicht mehr achten. Es geht nicht um dich. Es geht um das Ganze.“ So wird

der Durchschnittliche angeleitet, immer noch zu schauen, wo es ein paar Punkte mehr zu gewinnen gibt. Er überlegt ständig: „Wenn ich eine Stunde später nach Hause gehe, gibt es hier Punkte und zu Hause Abzüge. Wie rechnet sich das? Was passiert, wenn ich hier nicht antworte und dafür dort etwas investiere? Was habe ich davon?"

Diese Frage trifft genau in den Kern des durchschnittlichen Denkens. „Was habe ich davon?" Das Suprasystem traktiert unaufhörlich mit Anreizen der Form: „Tu dies und du bekommst das!" Und der Durchschnittliche fragt dann, was er bekommt, gesetzt den Fall, er täte etwas.

Ich erkläre es eine Stufe akademischer, etwas mathematisch. Stellen Sie sich meine Lieblingsaufgabe vor (in anderen Bücher war davon ausführlich die Rede): Finden Sie durch bloßes Umhergehen den höchsten Punkt auf einem unbekannten Planeten. Derjenige Mensch ist der beste, der einen hohen Berg findet. Wie macht man das? Mathematisch gesehen muss also der höchste Punkt einer „Kurve" im weitesten Sinn gefunden werden, also ein Optimum. Leistungsträger denken lange über das Optimum nach. Wie sieht das aus? Wie hoch ist das Höchste? Welche Anstrengungen sind nötig? Wann lohnt sich das? Dann gehen sie auf das Optimum los. Ins Gebirge, mit der nötigen Ausrüstung.

Das durchschnittliche Denken stellt sich ganz praktisch auf die Erde, sieht sich um und geht in die Richtung, in der die Höhe ansteigt. „Da habe ich schon einmal was geschafft." Das ist eine kurzfristige Strategie, die sofortigen Gewinn bringt. Punkte *jetzt*! Der Durchschnittliche „verbessert" sich ständig. Auf der Erde kommt er bis zum Brocken im Harz oder bis auf den Feldberg im Schwarzwald. Dass ein Optimum im Ausland liegen könnte, fällt ihm nicht als Möglichkeit ein. Manchmal kommt der Durchschnittliche bis vor den Mont Blanc. Dann sieht er, wie groß die Möglichkeiten sind. Und er erschauert und sagt sich: „Das schaffe ich wohl nicht. Dafür habe ich nicht trainiert und keine Ausrüstung. Am Fuße des Mont Blanc bin ich zufrieden. Sollen Verrückte sich die Haxen brechen, ich mache da nicht mit. Schuster, bleib bei deinen Leisten."

Mathematisch gesehen sucht das durchschnittliche Denken den bequemen, nachhaltigen Weg nur nach oben, ohne Tal. „Der Weg des geringsten Widerstandes." Der Mathematiker sagt: „Die erste Ableitung der Kurve soll positiv und beschränkt, also nicht zu groß sein." Zu steil nach oben? Das wäre entweder Glück, das dem Durchschnittlichen eher nicht winkt oder tierische Anstrengung, die der Durchschnittliche scheut.

Somit befasst er sich fast ausschließlich mit der lokalen Punktedynamik. Wofür gibt es ein paar Pluspunkte oder Höhenmeter in der nahen Umgebung? Was kann kurzfristig und schnell getan werden? Wo schlagen Seismographen aus?

Suprasysteme hetzen uns über Seismographenzucken: „Versager! Mach Punkte! Noch heute!" Das durchschnittliche Denken gehorcht aufs Wort und noch mehr auf Seismographen, die auf Punkte lauern. Es macht Pluspunkte, schnell, noch heute. Das Langfristige, Nachhaltige, das Optimale ist gar nicht im Blick. Das Durchschnittliche sieht kurz, wie das Suprasystem auch. Triebe sehen ebenfalls kurz. Seismographen alarmieren *jetzt*. Wo, bitte, geht es noch ein bisschen höher?

Minderwertigkeit – halb öffentlich am Pranger: In der unteren Hälfte des Suprasystems geht es um das Überleben. Es gibt kaum noch Punkte. Die Pflichtmenschen verzweifeln und mühen sich langsam ermüdend zu Tode. Sie erlöschen, ersticken unter Stress, versuchen sich zu verstecken. Die mehr kämpferischen Menschen (denken Sie wieder der Einfachheit halber an die Stresskurven von Apter) suchen die Entscheidung, zerstören alles („Wenn ich hier sterbe, dann reiße ich möglichst viele mit"), bäumen sich auf, ackern ruhelos. Sie beschuldigen andere, schwärzen an, decken Missstände auf. Es sind letzte Versuche. Alle diese Strategien ecken weiter an, eröffnen neue Baustellen für andere, machen Schwierigkeiten. Im Grunde rufen diese Menschen sterbend um Hilfe. „Ich hasse euch alle!" heißt vielleicht „Ich möchte gerne zu euch gehören!" Bald gehören solche Menschen nicht mehr zum Suprasystem, sondern zu den Arbeitslosen. Die Menschen, die da wüten, toben, einsinken, ermatten, – diese Menschen rufen nie wirklich explizit um Hilfe, jedenfalls nicht so, dass ein ungeübter Durchschnittlicher die Schreie als Hilferuf hört. Wer explizit Hilfe braucht, ist ja definitiv unten. Warum also sollte er öffentlich bitten, wo doch die weg müssen, die Hilfe brauchen? Unterdurchschnittliche Menschen leben wie mit einem Schleier aus Angst, Verzweiflung, Trauer, Wut, Ungerechtigkeit. Sie nehmen Messungen und Prüfungen nicht mehr wirklich wahr. Sie sind wie besiegte Boxer, die noch einmal blind um sich schlagen. Sie sind wie besiegte Boxer, die am Boden liegen. Oben zählt jemand Sekunden wie Punkte. Zu Ende.

Das klingt hart, nicht wahr? Und das stimmt nicht, sagen Sie? Dann sehen Sie nicht! Dann hören Sie die Schreie nicht! Dann sehen Sie nicht das tränende Herzblut! Zehn Prozent von uns sind ohne Arbeit, mehr als zehn Prozent Alkoholiker, mehr als zehn Prozent wurden missbraucht, kaum jemand arbeitet bis zum 65. Lebensjahr. Depressionen, Allergien nehmen zu. Stress wird zur Hauptgesellschaftskrankheit. Wir haben in den Universitäten Durchschnittsstudienzeiten von bald 15, 16 Semestern. Wir wissen alle, dass gute Studenten etwa 10 bis 11 Semester studieren. Wie lange studiert dann das schlechteste Drittel? 20 Semester? Wissen Sie, wie viele Seismographen so lange in solchen Menschen zucken? Wie wenig Punkte sie alle bekamen? Und diese Studenten sind noch die, die zu Ende studieren. Und die anderen? – Alle diese Menschen leben in Ihrer Nachbarschaft oder arbeiten ein paar Türen nebenan. Ich zeige Sie Ihnen an vielen Beispielen im letzten Teil des Buches.

„How to live if you must": Es gibt ein bekanntes Buch mit dem Titel: *How to gamble if you must*. Den habe ich hier abgewandelt. Oder spielen wir mit einem bekannten Brechtzitat. Wir könnten denken: „Stell dir vor, wir müssen leben, aber es geht keiner hin!" Außen, vor den Suprasystemen, ist das Leben nicht besser als am Leistungspranger. Oft gibt es kein Entrinnen. Die schlechtesten Schüler müssen ja gesetzlich vorgeschrieben zur Schule und damit in eine jahrelange Tretmühle. Ich kenne bei uns in der Firma so einige Menschen, die bei kleinen Kritiken an ihrer Person schon in längerfristige Panik geraten, und ich selbst bin gar nicht so unempfindlich, wie Sie vielleicht denken. Für uns Durchschnittliche oder gar Leistungsträger zuckt es und gräbt es im Eingeweide, wenn uns jemand beiseite nimmt: „Das hättest du nicht tun sollen! Man bat mich, dir das zu sagen." Eine Kritikrate von einmal pro Monat verhagelt manchen von

uns das ganze Leben. Sie da, die Sie so empfindlich sind! Wie geht es denn den schlechten Schülern? Zehn Demütigungen pro Tag? Während Sie selbst nicht einmal *eine* im Monat ertragen?

Diese Menschen *müssen* leben.

4. Aus dem Score-Leben: Verteilen der Beute

In manchen Banken werden heute fortschrittliche Suprasysteme installiert. Die einstigen Bankbeamten werden nun leistungsgerecht bezahlt. Sie bekommen nur etwa fünfundsiebzig Prozent des einstigen Gehaltes. Dazu gibt es Prämien für den Abschluss von prämierten Triebrichtungen. So viel für einen Bausparvertrag, so viel für ein Plus-Plus-Konto, und so viel viel für eine Aussteuerversicherung. Ich gebe ein Beispiel: Ein sehr treuer Bankkunde betritt die Sparkasse. Dort lauern drei junge Supradienstleister hinter dem Tresen. Der treue Kunde geht zur Kasse. Dort grüßt er die Hauptkassiererin, die er hier seit zwanzig Jahren kennt. Ihr Job wird bald wegfallen. Er sagt: „Können Sie mir sagen, ob das Plus-Plus-Konto eine gute Sache ist?" – „Habe ich auch gemacht, finde ich gut." – „Gut, dann richten Sie mir eines ein." – „Darf ich Sie an einen jungen Suprakollegen verweisen?" – „Nein, nein, das will ich nicht, machen *Sie* das mal, wie *immer*." – „Na, dann."

Der Kunde geht zufrieden.

„Und wer bekommt jetzt die Prämie?" – „*Ich* habe abgeschlossen!" – „Du bist Hauptkassiererin und bekommst Festgehalt. Du darfst das gar nicht abschließen!" – „Ich habe es getan, weil ihr das gar nicht bringt. Ihr kennt doch den Kunden nicht!" – „Du hättest ihn an uns verweisen müssen!" – „Unsinn." – „Wir werden jetzt den Vertrag umschreiben, mit der Unterschrift von einem von uns drauf, damit einer von uns die Prämie dafür bekommt. So geht das nicht." – „Aha, und wer?" Ich, ich, ich. Der Zweigstellenleiter zur Hauptkassiererin: „Versuchen Sie bitte das nächste Mal, die Suprakollegen direkt einzubinden. Wir müssen nun den Vertrag extra umschreiben, damit einer von ihnen die Prämie bekommt. Zwar haben die Kollegen dazu nichts geleistet, aber wir sollten die Prämien nicht verfallen lassen. Sie setzen mich nun mit Ihrem Vorgehen unter Zugzwang. Ich muss entscheiden, wer genau die Prämie bekommt, wer also den Vertrag abgeschlossen hätte, wenn Sie nicht dazwischengefunkt hätten." – „Geben Sie *mir* doch die Prämie." – „Sie sind nicht auf Incentive, Sie bekommen Festgehalt. Da seien Sie doch einfach froh, bitte. Sie haben damit ein ganz leichtes Leben und damit eine laue Arbeit. Sie gehören ja noch zum alten System. Damals reichte das bloße Arbeiten aus. Heute muss eben alles wegen der Punkte zusätzlich korrekt verbucht werden."

Der Kunde kommt am nächsten Tag wieder zur Hauptkassiererin.

„Ist etwas nicht in Ordnung?" – „Ich, äh, ja. Sie müssen den Vertrag nochmals unterschreiben, weil äh, ich gestern nicht das richtige Formular hatte. Es ist mir peinlich." – „Das macht doch nichts. Wo soll ich unterschreiben?" – „Guten Tag, darf ich mich vorstellen? Ich bin Herr Supra. Ich betreue Sie. Das wollte ich Ihnen mitteilen. Ich bin für Sie zuständig und bekomme alle Prämien, die durch Sie anfallen. Ich möchte Sie bitten, das Formular neu zu unterschreiben. Ich habe alles vorbereitet. Sehen Sie? Hier ist jetzt auch das Feld neu ausgefüllt, wo mein Kürzel im Vertrag ist. Dann bekomme ich die Prämie. Sehen Sie? Setzen Sie sich einen Augenblick, dann können wir gleich zur Unterschrift eilen. Möchten Sie einen Kaffee?" – „Nein, ich muss zur Arbeit." – „Das macht nichts, hier bei uns geht es um das Wichtige. Hier wird über Ihre Zukunft entschieden. Sie wollen doch nicht arm sterben?" – „Bitte, geben Sie mir das Formular, damit ich schnell zur Arbeit kann." – „Es geht um mehr als das Formular. Wir haben überprüft, dass Sie und Ihre Tochter insgesamt 20.000 Euro als Geldeingänge zu verzeichnen hatten. Sie haben aber nur vor, 15.000 Euro auf das Plus-Plus-Konto einzuzahlen. Was geschieht nun mit dem Rest? Sehen Sie. Wir haben hier andere maßgeschneiderte Plus-Plus-Plus-Anlagen, die allerdings 25.000 Euro Mindesteinzahlung erfordern, aber gewaltig viel mehr Zinsen und Prämien erbringen. Für Sie und für mich. Wir empfehlen generell, nicht so knauserig mit der Vertragssumme zu sein. Trauen Sie sich doch etwas zu! Viele Leute sparen mehr als Sie!" – „Ja, darf ich mir das noch einmal überlegen? So viel Geld habe ich nicht." – „Kommen Sie morgen vorbei. Sie sollten sich Zeit nehmen. Aber morgen läuft die Frist ab, zu der es noch dicke Zinsen gibt. Wir setzen die Termine mit den Sonderangeboten strategisch so eng, damit wir Sie unter Druck setzen können. Ich lehne mich da weit heraus, Ihnen das Angebot noch bis morgen freizuhalten."

Am nächsten Morgen schleicht sich der Kunde zur Hauptkassiererin. „Oh Gott. Ihre Kollegen da haben bei uns angerufen." – „Was ist passiert?" – „Ein Herr Supra, war der das von gestern? Dieser Unsympathische, der mich bequatscht hat? Ich wusste gestern gar nicht mehr aus und ein wegen der vielen Plusse. Ich verstehe davon doch nichts." – „Und?" – „Man hat meine Tochter wegen dem Geld angerufen. Die wusste nichts von den Geldeingängen. Es sollte eine Überraschung für sie sein. Sie ist jetzt aber verärgert. Dann wurde meine Frau angerufen. Die ist jetzt hellhörig und will wissen, wo ich das Geld angelegt habe. Der Supra oder so hat sie vor mir gewarnt, dass ich etwas falsch mache. Sie meint jetzt auch, wir sollten Plus-Plus-Plus machen. Ist das wirklich so ein tolles Lockangebot? Wir haben bei Hühnern früher immer Putt-Putt-Putt gesagt. Daran hat mich der Name erinnert." – „Und nun?" – „Ich habe Angst bekommen. Normalerweise bin ich seit zwanzig Jahren glücklich, hier hereinzukommen. Jetzt habe ich Angst. Ich habe gewartet, bis Herr Supra in die Mittagspause ging. Ich habe dafür eine Stunde bei der Arbeit geschwänzt. Hoffentlich geht das gut. Ich stehe im Halteverbot. Was mache ich jetzt?"

Dies war eben eine wirkliche Geschichte, schwach überzeichnet. Sie hat sich noch viel länger hingezogen. Etwa so: Es gab Ehestreit, wilde Streitereien zwischen der Hauptkassiererin des alten klassischen Systems und den Suprasystemleuten. Der Kunde legte das Geld bei einer Bank nebenan an. Er hatte zu viel Angst wiederzukommen. Er ist heute unglücklich, weil er immer gern zu *seiner* Bank gekommen war. Er ist heute unglücklich, weil er die neue Bank nicht findet. Seine Frau wurde auch von der neuen Bank angerufen, ob sie nicht einen More-More-More-Vertrag abschließen wolle. Ihr Mann mache da etwas falsch.

Aus dem früheren Vertrauen („Legen Sie's gut an, wie immer!") werden nun schlaflose Nächte für alle. Wo liegt der beste Prämien-Zinskompromiss für alle? Aus Vertrauen wurde Verkaufsdruck. Aus Gesprächen Call-Center-Terror. Bei vielen Banken werden die Kunden derzeit suprasystematisch attackiert, neue und größere Verträge in einer Richtung abzuschließen, wohin der derzeitig verordnete Trieb auch immer gerichtet ist. Diese Offensiven erbringen massenweise Verträge, die ohne die Attacken nie zu Stande gekommen wären. Aufatmen bei der Bank. Leider sind für jeden gefangenen Kunden zehn andere definitiv verärgert worden. Einige von diesen geben ihr Geld zu einer Internetbank. Dort ärgern den Kunden nur Wälder von Werbeseiten, die er ärgerlich wie Stubenfliegen wegklickt. Aber es sind wenigstens keine Supramenschen, die ihn in Bedrängnis bringen.

Suprasysteme teilen die Welt in Punktzellen ab. Die Arbeit der Score-Men wird streng separiert, damit jeder sein abgestecktes Punktejagdrevier hat, in dem er voll verantwortlich ist („accountable"). Alles in diesem Revier wird ihm zugerechnet. Und nur das. Wenn Score-Man in anderen Revieren arbeitet, bekommen es andere zugerechnet (wie im Beispiel mit der Hauptkassiererin). Ich bitte um Verzeihung für meine Wortspielerei: Score-Man ist nur in seiner Abteilung zurechnungsfähig. Oder, wenn Sie so wollen, erst recht dort *nicht*!

Unsere heutige Welt verwandelt sich immer mehr in eine Scorelandschaft. Natürlich waren seit Urzeiten andere Menschen hinter uns her, die an unser Geld wollten. Schon immer lauerten uns Teppichhändler und Staubsaugervertreter auf.

Heute aber beginnen alle, so elend *genau* nachzurechnen. Die Ärzte schicken Rechnungen für ein Sekundentelefonat, Handwerker berechnen jeden Handgriff, der nicht vereinbart war. Die Pfannenverkäufer locken uns im Kaufhaus umher. Überall sind Grenzen von Punkterevieren. Ich habe schon einen so geschärften Blick dafür, dass ich eine dauernde Melancholie verspüre. Die Liebe und das Spontane verschwinden aus den Augen. „Was bringt mir das? Kannst du es nicht so machen, nur ein bisschen anders? Dann bekomme ich Punkte." Mit den Suprasystemen kommen überall Punkte und damit Interessen oder Reviergrenzen ins Spiel.

Im Gegenzug werden heute wir privaten Menschen als Kunden berechnend. Wir sind doch nicht dumm und sagen zur Hauptkassiererin: „Leg's an!" Nein. Wir lassen uns ein Angebot machen. Wir gehen zu fünf anderen Banken und vergleichen. Dann gehen wir in die zweite Runde. Mehr Zinsen, bitte! Wir verlangen den Filialleiter zu sprechen. Wir zanken und drücken. Stolz holen wir noch ein Zehntelprozent heraus. Wir sehen an den Augen der Supradienstleister, dass sie unsere Punkte brauchen. Früher bemühten wir uns alle, ein Vertrauensverhältnis zu haben. Heute erpressen wir jeden um Punkte.

Die Suprasysteme stöhnen: „The customer is ever demanding." Der Kunde will immer mehr! Oder emotional ausgedrückt: Der Kunde wird in unserer Zeit beliebig unverschämt. In der Industrie, in der ich tätig bin, ist es nicht ungewöhnlich, dass Gespräche so beginnen: „Wir haben das laufende Projekt durchgesehen („gereviewt'). Was sagen Sie zu unserer neuen Vorstellung: Ab heute arbeiten Sie zum halben Preis."

Dies ist die Rache der Kunden. Die Firmen legen sich elektronische Einkaufssysteme zu, die den Markt nach niedrigsten Preisen absuchen. Sie haben gewaltige Einkaufsabteilungen mit hoch bezahlten Koryphäen, die begnadet gut, mit ganz faltenfreiem Lächeln diesen Zaubersatz vom halben Preis aussprechen können, so dass der Lieferant weiß, dass es jetzt an sein Eingemachtes geht. Manager dürfen nie mehr selbst entscheiden, Geld auszugeben. Heute ist es vom System her unmöglich, von Manager zu Manager ein Geschäft im Vertrauen abzuschließen. Manager können sich nur noch grob verständigen. Ja. Aber anschließend müssen sie den Vorgang zwingend an ihre beiden Einkaufs- und Verhandlungssysteme abgeben. Aus einer möglichen Übereinkunft der beiden wird nun eine anschließende Schlacht zwischen den Firmenpreisdrückerprofessionals, den Einkäufern und den Juristen. Supra-systeme setzen grundsätzlich Kampf an. Damit wird Betrügerei verhindert, dadurch werden Kumpanei, Mauschelei oder Zuschusterei der klassischen Systeme vielleicht eingedämmt. Meinetwegen. Aber Suprasysteme vernichten auch jede Möglichkeit zu Vertrauen oder Treue.

(Es wird zur Zeit diskutiert, die Hauptkassiererin aus Prinzip zu versetzen. Es ist nicht gut, sagt ein neues Supraprinzip, wenn sich Bankangestellte und Kunden zu lange kennen. Da gestehen Angestellte den Kunden zu hohe Zinsen zu, weil sie lieb sein wollen. Lieb sein bringt keine Punkte. In Amerika werden Angestellte, die mit Bargeld zu tun haben, routinemäßig alle paar Jahre versetzt. Es wird angenommen, dass jemand, der länger an derselben Stelle arbeitet, alles so gut kennt, dass er betrügen könnte, ohne je erwischt zu werden, weil nun niemand mehr besser Bescheid wissen kann. Niemand aber darf besser Bescheid wissen als der, der zum Kontrollieren kommt. Suprasysteme nehmen an, dass jeder tatsächlich betrügt, der betrügen kann. Kontrolleure nehmen an, dass niemand besser Bescheid weiß als sie selbst. Deshalb können in guten Suprasystemen nur Kontrolleure betrügen und sich auch praktisch nur selbst entlarven.)

Statt Vertrauen und Treue ist Krieg.
Abteilung gegen Abteilung.
Mitarbeiter gegen Mitarbeiter.
Kunde gegen Supraleister.
Wähler gegen Politiker.
Lehrer gegen Schüler.
Kinder gegen Eltern.

„Gib mir dies und du bekommst das!" So heißt der Universalkrieg, der uns zu höchsten Leistungen anstacheln soll.

Vertrauen gibt. Vertrauen bekommt. Nur der Krieg entfällt. Dafür bekommt Vertrauen nicht *sicher*. Krieg macht alles sicher.

Gemäßigtere Zeitgenossen sagen *Verhandlungen* statt Krieg. Man verhandelt also um Punkte. Verhandeln – das sieht so aus wie ein Treffen an einem Tisch, ohne Waffen. Es fließt kein Blut. Oft fällt nicht einmal ein lautes Wort. Punkt für Punkt wird verhandelt und abgehakt. (Ich sage: Und es ist *doch* Krieg!)

5. Punktekonkurrenz: „Es ist Krieg – alles erlaubt! Das System will es so!"

Die Supramenschen ziehen also ins Feld, um Punkte zu holen. Die Kunden der Ich-AG-Verkäufer sind gewappnet und verhandeln zäh. Wo früher „Komm' vorbei und mach mir 'ne neue Autoversicherung" reichte, gibt es heute ellenlange Preisvergleiche, weil niemand mehr „blöd ist". Es geht um Rabatte, Punkte, Prozente, Zusatzgeschenke. Die Welt wird beinhart. Die Punkte fallen nicht mehr in den Schoß, weil die Konkurrenz hart ist und weil die Kunden bockbeinig sind.

Gleichzeitig setzen die Suprasysteme Zeichen künstlicher Not: Nur die Besten werden fürstlich bezahlt, die anderen zittern unter Seismographenstößen, dass das Geld nicht reicht, viele haben gar Angst, entlassen zu werden.

Deshalb muss man Punkte holen, wo es irgend geht. Noch einmal, etwas eingehender, das Call-Center-Paradigma:

Bezirksvertreter von Versicherungen geben massenweise Kundenadressen an Call Center und zahlen vielleicht 10 Euro pro vereinbartem Termin. In einem Call Center arbeiten Oberstufenschüler für 7 Euro die Stunde und rufen alle Kunden an: „Der Chef möchte Sie sprechen, wann darf er vorbeikommen? Wir haben wichtige neue Informationen für Sie." Die Kunden, die einwilligen, werden besucht. Und wie! „Es gibt das neue Rundumsorglospaket." Die Banken rufen an, warum wir in letzter Zeit keine Wertpapiere mehr kaufen. Lexika und Journale, Handys, Druckerpatronen und Computer werden per Call-Center angeboten.

Die Versicherungen und Banken verärgern derzeit die Angerufenen so sehr, dass sie nichts mehr mit ihnen zu tun haben wollen. Verbrannte Erde. Was ist passiert? Durch den enormen Druck per Telefon werden ein paar Monate lang viele Abschlüsse getätigt, weil die „Wehrlosen" abgeräumt werden. Die anderen sind verärgert. Und nun können sich Banken und Versicherungen „Gute Nacht!" sagen. Aus.

Ich will damit drastisch sagen, dass die Punktejäger durch ihre Gier ihr Jagdrevier ruinieren. Sie überfischen quasi ihr zugewiesenes Meeresteil. Sie warten nicht, bis Bedarf nachwächst. Alle Reviere werden heute aus Gier geplündert. „Verkauft Ihnen nicht nur, was sie wollen. Sagt ihnen, wir haben noch mehr. Zeigt ihnen das Teure! Lasst nicht nach. Viele unterschreiben unter Druck!" Die sitzen dann zu Hause und bereuen. Sie werden nie wieder hingehen, weil sie den Druck so peinigend fanden. Nie wieder!

In diesem Krieg um Punkte gibt es viele schmutzige Tricks. Einen hatte ich genannt: „Wollen Sie diesen Pullover gerne haben?" So fragen Bekleidungsverkäufer selbstauswählende Kunden an der Kabine. Sie notieren, dass *sie* den Pullover verkauften und kassieren Provision. Diese Methode ist viel einfacher als das tatsächliche Beraten von Kundinnen, die lange probieren. Nur „die Dummen“ machen die Arbeit und bekommen Punkte dafür. Die Schlauen suchen schon erledigte Arbeit und reklamieren die dafür anfallenden Punkte für sich selbst! „Das war meine Idee.“ – „Ich habe Herrn Y befohlen, dass er Ihnen hilft. Dafür erwarte ich bei Gelegenheit von Ihnen eine Gegenleistung.“ – Viele Manager sagen „Ich habe ...“ statt „Meine Abteilung hat ...“ Professoren setzen ihren berühmten Namen auf Arbeiten ihrer Assistenten. Sie organisieren formal große Kongresse, wobei sie am besten nur die Eröffnungsrede halten und allen Beifall bekommen. Sie hatten gute Assistenten, die alles hinbekamen. Viele Managementmillionäre verstanden es, eine plötzliche Hochkonjunktur als eigene Leistung zu verkaufen. Hochkonjunkturen sind fast immer Glanzleistun-gen der jeweiligen Kanzler oder Wirtschaftsminister.

Schauen Sie sich um, wie in Ihrer Umgebung Punkte eingesammelt oder gestohlen werden. Sie werden zu großem Teil nicht selbst erarbeitet. Das Erarbeiten der Punkte ist das eine. Punkte angerechnet bekommen ein anderes. Sprechen Sie dieses sinnlose Tun einmal in Ihrem Betrieb an! Die Antwort wird sein: „Mensch, sind Sie naiv! So sind die Regeln! Es geht um das Überleben! Jeder nimmt, was er kriegen kann. Natürlich machen wir sinnlose Sachen nur für Punkte. Natürlich ruinieren wir unsere Zukunft. Was aber sollen wir bitte machen, wenn wir vom Rauswurf bedroht sind? Wir heulen mit den Wölfen und stehlen mit den Hyänen. Die Bilanzskandale zeigen doch, dass unsere Bosse alles in ganz großem Stile vorführen. Sollen wir jetzt moralisch werden? Mensch, schimpfen Sie nicht! Hat keinen Zweck. Die da oben wollen, dass wir um unser Leben kämpfen. So kämpfen wir denn. Das (Supra-)System will es so.“

„Die da oben wollen es so.“

In den klassischen Systemen des Organization Man tat jeder seine Pflicht. Niemand musste sich um das Überleben sorgen. Man konnte einfach durchschnittlich gut arbeiten und gut gelaunt nach Hause gehen. Hauptsache, man tat, was das System vorschrieb. Hauptsache, man ehrte das System als solches.

In Suprasystemen werden planmäßig alle Menschen unter Stress gesetzt. Die ruhigen Pflichtmenschen (linksgebauchte Stresskurve) zucken unter dem Kampflärm. Sie versuchen nun Fehler zu vertuschen, Vorgänge wegzuschieben („bin nicht zuständig“) oder zu vergessen. Sie wehren Punktekontrolleure möglichst ab und sagen: „Hier ist alles in Ordnung!“ Unter dem Tisch beugen sie die Systemregeln auf kleinen Dienstwegen, so gut sie können. Es ist Krieg.

Die kämpferischen, mehr natürlichen Menschen (rechtsgebauchte Stresskurve) hauen und stechen, nehmen wie ein gieriges Kind von der Bratenplatte die größten Punktbrocken. Sie versuchen, die Systemregeln auszuhebeln, wenn sie dadurch mehr Punkte erzielen. „Da bekommst du ein Monatsgehalt extra! Hinterher entschuldige ich mich für den Buchungsfehler. Mein Manager wütet dann ein paar Tage, aber er braucht ja auch meine Punkte für sich selbst. Nächstes Jahr habe ich sowieso einen neuen Manager. Was soll’s.“

Die wahren Menschen schaudern. Sie versuchen, von ihren eigenen Punkten zu leben, was ja vielleicht geht. Es ist aber eine traurige Angelegenheit. Sie sind heute sehr oft depressiv.

In Suprasystemen geht es also immer weniger um das Erarbeiten von Punkten, sondern um deren Verteilung. Wer bekommt den Bonus? Wo wird verbucht? Welche Kostenstelle bezahlt? Wie können wir Mittel umwidmen? Wie können wir Gelder für die Grünanlagen so waschen, dass wir damit Reisekosten bezahlen? Wie verbuchen wir kreativ? Wo hängen wir uns an Erfolge an? Wo kupfern wir ab? Geht auch ein Plagiat? Wo ist freies Gut, das geplündert werden kann? Gibt es Ahnungslose? Unkundige? Wehrlose?

6. Grausame Qualitätskontrolle

Ich bin nicht so sicher, wo das wahre Ende ist, aber am Ende, an irgendeinem Ende zählt wohl nur das verdiente Geld. Lassen Sie uns nicht die Köpfe zerbrechen und lassen Sie uns hier einmal annehmen, dass schließlich der Gewinn eines Unternehmens zählt. Es geht nur zwischendurch um Punkte. Das Suprasystem hetzt die Leute auf, Punkte im Vertrieb und beim Kostensparen zu erzielen, wofür alle belohnt werden, die Punkte zugerechnet bekamen.

Wenn aber die Leute alle betrügen?

Pfarrer sollen den Glauben pflegen. Wenn sie aber nun nur noch Routinemessen lesen und die Teilnehmer als Gläubige zählen? Politiker sollen regieren. Wenn sie aber nur noch Versprechungen machen, um Wahlen zu gewinnen? Schüler sollen fürs Leben lernen. Wenn sie aber abschreiben oder gar Aufsätze aus dem Internet ins Arbeitsheft laden? Professoren sollen lehren. Wenn sie aber nur rücksichtslos oder lethargisch ihre Stunden herunterreißen? Dann stimmen jeweils die Punkte, aber der Zweck wird nicht erreicht.

Das registrieren die Suprasysteme natürlich sehr unwillig, wenn sie es merken wollen. (Es ist durchaus nicht immer sicher, ob sie es merken wollen. Deutschland wird gerade mit Pisa-Studien und OECD-Berichten über-schwemmt, die alle einen Notstand anzeigen. Wenn gerade Wahl ist, kann man Studien für Schuldzuweisungen nutzen. Geschieht aber etwas?)

Suprasysteme reagieren mit der universalen Methode:

Prüfen, Kontrollieren, Bürokratie, scharfe Stichprobenerhebung, Umfragen, Vergleiche, noch mehr Messungen. Noch mehr Prüfungen an Schulen. Beurteilung der Professoren durch Studenten. Politiker sollen verantwortlich gemacht werden! Strafe für falsche Versprechungen! Strafe für schlechte Lehrer! Wie in Diktaturen werden Missstände mit mehr Polizei, härteren Gesetzen und Grenzkontrollen bekämpft.

Man darf nicht betrügen können!

Menschen betrügen ja im Grunde gar nicht von selbst. Sie tun es aber doch und fast nur unter Stress und in Not.

Suprasysteme halten die ganze Welt in künstlicher Not, um die Menschen in den Arbeitskampf zu hetzen. Nun erst beginnen die Menschen in größerem Umfang zu betrügen. Wenn daraufhin die Regeln verschärft werden und die Polizeitruppen vergrößert werden, sind die Menschen in noch größerer Not. Sie versuchen alles, um heil davonzukommen. Mehr Betrug! Härtere Strafen! Noch mehr Betrug - noch schärferes Vorgehen. Die Einzelmenschen sind ja im Krieg. Krieg ist eine Ausnahmesituation, so haben wir gelernt. Im Krieg ist eben viel mehr erlaubt als im Frieden.

Deshalb nehmen sich die Menschen in Suprasystemen mehr heraus als in Systemen. Die klassischen Systeme werden von den durchschnittlichen Menschen, denen dort Schutz gewährt wird, geradezu verehrt! Sie sind Hort der Stabilität, der Ruhe und des Friedens. Der Eintrittspreis ist konformes Verhalten und Loyalität.

Suprasysteme sind wie notwendige Schiedsrichter in einem harten Spiel, das die Grenze zur Fairness überschritten hat. In einem harten Fußballspiel steht der Schiedsrichter im Brennpunkt des Geschehens, obwohl er mit dem Spiel an sich nichts zu tun hat. Heute fliegen Stürmer wie Schwalben umher und peitschen Stimmungen zu ihren Gunsten an. Es wird diskutiert, nun noch einen vierten Schiedsrichter einzusetzen. Vier Schiedsrichter für 22 Spieler. Zwanzig Prozent der Arbeit, um Betrug und Foul zu unterbinden. Genau so können Sie sich die Suprasysteme vorstellen.

Zwanzig Prozent der Suprasysteme sind schiedsrichterartig oder wie Polizei, wie Schaffner, Controller, Qualitätsbeauftragter. Tendenz steigend.

Das Suprasystem zwingt immer härter.

Wir leisten immer hoffnungsloser Widerstand.

Zum Prinzip des Suprasystems gehört, dass wir *gegen* das System kämpfen! Das Suprasystem nimmt es so an und hin. Und es wehrt sich grausam gegen uns.

Menschen leiden unter dem Suprasystem wie unter grausamer Einzelhaft. Suprasysteme wollen uns bezwingen, indem sie uns unentwegt verantwortlich machen. Die Qualitätskontrollen messen überall, wie viel wir geleistet haben und ob wir die Bestimmungen einhielten. Accountability! Zurechnungsmessungen! Dieses Messen, wer wie viel wann genau tat und wie viel er genau dafür bekommt, führt zu einer immer stärkeren Separation der einzelnen Menschen. Diese Separation empfinden Menschen mehr und mehr wie Einzelhaft.

Suprasysteme steuern schon vereinzelt dagegen und verteilen für ganze Bereiche oder Abteilungen sogenannte *Teamziele*. Es gibt Belohnungen, wenn ein „Team" eine Gesamtaufgabe erfolgreich bewältigt. Das ergibt *noch mehr* Bestimmungen und Regeln. Durch die Teamziele werden künstlich vereinzelte Menschen wieder künstlich zusammengeschweißt. Sie sind aufeinander auf Wohl und Wehe künstlich angewiesen, bekommen also nur Punkte, wenn sie zusammen etwas schaffen.

„Das wird sie lehren, endlich zusammenzuarbeiten!", sagen die Manager. Aber die Erfahrung zeigt am Arbeitsplatz, dass die Seismographen der privaten Einzelziele der Mitarbeiter wesentlich stärker schlagen und peinigen als die Seismographen der Teamziele.

Wieder beschwören die Suprasysteme die formale Vernunft.

Vernunft wäre, eine Teamleistung zu erbringen, weil es dann Punkte gibt.

Im Reich der Punkttriebe gibt es keine Vernunft. Nur Seismographen.

Ziele werden den Mitarbeitern nämlich durch das Suprasystem über Punktetabellen als *Seismographen* eingesetzt. Die peinigen ununterbrochen: „Nicht genug! Nicht genug Punkte!" Die Teamziele sind vom Einzelnen nicht allein erreichbar. Sie haben deshalb für ihn eine geringere Priorität. Wenn zum Beispiel eine Beförderung ansteht, dann wird der Vorgesetzte nie (*nie*!) sagen: „Sie sind ein guter Mitarbeiter. Sie haben in einem Team gearbeitet, das die Teamziele erreicht hat." Nein. Er wird fragen: „Was haben Sie persönlich beigetragen? Sie haben zwar die Teamziele erreicht – ja. Aber das waren vielleicht die anderen?? Wieso haben Sie Ihre eigenen Ziele nicht erreicht? Ja – warum nicht?"

Deshalb peitschen die Einzelzielseismographen um *Größenordnungen* stärker als die Teamzielseismographen. Deshalb bedeuten Teamziele rein gar nichts.

Die Menschen sind separiert und bleiben separiert. Egoistisch – gierig – ehrgeizig – distanziert. Team heißt im Teamalltag scherzhaft-grauenvoll so:

TEAM: „Toll Ein Anderer Macht's."

So ist das. Möge Ihnen alles Lachen im Rachen stecken bleiben. Und zum Abgewöhnen schicke ich einen noch wahreren Satz für Suprasysteme nach:

Supramenschen arbeiten *als* Team, nicht *im* Team.

Sie kommen irgendwie gemeinsam zur Arbeit zusammen, aber sie haben ihre private Scorecard immer dabei.

Im Team arbeiten ist oft nur noch ein vergangener Traum. In jedem Team sucht das Suprasystem wieder nach einem schlechtesten Drittel. Es gibt niemals Ruhe.

7. Indikatoren und wahre Werte

Warum ist eigentlich das Betrügen so leicht? Oder: Ist es wirklich so, dass es so viel Betrug in Systemen gibt? Warum werden wir eigentlich zu Betrügern?

Ich hatte schon den Bedrohungsaspekt herausgearbeitet. Wir betrügen, weil Krieg ist. Wir reagieren damit auf den ständigen Ausnahmezustand des Suprasystems. Im Krieg ist alles erlaubt. Wenn Sie einen ganz, ganz, ganz wichtigen dringenden Termin haben, fahren Sie über eine rote Ampel, keine Frage! Im Normalzustand würden Sie anhalten. Im Kriegszustand kassieren Sie für die Ampel drei Minuspunkte in Flensburg, bekommen aber nicht noch mehr Punkte abgezogen, weil Sie bei dem Termin nicht erschienen.

Ein zweiter wichtiger Grund liegt tief in den Messgrößen der Suprasysteme verborgen. Ich möchte Ihnen zunächst eine knappe Wahrheit verkünden. Dann erläutere ich den Sachverhalt an Praxisbeispielen. Die Wahrheit:

Aus Vereinfachungsgründen messen die Suprasysteme zum guten Teil Daten oder Größen, die nur *Indikatoren*, aber *keine* wahren Messgrößen sind. Viele dieser Indikatoren lassen sich in betrügerischer Weise „türken".

Wissen Sie, was ein Türke ist? Natürlich ein Angehöriger des Osmanischen Reiches. Türk hießen im Österreich-Ungarn des 16./17. Jahrhunderts auch die staatlichen Maßnahmen, die unter Ausnutzung der allgemeinen Furcht des österreichischen Volkes vor Türkeneinfällen getroffen wurden. „Der Türke" konnte also als vortreffliche Begründung für allerlei nützliche Ausgaben und Steuererhöhungen herhalten. Deshalb sagen wir noch heute: Es wurde ein Türke gebaut.

Im Grunde betrügen wir nicht so richtig in einem bösen Sinne, sondern wir türken. Wir haben nicht Furcht vor den Türken, sondern vor den Messungen, die uns böse treffen könnten. Deshalb versuchen wir, die Daten zu türken. Wir schreiben ab. Die Kaserne wird geschrubbt, wenn der General kommt. Die Kinder im Internat werden gewaschen und sagen Gedichte auf, wenn die schwer zahlenden Eltern sich einmal zu Weihnachten zeigen. Die Deutschen hatten bis vor einigen Jahrzehnten eine „gute Stube", also ein Extrazimmer, das nur für Besuchszwecke und Feiern genutzt wurde. Nur so war es möglich, unangemeldeten Besuch zu verkraften, für den in einer Vitrine Asbach Uralt, Erdnüsse und eine Schachtel Ernte 23 bereit gehalten wurden. Etwas Extrovertiertere hatten sogar ein Paradebett mit einem Paradekissen im Schlafzimmer. Adlige besaßen ein Paradepferd zum Vorzeigen. Häuser bestachen durch Fassade „mit nichts dahinter". Frauen schmücken sich mit „viel davor". Alles tut als ob! Konzerne haben Protzhauptstellen, wie gute Stuben. (Die guten Stuben sind übrigens dem Fernseher zum Opfer gefallen, der die wahre Revolution im Wohnen auslöste. Während alle Menschen früher in der warmen Küche gemütlich saßen, wanderten sie bald mit der Zentralheizung ins Wohnzimmer, das zu nichts weiter gut ist als zum Fernsehen. Jetzt essen sie die Erdnüsse selbst. Man sieht es zunehmend.)

Sie verstehen, was ich meine? Das sind unsere kleinen Eigenheiten. Nun kommen die ernsten Fälle.

Mitarbeitermotivation: Die Stimmungslage der Mitarbeiter und ihre Firmenloyalität lässt sich außerordentlich schwer messen. Es geht mit einiger Mühe, wenn Umfragen durchgeführt werden. Leider müssen dann die Umfrageergebnisse in der Regel bekannt gegeben werden. Wenn also die Motivation schlecht ist, kommt bei der Umfrage „Mistfirma" heraus. Wie aber sieht das denn aus? Wollen wir ein solches Ergebnis? Außerdem kostet eine Umfrage immens viel Geld. Deshalb messen viele Firmen als Indikator für die Mitarbeitermotivation die sogenannte Attrition oder Kündigungsrate. Wie viel Prozent der Mitarbeiter kündigen in einem Kalenderjahr? Wenn diese Prozentzahl steigt, sind offenbar die Mitarbeiter unzufrieden und wandern ab. Die Zahl der Kündigungen ist „babyleicht" zu messen. Es kostet nichts.

Stellen wir uns nun vor, die Wirtschaftslage ist ganz gut und die Kündigungen einer Firma schnellen in die Höhe. Man fragt die scheidenden Mitarbeiter, warum sie gehen. Die Antworten sind immer dieselben. In Bonmot-Kurzform:

„Der Mensch bewirbt sich bei einer *Firma*, er kündigt bei seinem direkten *Vorgesetzten*." In gesprochenen Sätzen: „Ich habe die Nase von meiner Chefin voll." – „Der Boss zeigt mir keine Perspektive." – „Ich bekomme nur langweilige Arbeit." – „Sie hintertreiben meine Beförderung." (Bitte erinnern Sie sich an die Stellen aus der Gallup-Studie vom Anfang des Buches.)

Was tut eine Firma, wenn immer mehr Mitarbeiter mit solchen Sätzen von dannen ziehen? Was *sollte* sie tun? Das Management entlassen? Denken Sie bitte nach: Es ist nicht so einfach zu sagen. Im Grunde ist jetzt eine irrsinnige Kraftanstrengung nötig, weil die Firma an vielen Kündigungen in guter Wirtschaftslage zu Grunde gehen kann.

Was aber geschieht wirklich? Ich verrate es Ihnen: Die Firmen bieten den Mitarbeitern Gehaltserhöhungen an. Wenn der Mitarbeiter stöhnt („Sie verstehen mich nicht!"), bieten sie ihm Optionen an, mit denen er reich werden kann, wenn der Aktienkurs der Firma stark steigt. Beispiel: Dem Mitarbeiter wird versprochen, dass er heute in fünf Jahren 1000 Mal den Unterschied zwischen dem heutigen Aktienkurs und dem in fünf Jahren in bar ausgezahlt bekommt, wenn der Aktienkurs in fünf Jahren höher ist. Einzige Bedingung: Der Mitarbeiter muss in fünf Jahren noch in der Firma mitarbeiten. Wenn er früher geht, gibt es nichts. Wenn Mitarbeiter darauf eingehen, sind sie für fünf Jahre „eingefangen". Die Personalabteilung berichtet stolz, dass die Kündigungsrate zurückgeht.

Und jetzt kommt der wirkliche „Hammer". Der Chef des Unternehmens sagt zufrieden: „Toll, dass die Motivation der Mitarbeiter wieder gut ist. Es macht wieder Spaß hier zu arbeiten. Meine Maßnahmen müssen gewirkt haben. Ich habe ja auch in meiner letzten Rede deutlich gemacht, dass die Mitarbeiter unser wertvollstes Gut sind. Diesen Kernsatz haben wir auch auf Plakate gedruckt."

Was ist passiert? Es wurde ein sehr teurer Türke gebaut.

Das geht deshalb, weil die Kündigungsrate des Unternehmens ein *Indikator* für Motivation ist. Er zeigt an („indiziert"), wie die Stimmung ist. Die Kündigungsrate ist aber *keine wahre Messung* der Motivation. Wenn wir die Motivation wahrhaft messen würden, müssten wir gigantische Maßnahmen einleiten, um die Motivation auch wahrhaft gemessen zu verbessern. Dann müsste die ganze Firmenkultur auf den Prüfstand. So aber wird mit Geld auf die Symptome geworfen. Dadurch verändert man planvoll den Wert der Indikatoren, hier also die Höhe der Kündigungsrate.

Wenn so „betrogen" wird, bleibt die Stimmung unter den Mitarbeitern so mies wie vorher, sie arbeiten so demotiviert wie vorher, aber die Firma zahlt für diesen Zustand mehr Geld. Irgendwann geht sie zu Grunde.

Eigenkapitalrendite: Viele Berater zogen in den letzten Jahren durch die Lande und erklärten, dass ein Unternehmen nur dann gut arbeite, wenn es eine hohe Rendite auf das Eigenkapital erwirtschafte. Grob gesprochen fragt man sich, wie viel Prozent der Gewinn des Unternehmens gemessen am Eigenkapital ausmacht. Beispiel: Eine Firma hat ein Eigenkapital von einer Million Euro. Sie erwirtschaftet 150.000 Euro Gewinn. Dann ist die Eigenkapitalrendite fünfzehn Prozent. Wenn sie zwanzig Prozent wäre, wäre es noch schöner, nicht wahr?

Dann würde dieser Indikator sagen: Tolle Firma! Zwanzig Prozent ist sehr selten! Großartiges Management! Super-Bonus für alle Bosse!

Was muss eine Firma tun, um von fünfzehn auf zwanzig Prozent zu kommen? Ich sage Ihnen, was Sie schon ganz genau wissen: Die Firma muss arbeiten wie noch nie, sich konzentrieren, eventuell Neues wagen, Mut zeigen, Fortune haben und arbeiten, arbeiten, arbeiten, was das Zeug hält.

Es gibt aber einen Türk. Den verrate ich hier. Wenn Sie Manager sind, kennen Sie ihn, gell?

Sie schütten vor der einen Million Eigenkapital einfach 900.000 Euro als Dividende aus. Dadurch ist das Eigenkapital der Firma auf nur noch 100.000 Euro gesunken. Dann gehen Sie zur Bank und leihen sich 900.000 Euro aus, bei etwa, sagen wir, sieben Prozent Zinsen, wobei Sie die Firmengrundstücke beleihen. Dafür müssen Sie also im Jahr 63.000 Euro Zinsen zahlen. Deshalb sinkt der Gewinn von 150.000 Euro im Jahr auf 87.000 Euro ab. Nun schauen wir am Schluss nach, wie hoch die Eigenkapitalrendite ist: Sie haben ein Eigenkapital von 100.000 Euro und darauf 87.000 Euro verdient. Das sind siebenundachtzig Prozent des Eigenkapitals. Also ist die Eigenkapitalrendite von fünfzehn auf siebenundachtzig Prozent gestiegen!

Dieser Trick funktioniert noch besser, wenn Sie das Eigenkapital auf einen einzigen Euro senken. Dann kostet die geliehene Million 70.000 Euro im Jahr, der Gewinn ist 80.000 Euro. Die haben Sie aus einem einzigen Euro Eigenkapital verdient! Die Eigenkapitalrendite ist also acht Millionen Prozent. Acht Millionen Prozent! Und wie ginge es mit einem Eigenkapital von 1 Cent?

Das ist natürlich verboten. Eine ordentliche Firma muss ja ein gewisses Eigenkapital besitzen, damit sie auf sicheren Beinen stehen kann, wenn die Konjunktur schlechter ist. Sie muss kreditwürdig bleiben und darf deshalb nicht überschuldet werden.

Trotzdem sind in den letzten Jahren die Verschuldungsgrade hochgefahren worden, damit die Zahlen besser aussehen. Nun bekommen wir vom Gesetzgeber bald ein neues Gesetz, das als „Basel II“ bekannt ist. Dieses Gesetz regelt das minimal erforderliche Eigenkapital, das insbesondere eine Bank ausweisen muss. Ich nehme hier an (es ist ja noch nicht so weit), dass es in Deutschland eine Menge Banken geben wird, die feststellen werden, dass ihr Eigenkapital im Sinne dieses neuen Gesetzes schon absolut unerlaubt niedrig ist. Sie werden also Kapital aufnehmen müssen oder sie sind faktisch pleite. Da dann sehr viele Banken Kapital aufnehmen müssen, alle zum gleichen Zeitpunkt und ohne Schonfrist, wird es eine Pleitewelle geben. Das Gesetz Basel II ist wie eine Dopingkontrolle bei den Radsportlern. Diese Dopingkontrolle ist nötig, weil die Firmen an den Zahlen gedreht haben. Wer an den Zahlen wie in meinem Beispiel herumdoktert, plündert die Firma aus, verschuldet sie und senkt den Gewinn. Aber die Eigenkapitalrendite ist prachtvoll. Und das Management ist großartig.

Der zweite Trick: Die Firma stellt fest, wie viel Prozent sie im operativen Geschäft verdient. Beispiel: Eine Brauerei verdient drei Prozent vom Umsatz beim Bierbrauen. Sie hat daneben eine Menge Grundstücke, die sich im Laufe der Zeit angesammelt haben. Manche Brauereien sind über ein Jahrhundert alt. Diese Grundstücke sind nicht betriebsnotwendig. Man verkauft sie. Der Gewinn steigt unermesslich. Alles nicht Betriebsnotwendige wird verkauft. „Lean“ heißt das

Zauberwort. Alles wird mit minimalen Mitteln erwirtschaftet. Dagegen ist prinzipiell nichts zu sagen. Eine Firma muss nicht unbedingt ungenutzte Grundstücke, Betriebswohnungen und Halden besitzen. Die Firma könnte das Geld sinnvoll im Kerngeschäft einsetzen. Was aber ist passiert? Alle Firmen haben ihre Werte verkauft und dann das Geld in Firmenübernahmen investiert. Dadurch sind Firmen im Kurs enorm gestiegen, weil sie ja alle Grundstücke verkauft haben und alle in Firmen investierten. Im letzten Grunde sind daher enorme Mondpreise für Firmen gezahlt worden. Nun sind die Grundstücke weg und unrentable teure übernommene Firmen da. Zwischenzeitlich waren die Zahlen prachtvoll – so lange, wie Firmen im Wert stiegen. Heute schreiben die Konzerne Milliarden ab. Die Abschreibungen einzelner Firmen sind höher als die Neuverschuldung unseres Landes. Wir schimpfen derzeit mit der Regierung, weil die Höhe der Neuverschuldung katastrophal erscheint. Und die Abschreibungen der Konzerne? Da ist das wahre Desaster. Es begann mit dem Bauen von Türken.

Wahlversprechen: Politiker hangeln sich derzeit von Wahl zu Wahl. Es kommt nur noch auf die Zahlen an. Niemand redet mehr von der Leistung der Partei. Es geht um Kennzahlen oder Indikatoren, sonst nichts. Die Prozente bei der Wahl sind das Messergebnis. Die Parteien erklären vor der Wahl, wofür sie stehen. Die eine will Reichtum für alle, die andere Frieden für alle, die dritte Glück für alle. Wen sollen wir wählen?

Die Parteien legen nicht mehr wirklich dar, wie und ob sie das erreichen werden – Frieden oder Glück oder Reichtum. Wir wählen nicht mehr zwischen Frieden, Glück und Reichtum, sondern zwischen den Absichten, diese Ziele zu *setzen*. Ob die Ziele *erreicht* werden oder nur erreichbar wären, darüber müssen wir uns nicht mehr den Kopf zerbrechen. Das überlegt sich kaum jemand. Die Politiker nennen die Richtung, in die sie uns führen wollen. Sie sagen nicht, ob sie das können. Die Gretchenfrage heißt meist: „Wie wird es bezahlt?“ Die Antwort: „Das sehen wir dann, wenn wir die Stimme haben.“ Wir wählen also nicht mehr faktische Weltläufe, sondern Indikatoren von Richtungen, für die es vage Versprechungen gibt. An diesen Indikatoren wird dann gnadenlos gedreht, wenn die Wahl erst herum ist.

Zitieren: Wissenschaftler werden oft daran gemessen, ob ihre wissenschaftlichen Arbeiten zitiert werden. Wer oft zitiert wird, muss wohl Wichtiges geschrieben haben? Die Anzahl der Zitierungen ist bei einem Wissenschaftler ein wichtiger Indikator für den Wert seiner Arbeit. Seit dieser Indikator aber bei der Leistungsbeurteilung hinzugezogen wird, werden die Wissenschaftler immer öfter zitiert. Sie zitieren sich nämlich selbst. Kollege A vereinbart mit Kollege B, dass sich beide gegenseitig zitieren. Fertig. Dann ist der Indikator für beide besser. Bald wird das gegenseitige Zitieren wichtiger als das Arbeiten. Ein weiterer Trick ist, statt einer dicken Arbeit mehrere dünne zu schreiben oder dasselbe Thema als Vortragsartikel in vielen Kongressbänden unterzubringen. Dann werden von Kollege B alle verfügbaren Versionen der Arbeit zitiert. Das gibt eine satte Punktzahl.

Nach diesen Beispielen, die endlos fortgesetzt werden könnten, ist der Unterschied zwischen einem wahrhaft Gemessenen und einem Indikator klar: Indikatoren zeigen in der Regel gut an (wie ein Fieberthermometer), wie die Lage ist. Sie messen aber die Lage nicht wahrhaft. Die Motivation der Mitarbeiter zeigt sich evident in der Kündigungsrate. Die Motivation wird aber nicht wahrhaft einzig und allein durch die Kündigungsrate *gemessen*. Wenn ein Fieberthermometer bei einem Schüler 38 Grad anzeigt, ist er krank und kann zu Hause bleiben. Wenn er aber heimlich die Wärmflasche dranhielt, weil er gerne zu Hause bleiben würde? Dann betrügt er, indem er die Indikatorwerte in seinem Sinne fälscht oder beeinflusst.

Es ist unendlich viel Arbeit, die wahrhaften Messgrößen zu verbessern: Die Motivation, den Gewinn, die Wohlfahrt eines Landes, die wissenschaftliche Leistung an sich. An den Indikatoren dafür zu drehen ist ein Kinderspiel.

Deshalb betrügen wir durch Indikatorenverdrehen. Wir schauen zum großen Teil darauf, dass unsere Indikatoren gut ausschauen. Das ist leichter als wirkliches Arbeiten.

Abschreiben ist viel leichter als Verstehen. Das Abwählen von schweren Fächern im Abitur ist wie das Verkaufen von nicht betriebsnotwendigen Grundstücken. Der Schüler konzentriert sich auf das Leichte, Geschenkte und nennt es seine Kernkompetenz. Wir fahren einen Porsche bei leerer Speisekammer. Wir buchen Traumurlaube und warten auf das Erbe, das uns die Indikatoren für unsere Eigenleistung verschönt ...

Wir drehen so sehr an den Indikatoren, dass wir wieder scharfe Gesetze brauchen, die uns selbst Einhalt gebieten. Manager müssen seit 2002 quasi schwören, dass die Bilanz wahrhaft korrekt ist! Das Basel-II-Gesetz verpflichtet dazu, Risiken zu nennen und nicht zu verschweigen. Wir betrügen mit Indikatoren und werden betrogen. Deshalb betrügen wir weiter und versuchen, nicht mehr betrogen zu werden. Wie im endlosen Spiralkampf zwischen Verbrechern und Polizei wird das intellektuelle Niveau des Indikatorendrehens immer weiter angehoben. Das Drehen verlangt immer mehr Kraft.

Manchmal ist das Gesichtswahren, das Fassadenbauen, das Kontrollieren, das Schraubendrehen schon teurer als das wirkliche Arbeiten. Aber das wirkliche Arbeiten allein reicht nicht, weil ja der Erfolg an den Indikatoren gemessen wird.

Darf ich Sie nach diesem Abschnitt etwas fragen? Glauben Sie, dass die Motivation der Mitarbeiter jemals besser wird, wenn sie per Kündigungsrate gemessen wird? Glauben Sie, dass Politik je besser wird, wenn im Wesentlichen der gewinnt, der in der Fernsehdiskussion besser abschneidet? (Ich hatte ja schon den Zweikampf von Stoiber und Schröder angezählt: Derjenige gewinnt, der die Diskussion in der für ihn günstigen Stresszone halten kann! Das ist der ausschlaggebende Faktor für die Politik unseres Landes! Ist das nicht pervers für die Politik unserer lieben Heimat?) Glauben Sie an eine kraftvolle Firmen-führung, die an Eigenkapitalrenditen gemessen wird? An Shareholder-Value? An Indikatoren überhaupt? Glauben Sie, das irgendetwas gut werden kann, das an Indikatoren gemessen wird, die getürkt werden können?

Wenn ich von neuen Bestimmungen in Firmen höre, wenn ich neue Bestimmungen über die Evaluationen von Wissenschaftlern lese, wenn ich scharfe Indikatorvorschläge für unser Bildungssystem höre, schalte ich zur Probe meine kriminelle Energie ein und überlege mir, wie ich mit minimalem Drehen an den Messindikatoren gute Werte erziele. Meistens finde ich nach ein paar Minuten einen tollen Trick. Die Messindikatoren in den Firmen gelten meistens für ein Jahr. Dann denke ich mir: Wenn mir schon nach zehn Minuten ein Trick einfällt und wenn ein ganzes Jahr Zeit ist - was geschieht dann? Die Indikatoren für Universitäten und Schulen gelten noch viel längerfristiger! Viel Zeit für neue Umdrehungen.

So lange Suprasysteme mit Indikatoren arbeiten, an denen gedreht werden kann, führen sie uns alle immer schneller drehend in den Abgrund. Es ist ja Krieg. Und er endet irgendwann, wenn kein Silber und kein Strohhalm mehr verkauft werden kann, um einen Indikator zu füttern.

8. Systemtrieb und Indikatorenzucken

Da die Indikatoren meist einfach Zahlen sind (Abiturpunkte, Rendite, Kündigungsrate), brennen sie sich als Seismographen in uns ein. Unsere Aufmerksamkeit wird gnadenlos auf der Zahl gehalten. Wie hoch ist sie jetzt?

Haben Sie Aktien? Stellen Sie sich vor,Sie haben alles Geld in eine einzige Aktie investiert. Diese Aktie steigt und fällt. Ihre ganze Rente und ihre Zukunft hängt daran. Jetzt schauen Sie in der Zeitung nach: „Fünf Prozent im Minus!“ Das zieht durch den Körper, ganz durchdringend. Das war der Seismograph. Am nächsten Morgen werden Sie zitternd die Zeitung öffnen. „Plus drei Prozent!“ Die Seismographen schalten erleichtert eine Alarmstufe tiefer. Bis morgen früh. Wenn der Kurs drei, vier Tage in Folge fällt, geraten Sie in blanke Panik. Wissen Sie noch? Am 12. September? Nach dem Attentat in New York?

Unsere Seismographen werden durch das extreme Wohl und Wehe in manchen Indikatoren so scharf geschaltet, dass wir einen Tunnelblick bekommen.

Ich fahre öfter mit dem Auto fort, um eine Rede zu halten. Morgen zur Fachhochschule in Furtwangen. Und dann mag es regnen, ich trinke unterwegs eine Flasche Mineralwasser, muss eventuell auf eine Toilette, es kommt aber keine Raststelle. Da! Da ist eine! Ich renne zur Toilette. Ein Schild hängt dort: „Wir reinigen gerade. Wir bitten um Verständnis.“ Ich steige zitternd ein und fahre weiter ... Ich muss Ihnen sicher nicht genau schildern, wie der Tunnelblick beginnt, wie die Augen bald keine Autos mehr sehen, nur noch ein „WC“ erahnen. Überall könnte WC sein. Irgendwann drückt der Indikator zu stark. Es ist Krieg! Alles erlaubt! Regen hin oder her! Etc.

Seismographen sind Seismographen. Wenn beim vierten Parkplatz kein WC ist, ist es ein Gefühl wie der vierte Kursverlust in Folge. Es ist kein Unterschied in solchen Schlägen in uns.

Es ist nicht Vernunft, die uns leitet. Es sind Seismographenzuckungen, die von Indikatoren ausgelöst werden.

Es ist nicht Vernunft, was Score-Man hinter Punkten herlaufen lässt. Es ist gewollter injizierter Trieb. Weite Teile unseres Supralebens sind unter dem Diktat der Seismographen in uns. Deshalb sage ich gerne: Neunzig Prozent der Vernunft ist Trieb. Supratrieb. Es ist beim Kampf um Indikatoren, Renditen oder Wahlergebnissen so wenig Vernunft wie vor dem WC, an dem steht: „Wir bitten um Verständnis!" Neckisch, nicht wahr? Vernunft hier? Vernunft ist nie, wo es pressiert.

Suprasysteme pressieren. Aber es geht nur um die Indikatoren, die in die Anreizsysteme eingebaut sind.

Seismographenzucken ist zu Indikatorzucken geworden.
Die Aufmerksamkeit der Seismographen ist die Aufmerksamkeit auf Indikatoren.
Die Indikatoren sitzen im Fleisch.
Unser Fleisch schmerzt und ächzt: „Betrüge! Befrei mich!"
Man sagt, der Mensch suche Lust und vermeide Schmerz.
Er vermeidet heute schlechte Indikatoren.

9. „Bitte helft einander im Team! Es ist besser für das Ganze!"

Nun merken natürlich alle noch halbwegs vernünftigen Menschen, dass der forcierte Egoismus und der Abteilungsanreiz-Separatismus an bestimmten Stellen seltsame Blüten treiben. „Punkte" und „Dienstweg" versperren die Tür zur Zusammenarbeit. Teamziele sollen sie wieder öffnen.

Wenn jeder Mensch für jede Minute bezahlt wird, verliert er bares Geld, wenn er einem anderen hilft. Deshalb wird er nicht gerne von seiner Arbeit aufsehen und auf Bitten eingehen.

In großen Systemen kommt es oft vor, dass einige Menschen etwas können, wissen, jemanden kennen – so, dass sie einem anderen Menschen mit ihrem Wissen, mit einem einzigen Tipp wochenlanges Suchen oder Umherirren ersparen können. Ich halte zum Beispiel viele Reden, lerne viele Leute kennen. Und dann kommen Anrufe: „Wer kann dies?" – „Wo gibt es jenes?" Wenn ich es weiß, verdiene ich für unsere Firma einen Geldbetrag im Umfang von vielen Stunden oder Tagen des Kollegen, der etwas von mir wissen will. Ich selbst bekomme dafür kein Geld und keine Punkte. (Ich bekomme sehr oft sehr viel später einen Gefallen zurück oder auch nicht. Ich glaube, dass ich per Saldo „ein Plus mache", wenn ich helfe. Ich habe es in früheren Büchern begründet. Ich kann es nicht beweisen. Helfen ist wirklich besser als nebeneinander her nach Punkten jagen.) Jetzt aber, im Augenblick meiner Hilfe, bekomme ich weder Punkte noch Geld.

Suprasysteme können mit „Hilfe", „Vertrauen", „kleinem Dienstweg", „mal kurz ausleihen" nicht rechnerisch umgehen, sehen aber schon den gelegentlichen Wert. Was können sie tun, wenn etwas nützlich wäre, aber nicht in Anreizsysteme gepackt werden kann?

Suprasysteme appellieren ohne Ende an Vernunft, ohne je Vernunft zu belohnen. Sie setzen durch Anreizsysteme quälende Seismographen, verlangen aber in allen Fällen, in denen Vernunft *für das System* besser wäre, Vernunft von uns, auch dann, wenn uns Vernunft private Punkte kosten würde. Wir sollen also besonders dann (auf Kosten unseres Gehaltes) vernünftig sein, wenn es dem Suprasystem im Ganzen nützt, uns selbst aber nicht.

Noch einmal: Per Anreizsystem werden wir gehetzt, gute Indikatorenwerte zu erzielen. Anschließend erkennen die Systemarchitekten, dass sie sich graduell mit den Indikatoren vertan haben. Die Mitarbeiter optimieren die gut türkbaren Indikatoren und führen das System so in eine falsche Richtung. Deshalb versucht das Supra-Management, die Mitarbeiter wieder dadurch zu motivieren, dass es sie bei der Ehre packt. Dies geschieht beim Redenhalten, wo sonst? Seismographen werden per Zahlmessung und Gehaltstabelle eingebrannt. An Vernunft wird gesondert appelliert. Mündlich oder per Rundbrief an alle.

„Unsere Indikatoren sind toll. Wir konnten den Verkaufsrang der Bücher unseres Verlages bei der Internetbuchhandlung Amazon stark anheben, seit wir alle die letzten zehn Monate die Bücher unseres Verlages im Internet immerzu angeklickt haben und unseren Büchern tolle Rezensionen geschrieben haben. Wir danken dem Kollegen Meier, der herausgefunden hat, dass bei Amazon die Verkaufsrang-Hitliste aller Bücher in Deutschland nicht nur *nach den tatsächlich verkauften* Büchern berechnet wird, sondern auch danach, wer wie oft ein Buch im Internet nur angeschaut oder angeklickt hat. Wir haben uns also nun seit Wochen unsere Bücher immer neu angeschaut. Wir haben uns wundgeklickt, auch unsere Hausmeister und das ganze Sekretariat haben zum Bombenerfolg beigetragen. Unsere Bücher sind jetzt so hoch in den Hitlisten wie noch nie. Es war ein hartes Stück Arbeit. Wir bekommen dadurch alle einen tollen Jahresbonus ausbezahlt, weil ja unsere Gehälter dieses Jahr an die Hitlistenplätze bei Amazon gebunden wurden. Wir hatten uns ausgedacht, die Hitlistenplätze bei Amazon als Messindikator für den Erfolg unseres Verlages zu nehmen, weil wir dann nichts selbst messen müssen. Das macht ja Amazon für uns. Außerdem ist Amazon völlig unbestechlich und hat eine weltweit anerkannte Formel dafür, wie gut ein Buch ist. Der Amazon-Verkaufsrang ist der genaueste Maßstab für den Verkaufserfolg eines Buches, den man sich denken kann.

Leider werden durch unser angestrengtes Anschauen unserer Bücher keine Bücher wirklich *verkauft*. Wir mussten auch wegen des Klickens alle Marketingaktivitäten in diesem Jahr einstellen. Das Sekretariat hat monatelang nicht gearbeitet. Im Haus ist alles durcheinander, weil wir alle geklickt haben, um unseren dicken Jahresbonus zu bekommen. Im Grunde lebt der Verlag ja natürlich vom Verkauf der Bücher, nicht vom Anklicken. Ich denke, heute, am Erntedankfest, ist es eine gute Gelegenheit, dass wir uns daran erinnern. Ich möchte deshalb appellieren, doch einen Minimalaufwand in den *Verkauf* der Bücher zu stecken, auch wenn wir dafür überhaupt nicht bezahlt werden. Wir müssten eigentlich auch bereit sein, einmal ausnahmsweise für das Ganze zu arbeiten. Unser Oberboss ist beunruhigt, weil er als Einziger in der Firma nach *Umsatz* bezahlt wird, während er uns selbst auf Amazon-Verkaufsrang-Incentive gesetzt hat. Er sieht nun ein, dass die Bezahlung nach dem Amazonrang ein Systemfehler war. Er schäumt, weil wir nichts verkaufen. Ich habe ihm gesagt, dass er selbst in der Tat der Einzige im Verlag ist, der nach Lage der Gehaltsvereinbarungen für den realen physischen Verkauf zuständig ist. Er müsste theoretisch also selbst arbeiten. Das will er nicht. Ich habe angeboten, dass er uns einen nochmals verdoppelten Bonus zahlt - dann würden wir mit dem Klicken bei Amazon aufhören. Ich habe nämlich gehört, dass Amazon nur noch ein einziges Klicken *per Computer* akzeptieren oder mitzählen will. Die ändern also was an der Formel und dann können wir mit unserem Trick einpacken. Meier brütet schon, was wir dann machen. Der Oberboss meint, wir könnten ja auch normal *verkaufen*. Das haben wir allerdings praktisch inzwischen verlernt, aber ich habe ihm angeboten, dass wir es machen, wenn er uns einen dicken prozentualen Bonus zahlt, je nachdem, wie der Bücherverkauf im nächsten Jahr über dem Verkauf dieses Jahres liegt. Da wir ja in diesem Jahr nichts verkauft haben, bekommen wir einen Riesenbonus im nächsten Jahr. Vor lauter Not hat er das zugestanden. Ich habe ausgerechnet, dass dieser Bonus so irre hoch sein wird, dass wir die Bücher unseres Verlages am besten zusammen privat aufkaufen. Denn der Bonus ist nach meinem Überschlag höher als der Kaufpreis ... Ich appelliere an Sie alle, Bücher aufzukaufen. Dafür darf sich niemand zu schade sein. Wir müssen das Wohl unserer Firma im Auge haben. Am Ende zählt nur das Ganze. Wir müssen unsere partikulären Interessen vergessen können. Unser Geld ist nicht alles. Es gibt höhere Dinge auf Erden als uns! Wir niedrigen Arbeitnehmer sind absolut nichts. Das Höhere ist das Ganze, die Firma selbst. Es kann niemals der Sinn unseres Lebens sein, dass nur wir einen Bonus bekommen, der Chef aber nicht! Wofür sind wir denn da? Warum feiern wir denn heute Erntedankfest? Wir sind ein Team, das zusammenhält. Wir sind ein dankbares Team. Wir sind ein tolles Team, das sich für die Indikatoren einsetzt, so lange sie etwas hergeben."

Team heißt: „Macht etwas für mich, obwohl ihr nicht dafür bezahlt werdet. Es ist doch für das Ganze gut und für mich auch."

10. Supra-Katastrophen

Suprasysteme haben Sorge, dass die Ziele zu niedrig sind. Wenn ein Unternehmen sich nun irrte und von den Verkäufern je 10 Millionen Euro Verkäufe im

Jahr erwarten würde – wenn aber in Wirklichkeit 20 Millionen möglich wären? Nicht auszudenken. Wenn nun die Verkäufer nur 10 Millionen verkauften, weil sie dann die Ziele erreicht hätten? Marktanteile gingen verloren. Die Wettbewerber würden sich freuen. Wenn aber die Verkäufer fast ohne Mühe 20 Millionen Verkaufsumsatz schaffen würden? Schrecklich! Dann müsste das Unternehmen riesige Boni und Prämien zahlen, ohne dass dafür gearbeitet worden wäre!

Suprasysteme verlangen daher zur Sicherheit einfach zu viel. Sie verlangen mehr als jeder schaffen kann, damit niemand faul sein darf. Daher ist die Zielgestaltung für die Mitarbeiter in der Regel unfair. Sie jammern: „Man *kann* das nicht schaffen.“ Sie bitten und betteln um, wie sie sagen, *realistische* Ziele.

Daraufhin lächeln die Supramanager verächtlich. Sie setzen ja absichtlich die Ziele viel höher an, als man realistisch schaffen kann.

Die Mitarbeiter weinen.

Sie weinen, weil sie wissen, dass die Ziele nicht realistisch sind.

Dann wischen sie sich nach etwa einer Woche die Tränen ab und betrügen.

„Die da oben wollen es so!“

Am Jahresende bekommen die Manager die hohen Indikatorwerte, wie im letzten Abschnitt beschrieben. Da sie selbst an diesen Indikatorwerten gemessen werden, bekommen sie einen schönen Bonus, wie alle diejenigen Mitarbeiter auch, die genug betrügen konnten. Dann lächeln die Manager verächtlich: „Man muss sie nur gehörig treten, dann schaffen sie es am Ende doch! Am Anfang des Jahres weinen sie, aber dann treten und treten wir, und am Ende habe ich wieder meine guten Indikatorenwerte. Treten! Die da unten wollen es so.“

Für das nächste Jahr versucht man es mit wieder noch höheren Zielen. Die Mitarbeitergesichter zucken wie Tretmienen. Die Manager bekommen stets die Zahlen, die sie verdienen.

Ich meine mit „Betrügen“ nicht so einfach Schummeln. Nein, es ist so ernst wie in der Amazon-Satire. Ich gebe zwei weitere Beispiele. Angenommen, ich wäre in einer Firma Geschäftsführer für XY-Reparatur-Services. Ich soll den Umsatz um dreißig Prozent steigern. Der Markt explodiert gerade. Der Umsatz ist etwa 150.000 Euro pro Person und Jahr. Mit jeder solcher Person verdiene ich 10.000 Euro. Ich habe 1000 Mitarbeiter. Wenn ich also den Umsatz um dreißig Prozent steigern soll, muss ich 300 Personen das ganze Jahr über mehr haben. Die muss ich *einstellen.* Leider kann ich sie nicht alle mit einem Schlag am ersten Januar einstellen. Ich muss dies das ganze Jahr über tun. Deshalb werden die neuen Mitarbeiter im Durchschnitt nur ein halbes Jahr in meinem Bereich arbeiten. Wenn das so ist, muss ich rechnerisch 600 Personen einstellen, damit diese die 300 zusätzlichen Jahre Arbeit abarbeiten können. Leider sind diese Personen noch nicht richtig ausgebildet und erbringen in den ersten vier bis acht Wochen noch kaum Umsatz. Ich muss also etwa 750 Personen einstellen.

Alles klar?

Stellen Sie sich vor, ich schaffe das. Es geht nicht wirklich, weil ich so viele gute Leute nicht tatsächlich am Markt bekomme. Ich könnte dann in diesem Jahr kaum etwas anderes tun als Leute einzustellen. Das sieht nicht gesund für einen Manager aus. Trotzdem lassen Sie uns den Fall anschauen, dass ich tatsächlich

750 neue Mitarbeiter einstelle, die dann tatsächlich zusätzliche 300 Jahre Arbeit leisten, so dass der Firmenumsatz um dreißig Prozent steigt.

Am Jahresende habe ich dann aber eben 1750 Mitarbeiter. Damit meine Firma weiter florieren kann, muss ich so viele Aufträge haben, dass im Folgejahr 1750 Mitarbeiter voll durcharbeiten können. Sonst bricht meine Firma wie ein Kartenhaus zusammen.

Da die 1750 Personen diesmal schon am 1. Januar da sind, müssen die Aufträge für die 1750 Personen schon am 1. Januar da sein. Ich muss also in diesem Jahr, in dem ich eigentlich nur Leute einstelle, auch schon so irre viel verkaufen, dass ich im nächsten Jahr am 1. Januar riesig viel Arbeit habe.

Deshalb sollte ich jetzt schon einmal beginnen, eine ganze Menge von Vertriebsleuten einzustellen. Etc. Etc.

Merken Sie, was das für eine Lawine wird, wenn man den Umsatz um dreißig Prozent steigern will? Merken Sie, dass es möglich sein muss, den Umsatz im nächsten Jahr wieder um etwa dreißig Prozent zu steigern, weil die Firma sonst mit viel zu viel Leuten in den glatten Konkurs geht? Wenn nun der Markt im ersten Jahr wirklich um dreißig Prozent wächst, dann habe ich meine Zahlen. Wenn dann aber im nächsten Jahr das Wachstum schwächer wird oder gar stoppt?

Noch schlimmer: Angenommen, es ist ein *realistisches* Ziel, fünfzehn Prozent Umsatzwachstum zu erwirtschaften. Angenommen, ich bekomme trotzdem dreißig Prozent als Ziel und beginne, für dieses Ziel Leute über Leute einzustellen. Was mache ich dann, wenn ich im Laufe des Jahres bei einem Personalstand von 1500 nur für 1150 Personen Aufträge bekomme?

Ich werfe die Leute wieder hinaus. Ich senke die Reisekosten, indem ich die Mitarbeiter mit Fahrrädern zum Kunden sausen lasse. Ich gebe ihnen schlechtes Werkzeug. Ich nehme ihnen die Handys weg. Ich biete ihnen Geld an, wenn sie kündigen ... Wahrscheinlich führe nicht *ich* das alles durch, sondern mein Nachfolger. Denn ich habe versagt. Ich bin sehenden Auges in die Pleite marschiert, weil ich sonst keinen Dreißig-Prozent-Bonus bekommen hätte.

Das war die erste Suprakatastrophe.

Eine zweite:

Ein Verleger bekommt den Auftrag, dreißig Prozent mehr Bücher zu verlegen, mit dem gleichen Team. Wie macht er das?

Es ist eine Art Kunst, wundervolle Autoren zu finden, die dem Verlag Gewinn bringen. Verleger reisen viel umher und entdecken neue Talente. Die bekannten Autoren haben ja schon „ihre" Verlage. Es dauert sehr lange, bis Autoren wirklich gewonnen werden und dann schöne Bücher schreiben. Und nun nehmen wir einmal an, mitten in diesen Prozess platzt die Suprabombe: „Liefern Sie dreißig Prozent mehr Titel!"

Das geht *realistisch* nicht, weil die Autoren erst gefunden werden müssen. Die für den Verlag derzeit schreibenden Autoren schreiben ja gerade. Das sind die geplanten einhundert Prozent. Der Verleger weint eine Woche, sein Manager lächelt verächtlich. Was tun?

Jeder Verleger hat ja einen ganzen Keller voller schlechter Bücher, die er nicht drucken will. An ihm hängen Myriaden von Autoren, die unpünktlich liefern,

Zusagen nicht einhalten, Schwierigkeiten machen oder einfach schlecht schreiben, oder, was noch häufiger ist, ganz gut schreiben, aber langweilig oder unverständlich.

Es gibt also einen ganz nahe liegenden Weg, dreißig Prozent mehr Titel zu liefern. Er kostet im Januar nur ein paar Tage telefonieren. Dann schwemmen die schlechten Bücher zur Buchmesse im Oktober heran, die besser im Keller geblieben wären. Der Geschäftsführer hat jetzt aber seine Zahlen, die er verdient.

Zu Weihnachten bedrücken ihn die Verlagsumsätze von Oktober bis Dezember. Er hofft noch. Niemand weiß, warum in aller Welt sich die neuen Bücher nicht verkaufen. Die einzige Abhilfe scheint zu sein, noch einmal dreißig Prozent mehr Titel im nächsten Jahr aufzulegen. Erstaunlicherweise schafft es der gleiche Verleger noch einmal, dreißig Prozent mehr Bücher zu drucken. Wahrscheinlich hat er in den Vorjahren gefaulenzt? Das wird es sein. Er muss dafür bestraft werden, dass er früher so wenige Bücher verlegt hat.

Das wird die zweite Suprakatastrophe.

Die erste ist dadurch ausgelöst worden, dass nur ganz ehrlich die vorgegebenen unrealistischen Ziele verfolgt wurden, die Pleite folgte ohne jeden Betrug, ohne die kleinste Schummelei! Es wurde heimlich etwas geopfert, nämlich der Blick auf die Realität. Wenn Wünsche zu Ansprüchen werden, ist der Mensch neurotisch, so etwa schrieb Karen Horney. In Wirklichkeit geht eine Firma nicht so blind ins Unglück. Man schummelt das Unglück irgendwie weg.

Im zweiten Fall wird etwas geopfert, was nicht gemessen wurde: Die Qualität oder die Exzellenz der Bücher.

Die Suprakatastrophen entstehen in der Regel dadurch, dass man die geforderten Indikatoren besser hintürkt, indem man an der Hintertür unter Umständen lebensnotwendige Dinge opfert oder solche bewusst übersieht, die im Augenblick „nicht im Fokus stehen".

„Gut, dass sie nur *viele* Bücher wollen und keine Ahnung haben, welche *gut* sind. *Viele*! Wir machen so viele Bücher, dass sie daran ersticken! Sie wollen es eben so!"

11. Chaos der zuckenden Zweihundert-Prozent-Marionetten: „Pain & Pressure"

Jetzt habe ich Ihnen ganz deutlich gemacht, dass Suprasysteme im Grunde nach zwei Jahren notwendig bankrott sein müssen, wenn sie zu viel von sich selbst fordern. Und sie müssen ja zu viel von sich fordern, weil sie Suprasysteme sind.

Gibt es keine Rettung? Die Score-Menschen versuchen, alles für das Überleben zu opfern.

Zuallererst versuchen es Score-Menschen mit dem Opfer von Feierabend und Familienleben. Wenn jemand um 18.00 Uhr die Arbeit verlässt, also nur eine Tarifüberstunde leistete, wird ihm hinterhergerufen: „Hast du heute einen halben Tag Urlaub?“ Zu diesem Pfeil gehört ein bestimmter feiner Seismograph in uns, der sofort aufheult: „Du stiehlst dich davon und andere arbeiten noch. Du bist jetzt nicht im Team!“ Wir bleiben also am Arbeitsplatz, so lange es geht.

In der nächsten Stufe fahren wir hastig Reifen ab, telefonieren hemmungslos mit dem überteuren Handy („Es war eben sehr eilig!“), wir verpassen Termine („Ich bin entsetzlich unter Wasser!“), beantworten keine Post oder E-Mails („Keine Zeit, ich war dauernd in Meetings, wir stritten uns lange, wer für die verpassten Termine Schuld hat. Ich lasse das nicht auf mir abladen. Ich bin schließlich unter Wasser.“). Es wird nichts mehr repariert („Geht jetzt nicht. Weiter!“), nichts mehr gepflegt („Die Blumen sind ja nicht betriebsnotwendig.“), nicht ausgebildet („Lebenslanges Lernen muss jeder am Feierabend hinter sich bringen, und ich wäre sauer, wenn einer Zeit dafür hätte.“) und nichts geschont. Heute steht in der Zeitung, dass die meisten Firmen die Weihnachtsfeiern einsparen. Die meist genannte Begründung: „Es gibt gerade nichts zu feiern.“ Im Krieg soll man nicht an Frieden denken. Dafür ist keine Zeit.

Dieser allgemeine Raubbau wird so sehr ausgeweitet, dass das Suprasystem heil bleibt. Das Suprasystem schützt nun nicht gerade den Feierabend oder das Familienleben – aber es wehrt sich bald gegen zu hohe Telefongebühren.

Dafür gibt es jetzt außer den normalen Managementstrukturen des klassischen Systems überlagerte Managementstrukturen des Suprasystems.

In klassischen Systemen hat der Mitarbeiter *einen* Chef, der für alles zuständig ist. Wenn der Mitarbeiter Tesafilm, Sonderurlaub, einen neuen Computer oder eine Kongressreise anfordert, geht er zu seinem Chef. Der sagt final Ja/Nein. Wenn die Anforderungen an den Chef sehr groß sind („Ich brauche drei neue Mitarbeiter!“), dann muss, je nach Größe, dieses Vorhaben von einem höherrangigen Manager genehmigt und abgezeichnet werden. Je größer das Vorhaben, umso höher der Manager, der es genehmigen darf.

In den Suprasystemen hat der eigentliche Chef des Mitarbeiters die Aufgabe, ihn zum Punktejagen zu treiben. „Weiter! Mehr! Nicht genug!“ Deshalb wird der Chef zum Punktejagen nicht gerade das Handy schonen wollen oder dem Mitarbeiter das exzessive Taxifahren verbieten. Nein! Es müssen ja Punkte her. Alles was dafür Zeit spart ist willkommen, koste es, was es wolle.

Der Chef spart also nicht mehr, weil er nur in Haupttriebrichtung des Suprasystems mobilisiert.

Deshalb zieht das Suprasystem eine Menge neuer „Prozesse“ oder „Geschäftsprozesse“ ein, um trotzdem alles ordentlich zu organisieren.

Für jedes spezielle zu schützende Gut gibt es einen Geschäftsprozess. Einen Taxi- und Mietwagenanforderungsprozess, einen Computerbeschaffungs-prozess, einen Prozess, der Codenummern vergibt, nach denen Handys freigeschaltet werden, einen Reisegenehmigungsprozess, der innerhalb von drei Monaten entscheidet, ob jemand fliegen darf, einen Personaleinstellungsprozess, einen Qualitätsprozess. Es gibt sofort einen Prozess, wenn etwas nicht normal klappt.

Aber all das klappt nicht normal, was im Raubbau für Punkte geopfert wird. Das ist viel!

Ein Vertriebsbeauftragter könnte überzogene Rabatte einräumen, dann fährt er viele, viele Umsatzpunkte ein. Das wird verhindert, indem es einen Genehmigungsprozess für Rabatte gibt. Es gibt einen Prozess, der Daten von Mitarbeitern von Computern löscht, wenn diese mehr als XYZ Megabyte Daten angesammelt, also nicht aufgeräumt haben. Es gibt einen Prozess, auf die Ordnung im Büro zu schauen. Ein Prozess regelt, dass die Passwörter regelmäßig geändert werden. Ein Prozess verhindert illegale Kopien von Software auf Computern, ein anderer das Einkaufen legaler Software.

Jeder dieser Prozesse wird von einem Prozessmanager bewacht, der das Genehmigungsprozedere regelt und die Bedingungen und Regeln festlegt. Wenn Sie zum Beispiel eine Grünpflanze im Büro haben möchten, müssen sie einen Prozess anstoßen. Sie besorgen sich das Formblatt. Erste Frage: „Arbeiten Sie in einer Lokation, in der es einen Blumengießbeauftragten gibt? Wie ist dessen Name?" Der bekommt dann eine automatische E-Mail, dass er eine neue Pflanze betreuen muss. Diese Pflanze trägt er dann in seine Leistungsliste ein, weil er nach Anzahl der begossenen Pflanzen bezahlt wird. Er braucht vorher noch eine schriftliche Genehmigung, die Pflanzen auch während der Abwesenheit des Mitarbeiters gießen zu dürfen. Dazu beantragt er eine Schlüsselgenehmigung in einem speziellen Gebäudeverwaltungsprozess. Der Blumengießer muss eine Ausbildung für Hydrokulturen haben. Wenn er die nicht hat, genehmigt der Grünpflanzenprozess nur in Erde gepflanzte Zimmerblumen. Ein Umweltbeauftragter genehmigt die Pflanzenart ...

Das ist jetzt wieder satirisch ausgerutscht. Ich will sagen: Für alles und jedes gibt es Prozesse, die sich ineinander völlig verwickeln. Es ist manchmal kaum möglich, herauszufinden, wie etwas wirklich völlig erlaubt durchgeführt werden kann. Überall Prozessvorschriftenberge.

Während es also in klassischen Systemen einen Chef gab, mit vielen Hierarchiestufen, die immer gewaltigere Summen unterschreiben konnten, so gibt es in Suprasystemen nur ganz wenige Hierarchiestufen. (Man entließ ja alle sogenannten „Middle-Manager", man schnitt also die mittleren Managementebenen aus der Hierarchie heraus.) In Suprasystemen sorgt einfach der normale Chef der Haupttriebrichtung für Dampf hinter der Punktejagd. Dafür ist der Mitarbeiter von allen Sondertentakeln des Suprasystems bewacht, den Geschäftsprozessen.

Über den Geschäftsprozessen stehen oft hohe Manager. Sie heißen am besten CXO. C heißt Chief oder Corporate, O heißt Officer. Diese beiden Buchstaben sind gesetzt und immer gleich. Das ist ein Segen für die Menschheit, weil es nun für den Buchstaben in der Mitte nur noch 26 Möglichkeiten gibt. CTO heißt Chief Technology Officer, CPO Chief Privacy Officer. CEO heißt Chief Executive Officer. Entsprechend kann es dann Vice Presidents für Gleichstellung, Einkaufspreise, Datensicherheit, Kundenfreundlichkeit, korrekte Dokumentation etc. geben. Es sind alles Posten, auf denen der Manager etwas bewachen muss, mit dem erheblucher Raubbau zu Gunsten von Punkten getrieben würde, wenn es ihn als Manager nicht gäbe.

Wenn zum Beispiel ein Mitarbeiter im Dienst den Internet-Tauschdienst Kazaa installiert und Pornofilme downloaded und schließlich auf dienstliche CD-Rohlinge kopiert, so wird er sofort entlassen. Wenn der zweite erwischt wird, wird er entlassen. Wenn ein dritter erwischt wird, liegt offenbar ein allgemeiner Missbrauch vor, weil ab ungefähr drei kein Einzelfall mehr vorliegt und ein Zufall ausgeschlossen erscheint. Deshalb wird ein Prozess installiert, der das Installieren von Kazaa verhindert. Dazu wird ein CDO ernannt, ein Corporate Download Officer. Er bekommt die Dienstbezeichnung Vice President für Illegale Private Inhalte und Rohlingsmissbrauch. Er kontrolliert unternehmensweit, dass auf CD-Rohlingen nur betriebstriebnotwendige Inhalte kopiert werden.

In dieser Weise ersticken Suprasysteme fast unter der Last von Chief XYZs und entsprechenden Prozessen. Die Mitarbeiter werden zu Marionetten, an denen einige zehn Vice Presidents ziehen. Der Mitarbeiter bekommt andauernd Aufforderungen, diesen Vice Presidents Daten zur Kontrolle zu melden. („Bitte kreuzen Sie auf dem beiliegenden Blatt an, wie viele Pornofilme Sie auf Ihrer Maschine gespeichert haben. Vermerken Sie in jedem Falle unbedingt, worin der betriebliche Nutzen besteht. Den wüssten wir gerne, weil uns selbst keine Begründungen mehr einfallen. Wenn Sie nicht innerhalb von 10 Tagen antworten, hängen wir Ihren Computer vom System ab.“) Sie haben leider Urlaub, was lange keiner mehr versucht hat, und nun ...

Die Suprasysteme hängen uns also wie Marionetten an Fäden auf. Jeder Faden ist ein Prozess. Der Drahtzieher ist der „Process Owner“, der Herr des Prozesses, ein Vice President. Er verlangt Berichte, warum sich der Draht nicht richtig ziehen lässt. Wir Mitarbeiter wissen bald nicht mehr, wem wir antworten sollen. Keine Zeit! Der wahre Chef in Haupttriebrichtung der Punkte brüllt: „Lasst es! Allen Trieb hierhin! In meine Richtung! Lasst den Rest schleifen! Ich decke euch wahrscheinlich vielleicht den Rücken, wenn es später Ärger gibt!“ Die Neben-Executives verlangen Berichte und schrecken mit Revisionen und anderen Invasionen. Sie machen Druck. Die Mitarbeiter können nicht gehorchen, weil die eigentliche Punktejagd in der Haupttriebrichtung näher an ihrem Leben ist. Die Neben-Executives erkennen, dass nur nackte Gewalt helfen könnte. „Pain & Pressure!“ Druckmachen ohne Ende!

Es gibt nur einen Punktestand und einen direkten Manager. Die anderen kommen mit Umfragen und Nebenpflichten, mit Inventuraufklebern und Elektrovorschriften für Sicherheitssteckdosen. Es scheint so zu sein, dass es mehr Neben-Executives als Linienmanager in der Haupttriebrichtung gibt. Diese relative Mehrheit unter den Managern erlebt die Mitarbeiter in ihrer Gesamtheit störrisch und blank ungehorsam. Sie sehen aus ihrer Sicht, dass die Mitarbeiter alle Vorschriften, die ihnen ein Executive vorsetzt, ohne weiteres in den Wind schlagen. Ohne grausame Zwangsmaßnahmen werden Executives erst einmal ignoriert. „Sonst kann ich nicht arbeiten!“, klagen Mitarbeiter und versinken in immer höhere Stresswellen. Die Manager aber empfinden Mitarbeiter nun in ihrer

Mehrheit als faul und egoistisch. Die Mitarbeiter finden, dass alle diese Executives das Leben nicht verstehen (das Leben des Mitarbeiters). „Sie haben keine Ahnung, was hier unten abgeht. Sie denken sich immerzu etwas aus. Es mag sinnvoll sein, aber wir bekommen 100 sinnvolle Vorschriften pro Tag. Wir werfen alles in den Papierkorb und warten. Bei der dritten Mahnung könnte es ernst sein. Im Grunde reagieren wir nur noch, wenn es Punkte kostet. Und dazu haben diese Sonderschlauen ja keine Macht."

Das ist das Zweihundert-Prozent-Drama einer sogenannten Matrixorganisation. Mitarbeiter sind aufgespalten in viele Einzelpflichten und werden in Bezug auf alle verschiedenen Pflichten von dem entsprechenden Prozess oder Vice President oder Projektleiter bedrängt, nur jetzt unbedingt genau für die Parzelle zu arbeiten, für die dieser Drahtzieher an der Marionette zuständig ist.

Und jetzt kommt der Clou der ganzen Argumentationskette:

Der Score-Mensch ist nun so sehr vom Suprasystem überlastet, dass er sich innerlich fast wieder frei fühlt, zu tun und zu lassen, was er will.

Es ist so sehr viel verboten und durch Vorschriften eingeengt, dass es keine Lebensform mehr gibt, die innerhalb aller Vorschriften existieren könnte. Jedes denkbare Mitarbeiterleben ist mehr oder weniger verboten. Wer alle Bestimmungen beachtet, leistet nichts mehr und bekommt kein Gehalt. Wer auf alle Genehmigungen wartet, hat bald nichts zu tun als nur Warten, was in einem Suprasystem mit grimmem Hass gesehen wird. Was denn nun? „Tu irgendwas Sinnvolles! Bleib nicht stehen! Warte nicht! Vergiss das System!" So sagen die Erfahrenen. Wenn die Prozesse und Vice Presidents an den Drähten ziehen und wüten, so ist das nicht schlimmer als warten und dafür bestraft werden. Der Mitarbeiter sucht sich also die kleinste Hölle aus.

Er kann jetzt wählen! In klassischen Systemen ist alles vorgeschrieben. Jeder tut seine Pflicht. In überdrehten Suprasystemen herrschen so viele Vorschriften, dass man wählen muss und eben dann auch wählen kann, welche Vorschriften man vergessen oder missachten will.

Der Mitarbeiter ist also im Chaos frei. Diese Freiheit, die daraus resultiert, einen Teil der Vorschriften brechen zu müssen, wird nun von allen Mitarbeitern individuell anders genutzt, je nach Vorliebe, je nach dem jeweils unterschiedlichen Druck, der auszuhalten ist. In letzter Konsequenz arbeitet jeder Mitarbeiter in überdrehten Suprasystemen, „was ihm selbst in den Kram passt".

In diesem Zustand ist reines Chaos.

Es stellt sich die Gretchenfrage, wozu ein Suprasystem gut ist.

12. Haupttriebsmanagement für mehr Punkte *jetzt*!

Die direkten Chefs der Mitarbeiter achten natürlich nur auf die Haupttriebrichtung. Es sind Linienmanager. Sie sehen sich als die vornehmste Sorte im Management. „Ich habe Profit-Loss-Verantwortung.", sagen sie mit bedeutender Stimme. Sie stehen im Sturm und kämpfen an der echten Front. Dagegen ist zum Beispiel ein Direktor für Kundenzufriedenheit nicht so wichtig. Dieser Customer Satisfaction Executive (CSE) appelliert nun ständig im Unternehmen, dass Kunden ebenfalls zählen, nicht nur Gewinne. Er veranstaltet vor Verzweiflung Umfragen, wie unzufrieden die Kunden sind. Mit den Ergebnissen versucht er, die Linienmanager zu erschrecken. Die lächeln und setzen ihm im Gegenzug das Ziel, den CS-Index der Umfrage um drei Prozentpunkte zu verbessern (CS = Customer Sat = Kundenzufriedenheit). Dann muss der CSE aus Statistiken Aktionen machen, ohne Macht. Er ist ein Hüter eines Wertes (CS), der leicht um Punkte geopfert wird. Er ist kein richtiger Executive, eher ein Indexutive, der Hüter des CS-Index.

So kämpfen die Mitarbeiter an der Front um die Hauptindikatoren. Das sind die Zahlen, die für die Prämienzahlungen relevant sind. Punkte *jetzt*!
Die anderen Werte werden von Indexutives mühsam in Balance gehalten. Das gelingt nicht wirklich. Langsam sterben alle die Nebenwerte, die nicht bei den Prämienausschüttungen zählen. Die Indexutives merken natürlich, dass sie nur appellieren, aber überall ignoriert werden. In einem Suprasystem wird nur der Score beachtet, der Punktestand! Wenn also ein Indexutive beachtet werden will, muss er durchsetzen, dass er den Mitarbeitern Punkte abziehen kann, wenn sie ihm *nicht* dienen. Also verhandelt er mit den Linienmanagern der Haupttriebrichtung, dass Punkte für alles Mögliche abgezogen werden. Punktverlust für jede Übertretung der Vorschriften! Punkteabzug für Taxifahren, für Herumliegenlassen von CD-Rohlingen, für Vergessen des Inventurtermins, für Nichtbeantworten der Kundenumfragen. Die Linienmanager der Hauptrichtungen wehren sich. Wenn ein Teil der Gehaltsprämien für Nebentriebe gezahlt wird, splittert sich die Aufmerksamkeit der Mitarbeiter auf viele Dinge auf. Sie rechnen überall, wo es Punkte oder Geld gibt. Das kann nicht im Interesse der Linienmanager sein. Sie versprechen daher, die Mitarbeiter zu ermahnen. Die Indexutives flehen die Hauptmanager an: „Wir sind ein Team!" (Heißt wieder: „Ich selbst bin wichtig und macht bitte meine Arbeit!"). Die Hauptmanager schwören, ein Team zu sein, und zucken nach dem Gespräch mit den Achseln: „Wenn wir genug verdient haben, machen wir meinetwegen Inventur. Jetzt nicht." Sie schreiben dann sofort eine E-Mail an alle: „Ich fordere Sie auf, nach der Arbeit für mich auch die unbedingt wichtige Büroangelegenheit von Indexutive XY noch nach Feierabend zu bearbeiten. ASAP!"

ASAP heißt „as soon as possible", also „so bald wie möglich". In klassischen Systemen, also früher, hieß das: „Alles fallen lassen, einer von oben will was. Los, sofort!" ASAP hieß „bei Todesstrafe sofort". In Suprasystemen heißt ein ASAP-Befehl von Neben-Executives wirklich ASAP, also „sobald ich Zeit dafür habe, und Zeit habe ich nie".

Wenn ein Nebenwert überaus bedrohlich verfallen ist, wenn also zum Beispiel zu viele Mitarbeiter kündigen oder zu viele Kunden abwandern, dann wird der Nebenwert im nächsten Geschäftsjahr zum Hauptwert oder Haupttrieb definiert. „Der Mitarbeiter ist in diesem Jahr das höchste Gut. Darauf wollen wir uns in diesem Jahr besinnen." – „Der Kunde steht in diesem Jahr im Mittelpunkt unserer Bemühungen."

Das Suprasystem organisiert alle paar Monate um. Es richtet seinen Haupttrieb in eine andere Richtung. Es darf immer nur *einen* Haupttrieb geben! Alles andere wird dann ein bisschen geopfert oder hintangestellt. Die Regeln des Kampfspiels müssen immer einfach sein. Punkte *jetzt*!

13. Indikatorenzucken *jetzt*! Stärker als alle Pyramiden!

Und nun schauen Sie bitte noch einmal wehmütig an den Anfang des Buches zurück, wo wir uns die Pyramiden der richtigen, wahren und natürlichen Menschen angesehen haben.

Ist irgendwo von den Bedürfnissen von uns selbst in Suprasystemen die Rede? Man gibt uns etwas Zucker oder mehr Geld, wenn zu viele von uns kündigen.

Achtung, Respekt, Integrität, Liebe, Geborgenheit, Sicherheit, gutes Auskommen, Exzellenz, Wissen, dauerhafte Leidenschaft, erfüllende Aufgaben, Harmonie unter Kollegen, Freundschaft, Spaß, Gemeinschaftserleben, Neugier, Erfolgslachen, Freude, Handlungsfreiheit, Ermessensspielräume, Tatkraft, Aktion ...

So etwas brauchen wir selbst, außer Geld und Überleben. Es sieht so aus, dass wir uns an den Zustand künstlicher Not gewöhnen und nur noch auf das Überleben unserer Prämien-Indikatoren konzentrieren. Das gewöhnliche Suprasystemleben wirkt, als ob die Menschen noch auf der untersten Stufe leben, auf der sie für das nackte Dasein kämpfen.

Dabei bekommen wir im Grunde so sehr viel Geld, dass wir eigentlich im Luxus leben. Es wäre doch einfach, alle Betriebe der Welt einigten sich, zehn Prozent des Umsatzes in Menschenwerte (die aus den Pyramiden) zu stecken und uns das vom Gehalt abzuziehen? Wären wir nicht glücklicher? Zehn Prozent des Umsatzes wären etwa zwanzig Prozent unserer Personalkosten. Dafür hätten wir wieder Weihnachtsfeiern, Geburtstagsumtrunke, Zeitungen im Büro, Kaffeeautomaten, Einzelzimmer auf Wunsch, Fenster im Büro, Blumen, Ausbildung, Konferenzreisen, genug Manager mit Zeit für uns und Interesse für unsere Arbeit, unsere Person und unser Vorankommen auf der Pyramide. Das Menschseindürfen kostet gar nicht die Welt. Es kostet wohl zwanzig Prozent.

Farbteil

Albrecht Dürer: Altes Weib mit Geldbeutel

Edward Munch: Girls on a Bridge

Edvard Munch: The scream

Edvard Munch: Ashes

HOMO SAPIENS

Sisyphus
Staatl. Antikensammlungen u. Glyptothek München
VAS 1549

Wenn ein neues Gebäude errichtet wird, ist es per Gesetz vorgeschrieben, zwei Prozent der Baukostensumme für „Kunst am Bau" auszugeben. Genauso gut könnte ein Unternehmen verpflichtet werden, Menschsein zu fördern. Wir würden es durch bessere Arbeit danken. Ich glaube nicht einmal, dass wir irgendwie schlechter arbeiten würden.

Ich stelle mir vor, wir würden in Deutschland mit den Suprasystemen Tarifverträge über Menschsein abschließen.

Was geschähe?

Es würden Budgets für Respekt, Mitarbeiterloben und Freundschaft eingerichtet. Es würden Direktorenstellen geschaffen. Direktor für Mitarbeiterzufriedenheit, Vice President für Selbstverwirklichung. Sie würden fragen: „Woran messen wir das Erreichen von unseren Zielen? Wie sehen wir, um wie viel Prozent sich die Menschen im Jahresverlauf selbstverwirklicht haben? Wir wollen in Selbstverwirklichung das führende Unternehmen in der Welt werden und in Punkto Selbstverwirklichung einen de facto Weltstandard setzen. Wir werden aufwändige Prozesse ins Leben rufen, so dass jeder Mitarbeiter selbstverwirklicht wird. Ohne Ausnahme. Mitarbeiter müssen selbstverwirklicht werden, das ist ja gerade der Sinn dieses Prozesses. Niemand wird mehr eine Ausrede haben und sagen, er wolle Urlaub haben oder arbeiten. Nein – ohne Ausnahme werden wir alle selbstverwirklichen. Wir wollen uns vorher genau überlegen, welche Checkpunkte jeder Mitarbeiter am Jahresende erfüllen muss ..."

So funktionieren Suprasysteme.

Sie werden dies irgendwie an unseren Herzen vorbei managen. Früher wurden zum Beispiel die besten Mitarbeiter der Unternehmen zu einem vielleicht mehrtägigen rauschenden Fest zur Feier ihres Erfolges eingeladen, am besten in eine wunderschöne Urlaubsgegend. Das waren freudetrunkene Tage wie pure Sonne. Die Feste wurden von einem Team organisiert, das liebevoll alle Einzelheiten ausarbeitete und ganz tief in die Herzen der Mitarbeiter hineinleuchtete. Das war das Eigentliche des Ganzen.

Heute gibt es Mitarbeiterzufriedenheit als Services der Reisebüros. „Was möchten Sie bitte?" – „Eine Incentivereiseveranstaltung, eine schöne." – „Reden wir nicht drum herum, wie viel wollen Sie ausgeben?" – „Äh, eigentlich wenig, es soll nur schön sein." – „Drei Tage Nizza für 1000 Euro zum Beispiel?" – „1000 Euro, oh je. Wenn die Mitarbeiter die Getränke im Hotel und während des Charter-Fluges selbst bezahlen, wie viel käme es dann?" – „Das bringt ziemlich viel, weil sie förmlich saufen, wenn es mal etwas umsonst gibt. Man denkt, sie bekommen das ganze Jahr nichts. 900 Euro. Sonst müssen wir nach Kenia ausweichen. Da sind die Hotels im November so billig, dass der Flug keine so große Rolle spielt. Kenia kann ich anbieten." – „Aber dann fehlen die wegen des weiten Fluges so lange bei der Arbeit. Ich rechne mit 600 Euro pro Tag und Mitarbeiter. Wenn die einen Tag länger rumfliegen, Gott behüte." – „Das weiß ich, deshalb ist ja das weite Fliegen nach Kenia oder Indonesien so billig." – „Und was ist am allergünstigsten? Von den Kosten her?" – „Einen Tag Treffen im Sheraton-Hotel im Frankfurter Flughafen, wenn Sie Stand-By buchen. Die halten einige hundert

Zimmer frei für den Fall, dass Überseeübernachtflüge gecanceled werden. Sobald wir wissen, dass kein Jumbo kaputt ist, können Sie in Minuten ein paar hundert Zimmer haben. Das Hotel hat einen eigenen Flughafen dabei und eine ICE-Station plus Straßenbahn." – „Gut, dann nehme ich so etwas." – „Wie viele Stunden sollen wir für Sie selbst abzweigen?" – „Für mich?" – „Sie wollen doch sicher eine Rede vor den Mitarbeitern halten? Wir würden das Event darum herum spreizen." – „Ja, sicher, ach ja, ich muss ja auch selbst dahin. Ich habe gar keine Zeit. Die Rede habe ich noch vom letzten Jahr. Können Sie das mit meinem Sekretariat abmachen, die wissen, wann ich am besten kann. Zum Beispiel 14.30 bis 15.30 Uhr oder 10 bis 11 am Morgen." – „Das geht nicht, weil in diesen Slots die Ausflüge sind. Sie müssen vorher oder nachher." – „Also muss ich mich jetzt nach den Mitarbeitern richten?"

Ich möchte mit solchen Sarkasmen einen wichtigen Punkt herausholen. Der Unterschied zwischen dem Abspeisen und dem Ehren ist irgendwie in Suprasystemen abhanden gekommen. Sie können den Unterschied im Blumengeschäft und überall finden: „Sie liebt Weißes, ach ja, und dazu nehmen wir die grünweißen Tulpen, gefüllt, das mag sie, ich bin glücklich, ich sehe ihre Augen, da, noch was Kleines, hier diese, mit dem Stiel, die Blüte." Oder: „Schnell. Haben Sie was Fertiges? Nein, nicht wählen, gleich das erste. Ich muss nur was haben. Was, so viel? Teilen Sie die Hälfte ab. Das reicht mir."

Es ist ein feiner Unterschied zwischen „das liebt sie" und „das reicht mir", nicht wahr? Im letzten Fall geht es nur wieder um Punkte in einer Suprabeziehung.

Bei Mitarbeiterfesten wird dieser feine Unterschied gewittert. Er hört sich so an: „Sie haben zwar noch Champagner, aber keine bekannte Marke serviert." Das reicht für unsere Zunge und unser Unternehmen, aber wir schmecken, dass die Ehre abgeschmolzen ist.

14. Werte ohne Indikatoren – nur für starke Persönlichkeiten?

Wer seine eigene Wertepyramide heute sogar noch *selbst* kennt, muss eben stark sein und sich für diese Werte stark machen. Es kostet leider mehr Mühe als es lieb sein kann.

Es wird dennoch gehen.

Wenn Sie irgendwelche Leistungsträger statistisch anschauen, dann werden Sie immer wieder folgende Muster unter ihnen sehen: Die exzellenten Menschen finden Zeit für das Andere, neben den Indikatoren. Für Liebe zu Kunden und Mitarbeitern, für Konzertbesuche und Hobbys. Wahre Exzellenz *darf nicht* auf das eingepflanzte Zucken der Indikatoren reagieren. Wahre Exzellenz muss sich der Implantation widersetzen. Das rundum Gute kann nicht in rotierender Treibrichtung, je nach Desasteranfall, erschaffen oder erhalten werden.

Das Exzellente ist meistens so exzellent, dass es zwar jede Triebrichtung ignoriert, aber dennoch in den jetzt gerade zufällig angewendeten Triebmessungen ganz gut ist. Das rundum Gute macht eben „nebenbei" auch Umsatz, Gewinn, spart CD-Rohlinge oder Blumendünger. Wer es schafft, das rundum Gute um sich herum bleibend zu etablieren, kann im Grunde die Indikatoren und Messgrößen des Suprasystems beiseite lassen.

Deshalb gibt es in Suprasystemen noch eine echte Freiheit, die der *Exzellenz*, die das System von ihrer Seite einfach ignoriert.

Echte Exzellenz darf sich *etwas leisten*! Echte Leistungsträger werden nicht beschimpft, wenn sie mit einem Baby zur Arbeit kommen oder eine längere Mittagspause machen. Leistungsträger können sich ihre Werte aus dem Suprasystem *herausnehmen*.

Es scheint so, als sei das nur ein Weg für starke Persönlichkeiten. Das System zeigt ja stets, dass es genau bemerkt und misst, dass sich ein Leistungsträger etwas herausnimmt. Darunter kann ein Leistungsträger sehr leiden. Das Suprasystem signalisiert „Wir tolerieren, dass du ohne Trieb arbeitest, aber wehe, du leistest mal nicht genug. Noch schaffst du es ohne Trieb. Wir sehen deinen leichten Hohn gegenüber den Trieben der Indikatoren. Warte ab." Leistungsträger sind oft einfach exzellent, *weil* sie den Trieben nicht nachgeben und das Exzellente ohne Kompromiss und teilweise gegen das Suprasystem tun. Die Suprasysteme sagen unisono: „Wir verstehen, dass du sehr viel leistest, ohne dich dabei aufzureiben, aufzugeben, abzuhetzen. Wir sehen, dass du das kannst. Wir müssen es hinnehmen. Wir sind aber nicht glücklich, weil du ja noch viel mehr leisten könntest, wenn du dich aufreiben und abhetzen würdest. Wir zucken furchtsam zusammen, wenn du so frohgelaunt zur Arbeit kommst."

Ich habe dazu viel Launiges in meinem Buch *Wild Duck* geschrieben, in dem ich Leser zu überzeugen versuche, dass höchstwahrscheinlich der menschlich-ethisch-philosophisch gewünschte Mensch die besten Arbeitsleistungen erbringt. Eine echte Persönlichkeit wird eben *besser* arbeiten, oder?

Und echte Persönlichkeiten sind keine ferngesteuerten Triebreaktoren.

Wer aber sonst kann oder will sich heute wahre Werte leisten, die gerade im Augenblick keine Indikatoren für Prämien sind?

15. Buntes Leben und Schrei

Wir werden an Punkten, Scores, Prämien, Geld gemessen. Man macht uns Angst, entlassen zu werden, wenn wir nicht genug Punkte machen. Unten sein im Punktestand wird hingestellt als generelles Untensein. Untensein wird uns wie eine Höllenvorstellung anerzogen. Deshalb ist Untensein Hölle. (Und Hölle ist schlimmer als Totsein.) „Lieber tot als unten sein."

Das ist aber nur eine einzige Richtung in unserem Leben.

Wir lieben unseren Lebenspartner und unsere Kinder. Wir arbeiten ehrenamtlich in Vereinen. Wir schenken einander Hilfe, Aufmerksamkeit, Gehör, seelischen Beistand. Wir lieben Behaglichkeit, Gemütlichkeit, Schrebergartenruhe der Seismographen, Urlaub, Entspannung, Sorglosigkeit, Genuss, Zerstreuung, Feste, Kino, Sex, guten Wein und Bier. Das Leben ist wie ein buntes Bild.

Edvard Munch: Girls on a Bridge © The Munch Museum/ The Munch Ellingsen Group/VG Bild-Kunst, Bonn 2003

Wir streben zur Tugend, zur Weisheit, zur Ruhe, zur Selbstverwirklichung, zur Vollkommenheit in einem Hobby, wir frönen einer Leidenschaft, sind künstlerisch tätig, wollen erleben und lernen, Erfahrungen machen und hart für die Perfektion arbeiten. Wir sammeln Farben und Freuden. Wir üben und trainieren, wollen neue Länder sehen und viel wissen. Wir erleben die Gemeinschaft in unserem Ort, die Hilfe und das Höhere über uns.

Aber die Punkte sind stärker als all das, nicht wahr?

Wir ersticken in Vorschriften, drückenden Terminfristen und frustrierendem Stress. Selbst die liebende Erziehung der Kinder dreht sich um Punkte: „Wie war die Klassenarbeit? Ach, schlecht! Warum passt du nicht auf? Was habe ich Pech, so ein Kind zu haben! Wir haben keine Zeit! Wir kommen todmüde von der Arbeit. Sei froh, dass wir Arbeit haben, sonst ginge es dir dreckig. Wir sind noch relativ oben. Andere sind so gut wie geliefert. Ein paar Monate Arbeitslosigkeit und du kannst es schenken. Kind, bitte: Mach einfach in der Schule deinen Kram. Wir können dir nicht helfen. Wir haben alles vergessen, was wir gelernt haben. Ich weiß. Ja, wissen wir. Es hat keinen Sinn, es zu lernen, wenn man dann nicht mal den Kindern helfen kann. Nein, es ist nichts mehr da. Nein, es ist bei dem Arbeiten verloren gegangen. Wir sind müde, Kind, siehst du das nicht? Wir müssen uns einfach an jedem Abend regenerieren. Deshalb sei so gut und lass uns fernsehen. Schlager oder was mit Horror, das lenkt ab."

An allen Seiten zieht das Leben. An einem Punkt zieht die Haupttriebrichtung des Suprasystems. Wir bewegen uns mit aller Kraft in die Haupttriebrichtung des Systems. Alles andere zieht uns in andere Richtungen. Die Vernunft, die Einsicht, die Liebe, die Freude, die Familie, die Kinderaugen.

Weil alles an uns in verschiedene Richtungen zieht, kommen wir kaum voran.

Es kommt mir vor wie das umgekehrte Bild des Verfolgungstraumes. Kennen Sie dieses Traumbild? Alle Furien sind hinter mir her. Ich fliehe. All meine Kraft, all meine Energie, all mein Wollen liegt in der Flucht. Ich laufe davon wie auf Kaugummi, ich komme nicht vorwärts. Es klebt mich fest. Ich habe Angst. Die Verfolger sind nahe. Es wird dunkel. Ich schreie.

Edvard Munch:
The Scream

Wie fühlen Sie sich mit einer solchen Vorstellung: Das *Leben* verfolgt uns! Das Glück, die Tugend, die Selbstverwirklichung, die Stufe zwei, die Nachhaltigkeit, das Wachsen, unsere Kinder und Nachbarn sind hinter uns her! Sie beschwören, dass das Leben wie eine *bunte* Brücke mit fröhlichen jungen Mädchen ist.

Aber wir laufen in die andere Richtung und schreien.

Uns fehlen noch wenige Punkte für Stufe vier. Jemand hat uns Kratzer an der Nummer Eins gemacht.

Wir gehen in die falsche Richtung über die Brücke.

Dort sind nur Punkte – und meist weniger als wir dachten.

VII. Das Ganze ist weit weniger als die Summe der Teile

Dieser Abschnitt vertieft Argumente, dass die Leistungsvereinzelung der Menschen dazu führt, dass das Gemeinsame, das Ganze und das gegenseitige Vertrauen immer weniger wiegt, weil niemand dafür noch „Punkte" bekommt. Es soll Ihnen nach der Lektüre fraglich erscheinen, ob sich nicht der Weg des Supramenschen an sich wegen dieses Faktums diskreditiert.

1. Das Ganze und die Taylorseele

Frederick Winslow Taylor (1856 bis 1915) war der Begründer des „Scientific Management", also der wissenschaftlichen Betriebsführung. Er führte zuerst Arbeits- und Zeitstudien durch. Der Taylorismus oder das Taylorsystem studiert und plant die genauen Zeit- und Arbeitsverläufe. Es wird für Arbeiten eine „allein richtige" Bewegungsfolge gefunden. Die Einhaltung dieser allein richtigen Bewegungsfolge wurde von sogenannten Funktionsmeistern ständig kontrolliert.

Vor aller Arbeit wird also über wissenschaftliche Untersuchung die zeit- und kostengünstigste Form ermittelt, wie eine Arbeit durchzuführen ist. Diese wissenschaftlichen Werte dienen der Planung des Betriebes. Das Management setzt nun diese Planwerte um. Insbesondere sorgt es dafür, dass sich alle an die allein seligmachenden „Bewegungsabläufe" halten. Niemand macht andere Handbewegungen als die zeit- und kostengünstigsten!

Hier, an dieser Stelle, ist unsere klassische Systemwelt entstanden. Das Taylorsystem ist einer der Grundpfeiler unseres heutigen Wohlstandes. Aber es bereitet uns derzeit eine Art Hölle, weil die Systemwelt zur Suprasystemwelt fortentwikkelt wurde.

Das Taylorsystem feierte wahre Triumphe. Niemals zuvor wurde systematisch nach einem besten Weg gesucht, eine Arbeit durchzuführen! Vorher lernte man die Arbeit bei der Arbeit. „Training on the job." Die Produktivität der Weltwirtschaft schoss in die Höhe, besonders mit der Einführung von Fließbändern, etwa bei Ford.

Das System klassischer Art teilt seitdem alles in separierte Arbeiten und Pflichten auf und bestimmt jeweils deren „allein richtige" Bewegungsfolge für die Abarbeitung. Dann werden die Arbeiter trainiert, diese allein richtige Bewegungsabfolge möglichst schnell, ausdauernd und nachhaltig durchzuführen. Das

Management besteht aus zwei Teilen. Der eine Teil des Managements plant die Arbeiten selbst und ihre wissenschaftlich optimierte Durchführung. Der andere Teil des Managements kontrolliert nur, ob alles wie geplant umgesetzt und richtig gemacht wird. Dann muss auch alles zu der vorher berechneten Zeit fertig sein.

Das Ganze des Systems ist also eine hochkomplexe Struktur aus allein richtigen Bewegungsabläufen! Der Mensch, das heißt der Arbeiter, für den ja die Systeme designed wurden, ist eine Art mechanistischer Teil in diesem Gewebe. Er ist ein Rad im Getriebe. Er ist trainiert auf die korrekten Handgriffe. Alles korrekt wie allein richtig, noch einmal penetrant wiederholt.

Ich will Ihnen damit etwas verdeutlichen, nämlich den Inhalt eines Songtitels von Pink Floyd:

„Another brick in the wall."

Jeder ist ein Stein in dem Gebäude (oder der Mauer) des Ganzen. Das Ganze besteht aus uns allen, Ziegelsteinen, die alle eine vorbestimmte Rolle oder Funktion innehaben.

Im Grunde ist das Ganze, in diesem Bild als Gebäude gesehen, die Summe der Ziegelsteine. Aber es war ja eine große geistige Anstrengung nötig, dieses System der Ziegelsteine zu einem Ganzen zu formen, das dann als Ganzes funktioniert. Insofern ist das Ganze mehr als ein Haufen von Ziegelsteinen. Es ist ein *System* von Ziegelsteinen! Das *System* bringt also erst einen höheren *Wert* in den sonst ja unorganisierten Ziegelhaufen.

Honigbienen bilden solche Systeme, die wir bewundern. Jede Biene hat eine Arbeitsrolle im System. Manche Bienen betreuen den Nachwuchs, andere verarbeiten gesammelten Nektar auf dem Heimflug in abzuliefernden Honig. Es gibt bei den Bienen einige spezielle Arten von Schmarotzerbienen, die keinen Honig an das System abgeben und dafür ihre Eier in Brutzellen anderer *sozialer* Bienen ablegen. Schmarotzerbienen „lassen es sich gut gehen und setzen ungehemmt Kinder in die Welt". Die sogenannten sozialen Bienenarten müssen sehr auf der Hut sein, dass ihr System nicht von solchen Parasiten ausgenutzt wird. (Schwelgen Sie bitte in Analogien zu unseren sozialen Systemen.)

Suprasysteme würden nun die Bienen weiterentwickeln. Die Bienen könnten doch andere Bienen vertreiben, um Marktanteile zu gewinnen. Sie könnten untersuchen, welche Blumen am meisten Honig gegen, anstatt sich naiv auf jeder x-beliebigen Blüte niederzulassen. Blüten schummeln bekanntlich und beeindrucken die Bienen vor allem durch Farbe, auch damit sie von Menschen gezüchtet werden. Sie wollen nur den möglichst unentgeltlichen Service der Biene und geben nicht prinzipiell gerne Nektar ab. Die Bienen könnten sich gegenseitig die Nester zerstören oder Gebietsmonopole einführen. Sie könnten bei besiegten Bienenvölkern Tribute einfordern und ihnen dafür erlauben, ungestört an Minderblumen schwerabbaubaren Billig-Nektar zu ernten. Das wäre eine echte globale Kampfwelt. Im Grunde gibt es genug Blumen für alle. Aber es gibt wenig satt volle Blüten, die sind dann nur noch für furchterregende Hochleistungsbienen.

System und Suprasystem sind also auf Einzelbausteinen aufgebaut. Systeme sind wie organisierte Ziegelsteinkulturen, während Suprasysteme sich aus aggressiven Leistungsbienen organisieren. Das System ist das Zusammenhaltende. Erst das System macht die Teile zu einer Summe. Insofern ist die Summe mehr als die Gesamtheit der Einzelteile. Ein Haus ist mehr als ein Haufen Bretter, Steine, Glas und Mörtel. So sehen das die Systemmenschen, die in *Omnisophie* als die richtigen Menschen beschrieben werden. Jedem solcher vorgestellten „richtigen" Menschen wird eine adäquate Taylorseele verpasst, je nach Rolle, der er im Suprasystem ausfüllen soll. Alles ist wissenschaftlich getestet und vorgeschrieben.

Die wahren Menschen, die intuitiven Kreativen, die Gläubigen, Liebenden, die Forscher und die Künstler kennen ganz anderen Nektararten: Inspiration oder Liebe, zum Beispiel.

Eine volle Diskussion dieser Sicht füllt bestimmt ein eigenes Buch. Im nächsten Buch *Topothesie* greife ich solche Themen eingehender auf.

Hier nur kurz: Wir hören bis zum Erbrechen, dass wir mit dem Computer ins Wissenszeitalter aufbrechen. (Niemand weiß so ganz genau, wovon er redet, finde ich. Ich bin mir selbst auch nicht so sicher.) Die höchstbezahlten Berufe sind die der Wissensarbeiter. Die aber arbeiten nicht mehr in Systemen wie Mauerziegel. Sie gehen nicht wie Raubtiere auf Einzeljagd und liefern große Mengen Beute in einer Suprazentrale ab. Wissensarbeiter türmen nicht Honig, sondern Einsicht, Neues, geistig Wertvolles oder geistigen Produktionsstoff. Geistige Leistungen kann man kaufen. Man stellt Genies für viel Geld ein, die solch Wertvolles im Kopf haben. Geistiger Stoff ist leider nicht beliebig haltbar wie Gold oder Salz, er veraltet, wenn Neues erscheint. In einer Wissensgesellschaft wird derjenige viel Geld verdienen, der wirksames Wissen produziert und es wirksam werden lässt (ein Erfinder setzt eine Idee in ein Produkt um und verkauft das auch *wirklich* massenweise). Wissen wird nun aber nie so produziert, wie sich das heutige richtige Menschen oder Systeme vorstellen.

Die Systeme leben noch mit ihrer Taylorseele. Sie denken, ein beauftragter Vordenker denkt und produziert etwas. Das Ergebnis wird wissenschaftlich genau in „allein richtige Bewegungsabläufe" umgesetzt und dann allen anderen anbefohlen. Das wissenschaftlich optimierte neue Wissen eines Denkers wird also in eine Art dauerhafte Konserve verwandelt. Das Wissen erscheint nun in amtlich vorgeschriebener Ziegelstein-Form („allein richtig") in Lehrplänen, Managementkursen, Standardlehrbüchern, e-Learning-CDs. Wissen wird in Ziegelsteine verwandelt, schön genormt. Das sind die sogenannten Lektionen, Lehreinheiten, Kursmodule. Daraus bauen die Wissensmitarbeiter Mauern für Systeme. Die Menschen müssen die vorgeformten Wissensbausteine schlucken. Sie lernen und pauke und speichern alles auf ihrer Festplatte, wo es abgerufen werden kann, um wirksam zu werden.

So denkt das Taylorhirn.

In Wahrheit wird heute kein Wissen mehr *fertig*. Es verändert sich in immer *unbekannter* Richtung. Wissen ist heute eine Art nützlicher Wirkstoff, der sich unter Benutzung und Wirksamkeit ständig verändert. Wir wenden Wissen nur zum Teil an, zum anderen Teil formen wir es neu und besser. Wenn wir heute etwa große Integrationsprojekte bei der IBM durchführen, ist nur noch ein Bruchteil der Projektleistung konserviertes Wissen „von früher", also Wissen, das jemand in den letzten Monaten zum Beispiel mitgeteilt oder aufgeschrieben hat. Das meiste ist heute immer wieder neu. Computerprojekte dauern zwei bis drei Jahre, danach ist die Welt der Computer wieder ganz neu. Es werden keine Ziegelsteine gebrannt, sondern die Wissenseinheiten veredeln und verändern sich ständig. Es gibt nichts Bewährtes mehr, nur Neues (vier Wochen alt) und Altes (mehr als ein Jahr alt). Während eines Projektes ist das Wissen in der Qualität gewachsen. Es ist nicht quantitativ mehr geworden, sondern – ich wiederhole es – in der Qualität verbessert.

Der Taylorkopf wird mit „allein richtigen" Vorschriften gefüllt, die er anwendet, bis er neue bekommt.

Der Wissensmensch entwickelt sich ständig fort, sein Kopf erneuert sich während der Arbeit. Er nimmt während der Arbeit alles begierig auf, hört und sieht und transformiert sich.

Gibt es Vorstellungen, wie sich Wissen qualitativ verbessert? Methoden? Es gibt mindestens *eine*.

Sie ist ganz einfach. Sie ist bekannt. Aber die engen Taylorhirne verstehen sie nicht. Diskutieren Sie sie auf einem Kongress. Sie werden genau zwei harte Meinungen gegeneinander prallen sehen.

Es ist die *Kaffeemaschine* oder die *Teeküche*. Dort unterhalten sich Wissensmenschen bei Tee und Kaffee und inspirieren sich gegenseitig. Sie entwickeln sich beim Quatschen die Hirne und die Phantasien. Sie erleuchten sich gegenseitig. Im Grunde tauschen Wissensarbeiter *Wertungen* aus, aus denen sich in ihren Köpfen *Werte* bilden.

Jemand sagt: „Das neue Java-Programmierbuch ist Mist, weil ... Lies nur die fünf Seiten im Anhang A." Das ist ein Satz mit einem Werturteil. Es erspart Tage Arbeit und viel Geld. Am Kaffeeautomaten werden tagesaktuelle Werturteile ausgetauscht. „Mit der kann man gut arbeiten, mit dem nicht. Es gibt einen genialen neuen Gartner-Report. Kunde XY sucht eine UV-Lösung, geht doch einmal hin. Gibt einen Auftrag." Es ist ein allgemeines Geblubber von vielen Werturteilen. Wer eines pro Woche gebrauchen kann, hat alle Kaffeeinvestitionen wieder drin. Geschworen! Beim Kaffee gibt es Inspirationen, Tipps, Ratschläge, Mut, Anerkennung, Trost, Hilfe, Adressen von Menschen, die Tipps, Hilfe und Mut geben. Beim Kaffee entsteht so ein fertiles Gemisch in den Zwischenhirnherzen der Versammelten. Wie ein Meer von Plankton. Jeder fischt sich heraus, was er braucht. Jeder blubbert etwas in die fruchtbare Wissensurbrühe hinein, jeder nimmt etwas mit, wenn er in dankbar befruchtungswilliger Stimmung Kaffee mittrinkt.

Stellen Sie es sich so vor:

Wissensmenschen sind Blüte, Biene und Honig gleichzeitig. Und in dem gegenseitig fruchtbaren Prozess entsteht immer wertvollerer Honig und die Blüten und Blumen und Bienen entwickeln sich ständig fort.

Wissensarbeiter entwickeln das Wissen *und* sich. Es ist nicht so, dass sie Wissensquanten lernen und anwenden. Das ist Taylordenken. Sie entwickeln Wissen qualitativ weiter, indem sie sich selbst weiter entwickeln. Bloßes *Lernen* ist für den Grundstock gut, um zu Anfang wenigstens mitmachen zu können. Sonst aber ist das Ziegelsteinschlucken gestrig. Lernen kann sich nur auf das gesicherte Alte beziehen. Wer an der Front des Wissens arbeitet, entwickelt es und sich weiter. Immer weiter.

Am Kaffeeautomaten kann Wissen hohe Wertsprünge erfahren. Hier wird die fertile Wissensurbrühe gerührt, diskutiert, geklärt, bewertet – die Menschen leuchten innerlich und erleuchten sich.

(Es gibt eine verwandte Methode, nämlich, teure Konferenzen zu besuchen. Dort blubbern nicht Meinungen, sondern Vorträge. Die meisten Vorträge sind Unsinn oder bleiben unverständlich. Zwischen ermüdenden Stunden und Tagen von leierhaften Lehrquanten, die unsere Seele gelangweilt vorüberziehen lässt, funkelt ab und zu ein Stern, den wir dankbar mitnehmen. Die wirklich wichtige Wissensbörse ist aber in den *Kaffeepausen*. Dort ist der Ideenumschlag wesentlich größer. „Macht mehr Pausen!", rufen alle Wissensarbeiter der Welt. Aber die Veranstalter verstehen nicht. Taylorhirne, die uns dazu noch dicke Mappen voller Papier in Werberucksäcken mitgeben. So eine Konferenzmappe fühlt sich beim Tragen wie ein Ziegelstein an.)

Am Kaffeeautomaten und auf Konferenzen ist *kein Meeting*, also keine Struktur und keine Tagesordnung. Es ist kreatives Chaos. Insbesondere treffen sich dort alle Menschen in Freiheit, von welcher Firma sie auch immer sind! *Alle* leuchten. Sie sind nicht Ziegelsteine einer Mauerschicht. Sie sind von überall her und entwickeln sich miteinander. Es gibt nicht Freund nicht Feind. (Spione *lernen*! Spione entwickeln sich selbst nicht mit. Sie kopieren tote Blätter, fotografieren verweste Unterlagen. Deshalb ist das Spionieren in einer Wissensgesellschaft meist nur noch dumm oder verschwendete Zeit.)

Sehen Sie es wie den Unterschied zwischen den richtigen und wahren Menschen. Die richtigen Menschen sammeln Honig, um in ihren Pyramidenwerten Sicherheit und Geborgenheit zu finden. Die wahren Menschen sehen Selbstverwirklichung als ihr wichtigstes Ziel. Das ist jetzt bei Wissensmenschen und Wissensunternehmen genau so: Die gemeinsame Entwicklung ist das Ziel, von Menschen, vom Unternehmen, von der Kultur. Der Honig (also der Profit) entsteht schon dabei, wenn man gut Acht gibt. Das Ganze der Zukunft ist wahrscheinlich viel eher ein selbstverwirklichendes Unternehmen, das sich ständig auf dem Entwicklungspfad befindet.

Ein solches Ganzes ist wesentlich unstrukturierter als ein System oder ein Suprasystem. Es lebt vom Miteinander, vom Vertrauen, vom Schenken, vom Leuchten der Augen, vom ständigen Unterwegssein. Ein solches Ganzes ist so stark vernetzt – es wäre wahrhaft höher als die Summe der Teile. Dieses viel größere Ganze, das weit über die Ziegelsteine hinausgeht, habe ich sehnsüchtig vor Augen, wenn ich Managementworkshops gebe.

Es ist so weit weg wie der Kaffeeautomat vom Fließband.

Ich will Ihnen nun im Folgenden zeigen, dass wir von diesem möglichen Ganzen, wie immer es definiert ist, links oder rechts, nur wenig wirklich nutzen. Ich will Sie damit tief trübe stimmen.

2. Immer neue Triebrichtung? Zeit zum Lernen?

Verstehen wir je das Ganze, wenn wir uns nur strecken, um Punkte in bestimmten Triebrichtungen zu sammeln?

Stellen Sie sich vor, Sie erziehen Ihre eigenen Kinder mit erbarmungsloser Strenge, weil Sie dafür Punkte vom Erziehungsministerium bekommen, wenn Ihre Kinder niemals Fehler begehen und immer anständig sind. (Bei Unternehmen könnte so etwas TQM heißen, Total Quality Management, und zwar in der eingeengten Sichtweise des Richtigen: „Wer keine Fehler macht, verliert keine Zeit beim ständigen Berichtigen und alles ist immer in schönster Ordnung.") Am Jahresende wird beim Kontrollieren Ihrer Kinder festgestellt, dass diese viel zu ängstlich sind und für nichts mehr Mut und Selbstvertrauen haben. Deshalb bekommen Sie für das nächste Jahr vom Erziehungsminister nur noch dann Geldpunkte, wenn Ihr Kind bei Kontrollen keine Angst zeigt. Sie müssen dem Kind jetzt klarmachen, dass es Mut haben soll: „Hab nicht solche Angst. Mach auch einmal Fehler. Nur durch sie kannst du lernen. Riskier etwas! Wenn es falsch läuft, ja, dann gibt es Prügel, denn aus den Fehlern musst du ja irgendwie lernen können. Ich halte dich aber dieses Jahr nicht mehr für einen miesen, schlechten Menschen, wenn du Fehler machst, sondern für einen, der sich bemüht, die Angst abzustreifen und Punkte für mich zu gewinnen. Die Prügel bleiben natürlich, aber meine neue Strategie ist es, dich nicht mehr zu verachten. Ich schaue mir mal in der nächsten Zeit an, wie das funktioniert, sonst ziehe ich andere Saiten auf." (Bei Unternehmen wird in 2002/2003 animiert, *ehrlich* über Fehler zu sprechen und sie nicht unter den Teppich zu kehren, nachdem das TQM dazu geführt hat, dass alle Fehler, die trotz der Nullfehlerforderung noch vorkamen, irgendwohin verschwunden sind. Heute sagen die Personalentwickler, die die Haupttriebrichtung gewechselt haben: „Null Fehler bedeutet letztlich Null Arbeit. Jeder macht Fehler. Daraus lernt er. Fehler bergen eine große Chance zum Lernen.")

Also: Ich habe Ihnen kurz die beiden Seiten einer Medaille im Unternehmen und in der Erziehung dargelegt. Bei Kindern kennen Sie sich vielleicht direkter aus?! Malen Sie sich aus, wie das wird, wenn Sie ihre Erziehungsgrundsätze an jedem 1. Januar ändern. Ein Jahr setzen Sie auf Gehorsam, ein Jahr auf Kreativität und Innovation, ein Jahr soll eines der Willensstärkung sein, im vierten Jahr bringen Sie dem Kind vorzugsweise am Abend eine Stunde Lateinvokabeln bei, im fünften Jahr trainiert es in der nämlichen Zeit Liegestütze. Das Kind wird also in jeder Periode in eine andere Vorzugsrichtung hin erzogen und wird besonders für Fortschritte in dieser Richtung belohnt. Im vierten Jahr bekommt es einen Euro pro hundert neu gelernte Vokabeln, im fünften einen Euro pro fünfzig Liegestütze am Stück.

Was wird aus Ihnen und Ihrem Kind? Sie verhunzen das Kind und werden niemals eine Vorstellung von Erziehung oder von gut erzogenen Kindern haben. Ein Kind hält so etwas gar nicht aus, jedes Jahr in eine ganz andere Richtung verändert zu werden! Immer wenn es eine neue Triebrichtung bekommt, lauert es mit neuen Seismographen auf neue Erziehungsrichtungen. Im Beispiel oben wird es in Jahr zwei den andressierten Gehorsam wieder verlassen, damit es kreativ und innovativ wird. Im dritten Jahr beginnt es zu streiten und zu kämpfen. Im vierten Jahr vergisst es alles andere außer Lateinvokabeln. Im fünften Jahr verschwinden die Vokabeln wieder, das Kind achtet nur noch auf Oberarmschmerzen. Solch ein Kind ist kein Ganzes, sondern es identifiziert sich mit einem riesenstarken Haupttrieb mit schon verfallenen Triebruinen der Vorjahre. Sie selbst sind kein Ganzes, wenn Sie so erziehen. Sie und das Kind sind eine Triebbaustelle.

So ist es bei Unternehmen auch.

Wenn es jedes Jahr auf etwas anderes ankommt, verfällt jeweils das Vorjährige still und leise im Wert, weil es nicht mehr kontrolliert wird („not inspected"). Wenn etwas ganz verfallen ist, wird es schließlich wieder zum Haupttrieb erklärt.

Ein Jahr ist deutlich zu kurz, um Mut zu erwerben. Ein Jahr reicht nicht, um Latein für immer zu lernen. Ein Jahr kreativer Denkversuche macht keinen Zauberer. So ist es in Unternehmen. Fehlerfreiheit und totale Qualität erfordern ein Jahrzehnt disziplinierten Strebens. Ein Wachstum des Kundenstammes erfordert langen Atem, bis die Kunden dem Unternehmen vertrauen und wiederkommen. Die Bereitschaft einer Unternehmensbelegschaft, offen mit Fehlern umzugehen, kann erst in Jahren geduldigen Trainierens erhöht werden. Menschen müssen vertrauen, dass Fehler nicht in Personalakten stehen. Alle solche neuen Unternehmensrichtungen wie „Knowledge Management", Einführung von E-Business, neue Mitarbeiterzeitschriften, neue Managementstile erfordern Jahre und Jahre.

Suprasysteme aber ändern die Haupttriebrichtungen jährlich. Warum jährlich? Weil es wegen der Bilanzstichtage nicht schneller geht. Seit wir in der Wirtschaft schon Quartalsbilanzen kennen und auf Wochenbilanzen zusteuern, werden wohl die Triebrichtungen in Zukunft noch schneller rotieren. („Hallo, hier ist die Europazentrale! Achtung Deutschland! Warum seid ihr in der ersten Oktoberwoche in Deutschland um dreißig Prozent im Umsatz schlechter als alle anderen Länder? Rechtfertigt euch, verdammt! Was ist da los?" – „Wir haben Nationalfeiertag." – „Und was bedeutet diese Ausrede?")

Niemand lernt mehr, wie etwas genau geht. Keine Triebrichtung wird so lange durchgehalten, dass man sehen könnte, wie es perfekt ginge. Niemand bemüht sich, etwas ganz zu lernen, weil es ja nach Jahresfrist wieder vergessen werden kann. Jeder bemüht sich, ab Oktober jeden Jahres die neue Haupttriebrichtung zu riechen oder zu erahnen, um ganz schnell, vor den anderen, umzuschwenken.

Niemand weiß also ganz, was Qualität, Kundentreue, Kundenzufriedenheit, Mitarbeiterzufriedenheit, Image, Liefertreue, Kundenbindung, Lieferantenvertrauen *wahrlich* wären. Von allem hat jeder nur den ersten Eindruck des ersten Jahres. Das Suprasystem kommt nie mehr in die Nähe des Eigentlichen. Es optimiert in einem Jahr in der Haupttriebrichtung von Schulnote vier oder fünf (sonst würde dies nicht als Haupttriebrichtung gewählt) auf Schulnote drei. Dann ist in dieser Triebrichtung die Lage „befriedigend". Danach zieht der Triebbautrupp weiter, zu einer Stelle, wo es „mangelhaft" ist.

Durch Triebrotation kann gar kein Ganzes entstehen.

Durch Triebpunkte auf Haupttriebe kann niemals das Ganze so beurteilt werden, wie ein Ganzes beurteilt werden müsste.

3. Neue Triebrichtungen nur durch neue Bosse

Natürliche Unternehmer verstehen ihr eigenes Unternehmen wohl am unmittelbarsten. Sie treiben das Ganze voran, in völliger Ganzheit, aber eben nicht als *System*. Dieses ganzheitliche Treiben zum Sieg wird den Unternehmern immer von Systemen giftgrün geneidet. „Ja, wenn ich die volle Macht hätte, dann könnte ich auch alles in Balance halten!", jammern die Indexutives und die Einzeldrahtzieher der Interessen oder Triebrichtungen des Suprasystems.

Die Indexutives hoffen, dass die Richtung im Unternehmen, die sie selbst betreiben, einmal im Zentrum oder im Zenit stehen sollte. So wie es ein „Jahr der Politikbegeisterung" oder ein „Jahr der Spinnmilbe" in der Öffentlichkeit gibt, so sollte es ein Jahr der Qualitätsoffensive, des Kundenkampfes oder der Datengenauigkeit geben! Leider gibt es ein Jahr nur für etwas, was nicht besser als Note vier ist! Denn wann oder warum brauchte man sonst ein solches Jahr der besonderen Fokussierung?

Unsere Aufmerksamkeit ist begrenzt. Es hat zum Beispiel keinen Sinn, gleichzeitig das Jahr des Esels, des Schafs, des Kamels, des Ochsen und des Schweins auszurufen, da würden wir schön schimpfen.

Bleiben wir beim obigen Beispiel. Einem Kind ist ein Jahr lang diszipliniert der Wille gebrochen worden. Es gehorcht nun jedem Erwachsenen aufs Wort. Dieses Kind soll nun ein Jahr lang auf mutig, unternehmerisch und selbstbewusst getrimmt werden, weil sich bei Kontrollen diese Schwäche herausgestellt hat.

Oder ins Unternehmerische gekehrt: Ein Unternehmen ist gnadenlos auf Fehlerfreiheit gemanagt worden. Nun heißt es „Null Fehler ist Null Arbeit." (Diesen Spruch habe ich nicht erfunden. Er liegt neben mir. Ich habe gestern bei einem großen Energieversorger eine Personalentwicklungsbroschüre mitgenommen.) Null Fehler ist Null Arbeit – das impliziert im Beispiel, dass im ganzen Vorjahr der Fehlervermeidung gar nicht gearbeitet worden ist, nicht wahr? Es war also alles falsch im letzten Jahr!

Wie schwenkt nun ein Unternehmen um 180 Grad? Die Fehlerfreiheit sollte doch dem Unternehmen am besten von einem absolut richtigen Manager eingeschärft werden, weil der Charakter des richtigen Menschen ja vor Freude erglüht, wenn nun alles richtig gemacht werden soll. Wir wollen also annehmen, dass das Unternehmen einen richtigen Manager zum Boss eingesetzt hat, um alles richtig zu machen: Totale Qualität, Sechs-Sigma-Null-Fehler-Initiative! Dieser richtige Manager setzt nun alles daran, dass keine Fehler mehr gemacht werden. Sie können sich vorstellen, wie das angestellt wird: Kontrollen und Prüfungen, Reviews und Berichte, Messungen und Fehlerbeklagungssitzungen. Nach einigen Monaten passieren keine Fehler mehr.

Am Jahresende wird nachgeschaut, was jetzt im Argen liegt. Die Kontrollen ergeben, dass viel weniger im Eigentlichen gearbeitet wurde, weil die Kontrollen der Fehlerfreiheit so viel Energie gekostet hatten. Für die eigentliche Arbeit blieb immer weniger Zeit. Nun werden also Broschüren gedruckt. Der Slogan: „Null Fehler ist Null Arbeit!"

Ich frage Sie ganz naiv: Kann derselbe richtige Manager jetzt selbst das Rad zurückdrehen, das er überdreht hat?

Nein!

Er muss ersetzt werden, weil er als Charakter die neue Richtung gar nicht vertreten kann! Er muss ersetzt werden, weil er im Grunde so irre fehlerfrei gearbeitet hat, dass er das Ganze gefährdet hat und also im Sinne des Ganzen irrsinnig schlecht arbeitete. Im Sinne seines Auftrags hat er sehr gut gearbeitet. Deshalb bekommt er einen satten Gehaltsbonus für das Erreichen aller seiner Triebziele und wird im Grunde eben dafür durch einen neuen Manager ersetzt, der nun Aktivität vorantreiben soll, auch wenn es Hobelspäne setzt. Dieser Manager sollte lieber ein kraftvoller natürlicher Hemdsärmel sein, der den Mitarbeitern Mut zum Anpacken und Schmutzigwerden macht.

Ich will sagen: Jede starke Haupttriebrichtung schädigt quasi „am anderen Ende" das Ganze. Hier: Fehlerfreiheit lähmt. Oder: Kundenzufriedenheit kostet. Oder: Kontrolle vernichtet Vertrauen. Oder: Bestrafen von Mitarbeitern demotiviert. Immer wird das Ganze an einer anderen Seite beschädigt, wenn man punktuell die Triebe in eine bestimmte Richtung lenkt, wenn man also nicht harmonisch das Ganze im Auge behält.

Wenn aber immer der Schaden entgegen der Haupttriebrichtung entsteht, dann muss der Schaden von einem anderen Menschen wieder eingegrenzt werden. Nicht von dem, der ihn angerichtet hat! Nicht von dem! Bitte begreifen Sie das doch bitte …

Die meisten Mitarbeiter klagen so: „Der hat seinen Auftrag so sehr überzogen, dass er im Grunde damit alles in Trümmer gelegt hat. Schutt und Asche. Am Jahresende floh er mit seinem satten Bonus. Eine Schande ist das. Sein Nachfolger muss alles ausbaden. Der wird nun beschimpft. Der andere wird befördert. Das System ist wahnsinnig. Unfähigkeit wird belohnt."

So reden fast alle Mitarbeiter. Sie finden fast alle, dass ein Manager seine Suppe auslöffeln muss, die er eingebrockt hat.

Und jetzt sage ich Ihnen noch einmal, für den Fall, dass Sie zu diesen „meisten" gehören: Falsch, ganz falsch. Wenn ein Unternehmen jedes Jahr die Haupttriebrichtung ändert, dann brockt das immer ein Manager ein. Der aber darf die Suppe nicht auslöffeln müssen, weil er sie nicht auslöffeln *kann*! Fehlerlosigkeit einführen verlangt andere Menschen als Hemdsärmelenergetik zu etablieren.

Zusammengefasst: Die jährliche Haupttriebrotation (Die „meisten" Mitarbeiter sagen unverständig: „Rein in die Kartoffeln, raus aus den Kartoffeln!") der Unternehmen kann nur unter gleichzeitiger Rotation der Haupttriebmanager erfolgreich sein. Also: Ein Manager entlässt Tausende, aber ein *anderer* lockt tausende Stellenbewerber im nächsten Jahr wieder an. Immer das Gegenteil vom Haupttrieb muss auch von einem menschlichen Gegenteil „ausgelöffelt" werden.

Neue Triebrichtung – neuer Boss.

Das ist ein tragendes Prinzip für Suprasysteme.

Das Prinzip gilt nicht für andere, insbesondere kleinere, durch Unternehmer geführte Unternehmen. Es gilt nicht für visionäre Unternehmen, die sehr lange einer einzigen Vision folgen, also über so etwas wie Haupttriebrotation die Köpfe schütteln.

4. Supra-Erfolge durch Triebrichtungswechsel

Wenn ein Suprasystem immer das zur Haupttriebrichtung erhebt, was gerade am ärgsten im Argen liegt, wenn ein Schüler immer für das Fach lernt, in dem er gerade überhaupt nichts weiß – ja dann geht es immer schnell bergauf!

Die neuen Bosse der neuen Richtung propagieren ihre neuen Ziele: „Nach der dramatischen Entlassungswelle sahen wir, dass die wenigen verbleibenden Mitarbeiter die neuen Aufträge nicht mehr abarbeiten konnten. Wir sind von der anziehenden Konjunktur absolut kalt erwischt worden. Mein Vorgänger dachte, es geht nur bergab. Ein verhängnisvoller Irrtum, wie ich nun feststellen muss, da ich die Abteilung übernehme. Ich mache es ganz anders, ja, lassen Sie mich sagen – *radikal* anders als mein Vorgänger. Ich nehme an, dass es bergauf geht. Deshalb stelle ich ein. Das wird eine ganz neue Firma, ist ja auch klar, weil kaum noch jemand da ist."

Oder: „Ich übernehme die neue Abteilung in einem desolaten Zustand. Wir haben sofort die Notbremse gezogen und Rückstellungen für schon gemachte Verluste meines Vorgängers gebildet. Wir haben alles, was irgendwie einen Knick hatte, schon vorsichtshalber meinem Vorgänger als Verlust in die Schuhe geschoben. Ich habe jetzt so viele Reserven durch die überhöhten Verluste meines Vorgängers in meiner Bilanz, dass ich in diesem Jahr nur noch gewinnen kann."

Oder: „Die alte Regierung ist abgewählt. Wir haben sofort Kassensturz gemacht. Wir zittern noch, so erschrocken sind wir. Wir haben so wenig vorgefunden, dass wir Zeit hatten, alles dreimal nachzuzählen. Es ist nichts da, nur Schuldenberge. Wir haben, um endlich reinen Tisch zu machen, zu diesen Schulden schon einmal alle weiteren Schulden hinzugezählt, die wir demnächst machen müssen, um unsere sinnlosen Wahlversprechen zu erfüllen. Jetzt sind so viele Schulden da, dass wir uns entschließen mussten, gar keine Versprechen mehr zu erfüllen. Das ist nicht mehr drin, nach dem Desaster, das wir vorgefunden haben. Wir erhöhen statt dessen die Steuern, was ja die vorige Regierung auch gemacht hat. Sie hat uns damit in den Ruin getrieben. Wir aber erheben ganz andere, völlig neue Steuern, damit der Staat gleichzeitig alles in die neue politische Richtung treibt. Der Staat muss handlungsfähig bleiben, sonst kann der Politiker kein Geld bewilligen, und das ist ja sein Beruf. Wenn wir die Steuern erhöht haben, geht alles wieder schnell bergauf. Das wäre eigentlich schön, wenn wir in der freien Wirtschaft wären. Da gäbe es einen Bonus. In der Politik kommt es aber eigentlich darauf an, erst zwei Jahre nur Murks zu machen, damit es sehr schlecht steht, und dann wieder was zu machen, damit es genau zur Wahl so scheint, als ginge es aufwärts. Etwas, was erst in drei Jahren aufwärts geht, ist viel schwerer zu machen als etwas, was gleich verbessert. Drei Jahre! Komisch, in der Politik kann sich ja niemand erinnern, was noch vor ein paar Monaten war, umgekehrt ist es schwierig, mehr als ein paar Monate vorauszudenken, weil wir ja nie wissen, was wir morgen alles versprechen müssen."

Oder, privat: „Es ist wunderschön, wenn die Liebe zwischen Partnern ständig inniger wird. Sie wächst und wächst. Wenn sie mal nicht wächst, nehme ich mir eine neue Partnerin, dann wächst sie wieder. Das ist besser, als eine abnehmende Liebe wieder zunehmen zu lassen. Man sagt ja Lebensabschnittspartnerin zu so etwas. Das meine ich nicht. Ich denke mehr an Lebensaufwärtspartnerin. Abwärts geht es bei mir nur sehr selten. Eine Minute. Ich sage: Tschüss, Baby."

Im Buch *Wild Duck* habe ich einiges über diese Sägezahnkurve des Lebens geschrieben. Wer immer an einer Stelle neu beginnt, wo „unten ist", der kann fast zu jeder Zeit schnelle Fortschritte nachweisen. In Suprasystemen suchen die Manager am Jahresende nach Fundstellen, wo unten ist. Dort ist leicht anpakken. Dorthin wird der Haupttrieb des Folgejahres gelenkt.

Man weiß schon am Jahresanfang: Das wird ein rauschender Supra-Erfolg.

Am anderen Ende wird dann etwas sterben. Für Kostensenkung stirbt die Motivation und die Qualität. Für Gewinn magert sich das Unternehmen alles Fett ab und verkauft Tafelsilber. Für Rendite verschwindet das Eigenkapital. Nach einer Einstellorgie von Mitarbeitern sind plötzlich die Vertriebler unfähig, genug Aufträge einzuwerben.

Diese andere Seite der Medaille sieht man erst im Juli. Gut, dass erst noch Urlaub ist. Danach wird der Trieb für das nächste Jahr umgeplant.

5. Siegesmeldungsinfarkt im Höherwertigkeitswahn

In Suprasystemen soll jeder die Nummer Eins sein. Jeder soll das Beste tun und leisten. Die erste Pflicht ist der Sieg.

Der wichtigste Indikator in einem Suprasystem, dass gesiegt wurde, ist die Siegesmeldung.

Ich habe schon mehrfach den Unterschied zwischen der tatsächlichen Feststellung von etwas Realem, seiner Messung oder einem Indikator auf etwas Reales beschrieben. Der Indikator gibt Anzeichen darauf, dass etwas Reales vorliegt. Der Indikator ist in uns eventuell als Anzeichen-Identifizierer oder als Seismograph implementiert. Etwas in uns zuckt, dann weist es darauf hin, dass etwas Reales in Erscheinung trat. So ist es bei Siegen auch. Wenn ein Sieg gemeldet wird, ist die Meldung ein Hinweis, dass gesiegt wurde.

Deshalb melden alle Menschen nur noch Siege.

Wer Niederlagen, Verluste, Schwierigkeiten, Terminüberschreitungen meldet, hat offenbar seine Pflicht zu siegen missachtet. Er gab sich offenbar keine Mühe, war faul oder verschwenderisch. Wer nicht siegte, bekommt Nachhilfestunden und Rat, er wird also überprüft und eventuell „operiert". Die zwanghafte Höherwertigkeitssucht im Suprasystem webt einen riesigen Nachrichtenfilter. Alles Schlechte wird aus den Nachrichten eliminiert.

Die Manager drücken sich vor Kontakten mit ihren Bossen, wenn etwas nicht stimmt. Wenn Siege zu melden sind, überschlagen sie sich, beim Boss einen Termin zu erhaschen. Der Bote des Sieges ist wie der Sieg selbst. In einem Suprasystem wird angenommen, dass der Sieger der Erste ist, der merkt, dass er gewonnen hat. Wenn also sich jeder zerreißt, zu siegen und den Sieg zu melden, dann ist es klar, dass der Sieger, der ja als erster seinen Sieg erkennt, den Sieg auch sofort und auf der Stelle meldet. Deshalb gilt in einem Suprasystem:

Der Bote des Sieges ist der Sieger selbst.

Das ist natürlich nicht notwendig so, aber wir können sagen: Wenn jemand einen Sieg meldet, so ist dies ein starker Indikator oder ein Hinweis darauf, dass dieser Bote des Sieges der Sieger selbst ist. (Sonst ist der wirkliche Sieger schön blöd.) Deshalb ist es für Menschen in einem Suprasystem lebenswichtig, den Sieg selbst und höchstpersönlich zu melden. Nehmen wir an, eine Abteilung hat einen Sieg errungen. Der Sieg soll dem Hauptabteilungsleiter gemeldet werden. Dieser empfindet diesen Sieg als Sieg für die ganze Hauptabteilung und will den Sieg an den Bereichsleiter melden. Wenn der Abteilungsleiter den Sieg an den Hauptabteilungsleiter meldet, gilt er als der Sieger. Dann meldet der Hauptabteilungsleiter den Sieg an den Bereichsleiter weiter und gilt bei diesem als Sieger. Und so weiter. Ein Sieg unten erzeugt also eine Kette von Siegesmeldungen nach oben und entsprechend eine Kette von persönlichen Siegern, die jeweils tönen: „In meinem Verantwortungsbereich ist gesiegt worden." Stellen Sie sich nun das folgende Verbrechen vor, das durch die neuzeitliche E-Mail geradezu provoziert wird: Der Abteilungsleiter, dieses kleine Licht im Getriebe des Suprasystems, meldet per E-Mail seinen Sieg direkt an die Geschäftsführung und kopiert an den Bereichsleiter. Der Geschäftsführer und der Bereichsleiter merken also: Er meldet Sieg, ist also Sieger. Der Bereichsleiter ist nur auf Kopie gesetzt, also übergangen worden. Er hat also nicht melden können, dass in seinem Verantwortungsbereich gesiegt wurde. Er schäumt auf. Er ruft den Hauptabteilungsleiter an: „Was ist da los? Warum meldet nicht der Hauptabteilungsleiter den Sieg ordnungsgemäß an den Bereichsleiter, wie es wohlanständig wäre?" Dem Hauptabteilungsleiter wird schwarz vor Augen. Einen Sieg nicht zu melden, wenn man selbst gesiegt hat, ist so ziemlich das Dümmste, was ein Hauptabteilungsleiter tun kann. Er schäumt auf, aber viel stärker. Da der Bereichsleiter nachfragt, wo denn gesiegt wurde und da der Hauptabteilungsleiter über den Sieg nicht informiert war, ist klar, dass der Hauptabteilungsleiter nicht der Sieger gewesen sein kann. Dieser Faux Pas ist nie wieder gutzumachen. Der Bereichsleiter läuft schnell und voller Wut zur Geschäftsführung und meldet schnell den Sieg. Die winkt müde ab. „Wissen wir schon."

Nun bringen der Bereichsleiter und der Hauptabteilungsleiter den Abteilungsleiter zur Raison oder gleich karrieremäßig um. Das ist Krieg – den Sieg *selbst* zu melden. Jetzt fließt Blut. Wenn der Sieg groß genug war, so dass die Geschäftsführung dem Abteilungsleiter gratuliert, dann überlebt er es und wird vielleicht Sieger, wird vielleicht unter dem Schäumen seiner Bosse direkt „vorbeibefördert". Vielleicht. Es ist sicherer, man meldet Siege nur seinem direkten Manager, nicht höher. Sehen Sie, Siege sind selten. Deshalb ist es notwendig, dass aus einem Sieg möglichst viele Sieger geschnitzt werden. Das Melden des Sieges per Megaphon ist daher ein grausames Verbrechen.

Ein noch schlimmeres Verbrechen ist das unprovozierte Melden von Niederlagen per Megaphon. Ein solcher Bote wird sofort getötet. Sofort. Stellen Sie sich so etwas Unerhörtes vor: „Zu Hilfe! Wir wissen nicht weiter! In der gerade entwickelten Software ist etwas Signifikantes vergessen worden. Der Fehler ist so gravierend, dass alles umgeschrieben werden muss. Das ganze Projekt wird sich um ein Jahr verzögern, wir werden Millionenvertragsstrafen zahlen – es weiß noch keiner, sie munkeln es vor dem Kaffeeautomaten – und ich möchte es Ihnen in der Geschäftsführung sofort mitteilen. Unseren Kunden habe ich auch schon angerufen, damit die schon einmal ein Jahr weiter planen können."

Das gibt natürlich fast eine Kündigung.

Aber sehen Sie: Wenn ein Untergebener einem Höheren eine oder seine Niederlage mitteilt, so wird diese Niederlage zu einer Niederlage für den Höheren. So wie ein Mitarbeitersieg ein Sieg des Managers wird, so wird auch ein Desaster eines Mitarbeiters zum Desaster seines Chefs. Nun will aber kein Chef gerne ein Desaster haben. Er will nur Siegesmeldungen! Deshalb sterben Desastermeldungen nach oben ganz geschwind aus. Sie werden nicht weiter gemeldet. Meistens sind sie oben nämlich prozentual nicht so schlimm. Wenn ein Mitarbeiter 1 Million Euro versiebt, so ist das sein Gehalt für mehr als zehn Jahre. Für den Abteilungsleiter sind das vielleicht zwanzig Prozent seines Budgets. Für den Bereichsleiter sind es noch einige wenige Prozent. Der sagt dann: „Das mauscheln wir unter." Niederlagen werden nach oben kleiner.

Sieger müssen sich in gewisser Weise bescheiden, auf dem Teppich zu bleiben, Loser aber sollten ganz bestimmt drunter bleiben, weil sie zusätzlich zur Schuld auch noch ihrem Chef eine Niederlage zufügen. Da diese Logik jeder kennt, wird niemals jemand eine Niederlage zugeben oder zu früh einräumen. Niederlagen, Schuld oder Sündenbekenntnis muss bröckchenweise aus der Nase gezogen werden, wie Sie jederzeit in der politischen Landschaft verfolgen können. Irgendwie nehmen alle Menschen an, dass der, der eine Niederlage mit einem Megaphon einräumt, kreuzdumm ist, selbst viel schuldiger ist als er jetzt einräumt (er hat nur das erste Schnipselchen verraten) oder der böse Feind ist. Also:

Der Bote der Niederlage ist ein Feind oder ein Loser.

Deshalb darf niemand etwas verraten. Deshalb wird nichts verraten. Deshalb liegen alle Sünden offen zu Tage, ohne dass Steine geworfen werden. Mitarbeiter machen offen einmal blau. Manager laden Freunde zum Dienstessen ein etc. etc. Sie kennen alle diese Fälle. Das Unverstandene ist, warum hohe Manager und Politiker so viele derartige Sünden begehen und Gelder hin und her buchen oder sich an Spesen bereichern. Es darf einfach niemand das Böse mitteilen. Absolut niemand.

Besonders in Suprasystemen kommt es zu einer Art *Informationsinfarkt*. Dieses Wort habe ich aus einer Leser-E-Mail von Helmut Schaaff, der mir diese kranke Seite des Systems beschrieb. Die Sieger verkünden alles als Sieg, was immer sie zu verkünden haben. Die Loser schweigen. Sieger versuchen, Präsentationstermine bei Managern zu bekommen, die möglichst hoch in der Hierarchie sein sollten. Je höher der der Siegesmeldung lauschende Manager, umso größer erscheint der Sieg und umso größer ist der Vortragende. Präsentationen sind heute fast generell der Versuch des Vortragenden, einen Sieg zu melden. Präsentationen sollen im Wesentlichen solche Botschaften vermitteln: „Ich bin ein Held. Ich habe das beste Produkt. Dies ist die beste Firma. Ich kann es am besten. Gebt mir als Bestem den Auftrag. Gebt Geld für mein Vorhaben." Präsentationen werden zum Zuhörer *getragen*, der Zuhörer wird bekniet.

Niederlagen werden *geholt*, von höheren Managern bei niedrigeren. Lehrer, Revisoren, Controller holen *Zahlen* aus Schülern und Abteilungsleitern heraus, um sie mit ihnen „zu diskutieren", um sie zu prüfen und zu wägen. Dann werden die Niederlagen bröckchenweise herausgezogen.

Wenn nun nur Siegesposaunen erschallen? Wenn Controller nur noch mit dem Schneckenbesteck winzige Informationen aus dem Gehäuse fitzeln können? Wenn eventuell Controller gar keine Fehler finden wollen, weil sie dann selbst eine Niederlage für sich feststellen müssen? Controller wollen im Grunde gar nicht feststellen, dass die Firma bankrott ist, sie wollen doch viel Gewinn ausweisen? Will ein Lehrer denn unbedingt viele Schüler als schlecht entlarven? Will ein Bischof viele Sünder in der Kirche?

In Systemen und besonders in Suprasystemen werden Siege krampfhaft erzeugt und Niederlagen verschwiegen. Von allen Beteiligten! Wer Niederlagen offen legt, ist Feind und wird bitter bekämpft. Zum Beispiel scheint sich die politische Opposition in Deutschland nur noch mit dem Aufdecken und Verkünden von Niederlagen zu befassen. Entsprechend hart sind die Fronten. Nie mehr Vertrauen zwischen den Parteien, nur Häme, Schadenfreude und Anschwärzen. Keine Hilfe, kein Konsens. Parteien kämpfen wie Konzerne um den Kunden.

Und jetzt stelle ich die Gretchenfrage: Weiß noch irgendjemand Bescheid, was wirklich vor sich geht? Kennt der Vorstandsvorsitzende die Lage? Weiß ein General, was die Meldung „Alles einsatzbereit!“ bedeutet?
Neuerdings müssen in den USA die Top-Manager eidesstattlich erklären, dass die Bilanzen in Ordnung sind. Man will dadurch verhindern, dass sie lügen.

Das ist eine völlig naive Sicht der Dinge. Sie wissen ja eventuell nicht, was in der Bilanz steht, weil der Siegesmeldungsinfarkt verhindert, dass sie zu viel wissen. Management ist vielfach zum Blindflug geworden. Top-Manager müssten jetzt eigentlich *wissen*, was sie da eidesstattlich erklären. Das ist das Problem: Sie wissen es oft nicht. Top-Manager werden nun also bald die eidesstattlichen Erklärungen auch von den Ebenen darunter abgeben lassen. Jeder Manager wird schwören müssen, keine Niederlage verschwiegen zu haben!

Wenn Suprasysteme den Siegesmeldungsinfarkt erleiden – sind sie dann in der Lage, das Ganze zu sehen oder zu regieren?

Und für Sie zu Hause: Kommen Ihre Kinder und berichten von ihren Nöten, Schwierigkeiten, Niederlagen, blauen Augen, Tränen, schlechten Vortests, Lehrertadel?

„Kind, ich will das nicht immer hören.“ – Der Infarkt ist oft schon bei uns zu Hause. Wir lieben Kinder nur noch, wenn sie Siege melden. Wenn sie Siege melden, müssen sie ja Sieger sein. Und sie sollen Sieger sein, nicht wahr?

Die Kinder melden also Siege und wir leben in einer Supra-Familie. Sieg ist die erste Pflicht. Niemand aber in der Familie kennt die Lage in den Herzen und Seelen. Schwarzes Schweigen dafür, dass die Ohren dranbleiben.

6. Indikator-Wert eines Ganzen auf dem Analystenlaufsteg

Die allerwichtigste Siegesmeldung aber ist diese eine:

„Das Unternehmen hat die Erwartungen der Analysten übertroffen.“

Die Unternehmen präsentieren ihre Siegesmeldungen vor allem auf dem Laufsteg der Wallstreet-Analysten. Solche Fachleute publizieren ihre Zukunftserwartungen an die Suprasysteme. Sie loben, erkennen an und halten ihre Daumen nach unten, wenn sie einen Makel finden. Die Analysten zeigen an, worauf es in der nächsten Zeit für das Unternehmen ankommt. Je nach Zufriedenheit der Analysten fallen deren Empfehlungen aus: „Kaufen, Halten, Verkaufen“ oder

„Strong buy, buy, hold, sell, strong sell". Oft steigen Aktienkurse eines Unternehmens um zehn Prozent, wenn ein Analyst seinen Daumen nach oben reckt. Im Internet-Boom kamen auch schon Kursverdoppelungen in einer Stunde vor. Wenn ein Unternehmen die Erwartungen der Analysten mehr als nur marginal verfehlt, besteht die Quittung meist in einem zwanzig- bis dreißigprozentigen Kurseinbruch.

Für die Top-Manager ist ein solcher Einbruch auch eine private Katastrophe. Sie besitzen normalerweise viele Optionen auf Aktien des Unternehmens, die sie als Anreiz zum Suprasein bekamen.

(Optionen sind Kaufrechte auf Aktien. Beispiel: Eine Aktie steht auf 80 Dollar. Zum Anreiz bekommen die Manager das Recht, ein paar tausend Aktien des Unternehmens fünf Jahre lang für 100 Dollar zu kaufen. Im jetzigen Moment hilft es nicht viel, so ein Recht zu haben, da ja die Aktie nur 80 Dollar kostet. Warum also sollte man sie für 100 Dollar kaufen? Wenn aber die Aktie auf 120 Dollar steigt, dann können die Manager vom Unternehmen Aktien für 100 Dollar kaufen und gleich wieder an der Börse für 120 Dollar verkaufen. Diese Optionen sind also als Anreiz für Manager gedacht, so gut zu managen, dass der Kurs weit über 100 Dollar steigt. Werden also im Beispiel die Erwartungen der Analysten übertroffen, nimmt der Kurs Fahrt auf 100 Dollar auf. Werden die Erwartungen weit verfehlt, verfällt der Kurs auf vielleicht 50 Dollar. Dann sind die Hoffnungen, je an Geld zu kommen, dramatisch gesunken. Der Manager hat bei diesem Verfall einen herben privaten Verlust erlitten.)

So ist der Aktienkurs für Top-Manager und für die Analysten der Top-Indikator zur Bewertung des gesamten Suprasystems.

Wenn der Aktienkurs an der Börse zuckt, zuckt es in den Eingeweiden der Top-Manager ungleich stärker. Alle Seismographen schlagen Alarm! Mit einem Paukenschlag kann alles Vermögen daheim verloren sein! Mit Fanfarenklängen eines Erfolges kann Reichtum einziehen!

Die Analysten rechnen nicht nur nach, wie sich ein Unternehmen am Markt schlägt. Sie geben auch Empfehlungen, wie ein Unternehmen zu sein hat. Im Internet-Boom musste jedes Unternehmen eine sogenannte dot.com-Tochtergesellschaft gegründet haben, sonst sah es nicht gut gerüstet für das Internetzeitalter aus. Die Internetcompanies mussten erst eine geniale Geschäftsidee haben, dann waren sie viel wert. Also begannen alle, Ideen zu schmieden. Dann war es en vogue, viele Neukunden zu haben. Also wurden Kunden angelockt, vor allem mit Rabatten, Sonderangeboten, geschenkten Handys und Telefoneinheiten, Gratis-E-Mail-Adressen, Gratis-SMS, kostenloser Kontoführung, Begrüßungsgeschenken. Die Internetbanken, die Mobiltelefongesellschaften, die Energieerzeuger kämpften um Kunden. Es regnete Geschenke. Gleichzeitig verlangten die Analysten von jedem Unternehmen, ein Global Player und Nummer Eins zu sein. Die Unternehmen begannen sich aufzukaufen. Wer am meisten bot, wurde Global Player. Wer nicht mitbot, wurde eventuell gekauft oder geschluckt oder war eben kein Global Player, worauf die Analysten fanden, dies entspräche nicht ihren Erwartungen. Es kam zu einer beängstigenden Aufkaufhysterie und Mondpreisen. Da die Unternehmen Geschenke regnen ließen, machten sie bald Verlust. Die Kurse fielen. Dadurch fielen auch die Werte der zu Mondpreisen gekauften Unternehmen. Noch mehr Verluste! Nun sagten die Analysten, man solle vor allem gewinnstark sein, dass sei wichtig. Nun verkauften die Unternehmen verlustreiche Teile, die Preise verfielen, noch mehr Verluste. Die dot.com-Internet-Companies machten fast ausnahmslos noch keinen Gewinn. Die Investoren erwarteten nun Gewinn. Da so schnell keiner kam, ließen sie die neuen Gesellschaften gnadenlos fallen. Noch mehr Verluste.

Sie kennen sicherlich diese turbulente Entwicklung der Märkte in den Jahren 1997 bis 2003. Heute lecken sich die Global Player die Wunden. Erst hetzte man sie in Aufkäufe, anschließend feuerte man die Top-Manager, weil sie auf erfolglosen, führungslosen Weltkonzernen saßen. Ratlosigkeit.

Die Triebrichtungsrotation wird zum Teil von außen in die Unternehmen hineingetragen. Die Beratungsunternehmen haben jedes Jahr etwas Neues, worauf es ankommt. Wenn sie lange genug beraten, finden die Analysten, dass es nun genau auf dieses Neue ankommt. Irgendwann müssen die Unternehmen dann intern befehlen, dass es auf dieses neue Neue ankommt, oder sie müssen es darauf ankommen lassen, wie der Aktienkurs zuckt.

Die Analysten sagen das eine Mal, es komme auf Globalität an, das andere Mal auf Überleben, dann auf Kundenzahlwachstum, dann auf Markterschließung, dann auf Gewinn. Mal muss diversifiziert sein, weil es Risiken mindert, mal muss alles aufs Kerngeschäft reduziert werden, worauf der Gewinn steigt, mit dem Risiko natürlich auch. Mal wird aufgekauft, am besten wenn alles teuer ist – mal wird Tafelsilber verkauft.

Ein Unternehmen ist ein Ganzes, das ganz geführt werden muss. Ich glaube, es gibt Unternehmen, die als Ganzes geführt werden. Ich glaube: Oetker, C&A, Otto, Miele. Die Unternehmer dort werden Ihnen vermutlich sagen, sie fühlten sich unendlich frei, nicht auch noch zusätzlich Triebrichtungen von Analysten vorgeschrieben zu bekommen. Es gibt für Unternehmen schon ohne Analysten genug zu beachten.

Dennoch tun Unternehmen, was Analysten verlangen. Wer gehorcht, hat eine Chance, den Aktienkurs mit einem Schlag um zwanzig Prozent zu erhöhen. Mit ehrlicher Arbeit ist das schwierig. Zwanzig Prozent sind so etwas wie drei Jahre Zinsen! Drei Jahre gegen Quartalsgehorsam! Dann lieber auf den Laufsteg, das Unternehmen wird Model: Mal üppig, mal schlank, mal gepanzert, mal nackt – man muss feinfühlig auf die Blicke der Schauenden reagieren.

All das hat nichts mit Betriebswirtschaft zu tun, sondern nur mit dem Zucken der Seismographen auf das Zucken der Indikatoren. Wirtschaft hat ohnehin wenig mit Betriebswirtschaft zu tun. Ich habe schon am Beginn des Buches gemeint, dass das, was wir Vernunft nennen, eher zu neunzig Prozent Trieb ist. Merken Sie bei den jetzigen Erörterungen, dass Wirtschaft hauptsächlich Trieb ist und nicht vernunftbelastende Betriebswirtschaft? Die gibt ein paar Werkzeuge und Methoden. Was aber zählt, ist die Triebrichtung, die Energie und das Hin und Her.

7. Suprasystem im lokalen Optimum: Alles am Anschlag

Für den nächsten argumentativen Schlag muss ich etwas mathematisch-logisch werden. Angenommen, in einem Unternehmen ist alles in Ordnung. Ich meine: Das Unternehmen ist als Ganzes in einem optimalen Zustand und macht das bestmögliche Geschäft. Was immer das ist, will ich nicht erörtern. Ich nehme nur an, dass System ist in bestem Zustand.

Bitte halten Sie sich vor Augen, dass ein bester Zustand nicht bedeutet, dass nun in jeder Faser des Systems alles bestens wäre. Diesen Unterschied verstehen so ziemlich alle Mathematiker, aber andere Menschen verstehen ihn vernunftmäßig schon, aber irgendwie sehen sie ihn nicht ein und noch weniger spüren sie ihn im Körper.

Leibniz zum Beispiel bescherte uns den glücklichen Gedanken, dass wir in der bestmöglichen Welt leben. Er meinte doch damit, dass die Welt als Ganzes am besten sei. Wenn Sie dazu Voltaires *Candide* lesen, dann finden sie dort ein höllisches Sammelsurium von Monstrositäten, die dem Titelhelden zustoßen, der aber trotzdem noch sehen kann, dass die Welt, in der wir leben, die beste aller Welten ist. Voltaire argumentiert so: Er erfindet für Candide alle möglichen Ärgernisse dieser Welt und lässt ihn damit noch glücklich sein, so dass wir als Leser über diese Welt nur entsetzt den Kopf schütteln. In dieser Stimmung ist die These von Leibniz für uns nicht mehr haltbar, nämlich, dass wir in der besten aller Welten leben.

Im Grunde schreibe ich dieses Buch genauso. Ich zeige Ihnen so viel täglichen Wahnsinn, bis Sie einknicken und zu der Vermutung kommen, mit unserer Welt stimme wirklich etwas nicht.

Es kann aber sein, dass das Ganze bestens ist, dass aber im Kleinen Dinge nicht zum Besten stehen. Wenn ein Krieg gewonnen wird, sterben Menschen. Wenn eine umschwärmte Frau heiratet, weinen die anderen Hoffnungstragenden. Wenn ein segensreiches Gesetz beschlossen wird, muss irgendjemand wohl drunter leiden. Alles hat zwei oder mehr Seiten, besonders Medaillen. Alles hat eine Kehrseite. Wenn also etwas als Ganzes optimal ist, dann muss das überhaupt nicht bedeuten, dass nun alles und jedes im Kleinen optimal wäre. Das ist es überhaupt nicht! Die Dinge des Lebens hängen von so vielen Faktoren ab. Irgendetwas von allem liegt eben nicht im besten Bereich.

Wer viel arbeitet, hat wenig Freizeit. Wer seine Kinder zu sehr liebt, mag zu wenig Konsequenz zeigen. Wer siegt, fügt Niederlagen zu. Wenn für ein Produkt Werbung gemacht wird, bleibt ein anderes, unbeworbenes liegen. Wenn neue Produkte gebaut werden, müssen die alten auf den Ramschtisch.

Ein optimales Ganzes ist ein unerhört komplexer Kompromisszustand von Tausenden von gegenseitig abhängigen Variablen.

Das ist doch sehr leicht zu verstehen?

Ein Ganzes kann optimal sein, obwohl im Einzelnen vieles im Argen liegt.

(Mathematisch: Globale Optima haben *im Praktischen* fast unabwendbar die Eigenschaft, dass sie am Rande der erlaubten Gebiete liegen, dass also viele der

Bedingungen gerade bis zum Anschlag ausgereizt sind. Wenn wir etwa Freiheit maximieren, müssen wir wohl einiges an Kriminalität oder extremem Anderssein tolerieren. Ein Selbstbedienungsladen muss mit Ladendiebstahl leben. Wenn manche Größen im System bestmöglich gewählt werden, werden andere Größen, die diesen entgegenstehen, bis zur tolerierbaren Grenze ins Schlechte gedrückt. Wenn der Mathematiker also etwas optimiert, drückt er manche Größen an eine Schmerzgrenze. Zu jedem Größtmöglichen gehört fast unabwendbar etwas anderes, das schmerzt.

Die einzige Möglichkeit, nichts Schmerzendes zu haben, also ganz glücklich zu sein, wäre die, alles in einer Mitte ruhen zu lassen. Denn jedes extreme Gute erzeugt ein extremes Schmerzendes. In der Mitte wird auf ein Extremes verzichtet.

Wenn wir also den Gewinn eines Unternehmens maximieren, wird anderes unabwendbar an Schmerzgrenzen gedrückt. Arbeitszeit, Gehalt, Stress. Immer wenn etwas maximiert wird, wird anderes an die Grenze kommen.

Es kann insbesondere nicht sein, dass alles gleichzeitig so gut ist, wie es ohne Rücksicht auf anderes sein könnte.

Ein globales Optimum ist nicht ein Zustand, in dem alles einzeln optimal wäre. Einen Zustand, in dem alles Einzelne optimal wäre, gibt es praktisch nicht.)

Die Kunst ist es, ein nahezu optimales Ganzes zu finden, in dem nichts Einzelnes ausgereizt optimal ist, aber in dem alles Einzelne erträglich bis erfreulich gut ist. Ein wundervolles Ganzes ist *ausgewogen*, wie man sagt. Ein ausgewogenes Ganzes ist als Ganzes nicht wirklich optimal und es ist nicht in jedem Detail am besten, aber es herrscht nirgendwo Finsternis und Wehgeschrei. Das Ausgewogene ruht in Glück und Frieden.

Die Suprasysteme nehmen sich aber jedes Jahr eine Stoßrichtung vor, in die kompromisslos optimiert wird. Die Anreizsysteme erziehen uns dazu, indem sie Punkte nur in dieser Richtung verteilen. Wird eine Haupttriebrichtung festgelegt, so wird hier das nach allen Kräften mögliche Maximum angestrebt. Deshalb wird alles andere, das diesem Maximum entgegensteht, bis an die Toleranzgrenze ins schlechte Terrain zurückgedrängt.

Wenn etwa der Profit sofort hoch soll, werden die Gehälter so gedrückt, bis Mitarbeiter davonlaufen; bis Kunden nicht mehr kaufen, weil alles schlechter wird, werden die Kosten so gedrückt, dass die Mitarbeiter nicht mehr richtig arbeiten können. Alles, was an die Grenze optimiert wird, drückt anderes, das Entgegenstehende, an die Grenze des Ertragbaren.

Klar?

Stellen Sie sich vor, ein Unternehmen wäre optimal. Was immer es ist – stellen Sie es sich vor. Das Ganze sei also optimal.

Dann erscheint dieses beste Ganze lokal im Kleinen an vielen Stellen nicht bestmöglich. Insbesondere ist wohl meistens das optimale Ganze eines, wo alles relativ in der Mitte ruht. Wenn etwas in der Mitte ruht, kann es noch verbessert werden, indem man es maximiert!

Wenn wir also alle in einer besten Welt leben, so wird es wieder vorkommen, dass es Arme oder Reiche gibt. Wir können dann die Armen maximal entlasten und den Reichen Geld nehmen, aber dann arbeiten die Reichen nicht mehr und die Armen eventuell auch nicht. Dieser Fall wird bis zum absoluten Überdruss in jeder Gesellschaft diskutiert. Es gibt auch schon genügend historische Erfahrungen, was gut oder optimal sein könnte. Aber auch in einem optimalen System beginnen die Armen mit den Reichen wieder im Einzelnen zu streiten. Bis ans Ende der Zeit wird über den Spitzensteuersatz debattiert werden, weil er eben auch dann zum Zankapfel wird, wenn er *optimal* ist! Denn jeder Steuersatz ist für Einzelne nicht optimal! Deshalb zerrt das Einzelne immer selbst am Optimalen, wie es überhaupt an allem zerrt. Deshalb ist die Welt in steter Bewegung und wird vom Einzelnen gezerrt, wie immer die Welt ist.

Wer eine optimale Welt im Kleinen verändert, muss sie als Ganzes *verschlechtern.*

Eine optimale Welt ist eine, die am besten ist.

Wenn man etwas Bestes verändert, wird es schlechter.

Wer also in einem optimalen Zustand einer Welt oder eines Systems etwas verändert, verschlechtert das System als Ganzes.

Wenn also in einem optimalen System lokal herumgedoktert wird, um mehr Punkte hier an dieser einzelnen Stelle zu sammeln, erzeugt das an einer anderen Stelle eine noch höhere Rechnung. Wer Sekretariatsstellen abbaut, erzeugt die Arbeit woanders. Wer Flughafenkontrollen einführt, dämpft Terror, stiehlt aber fast allen Menschen Zeit. Wer hier etwas „verbessert", erzeugt an einer oft unerwarteten Stelle etwas Schlechtes. Hier eine Gutschrift, dort, woanders, erscheint eine Rechnung.

Sehen Sie es von hier aus: Wir verbessern etwas lokal, ohne an das Ganze zu denken. Wir sammeln Punkte. Alles gelingt. Wir bekommen einen Bonus. Manchmal rufen uns Leute böse an, die sich über die Folgen unseres Tuns beklagen. Wir wimmeln sie ab. Sie sind lästig. Es sind Nörgler, die sich gegen Veränderungen reflexhaft wehren. Weghören!

Sehen Sie es von dort aus: Sie arbeiten ganz ruhig vor sich hin. Da kommt eine E-Mail, dass sich die Liegenschaftenverwaltung Ihres Unternehmens entschlossen hat, einige Parkplätze abzumieten, da die Berechnungen ergeben hätten, dass diese nicht gebraucht würden. Das Team, das diese Einsparung erzielt hätte, bekäme einen dicken Bonus und eine Urkunde. Sie lesen die E-Mail und fühlen sich nicht gut. Einige Tage später stellt sich heraus, dass Mitarbeiter ab etwa 10 Uhr keinen Parkplatz mehr bekommen und um das Gebäude kreisen. Es hagelt Beschwerden. Man hört sie nicht mehr an. Wer anruft, ist ein Nörgler.

Auf der einen Seite sind Sie der Täter. Sie „verbessern", andere schimpfen unfair. Meist sind Sie aber das Opfer. Es wird Unsinn von Ihnen verlangt.

Angenommen, Sie arbeiten in einem optimalen Unternehmen. Dann sind dort hundert Abteilungen, die etwas verbessern, jeder etwas anderes. Hundert Erfolge, hundert Rechnungen. Ein Erfolg für Ihre Abteilung, in der Sie etwas verbessern, dafür bekommen Sie mehrere zehn Rechnungen, wo sich für Sie etwas verschlechtert.

Niemand denkt über das Ganze nach!

Alle verbessern.

Dafür hat die deutsche Sprache ein eigenes Wort. Eine Verbesserung, die nicht an das Ganze denkt, heißt bei uns allen:

Verschlimmbesserung.

8. Kontrollen gegen Verschlimmbesserungen

Sie haben sicher schon zwischen den Zeilen gelesen: Suprasysteme fordern das Verschlimmbessern geradezu heraus. Wenn durch Punkte- und Bonusziele eine einzige Richtung im Unternehmen forciert wird, schlagen die gierigen Punktesammler über jeden Strang und „verbessern", bis ... ja – bis es nicht mehr geht, sagen diese, was aber nicht stimmt: Die Supramenschen verbessern, bis nichts mehr geht. Solange es Punkte gibt.

Die Suprasysteme appellieren: „Ihr sollt den Umsatz maximieren, aber dabei nicht die Kosten erhöhen, nicht die Qualität senken, nicht die Kunden verärgern, nicht mehr versprechen als zu halten wäre, nicht die Rabatte hochfahren, nicht mehr Kunden zum Essen einladen, nicht so viel mit dem Handy telefonieren, nicht die Reisen zum Kunden erhöhen, nicht Arbeit an andere abwimmeln, nicht das Administrative vernachlässigen, nicht nicht nicht nicht nicht ..."

Wenn es Punkte gibt, schrecken Appelle nicht.

Dennoch sind die Suprasysteme randvoll mit Appellen: „Bitte! Nicht! Bitte nicht! Und vergesst nicht: Umsatz ist am Allerwichtigsten!" Die meisten Mitarbeiter ignorieren Appelle oder Vernunft oder Einsicht in das Ganze. Es wird nicht honoriert.

„Davon habe ich nichts!", sagen die Supramenschen. „Dafür gibt mir keiner was, wenn ich sentimental werde und etwas gegen die Haupttriebrichtung tue. Wenn denen das da so wichtig ist, wie es in der E-Mail geschluchzt wird, dann sollten sie konsequent sein und Geld dafür geben. Ich bin da, um Geld zu verdienen."

Suprasysteme sind klug und geben keine Punkte gegen die Haupttriebrichtung. Dann bricht Chaos aus. Deshalb kontrollieren sie das „nicht nicht nicht nicht".

Sie kontrollieren im obigen Beispiel die Kundenzufriedenheit, die Qualität, die gewährten Rabatte, die Anzahl der Reisen und Reisekosten, die Kosten aller Art, die Anzahl und Dauer der Anrufe mit dem Handy, die Zusagen an Kunden. Am wirksamsten ist die Kontrolle durch absolutes Verbot. Das geht meistens nicht. Deshalb wird ein sogenanntes Budget vergeben. Jeder darf so und so oft anrufen, Rabatt geben, den Kunden besuchen. Jeder muss mindestens so und so oft das und das kontrollieren und in der Richtigkeit bestätigen, Strafen bezahlen, Rechtfertigungen schreiben.

Die größte subjektiv empfundene Gemeinheit von Suprasystemen ist die Taktik, grundsätzlich alles zu verbieten, außer, es würde erlaubt. Dann verwandeln sich Supra-Innensysteme in Genehmigungsbehörden. Das weiß ja jeder. Ich weiß es, Sie wissen es. Darüber kann man nur noch zynisch schreiben. Jedes Beispiel steht für alles andere. Eines hier:

Angenommen, ein Kunde möchte statt eines gelben Ethernetkabels ein durchsichtiges kaufen. „Haben wir nicht." – „Bitte, es sieht schöner aus." – „Ich frage mal."

Geht nach hinten.

„Chef, ich geh zum Media Markt und kaufe ein durchsichtiges Kabel für 10 Euro, es ist für unseren besten Kunden, den verärgere ich nicht." – „Soll der selbst zum Media Markt. Gelb ist schön." – „Nein, ich geh', Chef." – „Nein, das will ich nicht." – „Warum haben wir keine durchsichtigen?" – „Das muss genehmigt werden. Der Antrag dafür ist zu kompliziert. Ich verstehe ihn nicht. Deshalb gibt es bei mir nur undurchsichtige Sachen, solange ich Chef bin." – „Was ist so schwierig, Chef?" – „Wir müssen den neuen Preis genehmigen lassen, den Absatz schätzen, schwören, wie viel wir verkaufen, beantragen, woher wir das beziehen, sicherstellen, dass wir es nirgendwo billiger bekommen, fragen, ob es strategisch Sinn macht, den Platz dafür im Regal nachweisen und umbuchen, eventuell ein anderes Produkt dafür aus dem Laden nehmen, für das begründen, dass es keinen Gewinn bringt, nachweisen, dass die Reduzierung des Sortimentes mit der Kundenzufriedenheitskommission abgestimmt wird ..." – „Chef – es ist eilig, es ist also unmöglich? Der Kunde sagt das auch, dass wir unmöglich sind!" – „So ein Quatsch. Er selbst arbeitet doch in einer Bank. Er ist da ein hohes Tier. Frag ihn mal, ob ich eine Hypothek haben kann, die drei Jahre tilgungsfrei ist. Dann hole ich selbst das durchsichtige Kabel." – „Chef? Er sagt, drei Jahre tilgungsfrei geht nicht. Sie haben alles im Computer und da kann man es gar nicht so ausfüllen, das Formular. Es ginge aber auch dann nicht, weil die Basel-II-Prüfung solche Kredite nicht bewertet, sie sind nicht so weit. Er ist auch nicht berechtigt, eine Ausnahme zu machen." – „Quatsch, er ist Prokurist bei der Bank." – „Chef, das habe ich auch gesagt. Er meint, ich versteh dann nicht, was ein Prokurist ist. Es bedeutet, dass die Unterschrift rechtsgültig ist für alles, was er unterschreibt. Aber er darf gar nichts unterschrieben, weil alles verboten ist. Er darf gar nichts, nur wenn er es täte, dann kann man es nicht mehr zurücknehmen. Deshalb tut er lieber nichts." – „Sieh mal, so ein Waschlappen. Ist Regionschef und so und darf nichts tun." – „Dafür, sagt er, darf er gegen den Radiergummietat auch durchsichtige Kabel besorgen. Das können Sie nicht, Chef." – „Und wenn er nun plötzlich Radiergummi braucht?" – „Braucht er nicht, weil er nichts tut, ist alles verboten, oder?" – „Tja, siehst du, es ist wie bei uns. Ich tu auch nichts." – „Und was sag ich dem Kunden, Chef?" – „Er soll sich durchsichtig machen."

Suprasysteme kontrollieren alles, was Schaden nehmen kann, wenn alle Punktesammler rigoros ihre Hauptziele optimieren. Es wird durch Kontrollen alles geschützt!

Das Büromateriallager wird geschützt, sonst klauen alle diejenigen CD-Rohlinge, die früher hinter Disketten her waren. Der Kunde wird geschützt, damit er nicht unzufrieden werden *kann*. (Das ist die beste Definition, die ich

Ihnen für Kundenzufriedenheit anbieten mag.) Die Produkte werden gegen Mängel und Qualitätseinbußen geschützt. Die Sekretärinnen werden vor Arbeit beschützt. (Das geschieht durch sogenannte Service-Level-Agreements, also Servicedefinitionen, etwa: „In Computer einzugebende Daten müssen per E-Mail geschickt werden.") Gemeinschaftsräume werden vor spontaner Benutzung geschützt (drei Wochen vorher anmelden, mit genauer Personenanzahl).

Nur das, was geschützt wird, fällt nicht dem Höherwertigkeitstrieb zum Opfer. Nur deshalb bekommen die Mitarbeiter Gehalt, nur deshalb gibt es CD-Rohlinge im Büro gegen dreifachen Beleg. Es sei denn, das Verteilen von Rohlingen wäre ein Haupttriebziel.

Und verzeihen Sie mir den zunehmenden Zynismus. Es ist schwer, immer mit anzusehen, wenn das heilige Innere vor Raub geschützt werden muss. Es zieht in meiner Seele, dass es unter allgemeinem Trieb einfach keinen Konsens gibt, das Sinnvolle oder auch nur das Ganze leben zu lassen.

Wie viel kostet der Kontrollzwang gegen die Triebwut?

9. Raubbaustellen („not inspected")

Es gibt eine Menge Werte im Leben, die von Suprasystemen nicht geschützt werden. Da Suprasysteme durch Regulierung schützen, also durch Einzäunen, Rationieren oder Kontrollieren, kann all das nicht geschützt werden, was nicht gemessen und kontrolliert werden kann. „What you can't measure, you can't manage." Was nicht gemessen werden kann, kann nicht gemanagt werden. Was also nicht gemessen werden kann, existiert sozusagen nicht. Wenn also etwas für das Suprasystem nicht existiert, aber doch real da ist, dann ist es Freiwild und kann geraubt, mitgenommen oder ausgebeutet werden. In Indien ist grauenhafte Wassernot. Wenn Wasser da ist, muss es auf Felder gepumpt werden. Da Strom teuer und Bauern bitterarm sind, kann kein Wasser auf die Felder kommen. Deshalb ist für Bauern in Indien Strom gratis (er wird nicht gemessen und kontrolliert). Nun laufen die Pumpen rund um die Uhr, weil Strom umsonst ist. Nun wird das Wasser bald wirklich knapp. Ein Land ruiniert sich, weil Strom nicht gemessen wird. (Ich war für die UNESCO ehrenamtlich kurz in Paris, um Lösungen zu suchen. Man hielt es für undenkbar, Strom zu messen. Ich sollte das nicht erwägen. „Bitte eine andere Lösung." Da weinte ich innerlich und fuhr nie wieder hin. Ich kann so etwas nicht aushalten. Das Wahre zieht sich leider oft beleidigt zurück. Diesmal ich.)

Sie können also davon ausgehen, dass alles, was nicht kontrolliert wird, gestohlen wird. Was kann das in unserer Gesellschaft sein?

Ein herausragendes Beispiel: Vertrauen.

Wie kontrolliert man Vertrauen und Misstrauen? Wie kontrollieren wir, dass Vertrauen herrscht und Vertrauen nicht gebrochen werden darf? Was wären die Konsequenzen, wenn es gebrochen würde? Wer kontrolliert es? Wer muss betriebs- oder haupttriebnotwendig wem wie oft wann wie stark vertrauen?

Sie sehen wohl gleich, worauf ich hinaus will: Vertrauen wird nicht kontrolliert, weil das zu schwer ist. Vertrauen ist etwas sehr Ganzheitliches. Suprasysteme kontrollieren das Ganzheitliche durch Zerlegung in Teile und Kontrolle der Teile („divide et impera"). Vertrauen entzieht sich in seiner Ganzheitlichkeit dem Systemansatz vom Grundsatz her.

Andererseits ist Vertrauen sehr wichtig. Ja, aber Vertrauen an sich kann kein Haupttriebziel eines normalen Suprasystems sein, weil es auf Haupttriebbefriedigung Punkte gibt und deshalb ein Haupttriebziel messbar, also kontrollierbar sein muss. Vertrauen ist also wichtig oder, wie viele sagen, unabdingbar, aber es ist heute nicht kontrollierbar.

Deshalb wird niemand wirklich bestraft, wenn er um der Punkte willen Vertrauen missbraucht.

Vertrauen ist damit dem Raubbau im Suprasystem preisgegeben. Jeder kann es nehmen und missbrauchen. Wenn das Jahr herum ist, wechseln die Firmenabteilungen. Nächstes Jahr gibt es andere Teams und andere Jobs und andere Ziele.

Im Suprasystem wird alles, was nicht durch Kontrolle geschützt wird, geraubt oder ausgebeutet oder zum Punktegewinn eingespannt. Punktejagd müsste vom Grundsatz her irgendwo prinzipiell Halt machen, egal wie viele Punkte es gibt. Es gibt Grenzen, die das Ganze nahe legt. Irgendwo da:

- Vertrauen
- Hilfsbereitschaft
- Guter Rat
- Güte
- Vergebung
- Gesundheit (mehr als Gesundheit, um arbeiten zu können)
- Höflichkeit
- Großherzigkeit
- Wärme
- Respekt vor Würde
- Achtung vor dem anderen
- Familie
- Menschlichkeit
- Nachhaltigkeit, Langfristigkeit
- Selbstachtung
- Fairness
- Treue
- Liebe

- Ehrlichkeit
- Gerechtigkeit
- Freundschaft
- Beziehung
- Identität, gemeinsame Vision
- Kontinuität
- Konzepttreue

Und so weiter. Punktegier sollte bei Tugend und Liebe Halt machen, bei Menschlichkeit und Respekt vor dem Wunsch der Menschen, glücklich zu werden. Ich habe oben schon einmal geschätzt, alles zusammen könnte zwanzig Prozent kosten, also den Verzicht auf zwanzig Prozent der Punkte. Das Suprasystem muss vor den Bedürfnispyramiden der Individuen Respekt zeigen. Und wie viel wäre zu gewinnen, wenn wir für Punkte heute nicht ständig die Grundlage von morgen verrieten!

10. Der Raubbau an der psychischen Energie: Total-Value-Waste

Suprasysteme erzeugen eine ungeheure Energie in den Menschen, höherwertig zu werden und niemals zum schlechtesten Drittel zu gehören, das zu den Losern gehört.

Suprasysteme bringen uns um alle seelische Ruhe. Wir sollen alles investieren um voranzukommen, um zu verdienen, Karriere zu machen, aufzusteigen, uns zu vergrößern, alles auszubauen, zu siegen. Wir sollen als physisch-physiologische Wesen gleichzeitig mit der linksgebauchten und der rechtsgebauchten Apterkurve leben, was uns zerreißt und „auspowert".

Wir fahren enorme seelische Energien für das Suprasystem hoch. Ein ehrgeiziger Supramensch wird (verzeihen Sie so eine nur plakative pauschale Zahl) vielleicht drei Mal mehr Energie einsetzen als „ein ruhiger Bauer oder ein stressfreier Beamter".

Der Supramensch geht mit dreifachem Willen und dreifacher Sorgfalt ans Werk. Er arbeitet statt 40 Stunden nun 60 oder mehr pro Woche. Er spannt sich voll ein.

Er beginnt, alles auszureizen. Er opfert Freizeit, Glück und Familienleben. Er beginnt, Sinnentleertes für Punkte zu tun. „Keine Sinnfragen! Weiter!" Die Sensoren des Erfolgs und Misserfolgs nehmen in seinem Körper Platz und nehmen von ihm Besitz. Die anderen Seismographen werden übertönt. Wenn die Dienstsirene heult, wird die Gesundheit und das Kinderherz übersehen.

Er richtet alle Energie auf die Punkte und beginnt zu betrügen und kurzfristig zu handeln. Die Kontrollsysteme holen ihn ein. Er muss bitten, Genehmigungen einholen, kämpfen, Anträge stellen, neue Jobs suchen.

Seine Energie verpufft an den Kontrollen, Reviews, Formularen. Seine Energie verpufft an den Kollegen, an Managern, an Vorschriften und Regeln. Er zankt mit Kunden um Abnahmekriterien, mit Dienstleistern um Zuständigkeiten und Pflichten. Alle wollen die Punkte. Niemand gibt nach. Alles wird kontrolliert und verhandelt. Niemals ist Ruhe, weil alles an der Grenze ist, am Anschlag. Das Ganze ist nie mehr in einer ruhigen Mitte.

Der Supramensch leistet und schuftet. Er gibt alle psychische Energie.

Das meiste verpufft.

Die bange Frage: Wie viel bleibt?

Wie viel bleibt übrig nach dem Kampf und nach dem Sieg?

Was kostet die Blindheit für das Ganze, das kurzfristige Agieren, das Quartalsdenken, die Instabilität, die mangelnde Kontinuität, der Verschleiß, die Kontrolle, der Betrug, der auf Indikatoren fixierte Blick mit dem Auge, das auf das Schummeln schielt? Was kostet die Angst, gefeuert zu werden, umorganisiert oder an andere Firmen verkauft zu werden? Was kostet es, wenn es nur noch Geld gibt aber keinen Respekt, keine Liebe, keinen Dank, keine Anerkennung? Was kostet die Lähmung und die Bändigung des Auseinanderstrebenden?

Edvard Munch: Ashes

11. Raubbau an allem, was nicht Haupttrieb ist

Wenn alles, was nicht gemessen wird, zur Plünderung steht, wenn alles, was derzeit nicht Haupttriebrichtung ist, einen geringen Kontrollrang bekommt und zumindest nicht stark beachtet wird, also auch teilweise geplündert, wenn der Hauttrieb jedes Jahr wechselt, weil wieder überall Wald abgebrannt wurde - was bleibt übrig?

Wenn dann in Haupttriebrichtung jedes Jahr unerhörte Fortschritte gemeldet werden - wie viel davon ist unter Raubbau an anderen Stellen erzielt worden?

Unternehmen haben reorganisiert und Tausenden von Mitarbeitern Abfindungen bezahlt - es waren „einmalige Restrukturierungskosten". Manager wurden unter hohen Abfindungen gefeuert - es waren „einmalige Reorganisationskosten". Teilbetriebe wurden unter Verlust verkauft - es waren „einmalige Sonderverluste" und im nächsten Jahr steigt die Profitabilität, weil keine Verluste mehr aus diesem Teil erwirtschaftet werden. Teilbetriebe werden stillgelegt - es waren einmalige Strukturbereinigungen, ohne die ordentliche Gewinne erzielt wurden, insgesamt leider nicht. Teilbetriebe wurden gekauft, um die Firma abzurunden - es entstanden einmalige Abschreibungen auf zu hohe (!) Kaufpreise. Geschäftsbereiche oder Produkte wurden eingestellt („discontinued operations"), es entstanden einmalige Verluste, obwohl im übrigbleibenden Geschäft („ongoing business") Gewinne anfielen. Tafelsilber wurde verkauft („lean company"), um Gewinne einzustreichen, die für einmalige Verluste gegengerechnet werden.

Ich will sagen:

Die Wirtschaft hat in den letzten Jahren einmalige Verluste gemacht.

Die tollen Strategien suggerieren, dass im nächsten Jahr, nach der großen einmaligen Sonderaktionsbereinigung, alles, aber auch alles in Ordnung ist. Aber warten wir ein wenig, dann gibt es wieder einen einmaligen Handlungsbedarf. Viele Unternehmen geben den Verlust oder den kleinen Gewinn nur schamhaft an, denn er entstand vor allem durch die einmaligen Verluste, die ja „weggemacht" wurden. Die Unternehmen geben heute sehr oft den „eigentlichen Gewinn" an, ohne diese einmaligen Verluste. Der kann sich meistens sehen lassen. Es ist der Gewinn in Haupttriebrichtung („ongoing"), der nur noch um die Verluste des Geplünderten („discontinued" oder „gekillt") gemindert wird.

Hier sehen wir sehr gut, wie viel Gewinn Suprasysteme machen: Viel im laufenden Geschäft, leider minus Raubbaukosten, also insgesamt *dieses* Jahr fast nichts. *Dieses* Jahr! Nächstes Jahr geht es besser, wenn nichts kaputt geht. Aber es wird etwas kaputt gehen. Alles wird wieder einmalige Ausmaße annehmen!

Vergleichen Sie es mit der Armee, die Krieg führt, so wie Suprasysteme Krieg führen. Der General sagt: „Wir haben Krieg geführt und im Wesentlichen Gewinn gemacht. Eigentlich haben wir erstklassig gekämpft und hohe Gewinne erzielt. Leider ist eine ganze Division getötet worden. Alle weg. Es war Infanterie.

Wahrscheinlich liegt es daran, dass Infanterie sich im Krieg nicht bewährt. Wir denken deshalb, wir kämpfen ohne Infanterie weiter. Wenn wir uns vorstellen, wir hätten schon letztes Jahr ohne Infanterie gekämpft, so hätten wir praktisch keine Verluste gemacht. Aber da wir Infanterie hatten, müssen wir eine ganze Division abschreiben. Deshalb haben wir insgesamt nicht gut abgeschnitten. Wenn wir aber im nächsten Jahr ohne Infanterie kämpfen, fallen ja diese Verluste nicht wieder neu an, weil ja keine Infanterie da ist. Der Verlust der ganzen Division war also ein einmaliger Verlust. Im nächsten Jahr müssen wir in der neuen Aufstellung, die jetzt sehr schlank und schlagkräftig ist, nur noch gewinnen. Wir sind jetzt nicht mehr so viele Mitarbeiter, äh, Soldaten, und da sind wir nicht mehr so unflexibel und behäbig."

Spüren Sie das tiefe Grauen hinter einer solchen Einmaligkeit?

12. Krokodilstränenlehrgänge für Manager

Manager bekommen heute eine Menge Lehrgänge, wie sie Mitarbeiter motivieren. Manager sollen emotional intelligent werden. „Wie erlange ich Vorteile, wenn ich mich mit Menschen auskenne?" – „Wie schmiede ich ein Team, das noch mehr Profit macht?" Im Grunde wollen diese Lehrgänge noch mehr Punkte herausholen. Sie stellen aber nicht die Systemfrage.

Menschen leben in Wertewunschvorstellungen, wie ich sie in den Pyramiden am Anfang des Buches dargestellt habe. Sie wollen erst Essen und Trinken, also ein Gehalt. Dann möchten sie so etwas wie Ruhe im Innern, Ruhe vor Furcht, Angst, Gewalt, seelischen Verletzungen, Stress. Dann möchten sie Respekt, Anerkennung, Wissen, Gemeinschaft, Freude.

Die Suprasysteme liefern Stress, Angst, seelische Gewalt. Sie versprechen dafür Geld. Wer, bitte, will das? Menschen produzieren gerne mit vollem Herzen Hilfe, Mitleid, Dank, Güte, Heilung, Rat, Unterstützung, Spenden, Motivation, psychische Energie, Liebe, Sanftmut, Verzeihen, Gnade. Sie produzieren es *gerne*!

Der Dank wird aber im Suprasystem von den Gestressten nicht mehr beachtet. „Hört auf mit Danke. Gebt Punkte." – Die Freundschaft wird nicht mehr als unabdingbar gesehen. „Bei Geld hört die Freundschaft auf." Die Menschen würden gerne für das Ganze arbeiten. „Keine Sinnfragen. Tun Sie einfach das, was verlangt ist. Zerbrechen Sie sich nur nicht den Kopf. Das System will es so." – „Sie müssen Ihrem Kollegen nicht helfen. Jeder hat seine Ziele. Schauen Sie nach Ihren. Die sind schwer genug. Sie müssen hier nicht Heiland sein."

Ich habe mich eine Zeit lang dafür interessiert, was ein Manager in Lehrgängen zur Emotionalen Intelligenz lernt. Meistens fand ich glühende, warmherzige Idealisten als Lehrgangsleiter, die Psychologie studiert hatten und nun Management-Lehrgänge gaben. Sie waren erfüllt von ihrer Mission, den eher harten Managern die Maslowsche Bedürfnispyramide, die Menschlichkeit und das

Ganze nahe zu bringen. Die Manager konnten oft alles verstehen. Sie stimmten oft zu. In der Welt der Lehrgänge ist das Idealistische oder das Wahre und Ganze wahrnehmbar, fühlbar und echt.

Am nächsten Tage aber geht es wieder um Punkte. Es ist die andere, die Suprawelt.

In vielen Lehrgängen werden Manager auf ihre Persönlichkeit getestet, etwa in richtige, wahre und natürliche Menschen eingeteilt, als Denker oder Fühler oder Ästhet erkannt. Sie werden in „ordentliche" und „flexible" Persönlichkeiten geteilt. Ich habe oft einige Wochen später gefragt: „Und? Was kam heraus?" – Statistisch die häufigste Antwort war: „Weiß ich nicht mehr. Wenn es Sie interessiert – ich habe es aufgeschrieben. Es gab so eine Auswertung. Hat Spaß gemacht." – Ich meinte: „Es ist nicht der Punkt, ob es *mich* interessiert. Interessiert es *Sie*?" – „Ach, es war schon interessant, aber das hier ist eine andere Welt. Im Kurs ist von Menschen die Rede, hier nur von Zielerreichung. Die junge Dame, die uns das Gute nahe bringen sollte, hat sich rührend bemüht. Sie versteht eben nichts vom wirklichen Leben. Wie sollte sie, wenn sie nur Psychologie kann. Sie hat uns ein bisschen Leid getan, so, wie sie sich bemüht hat. Was kann sie dafür, wie wir arbeiten müssen?"

13. Das Ganze ist wie ein Raubtier geworden

Sehen Sie, wie das Suprasystemganze sich wie ein Raubtier benimmt?

Vornehmer ausgedrückt spricht man von Sozialdarwinismus oder XY-Darwinismus, von Selektion und Artenkampf.

Ich habe es schon öfter in anderen Büchern geschrieben: Tiere essen sich satt, sie kämpfen nicht um globale Futteranteile und streben nie die Vernichtung der Beutetierarten an (dann verhungerten sie ja). Löwen rotten sich auch nicht gegenseitig aus, um Vorteile zu erzielen. All dieses Gerede entschuldigt pflichtschuldigst bedauernd, dass unsere Suprasysteme nach der Idee eines Raubtieres gebaut werden, das die Welt beherrschen möchte.

Wir vergessen, dass zu viele Weltbeherrscher nur alle Energie dieser Welt verschwenden, um am Ende mehr oder weniger total erschöpft oder tot in den Staub zu sinken, weil sie am Ende einen einmaligen Verlust hinnehmen mussten, bis zu dem eigentlich alles gut zu laufen schien.

Früher eroberte Länder, wer Welten beherrschen wollte.

Heute jagt man Punkte. Es ist Systemkrieg.

Ich wiederhole das jetzt nicht in vielen Varianten. Es ist klar, dass Krieg ist. Und Krieg ist für den Menschen ein schrecklicher Ausnahmezustand, in dem er ausnahmsweise dreihundert Prozent psychische Energie mobilisiert. Die wird von den Suprasystemen geerntet, um in dem sinnlosen Kampf fast ganz verpulvert zu werden. Würden Raubtiere denn besser leben, wenn sie sich selbst gegenseitig ausrotten wollten? Warum ist das der Evolution noch nicht eingefallen? Raubtiere, die sich schnell vermehren und nur voneinander leben?

VIII. Zeit der Suprasysteme – Zeit der Raubtiere

Es gibt Zeiten wie Goldrausch oder Internet. In solchen Zeiten kann jeder reich werden wollen. Eine solche Zeit hält viele Supramenschen aus. Sie dauert wohl nur nicht lange, wenn sich Raubtiere zu stark vermehren.

1. Warum gibt es denn überhaupt Suprasysteme?

Jetzt habe ich die Suprasysteme so sehr schlecht gemacht, dass sich der Leser wohl fragen muss, warum es denn die Wirtschaftskapitäne mit solchen Systemen überhaupt versuchen.
Sehen Sie, es gibt Zeiten, in denen Raubtiere Erfolg haben.

Dies sind Zeiten, in denen reiche Beute offen „herumliegt".

Unternehmen hatten so viele Gewinne in Bilanzen verschwinden lassen, um Steuern zu sparen, dass ihre Börsenbewertung dagegen lächerlich niedrig wurde, weil Anleger die Unternehmen nur nach dem Indikator Kurs-/Gewinnverhältnis maßen. Mehr Kennzahlen passten nicht in die Tabellen in der Tageszeitung.

Vor allem aber wurde es durch neue Technologien, durch Computer und Datennetze, möglich, auf immer neue Goldadern zu stoßen.

Wenn es Gold im Tagebau zu holen gibt, dann gibt es einen Rausch. Die Energie aller Goldgräber konzentriert sich auf die Hoffnung unbegrenzten Reichtums. Goldgräber bekommen rotfleckige Wangen und einen irren Blick, sind ungeduldig, eilig, hyperaktiv, verbissen, nahezu verrückt.

Im Grunde wünschen sich Suprasysteme solche Menschen als Mitarbeiter: Vor Gier zitternde Goldgräber, die vor Ungeduld den Berg schon einmal mit den bloßen Händen umgraben, nur, um schneller zu sein. Wo Gold ist, drängt die Zeit! Da wird Gold mit einfachsten Mitteln gewonnen („in einer Garage").

In den letzten Jahren machte es Technologie möglich, Autos in einem Bruchteil der Zeit zu bauen, neue Produkte in einem Bruchteil der Zeit an den Markt zu bringen, neue Verwaltungsprozesse mit einem Bruchteil des früheren Aufwandes einzuführen. Der Internetboom brach aus. Im Grunde sahen die Goldgräber in diesem Boom in jedem Maulwurfshügel eine Goldmine und gruben um. Er ist deswegen noch nicht zu Ende, wie es viele sagen. Im Internet haben die Goldgräber nur heute nicht mehr diesen ganz irre flackernden Blick. Er ist etwas klarer und nüchterner geworden. Das Goldgraben wurde in den letzten Monaten (ab 2002) wieder zu einer seriösen Arbeit.

In Zeiten, wo es Gold und Edelsteine regnet, sind Suprasysteme möglicherweise eine optimale Methode, schnell alles einzusammeln. Goldgräber müssen in diesen Zeiten als Mitarbeiter überhaupt nicht motiviert werden, sie sind ja rotfleckig erregt und zittern vor Energie. Boom! Es gibt eine ganz eindeutige Haupttriebrichtung: Schnell alles einsammeln, koste es, was es wolle, nur schnell! Die Gewinne stellen sich von selbst ein. Es ist keine Zeit der Controller.

Wenn aber das Gold an der Oberfläche abgesammelt ist, wenn es von Goldsuchern wimmelt (die Privatanleger strömen an die Börsen, jetzt auch sie mit rotgefleckten Wangen und flackernden Augen), wenn die Preise für neue Claims in den Himmel schießen, dann setzen sich die Goldsucher wieder ermattet auf die Erde oder einen Teppich und sehen erschrocken ihren desolaten Zustand. Sie haben lange nichts gegessen, nicht gebadet, nichts gepflegt. Sie sind krank geworden, haben es in ihrem Rausch nicht beachtet. Nun schlagen die Suprasysteme Alarm: „Weiter! Grabt tiefer! Drängelt die Mitbewerber zur Seite. Erobert Claims! Sucht irgendwo anders! Es wird noch mehr Berge geben als diesen einen! Die Chancen werden woanders neu vergeben! Schnell! Lauft! Tut nicht müde! Vergesst eure Schmerzen! Es geht jetzt ums Überleben! Ohne mehr Gold werden wir beiseite gedrängt, wir dürfen nicht ermatten! Auf, auf! Wir geben euch dafür einen größeren Anteil als früher! Ihr bekommt Optionen auf neues Gold!“

So ist es, wenn zu viele Raubtiere alle Beute fraßen.

Wirtschaften heißt aber mehr *Erzeugung* als *Erbeuten*, mehr *Erarbeiten* als *Verdrängen.*

Wir leben jetzt in der Spätphase eines Rausches. Die Motivation kommt aus Angst, nicht mehr aus Gier. Wir sind müde und matt. Auf zum nächsten Gefecht.

Es gibt zu viele Raubtiere.

Früher gab es Hunderte von Banken, über tausend Krankenkassen, Hunderte von Versicherungen. Wenn sie alle zu Raubtieren werden, ist nur noch Platz (Beute) für drei oder fünf. Das steht jeden Tag über jede Branche in jeder Zeitung zu lesen.

Was wäre mit dem Internetboom passiert, wenn wir Herdentiere, Pflanzenfresser, Erzeuger, Produzenten, Schaffende geblieben wären? Die Savanne wäre noch nicht zertrampelt, es gäbe noch Wasser.

2. Technologien versorgen uns mit neuen Triebrichtungen

Die Technologiewelle versorgt uns verlässlich mit neuen Richtungen, in denen Geld zu machen ist. Computer, Netze, Mobilfunk, Electronic Banking, Welttourismusorganisation, neue Energiequellen, Autos, Katalysatoren.

Oft helfen neue Lebensumstände, Wirtschaftimpulse zu geben: Der Jahr-2000-Fehler in Computern, die Umstellung auf den Euro, die Kreditrichtlinien nach Basel II, Dosenpfandeinführung, verpflichtende Produktion von Brennstoffzellenautos und dergleichen.

Die Reorganisation unseres Lebens in der Folge neuer Technologien fügt unserem Leben immer wieder eine neue Dimension hinzu.

Goldvorräte erschöpft? Sammelt Platin für Katalysatoren ein! Schnell, es wird ein Boom! UMTS und eine neue Mobilfunkgeneration? Schnell, ersteigert die Claims zum Schürfen, zu jedem Preis!

Heute, 2003, ist so ein Punkt der Mattigkeit. Kein neuer Boom.

Angst ums Überleben, Arbeitslosigkeit. Die Menschen fragen: Wo ist ein Boom?

Fieberhaft wird nach einem Boom gesucht. Wo sind noch unerschlossene Märkte, wer hat neue Produktideen? Was wollen die Kunden? Wie fängt man sie effizient?

Ein Boom ist so etwas wie eine neue Beutedimension. Die Haupttriebrichtung der Suprasysteme richtet sich auf den neuen Boom ein. Forschungsabteilungen der Suprasysteme suchen fieberhaft nach Anzeichen neuer Booms. Der erste, der das neue Metall findet, wird märchenhaft reich.

Wenn kein neuer Boom in Sicht ist, müssen die Goldsucher anders handeln. Sie können gegeneinander kämpfen, sich gegenseitig die Claims abhandeln und sich einschränken.

Nach dem Goldrausch der Raubtiere beginnt der Verdrängungskampf. Die Suprasysteme kaufen einander auf, übernehmen sich gegenseitig, fressen sich. Der Haupttrieb verlagert sich. War er vorher auf das Gold in den Bergen gerichtet, so schielt er nun lüstern auf das schon eingesammelte Gold der anderen Sammler. Man macht sich das schon gefundene Gold gegenseitig streitig. Die Raubtiere gehen aufeinander los: Aus Stromproduzenten werden Stromhändler, hinter physischen Telekoms entstehen virtuelle Gesellschaften, die gekaufte Leitungsrechte an Endkunden verkaufen. Gesellschaften kaufen nicht mehr die Produktionsstätten von Wettbewerbern auf, sondern deren Marken, Marktanteile oder Stammkunden. Das Gold verteilt sich auf immer weniger Suprasysteme.

Wenn es nun immer weniger werden, was dann? Die Suprasysteme benötigen immer mehr Geld zum Aufkaufen und Verdrängen. Sie machen Schulden, leihen sich also Kampfkraft. Es sind Raubtiere mit geliehenem Gebiss. Wo gibt es noch etwas zu erbeuten? Der Haupttrieb richtet sich nun nach innen. Die Suprasysteme müssen sich einschränken.

Wenn alles Gold geschürft ist, müssen Goldsucher mit schlechterem Gerät arbeiten, schränken die Saloonbesuche ein, lassen den Speck aus den Bohnen. In Suprasystemen beginnt die sogenannte Kostenoffensive. Der Haupttrieb wird ganz nach innen gelenkt. Wenn außen keine Beute mehr ist, muss das System „schrumpfen". Heute schrumpfen die Suprasysteme, die sich gestern noch aufkauften. Sie beschränken sich auf die Kernkompetenzen, stoßen Verlustbringer wie totes Gewebe ab. Notzeiten.

Die Suprasysteme gehen in Winterschlaf, harren aus, verbrauchen raubbauend ihre Gesundheit. Sie warten auf den nächsten Boom, also neue Beute. Sie kauern kraftlos. Der Trieb wütet in ihnen selbst und sucht nach unnötigen Systemteilen.

3. Raubbau an der Wissenschaft und der Umwelt

Die Umweltschützer haben es gut. Sie können den Menschen *zeigen*, wie die Lande verpestet werden und der Wald stirbt. Die Luft hängt voller Rauch, die Lebensmittel stecken voller Gift, immer genau bis zur kriminellen Grenze. Wir essen Supratiere, die es schafften, sich in Rekordzeit um ihr Leben zu fressen. Wässriges Fleisch, brauner Salat.

Das sehen wir und trauern oder genehmigen uns mehr Gift, das wir angeblich nach neuesten Studien doch vertragen. Wir gehen nicht mehr in den zeckigen Wald, es ist zu gefährlich. Stürme knicken die Bäume sowieso, egal, ob sie krank sind.

Das sehen wir.

Wir tun immer noch nichts, weil es zu teuer wäre, den Raubbau in Bepflanzung umzukehren, weil wir kein Geld haben, den Wasserraubbau für Warten auf Regen zu unterbrechen.

Raubbau ist nicht mehr wirklich umkehrbar. Denn nur ermattete Raubtiere wünschen sich ein Ende des Raubbaus. Dann aber hat niemand mehr Kraft. Dann hat niemand mehr Zeit, auf das Grüne zu warten.

Das alles sehen wir.

Was wir nicht sehen, ist zum Beispiel der Raubbau an der Wissenschaft. Ich habe schon fatalistisch Zeitschriftenartikel darüber geschrieben; es scheint nicht richtig vermittelbar zu sein. Jeder Mensch versteht, dass Forstwirtschaft ein etwas längerfristig angelegtes Geschäft ist und irgendwo von den Jahresringen der Bäume diktiert wird. Wissenschaft braucht mindestens ebensoviel Zeit. Das ist nicht so offensichtlich, wenn wir staunend vor den großen Erfolgen der neuen Wissensgesellschaft stehen. In Wirklichkeit ist es auch hier Raubbau.

Die Wissenschaft hat sich lange Zeit mit der Produktion von Erkenntnis befasst. Gute neue Erkenntnisse sind sehr schwer zu finden. Echte wissenschaftliche Ideen findet auch der Wissenschaftler nur so selten wie der Goldsucher die Mine. Wenn eine Goldmine gefunden wurde, so ist das Ausbeuten der Mine leicht. Also: Die erste Unze aus einer Goldmine zu bergen ist Millionen Mal schwieriger und langwieriger als die nächste Tonne Gold. Wenn dann die Hauptadern der Goldmine gierig geleert sind, kratzen die letzen Unverdrossenen darin herum, um noch ein paar Körnchen zu bergen.

So ist es mit der Wissenschaft.

Die erste Erkenntnis zu gewinnen kostet alle Mühe. Solche Momente sind wie ein seltenes Fest des Geistes und werden vielleicht mit einem Nobelpreis gefeiert. Jede solche Erkenntnis weist auf ein großes neues Wissensfeld hin, das es jetzt aufzudecken gilt. Es wird Ader für Ader, Schicht für Schicht freigelegt. Die Haupterrungenschaft ist es, wenn jemand wie Schliemann den ersten Spatenstich Troja freilegt, danach folgen Tausende von Arbeitsjahren der Vollendung. Schicht für Schicht, Stein für Stein.

Wenn alles freigelegt ist, werden noch ein paar tausend Arbeitsjahre darauf verwendet, Staubkorn für Staubkorn umzudrehen.

Sagen wir so: Wissenschaft hat drei Hauptabbauphasen: Das erste „Heureka!", dann tausend Mal mehr Arbeit beim Freilegen der Haupterkenntnis, schließlich Millionen mal mehr Arbeit beim Herausätzen aller Feinheiten, die nur noch die Erforscher selbst verstehen. (In Unternehmen gibt es den Innovationsdurchbruch oder den Prototypen, der etwas taugt und Milliarden bringt. Darauf tausend Mal mehr Arbeit am einen Produkt. Schließlich endloses Schleifen und „Erbsenzählen".)

Ein „Heureka!" braucht lange Zeit. Man weiß vorher nicht, wo und wie es ist. Die zweite Phase ist gut organisierbar und bringt Frucht. Die dritte Phase ist im Grunde zwanghaftes Verbeißen in die Vergangenheit einer einst ertragreichen Goldmine. Es ist Kriechen im Staub um des Goldstäubchens willen.

Die Suprasysteme haben die Wissenschaft entdeckt.

Sie kümmern sich überhaupt nicht um das Heureka. Es ist nicht messbar, existiert also nicht. Was nicht existiert, kann mitgenommen werden. Also wird alles Heureka von den Suprasystemen kassiert. Die Suprasysteme entwickeln auf Grund schon gemachter großer Erkenntnisse neue Produkte. Sie beuten also die Hauptadern der Erkenntnisminen aus, die schon früher von Wissenschaftlern gefunden wurden. Das Staubwedeln ist in Suprasystemen als unwirtschaftlich erkannt und wird eingestellt und verboten. An der Universitäten wird die Grundlagenforschung eingeschmolzen. Die Professoren sollen etwas Nützliches entwickeln und sich dies zur Verbesserung der Finanzlage von anderen Institutionen bezahlen lassen. Diese für Forschungsentwicklung eingenommenen Gelder heißen in Deutschland Drittmittel. Professoren, so verlangt man, sollen „Drittmittel einwerben". Sie sollen also vor allem ein früheres „Heureka!" ausbeuten und fortentwickeln. Das ist Hauptaderexploration, aber nicht wirklich Erkenntnisgewinnung. Das ist Troja-Freilegung ohne sich zu kümmern, wer Troja fand. Staubkornforschung wird an der Universität verboten werden. Das wird berechtigterweise viel Geld einsparen und suggerieren, man sei auf dem guten Weg.

So ist denn fast alle Wissenschaft heute mit Hauptaderexploration befasst. Damit verdienen die Forscher in Industrie und Universität gutes Geld. Das Hauptaderexplorieren führt zu einer enormen Explosion des vorhandenen Wissens. (Es wird jede Menge Gold gefördert, aber nur aus schon bekannten Minen. Neue Minen sucht niemand. Zu teuer. Zu ungewiss. Nicht zu messen. Nicht zu schätzen, wie lange es dauert.) Es wird aber nicht mehr nach neuen Erkenntnissen oder ganz neuen Ideen gesucht.

Deshalb ist die Wissenschaft bald abgeerntet.

Wenn sie abgeerntet ist, wird man feststellen, dass der schon lange zu Möbeln verarbeitete Wald wieder aufgeforstet werden muss. Vielleicht gibt es nun keine Förster mehr? Wenn Drittmitteleinwerbung auf das Ende des Raubbaus trifft, gibt es keine wahren Forscher mehr. Hundert Jahre Wiederaufforsten der Universitäten?

Wenn die Wissenschaft abgeerntet ist, entsteht eine immense Not an neuen Haupttriebrichtungen, neuen Märkten, neuen Ideen. Dann müssen die Suprasysteme immer stärker gegeneinander kämpfen oder schrumpfen, wie Vampire ohne Blut.

4. Erziehung zum Supramenschen

In einer Klasse unseres Gymnasiums in Bammental fand man eine der Klassengemeinschaften sehr im Argen. Die Schüler waren durchweg exzellent. Es ging nicht um die Leistungen. Ein Schulpsychologe untersuchte die seltsam verkümmerte Lage. Es stellte sich heraus, dass die Schüler einer achten oder neunten Klasse, die nun schon seit Jahren miteinander in Klassengemeinschaft lebten, sich zum Teil nicht einmal beim Namen kannten. „Warum muss ich wissen, wie jeder heißt? Gehen andere mich etwas an? Ich komme her, schreibe eine Eins, gehe nach Hause. Das ist mein Job hier. Den mache ich exzellent. Was wollt ihr noch? Warum soll ich mich im Unterricht beteiligen? Ich schreibe immer eine Eins, also ist dokumentiert, dass ich alles weiß. Mehr ist nicht nötig." So klang es nach dem, was Eltern nachher berichteten. Mag es so extrem stimmen oder nicht, mag es meinetwegen auch milder gewesen sein: So klingt es im Suprasystem. Und dann treten die Lehrer und die Schulpsychologen vor die Klasse und beschwören die Schüler: „Ihr seid ein Team, eine Gemeinschaft, ihr seid zwanzig Freunde."

Schüler bekommen aber ihre Noten nur für sich selbst. So ist es leichter zu messen. Lieber keine Teamarbeit, weil Teamarbeit nicht objektiv bewertbar ist. Unsere Erziehung verkommt zu einem kleinen Suprasystem, das die kleinen Menschen zwingen will, Nummer Eins zu sein. Es separiert sie voneinander, damit sie ihre eigenen Noten bekommen, für die sie einzeln allein verantwortlich sind. Team ist Glücksache.

Später werden sie dann auf Kurse für Emotionale Intelligenz geschickt. Zuerst aber geht es um Abiturpunkte, die immer ruppiger und unemotionaler mit den Lehrern tough verhandelt werden. Supraschüler werden zu kleinen Raubtieren.

Eltern organisieren ihre Suprakinder: „Wir haben einen strammen Stundenplan. Kinderschwimmen, Ballett, dann gebogene Querflöte, eine krumme, die schon ein Säugling halten kann. Wir gehen mit ihm in jede Ausstellung und gewöhnen ihn streng an Mozart. Wir haben das Kind schon während der Schwangerschaft pränatal beschallt, aber bei Mozart wird es immer noch rappelig. Was, du willst bei uns zu Besuch kommen? Gut, in drei Wochen haben wir eine Stunde frei, weil ein Kind wegen Weisheitszahnziehen nicht zum Reiten kann. Ich nehme aber an, so kurzfristig geht es bei dir dann nicht?"

Das Erziehungsziel ist die Nummer Eins.

Die Erziehung bewegt sich wie die Systeme zum Suprasystem. Frühere Erziehungssysteme drillten die Schüler auf bedingungslose Disziplin und Gehorsam gegenüber Regeln und Erwachsenen und sonstigem Höheren wie etwa Religion.

Heute ist das alles weitgehend egal. „Ich schreibe meine Eins und gehe wieder. Das ist mein Job." Ältere Menschen sagen über diesen Übergang, die Welt von heute sei sinnlos tolerant gegenüber allen Frisuren, Musikrichtungen und Benimmregeln. „Die Jungen dürfen alles, aber auch alles."

Ja, sie dürfen alles. Aber sie müssen heute siegen, mehr allerdings nicht.

5. Der Suprakunde

„Ich will alles und nicht bezahlen." So lautet die Botschaft des Raubtierkunden, der alle Preise ausreizt. Warum sollte er anders reagieren, wenn er an seiner Arbeitsstelle auf der anderen Seite kämpft?

Den ganzen Tag über predigt er dem Kunden: „Gib all dein Geld für mein Produkt." Am Abend steht er sich quasi selbst gegenüber.

Ich berate oft Unternehmen bei CRM, Customer Relationship Management, also dem Management von Kundenbeziehungen. Management! Nicht: Pflege von Kundenbeziehungen. Das wäre ja etwas. Wenn jetzt Vertreter zu uns ins Haus kommen, könnte ich fast ein Spiel wie eine Katze mit einer schon besiegten Maus anfangen, die noch an ein Entkommen glaubt.

„Haben Sie ein Rundum-Sorglos-Paket?" [Gib alles Geld für mein Produkt.] „Oh ja, gut, dass Sie danach fragen!" – „Gibt es dafür einen einzigen Pauschalpreis, so dass ich nicht mehr herausbekommen kann, ob der Preis gerechtfertigt ist?" – „Oh ja, natürlich, ein Preis, eine Abbuchung, ganz bequem." – „Ist es wahr, dass Sie das Sorglos-Con-Tutto-Paket so gut verkaufen, seit Sie so viel Provision dafür bekommen?" – „Natürlich, ich empfehle es deswegen ja immer!" – „Sind die Abschlusskosten schon durch die ersten fünf Jahresbeiträge gedeckt?" – „Oh, schlechter! Schon mit zweien! Mehr bekomme ich leider nicht. Das ist aber im Grunde gut für Sie."

Ich würde in Euphorie verfallen, wenn doch einmal bei den Systemen Kundepflengesysteme herauskämen. Aber ich schaffe es wohl nicht richtig, die Mutation von Kundenbetreuung zu Suprakundenmanagement während der Projektlaufzeit zu verhindern.

Unternehmen seufzen oft: „Kunden sind heute so unverschämt. Sie lassen uns nichts verdienen. Sie drehen jeden Cent um. Sie wollen alles dafür. Verkaufen ist überhaupt kein Spaß mehr. Früher waren Kunden noch Freunde, heute sind es Räuber. Wir müssen deshalb Kosten einsparen. Wir haben allen Zulieferern geschrieben, entweder zwanzig Prozent Preisnachlass bei verbesserter Leistung oder zum Teufel mit euch. Sie jammern, wir seien richtige Raubritter und Wegelagerer. Wir warten erst einmal ab. Sie krümmen sich und dann gehen sie runter."

Es herrschen Verhältnisse wie unter Haifischen. Alles Supra.

6. Steuerung des politischen Lebens

In unseren Tagen wird Demokratie immer als Machtkampf besprochen. Das stellte ich mir immer anders vor. Die Opposition arbeitet den ganzen Tag, um die Regierenden zu beschädigen und Rücktritte zu erzielen, damit die Regierenden möglichst schon nach ein, zwei Jahren personell ausgeblutet sind. Es kommt also besonders darauf an, die besten und feinsten Köpfe, denen wir Wähler das Geschick unseres Landes anvertraut haben, in den Staub zu zwingen, wohl wissend, dass der, der es schafft, als nächster Regierender genauso schnell aufs Rad geflochten wird.

Raubtiersuprapolitik.

Und dann säuselt alles: „Wir sind ein Volk, ein vereintes Europa von Freunden, die eng zusammenrücken wollen, um den ganzen Tag um nationale Sonderinteressen zu rangeln." [„Wir sind ein Team!"]

Zu den Zeiten der Systeme waren Politiker diszipliniert und ihrem Staat und dem Volk gegenüber loyal. Sie versuchten, ihre Aufgabe zu meistern.

Suprapolitik von heute misst, wie gute Noten jeder Politiker von den Wählern bekommt. „X Punkte von allen Wählern, Y Punkte von Wählern aus den eigenen Reihen." Heute kämpfen Politiker um die eigene, ganz persönliche Punktzahl. Wo die Punkte zu erzielen sind, entnehmen sie wohl eher der Presse? „Der Wähler will höhere Renten und volle Kassen!" Also los, das ist schon ein ganz gutes Wahlprogramm.

Der Suprawähler fragt: „Was bekomme ich für meine Stimme?"

Der Suprapolitiker fragt: „Wodurch bleibe ich an der Macht?"

So entsteht ganz systematisch unser Supradeutschland.

Teil 2
Der punktegepflasterte Unweg

IX. Die Versuchung der Punkte

1. Exzellenz und hohe Punktzahl

Wahre Exzellenz sollte bei Punktwettbewerben gut abschneiden.
Das dürfen wir wohl annehmen, sonst wären ja wohl die Wettbewerbsbedingungen sehr merkwürdig. Aber so ganz sicher ist das nicht.

Wird ein Mensch, der virtuos gut Auto fährt und seit zwanzig Jahren ohne Unfall blieb, noch eine Führerscheinprüfung bestehen? Wird er wissen, wie viel ein Auto wiegen darf und wie stark orange die Warnhinweise bei herausragender Ladung sein müssen? Ein guter Autofahrer wird ohne Vorbereitung glatt durchfallen. Er kann nur gut fahren. Aber das reicht nicht, um in der theoretischen Prüfung genug Punkte zu sammeln.

Kein Mensch besteht nach ein paar Jahren noch ein Abitur richtig gut. Die Vokabeln sind vergessen, ganze Fächer im Hirn verdorrt. Mein Sohn geht langsam auf das Abitur zu, das meine Tochter in diesem Jahr bestand. Ich wäre, so sehe ich, ganz gut in Deutsch und Mathematik, vielleicht auch in Englisch, aber sonst? Es sähe trübe aus! Ob ich überhaupt noch reif bin? Mein Schreibstil in den Büchern „wäre bei meiner Deutschlehrerin verboten", so heißt es in meiner Post des öfteren, allerdings eher als Lob gemeint (?).

Wenn meine Tochter Anne nach einem halben Jahr von der Familie Hodges aus Provo wiederkommt und absolut fließend Amerikanisch spricht (Grade A in der Schule dort) – ist sie dann automatisch auf Note Eins in einem deutschen Gymnasium? Anne turnt in einer ziemlich hohen Liga und war einmal fünfte der Badischen Sechskampfmeisterschaft – aber eine glatte Sport-Eins gibt es in der Schule nicht. Dort gab es seinerzeit Punkte für Volleyball, nicht für Turnen. Das war Pech.

Ich will sagen: Exzellenz in einem Fach bedeutet nicht automatisch eine hohe Punktzahl. Die Punkte gibt es für bestimmte Antworten auf Fragen im Lehrplan. Wer diese Fragen nicht beantwortet, bekommt kein Abitur und andernorts keinen Führerschein.

Ich habe im letzten Jahr einen Studenten der Kunstgeschichte für ein Hochbegabtenstipendium begutachtet. Nach den Fachgutachten konnte man ihn, so hieß es, vor ein beliebiges Kunstwerk setzen und seine Eindrücke schildern lassen: Er schien eine begnadete Einsicht in ein Ganzes zu besitzen. Die Gutachten klangen fast anbetend. Seine Klausur- und Prüfungsnoten waren durchweg etwa bei einer Zwei Minus. Ich fragte ihn im Interview, warum er keine Eins schaffe, was im Sinne eines Hochbegabten vielleicht verlangt werden könnte. Er schaute mich wie durch Nebel an. Er verstand mich nicht. Ich erklärte nochmals meine gewisse Beweisnot im Verfahren, jemanden für hochbegabt zu erklären, der keine einzige Eins in den Unterlagen hätte. Er schaute fragend. Ich bohrte noch einmal: „Was machen Sie vor Prüfungen?" Er schüttelte den Kopf und sagte, dass er sich von Anfang an nicht um Prüfungen gekümmert hätte. Er habe ohne Vorbereitung eine Zwei bekommen, das sei ja dann in Ordnung. Er achte darauf nicht, denn, so sagte er: *„Ich studiere doch Kunstgeschichte!"*

Sie sehen: Exzellenz und erstklassige Prüfungsergebnisse sind zweierlei. Ich denke nach allen Erfahrungen, dass Exzellenz ohne weitere Rücksicht auf das messende System eine Zwei bekommt. Eine Eins gibt es im System für Fehlerlosigkeit und Sieg, nicht für Exzellenz. Das liegt an der Konstruktion des Suprasystems, das das Fehlerfreie des richtigen Menschen mit dem sieghaften des natürlichen Menschen kreuzt. Das Wahre wird meistens nicht gemessen. Das Wahre wäre: Gedichte komponieren, Musik wie Musik spielen (bloß nicht: *fehlerfrei*), hinreißend und originell schreiben, mathematische Intuition haben, Kunst im Blut haben ... Das Eigentliche wird aus denselben Gründen nicht gemessen.

Wer etwas eigentlich oder wahrhaft *kann*, verabscheut Punkte. Wer exzellent ist, nimmt sich meist noch ein wenig zusätzliche Zeit, die linke Hirnhälfte mit genug Punktefachwissen aufzufüllen, damit auch die Beckmesser zufrieden sind. Das gebietet eine gewisse Lebensklugheit, die allerdings viele wahre Genies nicht haben. „Ich hasse es, mich gut verkaufen zu müssen!"

Wenn jemand auf der anderen Seite extrem viele Punkte hat, ist er dann exzellent? „Der hat Eins Komma Null im Abitur gehabt, er ist dabei keineswegs besser als andere", so hören wir oft. „Sie spielt Mozart ohne Noten auswendig, aber es *klingt nicht* wie Mozart." Ich würde auch hier sagen, ohne diese Argumentation zu sehr in die Länge zu ziehen: Wer Höchstpunktzahlen bekommt, ist im eigentlichen Sinne wohl ziemlich gut. Ob er exzellent ist, ist eine andere Frage, nämlich die des *nicht* in Punkten gemessenen Eigentlichen.

Punktzahlen und eigentliche Exzellenz haben also nur bedingt etwas miteinander zu tun. Eines ist Indikator für das andere, mehr nicht. Wer in Suprasystemen nur hinter Punkten herjagt, wird wahrscheinlich nie exzellent. Wer in Suprasystemen exzellent ist, muss mit relativ wenigen Punkten zurechtkommen, wenn er sie nicht noch zusätzlich und bewusst mitnimmt. Von *allein* kommen sie nicht. Man muss sich *doch* verkaufen.

Wie aber wäre es, wenn man die Energien *vor allem* darauf verwendete, sich gut und teuer zu verkaufen? Das geht doch einfacher? Beim Querflöten zieht man sich sehr ansprechend an, wählt Stücke aus, die kaum bekannt und dennoch sehr gefällig klingen, die schwer zu spielen scheinen und leicht zu erlernen sind? (Wehe dem, der die berühmten Stücke spielt und sich an gehörten Renommiereinspielungen messen lassen muss!) Beim Turnen lächelt man stets siegesgewiss mit Kopfneigung zum Kampfgericht, übt Siegeshaltungen und Zuversichtsausstrahlung ein, lässt sich mitten in der Kür von Mannschaftskameraden bejubeln, die scheinbar von den gezeigten Leistungen ganz aus dem Häuschen sind? Es gibt ganze Bibliotheken mit Ratschlägen, wie sich der Erfolgreiche gibt, wie er ganz ohne Aufwand Punkte erzielt: Er nennt berühmte Namen wie vertraut, sinniert beim Blick auf Weinetiketten, empfiehlt eine bestimmte Wagnereinspielung, ahmt große Leute nach. Seine Krawatten oder Rocklängen sind ganz untadelig, er bringt zur Bewerbung die angeblich wichtigen Praktikumszeugnisse und Auslandsmonate mit ... Alles in Ordnung, bis auf's i-Tüpfelchen?

So gehen wir den Unweg der Punkte. Dabei graust es uns mehr und mehr, dass an jeder Ecke in unserem Leben Punktebasar herrscht. Das Ausmaß dieser Scheinwirtschaft ist unvorstellbar. Das Scheinbare ist wie echt unter uns, das Rollengespielte, das Hohle, die Hüllen, die Panzerungen, die Phantasien, die Kraftmeierei, die goldenen Außenhäute, die Schminke und die Mode – das Lamentieren, Weinen, das Wehklagen um Punkte, das Lärmen um Feinde und um die böse Welt. Es ist der breite Weg, und „es sind ihrer viele, die darauf wandeln".

2. Persönlichkeit und hohe Punktzahl

Wir können noch annehmen, dass jemand, der exzellent arbeitet, unter allen Messungen eines Suprasystems ganz gut wegkommt.

Andererseits sahen wir, dass es ganz schön viel persönliches Format braucht, quasi exzellent zu sein, ohne genau in Haupttriebrichtung zu optimieren. Wer nämlich ganz genau das Trieboptimum verwirklicht, wird nur sehr selten optimal arbeiten. Für exzellente Mitarbeiter ist es nicht einfach, den Spagat zwischen der vernunftmäßig besten Arbeit und der höchstbepunkteten auszuhalten. Besonders die Genies, die sich zu Wundertaten „berufen" fühlen, hadern oft damit, dass die Triebregeln nicht erlauben, wirklich exzellent zu arbeiten. Können Forscher, Pioniere oder „Unternehmer" je unter alle paar Monate rotierenden Supratriebregeln einen langen Atem behalten?

Besonders weite, großartige Persönlichkeiten werden ihre liebe Not mit der künstlichen Not und dem Trieb der Systeme bekommen. Fragen Sie sich einmal dies: Wird eine gebildete, humane, kluge, weise Persönlichkeit in einem heutigen Suprasystem automatisch gut arbeiten – ich meine, ein hohes Gehalt bekommen? Muss sie sich für das Ziel der in der Richtung rotierenden Supra-Höherwertigkeit nicht in gewisser Weise aufgeben, also in eine wechselnde Uniform pressen lassen?

Es gibt so viele Grausamkeiten, die heute im Namen des Gewinns begangen werden. Die Persönlichkeiten unter Ihnen wissen, dass sie durch ein langes Tal gehen könnten. Grausamkeiten etwa im Namen des Glaubens gab es für Jahrhunderte! „Wenn wir die Ketzer nicht verbrennen, wird unser Glaube untergehen. Wir müssen den Rest dazu zwingen, sich unaufhörlich zur Kirche zu bekennen." Und heute: „Wenn wir die Leute nicht feuern, werden wir nicht überleben. Wir müssen den Rest zwingen, sich unaufhörlich zum Suprasystem zu bekennen." Die Ketzer haben sich meist nur nicht zur Kirche bekannt, zum

Glauben schon! Der Weise bekennt sich ja auch sicher zum Gewinnmachen und zum exzellenten Arbeiten in der Wirtschaft, nur nicht zum *Suprasystem*!

Umgekehrt: Ist es sicher, dass ein Mensch mit einer hohen Punktzahl ein großartiger Mensch ist? Sind Reiche, Unternehmer, Popstars, Sportidole tolle Menschen? Manche ja – die verehren wir. Und wir sehnen uns nach ihnen. „Leider gibt es so wenige Politikerpersönlichkeiten." – „Leider ist die Zeit der großen Spielerpersönlichkeiten im Fußball vorbei." – „Leider gibt es kaum noch die Unternehmerpersönlichkeit alten Schlages." Als in diesem Jahr (2002) der Spiegel-Herausgeber Rudolf Augstein oder der Suhrkamp-Verleger Siegfried Unseld starben, trauerten wir: „Leider, leider gibt es das nicht mehr!" Wahrheitsflammen, Dichterväter. Legenden sterben aus. Wir müssen schon froh sein, wenn die Persönlichkeiten unserer Höchstbepunkteten einen guten Grundstock für gemeinsame Gefühlserlebnisse hergeben, deren Logistik die Medien übernehmen. Die Versuchung der Punkte ist für Prominente zu hoch geworden, dafür sorgen schon die Anreizsysteme hinter diversen „Charts". Wer auch immer kann, vermarktet sich. Persönlichkeit kann warten, bis es keine Punkte mehr gibt. (Und dann ist keine Persönlichkeit mehr da, die die Früchte genießt.)

3. Höherwertigkeitstrieb und Einschränkung auf Spezialisierung

Wie kann jeder Mensch der Beste sein und diesen Stars im Fernsehen nacheifern? Es gibt eine befriedigende Antwort dafür.

Die Wirtschaft geht schon seit einiger Zeit diesen Weg. Wir selbst als Menschen agieren ebenso. Unternehmen suchen sich eine so genannte Nische im Markt, in der sie ein Spezialanbieter sind. Sie stellen zum Beispiel ein Produkt her, für dass sie den Weltmarkt anführen. Eine Firma könnte Weltmarktführer für Nussknacker oder Zahnstocher sein.

Lachen Sie nicht. Solche Firmen gibt es in Unzahl. Ich habe gerade die Bio-Tech-Firma Progen nicht weit von meinem Büro in Heidelberg besucht. Sie stellt einige biochemische Stoffe her, die es eben nur dort gibt. Jeder dieser Stoffe kann in der ganzen Welt nur von zwei oder drei Mitarbeitern hergestellt werden. Es wird von diesen Stoffen weltweit nicht mehr gebraucht, als diese zwei Mitarbeiter herstellen können. Wenn sie zufällig gleichzeitig in Urlaub sind, gibt es eben nichts. Wenn diese Firma Menschen einstellt, so bringen sie vielleicht ein Wissen mit, wie bestimmte verkaufbare Produkte hergestellt werden. Mit der Einstellung solcher Menschen hat die Firma die Weltmarktführerschaft in einigen solcher Produkte übernommen.

In vielen Gebieten der Wissenschaft, die inzwischen heillos verästelt ist, gibt es nur eine Handvoll Menschen, die dort wahre Experten sind. Wenn Wissen aus diesem Gebiet gefragt ist, haben sie fast eine Monopolstellung.

Bei mir rufen immerfort Leute an: „Bitte halten Sie eine Rede über Wissensmanagement, über Kundenbeziehungen, über XYZ." – „Da müsste es doch echte Experten geben, warum rufen Sie hier an?" – „Wir dachten, Sie können darüber *auch* reden." – „Kann ich auch, aber ich bin nicht Experte. Sie müssen das von meiner Frau gehört haben, dass ich über alles etwas zu sagen habe." – „Na also, dann, *bitte*!" – „Na, ich weiß nicht, suchen Sie lieber einen Experten." – „Es gibt keinen!" – „Muss es doch!" – „Nein." – „Doch." – „Nein, dann sagen Sie doch einen." – „Ich weiß auch keinen." – „Na, sehen Sie." – „Das ist doch kein Beweis, dass ich keinen kenne." – „Doch." – „Warum?" – „Sie werden doch sicher schon einmal in die Lage gekommen sein, etwas über XYZ wissen zu müssen." – „Und?" – „Was machen Sie dann?" – „Ich weiß selbst genug." – „Also halten Sie die Rede *doch*?" – „Ich bin kein Experte." ...

Wenn Sie erleben würden, wo überall händeringend Experten gesucht werden! Dann würden Sie wissen, dass es fast unendlich viele Möglichkeiten gibt, die Nummer Eins zu sein. Für das Normale gibt es viele Leute. Es können viele Leute eine Gartentreppe anlegen. Aber eine *schöne* Gartentreppe? Wissen Sie, wo es *gute* Handwerker gibt? Wenn Sie's wissen, werden Sie heilfroh sein. „Wer kann gut Kork verlegen?" – „Wer restauriert alte Stühle?"

Bei dem Anwendungsprogramm der Firma SAP gibt es Hunderte von Modulen. „Kennen Sie jemanden, der Experte in Modul XYZ ist?" – „Ja, der Entwickler des Moduls selbst." – „Der ist überlastet. Und nun?" – „Oje."

Ein gewaltiger Teil des Höherwertigkeitstriebes kann sich in Spezialparzellen und Nischen ausleben. Wer Top-Experte auf einem sehr engen Gebiet ist, muss sich nicht vergleichen lassen. Er ist quasi automatisch Nummer Eins. Niemand schimpft herum, er solle mehr tun. Er ist ja der einzige. Niemand verhandelt einen niedrigen Preis. „Schicken Sie mir eine Rechnung." Der Top-Experte muss sich nicht ducken und rechtfertigen. Er darf seine Persönlichkeit behalten wie er will, es muss nicht einmal eine gute sein. Top-Experten sind oft so merkwürdige Menschen wie Künstler oder Professoren. Das ist erlaubt und fast gern gesehen, weil es „dazugehört". Der Top-Experte bekommt fast per definitionem die volle Punktzahl.

Also sind im Top-Experten die Exzellenz, die höchste Punktzahl und eine fast beliebige Persönlichkeit gleichzeitig möglich!

So wie sich also Firmen spezialisieren, um dem Druck des Weltmarktes zu entkommen, so versuchen Menschen, Top-Experte in einer Spezialnische zu werden. Dort ist noch ein Leben ohne Supradruck möglich.

Wehe, wehe aber, wenn diese Nische nicht mehr gebraucht wird! Nach dem Zusammenbrechen des Internetbooms warden viele seltene Fähigkeiten nicht mehr gefragt. Schluss! Die Top-Experten sind im Kurs über Nacht wie die dot.com-Aktien auf Bruchteile des einstigen Wertes gefallen. Erst breiteten die Kunden rote Teppiche aus, dann war plötzlich Stille.

Stille.

Also lieber doch im Suprasystem arbeiten?

Die meisten Professoren an den Universitäten sind Top-Experten in einer kleinen Nische. In der letzten Zeit mutieren aber die Universitätssysteme zu Suprasystemen. Sie durchforsten die Nischen der Forschungsfreiheit und fragen hart nach, ob dort etwas *Nützliches* erforscht wird. „Zeigen Sie durch Einwerben von Geldern für Ihre Projekte, dass die Ergebnisse Ihrer Forschung von jemandem als so wichtig empfunden werden, dass er dafür bezahlt. Wenn niemand dafür bezahlen oder das Ganze sponsorn will, vermuten wir, dass es nichts wert ist." So können Professoren jetzt „gefragt" oder „nicht gefragt" sein. Das Suprasystem wird im letzteren Fall sofort Druck machen.

Deshalb wird es keine Freiheit der Forschung mehr geben. Freiheit gibt es nur im Bereich der „gefragten" Entwicklung. Wie weit werden die Universitäten auf diesem Weg fortschreiten? Im Augenblick mutieren sie zu Institutssystemen, die ihre Kosten selbst einspielen. Werden die Universitäten bald sogar noch *Gewinn* machen wollen? Und dann *mehr* Gewinn? Und dann Shareholder-Value?

Professoren hatten auch immer eine große Freiheit, eine ganz eigene Persönlichkeit zu sein, die es bis zur Wunderlichkeit bringen durfte und vielleicht sogar sollte. Viele Professoren wurden verehrt. Heute verkaufen sie Klinken putzend ihre Entwicklungen (nicht einmal „Forschungen") gegen möglichst viel Geld und tragen dabei schöne Krawatten, die an eine Suprapersönlichkeit gebunden werden möchten.

Gefragter Top-Experte: Ja, das wäre ein Entrinnen, *ganz man selbst sein* zu dürfen, ohne die Punkte zu entbehren. Aber die ganzheitliche Welt des Top-Experten ist dafür meist leider ganz klein, ganz ganz klein. Gefragte Top-Experten sind wie Eremiten in der Suprawelt. Wie Säulenheilige begrenzt. Und oft wird die kleine Welt über Nacht von einem einzigen Unwetter vernichtet.

4. Jeder der Beste im „besten" Teilaspekt

Wie schafft aber ein normal Sterblicher den Spagat zwischen Punkten und Persönlichkeit? Soll er sich in seiner Persönlichkeit zum Supramenschen verbiegen oder soll er „so bleiben" und damit möglicherweise auf Punkte verzichten?

Die normal Sterblichen bekommen ja meist eine Art Einheitsjob verpasst, für den es Leistungspunkte gibt. Sie färben die Ausübung ihres Jobs mit ihren persönlichen Stärken. Was sollten sie sonst tun?

„Ich verkaufe gut Versicherungen, während ich von Investmentfonds keine Ahnung habe. Bei Bärbel hier – das da ist Bärbel, teure Klamotten, nichts für mich – ist es anders herum. Wir sollen ja immer jedem Kunden das für ihn Beste verkaufen. Bei mir sind es hinterher immer Versicherungen und bei Bärbel Fonds, weil wir nur eines gut können. Der Kunde bekommt eigentlich *unser* Bestes, nicht *sein* Bestes. Aber er ist zufrieden, weil Bärbel und ich unser Bestes gegeben haben. Theoretisch sollte es aber natürlich so sein: Der Kunde kommt rein, wir reden mit ihm, was das Beste für ihn wäre. Dann rede ich mit ihm, wenn sein Bestes Versicherungen sind, sonst Bärbel. Dann wäre alles ideal. Aber wir sollen vom Job her beide Versicherungen *und* Fonds verkaufen. Deshalb versuche ich auch immer, Fonds zu verkaufen, aber meine Kunden nehmen dann entweder Versicherungen oder gehen weg. Bei Bärbel nehmen sie entweder Fonds oder gehen weg. Ich bekomme locker meine Pflicht-Versicherungspunkte zusammen, Bärbel ihre für Fonds. Über Kreuz sind wir Nieten und der Zweigstellenleiter mosert ständig herum. Wir sagen immer, er soll nur mich Versicherungen und nur Bärbel Fonds verkaufen lassen, dann würde ja kein Kunde weggehen. Aber der Zweigstellenleiter sagt, es sei nun mal so beschlossen, dass jede von uns die gleiche Arbeit macht, weil er uns dann leichter vergleichen kann, wer besser ist. Der Unterschied zwischen unseren Arbeitsplätzen ist nur, dass ich A bis J habe und Bärbel K bis Z. Ich kenne eine Menge von Bärbels Kunden sehr gut, die wollen immer zu mir, da bin ich stolz. Aber sie müssen zu Bärbel, damit der Zweigstellenleiter besser ausrechnen kann, ob Bärbel auch bei meinen Bekannten so gut ist wie ich. Ist sie nicht! Das glaubt der Zweigstellenleiter nicht. Er sagt, eine Fondsentscheidung ist eine Sachfrage optimalen Handelns und hat nichts mit Frauen zu tun. Pah, ihm kann es doch egal sein, wie wir zwei im Team die Punkte für seine Gesamtzweigstelle machen. Aber es muss wohl geheime Managementregeln geben, die wir nicht kennen. Oder ist er geil drauf, genau zu wissen, was nun Bärbel oder was nun ich gemacht habe? Ob sie ein Wettrennen von Bärbel und mir provozieren wollen? Im letzten Jahr haben wir heimlich bei jedem Abschluss den anderen Namen eingefügt. Ich habe Bärbel Versicherungsabschlusspunkte geschenkt und sie mir Fondsverkaufspunkte. Da hatten wir beide alles in Ordnung, er auch. Er hat es aber gemerkt und das mit den Anfangsbuchstaben eingeführt. Er ist witzig. Ich halte ihn immer zum besten. Laut unserer Statistik sind seit einiger Zeit alle in der Stadt mit A bis J bis zur Halskrause versichert, aber die von K bis Z haben viel Geld bei der letzten Baisse verloren. Die Grenze zwischen arm und reich liegt in der Stadt genau zwischen Bärbels Schreibtisch und meinem.“

Die Menschen versuchen im Job das, was sie gut können, *hauptsächlich* und *gut* zu tun, den Rest erledigen sie lustlos oder routiniert mit, weil es eben sein muss. Die Manager, die alle Supramenschen als gleich definiert haben, wollen aber von jedem Mitarbeiter, dass er *alle* Teile seines Jobs, auch die ungeliebten, gleich gut und punktegierig macht. Denn jeder Mitarbeiter muss verantwortlich gemacht werden können! Es muss immer klar sein, wer wofür Punkte oder Prügel bekommen muss. Wenn die Mitarbeiter geschickt sind, nehmen sie sich jeweils die ungeliebten Teile gegenseitig hilfsbereit ab und unterlaufen damit das System. Sie machen als echtes Team dann das Ganze wertvoller als die Teile (kein Kunde geht dann im Beispiel ohne Abschluss wieder fort). Suprasysteme setzen darauf, dass alle Jobs gleich sind, so dass ein fairer Punktewettbewerb herrscht, in dem der am härtesten Arbeitende gewinnt. Sie setzen die Ziele so hoch, dass die Mitarbeiter voller Angst hektisch an die Arbeit gehen. Die beste Supra-Alternative wäre die:

„Wir haben so hohe Ziele und eine so große Zweigstelle, dass Bärbel und ich jetzt eine neue Strategie haben: Wenn ein Kunde kommt, frage ich sofort, ob er Fonds will. Bei ‚ja' sage ich: ‚Haben wir in der Zweigstelle nicht. Gehen Sie in die Hauptstelle.' Das macht Bärbel umgekehrt auch. Dann sind wir beide unsere jeweilige Mistarbeit los. Soll der Boss sich aufregen, dass er uns nicht gut vergleichen kann.“

Diesen Sachverhalt hatte ich theoretisch schon beschrieben („Das Zucken der Zweihundert-Prozent-Marionetten“). Wenn Mitarbeiter unter zweihundert Prozent Stress gesetzt werden, suchen sie sich die für sie beste Arbeit heraus. Jeder macht, was er will, weil er ohnehin überlastet ist. Das, was er in der Regel will, ist das, was er am besten kann. Daher wird alle Arbeit im Suprasystem nur teilweise gemacht, deshalb geht alles so schnell. („Ich rufe bei Mist einfach nie zurück. Passiert gar nichts.") *Die Mitarbeiter spezialisieren sich also tendenziell auf ihre Stärken im Punktsinne* und versuchen sonst, nur keine groben, für *sie* folgenreichen Fehler zu machen. Und dann durch! Nach uns die Sintflut! So gibt es am meisten Punkte. Das System will es so!

5. Das Supra-Individuum fürs Punktemaximum

Wenn sich Menschen auf Punktbereiche spezialisieren, verändert sich ihre Persönlichkeit in diese Richtung. Die Persönlichkeit kapriziert sich auf die Punktenische. Es findet eine Charakter-Evolution im Sinne von Nischenkonvergenz statt. „Ich *verkaufe* die Computer nur. Ich wende sie aber nicht an." – „Ich programmiere. Ich teste nie." – „Ich bin Biostatistiker. Ich will nicht als Medizinstatistiker arbeiten." – „Ich bin das. Ich bin nichts anderes."

Ich bekomme manchmal Bewerbungsanschreiben mit solchen Sätzen: „Ich habe mich mit der Inkonsistenz von logischen Systemen beschäftigt, auch mit minimal suffizienten Sigma-Algebren. In diesen Feldern könnte ich bei der IBM schnell Fuß fassen und wäre auch bereit, mich in die angrenzenden Gebiete einzuarbeiten. Bitte senden Sie diese Bewerbung an Abteilungen, in denen meine vertieften Kenntnisse von Nutzen sein können." Da fehlt noch, dass der Bewerber fließend Latein spricht, dann hätte er noch weniger Einsatzmöglichkeiten.

Suprasysteme führen in diesem Sinne zu einer tief greifenden Spezialisierung und Individualisierung. Der *Organization Man* opferte seine Individualität der Geborgenheit in einer durchschnittlichen Masse. Supramenschen suchen sich Jobs, wo am besten nur ihre punktebringendste Stärke zählt. Dann können sie ihre Schwächen vergessen und es gibt keine Seismographenstöße mehr. Die Supramenschen nehmen den Wettbewerb nur noch in ihrer „Paradesportart" an. Anderem weichen sie aus.
Die Suprasysteme wollen aber vom Ansatz her den Wettbewerb unter den Supramenschen! Sie wollen einheitliche Messungen und Punktevergabetabellen für möglichst viele Menschen, um den Wettbewerbsdruck so hoch wie möglich zu heben.

Suprasysteme wollen uniforme Alleskönner, die sich im Wettbewerb zerreißen.

Die Menschen im Suprasystem aber schinden am meisten Punkte, wenn sie sich differenzieren und damit unvergleichbar machen. Das ist die Taktik jedes guten Marketing-Experten! Wer sich gut verkaufen will, stellt eine einzige große Stärke heraus!

Gegeneinander gehetzte Individuen evolutionieren also wie die Darwinsche Tierwelt in die verschiedensten an den Kampf angepassten Lebensformen. Unter dem Druck des Wettbewerbs fliehen die Supramenschen in Punktenischen. Sie entwickeln sich möglichst unterschiedlich und spezialisieren sich nur noch auf bestimmte besondere Punkte.

Ihr Charakter konvergiert mit. Die Persönlichkeit entwickelt einen der Spezialisierung angepassten Kampfstil heraus, der die Punkte maximieren soll. Die Strategien sind typisch menschlich und nerven oft sehr. Manche Menschen zeigen fast offen eine Charakterneurose, wenn sie hinter den Punkten her sind. Ich will hier für den Rest dieses Buchteils typische Äußerungen entlarven, wie Menschen in Suprasystemen um Punkte und Verdienste ringen.

Einiges ist im Buch *Wild Duck* vorweggenommen, in dem ich den Begriff der *Topimierung* eingeführt habe. Diese Wortschöpfung lag mir damals sehr am Herzen und die entsprechenden dortigen Abschnitte sind tief aus der Seele geschrieben. Ich hatte aber auch Bedenken, ob Sie als Leser solche Sichtweisen nachvollziehen wollen oder können. Nun habe ich schon sehr viele Zuschriften zur Topimierung in *Wild Duck* erhalten, und ich ziehe diesen ganzen Themenkomplex einmal aus der dort eher schelmischen Ebene heraus ins Tiefernste. Ich habe ja nun schon drei Jahre länger über dieses Thema nachgedacht und mit Lesern diskutiert. Ich verstehe Topimierung nun viel tiefer als damals. Es geht im Wesentlichen um das betonte Verkaufen von Ware in Mogelpackungen. Dieses Punkteschinden beginnt mehr und mehr in unserem Alltag zu dominieren, in gleichem Maße, wie unsere Systeme zu Suprasystemen mutieren. Wenn Höchstpunktzahl die erste Pflicht ist, beginnt der Score-Man mit dem Schummeln. Das nur Mäßige oder Durchschnittliche wird als Topleistung verkauft (*Topimierung*), bloße Ideen werden als schon vorweggenommene ideale Welten hingestellt (*Utopimierung*, wie Utopie und top) oder die Menschen versuchen, durch ein bisschen Kosmetik am Normalen „noch eins drauf zu setzen“ (*Ontopimierung*, wie „on top“). Topimierung, Utopimierung und Ontopimierung sind die jeweils bevorzugten Methoden der richtigen, wahren und natürlichen Menschen, Punkte durch Beeindrucken zu erzielen.

Diese Methoden stelle ich jetzt dar. Ich weiß nicht, ob ich das ohne satirische Ausrutscher tun kann (dafür ist es zu schrecklich) oder tun sollte (sonst ist es für Sie zu schrecklich).

Wenn Sie diese Mechanismen von allen Seiten bestürzt belächelt haben, werden Sie (und das *möchte* ich!) bestimmt nochmals grimmiger, denn wie minderwertig muss die Konstruktion des Suprasystems sein, wenn sein Trieb die Hochenergie-Gier nicht hauptsächlich auf Leistung, sondern auf ein Punkteschinden richtet, das noch gut kompatibel zur eigenen Persönlichkeitsstruktur ist und diese letztlich mitverdirbt.

6. Punktsammelstrategien

Wenn Sie im Suprasystem etwas erreichen wollen, müssen Sie sich mit einem ganzen Arsenal von Strategien bestücken, wie Sie durchkommen oder sogar vorankommen. Zuerst sollten Sie sich ehrlich die Frage stellen, ob Sie etwas zu

Stande gebracht haben. Das ist schon ziemlich hart am Rande des Erträglichen. Im Interesse des Erfolges erscheint es mir nun angebracht. Sie werden sehen, nach ein paar Antworten geht es bald schon fast unbewusst, so dass es bald nicht mehr wehtut. Sie sollten nur etwa drei Klassen von Lagen unterscheiden:

- Sie haben etwas Vorzeigbares vollbracht.
- Alles ist ganz normaler Durchschnitt.
- Sie haben sich ein paar Schnitzer geleistet.

Mehr Lagen müssen Sie nicht unterscheiden, weil es die Manager auch nicht tun. Gut – mittel – schlecht, das ist alles, bis auf ein paar Ausnahmen.

Ist etwas teilweise geglückt? Aufmotzen!

Wenn etwas geglückt ist, ist dies schon eine gute Ausgangsbasis. Stellen Sie das Geglückte in das Zentrum Ihrer Darstellungen! Oft ist es wirklich pures Glück gewesen, aber das darf beim Punktemachen nicht interessieren. („Die Aktie stieg nur deshalb, weil ich den Aufschwung dieses Unternehmens richtig vorhergesehen habe!") Lassen Sie einfach alle Daten weg, die zu Ihrem Nachteil sprechen. Wenn Sie etwas verantworten müssen, was nicht so gut lief, wiegeln Sie es ab. Sagen Sie, es lag nicht im Fokus Ihrer Bemühungen, Sie waren insbesondere durch das gut laufende Projekt so sehr okkupiert, dass Sie keinen Blick zur Seite erübrigen konnten. („Ich konnte keine Religionshausaufgaben machen, weil ich für eine Mathe-Arbeit lernen musste.") Schließlich müssen Sie Prioritäten setzen und Erfolge dort erzielen, wo welche geerntet werden können. Man sieht ja am Erfolg des einen Projektes, wie gut Sie sind, wenn Sie sich einmal wirklich engagieren können. Sie klagen jetzt an dieser Stelle, dass Sie zu viele Projekte am Hals haben, offenbar, weil man Sie für so gut hält. Bitten Sie die anderen, es mit ihrer so sehr guten Meinung nicht allzu sehr zu übertreiben. („Ich bin zwar gut, aber doch nur ein Mensch wie ihr alle.")

Wenn Sie als Mitarbeiter etwas Gutes zu berichten haben, so werden Sie schon gemerkt haben, dass Sie der Manager unterbricht, alles noch viel vorteilhafter hinstellt und immer einstreut, dass er selbst höchstpersönlich alles Entscheidende als Entscheider getan hat. Das ist immer sehr ärgerlich für gute Mitarbeiter wie Sie. Jeder fühlt sich in solcher Lage ein wenig um das Honigsaugen gebracht, auch um die Lorbeeren und Streicheleinheiten. Wenn etwas geglückt ist, sollten Sie daher am Anfang, bevor Sie zum Inhaltlichen kommen, etwa dreimal betonen, dass Sie selbst fast nichts zum Erfolg beigetragen haben, sondern nur Ihr Chef. Wenn der Chef selbst die Sitzung leitet, danken Sie ihm mehrmals für seine Förderung. Dann lässt er Sie reden. Keine Angst, dass das Punkte kostet. Niemand im Auditorium nimmt an, dass der Manager für den Erfolg verantwortlich war. Außerdem bekommt der Manager ohnehin die meisten Punkte für Ihren Erfolg. So oder so. Wenn Sie die Punkte großteils freiwillig herausrücken, dürfen Sie wenigstens in Ruhe reden. Vielleicht. Beim klugen Darstellen werden zwar viele Punkte vergeben, aber nicht notwendig nur an Sie. Sie sind doch nicht der einzige, der Punkte braucht! Wenn aber jemand Punkte stehlen will, dann wird er es immer dann versuchen, wenn etwas gut aussieht! Natürlich werden deshalb immer gute Mitarbeiter um Punkte gebracht, niemals schlechte. Die machen ja keine! (Schlechte Mitarbeiter jammern aber am meisten, dass sie um Punkte gebracht wurden. Das ist eine absurde, wieder ganz schlechte Idee.) Wenn der Chef noch immer reinredet, obwohl Sie ihm alle Punkte geschenkt haben, sind Sie in großer Gefahr! Es könnte sein, dass er nicht deshalb reinredet, weil er Punkte stiehlt, sondern weil er Ratschläge gibt. Wenn das so ist, sind Sie vielleicht gar nicht gut! Sind Sie sicher, dass Sie gut sind? Sehen Sie? Es ist besser, Sie beginnen den Vortrag mit dem Satz: „Ich habe nur für das Team gearbeitet, im Grunde verdanke ich alles meinem Chef." Wenn der dann wie eine gestreichelte Katze schnurrt, ist alles gut. Wenn er aber große Augen macht oder sich gar schämt ... Oje! Es gibt allerdings wahrhaft gute Chefs, vielfach Frauen, die schämen sich wirklich, weil sie keine unverdienten Punkte haben mögen. Ja, so ganz einfach ist das alles nicht.

War alles herzlich durchschnittlich? Mühe zeigen!

Es gibt eher traurige Lagen, in denen Sie zwar alles hausbacken richtig gemacht haben, in denen aber nichts so richtig geeignet ist, um damit zu prahlen. Stellen Sie sich vor, Sie müssen die Erfolge Ihrer kleinen Arbeitsgruppe im Abteilungsmeeting berichten, aber Sie haben nichts, was so wie eine Siegesmeldung aussähe. In den klassischen Systemen wären Sie als „normal" ohne weiteren Vortrag weggekommen. An den Universitäten sind Vorträge immer freiwillig – wenn Sie also nichts haben, können Sie dort hilfsweise ganz unverständlich bleiben (so agiert die Mehrzahl) oder ganz ohne eigenen Vortrag die Konferenz besuchen, weil Sie sich ja ganz gründlich vertiefen wollen, ohne das lästige Nerven des eigenen Vortrages im Hinterhirn mit herumzutragen zu müssen. In Suprasystemen aber werden ausnahmslos alle Menschen zu internen Vorträgen gezwungen, um sie zur Höherwertigkeit zu erziehen.

Nehmen wir also an, Sie haben nichts deutlich Positives.

Dann sollten Sie die Darstellung Ihrer unendlichen Mühe ins Feld führen. Schildern Sie, wie Sie von Pontius zu Pilatus liefen, immer wieder am Bösen scheiterten, wie der Drucker nicht funktioniert hat und Sie ihn unter Aufopferung eines Wochenendes wieder zumindest in Schwarzweiß hinbekamen. Tragen Sie lange über Ihre guten Absichten und über massenhaft geplante Aktivitäten vor, mit denen Sie noch nicht beginnen konnten, weil die Genehmigung so schleppend verläuft und alles noch mit einigen hundert Abteilungen abgestimmt werden muss. (Dieses Argument schlucken die meisten Manager, obwohl klar ist, dass schleppende Genehmigungen natürlich auch auf blödsinnige Vorhaben schließen lassen. Aber die Manager selbst leiden ja unter schleppenden Genehmigungen!)

Schildern Sie, dass Sie vor psychischer Energie strotzen, die kompromisslos einsatzwillig in Ihnen bibbert.

Beten Sie die dieswöchigen Grundsätze des Suprasystems herunter, alle. Alle! Immer wieder! „Ich bin erz-katholisch." – „Ich bin für Frieden, Freiheit, Gerechtigkeit und eine gute Verfassung für alle." – „Ich bemühe mich, dass mein Unternehmen die Nummer Eins wird und Umsatz macht." Vergessen Sie keinen einzigen Grundsatz, sonst könnte man darin einen Hinweis sehen, wo Sie zu Fehlern neigen könnten.

Im Grunde sollten Sie signalisieren, dass überhaupt nichts dagegen spricht, dass Sie demnächst etwas leisten werden, wenn Sie nur etwas mehr Glück haben als in der Vorperiode. Sie bekommen also diesmal keine Punkte, aber man könnte Ihnen das Potential zubilligen, beim nächsten Mal welche zu bekommen. Lassen Sie bloß alle Schuldzuweisungen sein, da wecken Sie Feinde. Durchschnittliche bekommen ja keine Punkte, sondern Punkteversprechen für den Fall, dass alles besser wird. Deshalb stiehlt Ihnen ja auch niemand etwas. Darüber hinaus ist das Schuldgeben an andere ein Zeichen von Unterdurchschnittlichkeit.

(Eine böse Bemerkung: Die meisten durchschnittlichen Punktesammler agieren genau so. Sie zeigen unendliche Mühe. Wissen Sie, was das echte Problem ist? Wenn Sie wirklich darstellen können, dass einem Erfolg nichts entgegensteht, dann erzielen Sie auch in der Regel einen schönen Erfolg. Die meisten durchschnittlichen Menschen erzielen aber hauptsächlich deshalb keinen größeren Erfolg, weil sie *nicht wissen*, wie man einen Erfolg erzielt. Wenn sie es nicht wissen, stellen sie es auch nicht richtig dar. Wer also den Mühekundgebungen durchschnittlicher Leute zuhört, weiß schon genau, was am Ende dabei herauskommt: Etwas Durchschnittliches. Die Manager seufzen deshalb und geben dem Durchschnittlichen bei seinen Erklärungen immerzu gute Ratschläge, so viele, dass der Durchschnittliche seinen Vortrag kaum halten kann. Es ist streng genommen nicht notwendig, dass ein Durchschnittlicher einen Vortrag hält, weil er ja nur seine Mühe lobt, was man sich ohne Vortrag auch denken kann. Deshalb nutzen die Manager die Zeit zu Ratschlägen, die aber jeder Durchschnittliche als Vorwurf interpretiert. Er verteidigt sich daher und zeigt dadurch erst recht, wie durchschnittlich er ist. Wirklich gute Mitarbeiter *lernen*, wenn sie Rat bekommen. Es kann natürlich auch sein, dass der Manager, der Ratschläge gibt, seinerseits höchstens durchschnittlich ist – dann wird die Lage noch verwurstelter. Diese komplexe Lage versteht leider fast niemand. Deshalb bekommen voraussichtlich gute Menschen mehr Redezeit, während Durchschnittliche nur wenig bekommen. Das ist für Durchschnittliche ganz gut, weil die Zeit gerade ausreicht, um den eigenen Einsatz für die Unmassen von Firmengrundsätzen zu schwören. Die Zeit reicht aber nicht noch zusätzlich für die Ratschläge der Manager und die vorgebrachten Entschuldigungen, ganz abgesehen von den Selbstdarstellungen der Manager während durchschnittlicher Reden. Manager können nur ein paar Minuten ohne Siegmeldung aushalten, so wie man unter Wasser atmen möchte, wenn man sich dort zu lange aufhält. Wenn also lange Durchschnittliches geredet wird, muss ein Manager das irgendwie mit irgendwelchen Kräutern zu einem Sieg würzen. Dazu wechselt er während durchschnittlicher Reden oft das Thema, redet von etwas Erfolgreichem, am besten also von sich selbst. Wenn die Durchschnittlichen doch hier wenigstens aufpassen könnten! Dann würden sie wissen: Ohne Spice kein Price.)

Unterdurchschnittlich? Entschuldigung und äußere Schuld suchen!

Lassen Sie uns nun die Lage betrachten, in der Sie etwas verzapft haben, was Sie eher verstecken müssten. Versuchen Sie also am besten, überhaupt nichts berichten zu müssen. Gehen Sie zum Chef und beichten Sie alles rückhaltlos. „Ich möchte es Ihnen und erst einmal nur Ihnen sagen. Sie können damit noch verhindern, dass es der Hauptabteilungsleiter erfährt. Ich bin völlig zerknirscht, dass mir das passiert ist. Ich komme jetzt zu Ihnen, damit wir gemeinsam diese Baustelle bereinigen können." Damit legen Sie Ihre eigene Leiche in den Keller Ihres Chefs. Da liegt sie mit Sicherheit besser und ruht in tieferem Frieden. Die meisten Mitarbeiter haben Angst vor einem solchen Schritt, weil sie Sanktionen befürchten. Ich bitte Sie: Hat unterwürfige Zerknirschung bei Ihren Eltern je Sympathien gekostet? („Mutti, es weiß noch keiner, nicht einmal richtig ich selbst. Ja, ich bin rauschgiftsüchtig. Ich will da raus. Lass es uns zusammen schaffen. Ich zittere vor Papa. Mutti!") Nach einer solchen Beichte wird also die Leiche kurz wiederbeatmet und gleich danach resigniert umgebettet. Sie haben es aber geschafft, dem Chef etwas viel Schlechteres zu berichten, als er je erwarten konnte. Wenn Sie von sich aus mehr zugeben, als man Ihnen anhängen will, *glaubt* man Ihnen überraschenderweise, weil man Sie für naiv oder unbedarft halten muss. Sie müssen also nicht unbedingt alles beichten, sondern nur mehr als erwartet. Eltern und Manager freuen sich, wenn jemand zur *Einsicht* kommt. Machen Sie also Ihren übergeordneten Menschen eine Freude. Naiven oder unbedarften Menschen tut niemand etwas zu Leide, das zeigen alle Tierversuche von Konrad Lorenz. Sie müssen wie ein besiegter junger Hund ihren Hals von selbst nach oben drehen, dann wird er Ihnen nicht umgedreht.

Nach einer Beichte bekommen Sie keine Punkte, nur die Hoffnung, dass Sie irgendwann Potential haben könnten. Sie zeigen sich im Prinzip verbesserungsfähig von niedrigem Niveau aus. Immerhin. Niemand bestiehlt Sie, wenn Sie keine Punkte bekommen. Wenn Sie naiv sind, werden Sie noch bemitleidet und Sie bekommen Hilfe. Hilfe bekommt, wer dem anderen Hoffnung gibt, dass die Hilfe fruchtet. Hoffnung wiegt bei vielen Menschen unverzeihlicherweise immer noch schwerer als Punkte.

Die gängige Strategie ist das nicht. Gewöhnlich streiten Unterdurchschnittliche um ein paar Restpunkte. Sie zählen viele Schicksalsschläge und feindliche Kollegen auf, beschuldigen andere Mitarbeiter, schwärzen sie an und geben vor allem dem eigenen Chef die Schuld, mindestens innerlich, auch wenn sie es nicht sagen.

Unterdurchschnittliche bekommen ohnehin keine Punkte. Sie sollen bitte nur zeigen, dass es aufwärts gehen wird. Das verlangt jeder und das kann jeder verlangen. Wenn sie aber Gift spritzen und es damit in der Spitze sogar schaffen, dass der Oberboss dem Chef Punkte abzieht, dann werden diese Unterdurchschnittlichen von jedem guten Suprasystem mitleidlos entsorgt.

Wenn ein Mitarbeiter unterdurchschnittlich ist, hat der Chef eine Last, weil dieser Mitarbeiter den Durchschnitt seiner Abteilung drückt. Die anderen Mitarbeiter bekommen im Durchschnitt einen kleineren Bonus in ganz realem Geld, weil die ganze Abteilung als Ganzes einen kleineren Bonus bekommt. Alle leiden mit. Das ist schon eine ganz schön massive Form von Mitleid. Wenn diese Kollegen nun auch noch Schuld bekommen, wenn aus Entschuldigungsgründen sie ihrer geheimen Leichen im Keller wegen angeschwärzt werden, dann werden sie zu Feinden. Sie bestätigen dann alle konfrontativen Äußerungen des Anschuldigenden. *Jetzt* hat er Feinde. Mehr als genug.

Carlo Cipolla hat 30 herrliche Seiten *Über die Prinzipien der menschlichen Dummheit* geschrieben. Er definiert Handlungen als *dumm*, wenn sie anderen schaden, ohne dem Handelnden selbst zu nützen. In diesem Sinne ist Schuldzuweisen dumm. Wer aber dumm ist, sollte wirklich unterdurchschnittlich sein, oder habe ich eine Feinheit übersehen? Ich bin nicht so sicher, weil meine empirische Intuition in mir grummelt. Im gleichen Buch definiert Cipolla Handlungen als *unbedarft*, wenn sie *anderen* nützen, dem Handelnden aber schaden. Beichten erscheint oberflächlich als so etwas.

Und ich sage hier: Unbedarftheit ist eine bessere Strategie als Dummheit.

Leider haben Unterdurchschnittliche oft gar keine Strategie. Sie *sind so* oder *so* oder *so*. Keine Strategie haben ist aber sicher unterdurchschnittlich.

Schlecht? Akte der Verzweiflung – wie Hilferufe

Zuletzt kommen wir in die Lage, wo alles düster ist. Ich fürchte, Sie können sich so etwas nicht vorstellen. Ich auch nicht. Ich weiß nicht, ob ich die rechten Worte finden kann. Da brennen Menschen vor unseren Augen aus, fallen aus langem Aktivitätshoch plötzlich in sich zusammen. Sie waren nie schlecht, aber eigentlich schon: Sie haben über ihre Verhältnisse gelebt, also mehr verbraucht als regeneriert. Sie waren die echten Supramenschen, die aber unter Raubbau die Pensionsgrenze nicht mehr erreichten.

Da sind Menschen wie schizoide Programmierer, die sich langsam zurückziehen. („Habt ihr unseren Eremiten heute schon gesehen?" – „Frag nicht, schau in sein Zimmer, sonst sieht man ihn nicht. Aber klopf an, sonst erschrickt er.") Da sind depressive Mitmenschen, die nur unter Wärme gedeihen. Wenn das Suprasystem kalt ist, erfriert ihr Herz. Da sind Menschen, die drei oder vier Mal beim Kunden etwas verkaufen sollten und glatt als blutige Amateure ausgelacht wurden – sie verkriechen sich. Da sind entlassene Manager, die man gedemütigt hat, sie wüten nur noch und werden entlassen.

Ihnen geht es kaum noch um Punkte.

Sie „wissen", dass sie nie mehr so viele Punkte bekommen werden, wie sie zur Aufrechterhaltung ihrer Würde zu brauchen meinen. Keine Hoffnung mehr.

Sie toben oder schweigen, weinen oder verschwinden: „Alles egal."

Die Kollegen sagen: „Es tut weh, diesen Weg bergab zu sehen. Nichts mehr zu machen."

Die Saite des Höherwertigkeitstriebes ist gesprungen, mit ihr wohl auch die Saite des Lebenswillens.

Es ist nichts mehr zu machen, wenn man es ökonomisch sehen würde. Süchtig. Paranoid. Schizoid. Depressiv. Essstörungen. Psychopatisch. Zwanghaft.

Sie vergessen. Sie vergessen sich. Sie erzeugen selbst im Innern ungeheuer starke Seismographenausschläge, die so übermächtig sind, dass alles andere nicht mehr wichtig ist.

Sein wollen, wo man nicht sein darf

Normalerweise verlangen Eltern, Lehrer, Chefs oder Suprasysteme zur Sicherheit mehr von uns als wir wollen. Es gibt darüber hinaus ziemlich viele Menschen, die an sich selbst ganz unmenschliche Maßstäbe stellen. Alle diese Menschen kommen in eine Lage, in der unter Umständen jede ihnen mögliche Punktzahl zu gering ist. Diese Menschen sind dann nicht schlecht, aber sie fühlen sich schlecht, weil sie nicht so hoch stehen, wie ihr Anspruch an sich selbst verlangt.

(„Ich will so hoch kommen wie mein Vater." – „Ich muss einen Lehrstuhl haben, sonst ist mein Leben nichts." – „Ich will, dass mich mein Chef irgendwann auf den Knien um Verzeihung bittet." – „Ich will, dass mein Sohn Diplom macht, und wenn ich selbst mitstudiere." – „Ich will perfekt den Computer beherrschen und nie mehr Fehler machen. Ich muss in die Hall of Fame." – „Ich will Vorsitzender des Sportvereins sein." – „Ich will einen *Sohn*." – „Ich muss mehr verdienen als mein Ehepartner, eher gebe ich keine Ruhe.")

Die Messungen des Suprasystems und dessen Punktezuweisungen haben keine Relevanz für solche Menschen. Sie wollen alles. Jeder beliebige Teil davon ist „egal".

Im praktischen Suprasystemleben wollen viele Menschen Projektleiter oder am besten Manager werden, die dazu absolut kein Talent haben. Sie wollen es finster ernst. Es wird ihnen dauerhaft verwehrt. Ich kenne etliche Menschen, die an diesen Schranken zu Grunde gehen. Tot oder lebendig – sie wollen einen bestimmten Erfolg, zu allen Kosten.

Dieses Athletenhaupt fotografierte ich in einem Museum in Agios Nikolaos auf Kreta. Archäologen fanden den Schädel genau so wie in der Vitrine vor. Das Gold blieb immer bei ihm, wie auch das Münzentgelt für die Überfahrt.

7. Wer nicht angibt, kann nicht gut sein!

Die genannten Punktsammelstrategien sind ja hinlänglich bekannt. Die guten Menschen reden gerne über das Gute, das sie getan haben. Sie sind stolz. Die durchschnittlichen glänzen durch Bekundungen ihrer Anstrengungen („Ich habe gestern der Firma schon wieder eine halbe Überstunde geschenkt, obwohl ich starke Kopfschmerzen hatte und kaum Konzentration aufbringen konnte. Ich bin geblieben und habe es allen gesagt.“) Sie sind bemüht. Die unterdurchschnittlichen Menschen klagen meist über widrige Umstände. Sie wirken glücklos und unter Wert geschlagen.

So ist das.

Und nun bringen Sie bitte die armen Mitmenschen nicht durcheinander, indem Sie sich falsch benehmen. Wenn Sie so einer sind, der sich weit höhere Ansprüche setzt als alle anderen ahnen und als von ihm verlangt wird, dann entschuldigen Sie sich dauernd für Ihre schreckliche Leistung (die objektiv sehr gut war) und beschuldigen Sie nicht andere, Ihnen nicht zur Erzielung eines nobelpreisreifen Werkes verholfen zu haben. *Das ist das normale Verhalten eines Unterdurchschnittlichen* gepaart mit naiv hohen Träumen – so sehen es die Außenstehenden: „Er spinnt. Was will er denn überhaupt? Er bekommt doch die volle Punktzahl!?“ Es wäre in einer solchen Lage besser, Sie würden laut verkünden: „Ich will hier Direktor werden, weil mich sonst mein Schwiegervater nicht achtet. Er lächelt stets grimmig und findet, ich hätte zu gut eingeheiratet.“ Dann wissen alle Bescheid und es ist wohl leichter für alle, Sie hinzunehmen. Ihre Kollegen helfen Ihnen vielleicht mit dem Direktor, wenn Sie Ihren Schwiegervater einmal zur Abteilungsweihnachtsfeier einladen und ihn allen vorstellen.

Ich will sagen: Es gibt allgemeine Sitten, wie man Punkte sammelt. Es wird unterstellt, dass Sie sich an diese Sitten halten. Wer viele Punkte bekommt, muss glücklich sein. Wer etwas erreicht, gibt damit an. Wer Leichen im Keller hat, schweigt – sonst muss er sie ja nicht nach unten bringen. Wer danebenliegt, jammert über Feinde und Betrug.

Umgekehrt ist es daher Sitte, dieses zu vermuten: Wer beschuldigt, ist unterdurchschnittlich. Wer immer von Aktionen, Bemühungen oder bevorstehenden Anstrengungen berichtet, ist ätzend durchschnittlich. Wer begeistert aussieht, lebensfroh wirkt und über Ergebnisse philosophiert, ist gut. Wer schändlich angibt, ist wohl leider einigermaßen gut. Wer schweigt, hat etwas zu verbergen.

So wird *vermutet*! Deshalb bekommen normalerweise Extrovertierte eher mehr Punkte als Introvertierte. Das ist ungerecht, aber eben Sitte. Deshalb bekommen aggressive Aktionisten mehr Punkte als die Bedächtigen. „Objektive“ (also gefühlskalte) Menschen bekommen mehr Punke als „subjektive“ (denen man vage Punkteargumentation unterstellt, um alles zu verwaschen – sie kommen nicht auf den Punkt!). Linkshirnige Menschen bekommen mehr Punkte als Rechtshirnige, weil das Systematische nun einmal die Domäne der richtigen Menschen ist. Offen Leistungssüchtige genießen mehr Vertrauen in Suprasystemen. Während in den klassischen Systemen ein Verhalten belohnt wird, das sich zurückhaltend, schuldlos, fehlerlos, zwanghaft gibt, präferieren Suprasysteme das Hyperaggressive, Hysterische. So nebeneinander gestellt, wirken System und Suprasystem nicht wie Esel und Hyäne?

Die Sitten, wie man Punkte schindet, sind in Systemen und Suprasystemen ganz verschieden. Im System soll man sich niemals schämen müssen, im Suprasystem ist Schamlosigkeit erlaubt. In Systemen werden die Punkte zugeteilt oder erschlichen, in Suprasystemen werden sie offen eingefordert oder einfach gestohlen.

Wenn Sie also nicht angeben, werden Sie wohl nicht gut sein.

Schütteln Sie sich jetzt? Dann bekommen Sie eben weniger Punkte. Als Kind haben wir gesungen: „Das nächste Maaaal – pass besser auf – und mach' es nach der Mooode!"

Disclaimer-Achtung: Im Folgenden bespreche ich die Punktesammelstrategien verschiedener Persönlichkeitsstrukturen, wie ich sie im Leben *beobachte*. Ich habe sie ein bisschen klassifiziert und nach ihrer Art geordnet, schildere sie aber, wie sie beobachtbar sind. Ich verrate hier nicht weiter, wie die Punkte bestmöglich gesammelt werden. Das ist ein Thema für die Bücher mit den Titeln *Punktediät in 10 Tagen* oder *So mache ich viele Punkte mit meinem BMW* oder *Der Liebespunkt.*

Damit es sich aber mindestens so interessant liest wie diese Ratgeberbücher, schreibe ich es am besten wie einen Ratgeber. Ich tue deshalb so, als sei das, was die Menschen normalerweise tun, eine gute Strategie. Ich unterstelle als Kunstkniff, dass die Menschen vernünftig sind. Dann ist der Gegensatz richtig apart ... Vernunft, das sagte ich ja, gibt es in Wirklichkeit kaum.

X. Topimierung: Bestmöglichkeit richtiger Menschen

1. Topimierung

Die richtigen Menschen sind pflichtbewusst, diszipliniert und sehr vernünftig. Sie lieben die Extreme nicht. Sie predigen den Mittelweg und wissen, dass nicht alles ideal sein kann. Der Mittelweg ist golden, alles ist ein Kompromiss, alles hat zwei Seiten. Immer ist Vorsicht angebracht, jedes Ungestüm führt zu weit und hat Nachteile.
Lassen Sie einmal einen richtigen Menschen eine Million Euro im Lotto gewinnen, er wird sich ein paar Millisekunden freuen und dann kurz im Geiste die Nachteile durchgehen: Sein Charakter ist in Gefahr. Ein Lotterleben droht ihm. Die Nachbarn werden ihn bedrängen etwas abzugeben, was ein richtiger Mensch eigentlich auch tun sollte. Spendenhaie werden ihn belagern, er wird um seine Ruhe gebracht sein. Dann weint der richtige Mensch – so viel Aufregung! Wäre es nicht besser gewesen, er hätte heimlich nur ein Zehntel der Summe geerbt? Was wäre, wenn nur plötzlich wie durch Zauber nur seine Hypothek verschwunden wäre? Ja, das hätte ihn ganz glücklich gemacht.

Ein optimales Leben eines richtigen Menschen ist eines, in welchem nichts offensichtlich verbessert werden kann. „Offensichtlich verbessert" werden bedeutet: Es gibt eine Änderung, eine Handlung oder eine neue gesetzliche Regel, durch die der Zustand der Welt definitiv verbessert werden kann, ohne dass es auf der anderen Seite irgendwo anders Nachteile gäbe. Wenn ein richtiger Mensch etwas offensichtlich verbessern kann, tut er es auf der Stelle. Das gebietet die Disziplin und die Pflicht. Weil der richtige Mensch so verfährt, ist er lokal bestmöglich.

Systeme funktionieren genauso: In Systemen sind neue Regeln dann durchsetzbar, wenn sie offensichtlich segensreich sind. Das offensichtlich Segensreiche wird in Meetings und bei so genannten Abstimmungsrunden festgestellt. Wenn alle zur neuen Regelung nicken, besteht ein allgemeiner Konsensus, dass nun die Welt besser wird. Sonst wird gefeilscht, bis ein Kompromiss erreicht wird, dem alle zustimmen. Dieser Kompromiss verbessert lokal für alle dazu Nickenden deren lokale Welt.

Ich habe schon erklärt, dass Suprasysteme anders vorgehen: Dort wird die Welt in Leistungskampf-Areale parzelliert, in denen jeweils isoliert kompromisslos die Haupttriebrichtung verfolgt werden soll – gleichgültig, ob anderswo Porzellan zerbricht. Suprasysteme optimieren also rücksichtslos in *einer* Richtung, also ohne Rücksicht auf Verluste (in *anderen* Richtungen). (Die Qualitätskontrollen schützen die anderen Richtungen, so gut sie können.)

Stellen wir fest: Der richtige Mensch ist in aller Regel *lokal* bestmöglich. Als Resultat ist er ein ziemlich komplexes Produkt, etwa so kompliziert wie das deutsche Steuersystem, das ja auch nirgendwo offensichtlich verbessert werden kann. Der richtige Mensch ist so ein komplexes Steuersystem. Die lokale Optimalität, die er durch fortgesetzte Kompromissbildung erzielt hat, gibt ihm die innere Gewissheit, *insgesamt* bestmöglich zu sein.

Darüber lachen die wahren Menschen, die nur das Ganze im Grundkonzeptsinne optimieren und dafür lokale Nachteile in Kauf nehmen. Diese Haltung beschreibe ich im nächsten Kapitel. Die richtigen Menschen kontern immer mit der Replik: „Schlage bitte konkret eine einzige Maßnahme vor, die zu einer offensichtlichen Verbesserung führt!" – „Es gibt keine einzelne Maßnahme mehr, es hilft nur noch Revolution!" Die wahren Menschen sehen das Optimum in einem ganzheitlichen Konzept oder in einem radikalen Konzeptwechsel. Sie sprechen von Visionen, über die die richtigen Menschen ihre Nasen rümpfen. Visionen klingen dem richtigen Menschen zu schön. Sie sind für Weihanchtsfeiern oder Sylvestervorsätze beim Bleigießen.

Wenn also ein guter richtiger Mensch lokal optimal und damit aus seiner Sicht vollkommen ist, so kann es keine offensichtlichen Verbesserungsmöglichkeiten an ihm geben. Gäbe es eine, wäre er disziplinlos und pflichtvergessen. Er hätte einen Fehler begangen. Er ist schuldig geworden und muss sich schämen. Schuld und Scham fürchtet der richtige Mensch am meisten. Sie zeigen an, dass er nicht lokal optimal ist. Das Gewissen des richtigen Menschen regt sich in ihm, wenn eine offensichtliche Verbesserung existieren würde. Das Gewissen ist wie ein Seismographenbündel, das auf lokale Unvollkommenheiten hin Alarm schlägt und an Nerven und Nachtschlaf zerrt.

In einem Wort: Für den richtigen Menschen ist die Welt dann in völliger Ordnung, wenn der Status quo lokal optimal ist. Dann hat er keinerlei Schuld und muss sich nicht schämen.

Deswegen verteidigen die richtigen Menschen den Status quo mit aller Kraft. Deshalb geben sie anderen die Schuld. Der Status quo und die Schuld sind ihr Lebens- und Lebenslügethema: „Ich bin nicht schuld, du bist schuld!" In Japan scheint das Entschuldigenmüssen das Härteste zu sein, was einem richtigen Menschen widerfahren kann.

Richtige Menschen rechtfertigen sich daher ohne Ende. Sie preisen unaufhörlich die lokal optimale Welt und sehen die Fehlerquellen in anderen.

Die meisten geschäftlichen Sitzungen und Meetings sind Schuldverteilungsorgien, wenn genug richtige Menschen dabei sind. Die meisten Manager sind richtige Menschen, sagt die Statistik.

Die richtigen Menschen fühlen sich in Suprasystemen nicht wohl. Suprasysteme wollen jedes Jahr große Verbesserungen in einer Richtung. Damit beschuldigen sie den richtigen Menschen indirekt, dass der Status quo offenbar nicht lokal optimal (nämlich lokal in der einen Richtung) sein kann. Dann reagiert der richtige Mensch ganz entgeistert: „Das soll fünfundzwanzig Prozent besser gehen? So einfach? Halten Sie uns alle hier für blöd? Was denken Sie denn, was wir hier die ganze Zeit machen? Wir arbeiten hart, Euer Gnaden!" Und dann finden sie Haare in der Suppe, sehen die Nachteile der vorgeschriebenen Gierrichtung, werden zu hartnäckigen Bedenkenträgern. Suprasysteme sind ein einziger groß angelegter Frontalangriff auf den Status quo. Weil aber der richtige Mensch sein Herz daran gehängt hat, dass der Status quo lokal optimal ist, ist der Angriff der Suprasysteme auf den Status quo ein persönlicher Angriff auf *ihn selbst*. Die Suprasysteme verlangen im Grunde, dass der richtige Mensch ständig seine Heimat aufgibt bzw. ein heimatloser Geselle wird, der ständig auf Gold suchender Wanderschaft ist. Suprasysteme vernichten in diesem Sinne den Kern des richtigen Menschen, wenn dieser sich nicht wehrt.

Er wehrt sich.

Er führt immerfort Beweise (unabhängig von allen Tatsachen), dass der Status quo optimal ist. Damit stemmt er sich fast prinzipiell gegen jede Veränderung. Die Suprasysteme werden in diesem harten Kampf oft von innen lahm gelegt, mindestens aber stark verschlissen.

Die Technik, den Status quo zu verherrlichen, nenne ich *Topimierung*.
Ich habe das Wort aus den bekannten Wörtern *top* und *Optimierung* zusammengesetzt. Optimierung bedeutet, aus vielen verschiedenen Alternativen die beste auszuwählen. Die beste Alternative unter allen nennt der Mathematiker Optimum. Eine solche Alternative ist „top".

Topimierung ist eine inverse Technik zur Optimierung. Bei der Topimierung ist eine einzige Alternative fest vorgegeben. Das ist im Allgemeinen der Status quo. Es gilt nun, so zu argumentieren, dass der Status quo die optimale Alternative ist. Dies geschieht dadurch, dass der richtige Mensch an der Bewertung von Alternativen so lange herumdreht, bis nach diesen Kriterien der Status quo optimal ist.

„Steuersenkungen sind optimal für Leistung!" – „Steuersenkungen sind optimal für die Bekämpfung der bitteren Armut in Deutschland!" – „Krieg ist das Grundübel der Welt." – „Krieg ist der Vater aller Dinge!" – „Der mörderische Wettbewerb vernichtet uns alle." – „Ohne Wettbewerb verlottert alles in Faulheit und Ineffizienz." – „Todesstrafe verletzt alles Heilige." – „Ohne Todesstrafe gäbe es Mord und Totschlag."

Bei der Topimierung kommt es entscheidend darauf an, die Auswahlkriterien so geschickt auszuwählen, dass unter *diesen* der Status quo die einzige gangbare Alternative ist. An den obigen Gegensätzlichkeiten sehen Sie, dass ich Ihnen fast alles gangbar begründen kann. Egal, was es ist. Es kommt nun noch darauf an, die Kriterien und die Argumentation so geschickt zu wählen, dass die hinterliegende Absicht verwischt wird, nämlich die, den Status quo zu verherrlichen. Die Kriterien und Argumentationen müssen unverfänglich, allgemein gängig und einleuchtend klingen.

Da die Optimalität des Status quo für den richtigen Menschen anzeigt, dass er *selbst* (!!) lokal optimal ist, führt Topimierung nicht nur zur Verherrlichung des Status quo, sondern gleichzeitig zur Verherrlichung des Topimierenden.

Die heutige Politik topimiert schamlos. Die Absicht ist heute allgemein das schiere Gewinnen der Wahl. Dazu muss der Politiker darstellen, dass genau diejenige Welt, die er anzustreben verspricht, am besten ist. Dazu sucht er sich allgemein positiv besetzte Vokabeln und verwendet sie als Kriterien. Und dann topimiert er los: „Wer gegen diesen Krieg ist, soll sagen, wie *anders* unsere Sicherheit gewährleistet werden kann. Ich will das Weinen unserer Frauen und Kinder beenden, die sich vor dem Tod und der Schändung gar fürchten. Ich will unser Land nicht in die Knechtschaft gleiten lassen ..."

Denken Sie sich irgendeine beliebige Alternative aus und schreiben Sie eine Rede dazu!

In der katholischen Kirche kennt man die scherzhaften Bezeichnungen eines *Advocatus Dei*, des „Anwaltes Gottes", der bei einem Heiligsprechungsprozess die Gründe *für* die Heiligkeit darlegt. Auf der anderen Seite fungiert der *Advocatus Diaboli*, der „Anwalt des Teufels", der Gründe *gegen* eine Heiligsprechung vorbringt.

Diese Advokaten treten rollenmäßig für eine Sache bestmöglich ein, die nicht notwendigerweise ihre eigene Sache sein muss. Sie reden pro und contra, um alle Facetten der Sachlage ans Licht zu zerren. Das Ziel ist eine ausgewogene Entscheidung.

Der Topimierer ist ebenfalls *Advocatus* einer Sache, des Status quo. Er ist aber mit der Sache eng selbst verquickt. „Der Status quo ist optimal!" heißt für den richtigen Menschen „Ich bin gut und ohne Schuld!" In der täglichen Topimierungspraxis wird nicht pro und contra gestritten, sondern jeder Topimierer wiederholt in ständigen Variationen: „Ich bin gut." Wer's glaubt, wird selig?

(In *Wild Duck* habe ich diesen Sachverhalt mathematisch-anekdotisch tiefer dargestellt. Hier mag's so reichen, ich will ja auch nichts doppelt schreiben. Sonst sind Sie bestimmt sauer.)

2. Der Status quo plus

Hochglanzdarstellung (Ergebnisaufputz)

Ich habe schon ein paar Beispiele für gute Darstellungen des Status Quo unter dem Stichwort „Türk" zum Besten gegeben: Die gute Stube, das Paradekissen und dergleichen. Brautkleider ... Heute sagt man von Unternehmen, die sich teuer verkaufen wollen: „Die Braut wird geschmückt." Alles wird wie „top" hingestellt. Werbebroschüren machen uns an Hand von ein oder drei Produktmerkmalen von 1000 verschiedenen klar, dass dies das beste Produkt sei. „Klein, stark, schwarz.“ (Waren das Rheila-Perlen?) „Mann, sind die Dick, Mann.“ Immer wird die Braut geschmückt. Unser Grundgesetz erscheint aus Topimierersicht wie ein Aushängestück unseres Volkes – denn es suggeriert, dass alles so *ist*, während das Grundgesetz nur eigentlich sagt, was sein *soll*.

Bilanzen werden geschönt, Fassaden gebaut, Portraits retuschiert. Für jedes kleine Projekt wird ein Hochglanzprospekt verteilt, dazu eine CD und eine Web-Site. Jungunternehmer bekommen Lehrgänge in der Darstellung ihres Unternehmens. „Die Venture-Capitalisten müssen Ihr Proposal schlucken! Das ist reine Vermittlungstechnik, die wir für Sie bestmöglich besorgen! Wenn wir für Sie argumentieren, werden Sie mit Geld zugeworfen!“

Immer geht es darum, dass es einen nicht offensichtlich schlechten Kern gibt, der geeignet ausstaffiert, geschmückt, geputzt oder angestrichen wird. „Wehe, Sie lassen den Chef in Werk 2 schauen.“ Der nichtgeschmückte Rest wird verdrängt, verschwiegen, verdeckt und versteckt. (Da fällt mir mein Urlaubsfoto im Andenkenladen ein.)

Klassische Systeme kaufen gegen viel Geld die Berater dieser Welt ein, damit diese den Istzustand eines Unternehmens aufnehmen und dokumentieren. Dann wird ein Sollzustand vorgeschlagen, in dem alles besser ist, so sagen die Manager und Berater, je nachdem, wer’s so will. Es folgt ein Soll-Ist-Vergleich.

Gute Topimierer stellen den Beratern die Welt so dar, dass das Ist schon fast wie das Soll aussieht. Sie suggerieren damit, dass nichts mehr zu tun ist. Gute Berater enttarnen das Ist, sie *detopimieren*. Das ist immer ein herzerfrischendes Katz-und-Maus-Spiel. Es geht ganz unterschiedlich aus. In der Realität muss die Katze ja fressen. Bei Unternehmen bekommt der Berater schon vorher Futter, es gibt für ihn also keine Sollbeißstellen. Für den Berater wie auch für den Topimierer ist es hier gleichermaßen optimal, wenn dieses Spiel möglichst lange dauert. So lange herrscht Geldsegen im Status quo. („With amused resignation they implement new things they know will fail.“ So las ich einmal mit Grauenhumor in einem Cartoon. „Mit amüsierter Resignation fangen sie unermüdlich etwas Neues an, von dem sie schon wissen, dass es sowieso wieder scheitert.")

Gute Topimierer schmücken aber nicht zu arg! Der Status quo soll nur *erhalten* bleiben, sonst nichts. Er soll bestmöglich im Sinne von tadellos erscheinen. Wer etwas zu gut erscheinen lässt, weckt Begehrlichkeiten! Ein Beispiel:

Es gibt ein Grimmsches Märchen *Die kluge Bauerntochter*. Ein Bauer, der vom König geschenktes Land beackert, findet einen goldenen Mörser. „Den bin ich dem König schuldig.", sagt er sich und bringt ihn gegen den erklärten Willen seiner klugen Tochter hin. „Wenn du ihn bringst, wird der König noch den Stößel dazu verlangen!" So geschieht es und der Bauer, der den Stößel nicht hat, wird ins Gefängnis geworfen. Dort ruft er immerfort: „Hätt' ich nur auf meine Tochter gehört! Ach hätt' ich nur ..." Das wird dem König berichtet und dann geht das Märchen weiter, bis das Land eine kluge Königin hat. Im wirklichen Leben geschehen immer wieder Märchen. Etwa so:

„Wir haben zu Weihnachten einen Superauftrag für das zweite Halbjahr im nächsten Jahr bekommen. Ich bin besoffen vor Glück, Chef." Der Vertriebsleiter: „Das kann jeder sagen. Halten Sie erst einmal Schweigen, bis ich das geprüft habe. Ich verbiete Ihnen bei Ihrer Entlassung jedes Reden darüber." – „Warum?" – „Sie sind noch neu. Erfolge wie Ihre müssen verschwiegen werden." Schweigen. Ende Januar kommt der Vertriebsleiter mit den neuen Jahreszielen von der Firmenleitung. Er soll zwanzig Prozent mehr als im Vorjahr verkaufen. Unmöglich ist das, alle wissen das, der Markt gibt das nicht her.

In Laufe der Folgewoche sickert aber durch, dass er jetzt einen Wahnsinnsauftrag für das zweite Halbjahr in seiner Abteilung bekam. Der Neue hat es gemacht. Alle gratulieren. Der aber ist grün vor Ärger. „Ich habe als mein persönliches Jahres-Bonusziel dreimal mehr Arbeit als ihr alle anderen bekommen. Der Chef sagt, den Auftrag hätte ich ja schon letzte Weihnachten gewonnen, nicht in diesem Jahr. Den zählt er nicht mit und will eine volle Leistung noch oben drauf." – „Was, es war schon *vor* Weihnachten? Und er *weiß* es?" – „Ja, sicher, ich habe es ihm sofort gesagt. Ich habe mich so sehr gefreut." – „Aber wenn du es schon im laufenden Jahr verrätst, bekommst du *viel höhere* Ziele!" – „Das merke ich jetzt auch langsam. Bekomme ich keine Belohnung?" – „Für Dummheit? Mann, bist du blöd. Man muss schweigen!" – „Ja, gut. Aber wenn ich es der Managementebene höher als Siegesmeldung verkündet hätte? Hätte ich dann eine Belohnung bekommen?" – „Nein, nur eine Kündigung. Wenn du es oben verraten hättest, hätte es *unser Chef* auf die Jahresziele draufbekommen. Und nicht du. Die Belohnung bekommt der erste, der schweigt." – „Aha! Und deshalb redet ihr nie mit mir über eure Abschlüsse?" – „Du, das stimmt nicht. Wir haben nur im Augenblick keine Abschlüsse. Es läuft schlecht, sehr schlecht, ohne dass man klagen könnte." – „Wieso klagt ihr nicht?" – „Wir schaffen es erfahrungsgemäß noch einigermaßen, aber im Augenblick sieht es finster aus. Mehr ist nicht zu sagen!" – „Also muss ich jetzt auch schweigen?" – „Schweigen ist nicht genau das, was du tun musst. Tue dies: Klage, ohne zu leiden!" – „Ich bin grün vor Ärger!" – „Nein, du bist einfach *nur* grün."

Wir arbeiten daran! (Ergebnisversprechen)

Was tun richtige Menschen, wenn nicht richtig Staat zu machen ist?

Wenn nichts zu schmücken ist, zeigt der Topimierer eine Baustelle, in der alles von Tätigem wuselt. In Nibelungenfilmen oder bei Schneewittchen gibt es immer Szenen mit Zwergen, die alle irrsinnig fleißig umherwimmeln. So etwas zeigt der Topimierer, wenn er etwas nur Durchschnittliches verkaufen soll.

Er zeigt bestaunenswert detaillierte Pläne wie mit vielen klitzekleinen Silvestervorsätzen. Es sind Aktionen aufgesetzt worden! Viele Mitarbeiter erarbeiten Aufwärtsversprechen. In amerikanischen Firmen musste zwei oder drei Jahre lang jeder Mitarbeiter fünf „Ups" schriftlich einreichen, also fünf solche Aufwärtsvorsätze. Dann rotierte die Hauptriebrichtung wieder woanders hin. „Ab and Down". Danach gab es Qualitätszirkel – jeder Mitarbeiter saß in einem Gremium, in dem man die Qualität verbessern sollte. Da der Status quo optimal war, damals auch schon, war es gar nicht so einfach, willkürliche Verbesserungen zu erfinden. Es gelang nur unter immensem Kaffeeverbrauch.

Die Diskussionen ähnelten dem Weihnachtsvorgeplänkel um Leute, die schon alles haben. „Was soll ich dir bloß schenken!" – „Ich brauche nichts." – „Aber ich muss dir was schenken, oh Gott." So etwa liefen alle herum: „Sag mal, weißt du, was ich verbessern könnte? Etwas Kleines, nichts, woran hinterher etwas zu arbeiten wäre. Es soll nur gut wirken. Wir müssen aktiv sein. Neuerdings heißt es proaktiv, das ist bestimmt noch schwieriger."

Richtige Menschen schwören auf diese Lebensregel: „Was man versprochen hat, muss man auch halten." Jeder Mensch, der auch nur einen Funken von Disziplin hat, macht sich das zu eigen. Deshalb bietet der Anblick von Baustellen oder auch Versprechen auf Vortragsfolien zumindest für naive richtige Menschen eine genügende Garantie, dass hier bald ein Gebäude errichtet ist. Man sieht ja schon die Mühe.

Ut desint vires tamen est laudanda voluntas. Das ist oft der erste lateinische Konjunktivsatz im Gymnasium. Ut mit Konjunktiv! „Wenn auch die (physischen) Kräfte fehlen, so ist doch der Wille zu loben." Das ist ein schöner Spruch für die natürlichen Menschen, die ja hohe Wirksamkeit über Stärke erzielen. Auch wenn sie nichts bewirken, verdient schon der bloße Wille ein Lob!

Für richtige Menschen muss es analog heißen: „Wenn auch die Aufgabe nicht geschafft wird, so sind doch Mühe und Fleiß zu loben (besonders, wenn sie von gutem Benehmen begleitet werden)."

Status quo minus ist ein Ausdruck aus der Medizin: „Verschlechterung gegenüber dem augenblicklichen Zustand". Topimierung durch Zeigen von Mühe verspricht einen Status quo plus.

3. Meta-Topimierung: „Dorthin! Das lässt sich besser darstellen!“

Natürlich entwickelt sich das Leben des richtigen Menschen. Er bleibt ja nicht statisch in einem Status quo gefangen. Er muss zum Beispiel einen Beruf wählen, was eine ganz schöne Veränderung in seinem Leben mit sich bringt. Dann muss er überlegen, ob sich der neu entstehende Status quo leicht und gut darstellen lässt.

Es gibt Zustände, die sich leicht als Topimum darstellen lassen und solche, bei denen einige Kunst erforderlich ist. „Ich will Dichter werden“, habe ich mir mit 17 Jahren gewünscht, als ich mein Abitur bestand. Aber wie würde ich das meinen Eltern erklären? Würden sie glauben, dass dies das Beste für mich wäre? Ich glaubte das selbst, wagte aber überhaupt nicht, das jemals mit irgendeinem Menschen zu diskutieren. „Ich werde Mathematik-Professor.“ Das war absolut simpel zu vertreten. Ein Diplom hätte ja schon gereicht! „Wenn auch das Genie fehlt, so sind doch Streben und die Begeisterung zu loben!“, sagen die wahren Menschen. Und weiter oben jauchzt man: „Wer immer strebend sich bemüht, den wollen wir erlösen.“

Meta-Topimierer streben Weltzustände an, die sich leicht als lokal optimal hinstellen lassen. Sie wählen den Weg und die Topimierungsstrategie gleichzeitig.

Meta-Topimierer fragen sich hellsichtig: „Wenn wir das tun – ja, wie stehen wir anschließend da? Lässt sich diese Lösung leicht kommunizieren? Kann man sie gut verkaufen? Klingt sie gewinnend? Lässt sich damit Ruhm ernten? Ist sie vage genug, dass wir einen späteren Misserfolg gut erklären können? Kann man einen eventuellen Misserfolg sogar in Punkte ummünzen?“ („Mutti, ich breche mein Studium ab. Du hattest Recht, es ist zu schwer für mich, Mutti. Ich muss jetzt nicht mehr in die Fremde, ich bleibe lieber bei dir. Im Grunde ist es wunderbar, dass ich wieder zu Hause bin, Mutti.“ – „Ach ja, Kind. Ich freue mich so sehr für uns alle, dass das mit dem Diplom endlich vorbei ist.“)

Richtige Menschen empfinden Meta-Topima als risikoarm. Meta-Topimierung zielt auf Zustand-/Topimum-Kombinationen, die mit nur geringster Wahrscheinlichkeit zu einem Schuldvorwurf führen können, der nicht abgewehrt werden kann.

Oft gibt es einen künftigen Zustand, der objektiv der beste ist, der aber mit Topimierungs-Risiken verbunden ist. Wer einen solchen Zustand anstrebt, übernimmt Verantwortung. Er wird mit allen Folgen weiterleben.

Meta-Topimierung drückt sich vor Verantwortung.

„Ich hatte Sie gebeten, Ihre alte Mutter zu dieser Operation zu überreden. Es ist höchste Zeit. Ohne Sie wird die Mutter nicht einwilligen. Ohne Operation wird die Mutter einen grässlichen Tod erleiden. Wenn die Operation nicht jetzt erfolgt, ist es zu spät, weil sie sonst wegen geschwundener Kraft nicht mehr operiert werden kann. Haben Sie mit ihr gesprochen?“ – „Nein.“ – „Warum nicht?“ – „Wenn die Operation fehlschlägt, wird sie mir die Schuld geben und ich kann kein gutes Argument dagegen sagen. Ich habe sie ja dann dazu überredet.“ – „Wollen Sie sie grässlich verenden sehen?“ – „Verstehen Sie nicht? Wenn ich schweige, kann ich niemals Schuld haben. Es ist doch im Grunde ihre *eigene* Sache, ob sie sich operieren lässt oder nicht. Wenn sie so verstockt ist, was kann ich da tun? Ziehen Sie mich nicht in schlimme Dinge hinein, Doktor." – „Geben Sie einfach *mir* die Schuld." – „Sie sind weit weg in Ihrer Praxis und ich in ihrer Wohnung."

„Wir haben für viele Millionen Euro alle Unternehmenssoftware-Angebote für unser Unternehmen prüfen lassen. Wir haben viele Anwendungen getestet und dann deren Betriebs- und Anschaffungskosten verglichen. Es gibt tolle Lösungen von kleineren Firmen. Toll! Wir vergleichen nun schon seit drei Jahren. Ich konnte die Entscheidung lange hinauszögern, indem ich immer wieder die neuen Software-Versionen noch einmal vergleichen ließ, wir warteten immer bis zur CeBIT. Jetzt will man definitiv eine Entscheidung. Wenn ich nicht entscheide, werde ich nicht befördert. Ich *muss* also entscheiden. Ich denke, ich nehme den Marktführer ***, egal, was die Berater sagen. Wenn ich *** nehme, habe ich genommen, was alle nehmen. Deshalb kann mir keiner hinterher die Schuld in die Schuhe schieben, wenn ich mich für *** entscheide." – „Es ist aber wohl etwas teurer, nehme ich an, oder? Was sagt denn der Finanzchef dazu? Haut er Sie nicht?" – „Nein, er will ja auch keine Schuld haben. Er kennt außer *** gar kein anderes Produkt. Bei einem unbekannten Namen bekommt er sowieso Angst." – „Und der Boss?" – „ *** "

4. Warten, wenn Schuld droht!

Die beiden letzten Beispiele deuten es schon an: Wenn richtige Menschen in zu große Nähe zu Schuld kommen, warten sie einfach ab.

In der Fahrstunde sagt der Fahrlehrer: „Wenn die Situation unklar ist, halten Sie einfach an. Die Gesetzgebung geht generell davon aus, dass jemand, der im Verkehr steht, nicht Schuld sein kann."

Warten mag ineffektiv sein. Es ist aber nicht risikoreich.

Ich musste einmal einem Venture Capitalist als Übung die Geschäftsidee meiner mathematischen Optimierungsabteilung vorstellen. Ich sollte es schaffen, von ihm fiktiv ein paar Millionen Dollar als Finanzspritze für eine eigene Startup-Company zu bekommen. Ich schilderte ihm, wie wir durch mathematische Optimierungsberechnungen stets viele Millionen Dollar einsparen würden, wohingegen unser Projekt nur so eine Million Umsatz an uns kosten würde. Da sei es für jedes Unternehmen optimal („die beste Alternative von allen"), uns den Auftrag zu geben.

Er fragte ziemlich ratlos: „Warum tun sie es dann noch nicht? Oder sind Sie schon Milliardär? Was wollen Sie dann von mir?" Er war wirklich ratlos. Er sagte, er wolle mir fiktiv die Millionen zuerkennen, weil ich bei der Übung sehr überzeugt hätte. Aber er habe kein gutes Gefühl.

Am nächsten Morgen flogen wir wieder aus den Staaten nach Europa zurück. Beim Frühstück rief uns der Venture Capitalist zu: „Ich hab's! Ich hab's! Die Leute müssen Ihnen nicht den Auftrag geben! Müssen sie *nicht*! Ich hab's! Wissen Sie, was sie tun werden?" – „Nein." – „Wissen Sie es nicht?" – „Nein." – Er reckte sich wie im Triumph: „Sie *warten*!"

Er ließ mich etwas kleinlaut zurück. In den folgenden Jahren lernte ich, dass alle warten, wenn Veränderungen drohen. „Ich mache es, aber ich entscheide es nicht, weil es neu ist. Fragen Sie eine Managementstufe höher!" Dort warteten sie auch.

Das ist gute Meta-Topimierung: *Bewege dich nicht in der oder die Nähe möglicher Schuld.*

5. Innen und außen

„Er buckelt nach oben. Nach unten tritt er, und wie!"

Diese Beobachtung teilen wir alle. Eine zweite gehört untrennbar dazu:

„Er sieht sich selbst von Maßstäben frei, die er für andere setzt."

Oder: „Quod licet jovi, non licet bovi." („Was Gott erlaubt ist, darf der Ochs' noch lange nicht.")

Im wirklichen Leben sehen wir es so: Eine Frau ohrfeigt ihr Kind und beschimpft es rüde, weil es sich auf der Straße stark beschmutzt hat. „Du Schwein!" Da kommt ein Passant vorbei, sieht die Mutter nicht und herrscht das Kind an: „Pfui, bist du dreckig, schäm dich." Augenblicklich baut sich die Mutter vor dem Passanten mit angewinkelten Armen auf und putzt ihn herunter.

Ein Manager vernichtet im Abteilungsmeeting reihum die Egos der Mitarbeiter, weil sie nichtsnutzige Versager seien. Er sammelt die armseligen Berichte wütend zusammen und bereitet eine Präsentation seiner Abteilung im Managementmeeting vor. „Tolle Ergebnisse. Absolute Hochleistung. Wir alle können stolz auf diese meine Abteilung sein. Wir sind ein Team. Ich habe alles aus ihnen herausgeholt."

„Wir haben uns entschlossen, alle Ausgaben einzuschränken. Wir hängen jetzt alle Ausgaben eines Mitarbeiters ans Schwarze Brett öffentlich aus. Schande über die, die nicht sparen. Ausgenommen sind die Ausgaben des Managements, weil diese geheim bleiben müssen. Wir wissen selbst oft nicht so genau, wie viel wir eigentlich ausgeben, weil alles so geheim bleiben muss, dass wir diese Kosten woanders hin fein verteilen, bis sie verschwinden."

„Heute ist Landschaftsschutztag. Jeder Schüler soll durch harte Müllsammelarbeit schmecken, wie schuldig sich Umweltbeschmutzer machen. Wenn ihr Schüler vier Stunden Müll im Wald gesammelt habt, gibt es für jeden eine Brezel. Jedes vorherige Essen ist verboten, weil ihr ja Müllhände habt. Wir Lehrer bleiben hier am Müllsammelplatz und frieren. Wir haben uns wegen der Kälte entschlossen, hier Glühwein zu kochen und Brote zu essen. Bitte nutzt den dadurch entstehenden Freiraum für euch nicht zu euren Gunsten aus. Wir wissen, wie viel Müll pro Schüler in diesem Waldstück im Durchschnitt gefunden wird. Seht, hier liegt noch die Glüh-Christel-Flasche vom Vorjahr."

Es scheint für den richtigen Menschen so etwas wie einen Innenbereich zu geben, in dem er die Macht hat oder zu haben glaubt. Vater und Mutter halten unter Umständen die Familie für ihren Machtbereich. Manager haben de facto einen Machtbereich. Der Pfarrer hat seine Schafherde, der Bauer seinen Kuhstall, der Lehrer ist für seine Sauklasse verantwortlich. In diesem Bereich haben alle diese Personen Macht. Dort ist „innen". Außen haben andere die Macht. Wer Macht hat, bestimmt, worauf es ankommt. Wer Macht hat, misst die in seiner Macht Stehenden und verteilt die Punkte an sie. Außen messen andere, die dort die Macht haben. Außen *wird* gemessen, außen bestimmen andere, worauf es ankommt.

Eine Mutter empfindet zum Beispiel oft ihre Familie als *innen*. (Es kann sein, dass die Macht in Wirklichkeit beim Vater liegt. Es kann auch sein, dass beide empfinden, die Macht zu haben. Das gibt Streit!) Sie bestimmt, worauf es ankommt. Im Beispiel oben: Sie bestimmt, dass das Kind sauber zu sein hat. Wenn ein Passant kommt und die Sauberkeit misst, so misst er nicht das Kind, sondern den ganzen Komplex Familie, der durch die Mutter repräsentiert ist. Wenn die Mutter Schmutz feststellt, urteilt sie über das Kind. Wenn der Passant Schmutz anprangert, klagt er das Ganze an, die Familie. Deshalb ist die Mutter im einen Falle über das Kind empört und im anderen Falle über die Schuldzuweisung eines dreisten Menschen, der einfach so in ihr *Innen* eingreift. Dort hat sie selbst die Allmacht, nicht der Passant. Genau so könnte ein Parteivorsitzender eine missglückte Rede eines seiner Abgeordneten gnadenlos kritisieren. Wenn aber derselbe Abgeordnete mit denselben Worten aus einer anderen Partei heraus kritisiert wird, so ist dies ein Angriff auf das ganze Innen des Parteivorsitzenden, der sich nun vor seine ganze Partei (sein Innen) und damit auch vor den Abgeordneten stellen muss. Wenn sich Eltern bei einer Schulleiterin über einen Lehrer bitter beschweren, so wehrt die Schulleiterin diese Vorwürfe gegen ihr Innen (die Schule) ab. Sie geht gleichwohl nach der erfolgreichen Abwehr der Eltern zum beschuldigten Lehrer und „bügelt" nun ihn. Sie wird dies nicht den Eltern sagen. Es ist einmal das Innen und einmal das Außen, das kritisiert wird. Die Eltern klagen eigentlich bei der Schulleiterin über die Schule (also über die Leiterin), nicht über den Lehrer.

Ich wollte ausdrücken: Es kommt darauf an, wer die Schuld verteilt und wer sie bekommt. Das ist keine reine Frage der Schuld an sich, sondern eine der Zuteilungsmacht. Im Innen ist man selbst der Schuldverteilende. Im Außen bekommt man eventuell Schuld. Deshalb achten gute Meta-Topimierer stets wach darauf, was genau ihr Innen und ihr Außen ist.

Mitarbeiter finden so oft, dass sich ihr richtiger Chef offen und ungeniert schuldig macht! Das ist töricht. Er macht sich in der Regel *nur gegen die Mitar-*

beiter schuldig! Die sind in seinem *Innen*. Dort zählt es nicht als Schuld. Kennen Sie Chefs, die sich offen *nach oben* schuldig machen?

6. Topimierungsbaustellen

Schmücken und eine Baustelle präsentieren

Das Topimieren im Sinne von „Schmücken" ist Ihnen sicher schon lange bekannt und ein Dorn im Auge. Die folgenden Beispiele zeigen eher die Seite der durchschnittlichen Topimierer, die große Mühe vorweisen wollen, ohne wirklich arbeiten zu müssen. Gleichzeitig darf aber das Topimieren der durchschnittlichen Menschen kein besonderes Talent verlangen, sonst könnten sie ja gleich überdurchschnittlich werden. Es geht schlicht darum, in einem Suprasystem Punkte einzuheimsen, ohne etwas zu tun oder etwas Besonderes zu können. Die Strategie des Topimierers muss ihm Einfluss und Macht verleihen und ihn vor jeder Schuld schützen. Ich teile die richtigen Menschen hier kurz in Denker, in Gefühlsmenschen und Geschmacksmenschen. (Grob nach der Einteilung in *Omnisophie.*) Denker fechten um Korrektheit, Gefühlsmenschen um das Funktionieren der Gemeinschaft, Geschmacksmenschen dafür, dass alles gut aussieht. Sie heben einzelne Merkmale des Ganzen ins vorderste Blickfeld und schaffen es ausschließlich damit, alle anderen Menschen fast zu bezwingen. Keine von den vorgestellten Verhaltensweisen verlangt eine besondere Kunst, nur vielleicht Beharrlichkeit und einige Mühe. Wer sich wie die meisten dummen Menschen dabei noch gut fühlt, kommt sich nicht einmal blöd vor.

Denken und Ordnung

Absichern nach allen Seiten: Der Topimierer fragt unendlich lange bei unendlich vielen Menschen um Erlaubnis, am besten höhere Manager, bei denen er höchstens alle Jahr einen Termin bekommt. Er studiert, wer noch zustimmen muss. Seine Aufgabenerfüllung wird, so sagt er, sauber abgestimmt. Er will absolut keinen Alleingang gegen die Interessen anderer riskieren. Im Laufe der Abstimmung verwässert seine Aufgabe bis zur Unkenntlichkeit. Zum Schluss erkennen alle, dass die Aufgabe gar keinen Effekt mehr erbringen wird. Alles schläft ein. Gute Taktik, wenn die Aufgabe nicht karrierefördernd ist oder wenn der Topimierer Angst hat, Risiken zu tragen. Durch Absichern wird eventuelle spätere Schuld nach dem Gießkannenprinzip verteilt.

Nur die Sache zählt! Diese Aussage ist gut für sehr rationale Menschen, die keinerlei soziale Kompetenz haben und mit anderen Menschen nicht gut klarkommen. Sie tragen das Hauptkriterium der Sachlichkeit wie einen Schutzschild vor sich her und lassen immer wieder einfließen, dass nur sie allein *objektiv* sind. Objektiv gesehen zählt der Mensch ja nicht besonders. Subjektive Menschen setzen auf Vertrauen, Menschlichkeit, Freundschaft und sind in der Regel harmoniesüchtig. All dies hat nichts mit der *Sache* zu tun! Das Menschliche macht schuldig.

Absolute Loyalität: Das System verlangt Unterordnung. Wer loyal ist, beugt sich aus positiver Einsicht. Topimierer, die sich gegen Veränderungen sträuben, fahren gut damit, immer wieder zu betonen, dass sie selbst loyal seien und dass das System Loyalität von jedem verlangen könne. Wenn alle gehorchen, ist es besser für das Ganze. Loyale Mitarbeiter nehmen nicht an Meckerorgien beim Mittagessen teil. Dort sollte man unaufhörlich besprechen, wie jeder dem System dient. (Diese Strategie macht eigene Schuld unmöglich!)

Sauberkeit und Ordnung: Ordnung ist das halbe Leben. Das weiß jeder! Wo offensichtliche Ordnung herrscht, wo alles obenauf glänzt, lächeln die Chefs und prüfen nicht. Die Aktenordner müssen adrett dastehen und ansprechend etikettiert sein. Alles in Reih und Glied! „Gute Stube." Topimierer belassen es nicht beim Aufräumen des eigenen Schreibtisches, darum geht es nicht so sehr. Sie betonen bei jeder Gelegenheit, dass sie exzellente Mitarbeiter an ihrer Ordnung und Gepflegtheit erkennen. Wenn es Topimierer gut anstellen, üben sie einen enormen Druck aus. Zum Schluss glaubt die ganze Umgebung, dass Menschen, die keine Krawatte oder kein Kostüm tragen, nicht seriös sein können. (Diese Strategie verteilt Schuld!)

Kleingedrucktes lesen und über dessen Auslegung streiten, am besten eine Abstimmung und einen Konsens verlangen: Es ist eine gute Strategie, alles Kleingedruckte zu lesen, obwohl das viel Selbstentäußerung verlangt. Gerade deshalb ist garantiert, dass es kein anderer tut. Wer also alles gelesen hat, kann ständig mit Kleinkariertem nerven und alles aufhalten, was ihm nicht passt. „In dem Vertrag wird auf allgemeine Kreditkartenbestimmungen verwiesen, die sich wiederum auf die Gesamtheit der amerikanischen Gesetze beziehen. Ich glaube, da ist ein unbekannter Passus über Sumatra drin, hoffentlich bricht der uns nicht das Genick." Wer diese Strategie liebt, sollte Jura studieren, um professionell zu werden. (Erzeugt Unsicherheit!)

Zuständigkeiten kennen und klären: Wer muss genau wann was tun? Wer muss um Erlaubnis gefragt werden? Wer sich auf diese Fragen spezialisiert, kann sein ganzes Arbeitsleben damit glänzen, anderen zu erklären, dass sie nicht so handeln dürfen, wie sie gerade handeln. „Dafür sind Sie eigentlich gar nicht zuständig. Ich will nicht sagen, dass Sie Ihre Kompetenz überschreiten, denn es ist ja löblich, wenn Sie es für andere tun, aber ich fürchte, es führt irgendwann zu Problemen. Ich fühle mich da unwohl. Meinen Sie, Sie sollten das so ungeklärt fortführen?" (Erzeugt Unsicherheit!)

Ständig auf kleinste Fehler hinweisen: „Du hast die Schuhe nicht geputzt. Sie sind sauber, ja, aber nicht geputzt. Zieh den anderen Mantel an, der ist zu dick, so kalt ist es nicht. Du hast Rotkraut von Hengstenberg gekauft, nicht von Kühne. Ich brauche aber das Glas zum Einwecken, jetzt habe ich eine Dose, die nützt mir nichts. Warum hörst du nicht genau hin? Schau mal nach dem Wasserhahn, er tropft, wenn man ihn nicht richtig zudreht. Ach, ich muss auf alles ständig aufpassen, wie schrecklich, sonst funktioniert nichts!" („Ich bin der Chef.")

Viele Fragen stellen: Das ist eine weniger offen aggressive Variante. Dieser Topimierer stellt sich neben arbeitende Menschen hin und schweigt etwa 10 Sekunden, besser zwanzig. Dann räuspert er sich und fragt: „Welche Methode benutzen Sie zu dieser Arbeit? Worauf achten Sie besonders? Es interessiert mich sehr." Die Arbeitenden schnaufen wehrlos und versuchen, den Topimierer durch betont karge Antworten abzuschütteln. Das verlängert nur den genüsslichen Kampf, wie bei Katz und Maus. Wenn Sie es gut können, sollten Sie Manager werden wollen.

Harte Arbeit demonstrieren: „Ich mache fast immer das Licht am Abend aus. Ich arbeite am längsten. Ich bin so überarbeitet, dass ich mich kaum noch konzentrieren kann. Ich will aber ein Vorbild sein. Manchmal muss ich schon morgens länger schlafen, weil ich am Vorabend so ausgelaugt war. Ich schenke die Überstunden der Firma, na, eigentlich nicht der Firma, sondern dem Team. Was ich mehr arbeite, nehme ich euch ja ab. Nein, das ist nicht fertig geworden! Bitte, ich arbeite nur noch, was soll ich denn alles noch schaffen? Mehr als im Büro sitzen kann ich ja nicht!" (Diesen letzten Satz müssen Sie auskosten.)

Sich viel vornehmen: „Lasst uns hohe Ziele setzen, auch wenn wir sie nicht erreichen sollten. Es ist besser, wenn man hohe Ziele hat. Wenn sie von vorneherein zu hoch sind, kann ja nichts passieren. Niemand wird übel nehmen, wenn wir schaffen, was wir schaffen."

Sich wenig vornehmen: „Wir müssen uns konzentrieren. Es hilft nichts, die Kräfte zu zersplittern. Kleine Ziele werden erreicht, große bleiben Traum. Kleine Ziele bringen Lob."

Überall Faulheit entdecken: „Trinkt ihr Kaffee? Gibt es etwas zu feiern, wovon ich nichts weiß? Kommt bitte schnell mal in mein Büro, ihr müsst kurz dem neuen Arbeitsplan zustimmen. Nein, jetzt. Oder habt ihr im Ernst Pause?"

Systembefriedigung: „Hauptsache, die Zahlen im Computer stimmen. Es ist keine Zeit, Sinnfragen zu stellen. Ich weiß, dass keiner weiß, was in den Computer eingetragen werden muss. Ich weiß es auch nicht. Tragt irgendetwas ein, so dass niemand muckt und nichts weiter hinterherkommt. Ich will keine Scherereien wegen der Einträge. Ja, ich weiß, alles ist dann gelogen, aber es gibt auf diese Weise keinen Ärger. Ich will nicht schuld sein, wenn etwas fehlt. Die Zahlen müssen nur da sein, sie interessieren niemanden."

Dringlichkeit erzeugen: „Mein Anliegen ist sehr dringend. Es hängt eine Menge davon ab. Entschuldigung, es tut mir leid, aber praktisch alles, was ich tue, ist nun einmal dringend. Deshalb genieße ich stets Vorrang. Ich muss morgen fertig sein, sonst leidet die ganze Firma darunter. Nein, ich hatte keine Zeit vorher damit anzufangen, ich versinke stets in dringenden Angelegenheiten." Es gibt viele Menschen, die ihre Arbeit nicht schaffen, weil sie ihre Zeit nicht richtig organisieren. Sie lernen in Lehrgängen, wie man Dringlichkeiten vermeidet. Diese Lehrgänge gehen an der Sache vorbei. Das planmäßige Erzeugen von Dringlichkeit verhilft zu Priorität und führt dazu, dass andere Menschen helfen und eigentlich wegen der Dringlichkeit dem Topimierer die Arbeit abnehmen. Wer also alles dringend macht, muss gar nichts mehr arbeiten! Das übersehen die Kurse für Zeitmanagement.

Unter dem Wettbewerb leiden: „Wir stehen leider unter großem Druck. Unsere Wettbewerber versorgen unsere Kunden mit gezielten Falschinformationen. Wir müssen diesen Lügen etwas entgegensetzen und eine Informationskampagne starten. Unsere Firma gedeiht in diesem Klima der Unwahrheit nicht richtig. Wir sind zu ehrlich. Wir müssen daher besser kommunizieren, was wir zu bieten haben. Wir sollten uns nicht scheuen, ein wenig auszuschmücken, sonst verlieren wir den Krieg vollkommen." – „Unsere Regierung wird planmäßig diffamiert. Die Art und Weise der Opposition gefährdet den Staat. Wir müssen jetzt unter diesem Druck den Rest der Staatskasse für Bürgerinformationen verbrauchen."

Verschwendung anprangern: Das ist ein weites Feld, weil es sehr wenig Fachkenntnis erfordert und andere Menschen fast sofort in die Defensive bringt, besonders, wenn Not herrscht. „Ach, eine Dienstreise nach Wien. Da haben Sie sich eine schöne Stadt *ausgesucht*." – „Einen neuen Hund gekauft, so, so. Hätte es ein alter nicht auch getan?" Sie merken – es ist ausgesprochen schwierig, hier noch etwas Originelles zu schreiben. Es geht hier nicht um Geiz. Geizige sparen selbst. Es geht um die Topimierungsstrategie des Anprangerns, um dadurch Macht auszuüben und nichts selbst arbeiten zu müssen. „Wenn ich nicht wäre, würde viel sinnloses Geld verschleudert. Weil ich aber da bin, rette ich alles vor euch bösen Menschen. Und ich rette euch mit."

Meetings beherrschen: Das ist auch eine weitverzweigte Kunst. Angenommen, der Topimierer ist ein normaler Mitarbeiter in einem Meeting. Dann sammelt er Punkte, indem er die Diskussion eröffnet. Nicht beliebig! Er sagt wörtlich: „Damit wir vorankommen, eröffne ich die Diskussion." Er kann jetzt gleich weitere Punkte sammeln: „Bevor ich meinen entscheidenden Anstoß gebe, möchte ich kurz noch eine Anmerkung zu dem Protokoll der letzten Sitzung zu Protokoll geben. Laut Protokolltext soll ich gesagt haben, ich sei für eine deutliche Umsatzsteigerung eingetreten. Das habe ich nie so vage gesagt! Ich weiß genau, was ich gesagt habe! Ich sagte, ich wolle ein mehrfach zweistelliges Wachstum sehen, und zwar sofort. Ich bestehe darauf, dass ich korrekt zitiert werde. [Unruhe] Aber wir müssen im Meeting vorankommen. Ich möchte vorher noch die Standpunkte der Anwesenden kurz zusammenfassen, damit ich meine eigene Meinung besser herauskristallisieren kann. Die Anwesenden sind mit meinen Meinungen praktisch einhundert Prozent konform, was nicht immer schmeichelhaft ist, ein wenig andere Meinungen könnten Sie ja auch einmal haben ..." Die Schwallerei in Meetings ist eine sehr unterhaltsame Art, die Zeit zu verbringen. Es gibt massenhaft Zynismen wie „Alles ist schon gesagt worden, nur noch nicht von jedem." Ein guter Teil des Dilbert-Kults gehört in diese Rubrik. Kaffee, Kekse und viele Runden Schwarzer-Peter mit dem bisschen an wirklicher Arbeit, die es noch geben mag.

Kommissionen einsetzen: Topimierer verhindern Arbeit durch ihre natürliche Vermehrung bei der Einsetzung von Kommissionen. Gut erforscht. Die Arbeit wird zuverlässig blockiert. Als Nebenprodukt entstehen Posten, auf denen wieder nichts zu arbeiten ist außer Kaffee & Keks. Diese Posten vernichten wieder woanders reale Arbeit ...

Telefonkonferenzen: Sie sind heute wirklich beliebte Demonstrationen von Baustellen. Viele Menschen reden gemeinsam aufeinander ein. Sie kennen sich gar nicht, schon gar nicht an der Stimme, deshalb ist das Teamerlebnis berauschend. Besonders gut zum Topimieren in Ländern, in denen es wenig verschiedene Namen gibt. „Hier spricht Hansen, ich wollte ..." – „Welcher Hansen?" – „Hans Hansen." – „Und weiter?" Man kann zu Vornamen übergehen. „Here's Mike speaking." – „Mike – who?" In Deutschland duzen sich ein paar, andere nicht. „Klaus, das ist klar." – „Wer ist Klaus?" – „Generaldirektor Möldner-Dübenthal." – „Ach – *der* Klaus." Telefonkonferenzen haben eine feste Dauer, am besten volle Stunden, damit man nahtlos zur nächsten „switchen" kann. Etwa bis fünf Minuten vor Schluss wird palavert, danach wird panisch zeitbedrängt beschlossen, wie die weiteren Aktionen aussehen und wer es macht. Außerdem muss der Termin für die nächste Telefonkonferenz gesucht werden. Dann „klinken" sich plötzlich viele aus, weil sie switchen müssen oder nichts tun wollen. Es wird daher vereinbart, das Verteilen der Arbeit bei der nächsten Telefonkonferenz zu erledigen. Deren Termin ist schwierig, weil oft ein Australier dabei ist, der immer wegen seiner Zeitzone rummäkelt. Endlich legen alle auf. Besonders der letzte Teil ist stressig. Der Chef fragt: „Was war auf der Konferenz?" – „Es waren sehr viele Themen, überall wurde von Fortschritt gesprochen. Sie hätten Ihre Freude daran gehabt. Ich habe kaum etwas verstanden. Die Leitung war schlecht, wir mussten dreimal unterbrechen und neu einwählen. Wegen des Australiers haben alle Englisch sprechen müssen, deshalb mochte ich gar nichts sagen, obwohl ich tolle Ideen hatte. Wirklich toll. Ist auch kein anderer darauf gekommen, keiner hat es gemerkt, was ich dachte. Ich habe alles auf Lautsprecher gestellt und mir nebenbei die Nägel geschnitten und alle Überweisungen im Internet erledigt. Bei Telekonferenzen schafft man viel weg."

Aktionismus: „Besser wir handeln, als dass wir nicht handeln. Ich handle immer sofort, irgendetwas. Es ist sehr beruhigend, wenn gleich etwas getan wird, und sei es auch nur ein kleiner Schritt. Dann ist die Sache erst einmal vom Schreibtisch. Sagen wir – wir machen das. Sagen Sie Wagner, er soll die Einzelheiten klären. Wenn er Fragen hat, kann er gerne auf mich zurückkommen. Ich bin aber zwei Wochen in Amerika und dann in Urlaub. Der ist unaufschiebbar, den habe ich meiner Frau schon wieder versprochen, weil wir seit dreißig Jahren noch nie Urlaub gemacht haben."

Bedenkenträger: „Es geht nicht. Wir haben es noch nie so gemacht.“ Ohne weiteren Kommentar von mir.

Informationen einholen: Das ist eine Königsdisziplin der Topimierung, in der viele richtige Menschen Experten sind. Thema: „Ich weiß noch nicht alles, um entscheiden zu können.“ Also wird jemand zur Datensuche weggeschickt. Am besten stellt man einen Antrag auf hohe Gelder, um sehr teure Berater einkaufen zu können. Manche Topimierer erklären das Einholen der Information für eine unternehmensentscheidende Aufgabe, die nur dem Besten anvertraut werden kann – ihnen selbst. Hellsichtige Chefs betrauen besser ihre internen Feinde damit. Die beste Strategie wäre, alle unliebsamen Menschen im Unternehmen mit dem Einholen von Informationen über die Wettbewerbsfirmen zu beauftragen, dann sind sie weg und halten die Konkurrenz von der Arbeit ab. (Dazu gibt es eine wundervolle Geschichte *Nicht nur zur Neujahrszeit* in meinem Buch *Die beta-inside Galaxie*. Wundervoll? Tja – es sind die dreißig Seiten, die ich am liebsten in meinem Leben geschrieben habe. Leider für viele zu skurril.)

Systemkritikabwehr: Wenn einem System wirkliche Fehler nachgewiesen werden, reagiert es am besten mit bewährten Standardsätzen: „Bei uns ist nicht alles vollkommen, ja, aber machen Sie doch selbst einen konkreten Vorschlag! Berechnen Sie, wie viel wir sparen. Aber bitte, geben Sie sich Mühe bei Ihren Recherchen. Werden Sie so konkret wie möglich, bis Sie daran ersticken. Sie werden übrigens sehen, dass es nicht besser geht. Auch die Nebenabteilung, in der angeblich alles besser ist, kocht nur mit Wasser. Glauben Sie denn, die topimieren nicht? Sie dürfen doch nichts für bare Münze nehmen. Wir wissen, es schmerzt, einen Fehler im System gefunden zu haben, aber noch ist keine Katastrophe eingetreten. Es kostet erfahrungsgemäß viel zu viel Energie, Probleme zu lösen, die noch keine Schäden verursacht haben. Wir warten am besten, bis etwas Ernstes passiert. Dann sehen wir auch endgültig, ob Sie Recht hatten. Bei Eintreten der Katastrophe agieren wir dann blitzschnell, weil es ja dringlich ist. Dann müssen wir nicht den vorgeschriebenen Weg gehen, um das Problem zu beheben. Diese Prozedur dauert Monate und inzwischen passiert dann doch die Katastrophe. Dann wird doch plötzlich blitzschnell gehandelt. Deshalb ist es besser, erst zu warten und dann blitzschnell zu handeln. Dann behindert uns auch keiner mit dummen Ratschlägen. Der beste Zeitpunkt in einem System ist immer 5 vor 12, das müssten Sie doch langsam wissen.“

Ich kann noch lange weiterschreiben, über Perfektionisten, über Menschen, die Lager von Büropapier anlegen, damit sie es haben, wenn Arbeit kommt ... Ich kann ein ganzes Buch schreiben. Ich will bei Kostproben bleiben. Sie kennen diese Beispiele ja alle. Ich will Ihnen damit zeigen, wie sehr die Techniken der „Baustellendemonstration“ anstelle realer Arbeit grassieren. Ich will Sie ja nicht in Topimierung ausbilden. Hmm. Wäre das nicht ein neuer Markt?

Fühlen und Gemeinschaft

Jetzt kommen die Gefühlsmenschen, die andere Techniken verwenden, um zur Geltung zu kommen. Für sie ist es nicht so zentral, für sich selbst einen lokal optimalen Zustand zu erzielen. Sie sehen das Ziel darin, im gefühlsmäßigen Zentrum einer Gemeinschaft zu stehen. Das ist so ähnlich wie „Chef sein", aber eigentlich in ganz anderer Art. Die Gefühlsmenschen kontrollieren die Gemeinschaft und die persönlichen Beziehungen, nicht die Dinge. Sie fühlen sich lokal optimal, wenn sie eine gefühlsmäßig zufriedenstellende Rolle oder Stellung in einer netten Gemeinschaft haben.

Helfen: Das Helfen ist ja nicht immer *keine* gute Sache. Aber zum Topimieren eignet sich das Helfen gut. Das Helfen ist moralisch unangreifbar. Das Helfen gibt Macht über den, dem geholfen wird. Hilfe macht es möglich, jede unangenehme Arbeit wegzuschieben. Hilfe bringt Wissen. Schließlich verhilft Hilfe zu sozialen Kontakten und gibt Wärme. Der helfende Topimierer verschafft sich zuerst eine Übersicht über die Möglichkeiten zur Hilfe. Wo ist das Helfen eine angenehme Tätigkeit? („Willst du dich mal bei mir ausweinen? Lass uns Kaffee trinken.") Wen will der helfende Topimierer beherrschen? („Ach du liebe Güte, was hast du dir da vorgenommen. Ich helfe dir. So und so, siehst du, es geht schon. Du – darf ich dir kurz sagen, wie man das richtig macht? Schau mal, ich helfe dir, wie man es richtig macht. Du musst so anfangen. Mach alles so, wie ich es dir sage. Siehst du, wie das hilft. Es wird sofort etwas, wenn ich dir helfe. Siehst du. Du musst einfach mal Ratschläge von mir annehmen. Das ist wichtig für dich, das siehst du ja.") Mit wem soll Kontakt geknüpft werden? („Ach, schön, dass ich Sie sehe. So ein Zufall, dass wir uns im Supermarkt treffen. Aha, Zutaten, sie wollen sicher Mohnkuchen backen? Der ist lecker. Darf ich Ihnen ein wundervolles Rezept verehren? Das muss ich noch aus dem Heft meiner Urgroßmutter abschreiben. Kleckselkuchen, sehr aufwändig, mit Quarkgriesbrei und Pflaumenmus bekleckst, ich helfe Ihnen am besten. Soll ich Sie besuchen kommen?") Von wem wollen Sie Neuigkeiten erfahren? („Moment, ich packe an, wir tragen das zusammen. Übernehmen Sie sich doch nicht. So, hier herum. Fein klappt das. Sagen Sie, warum hat Ihr Kollege gestern so geschrien? Wir sind so erschrocken gewesen. War ihm nicht gut?") Wenn der Chef nach Arbeitsergebnissen fragt, klagt der helfende Topimierer über die riesige Baustelle. „Ach, ich habe gestern zusammen mit Klaus nach einem Fehler in den Daten gesucht, das war verzweifelt eilig. Dann hatte ich versprochen, für Herbert einen unangenehmen Anruf zu übernehmen. Ich glaube, ich konnte den Auftraggeber besänftigen, ich habe bestimmt das Projekt gerettet." – „Sie wissen schon, dass Sie auch eine eigene Arbeit haben?" – „Ja, Chef, das macht mir ja Sorgen. Ich bin so ein guter Mensch. Ich hatte erst an die anderen gedacht. Ich kann gar nicht an mich selbst denken." – „Dann werden Sie bald an mich denken." – „Das will ich gerne, Chef."

Schenken oder mitbringen: Diese Methode ist eine Variation. „Chef, wissen Sie noch? Ich habe in meinem Zimmer zu Ihnen gesagt: Ist der Kaktus nicht wunderbar? Er hat so weiße Haare wie Sie. Da haben Sie noch nach dem lateinischen

Namen gefragt. Er heißt *Cereus senilis*. Da haben Sie mich so merkwürdig fragend angeschaut. Ich habe das gemerkt und zu Hause wusste ich: Sie möchten sicher einen Ableger. Hier habe ich einen winzigen für Sie eingetopft. Ein Greisenhäuptlein. Süß, nicht?" Schenken ist oft eine sehr direkt empfundene Aggression von Topimierern. Besonders die denkenden richtigen Menschen fühlen sich dadurch unterdrückt, was ja auch die Absicht war. Sie sind grimmig über Geschenke, weil sie sich jetzt verpflichtet fühlen müssen. Und denkende Richtige wollen keine Schuld haben und in keiner Schuld stehen! „Ich bin niemandem etwas schuldig!" Da müssen einen zwangsläufig alle Geschenke ärgern, weil sie die Balance stören. Wenn Sie also durch Geschenke manipulieren wollen, dann nur durch Geschenke, die Sie verschwenderisch mit Dankelogen und Kniefällen begleiten. Geschenke, die aus einem Gefühl tiefer Schuld heraus übergeben werden, werden gerne akzeptiert. Geschenke, insbesondere an Denker, lösen immer diesen einen Gedanken aus: „Was soll das bezwecken?" Topimierendes Schenken ist eine sehr delikate Kunst.

Mangelnde Sorge vorwerfen: „Wir sind eine so harmonische Familie. Wir lieben uns sehr. Ich verstehe dann nicht - ich meine, wo du mich so liebst - dass du mich nicht stündlich anrufen willst. Ich sorge mich, wie es dir geht. Ich werde ganz krank, wenn ich nicht weiß, wie es dir geht. Deshalb musst du anrufen. Ich kann ja auch selbst anrufen, aber du bist ja immer im Meeting, sagst du. *Sagst* du! Ich kümmere mich den ganzen Tag um dich. Machst du dir keine Sorgen um mich, wenn du zum Beispiel eine Telefonkonferenz hast?" - Oder so: „Das Kind hat versprochen, um Punkt zwölf zu Hause zu sein. Es ist jetzt eine Minute nach zwölf. Sprich du ein Machtwort." - „Eine Minute ist nichts. Unter einer halben Stunde rege ich mich nie auf." - „Aber sie hat es geschworen." - „Tut jeder." - „Aber es ist nachts etwas anderes, weil es da so gefährlich ist." - „Lass mich in Ruhe fernsehen." - „Weißt du, was du bist? Abscheulich! *Du machst dir keine Sorgen* um dein Kind, auch wenn es jetzt schon vergewaltigt wird. Aber ich! Aber ich!" - „Halt die Luft an, dein Kind kommt gerade." - „Na, da bin ich gespannt, wie sie sich herausredet." - Trepptrepptrepp: „Wo warst du so lange?" Türknallen, eisiger Wind. Nach dem Krach: „Ich verlange, dass du mit deinem Kind redest. Es muss mir gehorchen, wenn ich zwölf sage und basta. Wenn du es nicht tust, untergräbst du meine Autorität und du kannst auch einmal was tun außer sorglos fernsehen." Der Vorwurf der Sorglosigkeit wiegt schwer, wenn er *richtige* Menschen trifft. „Kümmerst du dich eigentlich um mich?" Das ist bei Topimierern Machtanspruch. Ein Manager redet oft ähnlich. Er will natürlich nicht angerufen werden, um zu wissen, wo Sie sind. Er will nur wissen, wo Sie stehen. Immerzu. Deshalb haben Manager Handys und hören andauernd die Mailbox ab.

Völlig richtig benehmen: Die Mutter kommt aus dem Garten, ist durstig und trinkt ziemlich hastig, was sie sonst nicht tut, ein Glas Mineralwasser hinunter. Da rülpst sie hörbar. Die Familie zuckt zusammen. Das kleinste Kind ist noch jung und strahlt: „Mama hat gerülpst!" Alle lachen. Die Mutter ist bitterböse. Ein anderes Kind nimmt sie in den Arm und tröstet sie: „Du, Mama, es macht gar nichts, wenn du rülpst. Im Gegenteil, es ist gut für uns. Wir freuen uns immer sehr, wenn dir etwas passiert. Wir sind darüber einen ganzen Tag glücklich. Ehrlich. Papa sagt auch, es ist Terror, wenn dir nie etwas passiert. Er schreibt alle deine Fehler in einer Liste auf, damit er etwas zum Entgegnen hat. Die Liste ist aber nicht lang. Meine wäre bestimmt schon jetzt viel länger, obwohl ich noch klein bin."

Alle Sitten kennen: „Papa, wart mal mit dem Lametta. Mama, wo muss Lametta hin und wie viel? Mama! Sie ist im Keller und kommt gleich, Papa." – „Darf ich vielleicht selbst entscheiden, wohin ich Lametta hänge?" – „Gut, dann mach's, Papa." – „Na, lieber nicht, lass uns warten." Oben war von Denkern die Rede, die alles Kleingedruckte kennen. Dies hier ist auch so etwas. „Ich muss mir so viel Mühe geben und alles nach der Tradition vorleben. Ihr kümmert euch um nichts! Wann geht das in eure Schädel rein, dass wir immer weiße Kerzen haben. Rote sind auch schön, aber so machen wir das nie. Wo sollen wir jetzt noch weiße kaufen? Ach, wo habt ihr eure Gedanken! Niemand kümmert sich mehr darum, wie die Dinge zu sein haben. Manche Leute fliegen heutzutage schon zu Weihnachten nach Australien und liegen in der Sonne. Seit ich denken kann, verfallen die alten Werte. Traditionen werden mit Füßen getreten. Die Welt verwandelt sich in einen rücksichtslosen Saustall, in dem jeder sein und machen kann, was ihm in den Kopf kommt! Wo bleibt die Gemeinschaft? Die Familie, auf der jede Gemeinschaft gegründet ist?"

Um alles kümmern und herumwuseln: Das ist eine diffuse Form von „Helfen". Im Grunde wird Geschäftigkeit simuliert. „Ach, da ist was im Aschenbecher, den leere ich. Ich muss noch den Brief wegbringen. Erst schaue ich, ob die Vögel noch Futter haben. Oh, da ist etwas Schmutz vor der Treppe, den nehme ich erst noch auf. Wenn das die anderen sehen würden. Ich muss noch die Gardine abnehmen. Hoffentlich denke ich dran." – „Der Toner im Kopierer ist fast alle. Keiner merkt es. Ich *als Programmierer* muss es erst merken. Ich gehe beim Hausmeister vorbei. Die Blumen sind nicht gegossen. Ich schütte ein bisschen Apfelschorle aus meiner PET-Flasche dazu, das wird gehen. Da klingelt das Telefon bei Klaus und er steht dort hinten im Flur. He, Klaus! Ich nehme für dich ab!"

Die Gemeinschaft hochhalten: Der Gemeinschaftstopimierer besteht einfach darauf, dass alles im Team erledigt wird. Es entspricht den endlosen „Abstimmungen" der Denker in Meetings. „Nein, wenn Klaus dagegen ist ...! Schade. Dann lasst uns doch einen Ausweg suchen. Klaus mag nicht indisch essen. Klaus, was isst du denn überhaupt alles?" – „Nur deutsch gutbürgerlich, am liebsten Roulade mit Senf und Rotkraut aus einer bestimmten Dose, nicht Kühne, wie heißt es noch gleich?" – „Hengstenberg. Wir haben nicht gefragt, was dein Lieblingsgericht ist, sondern was du alles im Prinzip ist." – „Schweinebraten auch, aber gutbürgerlich, nicht mit Olivenöl und Provinzkräutern." – „Wie sollen wir denn da einen Konsens erzielen? Da müssen wir ja alle gutbürgerlich essen!" – „Dann gehe ich alleine. Da könnt ihr euch mit dem Indischen scharfmachen." – „Aber Klaus – wir machen alles in der Gemeinschaft. Das ist das Wichtigste, alles gemeinsam machen, weil wir eine Gemeinschaft sind. Wir müssen etwas finden, was wir gemeinsam essen." Usw. Es wird sehr lange dauern. Gemeinschaftstopimierer haben Angst, dass sich das Team teilt. Niemand soll getrennte Wege gehen. Die Hauptdrohung gegen Gemeinschaftstopimierer, die ihren Verein um sich haben wollen, ist die eben gehörte: „Dann ohne mich." Da knicken sie ein und weinen um die Gemeinschaft. „Wollen wir nicht wieder Frieden schließen?" Wenn die Gemeinschaft sich auch nur zum Essen teilt, ist die halbe beherrschbare Welt des Topimierers weggebrochen. Und er muss sich gar noch entscheiden, welche – ohne dass er Einfluss auf die Art der Teilung gehabt hätte. Nicht auszudenken, seine Welt zerfiele in Tandoori und Rotkraut! Welch ein Kriterium! Die Gemeinschaft ist für den Topimierer im Innen. Sie gehört ihm. Sie muss wachsen und gedeihen.

Seufzend Wünsche äußern: Sehr wirksam – jeder rollt sofort verzweifelt die Augen, je nach Inhalt beginnen Magenkoliken. Der Zaubersatz ist dieser: „Wir sollten mal wieder ..." Dabei sollte der Seufzende die Arme anwinkeln und wie nachdenkend wirken. „Wir sollten einmal den Urlaub planen." – „Wir sollten mal wieder die Heizung streichen." – „Wir sollten einmal wieder das Weihnachtsgeld streichen." – „Wir müssten mal wieder aufräumen." – „Wir müssten mal daran denken, gleich Dokumentationen zu schreiben." Das beste Beispiel kennen die Wehrpflichtigen unter Ihnen. Sie gehen als Soldat am Kommandeurs-Büro vorbei und hören: „Ach, Mist, wir müssten in den nächsten Monaten mal wieder einen Übungsalarm in der Nacht einüben." – Oder für die, die so etwas nicht kennen, dies: „Du müsstest mal wieder zum Friseur gehen."

Sehen und Geschmack

Die richtigen Geschmacksmenschen schauen auf die Form. Form kommt aus dem Lateinischen und meint eigentlich implizit „wohlgeformt". So verstehe ich es hier auch, nicht etwa im Sinne von „formal" oder „Form wahren". Die Denker sehen auf Korrektheit, da ist Form wie formal. Die Gefühlsmenschen schauen, ob die Tradition, die Moral, die Sitte zu ihrem Recht kommen, sie wahren die Form. Die richtigen Geschmacksmenschen schauen auf das Wohlgeformte. Sie betonen unentwegt die Form und beschäftigen mit diesem Problem die anderen Menschen. Dadurch vermeiden sie, wenn sie Topimierer sind, sich mit den Inhalten zu befassen, wie man dann gereizt feststellt.

Ich will es vielleicht hier kurz machen, um Sie nicht zu langweilen. Das Prinzip habe ich sicher schon erschöpfend dargestellt. Geschmackstopimierer machen große Baustellen aus der Kleidungsfrage, aus dem Gebrauch von Kosmetika und dem Image vom Markenware. Es ist für sie wichtig, wie es *geziemend* aussieht. Ich betone hier, dass wir immer noch bei den *richtigen* Menschen sind. Richtige Menschen finden eher dunkelblaue Textilien richtig. Wahre Menschen könnten mehr an Norwegerpullis und Birkenstocksandalen Gefallen finden, die eine Idee oder Haltung ausdrücken. Natürliche Menschen tragen vielleicht Schlabberjeans, wenn nichts los ist und sonst „geilen Fummel, ganz abgefahren".
Die durchschnittlichen Geschmackstopimierer hören sich so an (*richtige* Menschen!): „Alles sollte dem Anlass entsprechend aussehen. Jeder sollte sich da

Mühe geben. Wenn man sowieso eine Krawatte kaufen muss – wieso nehmen dann Leute eine schrille? Wozu? Sie passt in keinen Rahmen. Kleidung muss Würde verleihen und edel wirken."
„Warte, ich muss noch mal zurück in die Wohnung, die echte Perlenkette umlegen. Ich habe gerade die Meier gesehen, sie trägt eine echte. Oh Mann, wenn die echt ist, dann – wir haben gar nicht so viel Geld und sie haben schon einen digitalen Flat-Monitor zum Fernsehen an der Wand hängen. Wir verlieren ständig an Boden."

Geschmackstopimierung hat viel mit Schmücken und Ausstaffieren zu tun. Richtige Topimierer wollen, dass alles edel aussieht (Es soll edel und würdig und sehr, sehr teuer wirken – es muss aber bezahlbar sein, also in gewisser notwendiger Weise bei einer Fassade bleiben). Edel ist etwas, was Caroline von Monaco gut zu Gesicht stehen würde. So ungefähr könnte man es definieren. Die Geschmackstopimierer, soweit sie richtige Menschen sind, müssen nun diesem Vorbild ohne viel Geld nahe kommen.
Das ist ein Problem!
Die Perfektionisten, Wuseler, Traditionsbewahrer, Bedenkenträger können sich hemmungslos ausleben. Die richtigen Geschmacksmenschen kommen immer vom Einkaufen so heim: „Ich bin gestraft! Ich bin so sehr gestraft! Oh, ich Unglückliche! Ich habe einen so edlen Geschmack! Ich Arme! Ich habe nun mehrmals in ein Regal gegriffen, weil ich ein schönes Stück für mich fand. Aber es war in jedem Einzelfall zehn Mal so teuer wie der Durchschnitt. Ich habe die seherische Gabe, das Teure zu erkennen, aber kein Geld, es mehr als zu bestaunen. Ich bin mit Unglück geschlagen. Denn ich habe einen solchen edlen Geschmack. So bin ich verurteilt mein Leben in Hässlichkeit zu beenden, in Durchschnittlichkeit und Gewöhnlichkeit! Du, ich habe mir das neu gekauft, sieht genau wie BVLGARI aus, oder? Rate mal, wie viel das gekostet hat! Na? Na? Keine ..."

Noch mehr ...?

In *Omnisophie* hatte ich noch richtige „Körpermenschen" und solche richtigen Menschen besprochen, die sich auf das „Neue" spezialisieren. Da könnte ich jetzt von Verhaltensweisen sprechen, die die Hauptbaustelle des Lebens auf die optimale Einnahme von genügend Vitaminquanten oder von Eisen, Gelée Royale und Folsäure verlegen oder immer wissen, was das Neueste ist. „In or out." Ich erspare es Ihnen.

XI. Utopimierung: Ideetraum der wahren Menschen

1. Utopimierung

Wahre Menschen stellen ihr Leben unter ein Konzept, eine Idee, in der sie sich selbst verwirklichen wollen. Sie sind Teil dieser Idee. Sie mögen wahre Christen sein, meditieren, Buddhisten oder Taoisten sein, sie kämpfen für die Rettung der Umwelt oder der Wale, sie engagieren sich für Weltfrieden und Waldorf-Schulen, schwärmen für Kunstausstellungen oder Museen, üben Rettungsschwimmen, helfen Flutopfern und so weiter. Es ist nicht die Pflicht, die sie treibt, sondern die innere Berufung für eine Idee. Viele Wissenschaftler lieben ihren Wissenschaftszweig in diesem Sinne, viele Künstler leben in einem, in *ihrem* Stil, viele Technologen widmen sich ganz ihrer neuen Richtung, sind heute zum Beispiel Linux-Jünger in der OpenSource-Bewegung.

Sie sind ganz im Reinen, wenn sie in ihrer Berufung, in ihrer Idee aufgehen.

Sie leben dafür, dass alles im Inhaltlichen bestmöglich ist. Es geht ihnen nicht um das reibungslose Funktionieren der richtigen Menschen, sondern um die Liebe zum Hohen in ihrer Idee.

Am besten wäre es, alle Menschen – alle! – würden sich um die Umwelt, um die Delphine und Elefanten, um die Rettung des Konjunktivs in der deutschen Sprache oder um die Kunst des Blumensteckens kümmern. Ja, dann wäre die Umwelt ein wahres Menschenbiotop, die Natur ein Lebensborn, in dem sich Löwe und Lamm liebevoll auf der Wiese balgen. Es gäbe wieder Tiger und Elefanten in Fülle, niemand hungerte, niemand schämte sich seines Andersseins oder würde deswegen bedroht, alle lebten in Frieden und hätten ein gemeinsam brüderliches Auskommen.

Jede Idee hat ihr Utopia.

Meine Bücher ja auch.

Und davon träumen wir wahren Menschen, von Utopia.

Wie gut wäre die Welt, *wenn*!

Wenn nun alle Frieden hielten, wenn alle meditierten, wenn alle nach Ajurveda lebten, wenn alle Säulenheilige wären, wenn alle viel Geld für die Armen gäben, wenn ...

Wenn nur alle! Es wäre schön, wenn die Idee von allen angenommen und unterstützt würde. Dann wäre der Durchbruch geschafft! Dann könnte Utopia Realität werden. So meinen es oft die wahren Menschen. Wenn nur alle Christen wären, dann wäre die Welt besser! (Stimmt das auch nur ein bisschen? In Deutschland sind ja praktisch alle Christen, na und? Würde es christlicher in Deutschland als es jetzt schon nicht ist, wenn alle anderen Nationen zum Christentum überträten?) Wenn alle gesund lebten, wären alle glücklich! (Stimmt das? Sterben nicht die alten Leute zunehmend grässlich an Demenz und enden in Heimen?) Die wahren Menschen führen das Unheil auf der Welt gerne darauf zurück, dass noch nicht alle anderen Menschen ihre eigene Idee teilen. Das ist ein grundsätzlicher Denkfehler, der in gewisser Weise für die durchschnittlichen wahren Menschen typisch sein mag.

Es gibt viele Ideen, die wie die verschiedenen Völker und Kulturen die Erde bevölkern. Und diese vielen Ideen sollen uns ja alle ihren Teil ihres Sinngehaltes geben. Daher müssen die Ideen *nebeneinanderher* leben wie Menschen in relativem Frieden. Frieden unter Ideen mag man Toleranz nennen. Frieden unter Ideen ist Duldsamkeit. Techniker definieren Toleranz als einen Bereich, in dem eine Abweichung von der Norm noch zulässig ist. Das ist die Toleranz der richtigen Menschen. Ich meine hier: wahre Duldsamkeit.

Trotz aller Duldsamkeit stoßen Ideen und Systeme aufeinander, reiben sich, stehen im Wettbewerb, wenn sie sich ausdehnen wollen. Ideen können daher fast nie allgemein werden, also auf der ganzen Linie siegen. Das aber ist der irreale Traum vieler durchschnittlicher wahrer Menschen. Sie wollen nicht nur, dass ihre Idee toleriert wird, sie soll sogar siegen. Mindestens in ihrem eigenen Lebensumfeld! Sie soll natürlich am allerbesten zum umfassenden allgemeinen Konzept des Gemeinschaftslebens werden.

In diesem Sinne würde ein Anhänger einer Idee diese gerne so weit zum Zentrum des *allgemeinen* Lebens erheben, dass sie ungehindert und unbedrängt im Zentrum *seines* Lebens stehen kann. Dann wäre sein eigenes Leben ganz ohne Widersprüche, ohne feindliche Gegenideen, gegen die er andiskutieren muss, ohne Systeme, die seine Idee nicht gerne sehen oder tot administrieren, eventuell gar bekämpfen.

Wahre Menschen träumen von einem widerspruchslosen Leben. Sie wünschen sich das glückliche Leben unter einem allgemeinen wertvollen und klaren Konzept, das ihnen als durchdringender, alles umfassender Leitstern dient. Das Leben soll „global optimal" sein, nicht lokal optimal wie bei den richtigen Menschen. Ein Leben unter einer Idee ist bestimmt nicht lokal optimales Zuckerschlecken. Denken Sie an Verfolgte wie Christen in Rom oder Vertreter irgendwelcher Utophobien wie Autofeinde oder TV-Gegner. Für ein globales Optimum wird jede lokale Härte ertragen. Gesunde Ernährung ist bestimmt kein lokaler Spaß, kann aber als Grundidee global über einem Leben stehen.

Utopimierung ist der fortdauernde Versuch des wahren Menschen, auch *auf Kosten anderer Menschen* eine Idee zum wertvollen und möglichst umfassenden Leitbild eines möglichst großen Teils seines umliegenden Lebens zu erheben, um sich selbst vor sich selbst oder in den Augen anderer zum Ideal zu erheben. Die *eigene* Idee, ganz verwoben mit dem Selbstideal, soll so hell wie möglich glänzen, damit der Abglanz der Idee als Bewunderung oder Liebe auf den Träger fällt. Utopimierung ist also in einem ganz anderen Sinne „Punktesammeln".

Insofern berührt das Utopimieren das Topimieren. Die Utopimierung bezieht sich aber nicht wie die Topimierung auf den Status quo oder eine in der näheren

Zukunft angestrebte Plusversion desselben, sondern sie läuft in der Regel eher auf einen Traum hinaus, der im Realen bis zu unendlich weit weg sein kann, von dem sich aber der Utopimierer nur noch durch ein paar Gesellschaftssysteme und leider durch die meisten Menschen abgeschnitten sieht. Wenn er sich diese beharrlich beiseite wünscht, dient sein Leben der allgemeinen Annäherung der Menschheit an seine Idee. Dann war sein Leben nicht unsinnig mit konkretem Leben vertan. Er hat nämlich etwas bewegt. Wahrscheinlich geht es vielen wahren Menschen gar nicht so sehr um eine bestimmte Idee als solche. Es geht ihnen darum, „etwas Sinnvolles zu bewegen" und gleichzeitig „sinnvoll zu sein". Wenn das Tun des Sinnvollen und das sinnvolle Sein sich zu sehr in die Richtung des Selbstidealisierens bewegen, dann ist die Grenze zur Utopimierung überschritten. Das ist nicht der Sinn der Richtung, sondern das Ich und der Abglanz der Idee auf das Ich.

Utopimierer finden wir überall, wo es Enthusiasmus und Sehnsucht gibt.

Begeisterung ist ein Rausch der Intuition in Augenblicken, in denen die eigene Welt eins ist. Während richtige Menschen Fehlerfreiheit ersehnen und Schuld fürchten, sind wahre Menschen auf der Suche nach Ganzheitsgefühlen und fürchten Verlassenheit, Zweifel und Nichtliebe („Mein Gott, warum hast du mich verlassen?").

Die Gefühlsintuitiven sind wohltätig, glaubensbereit, hilfsbereit und für alles Schwache voller Mitleid. Künstler leben für ihre eigene Kunst (wir reden hier von wahren Menschen - die leben nicht für Kunst im Sinne von Verkauf, Show, Charts!). Erfinder erhoffen den Durchbruch ihres neuesten Patentes.

Es wäre schön, wenn diese Wahren alle Punkte uneigennützig nur für den Sinn, für die Kunst, die Technologie, die Liebe, den Glauben, das Vertrauen erzielen würden.

Wahres wird zu Utopimierung, wenn die Punkte nur scheinbar für die Idee gemacht werden und im tiefen Grunde *vor allem* für den Utopimierer gemacht werden.

2. Das Zukunftskonzept Plus

Die einzig seligmachende *eigene* Idee (militante protagonistische Utopimierung)

Es ist eine wundervolle Sache, sich für Ideale einzusetzen. Menschen, die es tun, verdienen unsere Bewunderung und Liebe.

Es gibt aber Idealisten, die uns ein Ärgernis sind. Es sind Menschen, die nicht für eine Utopie, sondern für ein Utopimum leben, das sie im Grunde selbst sind.

Die Haupttechnik der Utopimierer ist es, die eigene Idee zur einzig seligmachenden zu erheben. Sie beginnen eine mehr oder minder fanatische Missionierung, die immer auch das Ziel der Diskreditierung der Gegner verfolgt. Das einzig Seligmachende ist in Wirklichkeit die innere Berauschtheit: „*Meine* Idee ist die beste!" Sie ähnelt dem Siegesrausch der natürlichen Menschen.

Bei durchschnittlichen wahren Menschen geht es im letzten Grunde darum, dass der Utopimierer indirekt der Beste sein soll. Die Idee nützt dann vor allem dem Ich, nicht nur dem Wohl der Welt. „Meine *Idee* ist die beste!" heißt dann immer auch „*Ich* bin der Beste."

Wahre Idealisten *dienen* einer Idee, so wie zum Beispiel ein Mönch den Schwachen und Armen (und damit Gott) in aller Wahrnehmungsstille dient. Was aber wäre ein Mönch, der überall überlaut sagte, er *allein* glaube in *besonders* gottgefälliger Weise an Gott und er wolle die Menschen lehren, *ihm es gleich* zu tun? Er sollte eine Unternehmensberatung gründen.

Die Utopimierer streben vor allem an, der Protagonist einer Idee zu sein. Sie wollen also ein erster Kämpfer oder Vorkämpfer für die Idee sein oder eine zentrale Gestalt, die mit dieser Idee verwoben ist (sic! Utopimum = Utopimierer). Dort winkt nämlich Ruhm und Ehre.

Die Sucht der Utopimierer, Protagonist zu sein, spiegelt sich im Hang der Idealisten, sektiererisch zu werden. Sie spalten sich als Sektierer ab, als Wortführer einer Sekte, so dass sie die Möglichkeit haben, die Idee wieder hauptsächlich mit sich selbst zu identifizieren. Der Gläubige identifiziert sich mit dem Glauben – gut! Die protagonistischen Utopimierer erschaffen umgekehrt aber einen Glauben, der mit ihnen selbst identifiziert werden soll.

Die Wissenschafts- und Technologieeuphorie der heutigen Zeit ermöglicht es vielen Menschen, Protagonisten von neuen eigenen Ideen zu werden. Jeder Erfinder kann problemlos seine eigene Idee konstruieren. In der Technologie gibt es noch viel mehr Raum als in den Religionen. Jeder Gestalter von neuen Web-Sites wirbt für sein neues Konzept, jedes Beratungshaus glänzt am besten mit einer irre erfolgreichen eigenen Beratungsmethodologie. Diese Form der Utopimierung ist heute vorherrschend. Die heutige „Sekte", also eine mutwillig abgespaltene Teilidee, die dem Utopimierer dafür selbst gehört, ist sehr oft eine technologische Neuerung.

Als ich studierte, sah ich oft irritiert den Marxisten, Leninisten, Trotzkisten, Maoisten, Spartakisten zu, wie sie versuchten, mit Engelszungen aufeinander einzuwirken, endlich die Idee zu wechseln. Alle sagten, es sei besser, sich auf einen einzigen Kommunismus zu einigen und die Kräfte zum einigen Kampf gegen die allgemeine Profitgier zu bündeln. (Das ist offenbar schmählich misslungen! Die Profitgier muss ich ja hier erst wieder als Marksismus oder Eurotik geißeln.) Es waren damals reine Zwei- oder Mehrkämpfe von Lokalprotagonisten der Art „Meistertrotzkist des Bezirkes Göttingen-Weende". Heute streiten sich bei IBM die Architekten, nach welcher Lehre eine Rechenzentrumsintegration durchgeführt werden soll: „Nach meiner oder deiner?" Der friedlichste Wissenschaftler wird absolut giftig, wenn er nicht als Protagonist seiner kleinen Idee immer ausufernd korrekt und häufig zitiert wird. Wenn Sie zum Beispiel Wissenschaftler wie ich sind: Blättern Sie auch öfter im Zitatverzeichnis und schauen sofort unter D nach?

Es gibt wundervolle Ideen für die Welt, aber am schönsten sind die eigenen. Das muss den anderen Menschen erst mühsam klar gemacht werden.

Die Utopie als gutes Vorhaben (bekennende autoritätsfordernde Utopimierung)

Beim Topimieren unterschied ich das Aufmotzen von Erfolgen an Stellen, wo noch etwas Gutes gefunden werden kann, und das eifrige Versprechen von Erfolgen auf einer demonstrierten Baustelle. Die etwas überdurchschnittlichen Topimierer „präsentieren“: „Sieh mal, was ich Tolles gemacht habe!“ Die anderen „weisen nach“, dass sie auf gutem Wege sind: „Wir tun was!“ Die Strategie hängt davon ab, ob schon etwas da ist.

Wenn Protagonisten für eine Idee vorkämpfen, ist die Idee ja schon da. Sie wird „präsentiert“ wie eine natürlich ureigene Errungenschaft, um damit ein Ruhmeinkommen zu sichern.

Die durchschnittlichen wahren Menschen haben leider nicht alle eine eigene Idee. Sie wissen aber oft genau, wie die Welt neu strukturiert werden sollte.

„Die Firmen sollten die Mitarbeiter lieben.“ – „Wir müssten die Schüler stärker individuell fördern und ihr Selbstvertrauen heben.“ – „Der Staat muss sich viel mehr um die Armut kümmern.“ – „Jeder soll so lange studieren können wie er etwas lernen möchte.“ – „Intelligente Tiere sollten Bürgerrechte bekommen.“

Diese Utopimierungsstrategie besteht darin, sich zu schicken Ideen zu bekennen und für sie kräftig ins Horn zu blasen. Solche Utopimierer sind Herolde und Jünger. Sie machen Lärm um die Idee, und die anderen Menschen, die den Lärm hören, schauen auf den, der den Lärm macht: den Utopimierer. „Heute gehe ich zusammen mit Conny auf eine Demo, wir haben Zeit und das Demo-Ende ist gleich am Kino. Wenn es kalt ist, machen wir lieber Spielenachmittag.“ Es gibt einen Unterschied zwischen echten Jüngern einer Idee und den vielen Mitläufern. Diese sind nicht ganz nutzlos, wie ja auch Jäger noch Treiber zum Lärmmachen brauchen, aber sie sind nicht die, die gerne Hauptlasten der Arbeit übernehmen wollen. Sie sind zufrieden, wenn von ihrem Bekenntnis auf sie als Menschen geschlossen wird. („Er muss ein guter Mensch sein, weil er oft in die Kirche geht.“ – „Sie ist wohl für Frieden, habe sie auf dem Zeitungsfoto von der Demo erkannt.“ – „Mensch, regt der sich über Stammzellenimporte auf – er hat sogar schon ein paar Artikel in der GEO gelesen.“) Meistens wird mit dem Bekenntnis gleich die leidenschaftlich vorgebrachte Forderung an den Staat oder an Reiche verbunden, die Idee massiv zu unterstützen. Der Utopimierer sieht sich wegen der ungeheuren Größe der Idee nicht in der Lage, selbst etwas beizutragen oder etwas zu bewegen. Er fordert die Tatkraft von der Macht, die er für zuständig hält. (Da also die Verantwortung zum Tun „oben“ sein *muss*, reicht das Lärmmachen völlig aus!)

Es gibt Menschen, die ganz in der Diskussion um Ideologien und politische Richtungen aufgehen können. Sie bekennen sich leidenschaftlich und debattieren ohne jeden Effekt für die Menschheit, ob der Euro wieder abgeschafft werden soll oder ob das Internet nicht zuviel Pornographie bereithält, wovon sich jedermann überzeugen kann.

Wahre Idealisten sammeln Spenden für Arme, helfen Bedürftigen, setzen sich wahrhaft ein. Utopimierer dieser Art nehmen nur bekennend teil und fordern laut, etwas zu tun. Das sichert ihnen durchschnittliche Anerkennung. Das ist nicht Ruhm, wie ihn der utopimierende Protagonist im Auge haben mag, sondern eben normale Wertschätzung für einen durchschnittlichen Idealisten, der sich zu einer abgerundeten Palette von Ideen oder Idealen bekennt. Ideen können wie Schmuck oder Transparente getragen werden. Ideen machen sich als Aufkleber, Anstecknadeln oder Mützenbeschriftungen sehr schön.

3. Meta-Utopimierung

Meta-Utopimierung ist die Kunst, nicht nur die eigenen Ideale gut für sich selbst zu verkaufen, sondern eben die Kombination von Ich und Ideal so zu wählen, dass sie eine gut zu verkaufende Symbiose bilden. Welche Ich-/Ideekombination ist erfüllend und erfolgreich zugleich?

In vieler Hinsicht findet eine Meta-Utopimierung statt, wenn idealistische Charaktere nach dem Abitur ein Studium anfangen. Welches Studium wählen sie?

Viele Abiturienten wissen, wohin es sie in der Seele zieht. Viele andere aber sind im Grunde noch gar nicht von einem Ideal erfüllt, sie können sich im Grunde sich noch selbst mit einem erfüllen. Psychologie oder Philosophie? Das eine hat Studienzulassungsbeschränkungen, das andere wird leicht brotlose Kunst. Da muss die Frage erlaubt sein, ob die erfüllende Idee nicht auch noch gleichzeitig ernähren kann.

In der Wissenschaft gibt es zwar immer noch viele fachverliebte „Einsiedler", die ihr Leben einem bestimmten Sujet gewidmet haben. Zunehmend aber wird sehr genau der Markt der Ideen beobachtet. Welche Ideen werden staatlich gefördert? Wo gibt es nur einen geringen Andrang auf eher große Finanztöpfe? Welche Ideen verlieren an Zugkraft bei Finanziers, welche steigen in der Gunst des Geldes?

Heute, 2003, fließt der Geldstrom irgendwo in die Richtung der sogenannten „Life Sciences". Muss der wahre Mensch dort hin?

Ich will nicht verurteilen, nach solchen neuen Hypes zu schauen. Anne studiert jetzt Biochemie. Ein Professor und Unternehmer hat ihr gesagt, die neuen Gedanken in Life Sciences würden sicherlich zu den am stärksten weltprägenden der jetzigen Generation. Da brach sie auf, in ein Geistesabenteuer. Das finde ich gut.

Ich meine mit Meta-Utopimierung etwa diesen jungen Lehrer: „Ich lehre evangelische Religion. Ich glaube natürlich an nichts, aber in Religion gab es leicht Stellen, sogar beamtete. Ich schwindele mich um die Glaubensfragen im Unterricht ganz gut herum. Man kann Religion ja wie eine Mischung aus Kirchenmusik und Ethik machen. Singen hasse ich aber." – Oder: „Ich liebe das Fach Deutsch und ich liebe Kinder. Leider spreche ich fast unverständlichen Dialekt. Ich habe in Deutsch keine Chance. Deshalb habe ich geschaut, womit ich dann ersatzweise Lehrer werde. Stellen gab's in Mathematik und Chemie. Das habe ich dann angefangen. Ich finde es ganz natürlich, dass ich da keine Ahnung habe, ich wollte ja Deutsch. Aber ich kompensiere das, weil ich ja Kinder sehr liebe." (Alles echte Beispiele.)

Wahre Menschen müssen ja eine Idee suchen, ein Ideal, einen Sinnraum. Sie müssen auch Geld verdienen. Das aber um den Preis, die Idee dann von vorne herein „verraten" zu müssen? Nur um ein Ideal zu haben, das sich leicht verkaufen lässt?

4. Innen = Außen

Wahre Menschen streben Ganzheit an. Sie möchten unter einem Leitstern leben. Gibt es für sie ein Innen und ein Außen wie für die richtigen Menschen? Ein oben und unten? Bei richtigen Topimierern gibt es unermesslich viele Beispiele, wo innen und außen verschiedene Regeln gelten und unterschiedliche Verhaltensweisen vorherrschen: „Wenn Besuch da ist, legt niemand die Füße auf den Tisch. Zu anderen Zeiten macht, was ihr wollt." – „Der gute Wein ist nur für Besuch! Finger weg!" – „Der gute Wein ist nur für uns. Ich sehe nicht ein, dass wir Perlen vor Besucher werfen. Ich habe immer ein paar billige Flaschen für Ignoranten da. Leider muss ich die mittrinken."

Und jetzt als Kontrastbeispiel:

„Weißt du was! Wir haben es beim Kaffeeklatsch erfahren. Die Schmidts sind doch die strengsten Vegetarier, die man sich denken kann. Sie schauen auf alle Packungen, ob da ein paar Milligramm Geschmacksverstärker drin sind. Da können sie fast nichts mehr essen, keine Pommes, keine Gemüsepizza, nichts. Und jetzt kommt's! Na? – Man hat sie im Urlaub beobachtet, wie sie sich völlig sinnlos mit Fleisch vollgestopft haben, und zwar volle zehn Tage lang. Statt Ballermann ein zehntägiges Meating. Glaubst du das?"

Glauben Sie das? Eigentlich nicht. Wahre Menschen tun so etwas nicht. Zuhause Puritaner, in Thailand Big Spender? Das würde die Ganzheit verletzen. Das sehen Sie deutlich an den Diskussionen über öffentlichen Privatklatsch. Politiker dürfen Geliebte ausführen und Alkoholiker sein, aber ein Politiker einer Umweltpartei dürfte nicht erwischt werden, dass er drei Liter Farbreste an einer Landstraße in den Graben schüttet. Das ginge zu weit! Idealisten müssen zu ihren Idealen stehen, und wenn sie dafür zum Märtyrer würden!

Richtige Menschen fragmentieren ihr Leben in verschiedene Regelzonen. Wahre Menschen mögen das nicht. *Ein* Grundgesetz bitte, *eines* nur!

Dieses Innen = Außen wird nur von den wahren Menschen betrieben. Wenn also Topimierer am Werk sind, halten sie wahre Menschen fern, die sind nämlich gefährlich.

Es gibt dazu viele Witze à la Dilbert! Ein Verkäufer und ein Ingenieur stellen dem Kunden das neue Softwareprogramm vor. Der Verkäufer lobt es als einzige fehlerlose Software am Markt. Der Ingenieur protestiert sofort: „Es sind noch massig Fehler drin. Unsere Chefs wollten es aber gleich auf den Markt werfen, bevor es funktioniert." Der Verkäufer: „Da sind Sie falsch informiert. Im Prospekt steht Null Fehler!" – „Na, Bester, *Prospekt*! Der soll doch nur Kunden belügen! *Ich* mache doch die Fehler selbst rein. Muss ich doch wissen. Na, nicht absichtlich, natürlich. Deshalb weiß ich ja nicht, ob ich Fehler mache. Ich weiß es nur dadurch, dass öfter einer gefunden wird. Einen speziellen weiß ich aber. Ich zeige ihn Ihnen zum Beweis. Hier, wenn man diesen Knopf drücken tut, schießt der Computer das ganze Rechenzentrum ab. Ich mache das mal vor ..." Danach fahren sie nach Hause. Der Verkäufer denkt: „Ich schäme mich so. Nie wieder arbeite ich mir einem Ingenieur zusammen." Der Ingenieur denkt: „Ich schäme mich so. Nie wieder gehe ich mit Lügnern zu Kunden."

5. Utopimierungsbeispiele

Erleuchtung und Wahrheit

Meine Idee mit mir an die Macht! Da sind alle Wissenschaftler ganz eigen. In Firmen kommt es vor, dass Mitarbeiter gute Ideen nicht äußern, weil sie fürchten müssten, dass sie ihnen weggenommen würden. Sie hatten die Idee und der Chef wird dafür befördert! Nicht auszudenken! Wirklich wahre Menschen haben oft eine ähnliche Angst: Wenn sie die Idee weggeben, wird sie verdorben! Das ist leider meist wirklich so. Es liegt daran, dass sich eine noch junge Idee im Wesentlichen von Herzblut ernähren muss. Die eigene Idee füttert man ja mit Herzblut wie ein eigenes Kind. Eine fremde Idee ist dann aber schon unser Stiefkind – und so wird sie zu allermeist behandelt. Viele wahre Menschen wollen denn auch nicht nach Ideen arbeiten, die nicht ihre eigenen sind. Utopimierer aber schon gar nicht! „Wenn ich nicht bestimmen darf, wie es gemacht wird, mache ich nicht mit." – „Ich verlange, dass dann auch gesagt wird, dass ich der Chef von dem ganzen Projekt bin. Die Idee stammt von mir, also muss ich der Chef sein und das absolute Sagen haben." Damit wird die Idee zum Höchsten des Ganzen erklärt, das Aufbauen und die Arbeit werden beliebig herabgewürdigt. Das führt oft zum resignierten Stopp der Projekte. Der Erfinder soll seiner Idee jetzt *dienen* und nicht immer wieder dafür etwas bekommen wollen.

Das ist nicht meine Idee: Wenn Utopimierer fremde Ideen vorfinden, werden diese bis in kleinste Einzelheiten zerlegt. Es läuft auf buchstäbliche Haarspalterei hinaus. Das macht wenigstens ihnen selbst Spaß und ist eine schöne intellektuelle Herausforderung. Manchmal klingt es wie Sprachlosigkeit vor Überraschung, dass eine Idee wahr sein könnte, die man nicht selbst hatte. Ideen sterben meist unter völliger Zerlegung. Ideen wollen positiv aufgenommen werden und einen Versuch wagen dürfen, im Gehirn Halt zu finden. Wer gleich mit dem Abstoßen beginnt, macht es sich leicht und der Idee schwer.

Wir wollen das Problem grundsätzlich lösen: Dieser Satz ist eine schwere Bedrohung für alles Tatkräftige. Die Systeme, Suprasysteme und die richtigen Menschen lösen alles lokal, weil alles lokal optimiert wird. Das Globale wird einmal im Jahr bei der Bestimmung der Hauptrichtung behandelt. Alles sonstige Problemlösen ist lokal und kann daher von den wahren Menschen ganz leicht mit „Symptomputz-Kleingeist" diffamiert werden. Utopimierer können sich jeder Mitarbeit entziehen, indem sie andauernd sagen: „Ich bin dafür, das Problem bei der Wurzel zu packen und ein für alle Mal zu beseitigen. Symptombehandlung ist nutzlos, sie beseitigt die Krankheit nicht." So aber funktioniert die Welt nicht! Das Problem, das irgendwie eine zu tiefe Wurzel hat, ist dieser Unterschied im Denken. Jedenfalls quälen die wahren Menschen (erfolglos, natürlich) so ein Suprasystem ganz schön. Sie weisen täglich nach, dass das Suprasystem global nicht optimal sein kann, und schreiben vielleicht sogar Supramanie-Bücher zum Thema.

Das ist ganz unlogisch: Wenn wahre Menschen mit ihrer eigenen Idee nicht durchkommen, finden sie überall Unlogik, besonders in Systemen. Das ist ganz leicht, weil die lokale Optimierung zu Inkonsistenzen im Globalen führen muss. Unlogik ist für wahre Denker ein sicheres Anzeichen, dass von der unlogischen Stelle ab nun alles Weitere logisch falsch sein muss, weshalb nun nichts mehr richtig sein kann – und das darf doch nicht wahr sein! Deshalb muss sich der wahre Mensch von der ersten unlogischen Stelle ab den ganzen Rest gar nicht mehr ansehen. Es ist immer ein Wunder für den wahren Menschen, warum es noch eine Welt gibt und warum sie funktioniert. Ich selbst frage mich selbst oft, wo denn der Gewinn bei den Firmen herkommt. So genau weiß ich es nicht. Wenn ich logisch darüber nachdenke, reißt schon etwas später der Argumentationsfaden. Dann aber weiß ich nicht, wie ich weiter vorgehen soll. Man müsste eine Logik erfinden, wo ein paar Fehler im Denken nicht gleich alles falsch machen – es müsste immer noch etwas Akzeptables herauskommen. Ich glaube, so etwas gibt es in der Praxis ganz häufig, ist aber noch nicht theoretisch aufgefallen.

Es muss doch Geld für die Zukunft da sein und es ist wichtig, das Langfristige zu sehen: Das Bekenntnis zur Langfristigkeit ist eine der Lieblingsbeschäftigungen der Denker. Die Suprasysteme wollen Erfolg JETZT. Die Raubbauproblematik am Langfristigen wird von wahren Menschen besonders hell gesehen. Sie sagen dann: „Es muss wieder Grundlagenforschung geben, wo jeder Mensch ohne Zwang zum Nutzen etwas Neues erforschen darf. Wir brauchen wieder Muße, besonders für Denker. So ist ja auch das alte Griechenland groß geworden."

Voll und ganz verstehen: Es gibt Topimierer, die alle Regeln kennen und immer wieder auf Verbotenes hinweisen, so dass alles still steht. Die ganzheitlichen Denker fahren lieber erst Auto, wenn sie die Meta-Physik des Motors verstanden haben. Erst wer voll und ganz versteht, darf handeln! Dann sehen sie die anderen Menschen, die vollkommen unbefangen handeln, ohne zu verstehen. Sie beginnen mit dem Kopf zu schütteln und erklären dem Handelnden den Zusammenhang. Der schnaubt: „Das muss ich nicht wissen." So beginnen die Zerwürfnisse zwischen Wissensarbeitern und Managern. Wahre Denker verlangen von allen das Verstehen, vorher darf niemand etwas tun! Sie selbst weigern sich am besten, etwas zu tun, solange noch einer nicht verstanden hat. Die ewige Klage ist: „Dumm!“ Und das Echo der Tätigen: „Nutzlos!“

Das ist dumm, da mache ich nur genau nach Vorschrift mit, damit ihr seht, wie es gegen den Baum fährt! Ich will euch erziehen, jedes Mal erst mich zu fragen! Wenn die eigene Idee nicht durchkommt, ist alles andere wohl dumm ... Deshalb arbeiten die wahren Denker nur immer nach Vorschrift mit. Sie vermeiden es peinlich, ihre eigenen besseren Ideen einfließen zu lassen, damit zum Zeitpunkt des Scheiterns ganz klar ist, dass das Projekt gut gelaufen wäre, wenn man auf den Utopimierer gehört hätte. Seine Idee und damit er ist das Größte und hätte gerettet.

Das Normale ist vermutlich schlecht: Das Normale ist für die richtigen Menschen gut. Das Normale ist fast nie „wahr“ oder „ideal“, also ganzheitlich gut. Der wahre Denker kann also unbesehen das Normale intellektuell als nur „sehr durchschnittlich“ schlecht machen und damit sichere Sympathiepunkte als notorischer Besserwisser gewinnen. Denker haben ja angeblich einen skurrilen Humor oder denken oft Absonderliches. Das Absonderliche ist aber das dem Normalen weit Entfernte. Hier finden die Menschen der Ideen oft mehr Sinn als dort.

Im Grunde machen die Verfechter von Ideen dieselben Erfahrungen wie heutige Unternehmer der New Economy: Die Idee wie auch alles Neue hat es unendlich schwer. Manchmal gibt es Begeisterungswellen, in denen das Absonderliche kurz Gefallen findet, dann aber schließt sich das helle Dämmerlicht des Normalen und Richtigen wieder fast nahtlos an. Die Ideenverfechter haben kaum je wirklich durchschlagenden Erfolg mit ihrer Idee. Sie kämpfen deshalb mit der Hilfe einer Idee gegen das unlogisch Durchschnittliche, das gegen die Idee normalerweise gewinnt.

Ethik und wahre Gefühlsmenschen

Es muss doch Geld für das Gute da sein: Die intuitiven Denker denken bei Geld an Nachhaltigkeit und Dauer, die Gefühlsmenschen natürlich an Menschen, denen damit geholfen werden kann. Wenn man sie lässt, geben sie alles Geld der Welt nur dafür aus.

Ich habe dir ein Lernspielzeug mitgebracht, aus Holz! Für manche Kinder ist das hart zu ertragen, wenn sie sich sehnlichst Spielkonsolen oder Pistolen wünschen. Utopimierende Gefühlsmenschen manipulieren die Aufmerksamkeit der Menschen um sie herum und lenken sie auf das Gute. Es ist immer so lieb gemeint – was kann man tun? Merkt man es überhaupt? Utopimierende Denker *zwingen* durch gelehrte Diskussion die Aufmerksamkeit oder Energie in eine gewünschte Richtung. Gefühlsmenschen sind da ganz indirekt. Sie *beeinflussen*. Durch Überredung, Begeisterung für das, was andere begeistern soll, durch „Schenken“. „Du, ich habe dir ein Buch über Ökotöpfern mitgebracht. Ich habe schon darin geblättert. Ich bin restlos begeistert. Ich möchte spontan einen Töpferkurs mitmachen. Ach, weißt du was? Lies doch dieses Buch einmal durch, du wirst einfach begeistert sein. Ich erkundige mich schon mal, ob es überhaupt Töpferkurse gibt. Ich bin so froh, dass mir das jetzt so spontan einfällt, ich bezahle die 36 Euro für dich mit." Denker *überzeugen*. Gefühlsmenschen *überreden* oft einfach: „Mach es mir zuliebe. Ich weiß, du findest diese gute Tat nicht wirklich nötig. Dann tu's eben für *mich*. Da! Küsschen! Siehst du, du bist doch gut! Du Brummel!"

Fremde Ideen kommen nicht ins Haus: Damit alle Gutes tun, wird das Böse versteckt. Insbesondere wird kein Fernseher angeschafft. Internet? Damit kennen wir uns nicht aus! Das braucht der gute Utopimierer nicht. Er liest gute Journale und ernährt sich ganzheitlich, trinkt selbstgebrauten Brennnesselsudtee, der so viel Arbeit macht, dass einfach keine Zeit zum Fernsehen ist. Cola ist schädlich für die Gehirnzellen, dafür gibt es Malventee. Die Eltern fahren mit den Kindern jede Minute in Konzerte und Ausstellungen, sie musizieren zusammen in der Kammer. Durch viele kleine Maßnahmen wird die Umgebung mit Gutem ausgepolstert. Die Idee wird gar nicht so sehr verraten. Sie ist nur überall bis zum Ersticken. (Ich sage hier nichts gegen das Gute, aber das wahre Gute wird in Menschen erweckt. Ich sage nur, dass Utopimierer es nicht erwecken, sondern das Gute in das Kind hineintrichtern, wie man Gänselebergänse stopft.)

Ich liebe alle Menschen: Das ist oft zu hören und meistens ist es eine eher tragisch-melancholische Selbstidealkonstruktion. Es ist eine Idee des Guten, die vor allem signalisiert: „Ich *selbst* bin gut." Dabei ist es gar nicht so einfach zu leben, wenn man alle Menschen liebt, weil man sie dauernd küssen muss, wenn sie nach einem schlagen. Angenommen, ein Lehrer liebt alle Kinder dieser Welt und erlebt, wie jemand frech ist. So ein Kind könnte heute gut damit leben, wenn man ihm sagte: „Du bist zum Kotzen." Das geht nicht, wenn der Utopimierer alle Menschen liebt. Er muss dann Umwege einschlagen! Etwa so: „Es ist so schade, dass du verbal so gegen mich ausgeglitten bist. Ich war so froh, dass du auf dem Weg zu einem guten Menschen warst. In dir steckt so viel Potential, du hast alles Rüstzeug dabei. Du hast gute Eltern, die dich lieben. Deine Eltern sind lieb, ich liebe sie auch. Vor allem liebe ich dich, und jetzt muss ich weinen, weil du vom Weg abgewichen bist. Das ist ein rechtes Unglück, das dich da getroffen hat. Schaaaade! Ich hätte so gerne mit dir noch Blockflöte gespielt und nun verlieren wir die ganze Zeit damit, traurig über dich zu sein. Es ist so schaaade, mir bricht das Herz, dass uns das passieren musste."

Lasst uns etwas Gutes anfangen! Die Wissenschaftler denken sich eine intellektuell wertvolle Idee aus und schreiben einen Artikel. Damit ernten sie Ruhm, weil es sehr beeindruckt, wenn jemand Artikel geschrieben hat. (Ich trauere immer, wenn ich in der Süddeutschen Zeitung oft ganze Seitenfolgen beim Frühstück überblättere. So viel Arbeit! So viel Ignoranz von mir diesen Geistesinhalten gegenüber! Und: Wie mag es meinen eigenen Artikeln ergehen? Von Ihnen überblättert und ab in den Papierkorb. Nur in meinem Schriftenverzeichnis bleiben sie ewig. Für den Fall, dass ich mich bewerbe. Tue ich aber nicht. Mein Schriftenverzeichnis liest sich wie eine lange Liste mit Todesanzeigen. Gute

Ideen kommen mehrfach vor, so wie in der Zeitung die vornehmen Gestorbenen. Die Ideen sterben meist als Säugling einer neuen Tierart, deren Aufzucht nicht bekannt ist.) Die Gefühlsmenschen haben nun nicht etwa neue Ideen im intellektuellen Sinne, sondern in dem Sinne, dass sie etwas neues Gutes beginnen. Eine neue Idee ist hier etwas wie das Gründen einer neuen Initiative zum Guten. „Wir treffen uns in der nächsten Woche. Wir haben die Idee, einmal in der Woche den Schülern des Gymnasiums ein gesundes Frühstück anzubieten, damit sie ernährungsbewusst werden. Wir wollen besprechen, was gesund ist und dann machen wir das." – „Mensch, es waren sogar zwölf Eltern da. Das war ein toller Erfolg unserer Idee. Ich bin so begeistert. Die Sitzung war ätzend, sage ich dir. Es waren zwei Frauen dabei, die sich wohl verirrt hatten. Sie hatten gedacht, man *muss* kommen, oder sie dachten, sie sind es den Kindern schuldig. Sie hatten keine Ahnung, was gesund ist, und schienen im Schnellrestaurant zu wohnen. Dieses doofe Gerede! Sie waren tatsächlich bereit, den Kindern einen Tag die Woche statt Cola nur Zitronenlimonade zu trinken zu geben! Sie hielten Malventee für unzumutbar! Kannst du dir das vorstellen! Die mussten wir erst rausekeln. Wir haben die Sitzung schnell vertagt und dann sind wir zur Nachsitzung zum Griechen gegangen, da wollten wir ja sowieso hin, das ist das Schönste an den Sitzungen. Wir haben also beschlossen, dass alle Eltern einmal pro Woche so ein gesundes Frühstück machen. Da offenbar niemand eine Ahnung von Gesundheit hat, wollen wir uns in der nächsten Woche treffen, um ein Flugblatt zu entwerfen, auf das wir schreiben, was jeder Schüler unbedingt essen muss. Wir schreiben dann noch Zettel, worauf sich die Eltern zur Mithilfe eintragen sollen, damit sie das Frühstück am Morgen verteilen. Kommst du auch?" – „Du warst gar nicht da! Diesmal waren nur noch sechs Eltern da. Die Leute wollen immer mitbestimmen, was getan wird, dann sind sie gleich wieder weg. Na, dann sind wir wenigstens wieder unter uns. Es hilft ja nichts, so was mit vornehmen Zicken oder Bedenkenträgern zu beginnen. Wir haben die Zettel geschrieben. Es ist jetzt alles in den Startlöchern. Ich suche jetzt noch wen, der das in den Computer abtippt und ansprechend aufbereitet. Da drücken sich wieder alle. Na, irgendwann wird es gehen." – „Du, nach sechs Wochen hat es endlich ein Schüler für uns getippt. Er hat dafür verlangt, dass er keinen Malventee trinken muss. Na gut, aber wir zwingen ihn. Gerade so Computerfreaks essen doch nur Pizza, das liest man überall. Gerade die müssen umerzogen werden. Meinen Kindern sieht man den Malventee ja schon im Gesicht geschrieben an, aber der?" – „Du, es kann immer noch nicht losgehen. Es melden sich keine Eltern zur Mithilfe an. Sie sagen, sie arbeiten morgens. Das kann doch nicht wahr sein, dass es alles Doppelverdiener sind. Es sind nur noch drei Leute zur Sitzung gekommen. Wir bringen jetzt einfach morgen ein Frühstück hin, basta." – „Du, die Kinder sind so undankbar. Wenn die sich im Unterricht auch so sträuben? Da möchte ich nicht Lehrerin sein. Die Eltern sind einfach blöd. Ich glaube, ich mache das nicht noch einmal. Ich will morgen zu einer anderen Sitzung gehen, sie wollen eine Internetseite für die Latein-AG einrichten, aber es hat noch keiner jemals so etwas gemacht. Dabei ist es so furchtbar sinnvoll, das will ich gern unterstützen, ich werde das auf der Sitzung auch laut sagen, leider programmiere ich nicht, aber wir müssen Menschen finden, die vor Begeisterung glühen wie ich ..."

Dies ist ein typischer Weg des Guten oder der einer guten Idee. Die Geburt einer Idee wird gehörig gefeiert, danach muss sie jemand mit Herzblut füttern. Und dann muss sie doch ganz blutjung sterben, weil so vieles nicht bedacht war, als man sie leichtfertig zeugte. So wie wissenschaftliche Arbeiten durchschnittlich von drei, vier Menschen gelesen werden, so kommen zum Begräbnis einer Idee des Guten kaum mehr Menschen als zu Mozarts Totenfeier.

Ktisis

In *Omnisophie* habe ich das griechische Wort Ktisis (Schöpfung, Geschöpf, das Erschaffen) für die Richtung der intuitiven Menschen gewählt, die nicht nach Wahrheit oder dem Guten streben, sondern nach neu Erschaffenem. Es gibt während der jetzigen Technologiewelle sehr viele solche Menschen, die vom Neuen so sehr fasziniert sind wie andere von der Idee des Guten. Dazu das wichtigste Beispiel:

Unser Produkt ist viel besser, weil es viel mehr kann: Solche Utopimierer bauen an jede Maschine noch ein paar Knöpfe dran, damit Sie im Media Markt vor lauter Staunen die simplen Geräte verächtlich verschmähen und doch lieber doppelt so viel ausgeben wie Sie dachten. Dann haben Sie meistens unbedienbare Geräte. Die teueren Taschenrechner haben schon so viele Tasten, das man vor Schreck lieber schnell selbst addiert. Brauchen Sie nicht einen mit Spracheingabe? „Ein mal eins!“ – „I didn't get you. Repeat please.” Die Krankheit, das Wertvolle nach der Anzahl der Knöpfe oder nach Watt zu beurteilen, heißt Technology Enlightenment. Einen deutschen Ausdruck kenne ich nicht. Utopimierer der Technologie halten komplizierte Produkte für die besten. Sie verstehen damit nur ganz grob, wann ein Produkt gut ist. So bauen sie so etwas wie den berühmten „Sprechenden Kühlschrank“, der alles weiß: „Gunter, das Bier ist alle.“ – „Ich bin's, Moni. Was willst du?“ – „Das Bier ist alle.“ – „Wie kommt das?“ – „Es wurde getrunken.“ – „Von wem?“ – Stille. „Von wem, verdammt noch mal?“ – „Bitte tut mir nichts.“

Der Prototyp muss nur noch ausgebaut werden! Das ist die bekannteste Lebenslüge von Techies. Der Prototyp ist die erste anfassbare Form einer Idee, etwas mehr als „Man müsste mal nachdenken, ob es geht.“ Techies halten die Idee und das bisschen Prototyp hinterher fast schon für alles. Der Rest ist auch nicht mehr technisch interessant. Er ist harte, geduldige, sorgfältige Arbeit. Die gibt der Star-Techie lieber weiter. Er bleibt im Glauben, schon fast alles geleistet zu haben.

Ich gründe ein neues Unternehmen in der New Economy! „Wir waren nach einer blöden Sitzung vom Elternbeirat hinterher noch beim Griechen und hatten eine tolle Geschäftsidee. Wir vergeben ein völlig neues Qualitätsgütesiegel für erotische Telefonservices. Wir bewerten die Services nach strengen Regeln und vergeben je nach Beurteilung eine unterschiedliche Anzahl von Schärfe-Sternen, wie es in indischen Restaurants üblich ist. Die Servicegeber müssen bei unserer 0900-Hotline anrufen und ein vorher festgelegtes objektives Testszenario durchlaufen. Sie bekommen die Ergebnisse schriftlich mitgeteilt und dürfen die Sterne bei ihrer Fernsehwerbung schamlos an bestimmten Stellen vermarkten. Das Hauptproblem bei der Geschäftsidee ist der Entwurf des Prüfsiegel-Logos und der gesetzliche Logo-Schutz, damit wir weltweit ohne Konkurrenz sind. Wir müssen auch Vorsorge treffen, dass wir genug Telefonleitungen und Testpersonal bei den umliegenden Gymnasien mieten, für den Fall, dass sich zu viele Interessentinnen melden. Wir gründen jetzt erst einmal eine Aktiengesellschaft und beantragen alles Nötige bei der Telekom." – „Das Geschäft geht schlecht. Wir sind auf Hindernisse gestoßen. Wir waren zu allem bereit und hatten schon ein paar tausend Prospekte gedruckt, die den Sinn unserer Prüfsiegelaktion anpreisen. Da ist uns beim Eintüten eingefallen, dass wir die Adressen der möglichen Kunden gar nicht haben. Wir kennen ja nur die Telefonnummern. Wir haben dann also begonnen, in den sauren Apfel zu beißen und dort angerufen. Es ist aber sehr schwierig, mit den Kunden ins Gespräch zu kommen. Wenn du nämlich anrufst, sagen sie alle, garantiert alle: ‚Ich weiß schon, was du willst!' Dann sage ich: ‚Ich möchte deine Adresse.' Und dann stöhnen sie laut auf, weil sie das offenbar Überwindung kostet."

So ein Beispiel ist ganz typisch für „gute" Ideen in der New Economy. Eine noch ganz nackte Idee wird oft als bare Münze verstanden. Das ganz große Geld scheint nur einen Anruf entfernt.

XII. Ontopimierung: Stolzäußerung des natürlichen Menschen

1. Ontopimierung

Natürliche Menschen haben einen guten Instinkt für den Einsatz ihrer psychischen Energie und ihrer seelischen Kraft. Sie möchten gerne die Helden bei Großtaten sein und als solche triumphieren.

Eine der großen natürlichen Gesten ist die sogenannte Beckerfaust, die der natürliche Mensch reckt, als ziehe er einen Hebel nach unten. Dazu brüllt er universell bei Tag und Nacht einsetzbare Worte wie: „Los! Komm!" Als Boris Becker sich Mitte der 80er Jahre mit solchen Gesten zu motivieren begann, traf ihn sofort der Zorn der richtigen Welt! Man sah Tennis damals so: Ein richtiger Tennisspieler zieht sich ziemend ganz weiß an, damit er überhaupt nicht auffällt, er unterdrückt jede Gefühlsregung beim Spiel und lächelt nur glücklich bei Diener & Knicks, wenn er einen Pokal aus den Händen einer Respektsperson entgegennimmt, die als Vertretung der richtigen Welt die Hauptperson des Turniers ist.

Diese Sitten haben sich heute gründlich geändert! Heute ächzen und stöhnen die Spieler bei jedem Ballkontakt um die Gunst des Publikums, das mehr und mehr an den Outfits und den geölten Muskeln interessiert ist. (Tennis wird im Prinzip erst beim letzten Ballwechsel entschieden. Alles andere vorher ist ja nur Vorgeplänkel.)

Viele natürliche Menschen sehnen sich nach Beifall, der sie anfeuert. Es gibt auch die stillen Helden unter den Natürlichen. Sie träumen, nach Tausenden von Kämpfern wie König Artus der Erste zu sein, der das Schwert Excalibur leichthändig aus dem Felsblock zieht. Sie ziehen es heraus und gehen ohne Gemütsregung durch die sich öffnende Gafferspalier nach Hause. Nur an einer unmerklichen Fingerregung sehen die Menschen seine Botschaft: „Kein Problem für einen wie mich. Gar nicht der Rede wert." Solche Helden sagen es wieder und wieder: „Taten sprechen lauter als Worte." Und wenn sie im Fernsehen schildern sollen, warum sie die Goldmedaille gewannen: „Ich war heut' gut." Es gibt von hier eine große Bandbreite bis zu Cassius Clay's „I'm the greatest!"

Ontopimierung ist die Kunst, möglichst alles als Triumph zu begehen, auch wenn kein Anlass dazu besteht. Am besten wird der Triumph schon vor der Tat gefeiert: „Wir werden den Krieg gewinnen! Wir werden alle Spieler vom Platz fegen! Wir haben alle Trümpfe in der Hand!" Das ist sicherer als die Möglichkeit zur letzten ausholenden Handbewegung über dem Kopf abzuwarten, wenn der

Skatspieler den anderen übertrumpft: „Gewonnen!“ (Und auch hier melden sich die richtigen Menschen: „Musst du immer so auftrumpfen? So laut? Pfui!“) Auftrumpfen ist wie „on top“. Der Sieger ist „on top“, er hat das letzte Wort, das den Tag entscheidet.

Ich war einmal bei einem großen Konzern zu einem sogenannten Kick-Off eingeladen, einer festlichen Veranstaltung, bei der der neue Manager eines Bereiches „sein Team“ auf die neuen Ziele des Jahres einschwört, wo er also die neue Haupttriebrichtung bekannt gibt. Ein älterer Mitarbeiter sagte, er werde für die Dauer der Rede lieber spazieren gehen. Warum? „Wissen Sie, das Ganze ist wie das Triumphgeschrei der Graugänse. Kennen Sie das nicht?“ – „Nein ... was ist das?“ – „Nun, wenn die Graugänse einen Fuchs kommen sehen, dann stellen sie sich mit weit nach oben gereckten Hälsen in Brustpositur, alle in einer Front aufgereiht, und dann schreien sie, so laut sie können. Der entdeckte Fuchs zieht sofort von dannen. Dann schreien die Graugänse noch viel lauter, dem fliehenden Fuchs nach. Das ist das Triumphgeschrei der Graugänse.“ – „Und?“ – „Ja, wissen Sie, meistens ist ja kein Fuchs in Sicht. Da sehnen sich die Gänse nach Aufregung und etwas Kitzel. Dann stellen sie sich ganz ohne Fuchs einfach in Formation und schreien, bis sie heiser sind und nehmen dazu ganz furchtbar beeindruckende Haltungen ein. – Genau so ist diese Veranstaltung. Es ist wie Triumphgeschrei der Gänse, aber ohne Fuchs. Wir sollen uns einen einbilden, damit wir besser arbeiten.“

Menschenaffen trommeln sich auch auf die Brust.

Natürliche Menschen haben den Hang, die Siege großartiger, die besiegten Feinde furchtbarer und den eigenen Beitrag in der Heerschar der Krieger größer herauszuheben. Angler und Jäger sind bekannt für Erzählungen von wundersamen Fast-Erlebnissen. „Ich hatte ihn fast!“ Krieger schießen vor Kameras drohend in die Luft. (Im zweiten Weltkrieg, habe ich gelesen, sind 45.000 Schuss Munition pro Kriegstoten verschossen worden. Es gab viel Angst und wenig Triumph.) Marketing-Manager prahlen mit Massenwurfsendungsoffensiven, um die Gegner zu vernichten. Tausende Prospekte für die Müllhalden. Mehr Papiertiger als Gewinner.

Wenn es keine echten Siege zu erringen gibt, wird ausgewichen. Schon in der Schule beginnen wir damit! Es gibt Siege auf Nebenkriegschauplätzen. Der natürliche Mensch kann das System als Klassenkasper lächerlich machen oder es durch Charme und Lustigkeit besänftigen. Er kann das System ernsthaft durch Gewalt oder „Sexuelles“ provozieren oder bedrängen, um ihm zu zeigen, dass es ihn vorsichtig behandeln soll. Marketing ist oft wie Klassenkasper, Provokation, Sex. Was soll man tun, wenn das Produkt nichts hergibt? Man muss ontopimieren.

2. Wirksamkeitswunder Plus Minus

Zurschaustellung und Demonstration (aktive Ontopimierung)

Die richtigen Menschen sagen: „Schritt für Schritt, jeden Tag eine gute Tat, immer ein Stückchen weiter." So operiert der Wille nicht gut, den man besser auf ausdrucksstarke, mutige Ziele lenkt. Dann durchströmt der baldige Triumph die Adern und der ganze Körper flutet in Erregung wie auf der rechtsgebauchten Apter-Kurve.

Die natürlichen Menschen streichen alles an sich heraus, was hervorsticht. Stärke, Tapferkeit, Kraft, sexuelle Anziehung, Schönheit, Gesundheit, ein gebuildeter Körper in Muskelshirts oder weniger.

Kurz, sie lassen die Augen der richtigen Menschen rollen: „Übertrieben!" Wahre Menschen halten den Willen und dessen Demonstration meist für ungebildet im Sinne von roh. „Wo rohe Kräfte sinnlos walten ..." Kennen Sie zum Beispiel Mathematiker, die angeben? Das ist unter diesen so schrecklich verpönt, dass ich mir das langsam bei IBM *angewöhnen* musste, in der Einsicht, dass die völlige Stille nicht wirklich das Wahre sein kann. Ich habe aber nicht das Gefühl, dass ich es gut kann, weil ich nur an besserer Darstellung interessiert bin, nicht aber an einer Körperflutung von Adrenalinen, um besser kämpfen zu können. Vielleicht wirkt es dann immer wieder besserwisserisch und nicht charismatisch wie bei natürlichen Menschen?! Die Menschen werden immer erkennen, bei wem die Körpersäfte brodeln.

Das Ziel des Willens spielt beim Ontopimieren dieselbe Rolle wie die Idee beim Utopimieren. Die wahren Menschen erinnern: „Es war meine Idee!" Die natürlichen Menschen sagen: „Wie gut, dass ich das gegen euch alle doch noch durchgedrückt habe. Na, seid ihr jetzt ausnahmsweise einmal dankbar?" Wahre Menschen lieben sich in der Rolle des Protagonisten und sonnen sich darin. Natürliche Menschen wären gerne General, Leithammel, Unternehmer, Caesar, Imperator.

Sie erzählen denn auch am liebsten von ihren kleinen Heldentaten und Triumphen.

Ontopimieren hört sich so an:

„Und ich sage Ihnen, es ist der Vergaser! Sind Sie Meisterhandwerker oder ich?" – „Ich will die Lunge operieren und Sie gehen zur Konsultation eines anderen Arztes? Hinaus!" – „Ich habe Ihnen mit meiner Projektleitung den Hintern gerettet und jetzt will ich dafür etwas sehen! In bar, bitte!" – „Seht ihr? Ich kann einen Wasserrohrbruch *selbst* reparieren. Ich kann alles, wenn ich wirklich will. So, fertig. Eigentlich gut, dass jetzt so eine Schweinerei entstanden ist. Ich zeige sie dem Versicherungsagenten, der soll dafür bezahlen. Sowie er weg ist, pumpt ihr schon mal den Schlamm ab. Ein paar Tage Arbeit für euch und es sieht alles wie neu aus. War sowieso Zeit, dass mal sauber gemacht wird."

Ontopimierung ist stolz auf jeden großen Effekt, ohne Rücksicht auf Effizienz oder menschliche Beziehungsqualität. Diese Sachen renken sich bekanntlich wieder ein. Den Effekt aber schafft nur der Ontopimierer.

Ich trainiere noch – bald zeige ich's allen! (vielversprechende Ontopimierung)

Wenn es bei durchschnittlichen natürlichen Menschen nichts groß herauszustellen gibt, muss am besten ein ansprechendes Ziel her. Das macht unabhängig vom tatsächlichen Handlungswillen eine Menge her.

Die Demonstration von Willen hat immer etwas schwach Kriegerisches an sich, etwas Entschlossenes, Selbstsicheres. Das fürchten die richtigen Menschen. Die wahren finden, es widerspräche der Idee des Guten und erlauben den tapferen Willen nur zur Verteidigung eben dieser Idee.

Der Ontopimierer besticht durch ein forsches „Ich will!", ohne wirklich sein Leben für dieses Ziel lassen zu wollen. Er versucht es erst einmal mit markigen Sprüchen, die auf ein Graugansgeschrei hinauslaufen.

„Mein Sohn ist im Verein. Er will Fußballprofi werden. Er wird uns von dem vielen Geld etwas abgeben. Dafür sollen wir nicht über seine Schulleistungen schimpfen. Im Grunde ist das ja fair."

„Ich bin der beste Spieler, aber der Trainer hat mich ausgewechselt. Das hat ein Nachspiel. Wenn ich erst Profi bin, setze ich ihn vor das Stadion, geschworen."

(Ich schreibe hier und anschließend nicht mehr so viel. Ich denke, es ist fast selbsterklärend.)

3. Meta-Ontopimierung

Meta-Ontopimierung setzt sich Ziele, die den Ontopimierer mit seinen Zielen gut aussehen lassen.

„Ich fordere am besten einen radikalen Umbau der Produktion. Jeder weiß, dass das fällig ist, aber wir haben ja kein Geld. Sie müssen mich also zähneknirschend anhören, wenn ich fordere, alles umzukrempeln. Aber es besteht keine Gefahr, dass ich es hinterher auch durchführen muss."

In der Politik ist diese Willensbildung bei der Opposition die Regel!

„Wir fordern die umfassende Sanierung der Staatsfinanzen. Wir legen konkrete Vorschläge auf den Tisch. Dazu muss sich die Regierung äußern. Sie wird aus ihrem Versteck hervorgezerrt."

Wo gibt es Ziele, die leicht Punkte geben, ohne Arbeit zu machen?

Und so weiter.

4. Ontopimierungsbeispiele

Wir starten eine große Offensive! Viele Firmen bemühen sich heute, sich selbstbewusst zu präsentieren. Fast alle wollen die Nummer Eins im Markt werden und alle Kunden gewinnen. Die Zielhöhe hat nichts mit der Realität zu tun. Sie soll Eindruck machen. Die Nummer-Eins-Nummer ist streng gesehen eine Art Kriegserklärung an den Rest der Welt. Danach wird normal weitergearbeitet.

Wir kaufen die Konkurrenz auf! „Es geht unserer Firma nicht gut. Wir verlieren immer öfter Verträge an den örtlichen Konkurrenten. Wenn wir ihn aufkaufen, ist wieder Ruhe. Die Presse kann unseren Sieg berichten, wir bekommen unsere Kunden wieder zurück. Wir haben wahrscheinlich keine bessere Chance, am Markt wieder aufzuholen. Leider wollen die drüben zu viel Geld. Es sind Halsabschneider, sie nutzen die Lage schamlos aus. Gut, wir kaufen sie auf. Jedenfalls sind wir die Sieger und sind dann mit unseren Produkten allein."

Wir dürfen keine Schwäche zeigen! „Es geht unserer Firma nicht gut. Wir verlieren immer wieder Aufträge an den örtlichen Konkurrenten. Wir bemühen uns, ihnen Angst zu machen. Wir geben in für sie unberechenbarer Weise Rabatte, damit sie nicht sicher sind. Wir drucken neue Prospekte und machen ein neues Logo. Ich hoffe, sie werden uns bald aufkaufen wollen. Wir dürfen jetzt keine Schwäche zeigen. Wir gehen mit aller Entschlossenheit in diesen Kampf. Wir müssen so stark aussehen, dass ein Kompromiss mit uns gesucht wird."

Weg mit schlappen Menschen! „Ich habe es satt, mit Angsthasen und Nichtskönnern zusammenzuarbeiten. Es geht nicht voran. Ich ordne meinen Bereich so um, dass alle Leute, die bleiben sollen, in den zentralen Abteilungen Stellen bekommen. Den Rest gründe ich als eigene kleine Firma aus. Die verkaufe ich." Viele Fußballtrainer zeigen immer diesen Willen zum Erfolg, indem sie jeweils einem Spieler über einen ganzen Monat lang bedeuten, er solle sich einen neuen Verein suchen. Im Grunde wird Dauerdruck gemacht, der Erfolgswille genannt wird.

Ich setze enorme Kraft gezielt ein, wenn ich will! „Es kommt nur auf den Wahltag an. Wie ich zwischendurch regiere, ist eigentlich egal. Ich habe eine Reihe vom Machtmaßnahmen, die nicht viel Arbeit kosten. Ich kann neue Posten besetzen, damit winke ich ständig. Wenn es dann darauf ankommt, bin ich voll da. Unter Druck laufe ich zu Hochform auf. Dann bin ich wütig und entschlossen. Das Volk sieht, dass es ernst ist. Die Opposition ist nicht darauf vorbereitet, dass ich plötzlich die Zähne zeige. Sie deuten die Untätigkeit in der Zwischenwahlzeit falsch. Sie denken, wer schlecht regiert, hat Nachteile. Richtig ist, dass der Nachteile hat, der schlechte Wahlkämpfe führt. Wahlkampf ist mein Spezialgebiet. Regieren ist öde. In der Schule war ich auch nur bei Prüfungen gut. Es geht um das Freisetzen von Spitzenenergien zum Spitzenzeitpunkt."

Wir setzen alles auf Sieg durch Konzentration! „Wir hatten viele Produkte, aber nennenswerte prozentuale Gewinne machen wir nur mit einem einzigen Produkt, das ganz neu am Markt ist und mit dem wir schon etwa zwei Prozent unseres Umsatzes machen. Wir wollen nun den ganzen Rest der Firma dichtmachen und uns nun auf diese einzige Hoffnung konzentrieren. Wir verkaufen das Produkt dann nur noch im Internet und benennen unsere Firma um. Sie heißt dann *los.komm.* Als Logo nehmen wir eine angewinkelte Faust, die Siegeswillen zeigt."

Unternehmen mit Analystenfahne: „Ich habe kaum noch Alternativen, aus dem Schlamassel herauszukommen. Die Analysten fordern eine komplette Umorientierung. Wir haben daher beschlossen, allen Managern Optionen statt Gehalt auszuschütten. Anschließend werden wir die Unternehmensziele einfach so umändern, dass sie hinterher genau den Vorschlägen der Analysten entsprechen. In diesem Augenblick sind die Analysten so betrunken vor Freude, dass sie etwas bewegt haben, dass sie uns hochjubeln. Dann refinanzieren wir uns alle bei den hohen Kursen. Es kommt darauf an, ab und zu hoch im Kurs zu stehen, nicht immer. Wie in der Politik."

Neues Ziel, neue schöne Zeit: „Meine Eltern sind sauer, weil ich schon zehn Jahre Wirtschaft studiere. Sie meinten neulich, ich hätte von vornherein an der Fachhochschule studieren sollen, das wäre leichter gewesen. Da habe ich geschluchzt und gesagt, dass ich das schon seit Jahren so fühle. Wir haben uns daraufhin alle in die Arme genommen und beschlossen, dass ich an der FH neu anfange. Hui, das war höchste Eisenbahn für mich. Jetzt habe ich erst mal wieder Ruhe."

Lieblingssätze von Ontopimierern: „Eine Entschuldigung geht schneller als eine Erlaubnis. Ich habe mich sofort gemeldet, ich will es. Ich kann auch nichts dafür, wenn andere den Mund nicht aufmachen können. Jeder hätte sich melden können. Ich kann das Gemecker über mein angebliches Vordrängen nicht ernst nehmen. Es kommt auf den Effekt an. Ich entscheide schnell aus dem Bauch heraus. Ich habe einen guten Instinkt, dem ich vertraue. Natürlich liege ich auch mal daneben, aber das ist natürlich. Umso besser bin ich, wenn es einmal gut ausgeht. Wo gehobelt wird, fallen Späne. Und bei mir wird wirklich gehobelt, da kann ich jeden Arbeitsverweigerer nur warnen. Ich bin der, der das Ei des Kolumbus auf den Tisch stellt und alle Knoten zerschlägt. Ich bin direkt und diese Ehrlichkeit schätze ich an mir. Ich gebe meine Fehler zu. Ich halte nichts von falscher Freundschaft. Jeder kämpft für sich. Ich bin nicht als Kindermädchen für alle da. Jeder muss auch für sich selbst sorgen können. Wer das nicht will, soll gehen. Der hat hier keinen Platz. Sonst macht ihr das mit Sicherheit alles hier ohne mich. Dann gehe ich und ich weiß, was ihr ohne mich macht: nichts mehr. Ihr seid platt ohne mich. Und ihr seht das nicht und meckert herum. Gut, ich bin hart und entschlossen, aber im Grunde nur sehr ehrlich. Ich liebe ehrliche Menschen, die Auge in Auge mit mir kämpfen. Ich liebe Menschen, die mal mit mir auf Sauftour gehen und nicht rumzicken. Ich kann das Weinen nicht ertragen, die ganze Angst hier. Ich habe schon einige Male Projekte in den Sand gesetzt, aber ich komme immer heil raus. Man kann es immer noch reißen, wenn man unter Druck nur noch arbeitet, um sein Fell zu retten. Mit mir ist euer Leben jedenfalls nicht langweilig. Solange ich da bin, ist immer etwas los mit euch. Wenn ihr euch schlecht fühlt, schiebt einfach alle Schuld auf mich, das halte ich schon aus, ein bisschen mehr macht mir nichts. Da bin ich großzügig. Und nun macht einfach, was ich sage. Ich bin gestern ausgerastet, das ist meine Art, dafür muss ich ja euren Mist ertragen. Ich bin aber nicht nachtragend, obwohl ich oft ausraste. Nach solchen Aussprachen ist die Luft gereinigt. Das tut gut. Im Grunde ist das Leben schön. Jeder hat alle Chancen. Jeder muss sie ergreifen. Wenn es nicht klappt, gibt es anderes. Sagt meine neue Freundin auch.

XIII. Im Strudel von Suprasystem und Supramenschen

1. Im Sog der Minderwertigkeit

In den letzten Kapiteln habe ich das Topimieren in vielen Varianten zur Sprache gebracht. Es war dabei von Menschen die Rede, die ihre lokalen oder kleineren Triumphe im Leben suchen oder die ungeschoren davonkommen. Sie leben alle unter uns, ganz normal und durchschnittlich. Sie führen ein im Grunde normales und „zufriedenstellendes" Leben, auch wenn das nicht stressfrei sein muss. Die durchschnittlichen Menschen leben im „alltäglichen Wahnsinn", wie sie immer wieder ironisierend sagen. Sie kommen im Großen und Ganzen durch, spüren aber schon das Leiden der Welt und sehen sich zum Teil selbst im Leid gefangen.

Es gibt aber noch viele Menschen (Ein Zehntel? Ein Viertel? Ein Drittel?), die vom Leben herumgeschubst werden. Was geschieht mit ihnen? Was geschieht *in* ihnen?

Zur Zeit ächzt die Welt unter hoher Arbeitslosigkeit, die zum guten Teil durch die Suprasysteme verursacht wird, die durch immer härtere Auslese, durch ständige Reorganisationen, Ausgründungen, Firmenübernahmen eine Art Synergiekarussell in Bewegung halten. Das Unterdurchschnittliche wird ständig weggeschnitten. (Mein Lieblingsbild: Das Unternehmen ist wie ein Gyrosspieß und schneidet sich immer die Teile ab, an denen es sich das Fell verbrannt hat. Am Ende bleibt nur der Unternehmensstab übrig.) Wo bleibt das Weggeschnittene? In Deutschland kommen wir nicht von zehn Prozent Arbeitslosigkeit weg. Dazu kommen noch viele Sozialhilfeempfänger und Arme. Man sagt, 10 Millionen der Deutsche seien nahe davor, Alkoholiker zu sein, knapp die Hälfte davon seien es schon. Jährlich erkranken knapp acht Millionen Deutsche an einer Depression. Mindestens 1,5 Millionen Deutsche sind medikamentenabhängig. 9 Millionen Deutsche leiden an behandlungsbedürftigem Übergewicht. Achtzig Prozent fühlen sich gestresst. (Bin dabei.)

Fünfundzwanzig Prozent bezeichnen sich als dauerhaft überfordert.

Tendenz überall steigend? Ich habe eine halbe Stunde im Internet geblättert und solche Zahlen aus Studien gefunden. Es gibt auch noch vage, aber ganz schrecklich zweistellige Prozent-Schätzungen von Menschen, die mindestens einmal Ziel eines sexuellen Übergriffes waren. Zweistellige Prozentsätze wachsen als Scheidungskinder auf, viele in zerrütteten Familien. Tendenz: steigend.

Niemand achtet auf die „da unten". Sie kommen nur in Statistiken vor, aber nicht mehr in den noch gesunden Herzen und bestimmt nicht in den Suprasystemen.

Als Manager hatte ich die ganz und gar ungeliebte Pflicht, Mitarbeiter am Jahresende in die Kategorien 1, 2 und 3 einzuteilen. Ein Drittel bekommt eine Drei. Wenn ich als Manager jemandem eine Drei gab und geben *musste* (die meisten Gehaltssysteme geben etwa einem Drittel der Mitarbeiter nur eine kleine Gehaltserhöhung, wenn überhaupt eine), dann verlief das Mitteilungsgespräch darüber fast immer ziemlich unangenehm. Zorn, rauchendes Schweigen, gepresste Lippen, Anklagen, Ungerechtigkeitstränen, stummes Entsetzen, gespielte Gleichgültigkeit, provozierende Fragen. Kaum jemand nahm es je so einfach hin. Die Suprasysteme sind ja extra so konstruiert. Es soll ja wehtun. Die meisten Mitarbeiter waren eher etwas überrascht, wenn sie eine Drei bekamen, deshalb waren sie sehr viel geschockter als die, die schon etwas ahnten. Sie argumentierten sehr hitzig und wiesen mir nach, dass ihre Leistung kaum geringer gewesen sei als die Leistung derer, die eine Zwei bekamen. Ich sagte immer wieder und wieder, dass auch dann, wenn alle gleich gut wären, ein Drittel eine Drei bekommen müsste, weil es das System so vorsähe. Ich zeigte ihnen die Unterschiede der Gehaltserhöhungen für zwei und drei. In einem Jahr gab es nur Gehaltserhöhungen für Einser, weil die Lage sehr schwierig war. Die Gespräche hatten also gar nichts mit Geld zu tun, waren aber genauso schwarzdunkel wie eh und je.

Es ging nie um Geld. Niemals. Nicht ein einziges Mal. Es ging immer um die Menschen, denen das System: „Du bist nicht gut!" gesagt hatte. Ich habe verzweifelt versucht, Mitarbeitern zu vermitteln, dass es nichts mit meiner Wertschätzung für sie zu tun hat. Ich habe dies und das versucht. Manchmal schrie ich nach solch einem Gespräch laut heraus: „Alles Verrückte!"

An einem Tag im Februar, ich weiß das Datum noch ganz genau, es liegt schon viele Jahre zurück, sagte mir jemand fast wie beiläufig, dass ich selbst eine Drei bekäme.

Das Blut schoss mir ins Gesicht. Ich war völlig überrascht – nie in meinem Leben war ich so überrascht gewesen. Ich stammelte als schon ganz Erwachsener: „Warum? Wieso? Doch nicht ICH!" Ich winselte und bat. Ich habe immer schon gewusst, dass ich nie in meinem Leben eine Drei bekäme, nie. Ich konnte noch alle Schulvierer an einer Hand abzählen und einzeln nennen. Mein Chef blieb hart. Ich habe nie verstanden, warum ich eine Drei bekam. (*Offiziell* verstanden.) Es tat unglaublich weh. Ich saß nach dem Gespräch dumpf in meinem Büro, schaute auf den Fluss und hatte Alpträume. Ich wollte kündigen, ging alle Chancen durch, die ich haben mochte. Ich würde zu Hause vor meiner Frau stehen. Ich würde keine Gehaltserhöhung bekommen und dies ein Jahr lang auf der Abrechnung sehen müssen. Und alles rief mir zu: „Du bist nichts wert."

Ich fiel in einen dumpfen, hoffnungslosen Zustand. Ich sah meine Post nicht mehr durch, tat nichts mehr für meine Abteilung und blieb regungslos. Tagelang. Recht geschieht ihnen, wenn sie so viehisch ungerecht sind! Sie haben kein

Recht mehr, von mir einen Handschlag zu bekommen. Ich will nicht mehr. Ich kann nicht mehr! Die Tage vergingen wie in einer Trance.

Etwa zwei Wochen später, es war schönes Wetter, schaute ich wieder glasig-gedankenverloren aus dem Fenster auf den Neckar hinunter, auf die dunkle Flut. Unter den Gedanken kam einer hervor: „Du gibst selbst oft Menschen eine Drei und du verlangst und wünschst, lieber Gunter, dass es doch endlich mal ein einziger Mensch mannhaft und mit Haltung annähme, ohne gleich multipel über sein gebrochenes Selbst zu jaulen!" – Und: „Gunter, du sagst, dass es nie jemand versteht, wenn du ihm die Drei erklärst! Gunter, du bist entsetzt, wie überrascht alle Mitarbeiter sind, denen du eine Drei vermittelst! Gunter, du bist immer ganz sicher, dass sie eine Drei verdient haben! Gunter, du findest es entsetzlich, dass sie winseln und dich umstimmen wollen. Gunter, du schüttelst dich innerlich, wenn sie immer wieder und wieder kommen und dich fragen, ob du sie noch liebst!"

Es war schönes Wetter, die Sonne strahlte. Da begann ich zu lächeln. Ich lächelte über den törichten Gunter. Ich lachte, klatschte in die Hände und rief: „Du bist wie sie! Und du wirst das nie wieder tun! Und du wirst die verstehen, die vor dir weinen! Und du wirst sie nun wahrhaft lieben! Und nie mehr wird sich etwas in dir selbst sträuben und schütteln. Sie sind Menschen wie jetzt du!"

Da trug ich in den Wandkalender am Tag meines Gespräches mit dem Chef ein (nicht ganz logisch, aber zum Wetter passend): „Dies war der Tiefpunkt meines Lebens." Ich weiß das Datum noch ganz genau.

Die Supra-Katastrophe fühlte sich so an wie die Mutter: „Von jetzt an ist die Schwester das Lieblingskind." Oder: „Du bist impotent." Es war wie eine Bluttat an meinen Seismographen, die sofort alles für zwei Wochen unter Endorphinbetäubung setzten. Immerhin wachte ich später wieder auf. „Herr Dueck ist in Grenzen belastbar und wird nach Niederschlägen wieder rasch trocken."

Wie fühlen sich Menschen, die einen amtlichen Minderwertigkeitsstempel bekommen, sogar etliche Male oder eventuell immer? Schüler, die dauerhaft am Wissensminimum kauern? Loser? Dauerarbeitslose? Wie ist das, fünfzig, hundert Absagen auf Bewerbungen zu bekommen, obwohl die anderen Studienkollegen gleich beim zweiten, dritten Mal eine Stelle antreten können?

Ich mag nicht so arg viel darüber schreiben. Ich habe so etwas selbst relativ selten erlebt. Niemand will darüber reden. Die meisten von Ihnen müssen es doch mitgemacht haben. Dennoch schweigen Sie alle, als hätten die Peiniger Recht. So, wie nach Dunkelzifferschätzungen dreißig Prozent der Mädchen mindestens einmal im Leben unzüchtig behandelt werden, mehr oder weniger schlimm, fünfzehn Prozent bis zur Penetration, wie es in den Studien heißt. Alle schweigen.

Scherzfrage: Was ist der Unterschied zwischen der katholischen und der evangelischen Religion? Antwort: Wenn den Katholiken ein Unglück trifft, kommt es von Gott und er hat es verdient. Der Protestant weiß, dass es eine Menge Unglücke geben wird und sieht zu, dass es andere trifft.

Ich will sagen: So sind Sie erzogen worden! Katholische reagieren mehr mit Endorphin, Protestanten mit Adrenalin? Das Tao sagt nur: „Unglück passiert."

Unglück passiert. Aber Sie alle schweigen wie alle Opfer.

Sie nehmen hin, dass es ein Drittel im Jahr trifft. Hoffentlich nicht Sie.
Aber es muss sein, denken Sie alle, weil nun einmal Leistungsgerechtigkeit herrscht. Das ist gut so, sonst würde ja nie mehr jemand arbeiten wollen.

Es ist aber in diesen ganzen Drei-Gesprächen NIEMALS von Geld und Leistung die Rede, glauben Sie mir. Immer nur von verlorener Liebe, verlorenem Respekt, verlorenem Expertenstatus, verlorenem Ruf als Meister. Die Menschen sind auf *diesen* Grund gestoßen: „Du bist *nichts.*"
Und: „Du hast noch nichts auf Deiner Bedürfnispyramide erreicht. Fang wieder unten an."

2. Rückzug auf innen gefühlte Werte und ständige Verteidigung oder Wut

Eines Tages in meiner Wissenschaftlerlaufbahn wurde ich in das Büro des Chefs gerufen. Mir wurde mitgeteilt, dass es die Möglichkeit für mich gäbe, eine Abteilung zu übernehmen. Bevor ich allerdings Manager werden könnte, müsste ich ein sogenanntes Assessment hinter mich bringen. Man würde mich zwei, drei Tage beobachten, ob ich zu Führungsaufgaben geeignet wäre. Ich hatte keine Ahnung, was ein Assessment sein sollte, also kaufte ich sofort ein paar ganz teure Bücher darüber und wusste nach ein paar Tagen „alles", fuhr hin und bestand es.

Da fällt mir ein, dass ich schon einmal einen Tiefpunkt in meinem Leben gehabt habe, damals, beim Assessment. Ich sollte einem fiktiven Mitarbeiter, der von einem Psychologen virtuos gespielt wurde, mitteilen, er bekäme eine Drei. Ich erklärte ihm das völlig sachlich, worauf er mir mit weinerlichen Einlassungen kam, über seine Familie ablenkte, was die da sagen würde – kurz, er wollte nie richtig zum Thema kommen, nämlich, dass er laut „Spielverlauf" in diesem Jahr nicht besonders gut gearbeitet hatte. Ich geriet in diesem Übungsgespräch in Panik, ich spürte die vier Beobachter kritisch blickend im Nacken. Es war wie die Hölle, eine Viertelstunde lang, dann erlöste man mich. Sie fragten, wie ich mich fühle. Ich schrie sie fast an: „Das ist unfair. Laut Akte hat dieser Mitarbeiter schlecht gearbeitet, ohne jeden Zweifel. Und er weiß es laut Akte! Und dann spielt mir dieser Psychologe hier etwas vor. Er spielt, dass er überrascht ist über die Drei! Wieso? Er spielt, dass er glaubt, er sei gut! Wieso? Er redet dauernd von „an der Ehre beschädigt"? Wieso? Was hat das mit Arbeitsleistung zu tun? Was, bitte!" Ich war so böse wie selten in meinem Leben.

Es war die letzte Übung im Assessment. Die Übungen waren gefilmt worden. Während die Gutachter über die Urteile nachdachten, konnten wir die Filme anschauen. Meine Viertelstunde kam dann auch dran. Ich schaute bis zur Hälfte. Ich sah, wie ich schrumpfte und verzagte, einging unter dem Psychologen, innerlich verzweifelte und implodierte. Mir stiegen heiße Tränen hoch und ich floh auf mein Hotelzimmer. Ich wollte alles hinwerfen.

Das waren sieben Minuten höhere Hölle:
Ich hatte mich gesehen.

Wie sagt man einem Menschen, dass er „schlecht gearbeitet hat"? (Dieser Knoten hat sich erst beim Lachen über mich selbst viele Jahre später gelöst, als eben ich selbst einmal dran war.)

Am nächsten Tag bekam ich das Feedback zu meiner Vorstellung. Darunter: Ich verstehe noch nichts von den Eingeweiden der Menschen, inmitten meiner Mathematiker-Rationalität. Sic! Ich habe lange gebraucht, um das alles zu verstehen. Das Urteil hat mich lange verletzt. Und verstehen Sie bitte: Ich *bestand* das Assessment! Drei von zwölf bestanden. Und was sagten die anderen über ihr Urteil?

Weil ich die Bücher über das Assessment gekauft hatte, liehen spätere Aspiranten sie immer wieder aus. Sie sind heute ganz zerlesen. Ich führte viele Gespräche mit den Kandidaten, beriet sie, warnte sie vor den Schmerzen, wenn man sich selbst sehen muss. Wir besprachen ihre Chancen, ich fragte, ob sie wohl meinen, Manager werden zu können und auch zu wollen. Wochen später kamen sie dann wieder, verletzt, weil sie sich selbst hatten sehen müssen. Die meisten waren durchgefallen. Fast alle trugen an dem Urteil sehr, sehr schwer. Sie waren, so sahen sie es, als *Menschen* abgelehnt worden. Ein Management-Assessment ist eben kein Test, den man besteht oder nicht. Es ist ein Urteil über die Führungsfähigkeit des Menschen und wird im Grunde als Urteil über ihn selbst, über seine innerste Persönlichkeit empfunden. Ich habe also eine Menge Kandidaten im Vertrauen sprechen können, wir haben ihre Ängste und Hoffnungen vor dem Assessment besprochen. Dann kamen sie wieder.

Sie erzählten mir haarklein das Urteil. Es war fast immer gut und richtig. Es war ein Spiegelbild dieses Menschen. Sie hatten das Spiegelbild gezeigt bekommen. Aber die meisten hatten sich nicht im Spiegel *gesehen*. Es ist ein Unterschied, ob ich ein Foto von mir sehe oder ob ich fühle, das da bin ich! Die meisten schäumten auf, es sei ein ganz unvorteilhaftes Foto geworden, unter Stress mit Rote-Augen-Blitz. Sie betrachteten ihr Urteil wie ein völlig missglücktes Passfoto, das nun ungerechterweise für viele Jahre mit ihnen selbst identifiziert werden würde.

Sie waren wie ich damals: Verletzt. Ich habe zwei, drei Jahre gebraucht, um zu verstehen, dass ich das selbst war, auf dem Passfoto – dass es ein Foto von *mir* war, nicht *missglückt*. In den vielen Gesprächen habe ich mich viele Male selbst wiedergesehen und immer mehr annehmen können. Ich habe nämlich erfahren dürfen, wie sich das Ich unter dem Spiegelbild verkrümmt und windet, wie es wirklich winselt und kriecht, wie es retuschiert und wieder halbwegs gut hinstellt, wie es eben, wie Freud uns lehrt, Widerstand leistet. Widerstand ist gar kein adäquater Ausdruck für diese innere Abwehr. Es ist Krieg. (Verzeihung, dass ich das Wort hier schon wieder benutze, wo ich es doch immer verwendete, als es um Suprasysteme ging. Es muss sein.)

Nach meinen langen Erfahrungen mit solchen verletzten Menschen, mit Managementaspiranten und Dreiern bin ich mehr und mehr fasziniert, wie einfach es ist, das alles von sich selbst zumindest offiziell abzuschütteln. Der Trick ist genial einfach: Wenn das da auf Ihrem Passfoto missglückt aussieht, dann schimpfen Sie am besten sofort auf den Fotografen. Das ist es schon. Sagen Sie: „Er fotografiert mich bewusst hässlich aus seiner Sicht! Er kennt meine inneren Werte nicht und glaubt, das mit dem aufgesetzten Grinsen und den Haaren hinter den Ohren sei ich! Sollen wir Menschen alle so aussehen, in Uniform, mit Haaren hinter den Ohren und Blick nach links, ein Ohr frei? So bin ich nicht! Das bin nicht ich!"

Wenn Manager Urteile abgeben, dann urteilen sie ja im Namen des Suprasystems. Das Suprasystem beurteilt eben nicht unsere DNS, sondern die Teilspirale unserer Erbinformation, die wie eine Doppelhelix von Pflicht & Gier aussieht. Der Rest ist unsere Privatsache. Diese Vorstellung drängt sich in verletzten Menschen hervor. Der Rest, so sagen sie sich, sind leider im Wesentlichen sie selbst. Sie empfinden, dass das System sie nicht als sie selbst beurteilt, sondern hinsichtlich der Zwecke, die sie als Mensch für das System haben. Sie sehen sich als potentieller Systemsklave beurteilt, nicht als Mensch. Mit dieser Sicht auf die ihnen beigebrachte Urteilsverletzung wehren sie das Urteil ab.

Diese Abwehr verursacht ungeheure Folgekosten. Die Abwehr funktioniert nämlich nur, wenn unterstellt wird, dass das System nicht am Menschen interessiert ist, sondern nur an seinen systemtriebhaften Attributen. Es wird angenommen, dass das System ganz andere Kriterien hat, als sie zur Beurteilung von wertvollen Menschen gewöhnlich von normalen Menschen herangezogen werden. Unter dieser Annahme ist also das System nicht mehr „menschlich". (Das sage ich schon die ganze Zeit, aber in einem anderen Sinne!) Das System ist für den verletzten Menschen erblindet. Es sieht seine eigentlichen Qualitäten nicht mehr. Es verleugnet sein wertvolles Inneres, sonst hätte es nie mit „Nicht Manager!" oder nie mit „Drei!" geurteilt.

Wenn also ein abgeurteilter Mensch sein Spiegelbild abwehren will, so kann er das über diesen Weg tun. Dann aber zahlt er den Preis: Er ist mit seinen inneren Werten, also seinem eigentlichen gespürten Wert als Mensch, mutterseelenallein.

Das Suprasystem hat ihn verlassen. Die anderen Mitarbeiter nehmen das Drei-Urteil für den verletzten Menschen an, sie trösten nur ein wenig oder geben ihm beruhigend Recht. („Du schaffst das schon. Kein Urteil ist endgültig.") Sie sind also auch auf der *anderen* Seite? Allein.

Verletzte Mitarbeiter beginnen als Folge der Abwehr, ihren inneren Kern als Mensch vom Suprasystem zu trennen. Da ist die innere Seite, die wertvolle, und die äußere, der Systemschnickschnack zum Geldverdienen. Da das Wertvolle notwendig innen gefühlt wird, ist also das Suprasystem für den verletzten Menschen „seelisch erledigt". Es ist nun ganz im Außen, nicht mehr in seinem eigenen Machtbereich. Alles, was früher im Macht-Innen war, wandert ins Außen. Innen bleibt allein der als wertvoll gehütete Kern, das, was noch nie einfühlendliebend fotografiert worden ist.

Dieser Vorgang heißt: Innere Kündigung. Es ist ein Rückzug auf den Kern, der wertvoll bleiben muss, weil ihn nie jemand sieht, also nicht auch noch niedermachen kann. Der Mensch schützt sich vor dem seelischen Tod, indem er diesen Kern nie mehr zeigt. So bleibt er wertvoll und kann überleben.

Die am Anfang des Buches zitierte Gallup-Studie sagte, dass neunundsechzig Prozent der Mitarbeiter nur noch nach Vorschrift Dienst tun, während sich sechzehn Prozent schon innerlich verabschiedet hätten. Es ist ein Umfrageergebnis. Ich bin ziemlich sicher, dass sich mehr von ihnen verabschiedet haben. Diese Menschen liegen im Krieg. Es ist der Krieg „Suprasystem oder Ich?“ Der Krieg wurde vom System erklärt: es misst den Menschen und gibt ihm eine Eins, Zwei, Drei. Der Krieg wird am Ende zu einer großen Verschiebung der Grenzen führen: Das Suprasystem gewinnt alles Land, alles Terrain, alle Werte – außer dem Kern des Ich, der nun einsam eingeschlossen wartet, bis alles ein Ende hat.

Das Ich hat sich vor dem Suprasystem eingekapselt. Nun ist ihm der Weg zu allem abgeschnitten, was in seiner Bedürfnispyramide als Wert eingetragen ist. Wer innerlich gekündigt hat, bekommt nun keinen Respekt, keine Achtung, kein Lob mehr. Er ist aber auch nicht mehr „gierig“, leidenschaftlich, leistungsbereit, offensiv. Er taugt im Grunde nicht mehr für das Suprasystem. Weg mit ihm!

3. „Ich!“

Suprasysteme messen und hetzen Menschen zur Höchstleistung. Manche von ihnen leisten Ungeheures, auch unter Druck. Die dort unten, die das Suprasystem unterdurchschnittlich beurteilt und im Grunde loswerden will, entstehen in dem Suprasystem planmäßig entsprechend der Mitarbeiterquote, die keine Gehaltserhöhung bekommen soll.

„Die dort unten“ sind nicht wirklich schon da. Suprasysteme stellen nur gute Bewerber ein, viele können sie sich „aussuchen“, weil sich die Bewerber durch Karriereaussichten locken lassen.

Am Ende des Jahres ist ein Drittel von ihnen unterdurchschnittlich. Die Demotivationsspirale setzt ein. Die Behandlung der Unterdurchschnittlichen ist eine Warnung für die noch Überdurchschnittlichen. *Die da unten beginnen, sich zwischen dem System und dem Ich zu entscheiden.* Sie tendieren immer mehr zu einem immer kleiner werdenden Ich.

Motivation wäre ja, die Mitarbeiter für die Ziele des Systems zu begeistern. Unterdurchschnittlichen sagt dasselbe System, sie setzten sich nicht in nennenswertem Umfang für diese Ziele ein. Wie sollen sie es aushalten?

„Ich!“

Das ist die Entscheidung des als unterdurchschnittlich Eingestuften. Diese Entscheidung gegen das Suprasystem ist eine weitere Teilbankrotterklärung von Suprasystemen. Zu viele Opfer.

4. Drei-Menschenklassen-Suprasysteme

So teilt das Suprasystem die Menschen in drei fast scharf getrennte Klassen.

Die Leistungsträger, die es schaffen, dauerhaft überdurchschnittlich zu sein, können das Menschsein und den Job als Angehöriger des Suprasystems in gewissen Grenzen zusammenhalten. Sie sind exzellent und Exzellenz bekommt Note Zwei, ohne sich weitere Gedanken zu machen. Ich begründete das schon. Leistungsträger sind nicht gezwungen, Mensch und Supramensch zu stark zu trennen. Sie sind erfolgreich und bewahren gleichzeitig eine mehr oder weniger integre Persönlichkeit, zumindest haben sie die Möglichkeit dazu. (Sie können natürlich auch noch ihre Seele für extremes Nummer-Eins-Sein verkaufen!)

Die durchschnittlichen Menschen stemmen sich mit ängstlicher Mühe gegen den Abstieg ins Unterdurchschnittliche. Sie wählen sehr oft das Suprasystem, wenn sie gefragt werden: „Suprasystem oder Ich?“ Viele sagen: „Ich halte das raue Klima im Suprasystem noch ganz gut aus. Ich verdiene gutes Geld. Mit vierzig werde ich es langsamer angehen lassen. Ich will ja auch eine Familie haben. Jetzt sehe ich zu, dass Kohle hereinkommt.“ So beginnt der Weg zum Supramenschen. Wenn er nicht im Leistungshoch endet, führt dieser Weg zum Topimieren in irgendeiner Schattierung. Die durchschnittlichen Menschen arrangieren sich und beginnen, mit dem Suprasystem eine Symbiose einzugehen. Sie haben es nicht wirklich geschafft, top zu sein, nun topimieren sie: Sie motzen eigene Leistungen auf oder zeigen sich unermüdlich auf Baustellen.

Die Loser können nicht wählen. Sie schrumpfen zurück in ein vom Suprasystem begrenztes Ich.

5. Hellsichtige Verachtung für Supraphilie und Schein

So kommt es, dass ganz oben oft die Persönlichkeiten zugleich die Leistungsträger sind. So kommt es, dass die Durchschnittlichen immerzu hinter Punkten herlaufen.

Die „da unten“ sehen die „da oben“.

Sie sehen ein paar Leistungsträger, die in der Regel von allen akzeptiert sind, wenn es nicht Hochleistungssüchtige sind, die „arrogant“ wirken, also ihre Leistungen schon auf der Stirn tragen, die sie für die nächsten fünf Jahren als Versprechen planen. Viele der Hochleistungsträger sind „Elite-Narzissten“. Das sind eher gutgekleidete, oft gutaussehende Menschen (Seidenanzug mit roter

Krawatte oder Kostüm, am besten mit rotem Schal) – sie wehen wie der Sommerwind in Räume herein, wie ein Ereignis, nach dem sich die Köpfe recken. Sie wirken wie von anderen Sternen, besonders, wenn sie uns anschauen. Dann wissen wir, dass wir selbst mehr erdgebunden sind.

Die da unten sehen aber meist die durchschnittlichen Menschen um sich herum. Sie sehen, wie sich die durchschnittlichen Menschen abmühen, nicht zu denen da unten zu gehören. Sie rennen im Punkterutenwettlauf. Sie beschönigen und polieren auf. Sie schummeln und lügen aus Not. Sie verschieben, entschuldigen, buckeln, fürchten, kämpfen, schreien sich an.

Mit einem Wort: Einem da unten, der sich selbst im Ich aufgegeben hat, der vom Suprasystem im Grunde schon ausgestoßen ist, der innerlich gekündigt hat – einem da unten wird klar, dass die dicke Schicht der Menschen über ihm aus einem Haufen verkaufter Seelen besteht, die sich kindisch um Punkte zanken.

So bekommen Unterdurchschnittliche Menschen einen scharfen Blick für das Topimieren aller Art. Sie müssen daher notwendig beginnen, die Welt als verrückt anzusehen. Sie beginnen zu verstehen, dass die Durchschnittlichen die Menschenwerte der Welt nur wie Vokabeln proklamieren, wie man seinen einzigen alljährlichen Christmettenbesuch zu gläubigem Christentum hochstilisieren könnte.

Sie sehen überall Supraphilie.

Damit haben sie noch eine gewisse Verbindung zu den Leistungsträgern, die eine reiche Persönlichkeit geworden oder geblieben sind. Von den Durchschnittlichen trennt sich ihr Ich mehr und mehr.

Wer dies ethisch sieht, wird etwas gerührt sein können; denn wir sehen, dass die „da unten" oft „gute Menschen" sind!

Wer genau hinsieht, erkennt, dass sie *deshalb* verloren sind.

Wie sollte ein Unterdurchschnittlicher, der Supraphile hassen gelernt hat, wieder aufsteigen und durchschnittlich werden? Müsste er nicht zuerst das Tricksen und Topimieren erlernen? Sagen denn nicht immer die Durchschnittlichen zu den Unterdurchschnittlichen: „Weißt du, du stellst dich nicht *geschickt* an! *Deshalb* verlierst du zuviel Punkte!"

6. Zynische Abschweifung

Wenn ich Politiker wäre, würde ich die Wahl gewinnen.

Ich mache es so:

Ich rede vehement und laut gegen das Supragehabe und alles Supraphile, gegen die schmutzigen Tricks und das Geschummel und den kleinlichen Steuerbetrug der Durchschnittlichen, gegen Image, Statussymbole und Angeberei. Dann aber trete ich für das Ehrliche, Treue, Deutsche, Heimatgebundene, Sorgende, Liebende ein, verlange für jeden Menschen Respekt, Achtung, Wohlgelittenheit – denn JEDER ist ein Mensch, in dem absolut unveräußerlich das Ehrliche und Treue schlummert, in tiefem Grunde also das Gute. Ich sage, dass ich das Gute in den treuen Menschen sehe, auch wenn diese Menschen arm und arbeitslos sind, auch wenn sie schicksalszerzaust und elend aussehen und nicht wie die, die Modezeitschriften inhalieren und Wellnessstudios bevölkern. Ich sage: Ich liebe das Ehrliche und Treue.

Damit spreche ich das Einzige an, was die Loser in sich tragen: Das unveräußerliche Bewusstsein, ein gutes Ich zu sein, das leider nur verachtet wird – nur nicht von *mir*. Und deshalb gewinne ich die Wahl. Ich verkneife mir hier, ein paar Bemerkungen zur Massenpsychologie zu machen. Sigmund Freud führt seine Überlegungen dazu von dem Gedanken aus, dass sich Menschen in Horden entwickelt haben und sich deshalb in Horden wohlfühlen und als solche von Führern aufgehetzt werden. Ich glaube das nicht.

Es gibt Zeiten, in denen es sehr viele Menschen gibt, die *nur* noch treu und ehrlich sind – sonst haben sie nichts mehr. Und wenn ich diese flammenden Reden halte, dass ich das Treue und Ehrliche wieder an die Spitze der Werteskala bringe, wo es hingehört, dann muss ich eigentlich einen Sturm des verlorenen Drittels der Menschen entfachen. Ich muss nur ihr harmüberkrustetes Herz erreichen. Und raten Sie einmal, warum es dann Sturm gibt! Weil diese da unten gerne *Horden* sind?

Was wäre das für eine Welt, in der diese vorgestellte Strategie funktionieren würde und in der ich als Populist die Macht ergriffe?

XIV. Sacrificium, Martyrium, „Deficior“!

1. Sacrificium des richtigen Menschen

Richtige Menschen, die verloren haben, sehen sich als Opfer der Suprasysteme. Richtige Menschen fühlen sich in normalen Systemen wohl. Sie wollen dort geborgen in einer riesigen Gemeinschaft arbeiten und einen Teil für das Große beitragen. „Meine kleine Rolle in diesem System ist es, hier Besucher zu begrüßen.“
Die meisten richtigen Menschen begreifen heute den Unterschied zu einem Suprasystem noch nicht richtig. Sie sagen, es gehe in diesen Tagen härter zu, es wehe ein schärferer Wind, das Klima sei rauer, die Notwendigkeiten drängender. Es gebe weniger Optionen und kaum mehr Raum zum Handeln, weil der Überlebenskampf kaum anderes erlaube als einfach im Blute zu waten. Macbeth sagt an einer berühmten Stelle, er stehe nun so weit im Blute, dass es egal sei, ob er nun zurückkehre oder weitergehe. In unserer Zeit heißt es: „Augen nach vorn oder am besten zu. Wir müssen da durch.“

Wenn die richtigen Menschen sich also mit dem Suprasystem identifizieren, aber von diesem als leistungsschwach zurückgewiesen werden, so setzt im richtigen Menschen, der niemals an seine Leistungsschwäche glauben will, der Umdenkungsprozess ein, das System sei sein Feind und bedrohe ihn. Er wird sich fragen, warum das System ihm feindlich gesonnen ist ...

„Die Umorganisation vor vier Jahren hat mir als Person sehr geschadet. Sie suchen offenbar nur noch junge Mitarbeiter. Sie versprechen sich von denen mehr Durchsetzungskraft. Dabei stellen sie tatsächlich aus reiner Verblendung nur krankhaft Ehrgeizige ein, die nur hereinkommen und völlig aufgeblasen etwas ändern wollen. Ich sehe doch täglich, dass sie keine Ahnung haben. Früher hätten sie uns Ältere um Rat gefragt, jetzt sagen sie uns direkt ins Gesicht, dass man ihnen bei der Einstellung versprochen hat, dass sie die Leitung übernehmen. Das hätte man damals niemandem versprochen. Wir mussten uns hochdienen. Heute ist das nicht mehr. Wir gehören zum alten Eisen. Wenn es denn etwas brächte! Aber sie quälen uns! Sie scheinen uns zu hassen! Ich arbeite in der Volksbank. Alle Öffnungszeiten zusammen sind gerade so viel wie unsere Wochenarbeitszeit. Da müssen wir eben da sein. Jetzt notieren sie sich unsere Arbeitszeiten, weil sie gegen uns sind. Wir gehen doch nicht um Punkt vier Uhr nach Hause! Haben wir noch nie gemacht. Wir gehen erst, wenn die Kasse stimmt, also bleiben wir öfter länger da. Außerdem kommen wir am Montag etwas früher, um schon die von den Geschäften eingeworfenen Geldbomben zu zählen. Das bringt uns sonst mit den Kunden durcheinander. Jetzt notieren sie die Zeiten und stellen fest, dass wir Überstunden gratis leisten. Sofort ist es still. Sie denken sich nun etwas aus, wie wir noch mehr Überstunden machen könnten. Wir arbeiten jetzt vor, weil wir eine Weihnachtsfeier machen müssen.“

„Ich glaube, sie hassen mich, weil ich ehrlich gewesen bin und auf die Missstände hingewiesen habe. Tu das nicht, hat mein Mann oft gewarnt, aber ich wollte, dass unser Betrieb keinen Schaden nimmt. Ehrlichkeit, sagte ich meinem Mann, währt immer noch am längsten. Jetzt werde ich früher in Rente geschickt.“

„Ich habe vor Jahren einen wirklichen Fehler gemacht. Der steht fest, aber es war nicht mit Absicht. Tut mir Leid, aber ich muss ihn erzählen. Die Kollegen – ha, sehen Sie – laufen schon weg, wenn ich die Geschichte erzählen will, ich bin nicht Schuld gewesen, aber sie haben nur mich dafür drangekriegt. Seitdem werde ich wie aussätzig behandelt. Die Kollegen sind immer noch betont nett, aber sie sagen, ich soll es vergessen. Ich kann es nicht vergessen. Ich will, dass sie sich entschuldigen. Das haben sie sogar schon getan, aber es war so etwas Scheinheiliges dabei. Ich weiß ganz genau, dass sie sich entschuldigt haben, weil ich das wollte. Sie wollen Ruhe nichts weiter. Nichts tut ihnen leid. Sie sagen, sie waren damals noch nicht in der Firma. Das ist richtig, aber dann könnte man sich ja nie reinwaschen. Ich bin nämlich ein guter Mensch, aber niemand sieht das hier.“

„Die neuen Regelungen begünstigen ganz einseitig die größeren Filialen. Sie wollen uns weghaben, das rieche ich. Mir kann keiner mehr was erzählen. Es fängt immer mit neuen Regeln an, die angeblich besser sind. Dann aber stellt sich heraus, dass sie nur gemacht wurden, um uns hier zu benachteiligen. Wir haben denen schon oft Punkte abnehmen können und jetzt rächen sie sich.“

„Der Chef redet nur noch wenig mit mir. Ich habe mich natürlich beschwert. Er sagt, wir kennen uns schon so lange, da brauchten wir nicht so viel zu reden. Ich will ja gar nicht mit ihm reden, er könnte nur ab und zu einmal sagen, dass er sieht, wie ich mich bemühe. Andere arbeiten besser, ich weiß, aber ich bin auch nur ein Mensch. Und vor allem ist der Chef nur ein Mensch. Das hat er vergessen. Er ist kein Mensch mehr wie früher. Ich will von so einem Menschen gar kein Lob. Aber ich habe nur ihn.“

„Ich will darüber nicht gerne reden, aber ich habe eine kleine Behinderung, die man mir nicht ansieht. Wussten Sie, dass mein rechtes Bein einen Zentimeter kürzer ist? Nein? Sehen Sie! Ich lasse es mir nicht anmerken. Aber der Chef fragte mich vor einigen Jahren: „Hinken Sie?“ Ich weiß nicht, was er damit gemeint hat. Irgendwie legen sie es gegen mich aus, obwohl ich es nie jemanden merken lasse.“

„Ich rege mich oft auf, wenn es Krach mit Kunden gibt. Manchmal habe ich Angst. Ich habe doch auch Anspruch auf Respekt. Ja, es haben sich zickige Kunden über mich beschwert. Aber mein Chef hat sich nicht hinter mich gestellt. Er hat mich nicht verteidigt. Er hat dem Kunden Recht gegeben. Als ich mich beklagt habe, hat er fadenscheiniges Zeug gestottert. Ich hätte besser beraten sollen und hätte die gewählte Farbe des Kunden nicht schrecklich nennen dürfen. Der Kunde *will* aber doch beraten werden! Ich stelle mich jetzt auch immer direkt vor die Kunden und lasse nicht ab, bis sie sich beraten lassen. Was soll ich mehr tun als mich anbieten? Das muss der Chef doch sehen? Was, zum Teufel, will man von mir! Ich bin jetzt oft krank. Ich halte es nicht aus. Ich bin die Abtrittmatte vom Chef. Ich wünschte, ich könnte woanders hin oder so scharwenzeln wie meine Kollegen."

Ein verwirrtes, klein gewordenes Ich zittert vor vermeintlichen Schlägen des Suprasystems.

Dabei kümmert es sich nicht um das Ich.

2. Martyrium des wahren Menschen

„Alles Höhere wird ans Kreuz genagelt!" Das ist die tägliche Erfahrung des wahren Menschen, der nicht Erfolgssonnenstrahlen über sich spürt.

Wahre Menschen wollen das Gute wachsen lassen und die Welt in neue ideale Gefilde führen. Sie sprühen vor Eifer, wenn neue Ideen erscheinen oder wenn Projekte für einen neuen Menschen gestartet werden sollen. Da die Suprawelt eher durch Organisation und Erfolgszwang hart regiert, ist vom Guten im Menschen kaum noch die Rede. Motivation ist für wahre Menschen die erwachte Sehnsucht, einer Idee näher zu kommen. In Suprasystemen ist Motivation ungefähr dasselbe wie Haupttriebstärke. Die wahren Gefühlsmenschen wollen also das Rad möglichst zurückdrehen, in eine Zeit, in der der Mensch als solcher etwas galt. Die Systeme alter Art haben den Menschen immerhin nicht beschädigt, solange er normal und loyal arbeitete.

Die wahren Denker und die wahren Menschen der Richtung Ktisis (Schöpfung, Erschaffen) wollen nach vorne stürmen. Die neue Technologie wird das Wahre wohl wieder möglich machen können, das jetzt unter dem Beginn des Computerzeitalters im Zahlenwahnsinn zeitweise untergegangen ist.

„Früher war hier noch eine Gemeinschaft. Ich bin wohl die Letzte, die hier noch allein die Gemeinschaft hochhält. Ich fühle mich dazu innerlich verpflichtet. Sie hören nicht mehr zu. Ich habe von Zeit zu Zeit Vortragsveranstaltungen organisiert, mit einem wundervollen Drumherum, etwas Sekt und Feierlichkeit. Wir wollten Menschen in andere Ideegefilde führen. Wir gewannen inspirierende Referenten. Jetzt wird mir das Geld gestrichen. Ich habe fast geweint. Sie sagten, es sei nicht das Geld für den Sekt, sondern die Arbeitszeit der Teilnehmer. Die sei verschwendet. Ich lief hochrot zu denen, die oft bei Vorträgen saßen und warb um Beistand und Protest. Sie waren müde. Einige sagten, sie wären mir zuliebe gekommen, aber es sei streng genommen verschwendete Zeit. Ich schrie: Wollt ihr nichts mehr lernen? Sie sagten, sie hätten keine Zeit."

„Ich habe eine Idee, wie das ganze Zentrum zu retten wäre. Wir haben ein sehr vielversprechendes Projekt begonnnen, um eine Wahnsinnserfindung etwas konkreter aufzubauen. Es ist härteste Arbeit. Der Chef duldet es wohl nur noch und tut seit einiger Zeit ungeduldig. Er sagt, damit könne niemand einen Blumentopf gewinnen. Ob er das auf unsere Gehälter bezieht? Das wäre ja! Das Problem scheint zu sein, dass unser Konzern den Bereich, der unser Produkt herstellen müsste, an einen anderen Konzern verkauft hat. Jedenfalls ist unser Chef ganz mutlos, wenn ich vorschlage, dass ich alles wieder aufbauen will. Er bittet mich immer um Verständnis. Neulich fragte er ganz verzagt und ängstlich, ob er mir erst kündigen müsse, bis ich endlich begriffe. Er ist einfach nicht zu verstehen. Ich schaffe es schon. Er soll Vertrauen haben."

„Ich programmiere die beste Qualität. Nie ist jemand besser gewesen. Das sagt jeder. Ich bin der Meister. Sie machen mir das natürlich streitig, deshalb programmiere ich immer noch besser. Jetzt, neuerdings, beginnen sie sich zu beschweren, dass ich die Termine nicht einhalte. So viel Zeit muss sein, denn ich bin perfekt. Lustig, sie versuchen es mit Drohungen und Versprechungen, mich zum schludrigen Arbeiten zu erziehen. Es klingt schon wie beim Irrenarzt: Hey, du, du sollst doch nicht so unmenschlich hohe Maßstäbe an dich anlegen. Du musst hier nicht den Gott der Qualität mimen. Aber, sag ich, wer denn sonst? Wenn ihr alle bittet, dass ich schludrig arbeiten soll, dann seid ihr doch alle von Schludrigkeit überzeugt? Wer achtet da auf euch? Ihr solltet mal zum Arzt."

„Ich werde von meiner Firma gemobbt, weil ich nicht viel telefoniere. Sie sagen, meine Telefonrechnung sei schon ein Indikator dafür, dass meine Arbeit schlecht zu bewerten sei. Ich habe dann eine Stunde lang die Zeitansage in Neuseeland angerufen und gefragt, ob es nicht zu spät ist. Ich soll mehr sozial sein! Ich habe keine Zeit. Ich muss mich wahnsinnig beim Programmieren konzentrieren. Das ist wie Trance. Und dann kommen sie und wollen immer zum Kaffee gehen. Nichtstuer! So konzentriert sich keiner. Neulich haben sie mir vorgeworfen, dass ich es nicht einmal schaffe, dass mir die Kellnerin morgens im Hotel Kaffee einschüttet, weil ich niemanden anschaue. Was interessiert mich die Kellnerin? Die sind doch alle unfähig bis zum letzten. Sie bringen von allein nie Kaffee her. Ich gehe nur noch in Hotels mit Tischthermoskannen."

„Wir sollen im Vertrieb bei unseren Dienstreisen Geld sparen und nur noch mit Kleinstmietwagen fahren, ohne Klimaautomatik. Ich habe mich drei Tage lang hingesetzt und genauestens berechnet, dass diese Anordnung verfehlt ist, ganz abgesehen davon, dass wir im Sommer so verschwitzt ankommen, dass niemand mehr mit uns reden mag. Es rechnet sich auch geldlich nicht, denn die teureren Autos fahren viel schneller, sparen also Arbeitszeit. Das habe ich im Durchschnitt über alle Gehaltsstufen kalkuliert. Am Ende kommt heraus, dass diese Anordnung zu einem möglichen Schaden von 2,53 Euro pro Person und Jahr führt. Ich habe einen Termin beim Bereichsleiter bekommen. Meinem Chef habe ich nichts gesagt, der hat Angst, es dem Oberboss zu sagen. Mein Chef meint, der Oberboss versteht so etwas nicht. Das habe ich ihm geschrieben. Ha! Und? Sofort habe ich einen Termin."

„Die Firmenleitung hat festgestellt, dass wir Mitarbeiter mehr Kontakt haben sollten. Sie hat beklagt, dass es schade ist, dass wir uns aus Kostengründen bei der Arbeit nicht mehr unterhalten können. So ist die Kommunikation schwierig geworden, weil gar nicht mehr bekannt werden kann, wenn ein Chef etwas sagt. Ich hab' deshalb vorgeschlagen, dass wir uns doch wenigstens privat austauschen sollten. Ich habe daher ein ganz von oben hochoffiziell genehmigtes Projekt gestartet. Wir machen jeden Montag in der Freizeit um 20.00 Uhr bis 20.15 Uhr ‚unsere Tagesschau' als Telefonkonferenz. Da reden wir also jede Woche miteinander. Am ersten Montag waren ungefähr die Hälfte der Mitarbeiter am Telefon. Leider konnten wir erst acht nach anfangen, bis sich alle endlich eingewählt hatten. Wir müssen Routine gewinnen. Da hat sich der Chef zu Wort gemeldet, er wollte nur sagen, dass ihn das auch sehr interessiert, was wir privat reden, aber er wolle doch appellieren, dass wir uns auch privat begeistert über die Firma äußern. Einer sagte, dass wir das immer tun, solange der Chef da ist. Er lachte und sagte, er habe es verstanden. Er verspreche, auch die noch verbleibenden zwei Minuten dranzubleiben, obwohl er keine Zeit habe, weil er natürlich nicht wie wir in seiner Privatzeit am Telefon sein könnte, weil er gar keine Privatzeit hat. Am folgenden Montag war nur noch Ulli am Telefon, wir wussten aber nicht, wer noch. Jedenfalls knackte es in der Leitung. Ich bin jetzt im Zweifel, ob die Telefonkonferenz eine gute Idee ist und ob sie überhaupt allgemein angenommen werden wird. Es kann ja an mir liegen. Im Flur meinte einer, ich will mich mit so einem Jubelprojekt beim Chef positionieren. Das hat mich sehr erregt. Was denken die Leute denn von mir? Wird hier jedes Projekt gemobbt? Wer bin ich denn? Ich habe es verdient, dass man mir dankt, ich habe schon einige Glückwünsche nach dem ersten Event erwartet. Nichts. Die Leute sind misstrauisch und gönnen niemandem etwas. Nicht mal mir eine Streicheleinheit beim Chef."

Für wahre Menschen ist das Ausbleiben von „Erfolg" eine universelle Folge einer zum Bösen und Dummen geneigten Welt. Das Hohe wird eigentlich nicht ans Kreuz genagelt, es wird schnöde geschnitten und gemobbt. Ideen stehen einsam herum. Menschen scheinen zu sagen: „Wir kämpfen um das Überleben, da ist keine Zeit für schöne Ideen." Alle wahren Menschen wissen, dass nur deshalb gerade um das Überleben gekämpft wird. Aber sie schreien sich ganz nutzlos die Seele aus dem Leib. Die anderen hören das nicht, weil sie keine Seele mehr haben. Sie haben sie irgendwo bei der Stellensuche vergessen.

Wahre Menschen fühlen sich von Gott und der Welt verlassen. Im Grunde haben sie selbst oft Gott und die Welt verlassen, aber so empfinden sie es nicht.

3. „Deficior" – Endkampf oder Erlahmen des Natürlichen

Ich hatte über die beiden Vorabschnitte so schöne lateinische Titel gesetzt – da muss noch ein dritter her, obwohl der nicht zum geläufigen Vokabular gehört.

Das Verbum *deficere* hat die vielen speziellen Bedeutungen abfallen, zu fehlen beginnen, ausgehen, zu Ende gehen, erlahmen, ermatten, verfinstern, den Mut sinken lassen, im Stich lassen. *Animo deficere* heißt „den Mut sinken lassen". Das Partizip von *deficere* ist *defectum*, das verstehen Sie sicher, aber das wollte ich wegen der deutschen Vorbelastetheit dieses Wortes nicht verwenden. *Deficior* heißt dann: „Mir schwindet etwas dahin."

Fragen Sie einmal natürliche Menschen, warum sie *verloren* haben!
„Ich konnte einfach nicht mehr. Es war wie ein Energieloch. Plötzlich war der Wille weg, die Konzentration ließ nach." Oder: „Ich sehe nicht mehr ein, dass ich Heldentaten mit so einem alten Geraffel von Werkzeug vollbringe. Es geht einfach nicht und ich will auch nicht." – „Wir bekommen Geld für nichts. Der Kunde hätte glatt unterschrieben, wenn wir ihn noch zum Oktoberfest eingeladen hätten mit allem Drum und Dran auch danach, aber es war den feinen Herren zu teuer. Nun gibt es eben keine Abschlüsse." – „Im Augenblick ist mein erfolgreicher Killerinstinkt einfach nicht da. Wie weg. Ich bin ziemlich niedergeschlagen. Das ist schon seit einiger Zeit so, ohne dass ich wüsste, woran es liegt."

„Ich bin immer schon der erste gewesen, der die Sachen hart angepackt hat und die Kuh vom Eis bekam. Ich bin stark und bringe was. Was mich aufbringt, ist dieses fiese Getue um Einzelheiten. Ich kann das schönste Dachfenster einbauen, da meckern sie, dass ich nichts auf den Teppichboden gelegt habe, damit sie hinterher nicht einmal übersaugen müssen. Wir haben uns angeschrien, obwohl sie sich ja bedanken könnten. Am Schluss ging es nur noch um einen kleinen Fleck im Teppich. Ich habe eben geraucht. Schließlich arbeite ich hart. Immer wird mir die beste Arbeitsstimmung durch Korinthenkacken versaut. Ich fühle mich wie ein gutmütiger Elefant mit einem Mückenschwarm drum rum. Du kriegst die Saumücken nicht weg, diese Pienzer."

„Sie wissen genau, dass ich derzeit krank bin. Ich bin überarbeitet. Es beeindruckt sie gar nicht, dass es mir schlecht geht. Sie entlassen mich bald noch. Habe ich die Arbeitsunfälle freiwillig erlitten? Ich habe mich für den Betrieb aufgerieben und fertig gemacht. Nun nutzen sie meine Schwäche aus."

„Ich lasse mich nicht unterkriegen. Niemals! Das war schon immer meine Stärke, nicht aufgeben zu können. Wenn ich mich in etwas verbeiße, dann lasse ich nicht mehr los. Ich habe nicht so viel Intelligenz geerbt, was kann ich dafür. Aber ich habe das Abitur geschafft. Natürlich mit Abschreiben. Ich habe mir bei der Abiarbeit den Luxustaschenrechner vom Primus geborgt. Er hatte die Lösungen in der Minidatenbank gespeichert. Ich habe es geschafft, durch langes Quälen endlich ein Projekt leiten zu dürfen. Ich kann es ja noch nicht. Man muss mir doch einmal erlauben, ein oder zwei Projekte zu versenken, um Erfahrungen zu machen. Sie haben mir natürlich zu wenig Zeit dafür gegeben, das hätte ich mir denken können. Jetzt bin ich gewarnt. Sie sollen mich kennen lernen. Sie werden versuchen, ihre Macht auszuspielen, um mir Fehler nachzuweisen. Aber ich lasse mich nicht unterdrücken. Am Ende siege ich. Heute war nicht mein Tag."

Natürliche Menschen haben den Hang, die Fehler der Welt in den Rahmenbedingungen, den Werkzeugen und der mangelnden Handlungsfreiheit zu finden. Sie fühlen sich von Systemen mit ihren Regelwerken und Benimmkodizes unterdrückt. Sie fürchten sich davor nicht so, wie sich die richtigen Menschen vor dem System fürchten. Sie kämpfen unverdrossen weiter, manche bis zum alles zerstörenden Endkampf, manche erlahmen irgendwann: „Deficior." Sehr oft sagen sie „Deficior pecunia." (Kein Geld da.) Natürliche Menschen ergeben sich nicht. Nie. Sie enden. Sehen Sie sich die Filme an und schalten Sie immer drei Minuten vor dem blöden Schluss ab. (Da findet der Held nur noch schnell einen Trick und eine schöne Frau, die sich am verklebten Öl-Blut-Hemd beim Küssen nicht stört. Ganz unwahrscheinlich.)

Teil 3
Intellektueller Abgesang

XV. Tränen über das Gesamtkonzept Supra-Mensch

1. Der Mensch mit seinem Seismographengürtel

So zuckt der Mensch unter Regeln und Strafdrohungen.

Der Übergang von der Idee zum System und von dort zum Suprasystem lässt sich im Kleinen gut am Straßenverkehr sehen.

Früher, als es noch wenig Verkehr gab, reichte es aus, sich im Wesentlichen nach dem Paragraphen 1 der Straßenverkehrsordnung zu richten: Jeder fährt vorsichtig, rücksichtsvoll und fair gegenüber anderen. Eine kleine Verfassung oder eine Bergpredigt oder ein Grundgesetz reichen völlig aus. Dann leisteten sich immer mehr von unseren Mitmenschen ein Auto. Das Verkehrsaufkommen wuchs. Wenn jetzt ein paar Menschen sinnlos herumrasten oder gefährlich überholten, gab es mehr Unfälle. Jedes Jahr mehr Verkehrstote. Man schuf daher ein Verkehrssystem. Nach und nach wurden so sehr viele Verkehrsschilder aufgestellt, dass man bald vom Schilderwald sprach. Der Verkehr erstickte in Regeln und Vorschriften. Wir armen Autofahrer arrangierten uns irgendwie, jeder auf seine Weise. Wenn Sie die Verkehrsschilder einmal aufmerksam auf ihren Sinn hin überprüfen, sind etwa drei Viertel oder mehr nur Ausdruck von Paragraph 1: „Rücksicht, Fairness, Vorsicht." Wahre Menschen würden sich den Schilderwald wegwünschen und denken, alle sollten doch einfach nach den Grundprinzipien simpler Ethik fahren. Die richtigen Menschen finden es besser, Schilder aufzustellen. Dadurch wird die Angelegenheit mit System geregelt. Richtige Menschen regeln alles mit System.

Die neuere Hektik in unserem Leben hat etwas erzeugt, was uns wichtiger erscheint als die Verkehrsschilder: Eile.

Wir haben keine Zeit mehr zum Herumfahren, weil wir heute eben so viel herumfahren müssen. Die Suprasysteme sparen Bürogebäude ein, lassen uns global arbeiten, schicken uns hier und da hin, muten uns zu, entweder dauernd umzuziehen oder 100 Kilometer Anfahrt zum Arbeitsplatz in Kauf zu nehmen. Deshalb fahren mehr Autos noch mehr Kilometer. In diesen Autos sitzen immer häufiger Menschen, die überhaupt keine Zeit haben. Sie müssen optimal schnell fahren, um Zeit einzusparen. Zeit ist für das Suprasystem Geld.

Jetzt überholen sie rechts, hupen wild Licht und Ton, gestikulieren genervt, schimpfen, ignorieren alle Verkehrsschilder, an denen kein Polizist steht – insbesondere parken sie, wo sie wollen. In Systemen hält man sich an Regeln. Das gebietet die Loyalität. In Suprasystemen wird alles ausgenutzt, solange es nicht bestraft wird. Da nun die Verkehrsteilnehmer alle Regeln übertreten, weil sie keine Zeit haben, muss alles geregelt werden.

Überall Blitzlichter, Radarfallen, Parkuhren. Es tickt und zuckt.

Aus Verkehrsschildern, die die globale intuitive wahre Einsicht des Paragraphen 1 in lokale Straßenvernunft umsetzen, werden mehr und mehr Seismographensysteme, die uns peinigen sollen, die Regeln einzuhalten. Jeder von uns beachtet nun nicht etwa Verkehrsregeln, sondern er setzt sich selbst Seismographenschranken, wie viel er im Ernstfall bezahlen will. Eine gute Regel ist es, nur etwa 20 km/h zu schnell zu fahren, weil es nur alle paar Monate ein paar zehn Euro kostet. Zuck! Schrecksekunde, 20 Euro. (Ich bin neulich von Tübingen nach Stuttgart im Dunkeln gefahren. Zuck! Blitz! Mitten ins Nachtschwarz. Todesschrecken. Bremse. Blick auf den Tacho. 90. War das eine Beschränkung? 70! Na gut. Zwei Monate später: 20 Euro.)

Ich fahre wie ein wahrer Mensch, nach Paragraph 1. Dann muss ich im Prinzip auf keine Verkehrsschilder achten, weil die ja im Prinzip nach dem Geist dieses Paragraphen aufgestellt sind. Ich muss immer dann Strafe zahlen, wenn die Vorschriften nicht intuitiv nach diesem Prinzip greifen, etwa bei Nacht. Außerdem hupen mir öfter nette Supra-Menschen zu. Ich höre das nicht so. Ich habe ja klassische Musik an, etwa Goreckis „Miserere nobis", das passt schon.

Der Supra-Verkehrsteilnehmer beachtet nur noch rote Ampeln mit Blitzlichtprüfung, nur noch Parkverbote, in deren Nähe schwach uniformiertes Personal mit Tastaturen lauert, nur noch Autobahnregelungen, wo „sie öfters stehen". Sonst wird erbarmungslos „geheizt", wie es so nett in den neuen Bundesländern heißt. Wir eilen und eilen, ärgern uns, drohen, hupen, blinken, fuchteln, drängeln, suchen Abkürzungen und andere Vorteile – kurz: Wir werden mehr und mehr von Seismographen gesteuert. Das wichtige Wissen ist die Kenntnis, wo Strafen lauern.

„Wir haben ein paar Nachbarn und Kinder, die noch nicht viele Strafpunkte in Flensburg haben. Die gestehen dann immer für mich, ich gebe dafür einen aus. Dafür kann ich schnell fahren." – „Wir melden die Autos nach Unfällen immer wieder hin und her, damit Opa die rabattgefährdeten bekommt. So sparen wir eine Menge Geld."

So schlittert der Straßenverkehr in ein Gewirr von Seismographen und Bestimmungen. Anschnallen? Ist vernünftig. Ich mache es, weil ich sonst bestraft werde oder den Versicherungsschutz verliere. Alkohol am Steuer? Es ist vernünftig, nur nach der Promille-Tabelle zu saufen, weil sonst die Strafe zu hoch ist. Winterreifen? Ist vernünftig, weil der Versicherungsschutz bei Schnee sonst gefährdet ist.

Alles ist nur noch vernünftig, weil es sonst Strafen gibt.

Ohne Strafen hetzen wir. Ohne Strafen pfeifen wir auf Vernunft.

Wir rasen blind in Staus und warten dort schimpfend. Staus entstehen durch Eile. Eile in dichtem Nebel. „Aufgefahren." Eile durch Transportunternehmerzeitausbeutung. „Ins Schlingern geraten, Ladung umgekippt. Feuer." Eile beim Einfädeln. „Wie die Wahnsinnigen drängeln sie." Eile beim Überholen. „Mein LKW fährt 2 km/h schneller als der andere Kriecher da vor mir." Eile in der Innenstadt. „Bekloppte, die bleiben auf der Kreuzung stehen!" Die Triebe in uns blockieren das Suprasystem. „Man kann es nicht ändern." Wenigstens wollen wir ab und zu ein brennendes Auto sehen. „Stau durch Gaffer in Gegenrichtung.“ Leider sind bei guten Unfällen die Schlangen der Gaffer meist viel zu lang. Es ist schon Glück, wenn man noch Hubschrauber, Blut oder Feuer sehen darf. Wenn wir nach Stunden endlich am Schwerunfall zum Fotografieren auf der Autobahn anhalten wollen, winkt die Polizei uns ärgerlich vorbei. Mist, so viel Zeit sollte dann doch wohl sein!

Sind Suprasysteme vernünftig?

Das frage ich ja schon die ganze Zeit.

2. Die triebsimulierte „Vernunft“

Formal wird die Vernunft jedenfalls hochgehalten. Es geht aber nur darum, wie wir zur Vernunft gezwungen werden können.

Die Vernunft ist noch da, aber nur im Konzept des Suprasystems. In diesem Konzept wird niedergelegt, welche vernünftige Lösung am Ende herauskommen soll. Zehn Prozent mehr Umsatz oder ein flüssiger Straßenverkehr.

Die Vernunft wird aber dann in Seimsmographensysteme umgebaut, in Anreize, Strafen, Belohnungen und Regeln aller Art. Die Vernunft ist *über* uns, aber nicht mehr wirklich *in uns*, im Einzelmenschen. Der Einzelmensch weicht den Radarfallen des Suprasystems aus und ist unter diesen Restriktionen einfach möglichst schnell und erfolgreich. Alles erlaubt – nur nicht erwischen lassen.

Immer mehr Lebensbereiche unseres Lebens verlassen den offenbar als zu schwer empfundenen Weg der Direktvernunft. „Ratio extra vergine“, kaltgepresst. Olivenöl lässt sich besser gewinnen, wenn die Oliven gekocht werden, dann schmeckt das viele Öl nur nicht mehr. Das Wertvolle ist das, was fast schon von selbst durch das Eigengewicht der Oliven herausträufelt. Die Suprasysteme verzichten auf das Wertvolle zu Gunsten der Menge. Die Menschen werden auf das Viele heiß gemacht. Direktvernunft ist zu schwer an- oder abbaubar. Wir verzichten also lieber auf die eigentliche Vernunft. Wir setzen nur die *Ziele* der Vernunft als Seismographensysteme in Menschen ein. So erreichen die Menschen die Ziele der Vernunft nicht durch Direktvernunft, sondern sie erreichen die Ziele der Vernunft indirekt über das Vermeiden von Schmerzen unter gleichzeitiger Gier nach Höherwertigkeit.

Vernunft ist in diesem Sinne eben – wie schon gesagt – mindestens neunzig Prozent Trieb. Neunzig Prozent! Das klingt wie ein guter Spruch made by Dueck, werden Sie denken oder werden Sie gedacht haben. So einfach ist das aber nicht!

Was nicht kontrolliert und getrieben werden kann, wird in Suprasystemen nämlich gar nicht mehr angepackt. Das übliche Credo der Supra-Manager habe ich ja schon wie eine Gebetsmühle in meinem Werk zitiert: „What you can’t measure, you can’t manage.“ – „Was nicht nachkontrollierbar ist, ist nicht zu steuern.“ – „Ohne Radarfallen sind Verkehrschilder nichts.“ – „Ohne Klausuren ist Lehre unmöglich." – „Ohne Stechuhren sind alle Menschen faul." Bei IBM sind die Stechuhren nach endlosen Kämpfen abgestellt worden, nun arbeiten wir ziemlich viel länger. Wenn Stechuhren da sind und uns kontrollieren, dann gehen wir nach Hause, wenn diese Kontrollen wegfallen („Acht Stunden rum!"). Ohne Stechuhren arbeiten wir, bis „es gut ist".

Im Allgemeinen aber wird kontrolliert und gemessen, weil es nicht vorstellbar ist, dass der Mensch ohne Anreize etwas von selbst tut. In Wirklichkeit gibt es eine Menge, was Menschen fast ohne Lohn tun. Nur müssten sich dann die Suprasysteme auf diese Teilmenge der Ziele besinnen, die Menschen sinnvoll erscheinen. Das wird von den Führenden heute als zu mühsam angesehen. Fordern Sie doch einmal interessanten Unterricht an Schulen und Universitäten! Sie werden eine Menge dazu hören.

Ich habe auf meinem Computer etliche Texte und offizielle Präsentationen, Bücher und Konzepte von verschiedenen Beratungsunternehmen, wie in Unternehmen etwas in die Hand zu nehmen wäre. Fast immer wird ein Weg dieser Art verfolgt:

1. Lege fest, was das Ziel sein soll!
2. Wie wird gemessen und kontrolliert?
3. Mache das Ziel absolut dringend, sonst tut sich nichts!
4. Koordiniere die Machthabenden im Sinne des Ziels!
5. Statte Manager mit Macht aus, das Ziel zu erreichen!
6. Formuliere eine Vision für alle, warum das Ziel erstrebenswert ist!
7. Kommuniziere diese Vision an alle Mitarbeiter!
8. Treibe die Mitarbeiter, kurzfristige Profite in der neuen Triebrichtung zu machen, damit die ersten Erfolge alle Mitarbeiter ermutigen!
9. Kommuniziere die ersten Erfolge als großen Sieg und fordere mehr Siege!

Und so weiter. Ist es nicht eine neckische Idee, erst die Ziele festzulegen und danach die Ziele wie einen Kaiser zu verkleiden und als solchen zu kommunizieren? Ein nacktes Ziel könnte sein: „Zwanzig Prozent der Bürofläche sparen." – „Zehn Prozent entlassen." – „Die teuren Innenstadtfilialen entlassen." – „Dieses Jahr die Auszubildenden nicht übernehmen." Man stattet dann Manager mit der Macht aus, dies zu tun. Nun soll uns Mitarbeitern das Ziel als Vision kommuniziert, also gut verkauft werden. „Wenn wir viele Mitarbeiter entlassen, werden die Arbeitsplätze der Verbliebenen todsicher", heißt es dann in aufwändigen Broschüren oder Präsentationen, die oft reinste Topimierungsübungen sind.

Solche Ziele sind eben nur noch mit Zwang durchzusetzen. Eine Kommunikation führt zur Zustimmung derer, die bleiben. Die Leistungsträger arrangieren sich also und lassen damit die anderen einfach im Stich. Jeder muss sich selbst der nächste sein. Suprasysteme haben die Mitarbeiter ja in Leistungszellen abgetrennt.

Ich will sagen: Suprasysteme sind nicht davon abhängig, ob die Mitarbeiter die Ziele verstehen, gutheißen, mittragen oder selbst vertreten. Das nutzen viele Suprasysteme weidlich aus. Für den betroffenen Mitarbeiter sieht es also so aus, als werde er durch Seismographenausschläge zur *Unvernunft* oder zu irgendeiner Beliebigkeit gezwungen!

Suprasysteme messen und kontrollieren Mitarbeiter auf beliebige Ziele hin, soweit sie nur genug Gehalt zahlen oder Incentives gewähren. Es liegt zum Beispiel nicht in der engeren Natur von Laborratten, durch Labyrinthe zu irren. Für Käse machen sie das und alles andere auch. Mitarbeiter machen ebenfalls jeden Käse für Geld?!

Menschen arbeiten für alles freiwillig, wenn es interessant ist, Spaß macht, Sinn hat oder Gutes bezweckt. (Das deutsche Vereinswesen wird von diesem Faktum getragen.)

Zu allem anderen müssen sie mehr oder weniger gezwungen werden.

Wäre es nicht klüger, wir würden Ziele anstreben, die die beteiligten Menschen begeistern? Das ist sicher schön, sinnreich und wünschenswert. In guten Firmenkulturen gelingt es manchmal für einige Zeit, die von den Menschen wie ein segensreiches Zeitalter empfunden wird.

Die Suprasysteme machen sich mehr und mehr frei von dieser nahegelegten Notwendigkeit, die Menschen freiwillig ins Boot zu bekommen. Sie reizen sie an, sie kaufen sich den Weg durch Incentives frei. Es wird meistens sehr teuer.

Den Weg empfundener Unvernunft gehen die Menschen nur gegen viel Geld oder unter Todesgefahr. „Wir entlassen die Hälfte oder sonst eben alle. Wählt, was ihr wollt!" Für ein Unternehmen ist beides teuer. Geld sowieso und halbwegs glaubhafte Todesgefahr ja auch.

Ist ein Ziel noch Vernunft, wenn Menschen bestochen werden müssen, in Triebrichtung zu gehen? Ist Erziehung gegen Hamburger noch Vernunft? Ist Unterricht unter Notendruck noch Vernunft? Sind Menschen längerfristig wünschenswert, die nur noch über Seismographen erreichbar sind?

Manchmal drängt sich der Schluss auf, dass die Ziele der Suprasysteme die Mitarbeiter in der Regel *nicht* mehr mitreißen. Es scheint langsam akzeptiert zu werden, dass die Ziele des Profites und des Menschen eben divergieren. Der Mensch muss gegen Anreize oder Drohungen seinen Widerstand aufgeben. „Wenn Sie das nicht mittragen, suchen Sie sich am besten eine andere Firma." Im Grunde sind die Suprasysteme zu faul geworden, die psychische Energie des Menschen in ihrer ursprünglichen Form zu verstehen und zu würdigen. Raubbau ist einfacher.

3. Reaktiv und kurzfristig getrieben, weil immer etwas blinkt!

Die Arbeit in Suprasystemen wird durch Seismographen gesteuert. Meine Kinder haben ständig Klausurtermine vor Augen. Fast jeden zweiten, dritten Tag werden sie auf Höher- oder Minderwertigkeit gecheckt. Kein Gedanke an ein geistiges Hobby mehr! Damals haben sich manche meiner Mitschüler auf Medizin vorbereitet oder in Chemie hineingewühlt, ich selbst habe stapelweise Klassiker gelesen. Wir lebten mehr in der Richtung unserer Begabungen.

Die Schüler heute orientieren sich nach den Prüfungsterminen, die immer zahlreicher den Kalender und die Zeit zerfasern. Morgen Latein, übermorgen Geschichte!

Immer blinkt etwas!

Die Seismographen melden andauernd Mangel- und Notzustände. Dies und das ist noch zu erledigen. Termine sind einzuhalten! Bis dahin ist Anmeldeschluss! Überall lauern Messlatten. Nur die Besten dürfen studieren, was ihnen Freude macht.

Immer blinkt die Warnleuchte des Höherwertigkeitsalarms. Es drohen Prüfungen, das Sitzenbleiben, das Ausscheiden in der Schule. Vom Kindergarten an wird geprüft, beurteilt und eine Prognose gestellt.

Sie wissen, was ich sagen will: Das Kurzfristige nimmt überhand. Von Seismographenreiz zu Seismographenreiz sind es kaum ein paar Tage. Keine Ruhe mehr an der Höherwertigkeitsfront. Prüfung auf Prüfung. In Großkonzernen ist man schon dabei, wöchentlich die Zahlen zu besprechen. Die Abteilungen zählen am Montag, die Bereiche am Dienstag, die großen Bereiche am Mittwoch. Am Freitag sieht man die Lage ganz oben. Immerzu wird gezählt. Ich habe eine Satire geschrieben. Sie heißt *Nicht nur zur Neujahrszeit* und ist im Buch *Die Beta-Inside Galaxie* publiziert. Wenn ich auf etwas stolz bin als Schreiber, dann auf diese dreißig Seiten. Darin wird ganz ätzend der Bilanzzyklus bis auf einen Tag heruntergebrochen. Ich schrieb alles im Jahr 2000, als man gerade zu Quartalsberichten überging. Da war ein Tag noch weit weg von einem Quartal. *Sehr* satirisch. Heute, im Jahre 2003, sind manche Konzerne bei einer Woche angelangt. Die Manager stehen also jeden Freitag auf dem Prüfstand. Jeden Freitag! Können Sie sich die Alarmzustände vorstellen?
Früher gab man Managern zwei, drei Jahre zur Bewährung. Die hundert Tage des Politikers sind sprichwörtlich. Aber heute zucken die Seismographen an jedem Wochenende. Wie sieht so ein Manager innen aus?

4. An(gst)gespannt vor der Armatur, ohne Blick aus dem Fenster

Kann er seinen Wochenblick, der auf die Zahlen gebannt ist, auf Sterne richten? Wird er noch Strategien entwerfen, die in die nächsten Jahre hineinwirken?

Bei meinen Vorträgen fordere ich die Manager überall dazu auf. „Ach, Herr Dueck. Das ist ein wenig Unsinn, das, was Sie wollen. Ich verzeihe Ihnen das, weil Sie nicht richtig Manager sind. Wenn Sie wüssten, was auf mir lastet – was auf jedem lastet. Sie würden uns alles nachsehen. Es ist schon viel, wenn wir ein Quartal auf unserem Posten überleben. Was hilft ein Mega-Erfolg in späteren Jahren, wo ich schon gefeuert bin? Ich muss einfach jeden verdammten einzelnen Monat Erfolge vorweisen, sonst bin ich weg. Es warten viele, die meinen Job für einen Traumjob halten. Das ist er auch, denn ich bin mächtig. Nur dass der Preis dafür enorm hoch ist. Nichts für ungut, Herr Dueck: Für das Langfristige, also alles über drei Monate, haben wir einfach keine Zeit mehr. Bis dahin hatte ich mehr als zehn Wochenendmessungen."

In diesem Sinne verharren die Manager und Projektleiter vor den „Büchern" oder vor den Computern, die die Zahlen anzeigen. Sie sitzen vor einem Cockpit von Daten wie ein Pilot eines Flugzeuges. Die Instrumente erscheinen so mächtig, dass wir das Flugzeug nicht mehr per Hand steuern mögen. Wir starren auf die Zahlenkolonnen vor uns. Kein Blick mehr aus dem Fenster. Wozu?

Schüler lernen nicht mehr Englisch, sie starren auf den nächsten Vokabeltest. Studenten wollen erst die Diplomarbeit beenden, egal wie, um dann zu promovieren. „Leute, lernt forschen!", rufe ich, aber sie sagen: Schritt für Schritt!

Können Sie gut flippern? Im Windows auf dem PC ist so ein Spiel. Probieren Sie einmal, wie viele Punkte Sie bekommen. Versuchen Sie es wieder und wieder.

Wissen Sie: Die Punkte sind am Anfang ganz gleichgültig. Sie bekommen am Ende viele Punkte, indem Sie trainieren, in die Bonusbahnen zu treffen und das Dreierziel in der Mitte gut zu treffen, um Extrakugeln zu erobern. Es wäre gut, gar nicht Flipper zu spielen, sondern die einzelnen Trefferarten zu trainieren. Dann bekommen Sie wochenlang erbärmlich wenig Gesamtpunkte. Es ist wie beim Fußball, wo Sie lernen, Elfmeter zu schießen, zu dribbeln oder den Ball anzunehmen. Erst müssen Sie das können, dann können Sie beim Spiel gewinnen. Beim Fußball, Golfen oder Flippern ist es am Anfang wichtig, das Handwerkszeug zu erlernen und nur nebenbei zu spielen.

Wenn Sie Ihr Rüstzeug haben, können Sie immer mehr Prozentanteile mit dem Spielen verbringen.

Im Management und in der Schule scheint irgendwie immer echtes Spiel zu sein. Keine Zeit mehr für reines Training! Alles wird gleich schon bewertet, bevor irgendjemand etwas kann. Es kommt den Neulingen denn auch sofort auf ihre Zahlen oder Handicaps an, nicht auf das längerfristige Können. Die Menschen starren auf ihre Messungen, bevor sie je etwas können. Statt erst das sichere Flippern zu lernen, spielen sie von Anfang an ernst um Punkte. „Learning by doing." So ist ihnen meist das Mittelmaß schon vorprogrammiert.

Ich erzähle einen Witz, auf die Gefahr hin, dass Sie mich doof finden. Ich habe bei einem Managertreffen erzählt, dass auf meinem Handy die Umsatzzahlen meines Bereiches online angezeigt werden. Ich habe das Handy aber so programmiert, dass nur die zwei Euro-Cent-Stellen nach dem Komma angezeigt werden, nicht aber die Zahl vor dem Komma.

Man fragte mich: „Warum interessieren dich nur die Cents, nicht die Euro-Zahl?"

Ich antwortete: „Ich schaue so irre oft nach meinen Zahlen, dass sich von Mal zu Mal ja nur hinter dem Komma etwas ändert. Mehr muss ich also nicht anschauen, eben, weil ich *so irre oft* schaue! Toll, was?"

Der Witz scheint irgendwie nicht komisch. Nur ich finde das anscheinend.

Ein Unternehmen besteht aber bald nur noch aus Zahlen. Das Reale wird nicht mehr gesehen. Es kommt nur noch auf die Seismographenausschläge an. Ein Unternehmen ist wie ein Kranker auf der Intensivstation. Der besteht auch nur noch aus Daten und Schaltungen. Langsam werden die Seismographen das Reale. Der Kranke wird gar nicht mehr angeschaut, nur noch die Messinstrumente.

Das muss Buddha vorausgesehen haben, als er das sogenannte Reale für Verblendung der Sinne erklärte. Wir nehmen das Reale über unsere durch Seismographen gesteuerten Sinne auf. Wo kein Seismograph die Aufmerksamkeit lenkt, wird nichts gesehen, weil wir dann ja nicht hinschauen. In diesem Sinne schauen wir durch rosa Brillen oder wir sehen schwarz. Manche sehen eher immerfort rot, andere schwarz-weiß, manche filtern alles in gelbem Neid oder grünem Ärger. „Lass von diesem Cockpit ab!" So würde Buddha sagen. „Hafte nicht an diesen Filtern! Lass los!"

5. Das Blinken tut beständig weh – sonst ist etwas falsch!

Warum aber versuchen die Suprasysteme, uns die ständigen Messergebnisse vor Augen zu halten? Warum jeden Freitag Kassensturz? Warum ständiges Sirenengeheul bei schlechten Zahlen?

Nichts gegen das Feststellen einer schlechten Geschäftslage. Aber die ändert sich ja nicht alle paar Tage. Wo der Computer rot blinkt, blinkt er noch wochenlang.

Jeden Freitag veranlasst er unsere Chefs zu hochnotpeinlichen Befragungen: „Wie weit sind Sie? Haben Sie Aktionen aufgesetzt? Die Zahlen zeigen nicht, dass die Aktionen schon greifen! Warum greifen sie nicht? Was tun Sie dagegen? Sie können nicht einfach sagen, Sie hätten neu gesät und müssten auf das Keimen der Samen warten. Wie lange soll das dauern? Der Computer fragt nach. Er hat noch nichts gesehen. Graben Sie die Keime aus, zeigen Sie ihm alles, damit er ruhig ist. Er quält uns so sehr mit den Fragen!"

Suprasysteme gehen von der Annahme aus, dass der Mensch Schmerz vermeiden will. Deshalb droht man ihm mit Schmerzen, damit er die Daten ständig verbessert. Es wird kaum noch angenommen, dass die Menschen unbedroht arbeiten können. Wenn die Daten eines Managers gut sind, bekommt er sofort den Auftrag, bessere Daten zu besorgen. Davon war schon die Rede.

Wenn also dem Manager oder Mitarbeiter nichts fehlt, dann werden neue Schmerzdrohungen erzeugt, damit bessere Daten erzeugt werden.

Viele Menschen klagen daher heute auf jeden Fall, ob sie leiden oder nicht. Sie topimieren in diesem Sinne. „Ach, ich habe so viel zu tun! Eine kleine Aufgabe zusätzlich und ich breche zusammen! Ich stehe kurz vor dem Herzinfarkt!"

Man muss also klagen können ohne zu leiden. Das ist einfacher als es klingt. Ein guter Schauspieler muss sich ja in seine Rolle hineinversetzen. Und das Spielen von Klage verlangt nach herausgedrückten Tränen. Die Menschen beginnen, die Topimierung professionell zu betreiben. Sie spielen täuschend echt. Bei Hysterikern sagt man, sie dramatisierten das große Gefühl. Wenn sie den hysterischen Anfall hätten, wäre der zu fünfundneunzig Prozent echt und nur zu fünf Prozent noch „bewusst". Sie steigern sich also so sehr in eine eindruckvolle Gefühlsrolle, bis sie nahe davor sind, sich ganz in sie zu verlieren und darin wie im Wahnsinn aufzugehen. Es kommt darauf an, zur Reststeuerung noch ein bisschen zu wissen, dass es nur Theater ist und nicht etwa ernst. Viele Menschen klagen heute schon so übersteigert, dass sie wohl wirklich nur noch ein kleines Restbewusstsein über die reale Lage haben. Sie bekommen die Herzinfarkte inzwischen manchmal wirklich und ganz real.

Es ist nicht richtig, im Suprasystem *keine* Schmerzen zu haben. *Deshalb empfindet man welche.*

Ich habe in großen Konzernzentralen bei der Begrüßung im Korridor auf das „Wie geht's?" öfter mal strahlend mit lautem „Prachtvoll!" geantwortet. Da krausen sich aber die allgemeinen Stirnfalten. Die Menschen scheinen das Wort *prachtvoll* zur Lagebeschreibung sehr peinlich zu finden. Wenn ich „Prachtvoll!" sage, scheine ich ihnen in Gefahr zu sein. Oder selten dumm. Oder beides.

6. Des Menschen Hauptmotiv verraten und verkauft

Natürliche Menschen wollen selbstbestimmte Wirksamkeit erleben und sehen sich im Suprasystem fremdbestimmt zur höchsten Wirksamkeit getrieben.

Richtige Menschen wollen innere Ruhe, Sicherheit und Geborgenheit. Die wird ihnen genommen, damit sie aus innerer Angst stärker und stärker arbeiten und leisten – das Suprasystem lockt sie lebenslang mit der Fata Morgana der Sicherheit, die sie aber nie finden. Das erinnert ein wenig an die Sündevorhaltungen der Kirche, die uns oft glauben macht, wir würden nie und nie und nie in den Himmel kommen, weil wir wieder einmal eine Sünde begangen haben. Im Grunde, denken wir bang, kann ja niemand in den Himmel kommen, andererseits wird uns allen, ja, allen, Gnade verheißen. Wir werden niemals ganz final als Sünder verurteilt, sonst hätten wir ja kein Motiv mehr, zum Guten zu streben. So hält uns auch die Sündenpredigt stets in angstvoller Dauerspannung.

Wahre Menschen sind solche, die Krieg jeder Art hassen. Suprasysteme aber verwickeln sie in Kriege. Selbst Elfenbeinturmwissenschaftler werden heute leistungsvermessen. Schauspieler werden beurteilt, Theater sollen Gewinn machen, Klöster Finanzpläne vorlegen und mehr Kerzen verkaufen. Kindergärten und Pflegeheime, Institutionen der Liebe, sollen mehr und mehr „wirtschaftlich" arbeiten – also wird wieder das, was nicht gemessen werden kann, eingespart: Liebe. Sozialarbeiter müssen Erfolge in Erfolgsblätter eintragen, es wird sorgsam gezählt, wie viele Menschen sie betreuen. Schaffen Sie noch zwanzig Prozent im Jahr mehr? „Betreuen Sie schneller!“, heißt es und sie sparen an Liebe.

Wahre Menschen sind im Allgemeinen ziemlich schlecht im Angeben oder Topimieren. Sie kennen das sicher, wenn Sie die introvertierten Wissenschaftler sehen, die sich schändlich schlecht verkaufen. Sie utopimieren ein wenig, aber diese wahre Seite des Lebens wird von den Suprasystemen nicht recht wahrgenommen, da sie ja eine Kreuzung des natürlichen mit dem richtigen Menschen anstreben.

Menschen des Gefühls und der Ethik erwarten vom Leben Wärme und liebevollen Umgang der Menschen, sie wünschen sich Gemeinschaft und Harmonie. Abgeschafft!

Menschen des Geschmacks und der Ästhetik sehen die höchsten Werte im Schönen. Das wird in Suprasystemen selbstverständlich eingespart, es sei denn, es diene zur Topimierung im Marketing und bei der Werbung. Das Schöne wird fast ganz zur Topimierung vereinnahmt, Kunst zum Kommerz.

Menschen des Neuen wollen erfinden und forschen, sehen sich aber immer stärker dem Zwang ausgesetzt, vor ihren Erfindungen Finanzpläne auszuarbeiten. Bevor sie eine Idee haben können, sollen sie am besten sagen, wie viel Geld die Idee einbringen wird. So wird es heute von den Grundlagenforschern verlangt, die hilflos vor den verlangten Nutzenschätzungen stehen und im Grunde in diesen Zeiten sang- und klanglos langsam verschwinden. Auch Forscher sollen jeden Freitag Ergebnisse in Telefonkonferenzen berichten können.

So können wir Mensch für Mensch, Motiv für Motiv durchgehen. Die Hauptmotive der Menschen werden ausnahmslos entmutigt. Die Menschen mögen mit irgendwelchen Hauptmotiven aufwachen. Sie mögen nach Liebe, Anerkennung, Respekt, Lust, Wissen, Wahrheit, Schönheit gieren, was immer es ist: Sie bekommen nur Geld.

Suprasysteme zahlen Schmerzensgeld für unsere Gier, Nummer Eins zu werden.

Dafür sollen wir unsere Herzen und Wünsche vergessen.

Wir verkaufen das alles für das Schmerzensgeld.

Tag für Tag betäuben wir unsere Herzen, wenn wir das Geld für Suprafreuden ausgeben. Das lindert. Wir hassen uns zunehmend als Konsummenschen und Dauerfrustfernseher, die wir in uns ruhig stellen. Wir glauben, wir holen alles nach, wenn wir in Frührente gehen.

Bitte, denken Sie einmal sehr praktisch über den Himmel nach, den uns unsere Herzen ja auch versprechen. Was tun wir im Himmel, wenn wir so alt dahin kommen? Ist unser Alzheimer dann geheilt? Sind die Karzinome und der wundgelegene Altershautrücken verschwunden? Gibt es im Himmel wieder Zähne? Haben wir uns inzwischen so an Erbswurstsuppe gewöhnt, dass wir Manna nicht mehr vertrügen? Darüber gibt es viele fröhliche, erbarmungslose, gotteszweifelnde Gedanken.

Sie treffen im Grunde genau so auf uns Frührentner zu.

Haben Sie denn etwas von ihrem Leben, wenn Sie dreißig Jahre psychisch ausgebeutet wurden? Wie fühlt sich ein Leben ohne Stress noch an? Leer? Einsam? „Ich werde nicht mehr gebraucht – keiner meckert mehr mit mir. Da sehe ich halt fern." Wir erfinden gerade neue Wissenschaften des ehrenwerten Alterns. Wir sollen lernen, nach der Frühverrentung noch oder wieder ein Mensch zu sein ...

Sehen Sie frühere Bauern vom Dorf vor sich? Verhutzelt? Gekrümmt? Klein mit rotem Gesicht, die Haut wettergegerbt? Oder Bergleute, hustend, mit Staublunge? Formengießer, halb blind? Straßenarbeiter, halb taub?

So sieht unsere Seele nach der Frührente aus. Sehen Sie sich nur an, wie sich heute die Schüler und die Lehrer gegenseitig topimierend zu Grunde quälen, wenn sie den gemeinsamen Punktwettlauf zum Abitur wie Spießrutenlaufen bestreiten.
„Kathrin, *du*, du wirst *Lehrerin*!", staunte ich neulich nach dem Abiturtermin. „Habt ihr nicht gerade mindestens ein Drittel der Lehrer psychisch durch Vernichtungsversuche niedergehalten? Warst du denn nicht dabei?" – „Ja, schon." – „Und? Hast du keine Angst?" – „Theoretisch schon, ja. Aber ich hoffe, dass es mich nicht erwischt." – „Hast du berechtigte Hoffnung?" – „Man *muss* hoffen, was soll man tun?"

Das schweigende Hoffen der Lämmer.

7. Supramensch und Typ A

Gibt es denn niemanden, der als Mensch von seiner Seele her zu den Suprasystemen passt?
Ist denn das Suprasystem universell psychisch ausbeutend?

Es gibt sie, die Supramenschen.
Ich habe sie schon im Buch E-Man beschrieben. Sie sind in der Psychologie unter *Type A* bekannt.
Das Ursprungsbuch über *Type A Behavior and Your Heart* stammt von Meyer Friedman und Ray Rosenman. Diese Autoren interessierten sich für die Herzattacken bei bestimmten Charakteren und beschrieben Menschen von Typ A und Typ B. Menschen von Typ A sind fast stresssuchend, die von Typ B stressvermeidend. Ich beschreibe hier kurz die Eigenschaften von Typ A. Sie sehen dann fast blind, dass diese Menschen das Suprasystem repräsentieren.
Typ A ist so:

- Ehrgeiziger Leistungsmensch
- Ziemlich aggressiv
- Schnelle Arbeit

- Ungeduldig
- Ruhelos
- „Hyper"-wachsam
- Aufstiegswillig
- Angespannt, fühlt Druck
- Spricht hektisch

Typ A versucht, alles schnell abzuarbeiten, hat kaum Zeit, sich über Erreichtes zu freuen, wird bei „Kaffeegesprächen" ungeduldig. In seinen Augen steht hektisch geschrieben: „Hört auf zu quatschen. Kommt zum Punkt. Lasst uns vorankommen. Keine Zeit verschwenden!" Ihn plagt ein bohrendes Gefühl der Zeitknappheit und der Dringlichkeit. Er vergleicht unablässig seine Leistungen mit denen von anderen. Er setzt sich immer hohe, sukzessiv steigende Standards, denkt pausenlos darüber nach, ob etwas verbessert werden könnte. Andere Menschen sagen oft zu ihm: „Sei ruhig. Du versuchst zu viel." Typ A will gewinnen, er zeigt es mehr oder weniger offen. Er ist dafür bereit, aggressiv zu werden und zu kämpfen („competitive with free-floating hostility"). Er stürzt sich in viele Aufgaben gleichzeitig und bearbeitet sie oft gleichzeitig (hängt am Handy, am Computer, an der Mailbox, an der Sekretärin und macht überall Stress: jetzt!). Er ist dauernd aggressiv gegen Menschen, die nicht wie er Typ A sind, sich also seiner Meinung nach nicht richtig bemühen. Er entscheidet sofort und schneidig. Andere sagen: hastig. Er hat nie das Gefühl, „eine Arbeit getan" zu haben und sich eine Pause oder gar einen Urlaub erlauben zu dürfen. „Ich muss leider eine Mexikoreise machen. Es geht nicht anders. Wir hatten seit zehn Jahren keinen Urlaub. Meine Frau hat mit Scheidung gedroht. Ich bat sie, doch allein zu fahren, mit den Kindern. Sie ist sadistisch, es geht ihr wohl um Macht oder ums Prinzip. Mexiko ist auch schön ohne mich. Sie fragt, ob wir verheiratet sind. Alle diese Probleme spielen doch gar keine Rolle. Ich muss den Mega-Vertrag holen. Ich habe mir zwei Tri-Band-Satelliten-Handys gekauft." Typ A ist ständig im Wettbewerb. „Sie haben drei Kreditkarten! Ich habe fünf, benutze aber nur vier, weil die fünfte nur golden, nicht Platin ist. Mein Anbieter will es nicht kostenlos machen. Da schneide ich ihn."

Im *Stress Management Sourcebook* von J. Barton Cunningham fand ich den erhellenden Satz:

„Type A behavior is not a personality disorder, but might be called a socially acceptable obsession."

Im Klartext: Das Verhalten von Typ A gilt nicht als Persönlichkeitsstörung, sondern nur als eine gesellschaftlich akzeptable Manie oder Zwangsvorstellung/Besessenheit. In meinem Manual *DSM IV* über Mental Disorders, in dem Diagnosekriterien für psychische Störungen wie Standards festgehalten werden, kommt der Term Typ A nicht im Stichwortverzeichnis vor. Im Buch *Disorders of Personality: DSM-IV and Beyond* von Theodore Millon und Roger Dale Davis, das nur von charakterlichen Persönlichkeitsstörungen handelt, die im DSM nur einen kleinen Teil ausmachen, ist auf über 800 eng bedruckten, mehrspaltigen Seiten nur ein einziger Satz zu Typ A zu finden – eine Bemerkung, dass der Typ A in die Nähe der Zwanghaftigkeit gehöre („conforming pattern“).

Cunningham schreibt über die Hauptprobleme, die die reineren Typ-A-Menschen haben:

- Hyperaggressivität
- Gefühl der Dringlichkeit (time urgency)
- Tendenz zur Übererfüllung der Ziele
- „Polyphasic Behavior“ und Impulsivität

Hyperaggressivität von Typ A: Er hat im Grunde Angst unter dem Druck, unter dem er steht. Druck, zu versagen, die Ziele nicht zu erreichen. Die Angst drückt sich in vermehrter Aggression aus. Auf alle Signale von Unsicherheit und Angst reagiert Typ A mit Leistungswillen, Aktionen und Aktionsplänen, der Annahme von Herausforderungen. Das führt dazu, dass sich dieser Mensch praktisch ständig in Kampfbereitschaft fühlt oder quasi im Krieg steht. Er will die anderen übertrumpfen, koste es, was es wolle. Er verliert das Gefühl für Effizienz (!).

Dringlichkeitsgefühl: Er hat nie Zeit genug, alles zu tun, was eigentlich getan werden könnte. Er übernimmt tendenziell zu viele Aufgaben. Er versucht, immer mehr in der vorgegebenen Zeit zu erledigen. Er hat es dann stets eilig, um mehr zu erreichen. Dafür plant er ständig die Zeit, setzt sich Deadlines und klare Ziele. Er verordnet sich Regeln und Standards, die einzuhalten sind, alles letztlich mit dem Ziel, noch schneller zu arbeiten und noch mehr zu schaffen.

Tendenz zur Übererfüllung: Er will immer mehr erreichen („drive to achieve more and more“). Durch diesen steten, immer präsenten Drang verliert er das Gefühl für die Freude über das Erreichte. Er sagt zu sich nur kurz: „Gut.“ Und dann macht er innerlich einen Haken an die Liste und sagt: „O.k., weiter!“ Er sammelt Orden, Auszeichnungen, Gehaltserhöhungen, Wein, Möbel, Hunde, immer größere Häuser und Autos oder alles, was Status ausdrücken mag: Die Anzahl der Publikationen, die Punktzahl beim Triathlon. Der Wert muss messbar sein. Wirklich messbar. Nicht in Qualität oder Freude oder Schönheit oder Lust. Typ A sagt: „Das ist nicht handfest.“

Polyphasic Behavior & Impulsivität: Impulsive springen auf etwas, ohne alles ganz durchzudenken. Sie haben ja solche Lust, sofort anzufangen. Sie stehen in Gefahr, etwas Wichtiges zu übersehen. Vor Eifer hören sie nicht zu, schon gar nicht auf Warnungen oder Einwände. Sie beginnen zu arbeiten, ohne vorher die Bedienungsanleitung angeschaut zu haben! Typ-A-Menschen arbeiten polyphasisch; das heißt, sie unternehmen viele Arbeiten gleichzeitig. Manager erledigen typischerweise die Post, während sie bei einer Präsentation persönlich anwesend sind. Es gibt einen Werbespot, in dem einem Manager telefonisch von der Gattin deren Scheidungswünsche eröffnet werden. Während er mit seiner Frau „verhandelt“, kauft er online Aktien am Computer. Resultat: Er ist unkonzentriert und damit überall gleichmäßig weniger effektiv, gleichzeitig jedoch sehr stolz, alles auf einmal zu schaffen.

Ich interpretiere diese Beschreibung von Typ A jetzt einmal unbekümmert schwungvoll:

Typ A ist wie ein zwanghaft pflichtbesessener Mensch, der den vollen Trieb und seine ganze psychische Energie in das Erreichen von ehrgeizigen Systemtriebzielen setzt.

Das ist der Supramensch.

Das ist Score-Man.

Es ist die gelungene Kreuzung von Willenstrieb und Pflichteifer.

Leider ist der Supramensch instabil, aber für eine Zeit lang können wir ihn in dieser Form benutzen.

Typ-A-Menschen werden von Klinikern untersúcht, weil sie Herzprobleme und Stresssymptome zeigen, wie ich sie eben beschrieben habe. Psychologen überlegen, ob es eine Krankheit ist, ein Typ-A-Verhalten zu zeigen!

Typ A wird aber offiziell nicht als gestört angesehen, nur eben als gesundheitsgefährdet.

Wir hetzen also alle Menschen in Richtung von Typ-A-Verhalten und dann trauern wir, dass sie krank werden. Wir beklagen, dass Typ A in seinem zerfressenden Trieb, immer mehr zu erreichen, immer weniger Freude am schon Erreichten hat und seine Triebwut stärker und stärker auslebt. Immerfort vergleicht er, misst er und zählt, ob er weitergekommen ist. Er arbeitet immer länger. Cunnigham schreibt von „self-destruct", von Selbstzerstörung.

Psychologen nehmen nun die armen Supramenschen in Behandlung und lehren sie:

- Sei weniger zeitgetrieben!
- Setze deine Feindseligkeit herab!
- Vergleiche nicht so viel, lass das Messen sein!
- Sei nicht andauernd besorgt und um Selbstwertzuwachs bemüht!
- Lass das Perfektionistische!
- Hör auf, alles zu strukturieren und in Systeme zu pressen!

Was meinen Sie? Wird man Typ A mit solchen naiven Apellen heilen? Wird es ihn beeindrucken, wenn man ihm besorgt mitteilt, dass er Typ A ist?

Er wird doch jubeln, so zu sein! Er ist der Supramensch, wie ihn sich das Suprasystem vorstellt! Er ist der gewünschte Prototyp des Nummer-Eins-Sisyphus.

Sisyphus
Staatl. Antikensammlungen
u. Glyptothek München
VAS 1549

Sisyphus wälzt unermüdlich den Stein hinauf, der ihm immer wieder entgleiten muss, so geht die Sage. Typ A aber wälzt immer bergan. Und der Berg hört nicht auf. Er schaut einige Meter zurück, einige Meter nach vorn, und wie im Endlosbilligtrickfilm sieht das Vor und Zurück für ihn immer gleich aus: es geht bergan. Typ A verliert das Gefühl für die absolute Höhe. Nur immer weiter! Bergan im relativen Sinne! Mehr Plusprozente. Jede Minute bergan. Alle Mühe, allen Schweiß und alle Nerven dafür! Typ A versucht es am besten mit mehreren Steinen gleichzeitig. (Ich bekomme eben in dieser Sekunde eine E-Mail-Bitte von ganz oben, während der Executive Meetings kein „Multitasking" zu betreiben. Handy, PDA ... Es besteht die Gefahr, dass es sonst bei allen piept.)

Das Altertum nahm an, Sisyphus sei von den Göttern bestraft.

Und wir wollen alle heute Supramenschen sein?

Wir sind selbst gestraft.

Wir betreiben Raubbau an unserer Seelenkraft und verraten unser Herz. Das bekommt dann manchmal einen Höherwertigkeitsinfarkt.

8. Supramensch und Topimierung

Wenn der Supramensch denn wirklich viel mehr leisten würde, wäre es ja ganz gut. Wir würden seine Existenz ja halbwegs begründen können.

Aber seine Feindseligkeit zerstört ja am Fundament des Ganzen, sie zerstört Vertrauen in seiner Umgebung, lässt keine Liebe und Harmonie zu. Ich schrieb ja ein ganzes Kapitel über diese Nichtzulassung eines großen Ganzen.

Die Kliniker untersuchen auch immer nur taktvoll das versessen Erfolgstriebhafte, sie überlegen ja nicht in ihren Warntafeln, dass dieser Trieb zum Topimieren, zur Untreue, zu Misstrauen, Zerstörung und Betrug führt.

Die derzeitigen Bilanzskandale, die die Börsen erschüttern, sind Typ-A-Phänomene oder Supraerscheinungen.

Das Verhalten von Typ A ist nicht auf ein Werk gerichtet, auf einen Menschheitswert, sondern nur auf Höherwertigkeit in einem sehr abstrakten Sinn, der fast nur noch in Geld auszudrücken ist. Deshalb sehe ich in der Realität den Supramenschen fast unauflöslich in Topimierung und Ontopimierung verstrickt. Der Supramensch verbeißt sich so sehr in seine eigene Höherwertigkeit, dass er im Notfall eben alle Register zieht und „sich etwas einfallen lässt", wie er typischerweise sagt.

So ist ein Großteil der gezeigten Leistungen in Unternehmen einfach durch Topimierung herbeigezaubert. Typ A zeigt ja unentwegt Eifer und Eile. Er eröffnet unendlich viele Baustellen und setzt immerfort fruchtlose Aktionen auf. Ist das ökonomisch? Wie viel kostet die Topimierung bis zur Selbstzerstörung?

Wie viel kosten die Kliniken? Die Herzinfarkte? Die ausgebrannten Topimierer, die in die Opferkategorie zurücksinken? „Sacrificium." – „Deficior." – „Ich habe mich für das Suprasystem aufgeopfert. Sie haben mich benutzt und wie eine Zitrone ausgesaugt. Als ich ein paar Sekunden nur Durchschnittliches leistete, wurde ich frühpensioniert. Sie denken, sie brauchen meine große Erfahrung nicht mehr. Sie sagen, sie ersetzen mich durch jemanden, der noch heiß ist und brennt. Sie sagen, ich sei im letzten Jahr nicht mehr die treibende Kraft gewesen. Das hat wohl den Stein ins Rollen gebracht. Jetzt bin ich unten. Es ging sehr schnell. Ich bin wie in Trance verwundert, dass es mich treffen konnte. Ich hatte immer gedacht, ich bleibe oben und halte durch. Was in aller Welt ist mit mir passiert? Ich werde sie bitten, mich wieder anzunehmen. Ich muss doch arbeiten. Ich will wieder brennen und treiben. System! Erhöre mich!"

„Ich habe bis an den Rand des Herzinfarktes gearbeitet. Ich habe alles gegeben. Dennoch hatte ich nicht gedacht, dass ich tatsächlich im physischen Sinne einen Herzinfarkt bekommen könnte. Ich selbst habe ja keinen Stress gefühlt. Das sagen mir jetzt die Ärzte, ich hätte Stress gehabt. Ich muss rehabilitiert werden. Ich werde langsam wieder gesund gemacht. Diese unendliche Langsamkeit meiner Genesung nervt mich so sehr. Gibt es nicht schnellere Methoden? Muss ich wirklich zwei Monate aussetzen? Warum? Ich will wieder in das System zurück und ihnen zeigen, dass ich alles noch leisten kann. Man soll es mir nicht mehr anmerken, dass ich nun diesen Makel mit mir herumtrage, einen Herzinfarkt gehabt zu haben."

Aus einer E-Mail von Judith Neff, die mit solchen Menschen beruflich umgeht:

Bei Herzinfarkt-Kranken sieht es anders aus. Vorausgesetzt es stimmt, was diese Patienten mir, uns, mitteilen, stellt sich die Vorgeschichte in etwa so dar: Sie waren die unermüdlichen, unersetzlichen, klaglos tätigen, alle anderen „Gestressten" über Gebühr unterstützenden, selbst aber STRESSFREIEN Menschen. Der Pilot, der jeden Sondereinsatz fraglos übernimmt; der Botschafter, der sich selbstverständlich 24 Stunden am Tag um seine notleidenden Schäfchen kümmert; der

Möbelpacker, der sich selbst immer die schwersten Stücke auflädt; der sich aufopfernde Ehemann, der nebst Beruf und Kindern auch noch seine MS-kranke Ehefrau versorgt, alleine, versteht sich (!) ... und ... und ... (Wie weit Deine Computer - gäbe es sie - die geschilderten Leistungen tatsächlich als „hervorragend" klassifizieren, und die gegebene Selbstdarstellung dadurch stützen würden, vermag ich nicht abzuschätzen.)

Tatsache ist jedoch, dass alle diese Patienten „Stress" bisher fast nur vom allgegenwärtigen Hörensagen kennen (was wegen der Korrelation Blutdruck-Schmerzschwelle durchaus glaubwürdig, und wegen der Verachtung erzeugenden Entwertung des Begriffs „Stress" durch inflationären und allzu leichtsinnigen Gebrauch verständlich ist). Jedenfalls gehörten sie wohl kaum zu den ausufernd Klagenden.

Ich selbst lerne sie ja erst nach dem (meist sang- und klanglosen) Zusammenbruch kennen, der einige Tage bis wenige Wochen zurückliegt. „Aufgebrochen", aus der Bahn geworfen, extrem desorientiert. Im Ausnahmezustand jedenfalls! - Der aber vielleicht doch ein Stück mehr Aufrichtigkeit erlaubt (oder erzwingt?). Man leistet sich, was sonst undenkbar wäre: das WAHRnehmen von Erschöpfung, Angst, Einsamkeit, Groll, Wut, Trauer, Sehnsucht .... Bedürftigkeit. –

Vielleicht all das, was zeitlich vor jeglichem Topimieren liegt. – LAG! Einst! Ganz früher!

Die meisten klagen auch jetzt nicht. Aber sie wollen wissen. VERSTEHEN. Und lernen.

Dabei wird (fast immer unausweichlich) die Verblendung gegenüber den eigenen (Leistungs-)Grenzen sichtbar, die oft beinahe grotesk anmutende Selbstüberschätzung, die buchstäblich letale Blindheit für den eigenen Körper und für warnen-sollende Schmerzen.

Der „Makel", um mit Adler und Dir zu sprechen. Tatsächlich sind ja spätere Herzinfarkt-Kranke konstitutionell von je her „Schwache", weil jede Art von Stress sie zwar scheinbar unbemerkt, aber dennoch ZENTRAL trifft: in Form von individuell teils extrem überschießenden Herz-Kreislauf-Reaktionen. In der Fachwelt werden sie „heiße Reaktoren" genannt. Der Streit der Gelehrten ist immer noch nicht entschieden, ob dies mehr „genetisch" oder mehr „sozial" ererbt ist; beweisbar ist bis heute nur eine gewisse familiäre Häufung. Aber man ist sich weitgehend einig darüber, dass diese Menschen um ihre latente Gefährdung schon immer „irgendwie gewusst" haben, auch wenn sie ihnen NIE explizit zu Bewusstsein gekommen ist. Denkbar also, dass sie von Jugend an „überkompensieren".

Aber nicht nur dies wird spätestens in der Reha bewusst (gemacht). Offenbar wird im Lauf der Zeit auch, dass manche KollegInnen sie tatsächlich ausgenützt, manche Arbeitgeber/Vorgesetzten sie wirklich ausgebeutet, scheinbare Freunde sie ohne Zweifel „ausgenommen", Ehefrau und „Kinder" sie unter dem Deckmantel von „Liebespflichten" de facto ausgehöhlt haben. (So manche Ehe geht denn nach einem Herzversagen auch endgültig in die Brüche!!) Die späteren Herzpatienten sind - so bissig oder feindselig sie sich in manchen Zusammenhängen auch präsentieren mögen - im Grunde ziemlich wehrlos, weil ihnen die VOR allem Verhalten(-Können) liegende, körperliche HK-Reaktion schon das situationsadäquate „Merken" erschwert bis verunmöglicht. Und sämtliche „Vernebelungstaktiken" ihrer Mitmenschen sie deshalb besonders fatal treffen ...

Also: Auf jeden Fall wünsche ich mir dann manchmal SEEHHR, „die Anderen", ach so „hart Arbeitenden", „Ja-Sager", die „Schnell-Gekränkten", „Jammerer", „Vorteilsnehmer", „Perfektionisten" und ... (vgl. Wild Duck S. 196 ff.) – alle diejenigen, die ja ein Betriebs- und/oder Beziehungsklima MITerzeugen, müssten AUCH tauglicheres Sozial- und Gesundheitsverhalten lernen (oder vielleicht einfach mal ein paar Tage in einer Herz-Reha arbeiten) oder wie auch immer ...

... und bin, da ich eben die entsprechenden Abschnitte erneut überflogen habe, noch einmal glücklich über Deinen Satz: „Gute Erziehung wäre, ihn [diesen Optimierungslauf] bewusst zu machen und proaktiver zu lenken bzw. klarzumachen, dass man in der Mitte sein kann, ohne neurotisch [oder eben: krank] werden zu müssen" aus Deiner vorletzten Email.

Haben Sie das Wort STRESSFREI gelesen?

Der Supramensch weiß ja nicht ganz bewusst, dass er im Stress lebt. Die Psychologen müssen ihm ja extra sagen, er solle ruhiger sein. Es gibt im Buch von Cunningham extra eine Menge Tests für Stress oder Feindseligkeit etc. Der Supramensch hält das Supraleben für das einzig vernünftige. Er fühlt sich subjektiv wie ein Krieger des Suprasystems.

Noch einmal: Supra ist Krieg.

9. Lieber tot als unten

Die Suprasysteme haben in gewisser Weise die Angst vor dem Tod zeitlich vorverlegt. In einem mehr beschaulichen Leben ergraut der Mensch zum Tode hin, um den er sich sorgt. Was wird nach dem Tode mit ihm werden? Gibt es ein Leben nach dem Tode? Wird der physische Tod qualvoll und voll bewusst eintreten? Werden uns Menschen im Angesicht des Todes beistehen? Werden Menschen um uns trauern? Werden wir eine Lücke hinterlassen? Werden wir, wenigstens ganz lokal und zeitlich eng begrenzt, Spuren unseres Wirkens auf dieser Welt zurücklassen, bis hin zur Unsterblichkeit? Werden die Menschen gut von uns sprechen, wenn wir nicht mehr sind? Werden frische Blumen auf unserem Grabe blühen? Werden liebe Menschen seufzen: „Erinnerst du dich noch? Weißt du noch, als ...?"

In Suprasystemen graut uns vor dem Fall in die Opferklasse, in das letzte Drittel, in den Kreis der Ausgestoßenen, in die Versagerkategorie. Was wird nach der

Kündigung mit uns werden? Es wird niemanden kümmern. Gibt es ein Leben nach der Kündigung oder der Abstufung zum Minderleistenden? Worin sollte das bestehen, wenn man „draußen vor der Tür ist“? Wird die Kündigung sich langsam und qualvoll abzeichnen, wird sie sich langsam bei klarem Verstand in unser Seismographensystem einbohren wie ein sich ausbreitendes Krebsgeschwür? Oder werden wir die Gnade einer plötzlichen Kopfschusskündigung erhoffen können, nach der wir wie betäubt mit einem Schreiben in der Hand in der Küche sitzen, neben uns der Lebenspartner mit glasigen Augen? Werden uns die Menschen im Angesicht der Kündigung beistehen? Das können in schrecklicher Wirklichkeit nur solche, die „es“ schon hinter sich haben. Die noch erfolgreich Lebenden werden uns tätscheln wie ein krankes Tier: „Armes Tier. Krankes Tier. Es wird schon wieder. Kopf hoch. Die Zeit heilt alle Wunden.“ Werden die Bleibenden um uns trauern? Nein, sie sind erschrocken, wie jedes Mal, wenn es jemanden trifft. Und sie sind einen kurzen Moment erleichert, um sich gleich wieder noch stärker selbst zu fürchten. Werden wir eine Lücke nach unserer Kündigung hinterlassen? Ganz bestimmt nicht! Werden wir Spuren hinterlassen in dieser wechselvollen Welt? Der Gewinn wird kurzfristig steigen, weil wir weg sind. Werden „Blumen“ blühen, zum Angedenken?
Ach, früher, in Systemen, gab es ganze Prozessketten für Blumen aller Art. Jeder Mensch durchlief eine Perlenkette von persönlichen Jubiläen, von Würdigungen und Ansprachen, mit physischen und immateriellen Blumen und goldenen Uhren. Es gab schon Ehre und Würde für bloße lange Anwesenheitsdauer, für Treue und Dienen, ohne dass auf dem Blumenstrauß die Leistungskennzahl gestanden hätte. Menschen feierten ihre kleinen und großen Leistungen neben Geburtstagen und Geburten mit Sektkelchen in der Teeküche. Die Arbeit wurde unterbrochen, wenn Zeit für Würde war. Man sagte einander: „Du bist ein Jemand für uns alle.“

Suprasysteme nehmen stillschweigend an, dass ein jeder ein Jemand ist, der noch da bleiben durfte. Deshalb feiern ja alle diejenigen implizit ihr Dasein Tag für Tag, die da sind. Die wirklichen Feiern sind natürlich unter dem Rechenstift absurd teuer. Rechnen Sie einmal alle solche Events mit 100 Euro pro Stunde und Anwesenden durch. Was kostet dann eine Feierstunde zum 40jährigen Dienstjubiläum? Zweihundert Menschen mal zwei Stunden, also 20.000 Euro. Viel billiger, die goldene Uhr mit der Hauspost zu schicken. Viel billiger, es ganz zu lassen.

Lieber tot sein als unten: Der Tod ist nicht mehr das Problem unserer Zeit. Die Große Angst ist die des Versagens im Suprasystem, die Angst vor dem unschuldigen, plötzlichen Gestrichenwerden, weil ein Bereich wegen Unrentabilität aufgegeben wird. Wir haben Angst, mitsamt unserer Arbeitsumgebung verkauft zu werden, worauf bei Mergers fast regelmäßig ein Kehraus unter den durschnittlichen Menschen erfolgt. Wir hatten Angst vor dem Tod, weil er so unverhofft, schwarzverhüllt mit Sense, uns zunickt und holt. Wir haben heute Angst, dass uns nun unverhofft eine Leistungsbeurteilung dahinrafft. Es wäre wie ein plötzlicher kleiner Tod. Der große Tod ist verscheiden. Der kleine Tod ist ausscheiden. Nach dem großen Tod, so hoffen wir, weint jemand um uns. Nach dem kleinen Tod, so müssen wir erleben, weint niemand.

Es gibt Schlimmeres als den Tod: Unten sein.

Gegen den eigentlichen Tod können wir uns nicht wirklich wehren. Wir können ihn durch alles Mögliche NICHT hinausschieben. Nicht-Rauchen. Nicht-Trinken. Nicht-Aufregen. Aber im Grunde sind wir gegen den Tod machtlos.

Gegen das Ausscheiden können wir uns vermeintlich stemmen. Wir können hetzen und strampeln und kriechen. Wir betrügen und topimieren, utopimieren, ontopimieren. Was zählt schon der Verkauf der Seele?

Lieber tot als unten sein.

XVI. Metaomorphose

1. Ökonomie bei Knappheit der Ressourcen

Was ist Ökonomie?

Ökonomie ist eine *Sozialwissenschaft*, die sich mit Mitteln und Wegen befasst, durch die Menschen und Gesellschaften versuchen, ihre *materiellen Bedürfnisse und Wünsche zu erfüllen*. Ökonomie ist die *Wissenschaft von der Allokation (Anhäufung oder Ansammlung) knapper Ressourcen* angesichts unbegrenzter und konkurrierender Nutzungsmöglichkeiten.

Das lateinische oeconomia steht für „gehörige Einteilung", das griechische oikonomia für Haushaltung und Verwaltung.

Was ist Psychologie?

Psychologie ist die Wissenschaft vom menschlichen Erleben, Denken und Verhalten. Während die anderen Wissenschaften erklären wollen, wie die Welt ist, fragt die Psychologie: „Wie erleben die Menschen sich selbst und ihre Umwelt?" Die Psychologie stellt Angebote zur Verfügung, damit Menschen ihr Erleben und Verhalten verstehen und verändern - und dadurch Wohlbefinden und Leistungsfähigkeit steigern können.

Wie wäre es, wenn wir in der Definition von Ökonomie das Wort *materiell* wegließen?

Wie wäre es, wenn sich die Psychologie nicht nur mit dem Individuum, sondern auch um die Allokation der psychischen Energie der Gesellschaft kümmern würde - und zwar nicht als arbeitspsychologischer Hilfsbüttel für Höherwertigkeit, sondern für unsere Seelen, die sich nicht mehr wirklich auf religiöse Tröstung verlassen können?

Wenn wir der Ökonomie die Aufgabe übertrügen, sich um möglichst viele Bedürfniserfüllungen zu kümmern?

Sie tut ja eine Menge dafür, auch jetzt schon. Wenn wir zum Beispiel Filme anschauen, befriedigen wir ja kein materielles Bedürfnis. Wenn wir Telefon-Sex-Services in Anspruch nehmen, ebenfalls nicht. Es gibt eine Erotikindustrie, eine Filmindustrie oder eine Musikindustrie. Wir leisten uns vorläufig noch Museen, Theater, Sportstätten. Überall wird für das Nicht-Materielle gesorgt. Der Staat, die Kirchen, viele andere Institutionen oder die Wirtschaft setzen Ressourcen ein, um unsere entsprechenden Bedürfnisse zu befriedigen.

Die Grenzen zwischen dem Materiellen und dem Nicht-Materiellen sind sehr verschwommen. Im Großen und Ganzen aber können wir das abtrennen, „wofür es eine Industrie gibt" und wofür nicht. Ich möchte es so sagen: Wenn Menschen bereit sind, für eine Bedürfnisbefriedigung einen erstehungskostengerechten Preis zu zahlen, dann ist dieses Bedürfnis in gewisser Weise materiell, weil es einen Preis in Geld, also „in Materie", dafür gibt.

Sobald jemand materiell davon leben kann, ein Bedürfnis eines anderen zu befriedigen, spielen ökonomische Erwägungen in diese Sachlage hinein. Dann werden nämlich Arbeitsplätze zur Bedürfnisbefriedigung geschaffen, es gibt Gewinnaussichten für private Unternehmer.

Viele wichtige Aufgaben und Bedürfnisse in unserer Gesellschaft werden zwar nachgefragt, aber nicht bezahlt. Denken Sie an das Bedürfnis eines Kindes, in einer warmherzigen Familie aufzuwachsen und gut erzogen zu werden. Das Kind hat ein starkes Bedürfnis, aber kein Geld, dafür zu bezahlen. Deshalb ist es auf Gnade und Hilfe angewiesen, also in der Regel auf seine Eltern. Am Lebensende hat der Mensch ein Bedürfnis nach Hilfe und Pflege. Die kann er gegen Geld erwerben. Ein Platz im Altersheim kostet je nach Heim viel Geld, sagen wir, 2000 Euro im Monat. Das ist mehr als ein Durchschnittsnettogehalt, viel mehr als eine Durchschnittsrente. Deshalb sparen die Menschen zwangsweise für Pflegeversicherungen, damit ihnen später das Bedürfnis nach Pflege und Hilfe befriedigt werden kann. Wenn die Unterbringung eines alten Menschen im Heim 2000 Euro im Monat kostet, wie viel dann die Unterbringung und aktive Erziehung eines Kindes durch die Eltern? Banal, wie wir es heute oft diskutieren: Wie hoch müsste das Gehalt einer Hausfrau sein?

Das Problem ist es, dass die Kinder ohne Geld zur Welt kommen.

Schrecklich, nicht wahr? So etwas als ökonomisches Problem zu besprechen? Ich möchte nur sagen: Es gibt viele Bedürfnisse, die fast schon materiell sind, für die es keine vernünftigen Regelungen gibt, weil sie sich nicht mit Geld und damit nicht im Rahmen der Ökonomie erledigen lassen. Stellen Sie sich vor, der Staat zahlt 1500 Euro pro Kind und Monat und kommt alle paar Wochen zu den Kindern zur Qualitätskontrolle: Sind die Kinder versorgt, gepflegt, erzogen, gut entwickelt, auf gutem Wege zu einem vollen Menschen? Nein? Dann bekommen die Eltern eine Kündigung!

Die besprochenen Suprasysteme stellen das menschliche Leben so sehr unter das Diktat des Geldwertes, dass nun an vielen anderen Stellen unseres Lebens Bedürfnisse nicht mehr befriedigt werden, weil sie bis heute niemals in ökonomischem Kontext gesehen wurden. Denken Sie nochmals an die Gallup-Studie, die ich am Anfang des Buches zitierte. Die aufgeforderten Supramenschen haben andere Bedürfnisse als Geld, und zwar mehr oder weniger die, die in ihrer spezifischen Dueck-Pyramide stehen. Sind diese Bedürfnisse nach Respekt, Liebe, Wissenserwerb, Erfüllung, Herausforderung etc. den Suprasystemen nichts wert? Oder schlimmer: Sind sie uns Menschen selbst nichts wert?

Uns wird das Bedürfnis nach Höherwertigkeit so sehr eingehämmert, dass wir alle anderen Bedürfnisse nur noch als relativ unbedeutend ansehen. „Kind, ich komme drei Tage nicht nach Hause, nimm etwas aus dem Kühlschrank, ich habe die Chance, bei einer guten Rede in Bochum die neugeschaffene Executive-Stelle zu bekommen. Verdient habe ich es ja! Wir können uns dann viel mehr leisten. Was? Hausaufgaben? Versuch es noch einmal selbst. Ich kann mich nicht um alles kümmern. Ach, wäre das schön, eine Beförderung! Dann würde ich dir auch Nachhilfe zahlen können. Dann wirst du dankbar sein. Sieh mal, ich zahle so viel für dich, da musst du auch einmal selbst deine Sachen regeln. An deiner Stelle käme ich mir langsam minderwertig vor. Ich kann nicht die ganze Zeit für dich verwenden. Ich muss an meine Karriere denken, was du ja nicht tust. Klar hast du dann Zeit, hier herumzulungern. Ich aber will voran. Außerdem habe ich mir fest vorgenommen, einmal die Woche ins Sanamed zu gehen, weil ich fit sein muss. Frag deine Mutter, die sieht es selbst so. Wir haben uns ja in Freundschaft getrennt, weil sie eine tolle Stelle in Mailand bekam, ich aber nicht von Bochum fortkonnte, ohne ein paar Stufen zu verlieren. Kind, tu was! Tu was, sag ich dir. Schau, du hast Hochleistungseltern. Du aber wirst so, wie du jetzt bist, wärest du allein auf dich gestellt, unter einem schrecklich viel niedrigeren Lebensstandard leben müssen. Deine Kindheit war dann das Goldene Zeitalter, das du nur verlängern kannst, wenn du uns weiter auf der Tasche liegst. Wir werden da keine Unmenschen sein, aber dich wird keine Powerfrau heiraten, und ein paar Kinder zahlen wir später bestimmt nicht mit. Ich finanziere schon mit meinen Steuern ungefähr acht weitere Menschen. Danken wird es mir niemand. Du sicher auch nicht, das sehe ich an deinen Augen, die mir nicht zuhören wollen. Keine Sorge, ich habe ja ein Luxusseniorenapartment gekauft. Deine Mutter will da noch nicht dran, sie hofft noch auf dich, denke ich. Aber sie denkt dabei nicht an die künftige Schwiegertochter, sage ich ihr immer."

2. Liebe ist nicht knapp, aber teuer – es gibt keinen Bedarf!

Jeder Mensch kann lieben und achten, respektieren und loben, helfen und erziehen. Jeder einzelne Mensch! In Deutschland leben achtzig Millionen Menschen, die alle diese nicht-materiellen Bedürfnisse befriedigen können.

Die bange Frage ist: Wie viel Prozent dieser ungeheuren „Würdigungs"-Kapazität wird zur Produktion benutzt und wie viel Prozent von der tatsächlichen Produktion kommt bei den Bedürftigen an?

Immer weniger – weil das Höherwertigkeitsstreben alle Ressourcen auf sich konzentrieren will. Für ein paar Höherwertigkeitsränge oder Rankingplätze, nicht einmal für Geld, geben wir alle anderen Bedürfnisse auf. Liebe ist für zwischendurch. In der Zeitung wurde berichtet, dass die Beischlafshäufigkeiten der westlichen Menschen dramatisch sinken. Es erscheine so, als habe die junge Generation von heute keine Zeit dafür. Zu viel Arbeit. Zu viele Termine. „Schatz, ich war im Sanamed auf dem Laufband. Lass mich in Ruhe. Ich nehme noch einen Caipi zum Absacken." Früher, so sagte die Studie, war Sex ein wundervolles Mittel, alle „Pausen" zu füllen. Heute gebe es einfach nie mehr Pause.

Es wäre also im Prinzip kein Problem, alle Liebe dieser Welt zu produzieren und alle Pyramidenbedürfnisse zu erfüllen. Aber wegen der hektischen Höherwertigkeitsanforderung der Suprasysteme ist keine Zeit mehr dafür.

Das Menschsein ist uns nicht unmöglich geworden, aber zu unwichtig. So unwichtig, dass wir es vergessen oder besser, *verschmerzen* lernen.

Verzweifelte Politiker versuchen es mit Zwang: Wir *müssen* uns gegen Krankheit versichern! Wir *müssen* uns gegen Arbeitslosigkeit versichern! Wir *müssen* für die Rente und Pflege sparen! Wir stöhnen jeden Tag unter diesen harten Soziallasten, „die der Amerikaner nicht tragen muss".

Im Ganzen gesehen haben wir also haufenweise Bedürfnisse, aber keinen Bedarf. Die Seele lechzt in uns nach Höherem, der Geist wünscht sich Bildung, der Körper ein Glücksgefühl, unsere Persönlichkeit Erfüllung. Aber wir lassen diese Bedürfnisse langsam los. Wir wandeln sie nicht aktiv in Bedarf um. Im Kern: Wir tun nichts mehr dafür, so, als ob es uns wichtig wäre oder „um unser Leben ginge". Der triebdrängende Bedarf ist der nach Höherwertigkeit, der alles verdrängt.

In den Bahnhofsbuchhandlungen sehe ich immer die Bücherstapel dieses Widerstreites: Packenweise Bücher mit fragenden oder ausrufenden Titeln.
Gruppe 1: „Verdiene ohne Ende!" – „Wie auch du Menschen beeinflussen kannst!" – „Rede charismatisch und bilde Gefolgschaften!" – „Mach dich zur Stütze des Chefs!" – „Zehn Übungen für Wirtschaftsscharfsinn." – „Neue Diäten extra für Politiker." – „Leistungssteigerung durch Vitamin B" – „Topfit ganz ohne Drogen!"

Gruppe 2: „Sorge dich nicht!" – „Sieh endlich deine Seele!" – „Das Tao des Müsli." – „Liebe Tiere!" – „Das Licht ist auch für Dich!"

Die eine Gruppe erlöst Sie von Ihrer Restminderwertigkeit. Was, Sie stottern noch, wenn Sie barsch eine Gehaltserhöhung verlangen? Das sind Selbstzweifel, die man sich abtrainieren kann! Sie müssen mehr Biss bekommen!

Die andere Gruppe predigt: „Lass los!"

Lassen Sie all das los, vor allem die Höherwertigkeit.

Die Bücher werden allesamt gekauft. Offenbar. Das, was in Gruppe 1 steht, wird umgesetzt, obwohl es praktisch nicht geht („14 Tage lang immer ein Zehntel charismatischer"). Über den anderen Büchern, auch wohl über diesem hier, wird geseufzt.

Das eine wird aus Bedarf gekauft. – Das andere aus Bedürfnis.

Bedarf ist eine Nachfrage nach etwas für nötig Gehaltenem.

Bedürfnis ist das Gefühl, etwas nötig zu haben.

Nach Höherwertigkeit besteht Bedarf, nach „Leben mit Seele" ein Bedürfnis.
Ober schlägt Unter.

3. Entkommen wir der Supra-Ökonomie?

Eine Anekdote: Als ich noch Professor an der Uni war, protzte ein Diplomand mit seinem aufwändigen vermutlichen Lebensstil nach dem Diplom. Ich lachte und meinte, er solle sich eher vor dem Leben nach dem Diplom fürchten, weil sein Lebensstandard als zu Hause wohnender Student sich dramatisch senken könnte. Er verdiente damals als HiWi (studentische Hilfskraft) Geld, lebte zu Hause und durfte sein Gehalt behalten, das wären heute vielleicht 400 Euro netto.

Wir haben uns damals vor eine Wandtafel gestellt und einen Kassensturz für ein neues Suprasingle gemacht. Heute sähe diese Tafel am Ende etwa so aus:

Anfangsgehalt mit Diplom: 37.500 Euro
Steuern, Kirche, Solidaritätszuschlag: 10.000 Euro
Sozial- und Krankenversicherung: 7.500 Euro
Miete: 5.000 Euro
Auto: 3.000 Euro
Nebenkosten der Wohnung: 1.500 Euro
Telefon, Handy, Flatrate: 500 Euro
Essen, Haushalt: 3.500 Euro
Urlaub: 1.500 Euro

Zählen wir kurz alles zusammen: Es bleiben 5.000 Euro im Jahr übrig. Dafür müssen nun noch Riesterrenten, Versicherungen für Leben, Rechtsschutz und Hausrat angespart werden. Dazu kommen die Kleidung und alle Anschaffungen von Hausrat. Ach ja, und sparen müssen wir noch, auf Konten oder Bausparverträge.

„Hey, Jochen, nach dem Diplom siehst du alt aus!", scherzten wir über ihn, der ja sein Hilfskraftjahresgehalt von 4.800 Euro zum „Ausgeben" für zu wenig gehalten hatte.

Bei der Rechnung wird nur angenommen, dass Jochen eine halbwegs vernünftige Wohnung mietet, ein Mittelauto unterhält und normal telefoniert und isst. Diese Rechnung ist für einen Supramenschen mit Diplom. Sie können gerne eine andere für einen Lagerarbeiter aufstellen!
Unser Leben ist so standardisiert teuer geworden, dass wir uns dieser Rechnung nicht so leicht entziehen können. So ganz ohne Höherwertigkeit müssen wir vielleicht bald in einer Höhle leben? Oder auf das billigere Land ziehen und dafür Stunden Anfahrtszeit zur Arbeit in Kauf nehmen? Wir sehen ja schon ein Phänomen, das manche die „neue Armut" nennen. So richtig arm ist eigentlich fast niemand in Deutschland. Geld hätte man, aber nicht genug, um den teuren Standard zu bezahlen. Es gibt nur normal teure Wohnungen, teuren Strom und teures Abwasser. Das Telefon und das Fernsehen oder Kabel haben hohe Grundgebühren. Es ist im Suprasystem nicht vorgesehen, dass man arm ist. Es soll wohl auch nicht vorgesehen werden, sonst gäbe es gar keinen Ab-

schreckungseffekt, nicht wahr? Unsere Politiker und Bosse reden unaufhörlich von den Massen von Drückebergern, die sich an Sozialzahlungen mästen und zu Hause faul herumliegen. Damit häufen sie Schicht um Schicht weitere Minderwertigkeit auf die neuen Armen. Die Suprasysteme lehren, dass jeder Nummer Eins sein soll. Wenn er aber entlassen ist, soll er auch bei ganz leerem Stellenmarkt eben eine Arbeit als Putzhilfe annehmen. Das ginge im Prinzip. Das wäre ja ehrliche Arbeit, die niemanden schändet, wie immer gesagt wird. Aber wenn wir den Menschen vorher eingeredet haben, sie müssten Nummer Eins sein? Was empfindet ein Doktor der Informatik, der schuldlos mit seiner Firma pleite ging, entlassen wurde und nun in seinem Beruf vor dem Nichts steht? Er ist eine echte Null geworden. Das macht ihm das Suprasystem auch gnadenlos klar. Diese Menschen krümmen sich im Herzen. Immer wieder zeigen Fernsehberichte den psychischen Schaden bei denen, die nun die Opfer, Märtyrer oder Verlierer im Suprasystem sind.

Das Entkommen aus dieser Todesspirale ist nicht so einfach, wenn die Opfer vorher psychisch fast vernichtet wurden. Heute (5. Februar 2003) haben wir 11,1 Prozent Arbeitslose, gerade wurde im Fernsehen die entsprechend entsetzte Meldung verbreitet. Der Winter sei es gewesen und der Kündigungstermin zum Jahresanfang. Wer hätte das gedacht? In Wirklichkeit ist es ein Supra-Ergebnis.

Suprasysteme entsolidarisieren. Jeder kämpft allein. Elf Prozent haben verloren, jeder für sich. Die sollen jetzt alle wieder ans Gewinnen gehen, jeder für sich.

Die amerikanische Verfassung beginnt bekanntlich mit dem Satz:

„We hold these truths to be self-evident, that all men are created equal, that they are endowed by their Creator with certain unalienable rights, that among these are life, liberty, and the *pursuit of happiness.*"

Was immer „Happiness" oder Glück dabei heißen mag. Supra-Systeme sind auf einen anderen Satz gegründet.

„Jeder hat das gleiche Recht, die ureigene Verantwortung und alle dazu notwendige Freiheit, die eigene Höherwertigkeit anzustreben."

Wer nicht Höherwertigkeit anstrebt, muss eben mit den minderwertigen Konsequenzen leben.

4. Hätte eine humanistische Ökonomie eine Chance?

Ist es heute noch denkbar, über eine Ökonomie nachzudenken, die es den arbeitenden Menschen ermöglicht, andere Ziele als ihre eigene Höherwertigkeit anzustreben?

Es gibt eine sogenannte humanistische Psychologie, die wesentlich von wahren Menschen wie Maslow oder Fromm getragen wird, die sich jeder auf seine

Art gegen die Psychologie der richtigen Menschen wehren. Abraham Maslow hat ja die Selbstverwirklichung des Menschen als schlechthin höchstes Ziel in die Pyramide eingetragen, Erich Fromm schrieb ein ganzes Buch über den Unterschied zwischen Sein und Haben, was sich teilweise so liest wie über den Unterschied zwischen dem wahren und richtigen Menschen. Das Richtige wird von Fromm als Seinsweise des *Habens* verstanden, es ist also annähernd eine Seinsweise des funktionierenden Ökonomischen. Fromm entsetzt sich über den aufkommenden „Marketingmenschen", den ich hier unter die Topimierer gereiht habe.

Es gibt, abgeleitet von der humanistischen Psychologie, auch die Denkrichtung des humanistischen Managements, das sich die Persönlichkeitsentfaltung des Arbeitenden zur Pflicht macht und aus ihr dann berechtigterweise ökonomischen Nutzen ziehen darf.

Könnte man über humanistische Ökonomie nachdenken? Dieser Begriff wird schon manchmal vereinzelt genannt. Aber die Verfechter stellen sich eher erst einmal eine Ökonomie vor, die nicht wie die jetzige die Umwelt zu Lasten kommender Generationen „verbraucht" und zu Grunde richtet.

Viele predigen: „Kein Raubbau an unseren Kindern!"

Ich stimme zu, aber ich sage in diesem Buch, dass wir ja vielleicht schon den Raubbau an unseren eigenen Seelen stoppen könnten? Wenn wir unsere Seelen ruinieren – dann werden das schöne Kinder werden!

Ich glaube nicht, dass heute sehr viele Menschen darüber nachdenken. Es ist zu sehr verinnerlicht, dass die Welt um Gewinne und damit um Geld kämpft. Die Seele wird immer mehr als Privatsache gesehen, um die sich die Ökonomie nur höchstens dann kümmern muss, wenn sie bei Hochkonjunktur unter Mitarbeitermangel leidet.

5. Die Götter wandten sich ab

Die Religionen kämpfen nicht mehr mit. Es ist im Grunde der Glaube, der die Berge versetzen könnte, aber uns sind wohl nur noch die Kirchen mit der zugehörigen Religion übrig geblieben.

Die Auseinandersetzung zwischen der Kirche und dem Staat war in früheren Zeiten ein Hauptthema der ganzen Gesellschaft. Heute könnten wir diese Auseinandersetzung auf ein neues Feld verschieben und die Kirchen gegen die zunehmende Supramanie engagieren.

Regen sich die „Gläubigen" noch auf, wenn sich alles umwertet?

Die Kirchen reorganisieren sich derzeit selbst schon nach Suprasystem-Manier in kostengünstige Seelsorgeeinheiten. Die Dorfkirchen werden bald zu bloßen Außenservicestellen der Religionsverwaltung und gegen Geld für Veranstaltungen des Ortes zur Verfügung gehalten. Die Kirchtürme werden kostengünstig die Antennen der neuen Mobilfunknetze aufnehmen wollen. Die Pfarrer und Pastoren werden Service-Level-Definitionen vornehmen: Wofür sind sie zuständig, für wie viele Gläubige pro Betreuer? Wer zählt in ihrer Serviceaufwands-Statistik als Gläubiger? Der Christ? Der Kirchgänger? Der Mensch mit Kirchensteuervermerk auf der Lohnsteuerkarte?

„So gebet dem System, was des Systemes ist und gebet Gott, was Gottes ist."

Die Religionen werden als Korrektiv immer schwächer, sie sind längst nur noch appellativ tätig, wenn überhaupt. Die Initiativen der noch Engagierten zielen auf Externes: Auf Pazifismus, Entwicklungshilfe, Weltarmut, Umwelt, Asylbetreuung.

Dabei brennt es in uns selbst.

Jesus spricht: „Wer Vater oder Mutter mehr liebt denn mich, der ist mein nicht wert; und wer Sohn oder Tochter mehr liebt denn mich, der ist mein nicht wert. Und wer nicht sein Kreuz auf sich nimmt und folgt mir nach, der ist mein nicht wert. Wer sein Leben findet, der wird's verlieren; und wer sein Leben verliert um meinetwillen, der wird's finden." (Matthäus 10, 37-39)

Was aber, wenn wir die Höherwertigkeit mehr lieben denn ihn?

Tritt *irgendeine* Religion für das Höherwertige ein?

Eine der großen Philosophien?

Geht es *irgendwo* um eine möglichst große ökonomische Effizienz unseres Daseins?

Wohin geht der Weg des Menschen? Unser Tao?

Wenn Sie zum Beispiel das *Tao Te King* lesen, wirkt der Weg der Suprasysteme wie das genaue Gegenteil dessen, was dem Menschen seit Jahrtausenden gepredigt wird.

Hören Sie Lao Tse selbst (*Tao Te King*, 57)

„Woher weiß ich, dass es also mit der Welt steht?
Je mehr es Dinge auf der Welt gibt, die man nicht tun darf,
desto mehr verarmt das Volk.
Je mehr die Menschen scharfe Geräte haben,
desto mehr kommen Haus und Staat ins Verderben.
Je mehr die Leute Kunst und Schlauheit pflegen,
desto mehr erheben sich böse Zeichen.
Je mehr Gesetze und Befehle prangen, desto mehr gibt es Diebe und Räuber."

Oder in anderer Übersetzung:

„Je künstlicher und erfinderischer die Behandlung des Volkes ist,
desto unglaublichere Schliche kommen auf."

Ich will Sie gar nicht zu Taoisten umerziehen. Ich möchte nur ganz nüchtern feststellen: Der Weg der Supramanie ist in diesem Sinne wie ein Unweg. Lao Tse könnte ja fast gesagt haben:

Wer sich sorgt, höherwertig zu sein, hat den Weg verlassen.
Wer sich fürchtet, minderwertig zu werden, hat den Weg verlassen.

Die Buddhisten, Hinduisten, Moslems würden als Allerletztes Suprasysteme propagieren …

Und es stellt sich die ganz naive Frage:

Kann es prinzipiell gut sein, wenn wir uns gegen alles das Höhere stellen, das unsere Weltkulturen insgesamt hervorgebracht haben?

Supramanie versucht genau das: sie stemmt sich in vielerlei Hinsicht gegen den Welturgrund.

Und wer wie ich gegen Supramanie wettert, ist wohl „Fundamentalist"?

6. Metaomorphose

Die Christen könnten eine supramane Welt wie gottesleer empfinden. Die Taoisten würden sagen, dass heute das Tao verlassen ist.

Die Welt verleugnet nämlich heute ihren Urgrund.

Sie weicht vom Weg ab, so sehen es Taoisten, und sie wird wieder auf ihn zurückkehren, wenn sie „sich ausgetobt" hat.

Es hilft nichts, zu wollen und sich gegen die Gewalt zu stemmen. Die Welt ist auf einem ewigen Weg, dem sie wie der Lauf eines Stromes folgt. Unaufhaltsam, auch wenn der Strom sich ab und zu verirrt oder sein Bett verlässt.

Sind wir in diesem Sinne nur Menschen, die in einer Stromschnelle des Weltweges leiden?

Ich möchte Bedenken anmelden!

Die Religionen der Welt gehen ja alle von einer im Wesentlichen unveränderlichen Welt aus, die wegen der Machtkämpfe und Kriege ständig in starkem Schwanken begriffen ist. Es gibt fette und magere Jahre, gute und schlechte Ernten, herrliche und düstere Herrscher, Höllenzeiten und Goldene Jahrhunderte. Die Geschichte fließt bockend wechselvoll dahin, immer neu, aber doch immer gleich.

Wir leben mental noch im Bewusstsein unseres alttestamentarischen Auftrages (Genesis 1, 28): „Und Gott segnete sie und sprach zu ihnen: Seid fruchtbar und mehrt euch und füllt die Erde und macht sie euch untertan und herrscht über die Fische im Meer und über die Vögel unter dem Himmel und über alles Getier, das auf Erden kriecht."

Die Welt aber der heutigen Zeit durchlebt eine Metamorphose, eine Verwandlung oder Umgestaltung.

Sie ist stark verbunden mit der Entwicklung des Computers und den aufkommenden Life Sciences.

Unser Leben wird sich in den nächsten Jahrzehnten stark verändern, das ist jedem von uns klar. Aber ich habe zusätzlich das grundsätzliche Gefühl, dass es diesmal *anders* ist.

Computer und Life Sciences haben für mich eine andere Qualität als die Erfindung des Rades, des Schießpulvers oder des elektrischen Stroms. Mit den neuen Technologien wollen oder werden wir unsere Lebensumstände wie auch unser biologisches Selbst verändern. Besonders über die Gentechnologie wird noch viel gezetert, wie wir es aus den Zeiten kennen, als die ersten Eisenbahnen oder Atombomben erschienen. Wir brauchen Zeit, um uns an das Neue zu gewöhnen, wir müssen streiten, bis wir sicher sind, dass wir uns mit dem Neuen innerlich arrangieren können. Wir wollen erst die Regeln wissen, wie sehr und wo uns das Neue tangieren wird.

In der Genesis steht geschrieben, dass uns Gott die Herrschaft über die existierende Welt gab. Nun aber bemächtigen wir uns mehr und mehr bewusst des Vorganges der Schöpfung selbst. Es ist dabei die Frage, was wir erschaffen wollen.

Trauen wir uns zu, diese Frage zu stellen und zu beantworten?

Oder sehen uns wir uns als Teil einer Darwinschen Evolution, die sich wie der Weg der Welt irgendwohin entwickelt, unserer Verantwortung oder Macht letztlich entzogen?

Ich wollte Ihnen für den Schluss des Buches eigentlich eine längere Erklärung geben, was ich unter dem Kunstwort Metaomorphose verstehen möchte: Eine Verwandlung der Welt, die wir selbst mitgestalten. Ein Weg der Welt, der uns zu ihrer Wohlgestaltung führt. Ein Tao, das wir nicht einfach nur schon vorfinden und annehmen. Wir müssen über unseren Weg, über unser Tao, *gewiss werden*. Ja! Nach Krieg kommt wieder Frieden. Ja! Und nach dem Bösen kommt wieder das Gute hervor. Wie eine Wellenbewegung ein immerwährender Wandel?

Der Gott Krischna spricht in der *Bhagavadgita* (Vierter Gesang):

Obgleich ich aller Wesen Herr
Und ungeboren, wandellos,
Geh' oft durch meine Wunderkraft
Ich ein in einen Mutterschoß

Stets wenn Verbrechen sich erhebt
Und Frömmigkeit zu wanken droht,
Erschaffe ich mich selbst erneut
Durch meines Willens Machtgebot.

Heute stehen wir aber wohl vor Richtungsentscheidungen, wie eine wohlgestaltete Welt aussehen soll. Die Computer und die Life Sciences werden den Menschen neu erschaffen. Welche Kreation nehmen wir? „Alle Menschen sollen genau gleich erschaffen werden, damit sie in der Schule dieselben Startchancen haben." So? Oder: „Jeder muss für sich selbst wissen, welche Kinder er sich bestellt." Oder: „Die Prognosen sind natürlich sehr unsicher, aber es scheint so, dass Babys mit ästhetischer Rechtshirnverstärkung in zwanzig Jahren klotzig verdienen werden. Wir wollen bloß nichts falsch machen. Mein eigenes Erbgut ist im Nachhinein zu speziell auf massenhaftes Fachwissen ausgelegt worden. Das kann ich mir jetzt in den Wind schreiben, wo die neuen externen Wissensverstärker am Hirn mit einem viel höheren Preload beginnen als ich jetzt erst nach langer Entwicklung drin habe. Ich weiß, dass der extreme Wohlstand der Welt exzessiv davon abhängt, dass wir in immer schnelleren Zyklen neue Menschen herstellen können. Aber es ist eine ziemliche Frustration für das Alter. Die jungen Menschen sind uns schon heute sensationell überlegen. Ich bin jetzt im Alter eher traurig über meine hohe Lebenserwartung. Jetzt muss ich sehen, wie ich nur noch vierte oder fünfte Wahl bin, um es schonend auszudrücken. Ich habe zu wenig verdient, um mir ein Upgrade am Hirn zu leisten. Wir wollen eine Menschenrechtsinitiative gründen. Es geht um das Recht des Menschen, stets so weit nachgerüstet zu werden, dass er in seiner jeweiligen Lebenszeit immer nahezu als Mensch gelten kann. Wir müssen in dieser Weise dem Fluch einer 200-jährigen Lebenserwartung begegnen. Wir Alten haben schließlich die Menschenproduktion erfunden. Der Wohlstand der heutigen Zeit gründet sich auf *unsere* Ideen. Dann aber haben wir das Recht, zu allen Kosten, die es verursacht, immer neue Hirnzusätze geliefert zu bekommen. Die Sozialsysteme müssen um ein Release-Garantie-System erweitert werden. Das ist uns die Gesellschaft schuldig. Wir müssen auch als heutige Untermenschen Rechte haben. Im Grunde geht es der Gesellschaft nur um das Geld. Sie sagen, sie können keine Release-Zusicherungen geben, weil sie dann gezwungen wären, die neuen Menschengenerationen kompatibel zu den alten zu erschaffen, damit die alten nachrüstbar sein können. Sie wollen sich aber aus Innovationsgründen den Weg zu ganz neuen Menschkreationen nicht verbauen. Sie sagen, unser Land würde in Rückstand geraten, wenn es Nachrüstungen garantiere. Das Kleben am Alten sei schlecht für die Wirtschaft, und die stehe nun einmal im Zentrum der menschlichen Weiterentwicklung. Es gibt neuerdings Gerüchte, dass sie die Ersatzteilproduktion für die frühen Menschenarten nicht mehr weiter subventionieren wollen. Das würde bedeuten, dass wir Alten kaum noch die Maintenance bezahlen können. Sollen wir einfach sterben? Wäre wohl besser. Jeder zahlt für ein bestimmtes Lebensalter und geht dann garantiert zu dem Zeitpunkt, bis zu dem er gezahlt hat. Wenn ich mir das heute überlege, wäre es schlau, nur für 20 Jahre zu zahlen. Genussvoll aufwachsen und Ende. Kostet fast nichts. Wir können uns die normalen Menschen kaum noch leisten, so teuer sind sie geworden. Wir müssen sie einsparen, wo wir nur können. Theoretisch ist mir das klar, aber leider werde ich wohl zuerst eingespart. Das macht mir die praktische Frage so schwierig."

Das ist jetzt von mir arg übertrieben, damit Sie sich etwas grausen können. Ich wollte nur ausdrücken, dass das Supramanische noch um Größenordnungen höhere Probleme mit sich bringen kann, wenn wir uns nur ein paar Jahrzehnte in die Zukunft vordenken. In meinem Buch Die *Beta-Inside Galaxie* habe ich ein paar Geschichten geschrieben, die ich selbst für meine beste Prosa halte (und die meine Leserschar in ihren Emotionen spaltet – manche halten diese Geschichten für „genial", andere bestenfalls für verworren). Eine kleine Erzählung davon passt hier genau. Ich übernehme sie deshalb als Schluss des Buches. Sie handelt vom Anfang der Degeneration. Nichts für Zartbesaitete. (Ein paar Sätze habe ich gegenüber dem Original geändert.)

7. Das Ende der D-Generation

Das D-Genie

„Nach dieser Operation habe ich fünf Beine. Ich kann ihren Sinn nicht erkennen. Ich will sofort meinen Biologen sprechen. Hallo! – Hallo!"

Stille.

„Es rührt sich nichts. So geht es schon seit Wochen. Ich habe praktisch nur noch Schmerzen. Alles tut weh. Besonders aber die Behandlung, die ich erfahre. Mein Körper ist ohnehin schon sehr weich, ich liege durch und werde immer fetter. Alles eine einzige Wunde. Seit ich eine Plastikhaut als Bauchdecke habe, sehe ich sehr klar, was in mir passiert, wenn ich es einmal schaffe, meinen dikken Mistkopf so weit zu heben. Die Organe sind alle deformiert, auch die neu eingepflanzten. Sie geben sich seit einiger Zeit nicht mehr viel Mühe, meinen Korpus zu stabilisieren. Ich habe noch Glück, weil ich wenigstens einen Top-Arm habe, dem nichts fehlt, andere sehen da vorne wie ein Tyrannosaurus aus, mit so vertrockneten Fühlern statt Armen. Ich klage ja nicht, denn ich sehe ja, wie schlecht es andere haben. Aber sie sollten sich doch etwas mehr um mich kümmern. Ich habe wieder absolut erstklassige Ideen, aber es heißt immer: Der Herr Extraktor hat so viel zu tun, er kann sich nicht beliebig für mich freischaufeln. Ich brauche inzwischen schon mehrere Tage, um ihm alle meine neuen Erkenntnisse zu übergeben. Ich wundere mich, warum sie nicht direkt *gierig* sind zu hören, was ich an Neuem habe. Ich weiß jetzt, wie die Schwierigkeiten in der neuen Konstruktionsproblematik beseitigt werden können. Sie werden mir auf ihren Knien dankbar sein! Sie werden sich so sehr freuen! Hallo!"

Stille.

„Ich habe solche Schmerzen. Nicht einmal Contraman hilft mehr. Ich nehme trotzdem ein paar. Wo ist die Schachtel. Weg. Nichts da. Hallo! Ich brauche Contra-Man! Con-tra-Man! Mann, haben die eine lange Leitung. Hallo! Dann kommen sie plötzlich wieder hektisch angerannt und operieren mich an Stellen, die ich nicht wichtig finde. Beine annähen! Was soll das? Ich konnte noch nie laufen, ich sah schon immer wie ein Windei aus, fast durchsichtig und wabbelig, mit einem Plastikhautstabilisator gegen das plötzliche Auslaufen, haha. Die Biologen pfuschen mit den Körpern, wo sie nur können. Ich habe buchstäblich nur Schmerzen, ich kann mich nicht erinnern, eine Stunde etwas anderes als Entsetzen gefühlt zu haben. Ich bin ein Breisack mit einem gewaltigen Gehirn. Wenigstens bin ich dadurch klüger als alle anderen und kann extrahiert werden. Wenn der Extraktor nicht immer mal käme und meine Ideen aufschriebe! Ich habe Schmerzen, so große Schmerzen. Es wird schlimmer, wenn der Extraktor nicht kommt. Meine neuen Erkenntnisse wollen aus dem Korpus, wie ein Alien, das sich durch die Bauchdecke durchfrisst. Ich kann nicht gut denken, wenn ich noch vorrätige Ideen habe. Ich will die loswerden, damit ich weiterarbeiten kann. Ich habe den Fehler in meinen alten Überlegungen gefunden. Ich denke, ich weiß, wie ich die E-Prototypen stabilisieren kann. Das ist eigentlich gar nicht meine Aufgabe. Die Biologen sind unfähig. Die E-Spezies sind noch wabbeliger als wir von der D-Generation. Als ich den letzten gesehen habe, ganz ohne Arme, ohne Bewegungsmöglichkeit, auch in einem rosa Sack, wurde mir besser zumute. Es muss so ein Gefühl sein, was sie Glück nennen, wenn man erkennt, dass es einem gut geht bei all den Schmerzen. Die E-Spezies sehen mehr wie ein Teller Eintopf aus, nicht wie ein Urvieh wie ich. Hallo!"

Stille. Das D-Genie horchte. Dann brüllte es sich aus. Befreiungsschrei nach Befreiungsschrei. Minutenlang brüllte es. Das Brüllen erstickte schließlich in gurgelndem Sabber.

„Mir geht es jetzt ein paar Minuten besser. Meine neuen Formeln für den E-Prototyp sind einfach gigantisch gut. Sie werden mir dankbar sein. Dann sind meine Schmerzen nicht mehr so stark und ich habe mehr Ruhe zu neuem Denken. Dann bin ich für kurze Zeit das große D-Genie. Wenn sie schlau wären, würden sie mich glatt über den Klee loben, damit es mir besser geht. Ich würde das natürlich merken, wenn sie zu dummem Zeug applaudieren, aber es täte mir eventuell gut, dass es nicht gar so eine so starke Qual wäre. Das ist der Nachteil der D-Generation. Sie ist biologisch nicht sauber. Nicht einmal entfernt. Die C-Typen konnten sich ja noch bewegen, zumindest sich irgendwo hinschleppen. Dafür waren sie aber vergleichsweise entsetzlich dumm. Es ist mir immer unverständlich geblieben, wie sie uns mit ihren damals noch lächerlichen Computern entwerfen konnten. Kreuzdumme C-Typen mit heute wirklich abartig kleinen Computern D-generieren so etwas Großartiges wie uns! Alle Achtung. Ich selbst habe ja zum Bau der E-Prototypen himmelhoch bessere Computer zum Experimentieren mit den Genen. Da lässt es sich viel besser arbeiten. Aber das Entscheidende sind immer noch meine Ideen. Ich habe ganz neue Computer erfunden, noch viel, viel bessere als die, mit denen ich gearbeitet habe. Ich habe die neuen Riesenhirne mit den Computern berechnet! Ich habe die neue E-Welt vorbereitet, die demnächst überall Einzug halten wird! Immer mehr werden die Biologen das Hauptproblem. Die Körper sind nicht stabil für die Gehirne. Ich kann kaum noch empfinden, dass es Körper sind. Jeden Tag neue Zusammenbrüche irgendwelcher Organe. Immer wieder Operationen und tagelanger Ausfall der E-Prototypen. Wann sollen die denn nachdenken können? Warum müssen wir überhaupt etwas mit unserem Körper zu tun haben? Ich habe nur Schmerzen und Kopfdruck. Mein Mistkopf ist viel zu groß und schwer. Natürlich mag ich die Stecknadelköpfe der Ärzte auch nicht gerne ansehen, weil ich mir dann schon denken kann, wie intelligent sie überhaupt sein können. Dafür haben sie eher feste Körper, die nicht andauernd ausfallen, jedenfalls nicht jeden Tag ein paar Mal. Haaallo!"

The Fastest Will Arrive

Nicht sehr weit weg, in einem großen Saal. Menschliche Wesensartige in größerer Zahl, dazu zehn E-Genies in großen Bassins, die mit Chemikalien gefüllt sind. Schläuche, die von den E-Genies in die Supercomputer führen.

„Sehr geehrte Gäste, Herr Präsident, liebe Extraktoren und Biologen, verehrte E-Genies: Wir haben uns heute versammelt, um den neuen F-Prototyp zu feiern. Wir haben die neuen F-Kollegen noch nicht unter uns, weil ihre Biologie noch äußerst instabil und gefährdet ist. Wir werden aber Gelegenheit bekommen – nach dem kalten Büffet natürlich, bitte haben Sie Verständnis –, die neuen Prototypen für kurze Zeit bestaunen zu dürfen. Dies ist ein großer Tag für unseren Planeten und ein weiterer Riesenmeilenstein in seiner Geschichte. Sie werden alle verstehen, wie ich es meine: Ich wünschte, Charles Darwin könnte unter uns sein. Wir feiern heute ein Fest der Neuschöpfung, wir, die wir die Evolution längst hinter uns ließen. Lassen Sie mich kurz historisch zurückblicken. Fast genau zur Jahrtausendwende setzte damals die stürmische Entwicklung der Neuzeit ein. Computer machten Technologiesprünge im Monatsrhythmus möglich. Produkte mussten erstmals in der Geschichte möglichst in Minuten produziert und verkauft werden, weil es ein paar Tage später schon wieder neue geben würde. Heute ist das selbstverständlich, aber damals war ein Monatsrhythmus ein Schock für Menschen, die es gewohnt waren, Flugzeuge 20 Jahre oder Eisenbahnwagen 30 Jahre lang zu nutzen. (Gemurmel im Publikum) Ja, meine Damen und Herren, darüber lächeln wir heute, weil wir gelernt haben, damit zu leben. Für damalige Menschen aber muss dies ein Alptraum gewesen sein. Deshalb ist es ja auch damals zu den großen Unruhen gekommen, die die Gesellschaft wieder in die langsame Steinzeit zurückzwingen wollten. Wir wissen natürlich, dass sich Fortschritt, echter Fortschritt, meine ich, niemals aufhalten lassen wird. Fortschritt ist nämlich unaufhaltsam, wie jeder weiß. Die Entwicklung der heutigen Zeit setzte um die Jahrtausendwende mit der raketenhaften Entwicklung der Computer und noch mehr der Software ein. Es lohnte sich erstmals nicht mehr, Software so zu programmieren, dass sie vernünftig funktionierte. Die Produktion verhältnismäßig fehlerfreier Software dauerte im Vergleich zu fehlerbehafteter Software so sehr lange, dass die fehlerfreie Software am Markt zur Fertigstellung schon völlig veraltet war. Es wurde damals erstmals üblich, schnelle Herstellung und blitzartige Markteinführung als höchstes Prinzip zu sehen. Heute programmieren wir noch die letzten Zeilen, während schon das Installationsprogramm angelaufen ist!

Die Erkenntnis, dass bei extremem Fortschritt für jede Art von Ausreifen keine Zeit mehr ist, setzte sich damals in den noch kleinen Köpfen fest. Eine falsche Auslegung der Darwinschen Thesen verführte die Menschen zu der Überlegung, dass die Evolution sich Schritt für Schritt mit der nachhaltigen, geduldigen Verbesserung der einzelnen Spezies vollzieht. Während der Evolution reifen die Arten heran, soweit sie nicht aussterben. Nach diesem Vorbild wurde die Wirtschaft organisiert und auf schrittweise allmähliche Verbesserung getrimmt. Dann aber kam die Erkenntnis auf, dass sich der Fortschritt um Größenordnungen beschleunigen lässt, wenn man ihn um seiner selbst willen betreibt.

Waffen entwickelt man, um bessere Waffen zu haben, nicht aber, um damit zu kämpfen! Die Existenz einer Waffenweiterentwicklung ist schon der Sieg, ohne Kampf. Software entwickelt man, um am Markt der Führer zu sein, nicht um sie zu benutzen! Wirtschaftsunternehmen sollen nur den besten Gewinn ergeben, nur kurz, wegen des Verkaufserlöses. Es kommt nicht auf die Substanz an. Es kommt nur auf die Drohung an, dass das Neue sich durchsetzen ***könnte***! Bis heute ist nicht geklärt, welcher kluge Kopf uns damals von Darwins Satz: „Only the fittest will survive" befreit hat. Irgend jemand sagte: „Only the fastest will arrive." Das Ankommen als Erster ist wichtig, nicht die Fitness! Der Marathonläufer kann ins Ziel fallen, irgendwie, aber als Erster, bitte. Mit fehlerhafter neuer Software kann man zwar nicht vernünftig arbeiten, aber sie lässt sich schon zwischen den häufigen Abstürzen gut dazu verwenden, wieder neue noch fehlerhafte Software zu schreiben, mit der sich schon wieder etwas Neues erfinden lässt. Mit dieser Überlegung brach das Prototypzeitalter an. Nicht mehr das Beste gewann, sondern das höchste deutlich werdende Potential. Bewegung bekam Vorrang vor Sein. Das Mögliche wurde wertvoller als das Faktische. Das überzeugend Behauptete dominierte das Reale.

Die alten Dichter sagten einst: „Nur der Wandel ist beständig." Wir wissen heute: „Nur das Vorläufige ist zum Überleben schnell genug." Dieser Satz begründete das heute so bekannte ***Beta-Prinzip***.

Heute leben wir alle, meine Damen und Herren, von der Vorstellung des Künftigen, das durch unsere neuen F-Prototypen hier mitten unter uns repräsentiert wird, fast jedenfalls. Wir begannen in einer neuen Epoche der Menschheitsgeschichte, Beta-Menschen zu züchten, die herausragende intellektuelle Fähigkeiten besaßen. Da wir natürlich im Wettstreit der Menschen standen, wurde schnell klar, dass es auf Schnelligkeit ankommen würde, wie bei der Software auch. Wir begannen, die Aufwuchsphase der Menschen künstlich dramatisch zu verkürzen. Wir können heute stolz sein, Menschen schon mit drei bis fünf Jahren körpererwachsen zu bekommen, wobei wir natürlich sehr viele Einschränkungen in der Biologie dieser Menschen machen mussten. Das intellektuelle Körperwrack muss Vorrang vor einem schön ausgereiften Dummkopf haben! Sonst kann kein Land der Welt im Wettbewerb bestehen. Wir haben unsere großhirnigen Beta-Menschen dazu zwingen können, modernste neue Beta-Computer und Beta-Software zu bauen. Mit dieser neuen Technologie-Generation wurde es damals möglich, wieder viel großhirnigere Beta-Menschen zu züchten, immer schneller in sagenhaft kurzen Entwicklungszyklen. Diese Supramenschen der B-Generation erfanden damals die neue C-Computertechnologie-Generation, mit deren Hilfe Gene so verändert werden konnten, dass wir zur Produktion der C-Genies übergehen konnten. So wird unser Vaterland im Wettbewerb bestehen: Neuer Mensch baut neue Computer, neue Computer zeugen neue Menschen, neue Menschen bauen neue Computer. Rasend schnell wechseln sich die Generationen ab. Mensch-Computer-Mensch-Computer usw. usw.! Geschwindigkeit ist alles, um zu gewinnen! Das ist nicht mehr das triviale Fortpflanzungsleben, wie es sich die alten Biologen vorstellten. „Leben ist Replikation", so sagten sie damals. Leben ist Abwechslung, sage ich Ihnen! Eine Mensch-Maschinen-Intelligenzspirale, unter bewusstem Verzicht auf biologische Feinheiten und Stabilitäten. Schnell müssen wir sein! Am Ende ist nur der Gewinner der Sieger. Und das sind in Ewigkeit immer wir, weil wir immer eine Genie-Computergeneration vor den anderen sein werden! Dieses Ziel ist der Weg!

Das wahre Glück ist, immer am Ziel zu sein. Wir sind immer am Ziel, solange (Gemurmel im Saal, es scheint etwas passiert zu sein, ein Zettel wird dem Redner gereicht) wir, äh, solange wir es schaffen, dass die Genies irgendwie am Leben bleiben. Ja. Ich meine, ja. Es ist verwirrend. Meine Damen und Herren, eben kommt die Meldung herein, dass ein F-Prototyp existierte, nein, ich meine, existierte (Gemurmel, Bestürzung). Das ist nicht schön, wir dehnen das kalte Büffet aus. Wir schauen einmal, ob wir die anderen F-Spezies daneben anschauen können, nachdem wir das eine Bassin zugedeckt haben. Ja, wir machen noch sauber, weil – äh – es ist geplatzt, ja. Bei F-Genies muss die Chemie stimmen und diese ist vor allem eine Frage der Konzentration.

Ja. Äh. Mein Faden war am Ende nicht ganz da.

Wo bin ich denn? Beim Glück. Zum Glück haben wir noch das eine oder andere D-Genie, das ausgedient hat, weil es natürlich gegenüber den bei dieser Feier anwesenden E-Genies eine nur äußerst beschränkte Intelligenz aufweist und daher heute praktisch unnütz ist. D-Genies würden sich bei dem intellektuellen Gehalt meiner Rede praktisch dumm vorkommen. Bitte, meine Damen und Herren, applaudieren Sie den E-Genies, die hier in ihrem Bassin dieser wundervollen Feier beiwohnen wollen. Dies ist für sie nicht sehr angenehm, weil sie unter diesen Bedingungen große Schmerzen haben, aber sie wollten trotzdem gegen alle Vernunft in der Sache unter uns weilen. Sie sind es ja, die unseren höchsten derzeitigen Fortschritt symbolisieren. Sie sind derzeit der beta-mäßig beste Stand, den unsere Menschheit erreichen konnte. E-Genies sind gegenüber der D-Generation um mehrere Stufen intelligenter in der nach oben offenen WD-Skala. Ich wollte sagen, wir haben noch etwa fünf D-Genies (Gemurmel, Kopfschütteln), ja? Nein? Ich höre, wir haben nur noch ein D-Genie der alten Garde vorrätig, das zu biologischer Versuchsforschung aufrechterhalten wird. Wir versuchen bei Operationen an ihm neue Bedingungen zu erkunden, unter denen es stabiler ist. Die Ergebnisse werden wir dann zur biologischen Veredelung der E-Genies verwenden, denen Sie hier, bitte, noch einmal einen riesigen Applaus spenden müssen, aber nicht so laut, weil sie dann große Schmerzen haben."

Tosender Beifall. Der nächste Redner.

„Hochgeehrte Anwesende, liebe Genies und meine Verehrung für Prototypen aller Art, als Vertreter der Ethik-Kommission möchte ich meinen Dank aussprechen, dass sich die Menschheit wieder weiterentwickelt hat. Zacken für Zacken bauen wir an der Krone, die wir für die Schöpfung sein werden. Die Krönung des Ganzen aber ist, dass der Mensch die Schöpferrolle längst selbst in den Computer genommen hat. Das Beta-Prinzip, das wir seit einiger Zeit schon so erfolgreich verfolgen, lässt uns immer als Stern am Himmel die neuen Rollenvorbilder erahnen, denen wir zustreben, wir Menschen alle. Wir verwachsen in einem Zeitalter absoluter Großhirnigkeit. Natürlich leiden auch wir normalen Großhirne unter nicht geringer Verkrüppelung, unter Strahlenschäden, Vergiftungen, Allergien aller Art. Aber dies ist absolut kein Grund für irgendwelche hergedichteten Depressionen. Alle, aber auch alle unsere Forschungsergebnisse beweisen völlig eindeutig, dass spätere Generationen wahrscheinlich gesundheitlich besser dastehen werden, wenn das finanziell machbar sein wird. Das ökonomische Beta-Prinzip muss sein: „Intelligenz geht vor. Die Gesundheit kommt nach." Die klassische Ethik predigte immer so: „Der Mensch geht vor. Die Intelligenz kommt nach." Dies hat sich nie in dieser Form bewahrheitet, wir haben also unsere Ethik entsprechend den Anforderungen des Fortschrittes angepasst. Wir danken allen, die dies mitmachen.

Als Mitglied der Ethik-Kommission fällt mir ja die natürliche Rolle in der Gesellschaft zu, in allem das Gute zu erkennen. Deshalb möchte ich um Applaus auch für das D-Genie bitten, das unter vielen tapferen Operationen uns allen die Geheimnisse seiner biologischen Instabilität preisgibt, damit wir für spätere Generationen erkennen können, was unseren Korpora in Sinne des äußersten Fortschrittstempos zugemutet werden kann. Ich habe deshalb dem D-Genie einen Dank zustellen lassen, obwohl das Prototypprotokoll das nicht vorsah. Ich setze mich da einmal über die Bestimmungen hinweg. Das Gute muss überall Platz haben dürfen. Wenn die E-Genies dereinst ausrangiert werden müssen, werden sie auch froh sein, wenn jemand noch an sie denkt."

(Gemurmel, heftiges Rücken einzelner Stühle, einige Großhirne springen aus dem Saal.)

Todestrieb

Das D-Genie musste mühsam dem Tode entrissen werden, so niedergeschmettert war es infolge des Dankschreibens von der neuen Erkenntnis, nur ein D zu sein, wo sogar F nicht weit war. Die Wunden der Operationen eiterten und heilten nicht, so dass man nur noch die wichtigsten Experimente an ihm durchführen konnte.

Es dachte sich Tag und Nacht neue fabelhafte Ideen aus, suchte fieberhaft nach revolutionierenden Gedanken, wollte den Extraktor unablässig in der Nähe sehen. Der Extraktor hörte sich alles an und schwieg. „Warum schreiben Sie meine Ideen nicht auf? Sind sie nicht fabelhaft?" Der Extraktor schrieb nicht.

„Wissen Sie, ich finde Ihre Ideen wundervoll. Sie sind unter grässlichen, entsetzlichen Schmerzen geboren, wie sie ein Künstler nicht glücklicher vorfinden kann. Es sind die schönsten Gedanken, die ich jemals hören durfte. Aber ich bin ein D-Extraktor, verstehen Sie? Die Ideen der E-Genies begreife ich nicht einmal annähernd. Ich bin nicht dafür gezüchtet. Das Erdenken einer Idee braucht ein Vielfaches mehr an Intelligenz als ihr bloßes Verstehen. Und weiter braucht der Mensch im Vergleich zur Intelligenz, eine Idee zu verstehen, fast nur ein Spatzenhirn, um zu dem Glauben zu gelangen, er habe die Idee sicher verstanden. Ich aber glaube nicht einmal, dass ich von den Gedanken der E-Genies auch nur einen Hauch verstehe. Sie hören sich an wie erste gehörte Geräusche für einen plötzlich gesundeten Tauben. Ich bin kein E-Extraktor. So lange Sie hier noch liegen, verstehe ich etwas. Dann gehe ich zur Ruhe. Wir haben unsere Aufgabe aber schon erfüllt. Deshalb schreibe ich nicht mehr mit. Ich höre aber noch zu."

„Aber ich selbst habe Schmerzen! Ich bin eine einzige Wunde! Sie operieren mich Tag und Nacht, und ich weiß nicht wozu! Ich habe nur mein Gehirn! Ich bekomme künstliche Ernährung, ich erfahre keine Liebe oder Anerkennung mehr für meine Ideen, ich habe Ekzeme, Wundstellen, Emphyseme, ich schlafe sehr schlecht, bin depressiv! Was, bitte, was hält mich am Leben?"

Das D-Genie brach zusammen.

„Nehmen Sie das nicht so tragisch. Es ist der Fortschritt. Sie sind nicht mehr die Nummer Eins. Behalten Sie die Weisheit des Alters. Die E-Genies sind biologisch gesehen gegen Sie die absoluten Bruchbuden! Sie haben die alleräußersten Schmerzen und müssen unaufhörlich medizinisch gewartet werden. Von Schlafen kann kaum die Rede sein. Sie werden ja auch zusätzlich noch körperlich gequält, damit sie gezwungen sind, gute Ideen zu haben. Die ganze Menschheit hängt von der neuen Technologie vollständig ab, bis die F-Prototypen live gehen können. Die F-Spezies bestehen derzeit geradezu nur aus Qual. Vielleicht können sie irgendwann Prototypen bauen, die ohne Schmerzen denken können, aber so eine Errungenschaft ist nicht in Sicht. Die Ideen werden deutlich schlechter, wenn der Körper ruhiggestellt wird. Kann sich keiner leisten. Was sollen denn diese Höheren sagen? Sie hier sind doch noch gut dran! Sie als D-Genie werden überhaupt nicht gequält, weil man keine Ideen von Ihnen mehr erwarten kann. Sie wurden früher nie gequält, weil es noch nicht üblich war. Man dachte, das Quälen würde demotivieren. Auf der anderen Seite bringen Sie noch enormen biologischen Nutzen, damit spätere Wesen stabil werden könnten. Diese vielen Operationen bringen gute Versuchsergebnisse."

Das D-Genie schwieg.

„Ein normales Altwesen ist nie mehr gesund und bringt nicht mehr ‚alles'. Na, und? Es genießt seinen Lebensabend zwischen den Operationen. Ein normales Menschenwesen leidet doch nicht, wenn es viel dümmer ist, viel dümmer etwa als die Politiker seines Landes oder wenn es viel schlechter im Gesang abschneidet als eine Schönheitskönigin. Ein Zyniker zum Beispiel kann viel weniger glauben als ein Pfarrer und muss selbst damit fertig werden. Sie dagegen funktionieren noch genau so gut wie in Ihren besten Jahren, nur dass Ihre Ideen nicht gebraucht werden. Sollten Grundlagenforscher sämtlich Selbstmord begehen wollen? Sie sollten sich bestimmt nicht genieren."

Das D-Genie ließ den Biologen rufen und erklärte ohne Umschweife, sterben zu wollen. Der Biologe zuckte nur mit den Achseln, worauf sich das D-Genie sofort geistig darauf konzentrierte, seine Wunden eitern zu lassen. Wer ewig strebend sich betrübt, dem sollte sich das Leben lösen.

So kam das D-Genie dem Tode wunschgemäß immer näher. Nachdem viele wohlmeinende Appelle ungehört blieben, einigten sich die unversöhnlichen Parteien auf einen Kompromiss: Das D-Genie sollte sich noch ein Jahr rücksichtslos operieren lassen. Dafür würde ihm im Gegenzug freier Tod gewährt. Vor seinem Exitus sollte eine Feier zu seiner Würdigung stattfinden.

Nach einem Jahr also war das D-Genie völlig zerschunden und lebte nicht mehr wirklich stark. Alle E-Genies waren zur Feier eingeladen. Jedes hatte über seinen Computer gesteuert quasi den Finger auf einem Abzug (natürlich hatten die Es keine Finger, es war bildlich zu verstehen!), über den eine Giftkanüle in die künstlichen Ernährungsschläuche des D-Genies entladen werden konnte. Es wollte sich nämlich von allen E-Genies gemeinsam umbringen lassen. Die E-Genies gaben sämtlich ihre Zustimmung zu ihrer persönlichen Mitwirkung, die durch physische Schläuche symbolisiert wurde. Sie schienen wenig Skrupel zu haben, die hinter ihnen liegende Urgeschichte in einem Festakt zu beenden. Dieser Tag sollte das Ende der D-Generation bedeuten. So viele Giftkanülen! Man hätte eine ganze Pferdefarm damit beseitigen können. Danach war geplant, das D-Genie in einem schmucken Mausoleum in einer Art Kristallbadewanne zur letzten Ruhe zu betten. Diese Bedingung hatte das D-Genie sich für seine Letztaufbewahrung ausbedungen.

„Liebe Trauernde, liebe E-Genies, liebes D-Genie, als dein Extraktor kenne ich dein Leben wie kaum ein anderer. Ich weiß am allerbesten von allen Wesen um deinen echten Wert. Ich kann kaum ermessen, wie hoch dieser Wert für die Menschheit gewesen ist. Wir alle werden ewig von deinen bahnbrechenden Gedanken profitieren, ohne die es heute keine E-Genies oder F-Genies gäbe (erstauntes Gemurmel unter den E-Genies). Wir haben uns heute versammelt, um deinen Tod feierlich zu begehen. Du hast dein ganzes Leben unter entsetzlichen Qualen zugebracht, die nur unter massenhafter Einnahme von Contraman einigermaßen zu lindern waren. Wir alle wissen zu schätzen, zu welchen Opfern wir dich lebenslang gezwungen haben. Du hast stets um den hohen Wert deines Wirkens gewusst und der Menschheit durch deine Kreativität weitergeholfen. Du hast stets deine Pflicht getan. Du hast Gigantisches erlitten. Für uns. Du konntest nicht am Essen Freude haben, nicht an Männern oder Frauen. Du konntest dich nicht in die Naturfreizeitparks begeben, so sehr wurdest du gebraucht. Du hast ein Bildschirmleben ohne eine einzige Freude gehabt, das nur aus Krankheiten und Widrigkeiten bestanden hat. Du hattest die einzige Labsal, Ideen zu haben. Ideen, die ich aufschrieb und der Menschheit weiterreichte. Ideen, die zum Bau der E-Computer und der E-Generation geführt haben. Du hast es möglich gemacht, dass die nächste Generation um ein Vielfaches nützlicher werden konnte, als du es je warst. Wir sind stolz auf dich und auf das, was du tun musstest. Wir haben dich alle gern operiert und extrahiert. Das gilt auch für unsere Urlaubsvertretungen und die Hausmeister, denen wir gleich Blumensträuße überreichen. Wir hätten dich gerne für unser Museum neben anderen D-Genies präpariert. Wir respektieren aber selbstverständlich deinen Wunsch, in das neuerbaute Mausoleum gefüllt zu werden, von dem du ja die Fotos gesehen hast."

Immer wieder wurde Schmerzmittel in die Bassins der E-Genies gegossen. Sie wirkten eher teilnahmslos und uninteressiert. Sie stöhnten dazwischen aber ziemlich. Wie eine Walrossherde, dachte der Extraktor.

„Wir haben für die Feier ein Büffet vorbereitet, damit die Gäste, die selbst essen können, eine kleine Stärkung zu sich nehmen. Wir wollen dazu Musik hören. Die kahle Sängerin wird die Tonfolge A-B-C-D-E-F-G zum Thema eines leidenschaftlichen Ausbruches machen, der euch allen gewidmet ist. Ich kenne ihn schon, er wird euch richtig gut gefallen, da bin ich sicher. Ich gebe jetzt das Zeichen zur Eröffnung des Imbisses. Infusionen sind rechts."

Sturm auf das Essen. Kaffee und Spritzgebäck.

„Nun, da wir uns laben, dürfen wir über dem Genuss den verdienten Tod nicht vergessen. Ich möchte die Gelegenheit wahrnehmen, noch etwas zur Geschichte der Menschheit zu sagen, anschließend spricht noch ein Vertreter der Ethik-Kommission über den Sinn des Lebens."

Stunden später.

Auf ein sanftes, lächelndes Handzeichen wie für ein Büffet geben alle E-Genies gleichzeitig die Giftampullen frei. Stille breitet sich aus, angespannte Erleichterung auf den verbliebenen großhirnigen Gesichtern.

E-nde?

Alle E-Genies waren tot, als das D-Genie aufwachte.

Die wichtigsten Politiker kamen in heller Aufregung angereist, um sich neben dem weltbewegenden Schaden fotografieren zu lassen. Ein gleichlautender Abschiedsbrief in den E-Computern gab von dem qualvollen Erkenntnisprozess Auskunft, der die E-Genies dazu brachte, die Giftampullenströme in die eigene künstliche Ernährung fließen zu lassen. Ungeschickterweise war Wochen zuvor ein E-Genie wegen einer merkwürdigen Sache operiert worden. Eine ganz harmlose Sache eigentlich, aber die E-Genies bekamen durch die Vorgänge im Zuge der D-Generation eine ganz gute Vorstellung von ihrem zukünftigen Leben. Da sie sich ausmalten, wie die Weltwirtschaft um Jahrhunderte zurückfallen würde, wenn sie auf einen Schlag der gesamten technologischen Spitze beraubt wäre, konnten sie sich leicht auf ein gemeinsames Selbstabdrücken einigen.

In der Tat stand die Welt vor dem Ruin. Die Zeitungen beruhigten die Bevölkerung. „Ein Neuanfang muss her", forderten sie oder „Dies ist ein guter Besinnungspunkt, von nun an alles besser zu machen". „Niemals feiern mit Genies", wurde ebenso geraten wie verschärfte Zwangsmaßnahmen: „Kein Contraman mehr, schärfere Aufsicht, mehr Disziplin! Die Genies leben auf unsere Kosten." Allgemein wurde beschlossen, vor der Rettung und dem Neuaufbau der Welt zunächst die Schuldigen zu suchen, die nur Politiker sein konnten, weil alle anderen Gründe für Wahlsiege nichts taugen würden.

Das D-Genie aber wurde mit ausgesuchter Höflichkeit um neue Ideen gebeten. Der Extraktor machte unzählige Kniefälle und Knickse. Das D-Genie schwieg beharrlich und vor allem beleidigt, weil es spitz bekommen hatte, dass sein Mausoleum gar nicht physikalisch gebaut worden war.

Die Weltlage spitzte sich zu.

Schließlich hatte der Extraktor einen kleinen Erfolg. Er holte aus der Brutanstalt noch ganz kleine süße E-Geniechen, packte ein paar von ihnen in eine Schale wie in ein Osternest und trainierte sie, höflich um Ideen zu bitten. Sie mussten das D-Genie wie schnappende Jungvögel hoffnungsgierig anhimmeln. Dabei rollten sie mit den Augen wie Menschenwesenkinder und riefen: „Hilf uns leben, Deaddy!"

Da wurde das D-Genie etwas weich.

Anschließend machte sich der Extraktor rar und besuchte das schmerzschreiende D-Genie nur noch kurz, wobei er wortkarg war.

Das D-Genie druckste ein paar Tage herum und bot an, neuerlich Ratschläge zur Zucht von E-Genies zu geben, wenn ihm eine Giftkanüle zur freien Verfügung an die Anlage geschnallt würde. Es wollte selbst sein Ende bestimmen können. Nachdem das Gift spritzfertig drohen konnte (man hatte natürlich nur grüne Traubenzuckerlösung eingefüllt), gab das D-Genie wieder Ideen ab, ganz wunderschöne Ideen sogar.

Es dachte bei sich, es sei doch gut, der Welt zu helfen.

Aber etwas in ihm hasste sich selbst für diesen tröstlichen Gedanken.

8. Das Ende

Der Weise ist so ganz zerrissen.

Kann der Welt denn überhaupt geholfen werden? Er weiß es nicht.

Will sie sich helfen lassen? Definitiv nicht.

Ist ihr klar, dass sie Hilfe braucht? Nicht wirklich. Dies ist Teil des Problems.

Dieses Buch endet ohne Hilfe von mir.

Ich gebe keinen tröstlichen Gedanken, dass wir nur noch ein Zehn-Punkte-Programm brauchen („Ich rede mir täglich fünf Minuten fest ein, ich sei glücklich, das hat mir den Glauben an mich selbst wiedergegeben."). Dieses Buch soll Ihnen bedeuten, dass wir von einer wahrhaft richtig natürlichen Welt ziemlich weit weg sind, so weit, dass eine graduelle Bewegung nebenbei im Herzen gar nicht mehr ausreichen wird.

Spätestens Karl Marx hat ganz klar gemacht, dass die Arbeit zu einer Entfremdung führt. Marx hat zur Abhilfe ein neues System der Herrschaft des Proletariats vorgeschlagen. Was daraus wurde, mussten wir lernen. Wir üben uns jetzt mit besseren Systemen, den Turbo-Systemen. Was daraus wird, müssen wir durchstehen, damit jemand einst daraus lernt.

Was könnten wir lernen?

Der Fehler liegt nicht im System, sondern in der Vorstellung, nur ein System sei das einzig Richtige. Natürlich brauchen wir in Wahrheit ein System, um unser Leben zu organisieren. Aber nicht so viel! Das Systematische darf nicht zu weit gehen! Das Systematische darf sich nicht in Form einer Höherwertigkeitsforderung an das Individuum an die Stelle Gottes setzen.

Wir brauchen Spielräume in unserer Gesellschaft, unsere individuellen Pyramidenwerte als Lebenslohn zu erhalten. Wie wäre dies? Wir verzichteten auf zwanzig Prozent des Gehaltes und drehten das Übermaß der geforderten Arbeits- und Leistungsdichte wieder zurück? Wir bekämen wieder Anerkennung und Dank statt immer nur Geld? Wir würden hochleben statt höherwertig?

Der Welt ist nicht wirklich zu helfen, weil die jetzigen Systeme alle Spielräume für Geld nutzen, also alle Spielräume stehlen. Und die bestohlenen Menschen betrauern keinen Verlust. Ob sie ihn bemerkten?

Ich hoffe, Sie bemerken, dass Sie bestohlen worden sind. Oder sind Sie noch jung? Dann hoffe ich, dass Sie bemerken, wenn Sie bestohlen werden sollen.

Ich will Ihnen mit diesem Buch einen Seismographen setzen!

Wenn Sie je erschöpft bei der Arbeit stöhnen und über Kopfschmerz klagen, dann sollen Sie ab heute an das D-Genie in der Aspirinlösung denken. Wenn Sie je klagen, dass Ihnen doch einmal gedankt werden könnte, wenn Sie je Weh fühlen, es möge Sie jemand für einen wertvollen Menschen halten, wenn Sie je träumen, dass jemand über Ihren Arbeitsergebnissen „Klasse!" riefe, wenn Sie sich krümmend fürchten, wenn Ihr Chef Sie neuerlich beurteilt und in Geld bewertet – dann denken Sie an das Supramane.

Sie sind noch ganz unten in der Pyramide, beim Lebensnotwendigen.

Alles gräbt noch in Ihnen.

Trost gibt es *hier* nicht. *Omnisophie* sollte erklären, wie wir im Prinzip sind oder sein könnten. *Supramanie* gibt (m)eine Gegenwartsdiagnose. *Topothesie*, der dritte Teil, richtet den Blick woandershin und mahnt zum …, ich ringe noch mit den Worten.

Ach, wissen Sie, es ist schade – so weit bringe ich Sie wohl nicht.
Ich muss ja selbst auch erst dahin.
Allein?

Literaturverzeichnis

Apter, Michael J.: Reversal Theory: Motivation, Emotion, and Personality. Washington: Routledge, 1989.

DeMarco, Tom / Lister, Timothy: *Peopleware: Productive Projects and Teams.* Washington: Dorset House Publishing Company, 2. Auflage 1999.

DSM IV Diagnostic and statistical manual of mental disorders (prepared by the Task Force on DSM-IV and other committees and work groups of the American Psychiatric Association). American Psychiatric Association: Washington, DC, 8. Auflage 1999.

Dueck, Gunter: *Wild Duck. Die empirische Philosophie der Mensch-Computer-Vernetzung.* Berlin/Heidelberg/New York: Springer, 2. Auflage 2002.

Dueck, Gunter: *E-Man. Die neuen virtuellen Herrscher.* Berlin/Heidelberg/New York: Springer, 2. Auflage 2002.

Dueck, Gunter: *Die Beta-inside Galaxie.* Berlin/Heidelberg/New York: Springer, 2001.

Dueck, Gunter: *Omnisophie. Über richtige, wahre und natürliche Menschen.* Berlin/Heidelberg/New York: Springer, 2002.

Cipolla, Carlo M.: *Allegro ma non troppo.* München: Wagenbach, 2001.

Gallup GmbH: *Gallup-Studie 2002.* Potsdam, 2002.

Haeckel, Stephan H.: *Adaptive Enterprise.* Harvard Business School Press: Boston, 1999.

Malik, Fredmund: Führen, Leisten, Leben. Wirksames Management für eine neue Zeit. Stuttgart / München: Heyne, 2001.

Maslow, Abraham H.: *Motivation und Persönlichkeit.* Rowohlt Taschenbuch Verlag: Reinbeck bei Hamburg, 1999.

Mylius, Klaus (Hrsg.): *Die Bagavadgita.* Des Erhabenen Gesang. DTV: München, 1997.

Meyer, Friedman / Rosenman, Ray: *Type A behavior and your heart.* Fawcett Crest: New York, 1974.

Millon Theodore / Davis, Roger D.: *Disorders of Personality: DSM-IV and Beyond.* John Wiley&Sons: New York, 2. Auflage 1996.

Lao Tse: *Tao Te King,* Bearbeitung von Gia-Fu Feng und Jane English. München: Diederichs, 1994.

Whyte, William H.: *The Organization Man,* Philadelphia: University of Pennsylvania Press, 2002.

Nachwort zur 2. Auflage

Warum arbeiten Sie dann noch?

Ja, warum. Gute Frage. Wenn Amerikaner etwas gefragt werden, was sie wissen, antworten sie mit leuchtenden Augen „great question!" und reden und reden, aber wenn sie keine Ahnung haben, kratzen sie sich verlegen am vorsichtig gesenkten Kopf und sagen leise „good question" – gute Frage! Ich wurde von Lesern des Buches *Supramanie* oft gefragt: Wenn die Arbeitswelt so furchtbar ist, wie Sie sie beschreiben – ja, warum sind Sie noch bei IBM? Warum arbeiten Sie überhaupt noch?

Untergang

Es ging aber doch um Suprasysteme und *um Ihre Firma*, nicht vorrangig um meine. Ich schreibe doch für Sie, nicht für mich! Ein Rezensent schrieb, er habe das ganze Buch nach illoyalen Äußerungen gegenüber meinem Arbeitgeber abgesucht und keine gefunden. Mit solchen Voreingenommenheiten geht das Buch natürlich an Ihnen vorbei.

Und ich habe damals längst nicht die wirklichen Schrecklichkeiten beschrieben. Denn dann hätten Sie mir nicht geglaubt. Ich komme mit meinen Büchern an Grenzen, wo ich für verrückt gehalten werde. Ich habe für mich entschieden, fürs Erste dort halt zu machen. Im Buch *Topothesie*, dem Folgeband zu diesem hier, habe ich zum Beispiel einen mathematischen Gottesbeweis grob vorgeführt. Prompt schreibt der Rezensent Christoph Pöppe im *„Spektrum der Wissenschaft"*, ich wisse offensichtlich mehr darüber und wolle wohl damit (noch) nicht öffentlich werden – es sei unausgegoren, aber faszinierend. Sie können gerne alles von mir hören, aber ich mag nicht wirklich zum Märtyrer werden. Ja, lieber Christoph Pöppe, ich habe irgendwo halt gemacht. Aber nicht, weil etwas zu verheimlichen wäre, sondern weil mehr als das, was ich geschrieben habe, nicht mehr richtig vermittelbar ist. Woher ich es weiß? Ich halte im Jahr etwa 80 Reden bei Firmen, in Universitäten und auf Kongressen. Ich sehe in Ihre Augen hinein. Genau hinein. Ich sehe dort, was reflektiert und was nicht!

In *Topothesie* habe ich Gründe und Beispiele für solchen Unglauben angegeben. Sagen Sie einem Putzteufel, es komme auf Sauberkeit nicht an! Raten Sie ihrer

Mutter, es reiche, die Schuhe halb so gut zu putzen. Stoppen Sie einen Wissenschaftler, so genau müsse man es nicht wissen. Erklären sie einem Schuhfetischisten, es gebe andere Teile an Frauen als Füße. Beweisen Sie dem Süchtigen, es gebe Besseres als den Gegenstand seiner Sucht.

Man wird ihnen nicht nur nicht glauben – Sie bekommen mindestens einen Wutausbruch ab oder eventuell richtige Prügel.

Supramanie sagt, dass man sich zu sehr auf den Profit konzentriere und dass es anderes Wichtigeres gäbe. Da verachten mich die Unternehmer! Und auch Sie, die Sie nur arbeiten, haben so sehr Angst um Ihren Arbeitsplatz, dass Sie inzwischen „eingesehen" haben, dass Profit das Einzige ist. Das höchste Gut im Sinne der Philosophie. Sie verzichten auf Teile des Lohns, sie akzeptieren immer schlechtere Arbeitsbedingungen. Sie hören verständnisvoll zu, wenn gerade Autofirmen Tausende von denselben Mitarbeitern entlassen, die vor wenigen Monaten noch einen mehrjährigen Entlassungsstopp mit dem Unternehmen vereinbart hatten. Verträge bedeuten nicht mehr so viel. Man hat uns eingetrichtert, dass es nur um das Überleben gehe. Deshalb lassen wir uns an die Grenze unserer Existenz drängen. Schlimmer noch, wir helfen mit und entlassen andere, damit wir erst etwas später selbst entlassen werden. Die Todesspirale dreht sich.

Inzwischen zahlen große Firmen Milliardensummen, weil sie sich kreativer Buchführung schuldig gemacht haben. Andere brechen darüber zusammen. Noch andere berichten, sie hätten an der Qualität gespart und sie gäben das gesparte Geld nun für Rechtsanwälte aus. Täglich gibt es Spesenskandale und Unruhen, weil die Einkäufer und Zulieferer sich in Auftragsnot oder aus Sparzwang bestechen. Produkte werden wegen offenkundiger Mängel zurückgezogen, Millionen werden für Rückrufaktionen ausgegeben.

Das ganze Unbehagen ist Mitte 2005 vom SPD-Vorsitzenden Franz Müntefering in das eine einzige Wort „Heuschrecken" gepackt worden. Hedge-Fonds fallen über Firmen her. Natürlich sind sie nicht alle „Heuschrecken", aber in den Zeitungen werden nur die guten Fällen zitiert und die schlechten als einzelne schwarze Schafe bezeichnet. Gleichzeitig steigen die Geldflüsse von Privatleuten in die Hedge-Fonds dramatisch steil an! Die Privaten riechen die Milchmädchen-Hausse, nämlich dass dort Geld wie Heu gemacht werden kann und stürzen sich mit privat Erspartem hinein. Pervers? Am Arbeitsplatz zittern die Milchmädchen um ihr Leben – zu Hause zahlen sie das Geld in die schärfsten Heuschrecken-Fonds ein, die in der Zeitung zur Abschreckung genannt werden.

Supramanie! Opfer und Täter sind dieselben. Töte oder stirb! So reden wir uns ein.

Ich will sagen: Dieses Buch ist eher noch harmlos gegen das, was heute zu schreiben wäre. Und ich fürchte, Sie werden mir immer noch nicht glauben.

Wissen Sie, was passiert, wenn eine Frau „Putzteufel" ist? Alles wird der Sauberkeit untergeordnet. Die Möbel dürfen nur mit Schutzdecken benutzt werden. Schuhe sind im Haus verboten. Der freudige Satz des Kindes „Mein Freund kommt zu Besuch!" wird mit erstarrtem Schreck und Belehrungen quittiert, soweit als möglich nur draußen zu spielen. Langsam kommen keine Freunde mehr ins gruslig saubere Haus. Bald ist die Familie gerade nur zum Schlafen daheim. Die Kinder spielen bei Freunden, der Ehemann arbeitet bis spät. Irgendwann ist die Sauberkeit ganz mutterseelenallein.

Supramanie zeigt diesen Prozess für die Wirtschaft, die sich der kurzfristigen Gier verschrieben hat. Ich habe Ihnen bewiesen, dass die Kinder der Wirtschaft, nämlich Kundenvertrauen, Mitarbeiterzufriedenheit, Exzellenz, Qualität, Innovation die Firma verlassen, weil sie es in der Gegenwart der Kurzfristgier nicht aushalten. Heute sind sie weg.

Auferstehung

Der Profit wird nun einsam und beginnt bald zu sinken. Die Kosten gehen auf Null zurück, aber die Käufer haben nun keine Löhne und kein Geld mehr. Sie vertrauen den Produkten nicht mehr, sehen, dass viel zu viel versprochen wird. Qualitätsreduzierte Markenartikel sind nicht besser als No-Name-Ware und werden nicht mehr gekauft. Das Vertrauen schwindet. Die Verbraucher warten ab und nutzen die Autos, Kleidungsstücke und Möbel einfach länger. Die Umsätze sinken. Die Profite werden ins Bodenlose fallen. Die Autobranche kämpft um ihr Überleben, Banken verschlucken sich aneinander. Die Deiche von New Orleans hatten Mängel.

Und wissen Sie, was jetzt in der Nähe des Kältetodes geschieht? Ich soll seit einiger Zeit Reden über Innovationen halten. Nicht mehr über Supramanie! Die Kongresse wollen Botschaften: „Wie steigern wir den Umsatz? Wo sind neue Ideen? Wie können wir Ideen ganz billig aus den Universitäten herausholen und das große Geld machen? Wer schenkt uns eine Idee, eine „disruptive technology" am besten? Wir sind jetzt bereit, wieder neue Produkte anzubieten!"

Im Beispiel des Putzteufels: „Hallo Kinder, ich bin einsam! Ihr solltet wieder nach Hause kommen! Ich würde mich freuen! Aber zieht vor dem Haus die Schuhe aus – das wisst ihr doch noch, Kinderchen? Und ihr helft mir doch vor dem Essen, die Ritzen zwischen den Rollladenlamellen mit einer Flaschenbürste zu reinigen? Das letzte Mal ist schon zwei Wochen her. Kinder!" Die Kinder bleiben fern, solange die Sauberkeit barbarisch alles beherrscht.

Die Innovation wird nicht zurückkehren, solange die Kurzfristgier herrscht, auch wenn sie nun findet, kurzfristig Innovation zu brauchen. Das Vertrauen wird nicht so schnell zurückkehren. Wir treffen uns schon lange bei Aldi. Innovation verlangt vor allem Herzblut – das ist vergossen worden. Innovation verlangt langfristiges Denken, Zuversicht in den Mitarbeitern und eine Vision! Aber die Mitarbeiter haben Zeitverträge und sind selbst in Kurzfristsorgen versunken. „Zeitarbeiter bilden sich nicht fort, sie verdienen möglichst viel in Überstunden, um zu überleben. Sie sehen auch keine Perspektive in einer Weiterbildung, da ihr Vertrag stets bald endet." Mitarbeiter opfern ihre eigene Zukunft längst dem eigenen Kurzfristprofit – und jammern, dass die Unternehmen so kurzfristig denken.

Immerhin! Es regt sich ein anderes Denken. Die Sehnsucht nach Innovation wächst – die Bereitschaft aber, an A zu denken und B auch zu tun, ist vorläufig noch ganz im entschlossenen Wunschdenken vernebelt, es würde eine neue Big-Bang-Idee geben, die die ganze Wirtschaft retten würde. Wenn ich darüber vortrage, seufzen sie alle: „Ja, das müsste man tun, aber woher nehmen wir das Geld?" Früher wurde die Notwendigkeit exorbitanter Profite damit begründet, dass der Unternehmer ja investieren müsse – aber nun steigen und steigen die Profite seit Jahren und es sinken und sinken die Investitionen.

„Kinder kommt zurück! Es ist ganz sauber!" Die Kinder aber kommen nur zu ihren Bedingungen.

Auch Innovationen, Exzellenz und Vertrauen kehren nur zu den eigenen Bedingungen zurück. Mitarbeiter müssen geschätzt werden. Qualität muss langfristig stimmen. Der Kunde muss mit Produkten glücklich werden und darf sich nicht von undurchsichtigen Offerten betrogen fühlen. Wissen sie, was eigentlich zurückkehren muss? Normales Denken, die Binsenweisheiten, der gesunde Menschenverstand, oder wenn sie es so wollen, die Logik. All das wurde dem Trieb zum Gewinn geopfert. In der nächsten Woche rede ich über: „Innovation, geht das?" und ich denke dabei an den Putzteufel. „Rückkehr, geht das?"

Noch einmal: Immerhin! Die richtige Frage ist schon gestellt! Nun muss sich langsam Energie für einen echten Aufbruch sammeln. Für den Aufbruch zur Umkehr. Das dauert noch.

Wie halten Sie es aus, wenn Sie all das wissen?

Ich halte es aus, weil das Pendel wieder in eine andere Richtung aufbricht. Nicht heute oder morgen. Ich werde in 2005 nun 54 Jahre alt und hoffe, mein Arbeitsleben mitten im Aufschwung zu beenden. Das wäre schön! Nein, nur nicht heute im Dunkel nach Hause! Beim Aufhören soll es hell sein! Und ich bin optimistisch!

Was ich aber nicht gut aushalte – das ist die Gewissheit, dass es immer hin und her geht, ohne dass daraus gelernt wird. Ich konnte mich noch nicht zu unerschütterlichem Gleichmut in dieser Frage entschließen. Ich fürchte (und im Fürchten liegt das Übel) – ich fürchte, das wäre die Weisheit.